天敌昆虫扩繁与应用

Mass-Rearing and Utilization of Insect Natural Enemies

张礼生　陈红印　李保平 主编
Edited By Zhang Lisheng　Chen Hongyin　Li Baoping

U0351134

中国农业科学技术出版社
China Agricultural Science and Technology Press

图书在版编目（CIP）数据

天敌昆虫扩繁与应用 / 张礼生，陈红印，李保平主编 . —北京：中国农业科学技术出版社，2014.11

ISBN 978 - 7 - 5116 - 1867 - 2

Ⅰ. ①天… Ⅱ. ①张…②陈…③李… Ⅲ. ①天敌昆虫－繁育 Ⅳ. ①S476

中国版本图书馆 CIP 数据核字（2014）第 249363 号

责任编辑　姚　欢
责任校对　贾晓红

出 版 者	中国农业科学技术出版社
	北京市中关村南大街 12 号　邮编：100081
电　　话	(010)82106636(编辑室)(010)82109704(发行部)
	(010)82109709(读者服务部)
传　　真	(010)82106631
网　　址	http://www.castp.cn
经 销 者	各地新华书店
印 刷 者	北京富泰印刷有限责任公司
开　　本	787 mm × 1 092 mm　1/16
印　　张	27.5
字　　数	640 千字
版　　次	2014 年 11 月第 1 版　2014 年 11 月第 1 次印刷
定　　价	150.00 元

《天敌昆虫扩繁与应用》
编辑委员会

《天敌昆虫扩繁与应用》
参 编 人 员

张礼生（中国农业科学院植物保护研究所，
　　　　植物病虫害生物学国家重点实验室）

陈红印（中国农业科学院植物保护研究所，
　　　　植物病虫害生物学国家重点实验室）

李保平（南京农业大学）

陈宗麒（云南省农业科学院农业环境资源研究所）

刘爱萍（中国农业科学院草原研究所）

王孟卿（中国农业科学院植物保护研究所，
　　　　植物病虫害生物学国家重点实验室）

刘晨曦（中国农业科学院植物保护研究所，
　　　　植物病虫害生物学国家重点实验室）

张　莹（中国农业科学院植物保护研究所，
　　　　植物病虫害生物学国家重点实验室）

秦玉川（中国农业大学）

郑　礼（山东省农业科学院植物保护研究所）

李敦松（广东省农业科学院植物保护研究所）

黄　建（福建农林大学）

王竹红（福建农林大学）

孟　玲（南京农业大学）

徐林波（中国农业科学院草原研究所）

袁　曦（广东省农业科学院植物保护研究所）

张宝鑫（广东省农业科学院植物保护研究所）

冯新霞（广东省农业科学院植物保护研究所）

宋子伟（广东省农业科学院植物保护研究所）

陈福寿（云南省农业科学院农业环境资源研究所）

张红梅（云南省农业科学院农业环境资源研究所）

杨艳鲜（云南省农业科学院农业环境资源研究所）

王　燕（云南省农业科学院农业环境资源研究所）

王玉波（河北省农林科学院旱作农业研究所）

王保海（西藏自治区农牧科学院）

王文峰（西藏自治区农牧科学院）

赵奎军（东北农业大学）

韩岚岚（东北农业大学）

张树权（黑龙江省农业科学院齐齐哈尔分院）

曲忠诚（黑龙江省农业科学院齐齐哈尔分院）

田志来（吉林省农业科学院植物保护研究所）

邹德玉（天津市植物保护研究所）

翟一凡（山东省农业科学院植物保护研究所）

黄先才（南京农业大学）

李玉艳（中国农业科学院植物保护研究所）

王　娟（中国农业科学院植物保护研究所）

王　伟（中国农业科学院植物保护研究所）

张　洁（中国农业科学院植物保护研究所）

刘　遥（中国农业科学院植物保护研究所）

吴根虎（中国农业科学院植物保护研究所）

刘丽平（中国农业科学院植物保护研究所）

武鸿鹄（中国农业科学院植物保护研究所）

黄凤霞（中国农业科学院植物保护研究所）

蒋　莎（中国农业科学院植物保护研究所）

齐晓阳（中国农业科学院植物保护研究所）

任小云（中国农业科学院植物保护研究所）

李娇娇（中国农业科学院植物保护研究所）

前　言

民以食为天，食以安为先。我国是全球最大的蔬菜、水果、大宗粮食作物生产国，蔬菜种植面积 2.9 亿亩（15 亩 = 1hm²。全书同）、产量 6.4 亿 t，水果栽培面积 1.7 亿亩、产量 1.28 亿 t，水稻种植面积 4.4 亿亩、产量 2.1 亿 t，玉米种植面积 4.8 亿亩、产量 2.1 亿 t。上述蔬菜、水果、大宗粮食作物的生产中，严重为害的病虫害种类超过 20 种，农民为防治病虫害而滥用化学农药、以及违法施用高毒农药，导致诸多农产品安全事故，并造成农药残留严重超标，危害国民身心健康，污染水体与土壤，破坏生态系统，导致农业病虫害危害猖獗的恶性循环。统计显示，我国使用了占世界农药总量（原药约 300 万 t）20% 的化学农药，单位面积施用农药为世界平均用量的 2.5 ~ 3 倍，每年仅因蔬菜农药残留超标导致的中毒事故就达 10 万人次，个别年份还发生了影响全国的"毒豇豆"、"毒生姜"、"毒韭菜"等农药中毒事件。病虫害科学防治形势严峻，保障农产品安全、控制农业病虫害、推广实用化的绿色植保技术已迫在眉睫。近年来，食品安全事故频繁发生，党的十八大报告、近年的历次政府工作报告、中央农村工作会议均提出切实保障农产品安全、确保"舌尖上的安全"。关乎国计民生的蔬菜、水果、水稻、玉米等大宗农产品安全生产不但关系到农业健康发展，也影响着社会稳定和民族振兴。

生物防治是指用天敌昆虫、有益微生物或其代谢产物来控制农业病虫害的技术，该技术来源于自然、应用于自然，具有安全、有效、无残留等生产优点，具备持续、环保、简便与低能耗等技术优势，符合绿色植保新理念的全部特征，是保障农业可持续发展和粮食生产的有效措施，更是降低化学农药使用量、保障蔬菜、水果、大宗农产品安全生产的根本手段。

生物防治一直是欧美发达国家所倡导并大力推进的农业病虫害防控核心手段，随着现代生物技术和科学手段的发展，新型生物防治产品、生物防治主导型防治新技术得到了更为广泛的应用。无论是技术领域还是实践应用方面，利用有益生物自然控害作用，发掘和利用有益的生物防治因子控制农作物重要虫害，控制农作物有害生物的发生、为害和蔓延，减少农药使用，降低农药污染和农药残留的危害，保障农作物生产安全，实现农业可持续发展，已成为国外发达国家的共识。

目前，在北欧及北美，几乎所有的设施农业、温室蔬菜的生产都采用生物防治，美国 EPA 专门设立了服务和管理部门，负责全国生物防治体系的应用；法国政府计划到 2018 年农作物病虫害防治过程中生物农药和天敌昆虫的使用量占农业种植面积的 50%。上述国家的天敌昆虫产品如赤眼蜂、蚜茧蜂、蚜小蜂、姬蜂、茧蜂、瓢虫、草蛉、花蝽、猎蝽、捕食螨等已广泛应用在蔬菜等作物害虫防治，市场化程度很高。在南非、东非、南美洲的集约化农业区、鲜食蔬菜和水果主产区，近年来病虫害生物防治也取得了显著成效。由此出现了一批大型的天敌昆虫扩繁与销售的商业机构，年销售额超过 3 000 万美元的大型公司如英国 BCP 公司、荷兰 Koppert 公司、美国 Greefire 公司、澳大利亚 Bugs for Bugs 公司等，以天敌昆虫产品结合微生物制剂，并辅以实用性强的生态调控措施，组建了实用程度高、技术水平发达的生物防治技术体系，较好地控制了蔬菜、水果的病虫害。

在拉丁美洲、非洲等国，生物防治为主导的病虫害防控技术也由政府倡导，进行大规模的应用。如在南非每年超过 700 万亩的甘蔗地都应用生物防治方法防治非洲茎螟及蛴螬，在东非及南非应用"植物载体技术""天敌推拉技术"等控制玉米螟的为害，在古巴有超过 1 000 万亩作物上应用寄生性、捕食性天敌及杀虫微生物进行害虫生物防治。其他的拉美国家包括阿根廷、智利、玻利维亚、乌拉圭、洪都拉斯和尼加拉瓜等国对农业害虫防治也开展了一系列的生物防治研究和应用。

在澳大利亚，基于农产品安全生产的生物防治技术受到法律的保障，其农药销售网点严格采取申报及专业服务制度，政府通过补贴的形式提供病虫害生物防治制剂，该国蔬菜、水果、粮食作物的生产，首推生物防治措施。该国的瓢虫、赤眼蜂、蚜小蜂、蚜茧蜂、草蛉、昆虫病毒、昆虫病原线虫、绿僵菌制剂、Bt 制剂、木霉制剂等产业化程度较高，国家编印了主要蔬菜、粮食作物病虫害防治历，配套的生物防治体系完善，技术体系实用化程度高。

在杀虫抗菌生物制剂方面，国外发展更是突飞猛进，大量的环境友好型新型生物农药得到了登记和使用，相关配套技术也较系统，大规模应用面积逐年扩增。当前大型跨国公司更是倍加重视生物防治这一快速发展的朝阳产业，拜耳、孟山都、先正达、Koppert 等公司纷纷进入生物防治行业。2013 年年底，巴斯夫公司以 10.2 亿美元收购了 Becker Underwood，拜耳以 4.25 亿美元收购了 AgraQuest，先正达、杜邦也纷纷涉足生物防治行业。专业机构统计美国当前的生物杀虫农药市场销售额为 3.5 亿美元，到 2020 年可达 4 亿美元；欧洲市场目前销售额约 1.7 亿美元，到 2020 年可达到 3.1 亿美元。统计显示，2013 年北美应用的生物杀虫农药占全球的 44%，欧洲和澳大利亚各占约 21%。专门针对蔬菜、水果、大宗农作物如玉米、大豆等绿色生产的新型生物防治产品和技术得到空前发展。

当前我国生物防治存在产品单一、防治对象有限、技术使用复杂、配套技术匮乏等技术瓶颈，特别是在以生物防治为核心的应用技术实用化方面，既缺乏优质天敌昆虫大规模、高品质的工厂化生产技术，也缺乏实用的天敌昆虫与生防微生物的联合增效技术。这两个关键的瓶颈直接导致现有的生物防治保障能力与农业生产的现实需求之间存在较大差距，如何大规模生产天敌产品、提升现有生防技术、改进生物防治主导技术的实用化，应对突出的蔬菜、水果、大宗农作物水稻和玉米等的安全生产问题，研发出"实用、安全、有效、经济"的生物防治为核心的病虫害综合防治技术体系，并开展示范应用，已经成为我国解决农产品安全生产、发展绿色植保体系的迫切需要。

随着国民生产水平的提高，在解决温饱问题的基础上，农产品的安全和优质成为未来我国农业发展的重要目标。蔬菜、水果、水稻、玉米等果蔬及大宗粮食作物的安全生产，病虫害仍然会不同程度暴发，以生物防治为主导手段的绿色防控技术体系面临诸多挑战，在核心技术方面，如天敌昆虫大规模生产技术、天敌昆虫与生防微生物联合互增技术需深入实用化研究；在产品保障方面，天敌昆虫产品、微生物制剂产品创制的技术需要整体提升，特别是微生物农药的效价提升、天敌昆虫的规模扩繁及长期贮存；在应用技术方面，单项技术的科学组装、技术体系的实用化，更是生产上的迫切需求。开展生物防治主打型核心技术提升与实用化研究，解决我国农产品安全生产中的植保现实问题，具有重要意义。

经过多年探索和发展，我国生物防治技术取得了显著的进步，形成了一批天敌昆虫和微生物农药产品，凝炼了一批轻简化的生物防治实用技术，取得了较好的实践效果，以生物防治为核心的病虫害防治技术研究已初具规模。在保护地蔬菜、水果、大宗农作物、区域性特种作物、边疆生态脆弱农区等生态类型的病虫害防控技术方面具有了一定技术储备。深入病虫害生物防治核心技术的功能提升与实用化研究，攻克天敌昆虫大规模、高品质、工厂化生产技术，优化天敌昆虫与生防微生物制剂的联合增效技术，实现我国生物防治应用比重和应用领域的重大突破，具有极其重大而深远的意义。

为此，我们着手编写一套反映我国生物防治发展成果的丛书，即《现代生物防治科学与实践》。本书《天敌昆虫扩繁与应用》是丛书系列之一，重点介绍天敌昆虫的引进、扩繁、保育与利用的新进展，总结蔬菜、农田、草原重大虫害的生物防治配套技术体系。全书共分十六章，其中的前言、第一章（天敌昆虫的保育与利用）、第二章（瓢虫的扩繁与应用）、第五章（蚜茧蜂的扩繁与应用）由张礼生等人编写；第三章（草蛉的扩繁与应用）由刘晨曦等人编写；第四章（捕食螨的扩繁与应用）由王孟卿等人编写；第六章（丽蚜小蜂、食蚜瘿蚊等天敌昆虫繁殖与应用）由郑礼等人编写；第七章（赤眼蜂防治甘蔗螟虫）、第八章（平腹小蜂防治荔枝蝽）由李敦松等人编写；第九章（半闭弯尾姬蜂扩繁及应用）由陈宗麒等人编写；第十章（粉虱害虫及其寄生性天敌）由王竹红等人编写；第十一章（农业虫害生态防控技术）、第十二章（保护地黄瓜虫害绿色防控技术）由秦玉川等人编写；第十三章（稻田害虫综合控制模式的探索）、第十六章（天敌昆虫控害效应评价方法）由李保平等人编写；第十四章（草原蝗虫生物防治技术）、第十五章（草地螟生物防治技术）由刘爱萍等人编写。为体现作者的工作成果，也为对撰写部分承担责任，在每章节最后标注了撰写人。各章经张礼生、李保平、秦玉川等人初审，全书由张礼生定稿。

特别感谢北京市农林科学院植物保护环境保护研究所吴钜文先生细致认真的审阅，提出很多建设性意见。本组研究生王娟、黄凤霞、蒋莎、任小云、李娇娇、齐晓阳同学参与了书稿校对工作，一并致以谢忱！

虽然编委会对全书内容进行了统筹设计和安排，编著过程中对书稿进行了数次讨论和修改，但鉴于我们的水平有限，书中仍可能存在疏漏与不足之处，恳请专家、读者批评指正。

编　者

2013 年 6 月

目　　录

第一章　天敌昆虫的保育与应用

昆虫属于节肢动物门（Arthropoda）昆虫纲（Insecta），是地球上最大的生物类群，目前，已定名的昆虫超过112万种，占整个动物界物种总数的2/3强。我国生物资源非常丰富，已知昆虫种类约7万种，占世界总数的5.5%，除部分为农林害虫外，还包括天敌昆虫、资源昆虫、传粉昆虫、饲料昆虫、观赏娱乐昆虫等类群。

天敌昆虫是自然生态系统中抑制害虫种群的重要因子，利用天敌昆虫防控农业害虫是安全有效的害虫控制策略，也是未来害虫管理发展的方向。已记录的天敌昆虫种类超过15 300种，部分类群既是生物科学的模式生物，也具备良好的应用潜能被开发为生防产品。

自然界中的生物在长期进化过程中，形成了互相联系、互相制约的复杂关系，对农林害虫而言，存在着包括天敌昆虫在内的抑制种群增长的生物因子，多数情况下，害虫及天敌处于相对平衡且稳定的状态。但若因某些特定原因，如人类特定活动等，破坏了这种平衡，害虫失去抑制性力量，将导致种群数量在短时间内迅速升高，对农林植物的破坏性增强，并引起经济上的损失即出现虫害。这种情况下，如能采取一些控制或保护措施，使生态系统的平衡状态得到恢复或改善，则虫害问题能得到缓解或解除，采用的控制或保护措施，就包括输入、释放某些新的天敌，使它们在生态系统中控制害虫。

天敌昆虫的利用途径主要包括以下几个环节：一是外来天敌昆虫的引进与助迁；二是本地天敌昆虫的保护与利用，三是优质天敌昆虫的繁殖与释放。引进天敌昆虫的目的在于改变当地昆虫群落的结构，促进害虫与天敌种群密度达到新的平衡，特别对于外来入侵性害虫的控制，引进该害虫原产地的天敌昆虫是非常有效的方法。保护与利用本地天敌昆虫，则要综合考虑天敌、害虫和环境3个方面的因素，人为调控农事操作，包括调整农作物的布局、耕种、灌溉、收获、病虫杂草防治方法等等，避免杀伤天敌，并为天敌昆虫营造良好的栖居和繁殖条件，促进本地天敌昆虫的繁殖，提高对害虫天然控制的效果。大量扩繁与释放优质天敌昆虫也是有效的技术手段，能迅速增加天敌的数量，特别是在害虫发生危害的前期，天敌的数量往往较少，不足以控制害虫的发展趋势，这时补充天敌的数量，常常可以收到较明显的防治效果。

相比欧美发达国家，我国天敌生物防治产业化程度还有显著差距，主要体现在天敌昆虫和微生物农药产品数量少、生产规模小、农业补贴不足、配套的专业服务设备不完善、技术体系不全面、系统等不足。但我国在个别生物防治产品和技术上，也处于领先地位。其中，在大宗粮食生产中的天敌昆虫以赤眼蜂为代表，防治玉米螟、水稻螟虫等年应用面积在2 000万亩（15亩 = 1hm²，全书同）以上；在蔬菜害虫防治方面，利用丽蚜小蜂防治烟粉虱、利用半闭弯尾姬蜂防治小菜蛾、利用姬小蜂防治斑潜蝇都有不同程度的应用。在捕食性天敌利用方面，利用大草蛉、小黑瓢虫、龟纹瓢虫、小花蝽也在各地有所应用。从天敌昆虫利用的 3 个途径出发，引进优良的境外天敌昆虫，保育本地天敌昆虫，扩繁释放天敌昆虫产品，采取适宜的生境与保育措施，辅以必要的人工调控手段，改善天敌昆虫的种群结构，提升天敌昆虫适应性与定殖性，延长寿命及控害时间，提高产卵量与攻击效率，提升天敌昆虫在自然生态系统中的种群数量，充分发挥天敌昆虫对农林害虫的抑制效能，这是实现我国大面积利用天敌防控害虫的根本途径。

第一节 天敌昆虫资源引进

一、天敌昆虫资源引进的必要性

利用生物物种间的相互关系，以一种或一类生物抑制另一种或另一类生物是降低害虫种群密度的一种方法，其优点是不污染环境，是农药等非生物防治病虫害方法所不能比的，不受地形限制，又不污染环境，在一定程度上还可保持生态平衡，对人和其他生物安全、防治作用比较持久、易于同其他植物保护措施协调配合并能节约能源等优点，已成为植物病虫害综合治理中的一项重要措施。

天敌因子在调节植物和植食生物（plant feeding organism）的种群数量中的作用，早已被生态学家所认识。在初级生产者（植物）—初级消费者（植食生物）—次级消费者（捕食性天敌、寄生性天敌、线虫、微生物等）这一食物链的顶端，起着保持种群平衡、保护生物共存、防止某种生物丰度过高的作用。在农林生态系统中，天敌昆虫就发挥着这样的调节作用，控制着害虫种群数量。在某种害虫种群数量连续处于较高水平时，抑制因子失去了原有的平衡作用，就要考虑天敌昆虫的种类、结构是否需调整，引进新的天敌种类、增补天敌数量，压低害虫虫口密度，构建新的均衡态势，降低害虫危害程度。另外，生态系统对某种害虫种群的控制是多种生物因子综合作用的结果，一种害虫往往有多种天敌昆虫，在害虫的不同发育时段、不同虫态发挥天敌的控制能力。某种害虫猖獗发生，也要考虑是否其某一发育时段，抑制性天敌生物缺失，此时也需要针对性地引进天敌昆虫，弥补生态位缺失，在害虫各发育时段都有天敌昆虫进行控制。同时，在害虫分布区域内，有效的天敌昆虫往往分布不平衡，甚至缺少有效天敌。因此，应将优良天敌昆虫输引到该地区，特别是针对入侵性害虫，一种害虫到达新地区后，如果环境条件适宜，很容易定殖下来，由于缺少天敌的自然控制，种群数量增加很快。从害虫的原产地引进天敌控制该害虫，是传统的、也是有效的害虫生物防治手段。世界各国天敌引进成功实例证明，引进天敌技术是一项环境风险小、投资少、一劳永逸的技术。随着农产品国际贸易的频繁进行，外来病、虫、草害入侵我国的风险也将随之增加，除加强口岸检疫等措施外，重视与加强国外天敌的输引，开展引进天敌的定殖性和适生性研究非常必要。

综上所述，无论靶标害虫是土著发生种还是外来入侵种，当本地天敌对其不能有效控制时，都需考虑引进区域外的天敌昆虫。引进天敌的目的在于改变当地昆虫群落的结构，促进害虫与天敌种群密度达到新的平衡。若靶标害虫是外来入侵物种，可将本地的气候资料、植物区系、昆虫种类等与原产地进行比较，评估从害虫原产地引进天敌的可行性。因为在其原产地，长期进化的结果，在生态系统中会有一个平衡稳定的天敌复合体。在原产地搜寻有效天敌时，应在害虫虫口密度低的地区或群落中搜集，因该区域内的天敌才是压制害虫种群的有效抑制因子。输引天敌昆虫时，应尽可能多地输引不同地域的天敌，引进天敌需进行检疫，清除天敌上的寄生昆虫以及二重寄生、三重寄生昆虫，在释放前还需在室内对引进天敌昆虫进行严格的观察实验，确保其有益无害时，才能释放。若引进的天敌数量较少时，还需进行人工扩繁，确保释放后的种群数量能满足定殖需要，保障输引天敌有效地防控目标害虫。

我国是农业生物灾害频发的国家，一方面，多种本国常发的农业病虫草鼠害猖獗为害、此起彼伏，另一方面，国外危险性有害生物不断传入国境，造成严重破坏。由于物种间存在的遏制、拮抗、捕食等本能联系，农业害虫、病原微生物等均可在自然界中发现其天敌和高效控制微生物资源。引进有益的天敌资源，收集和保护生防资源是开展生物防治的工作前提，是深入生物防治科学研究、提升我国生物防治科技创新能力的载体和依托。

农业发展所必须依赖的生物资源和科学技术已经成为世界各国激烈竞争的热点，开展我国植保生物防治种质资源调查与筛选，引进和保护原产地天敌，建立起天敌昆虫的常年活体种群，满足国内生防研究和生产部门的资源需求。在此基础上，开展生物防治资源利用研究，实现农业生物灾害的可持续治理，保障农业生产和农产品安全，对于提升我国农业科技创新能力、维持国家农业安全和生态安全、促进农业健康发展、维护社会长治久安、构建和谐社会具有重要的现实意义。

二、国外天敌昆虫资源引进与交流的概况

19 世纪 80 年代，美国加利福尼亚州的柑橘园传入吹绵蚧［*Icerya purchasi*（Maskell）］，由于化学农药等方法均不能有效地防治，该虫迅速蔓延，猖獗为害。1888年，由害虫的原产地澳大利亚引进了澳洲瓢虫［*Rodolia cardinalis*（Mulsant）］在柑橘园里释放，很快就在当地建立了种群，危害迅速减少。在几个月之内加利福尼亚南部吹绵蚧的猖獗程度就减少到无害的水平。柑橘产量由防治前的年产 700 车厢第二年猛增到 2 000车厢（van den Bosch 和 Messenger，1974）。这是世界上生物防治史上第一个有计划的成功的天敌引进项目。引进澳洲瓢虫的成功，集中显示了传统生物防治的基本特征，效果持久，对环境安全，成本低廉。

澳洲瓢虫的引种成功，强有力地推动了生物防治的发展，引进天敌的研究得到广泛的支持。1930—1940 年是全世界生物防治活动的高峰时期。共有 57 种不同的天敌引进后定殖，其中至少有 32 种获得完全成功（DeBach，1964）。1945 年以后，尤其是 20 世纪 50～60 年代，生物防治进入低谷，主要是由于有机合成化学杀虫剂的过多地使用。1960 年代，人们逐渐重视环境问题，1962 年，Rachel Carson 的"寂静的春天"一书出版，更加引起人们对农药污染环境的关注。1967 年，联合国粮农组织 FAO 在罗马召开专家组会议，给有害生物的综合防治 IPC（Integrated Pest Control）作出定义，目标就是为了克服 20 世纪 40 年代以来单纯大量使用农药带来的问题。70 年代，综合防治 IPC又进一步发展为有害生物的综合治理 IPM（Integrated Pest Management）。生物防治作为IPM 的主要内容之一，又开始了稳步地发展。据联合国粮农组织 FAO 统计，20 世纪全

世界约有 5 000 个天敌引种项目，用于有害生物的综合防治（FAO，1993）。国际上的生物防治研究机构的建立，也是从天敌引进项目开始的。美国农业部 1913 年在夏威夷建立了第一个天敌引进检疫实验室，1919 年又在法国建立了一个生物防治实验室。加拿大农业部于 1929 年在安大略省贝尔维尔（Belleville）建立生防实验室，1936 年又增添一个检疫中心。英联邦昆虫局于 1927 年设立生物防治专用实验室，即花汉宫（Farnham House）实验室，几经变迁，1947 年改称英联邦生物防治局，后又改为现在的英联邦国际生物防治研究所（IIBC，International Institute of Biological Control）。国际生物防治组织（IOBC，International Organization for Biological Control of Noxious Animals and Plants）于 1951 年建立，1971 年在国际生物科学协会（The International Union of Biological Sciences）的积极支持下，得到进一步发展，并改为现在的名称。

Luck（1981）统计了自 1881—1977 年全世界输引外地（包括国内移殖）寄生性天敌昆虫的试验总共 2 593 例，其中，从 1881—1940 年，全球输引天敌昆虫 1 030 例，成功了 192 例，占输引总数的 18.6%；从 1941—1962 年，全球输引天敌昆虫 925 例，成功了 136 例，占输引总数的 14.7%；从 1963—1977 年，全球输引天敌昆虫 510 例，成功了 53 例，占输引总数的 10.4%；此外，尚有 128 例输引情况年代不详，其中，成功了 10 例，占输引总数的 7.8%。防治对象包括粮食、油料、糖料、饮料、果树、蔬菜、林木、牧草等作物上以及卫生上的有害生物共 315 种，隶属于 10 目 66 科。输入的国家遍及亚、非、拉、欧、澳和南、北美等洲共 67 个国家（不包括地区）。其中，取得成功或大体上成功的试验共 391 例，占试验总例数的 15.1%。在试验的 2 593 例中，寄生性天敌昆虫能够在新区定殖的有 778 例，占 30.0%，这些定殖的外来天敌的效能，有一半尚未深入研究和确定。分析上述情况可见，一百多年来，国外输引外地天敌昆虫的试验工作从未放松过，即使处于化学农药高峰期的近代历史阶段中，平均每年也有 42 例输引天敌昆虫的试验。输引外地天敌昆虫防治有害生物试验的成功率尚不高，仅为 15.1%，而且成功率并没有随着历史的进程、技术的发展而提高，说明了这些试验存在着较大的盲目性。

生物防治的法规建设也在走向完善。澳大利亚于 1984 年颁布了"生物防治法"。美国、加拿大、法国等均有相同的引种检疫规定，并建立了天敌引进检疫室。联合国粮农组织于 1993 年颁布了"生物防治天敌引进释放法"（草案）。

我国是天敌昆虫资源大国，外国从我国（包括台湾、香港）输引天敌的最早记载是 1900 年，美国从香港引入盾蚧长缨蚜小蜂［Aspidiotiphagus citrinus（Mayr）］至加利福尼亚州，防治柑橘上的红肾圆盾蚧［Aonidiella auraniii（Maskell）］，但未能够定殖。到 1989 年，有学者统计外国从我国输引天敌昆虫共 68 例，成功或大体上成功的有 14 例，占 20.6%（蒲天胜，1989）。近年来，美、欧、澳大陆的诸多国家从我国引进防控果蝇、天牛、大豆蚜、茶翅蝽、吉丁虫、麦茎蜂、柽柳、芦竹、加拿大蓟的天敌昆虫 27 批次。

在实施天敌引进的过程中，首先要确定防治目标是本地种还是外来种，然后进行一系列的工作，包括国外调查，天敌检疫，大量饲养，野外移植等。国外天敌引进程序见图 1-1。

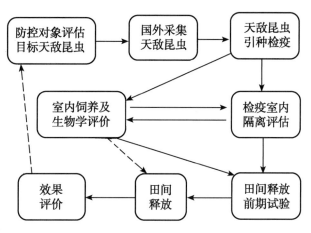

图 1-1　天敌昆虫引进程序图

三、我国天敌昆虫资源引进的概况

我国的国外天敌引种研究可分为 3 个阶段：20 世纪 50 年代以前为第一阶段，1950—1984 年为第二阶段，第三阶段为 1984 年至今。目前，我国已同 47 个国家或地区建立了天敌引种交换的业务往来。

20 世纪初，我国开始天敌引种的试验尝试。1909 年，从美国加利福尼亚和夏威夷引入两批澳洲瓢虫［Rodolia cardinalis（Mulsant）］到中国台湾，先后饲放 53 次累计 22 727 头瓢虫，控制吹绵蚧［Icerya purchasi（Maskell）］效果显著，并在当地建立了种群，此后已不需再施化学农药防治吹绵蚧，这是我国最早的国外天敌引种成功的记录（陶家驹，1993）。1929 年又将澳洲瓢虫从台湾移殖上海防治海桐花上的吹绵蚧，1932 年再从台湾移殖到浙江黄岩，防治柑橘上的吹绵蚧，取得成功后，陆续移殖至广东、广西壮族自治区（以下称广西）、福建，并在云南、四川、湖北、江苏、江西也见分布，对控制柑橘、木麻黄和台湾相思上的吹绵蚧取得了持久的、良好的效果（蒲天胜，1989）。

20 世纪 50～70 年代中期，我国天敌昆虫引种工作仍做得比较少。50 年代，引进澳洲瓢虫在广东等地防治吹绵蚧，引进苹果绵蚜蚜小蜂（日光蜂）（Aphelinus mali）防治苹果绵蚜（Eriosoma lanigerum），引进孟氏隐唇瓢虫（Cryptolaemus montrouzieri Mulsant）防治粉蚧（Pseudococcus spp.），都取得了较好的效果。

螟蛾利索寄蝇（古巴蝇）（Lixophaga diatraeae）是寄蝇科昆虫，分布于古巴及西印度群岛的一些岛屿，专性寄生于甘蔗螟虫体内。该蝇的雌虫直接将幼虫（蛆）产于甘蔗螟虫蛀孔的孔口处，幼虫爬入螟虫蛀道内，找寻螟虫幼虫寄生，对蔗螟种群增长的抑制能力较强，许多种植甘蔗的国家都曾尝试引进古巴蝇防治蔗螟。我国于 1964 年第三次由古巴引进一批活古巴蝇（前两批引进未能成活），室内试验发现，可寄生于甘蔗的黄螟、二点螟、条螟、大螟幼虫及为害蜂巢的大蜡螟（Calleria mellonella）幼虫。但是，散放后在田间未发现被寄生的下一代蔗螟，说明古巴蝇在珠江三角州蔗田未能建立种群（蒲蛰龙，1984）。

20 世纪 60 年代，中国台湾引进天敌防治甘蔗螟虫。1956 年、1961 年、1962 年、1963 年和 1966 年由美国、西印度群岛、印度和马来西亚等地引进 5 种寄生蝇、3 种茧蜂、

2 种卵寄生蜂、1 种姬蜂、1 种蚁蜂，防治多种甘蔗螟虫（黄螟、二点螟、条螟、白螟及大螟），均未成功，究其原因，可能与某些基础研究不够有关（陶家驹，1993）。

1980 年，我国农业部门专门颁发了"关于引进和交换农作物病、虫、杂草天敌资源的几点意见"的文件，从制度上保障了我国天敌引种工作有了长足进展。

1984 年，我国第一个天敌引种检疫实验室在原中国农业科学院生物防治研究所建成，为进一步深入开展国外天敌引种创造了条件。这是我国的国外天敌引种工作开始纳入法制与规范管理的重要标志。

据统计，1979—1995 年，我国共引进天敌 283 种次，种类还包括螟利索寄蝇［*Lixophaga diatraeae*（Townsend）］、斑腹刺益蝽［*Podisus maculiventris*（Say）］、黄色仓花蝽（*Xylocoris flavipes*）、普通草蛉（*Chrysopa carnea* Stephens）、苹果绵蚜蚜小蜂（*Aphelinus mali* Hald.）、丽蚜小蜂（*Eucarsia formosa*）、黄盾扑虱蚜小蜂（*Prospaltella smithi* Silvestri）、印巴黄金蚜小蜂（*Aphytis melinus*）、三色恩蚜小蜂（*Encarsia tricolor*）、红蜡蚧扁角跳小蜂（*Anicetus beneficus* Ishii et Yasumatsu）、榆角尺蠖卵跳小蜂（*Ooencyrtus ennomophagus* Yoshimoto）、茶足柄瘤蚜茧蜂（*Lysiphlebus testaceipes*）、微红绒茧蜂（*Apanteles rubecula* Mashalt）、广赤眼蜂（*Trichogramma evanescens* Westwood）、卷蛾赤眼蜂（*Trichogramma cacoeciae* Marchat）、短管赤眼蜂（*Trichogramma pretiosum* Riley）、微小赤眼蜂（*Trichogramma minutum* Riley）、欧洲玉米螟赤眼蜂（*Trichogramma nubilale* Ertle et Davis）等（中国农业科学院生防室，1981、1984），其中，已显示良好效果的有丽蚜小蜂、微红绒茧蜂、普通草蛉、西方盲走螨（*Typhlodromus occidentalis* Nesbitt）、智利小植绥螨（*Phytoseiulus persimilis*）等。

中国农业科学院生物防治研究所于 1981 年从美国加利福尼亚大学引进的西方盲走螨，对有机磷制剂具有耐药性，控制叶螨的效果良好，加拿大和澳大利亚等国从美国引进该捕食螨，在很多地区防治二斑叶螨均获成功。我国引进西方盲走螨之后，对其进行了深入系统地研究。通过对猎物和湿度的适应观察，发现它能捕食山楂叶螨（*Tetranychus viennensis*），并习惯于在相对湿度较低的条件下生发育；区域适应性研究试验观察到，西方盲走螨在我国干旱的西北苹果产区生活良好，对该区的主要害螨山楂叶螨和李始叶螨（*Eotetranychus pruni*）控制作用显著，并能在当地越冬，已在兰州、天水等地建立种群（张乃鑫等，1987）。

20 世纪 80 年代，中国台湾的天敌引种研究也取得了一些进展。椰心叶甲［*Brontispa longissima*（Gestro）］于 1975 年 8 月，初次发现于屏东县佳冬乡，可能由印度尼西亚随椰子苗木传入，当时被害椰子苗不过 400 多株。因未能立即采取有效防治措施，该虫很快传遍南部各县市。1983 年由关岛引进椰心叶甲啮小蜂（*Tetrastichus brontispae* Fer.），在室内不断应用其原寄主的末龄幼虫及幼蛹繁殖。于 1984—1986 年先后释放于上述各县市地区 106 次，现这种小蜂已在释放地区定殖，对椰心叶甲的寄生率可高达 90%，无须再用其他方法防治害虫。但远离释放区的孤立椰子树，仍遭严重为害甚至枯死（陶家驹，1993）。

柑橘木虱是柑橘立枯病的媒介昆虫，但台湾当地的柑橘木虱跳小蜂（红腹食虱跳小蜂）（*Diaphorentcyrtus diaphorinae*），不能有效地控制柑橘木虱。1983—1986 年由法属留尼旺岛引进亮腹姬小蜂（*Tanzarixia radiate* Waters）共 4 批。经细心繁殖，释放试验，立足成功。与当地红腹食虱跳小蜂共同控制木虱，效果甚好。

20 世纪 80 年代中期以来，我国的国外天敌引种研究更加活跃。其中，利用引进天敌防治外来杂草取得了显著进展。

空心莲子草（*Alternanthera philoxeroides*）属于苋科，原产南美，20 世纪 30 年代传入我国，50 年代曾作为猪饲料推广，现已蔓延为遍布南方各省的恶性害草。1986—1987 年，原中国农业科学院生物防治研究所从美国佛罗里达州分批引进了空心连子草叶甲（*Agasicles hygrophila*），在中国农业科学院柑橘研究所协助下对叶甲的食性进行了测定，并在重庆建立了叶甲的繁殖基地，目前已在重庆定居，并在安徽、湖南、福建等省建立了释放点（王韧等，1988）。

豚草（*Ambrosia* spp.）是菊科一年生植物，原产北美，并迅速扩散到欧亚大陆，该草已成为严重的农田草害，其花粉又是引起人类花粉过敏症的主要致病原。20 世纪 30 年代传入我国后，在我国东北、华北、华中等地迅速蔓延扩展。1987 年 8 ~ 10 月，原中国农业科学院生物防治研究所从加拿大和前苏联分批引进豚草条纹叶甲（*Zygogramma suturalis*），经寄主专一性测定，证明该虫食性单一，在我国可安全利用。目前，该虫已释放于辽宁省沈阳、铁岭及丹东等地，其应用价值在评价中。1990 年又从澳大利亚引进了另一天敌豚草卷蛾（*Epiblema strenuana*），初步研究确定可在我国南方安全利用（万方浩等，1991）。

1990 年代，我国天敌引种又取得了一些新的进展，引进松突圆蚧异角蚜小蜂（*Coccobius azumai* Tachikawa），防治松突圆蚧（*Hemiberlesia pitysophila* Takugi）取得显著的效果，寄生蜂已在林区建立了永久种群（潘务耀等，1987）。引进凤眼莲象甲防治凤眼莲，经寄主专一性试验研究表明，这种象甲可以在南方一些地区释放应用。现中试仍在进行之中。引进豌豆潜蝇姬小蜂（*Diglyphus isaea*）、西伯利亚离颚茧蜂（*Dacnusa sibirica*）和潜蝇茧蜂（*Opius* spp.）防治美洲斑潜蝇（*Liriomyza sativae* Blanchard），其中，豌豆潜蝇姬小蜂已在我国大部分地区定殖，显著抑制了美洲斑潜蝇等潜叶蝇类害虫。

椰心叶甲［*Brontispa longissima*（Gestro）］是一种重大危险性外来有害生物，属毁灭性害虫，列入我国国家林业局公布的林业检疫性有害生物名单，该虫原产于印度尼西亚与巴布亚新几内亚，现广泛分布于太平洋群岛及东南亚。危害以椰子为主的棕榈科植物，1975 年椰心叶甲由印尼传入中国台湾，造成 17 万椰子树死亡，目前，疫情仍未得到有效控制。最近几年，椰心叶甲在越南大暴发，为害 1 000 多万株椰树，大约有 50 万株椰子树死亡。21 世纪初，传入我国海南岛，造成大面积棕榈科植物受害。2004 年国家林业局组织相关单位，从中国台湾引进天敌昆虫椰扁甲啮小蜂（*Tetrastichus brontispae*）、从越南引进椰甲截脉姬小蜂（*Asecodes hispinarum* Boucek），经过人工扩繁和持续释放，目前较好地控制了椰心叶甲的为害（彭正强，2013）。

小菜蛾［*Plutella xylostella*（L.）］是严重威胁我国十字花科蔬菜生产的重要害虫，2001 年起，从韩国、中国台湾引进防控小菜蛾幼虫的优良寄生蜂半闭弯尾姬蜂（*Diadegma semiclausum* Hellen），进行了室内人工扩繁和田间释放，经过十余年的研究，目前，在我国云南省蔬菜产区，该天敌已定殖并显著控制了害虫种群，田间寄生率高达 70% 以上，基本遏制了小菜蛾猖獗发生的态势（陈宗麒，2012）。

烟粉虱［*Bemisia tabaci*（Gennadius）］是一种世界性的害虫。原发于热带和亚热带区，20 世纪 80 年代以来，随着世界范围内的贸易往来，借助花卉及其他经济作物的苗木迅速扩散，20世纪末B隐种烟粉虱传入我国，迅速传播并暴发成灾，成为我国农业生产上的重要害虫。2006—2008年，我国科研机构组织从美国得克萨斯州和澳大利亚，引进了海氏桨角蚜小蜂（*Eretmocerus hayati* Zolnerowich and Rose），蒙氏桨角蚜小蜂（*Eretmocerus mundus* Mercet），漠桨角蚜小蜂（*Eretmocerus eremicus* Rose and Zolnerowich）和蒙氏桨角蚜小蜂（*Eretmocerus mundus* Mercet）（产雌孤雌生殖的澳大利亚品系），随后开展了对B隐种烟粉虱的优良控制能力评估。

第二节　建立我国的天敌昆虫活体资源库

一、天敌昆虫资源保护的重要意义

包括天敌昆虫种质资源在内的有益生防资源是自然界重要的生物资源之一，是农业生产、环境治理及现代农业生物技术产业的重要物质保障，也是我国国民经济与社会发展的战略基础资源。

1. 建设植保生物防治资源库，是保护国家战略资源的迫切需要

植保生物防治资源是国家生物多样性的重要衡量标志，也是不可替代的国家战略资源和重要财富。生物多样性是衡量国家综合实力的关键指标之一，直接同国家发展、社会进步、经济繁荣相关。我国是世界上生物多样性最丰富的国家之一，气候条件和地理条件的差异，在植保生物防治资源方面体现处了丰富的生物多样性。同时我国又是生物多样性丧失最严重的地区之一，森林大面积减少、环境污染严重导致了我国部分生物濒临灭绝，目前受严重威胁的物种占整个区系成分的15%～20%高于世界水平。国际自然资源保护联合会发表的《2004年全球物种调查》中指出，全球已有超过15 000种物种濒临灭绝，物种灭绝的速度超过了以往任何时候。联合国粮农组织在最近发表的《动物多样性世界观察》中称，在过去的100年里，全世界已有超过1 000个品种的动物灭绝。如果不采取措施，20年内人类还将失去2 000个有益的动物品种。

"谁掌握了资源，谁就把握了未来。"包括天敌昆虫和有益微生物在内的生物防治种质资源是自然界重要生物资源之一，关系到农业生产、植物保护、环境治理以及现代生物技术产业的未来，是开展科学研究的重要物质保障，是21世纪我国国民经济与社会发展的战略基础资源。生物多样性是无可替代的，基因技术只能对现有品种进行改良，并不能挽回失去的品种。动植物多样性减少，将使它们在环境和气候变化以及新疾病流行等因素面前更加脆弱。而物种灭绝破坏了生物链，也必将殃及人类自身。

随着新兴技术的发展，种质资源的重要性日益凸显。我们尚不清楚植保生物防治资源的作用机理，尚有大量的研究空白等待探索。在这些有益资源未消失灭绝前，尽快建立我国植保生物防治资源库，收集保存有益生物资源，既着眼未来，也至为必要。

2. 建设植保生物防治资源库，是维持国家农业健康发展的重要储备

我国是农业生物灾害频发的国家，一方面，多种本国常发的农业病虫草鼠害猖獗为害、此起彼伏；另一方面，国外危险性有害生物不断传入国境，造成严重破坏。由于物种间存在的遏制、拮抗、捕食等本能联系，农业害虫、病原微生物等均可在自然界中发现其天敌和高效控制微生物资源。多年来，我国利用这些有益的植保生防资源预防和控制我国农业生物灾害，有效地降低了病虫害暴发和为害的程度，取得显著的经济和生态效益。建设植保生物防治资源库，保存有益的天敌和微生物资源，既能满足常规生防需求，更可在国家一旦发生农业外来危险性有害生物后，迅速开展筛选工作，从资源库中发现有效的控制天敌或微生物，开展防控工作，维护农业的健康生产，保护农业生态环境。

3. 建设植保生物防治资源库，是提升我国农业科技创新能力的重要保障

收集和保护我国生防资源是开展生物防治工作的前提。植保生物防治资源库是深入生物防治科学研究、提升我国生物防治科技创新能力的载体和依托。"植保生物防治资源库"的建设，将极大地推动国家生防科学技术研究的创新，不仅可与我国农业科研领域现有的"973"、"863"、科技支撑、行业科技项目等国家重大研究计划项目有机衔接，而且还可为因缺乏专用设施和条件而受到制约的农业微生物培养技术提供急需的基础设施和条件，围绕天敌资源的生物学、生理学、生态学、遗传学、化学生态学、大规模饲养与释放技术、资源发掘与利用、基因组学、蛋白质组学等领域开展科学研究。同时，建设植保生物防治资源库，引进国外优良天敌资源，建立起天敌昆虫的常年活体种群，保存优良微生物活体菌株，保障国内生防研究和生产部门的资源交流，提升我国农业科技创新能力，促进生物防治和生物培养科学理论创新、方法探索、技术突破和人才培养。

4. 建设植保生物防治资源库，是整合资源、提高效益的现实迫切需要

我国至今尚无国家级植物保护天敌资源库，更缺乏天敌活体保存和高效培养的专门设施。个别省区科研机构设立的均为小型的行业资源库，保存的天敌昆虫均为死体标本，收藏的微生物种质资源又是从微生物系统学的角度进行的收集，多为极端微生物、工业微生物、病原微生物，或者是食用菌、根瘤菌等农业有益微生物，均不是从植物保护需求的角度开展的资源储备。即便保存有杀虫抗病的微生物种源，也无法满足农业病虫害防治使用，这些菌株的毒力、致病力、存活力、生产指标等都距实际需求有非常大的差距。国内植物保护科研和生产部门在多年的研究实践中，都收集有生防专用的天敌昆虫或微生物资源。建设国家植保生物防治资源库，整合这些实用资源，科学保存，保障交流需求，也可降低各机构重复性保存和活体培养的成本，提高效益。

5. 建设植保生物防治资源库，是促进农业发展、维护社会长治久安、构建和谐社会的重大战略需求

农业发展所必须依赖的生物资源和科学技术已经成为世界各国激烈竞争的热点，建设我国植保生物防治种质资源库，引进和保护原产地天敌，建立起天敌昆虫的常年活体种群，保存优良微生物活体菌株，满足国内生防研究和生产部门的资源需求，在此基础上，开展生物防治资源利用研究，实现农业生物灾害的可持续治理，保障农业生产和农产品安全。对于提升我国农业科技创新能力、维持国家农业安全和生态安全、促进农业发展、维护社会长治久安、构建和谐社会具有重要的现实意义。

二、我国的天敌昆虫资源调查与保护利用

中国农业科学院植物保护研究所、福建农林大学、东北农业大学、西藏自治区（以

下称西藏）农牧科学院、中国农业科学院草原研究所等单位开展了中国蔬菜害虫天敌昆虫名录整理、捕食性螨类天敌昆虫的评价、大豆害虫天敌昆虫资源调查与整理、中国蚜小蜂科天敌昆虫系统调查与整理工作。同时针对我国边疆脆弱生态地区，重点开展了西藏、新疆维吾尔自治区（以下称新疆）、内蒙古自治区（以下称内蒙古）等边疆生态脆弱农（牧）区的天敌昆虫的调查与筛选工作。

1. 蔬菜害虫天敌昆虫资源整理

中国农业科学院植物保护研究所系统整理了蔬菜害虫天敌昆虫名录，《中国蔬菜害虫天敌昆虫名录》，该专著 150 万字，收入了 2 纲 18 目 157 科 1 271 属 3 820 种天敌昆虫、2 门 7 纲 22 目 212 科 1 216 属 2 460 种害虫，按蔬菜类别、天敌类群分别描述，为蔬菜害虫生物防治信息检索提供了便捷工具。

2. 京津冀地区捕食性螨类昆虫资源评价

整理了京津冀地区捕食性螨类天敌昆虫资源，发现有益昆虫 210 余种，其中，捕食螨 51 种，捕食虻 62 种，寄生蝇 6 种，寄生蜂 90 余种，含新种 32 个、北京和河北新纪录种 2 个，并系统研究了烟盲蝽、大眼长蝽等优势天敌的扩繁。对 30 余种捕食性螨类开展了生防评价工作，包括显角微刺盲蝽（*Campylomma verbasci* Meyer – Dur）、斑角微刺盲蝽（*Campylomma annulicorne* Signoret）、烟盲蝽（*Nesidiocoris tenuis* Reuter）、大齿爪盲蝽（*Deraeocoris olivaceus* Fabricius）、斑楔齿爪盲蝽［*Deraeocoris ater*（Jakovlev）］、朝鲜齿爪盲蝽（*Deraeocoris koreanus* Linnavuori）、异须盲蝽（*Campylomm adiversicornis* Reuter）、黑食蚜盲蝽［*Deraeocoris punctulatus*（Fallen）］、山地齿爪盲蝽（*Deraeocoris montanus* Hsiao）、日蒲仓花蝽（*Xylocoris hiurai* Kerzhner）、仓花蝽［*Xylocoris cursitans*（Fallén）］、黑头叉胸花蝽［*Amphiareus obscuriceps*（Poppius）］、萧氏原花蝽（*Anthocoris hsiaoi* Bu et Zheng）、长头截胸花蝽［*Temnostethus reduvinus*（Herrich）］、东亚小花蝽［*Orius sauteri*（Poppius）］、微小花蝽（*Orius minutus* Linnaeus）、东方细角花蝽［*Lyctocoris beneficus*（Hiura）］、斑翅细角花蝽（*Lyctocoris variegates* Péricart）、黑大眼长蝽（*Geocoris itonis* Horvath）、大眼长蝽［*Geocoris pallidipennis*（Costa）］、益蝽（*Picromerus lewisi* Scott）、二色赤猎蝽［*Haematoloecha nigrorufa*（Stål）］、环足健猎蝽（*Neozirta annulipes* China）、亮钳猎蝽（*Labidocoris pectoralis* Stål）、黑光猎蝽（*Ectrychotes andreae* Thunberg）、黄纹盗猎蝽（*Pirates atromaculatus* Stål）、淡带荆猎蝽（*Acanthaspis cincticrus* Stål）、黑腹猎蝽（*Reduvius fasciatus* var. *limbatus* Lindbereg）、短斑普猎蝽（*Oncocephalus confuses* Hsiao）、双刺胸猎蝽［*Pygolampis bidentata*（Goeze）］、褐菱猎蝽［*Isyndus obscurus*（Dallas）］、中黑土猎蝽（*Coranus lativentris* Jakovlev）、大土猎蝽［*Coranus dilatatus*（Matsumura）］、独环真猎蝽（*Harpactor altaicus* Kiritschenko）、红缘真猎蝽（*Harpactor rubromarginatus* Jakovlev）、环斑猛猎蝽（*Sphedanolestes impressicollis* Stål）、瘤突素猎蝽（*Epidaus sexpinus* Hsiao）、大蚊猎蝽（*Myiophanes tipulin* Reuter）、白纹蚊猎蝽（*Empicoris culiciformis* De Geer）、角带花姬蝽（*Prostemma hilgendorffi* Stein）、光棒姬蝽［*Arbela nitidula*（Stål）］、日本高姬蝽（*Gorpis japonicas* Kerzhner）、泛希姬蝽［*Himacerus apterus*（Fabricius）］、斯姬蝽［*Stalia daurica*（Kiritshenko）］、北姬蝽（*Nabis reuteri* Jakovlev）、类原姬蝽（亚洲亚种）（*Nabis feroides mimoferus* Hsiao）、华姬蝽（*Nabis sinoferus* Hsiao）、暗色姬蝽（*Nabis stenoferus* Hsiao）、异赤猎蝽（*Haematoloecha aberrens* Hsiao）、茶褐盗猎蝽（*Pirates fulvescens* Lindberg）等。

3. 防治粉虱和介壳虫的蚜小蜂类天敌昆虫资源调查与整理

系统开展了烟粉虱、黑刺粉虱、柑橘粉虱、褐圆蚧、矢尖蚧、松突圆蚧等重要农作物害虫的天敌资源调查，明确了生物防治中天敌防治的目标害虫，开展了新疆、西藏、东北、云南、海南等地的蚜小蜂等天敌种类调查，撰写了"中国烟粉虱寄生蜂的资源及其区系分布"等论文，编写了专著《中国蚜小蜂科天敌资源名录》15 万字，其中，收录我国蚜小蜂科天敌资源 16 属 155 种，包括部分台湾分布记录的种类。汇总共记述 18 属 200 多种蚜小蜂，其中，新种 73 种、新记录属 5 个、新记录种 29 种，提供了我国蚜小蜂科天敌资源的分属检索表，描述了各个属的属征和种类的主要鉴别特征，为在实施农作物害虫绿色防控中进一步利用蚜小蜂科天敌资源提供科学依据。

4. 西北地区重要经济作物枸杞害虫的天敌昆虫资源评价

开展了西北地区重要经济作物枸杞的害虫天敌昆虫调查与评价研究，筛选出枸杞木虱啮小蜂、枸杞瘿螨姬小蜂、枸杞疏点齿爪盲蝽等 3 种优良天敌昆虫。

5. 西藏地区天敌昆虫资源调查与整理

对西藏自治区农（牧）地区 50% 的区域进行了调查，收集到天敌昆虫标本 25 500 多件。其中，在林芝县、工布江达、波密、米林等地采集到昆虫天敌标本 6 600 余号，在加查、朗县等地采集到天敌昆虫标本 5 700 余号，在拉萨市、日喀则地区、山南地区等地采集到天敌昆虫标本 7 800 余号，其他地区 4 400 余号。根据过去的研究文献和现有标本，整理出昆虫天敌名录 759 种，蜘蛛 411 余种，新种标本正模保存在鉴定者的单位，副模和一般种保存在西藏自治区农牧科学院农业研究所和西藏大学农牧学院昆虫标本室。共鉴定出新种 1 个，其余 5 个新种待发表，西藏新记录种 22 个。调查结果完成了《西藏天敌昆虫资源地理分布及评价利用》《西藏天敌昆虫（包括蜘蛛）的种类及其垂直分布》等论文，出版了《青藏高原天敌昆虫名录》《青藏高原瓢虫》等系列专著，陆续整理出青藏高原瓢虫科 7 个亚科、11 个族、49 个属、172 种，其中，新种 9 种、中国新记录种 2 种，填补了我国青藏高原天敌昆虫研究的空白。

6. 东北地区大豆蚜天敌昆虫资源调查与整理

调查并明确了黑龙江省大豆蚜主要天敌种类及大豆蚜的优势天敌昆虫。共发现 5 目、13 科、23 个种类天敌昆虫，其中捕食性天敌 20 个种类、寄生性天敌 3 个种类。由天敌昆虫田间种群数量发生的情况可知：龟纹瓢虫、异色瓢虫、叶色草蛉为大豆蚜的优势天敌昆虫。其中，捕食性天敌主要有龟纹瓢虫（成虫及幼虫）、异色瓢虫（成虫及幼虫）、七星瓢虫（成虫及幼虫）、多异瓢虫成虫、后双斑青地甲成虫、赤胸地甲成虫、步甲（*Carabus* sp.）成虫、曲纹虎甲成虫、虎甲成虫、隐翅甲成虫、中华草蛉幼虫、丽草蛉（成虫及幼虫）、叶色草蛉（成虫及幼虫）、大草蛉成虫、多斑草蛉成虫、全北褐蛉（成虫及幼虫）、黑带食蚜蝇幼虫、灰姬猎蝽（成虫及若虫）、窄灰姬猎蝽成虫和小花蝽（成虫及若虫）20 个种类为大豆蚜的天敌昆虫。寄生性天敌昆虫有：蚜小蜂和日本柄瘤蚜茧蜂为大豆蚜的天敌昆虫。这些天敌昆虫在大豆蚜自然控制中起一定的作用，可根据田间的实际情况加以利用。

经过天敌昆虫资源调查和评价，发现了一批新的天敌昆虫，如小黑瓢虫［*Delphastus catalinae*（Horn）］，防治烟粉虱、温室白粉虱（黑刺粉虱、柑橘粉虱）；刀角瓢虫（*Serangium japonicum* Chapin），防治黑刺粉虱、烟粉虱；日本恩蚜小蜂（*Encarsia japonica*

Viggiani)，防治烟粉虱、温室白粉虱、稻粉虱；索菲亚恩蚜小蜂（*Encarsia sophia*），防治烟粉虱、温室白粉虱、稻粉虱；双斑恩蚜小蜂（*Encarsia biomaculata*），防治烟粉虱（温室白粉虱）；丽恩蚜小蜂（*Encarsia formosa* Gahan），防治烟粉虱、温室白粉虱（柑橘粉虱）；蒙氏桨角蚜小蜂（*Eretmocerus mundus*），防治烟粉虱、温室白粉虱。

防治黑刺粉虱和烟粉虱的黄盾恩蚜小蜂 [*Encarsia smithi*（Silvestri）]、钝棒恩蚜小蜂（*Encarsia obtusiclava* Hayat）、[*Encarsia opulenta*（Silvestri）]、艾氏恩蚜小蜂 [*Encarsia ishii*（Silvestri）]、长带恩蚜小蜂（*Encarsia longifasciata* Subba Rao）、敏捷恩蚜小蜂（*Encarsia strenua* Silvestri）、刺粉虱埃宓细蜂（*Amitus hesperidum* Silvestri）、日本刀角瓢虫（*Serangium japonicum* Chapin）等有益天敌。

防治柑橘粉虱的天敌昆虫短梗恩蚜小蜂 [*Encarsia lahorensis*（Howard）]、长瓣恩蚜小蜂 [*Encarsia longivalvula*（Viggiani）]、长带恩蚜小蜂 [*Encarsia longifasciata*（Subba Rao）]、前横脉恩蚜小蜂 [*Encarsia protransvena*（Viggiani）]、丽蚜小蜂 [*Encarsia formosa*（Gahan）] 等天敌昆虫。

防治褐圆蚧等害虫的纯黄蚜小蜂 [*Aphytis holoxanthus*（DeBach）]、长缨恩蚜小蜂 [*Encarsia citrina*（Craw）]、长恩蚜小蜂 [*Encarsia elongata*（Dozier）]、斯氏四节蚜小蜂 [*Pteroptrix smithi*（Compere）]、双带巨角跳小蜂 [*Comperiella bifasciata*（Howard）]、瘦柄花翅蚜小蜂 [*Marietta carnesi*（Howard）]（重寄生蜂）等。

防治矢尖蚧等害虫的镟盾蚧黄蚜小蜂（*Aphytis unaspidis* Rose et Rosen）、矢尖蚧黄蚜小蜂（*Aphytis yanonensis* DeBach et Rosen）、褐黄异角蚜小蜂 [*Coccobius fulvus*（Compere et Annecke）]、长缨恩蚜小蜂 [*Encarsia citrina*（Craw）]、轮盾蚧长角跳小蜂 [*Adelencyrtus aulacaspidis*（Brethes）]、盾蚧寡节跳小蜂（*Arrhenophagus chionaspidis* Aurivillius）、瘦柄花翅蚜小蜂 [*Marietta carnesi*（Howard）]、日本方头甲（*Cybocephalus nipponicus* Endrödy-Younga）等天敌昆虫。

防治重要检疫性害虫松突圆蚧的松突圆蚧异角蚜小蜂（*Coccobius azumai* Tachikawa）、友恩蚜小蜂（*Encarsia amicula* Viggiani et Ren）、长缨恩蚜小蜂 [*Encarsia citrina*（Craw）]、瘦柄花翅蚜小蜂 [*Marietta carnesi*（Howard）]（重寄生蜂）、红点唇瓢虫（*Chilocorus kuwanae* Silvestri）等天敌昆虫。

三、天敌昆虫活体资源库的建立

我国天敌昆虫资源保护的现状是研究单位各自独立，自行保存优势天敌资源。由于天敌昆虫保种扩繁需要特定的条件，如严格的隔离条件、特定的种群保持条件、复杂的活力复壮条件等，需要充足的空间和大量的人力、物力、财力，导致每家单位保存的活体资源有限。而开展害虫生物防治研究，扩繁优良天敌昆虫的前提就是要有活体天敌昆虫。针对这一现状，项目组通过联合国内天敌昆虫研究与利用单位，发挥各自优势，分别保存一至几种优良天敌昆虫，并建立起天敌昆虫引种、交流机制，建立起天敌昆虫的常年活体种群，实现天敌昆虫种质的资源共享，保障国内生防研究和生产部门的资源交流，达到提升我国农业科技创新能力，促进生物防治和生物培养科学理论创新、方法探索、技术突破和人才培养的目的与功效。

通过联合我国天敌昆虫研究与应用单位，在东北、华北、华中、华南、西南、西北等地区，依托大学、农业研究所等，构建了我国天敌昆虫活体保存库。布局如图 1－2 所示。

参加单位的分布

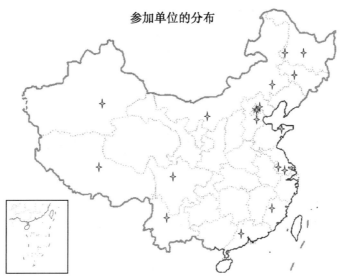

图 1－2　我国天敌昆虫活体保存库参加单位分布示意图

主要参加单位及保存的天敌昆虫如下所述。

中国农业科学院植物保护研究所：位于北京，挂靠有"中美生物防治国际合作实验室"、"天敌昆虫引种检疫室"等，具有从国外引种的独立检疫资质。目前，在北京某地、河北廊坊建有"天敌昆虫越冬越夏保种基地"，常年保存有豌豆潜蝇姬小蜂、烟蚜茧蜂、少脉蚜茧蜂、稻螟赤眼蜂、丽蚜小蜂、七星瓢虫、龟纹瓢虫、异色瓢虫、多异瓢虫、大草蛉、中华草蛉、烟盲蝽、智利小植绥螨等 13 种天敌昆虫，多年来，为国内 20 余家科研机构提供数十批次的天地昆虫种质资源。

东北农业大学：位于黑龙江省哈尔滨市，是我国大豆害虫生物防治的核心研究单位，可提供大豆蚜、大豆食心虫等害虫天敌。

黑龙江省农业科学院齐齐哈尔分院：位于黑龙江省齐齐哈尔市，可常年提供玉米螟赤眼蜂、松毛虫赤眼蜂、葵螟赤眼蜂、食蚜瘿蚊等天敌种质资源。

广东省农业科学院植物保护研究所：位于广东省广州市，可常年提供平腹小蜂、赤眼蜂、捕食螨等天敌昆虫种质。

云南省农业科学院农业环境资源研究所：位于云南省昆明市，可常年提供半闭弯尾姬蜂等天敌昆虫资源。

河北省农林科学院旱作农业研究所：位于河北省衡水市，可常年提供丽蚜小蜂、桨角蚜小蜂、食蚜瘿蚊等天敌昆虫资源。

中国农业科学院草原研究所，位于内蒙古呼和浩特市，可常年提供伞裙追寄蝇、草地螟阿格姬蜂等天敌昆虫资源。

福建农林大学：位于福建省福州市，可常年提供小黑瓢虫等天敌昆虫。

南京农业大学，位于江苏省南京市，可常年提供斑痣悬茧蜂等天敌昆虫资源。

西藏自治区农牧科学院（西藏拉萨市）等单位也陆续加入种质资源库建设单位。

此外，其他从事天敌昆虫研究的大学、科学院、农业科学院等机构也保存有天敌昆虫活体资源，如北京市农林科学院、福建省农业科学院、浙江大学、中山大学、华南农业大学、华中农业大学、吉林农业大学、中国林科院等，可提供松毛虫赤眼蜂、螟黄赤眼蜂、菜蛾盘绒茧蜂、平腹小蜂、丽蚜小蜂、草蛉、异色瓢虫、龟纹瓢虫、捕食螨等活体资源。

上述各机构因地制宜地开展天敌昆虫种质资源保存，不断改进天敌种群保持技术，筛选扩繁寄主，提高活性与复壮技术，完善越冬越夏保种技术，降低成本。并开展相关技术的交流与合作，促进天敌昆虫资源的高效利用，实现资源的最大化共享。

第三节　天敌昆虫的扩繁

我国利用天敌昆虫防治害虫，一方面是引进国外优势天敌，另外是挖掘土著天敌资源，开展扩繁与利用。从国外引进的天敌昆虫如防治苹果绵蚜的苹果绵蚜蚜小蜂（日光蜂），防治吹绵蚧的澳洲瓢虫、孟氏隐唇瓢虫，防治温室白粉虱的丽蚜小蜂，防治李始叶螨的西方盲走螨，防治二斑叶螨的智利小植绥螨，防治松突圆蚧的花角蚜小蜂，防治天牛的管氏肿腿蜂和川硬皮肿腿蜂等。20世纪70年代以来，我国已成功地大量饲养土著天敌昆虫，如赤眼蜂、平腹小蜂、草蛉、七星瓢虫、丽蚜小蜂、食蚜瘿蚊、小花蝽、智利小植绥螨、西方盲走螨、侧沟茧蜂等捕食或寄生性天敌昆虫，也已有许多研究工作的基础，但目前真正投入大规模生产的产品很少。

分析制约我国天敌昆虫生产的因素，主要是扩繁模式的限制。已成功开展扩繁的赤眼蜂、平腹小蜂、周氏啮小蜂等的扩繁模式，是直接将天敌昆虫接入繁殖载体（柞蚕卵等）上，利用天敌多胚生殖的特性，大量获得天敌昆虫产品。除此之外的众多天敌昆虫，其扩繁模式主要是"扩繁植物—接入害虫—接入天敌昆虫"，这就需要大量的空间、人力、物力，且因"植物—害虫—益虫"这三级生产模式，其技术环节过多，任何技术环节上的限制，都会导致天敌昆虫产品数量有限、生产周期漫长、成本过高，难以满足生产需求。如能转变这种模式，将"三级"生产模式提升为"二级"甚至直接生产天敌产品，无疑具有重大的现实意义。基于这种考虑，国内外很多机构将天敌昆虫人工饲料选为突破口，试图通过合成适宜的人工饲料，达到规模化生产发育进度整齐的天敌昆虫之目的。

一、人工饲料直接扩繁天敌昆虫

人工饲料是与天然食料或天然饲料相对的一种通称，凡是经过加工配制的任何饲料都可称为人工饲料。人工饲料包括合成饲料、半合成饲料和用动物或昆虫器官或组织加工而成的天然饲料。自1908年Bogdanow首次以牛肉汁、淀粉等配制黑颊丽蝇（*Vomitoria calliphora*）人工饲料之后，昆虫人工饲料的研究逐步发展起来。到目前为止，利用人工饲料饲养的昆虫已经超过1 400种，涉及直翅目、等翅目、半翅目、同翅目、鞘翅目、鳞翅目、膜翅目、双翅目、脉翅目等。昆虫人工饲料的开发与利用已经成为昆虫领域的热点研究内容之一。

在捕食性天敌昆虫中，如七星瓢虫（*Coccinella septempunctata* L.）、十一星瓢虫（*Coccinella undecimpunctata* L.）、双带盘瓢虫 [*Lemnia biplagiata* (Swartz)]、大突肩瓢虫 [*Syn-*

onycha grandis（Thunberg）〕、稻红瓢虫〔*Micraspis discolor*（Fabricius）〕、异色瓢虫〔*Harmonic axyridis*（Pallas）〕、黑缘红瓢虫（*Chilocorus rubidus* Hope）等都可以用人工代饲料繁殖，亚非玛草蛉〔*Mallada desjardinsi*（Navás）〕、普通草蛉〔*Chrysoperla carnea*（Stephens）〕、中华通草蛉（*Chrysopa sinica* Tjeder）也饲养成功。

在寄生性天敌昆虫中，如稻虫彩寄蝇（*Zenillia roseanae* B）、螟利索寄蝇〔*Lixophaga diatraeae*（Townsend）〕、伞裙追寄蝇（*Exorista civilis* Rondani）、邻野蝇（*Agria affinis* FalL.）、贪食亚麻蝇（*Parasarcophaga harpax*（Pandelle））、埃氏麻蝇（*Sarcophaga aldrichi* Parker）、奇氏麻蝇〔*Kellymyia kellyi*（Ald.）〕、卷蛾黑瘤姬蜂〔*Coccygomimus turionellae*（Linnaeus）〕、康氏黑茧姬蜂〔*Ezeristes comstockii*（Cresson）〕、具瘤爱姬蜂〔*Exeristes roborator*（Fabricius）〕、广埃姬蜂〔*Itoplectis conquisitor*（Say）〕、蝶蛹金小蜂〔*Pteromalus puparum*（Linnaeus）〕、黑青金小蜂〔*Dibrachys cavus*（Walker）〕、短管赤眼蜂（*Trichogramma pretiosum* Riley）、加州赤眼蜂（*Trichogramma californicum* Nagaraja et Nagarkatti）、松毛虫赤眼蜂（*Trichogramma dendrolimi* Matsumura）、稻螟赤眼蜂（*Trichogramma japonicum* Ashmcad）均可以用人工饲料进行体外培育。这个领域在国际上我国已居领先地位。

对天敌昆虫人工饲料的研发方面，中国农业科学院植物保护研究所等单位设计并优化了"主成分分析—旋转组合处理"的筛选路线，获得以全化学成分、昆虫成分为主要组分的天敌昆虫人工饲料10余种，革新剂型4种，配制简单，成本低廉，使用方便，可满足天敌昆虫全世代、部分世代（幼虫或成虫）的发育需求，优良天敌昆虫蠋蝽、大眼蝉长蝽、烟盲蝽、多异瓢虫、异色瓢虫、小黑瓢虫、大草蛉、中华通草蛉可基于人工饲料实现扩繁，成本显著降低，扩繁周期显著缩短（陈红印，2010）。

二、饲养转换寄主（或替代寄主）扩繁天敌昆虫

转换寄主又称为室内寄主、中间寄主，用作大规模扩繁天敌昆虫。其饲养方法两类，一是利用人工饲料饲养寄主再繁殖天敌，二是利用替代寄主扩繁天敌。

利用人工饲料饲养寄主再扩繁天敌。例如用人工饲料饲养蓖麻蚕（*Philosamia cynthiaricina* Donovan），再利用蓖麻蚕的卵繁殖松毛虫赤眼蜂（*Trichogramma dendrolimi* Matsumura）、拟澳洲赤眼蜂（*Trichogramma confusum* Viggrant）、荔蝽平腹小蜂（*Anastatus japonicas* Ashmead）。人工饲料饲养出大量的蓖麻蚕，收集蓖麻蚕卵并扩繁赤眼蜂，刘志诚等用其繁殖螟黄赤眼蜂（*Trichogramma chilonis* Ishii），室内接种寄生率为86.72%，平均每卵出蜂27.5头，鲜叶饲养的对照组分别为86.72%、20头，放蜂防治蔗螟的效果与鲜叶饲养的对照区相当或稍高。

利用替代寄主扩繁天敌昆虫的技术，利用繁殖赤眼蜂时，除了可直接利用蓖麻蚕外，尚可利用柞蚕（*Antheraea pernyi* Guerin – Meaeville）、米蛾〔*Corcyra cephalonica*（Stainton）〕、地中海粉螟（*Ephestia kuehniella* Zeller）、粉斑螟〔*Cadra cautella*（Walker）〕、麦蛾〔*Sitotroga cerealella*（Olivier）〕等的卵。蓖麻蚕卵还用于繁殖荔蝽平腹小蜂，米蛾、麦蛾还可繁殖草蛉防治棉花害虫。室内饲养菜粉蝶繁殖微红绒茧蜂（*Apanteles rubecula* Mashall）也有研究报道。

此外，利用豌豆彩潜蝇（*Chromatomyia horticola* Goureau）替代美洲斑潜蝇（*Liriomyza sativae* Blanchard），大量繁殖豌豆潜蝇姬小蜂〔*Diglyphus isaea*（Walker）〕得到了成功。

在 24℃ 恒温、相对湿度 65% ~ 70% 和充足光照条件下，美洲斑潜蝇和豌豆彩潜蝇卵、幼虫和蛹的平均发育历期无显著性差异，但豌豆彩潜蝇的雌、雄虫平均寿命均比美洲斑潜蝇长。在美洲斑潜蝇和豌豆彩潜蝇同时存在时，豌豆潜蝇姬小蜂对 2 种寄主均有较强的选择性。该蜂在 2 种寄主上的致死率、羽化率和子代蜂的雌性比率不存在显著差异；但在子代蜂的发育历期上差异显著。总体上来说，豌豆潜蝇姬小蜂在豌豆彩潜蝇上的羽化率和子代蜂的雌性比率要比美洲斑潜蝇上的高些，而且子代蜂在豌豆彩潜蝇寄主上的发育历期也显著短于其在美洲斑潜蝇寄主上的发育历期。将豌豆潜蝇姬小蜂以豌豆彩潜蝇为寄主连续饲养 5 代后回接到原始寄主美洲斑潜蝇上，与一直以美洲斑潜蝇为寄主饲养的该蜂相比，其平均致死率、羽化率和子代蜂雌性比率等不降反增，各项指标均有较明显提高。此外，从豌豆彩潜蝇寄主上获得的该蜂的发育历期要明显短于其在美洲斑潜蝇上的发育历期。豌豆彩潜蝇发育周期短、世代多、且繁殖量大；易获得、花费少、易于饲养管理；同时该寄主也是豌豆潜蝇姬小蜂的嗜食寄主，通过寄生该寄主能够使子代蜂顺利完成生长发育。这充分验证了豌豆彩潜蝇作为替代寄主的适合性（顾新丽，张礼生，2011）。

烟蚜茧蜂（*Aphidius gifuensis*）是蚜类害虫的优势寄生性天敌，经过对其潜在寄主烟蚜（*Myzus persicae*）、萝卜蚜（*Lipaphis erysimi*）、大豆蚜（*Aphis glycines*）、麦二叉蚜（*Schizaphis graminum*）、禾谷缢管蚜（*Rhopalosiphum padi*）、棉蚜（*Aphis gossypii*）、甘蓝蚜（*Brevicoryne brassicae*）等多种寄主的寄生适应性与子代发育特征研究，经过比较不同蚜虫寄主扩繁的烟蚜茧蜂在个体大小、回接寄生率、羽化率和性比等关键生防指标上的差异。证实烟蚜茧蜂对烟蚜和麦二叉蚜的寄生率较高，分别为 53.13% 和 51.83%，显著高于其他处理。利用麦二叉蚜繁育的烟蚜茧蜂除个体大小与烟蚜繁育者有差异外，在寄生率、羽化率、发育历期、雌性比例等指标均无显著差异，利用麦二叉蚜扩繁的寄生蜂后代对烟蚜亦有较高寄生率。结合扩繁周期、成本、时-空利用率等综合因素，利用麦二叉蚜作为扩繁烟蚜茧蜂的繁蜂寄主具有一定优势，可进一步优化扩繁工艺，促进烟蚜茧蜂天敌产品的开发与应用（张洁，张礼生，2013）。

三、田间或野外采集

主要用于研究或作为替代寄主不足时的补充。如采集松毛虫、灯蛾，使其产卵以繁殖赤眼蜂；采集三化螟 [*Scirpophaga incertulas*（Walker）]、莙荙白禾螟（*Scirpophaga praelata* Scopole）、黄尾蛀禾螟 [*Tryporyza nivella*（Fabricius）]、莎草禾螟（*Schoenobius ferficellus* Thunberg）以及水毛花白螟、席草白螟等卵块，繁殖螟卵啮小蜂（*Tetrastichus schoenobii* Ferriere）；也有用作大量繁殖的，如采集棉红铃虫 [*Pectinophora gossypiella*（Saunders）]、黄刺蛾（*Cnidocampa flavescens* Walker）、高粱条螟 [*Chilo venosatus*（Walker）]、玉米螟 [*Ostrinia furnacalis*（G ucnee）]、苹果顶芽卷叶蛾 [*Spilonota ocellana*（Denis & Schiffermullet）] 繁殖黑青金小蜂 [*Dibrachys cavus*（Walker）] 防治棉红铃虫。

应当指出的是，人工大量繁放天敌昆虫、应用于大面积生产实践中，仍局限于少数种类，其中，赤眼蜂类的成就最令人注目，主要是具备有适宜的转换寄主，而且寄主的饲养和繁蜂都可以实行机械化，如早在 20 世纪 80 年代，JL-20W 型卧式接蜂机在吉林省应用于机械化、工厂化扩繁赤眼蜂（王贵钧等，1989）；中国农业科学院生防室等通过对"五间繁蜂法"的引进、消化、吸收，研究出一套商品化生产丽蚜小蜂的技术（程洪坤，

1989）；马安宁等（1986）报道人工卵制卵机研制成功，刘志诚等（1988）报道用微电脑控制的卵寄生蜂人工寄主卵卡机样机研制成功，实现自动化连续操作，每小时能制1 200张卵卡，可供生产600万～700万头赤眼蜂之用。

21世纪以来，中国农业科学院植物保护研究所、中国农业科学院草原研究所、广东省农业科学院植物保护研究所、河北省农林科学院旱作农业研究所、吉林省农业科学院植物保护研究所、云南省农业科学院农业环境资源研究所、黑龙江省农业科学院齐齐哈尔分院、西藏自治区农牧科学院、东北农业大学、福建农林大学、中国农业大学、南京农业大学等单位，开展协作攻关，优化了扩繁天敌昆虫的技术参数，解决了替代寄主问题，扩繁效率显著提升。总结出"利用柞蚕卵、米蛾卵、麦蛾卵、蓖麻蚕卵扩繁赤眼蜂"、"利用豌豆彩潜蝇替代美洲斑潜蝇扩繁豌豆潜蝇姬小蜂"、"利用麦二叉蚜替代烟蚜扩繁烟蚜茧蜂"、"利用米蛾卵替代蚜虫粉虱扩繁捕食性螨"、"利用人工—半人工饲料扩繁草蛉、瓢虫"、"利用黏虫替代草地螟扩繁阿格姬蜂"等10余项核心技术。攻克了出蜂率低、青卵率高、残次品多、自动收集等技术瓶颈10余个，生产成本降低15%，出蜂率提高5%，青卵率降低5%，残次品率降低8%。

建立了生防作用物产品规模化生产线，完善了生产规程和产品标准。试制了生产扩繁设备，设计完善产品包装与储运保护装置。试制了米蛾卵自动收集器、人工卵卡机、人工饲料制备器、寄生蜂收集器、赤眼蜂繁蜂箱、食蚜瘿蚊育苗盆、发酵用固态载体灭菌塔等12件工厂化生产关键设备，提高了工厂化生产效率，攻克了产品污染、死亡率高等技术难题。建立了具有我国自主知识产权的生物防治作用物产品生产线4条，可工厂化生产松毛虫赤眼蜂、玉米螟赤眼蜂、稻螟赤眼蜂、螟黄赤眼蜂、丽蚜小蜂、平腹小蜂、豌豆潜蝇姬小蜂、烟蚜茧蜂、半闭弯尾姬蜂、食蚜瘿蚊、烟盲蝽、七星瓢虫、多异瓢虫、红肩瓢虫、小黑瓢虫、大草蛉、中华通草蛉（日本通草蛉）、蠋蝽、烟盲蝽等20余种天敌昆虫，产品防控对象涵盖了我国重要农业病虫害类群，部分产品填补国内空白，产能达年各种天敌昆虫累计800亿头。建立了生物防治作用物工厂化生产规程，制订了天敌昆虫产品质量标准和应用技术标准，实现了天敌生产的规范化和产品产出与质量的稳定性。

第四节　天敌昆虫的应用

一、天敌昆虫的利用原则

1. 安全性原则

天敌昆虫的利用，首先要考虑安全性，安全问题主要包括两个方面，一是对生态环境的安全，不能因为释放天敌对当地生态环境造成破坏；二是对生物的安全，生物包括人、动物、有益昆虫和有益植物等。在生态安全方面，如在人工扩繁天敌昆虫时，必须杜绝在人工饲料内加入对环境有危害的化学物质，不能在防治虫害的同时，而又造成另一种污染，这一种污染可能比使用化学农药的危害更大。在使用天敌昆虫防治害虫时，还要考虑它是否会对食物链中某一关键因子起作用，以免本地生态系统食物链的破坏，使当地生态系统崩溃。在生物安全方面，特别是防治杂草的天敌昆虫，在释放前必须进行广泛的取食和寄主选择性试验，确保该天敌不会取食其他植物，甚至成为危害另外植物的害虫。

2. 高效天敌昆虫优先利用的原则

每种害虫都有一种或若干种天敌，但其抑制害虫的能力、作用时间等都有差别，相对而言，一定有某种天敌昆虫的控制能力更强，是控制该害虫的主导控制因子，因此人工繁育和利用该种天敌昆虫，以其控制害虫将最可能成功。由于各地自然和人为因素的差别，同种害虫在各地的主导天敌因子或有不同，在释放时这一点也需要注意。

3. 释放和保护相结合的原则

通过大量释放天敌昆虫，可迅速提升生态系统中的天敌种类及数量，控制农林害虫种群增长。然而，考虑到生产成本、产品供给能力，在数以亿亩的农田中，大面积应用天敌昆虫存在不少困难。生产实践中，对天敌昆虫的保护显然是一种更经济有效的途径。对天敌昆虫的保护可采取如下措施：创造天敌生存和繁殖的条件，为天敌食物提供栖息和营巢的场所，改善小气候环境和保护越冬，注意生物防治与农业防治、物理防治、化学防治等防治方法的协调配合，避免和减少直接杀伤天敌，调整施药时间以躲开天敌繁殖期、盛发期，改进用药的方法和技术，即使要用生物性药剂，也不在植物生长前期施用，以保护春季的天敌初始种群，或采用隐蔽式施药方法（如处理种子）等，从而发挥天敌对害虫的自然控制作用。

近年来，随着现代生物测试技术的发展，欧美等发达国家，围绕天敌昆虫的保育与控害，针对金小蜂、蚜小蜂、姬小蜂、赤眼蜂、瓢虫、草蛉、捕食螨等优良天敌昆虫类群，进行了天敌昆虫与生境的相容性（Tobias，2012；Douglas，2010）、庇护植物及蜜源植物等对天敌昆虫促生机理（Heimpel，2013）、保育因子对天敌昆虫的习性及行为塑造（Jervis，2012；Matthew，2010）、天敌定殖性调控因子及其效应分析（Shahid，2012）、发育调控及滞育后生物学特征（Denlinger，2013）、复杂生境下天敌控害效应及机理等研究（Emily，2013；Jeffrey，2013），取得了显著的研究成果，促进了天敌昆虫保育及控害理论体系的空前发展，个别研究方向成为国际昆虫学科的研究热点。

目前，我国天敌昆虫的应用面积比较小，连同天敌保育的面积在内，约占耕作面积的2%。究其原因，一方面限于天敌昆虫产业尚处起步阶段；另一方面，则是囿于天敌昆虫保育机理不明、关键因子不清。故此，围绕天敌昆虫的保育和应用，充分利用天敌昆虫在农田生态系统中保育及控害的特征，探索天敌昆虫与营养、生境、生物多样性间的反馈、协同与相互作用，提升对天敌昆虫保护和利用的水平，促进我国天敌昆虫保护及应用，提升对农业有害生物的防控效果。

二、天敌昆虫产品的应用技术

农业病虫害的科学防控，应坚持"预防为主，综合防治"的指导思想，从害虫与环境的整体观念出发，本着"安全、有效、经济、简便"的原则，合理利用生物的、农业的、物理的、化学的，以及一切有效的生物学、生态学方法，因地因时制宜，把害虫控制在经济危害水平之下，确保作物丰产和人畜安全。

在天敌昆虫产品的综合应用方面，应优化相关的单项技术，开展有机的链接与组合，针对防治对象多样性进行技术数量匹配和针对生态环境特殊性进行技术投入量平衡，克服单项技术作用互抑和功能重叠等消极因素，极大的发挥组装技术大于单项技术简单之和的系统优势，通过对生物防治措施中天敌昆虫、杀虫微生物、杀菌微生物等生物农药单项技术的比对挑选和有机嵌合，与农业防治中的采用抗性品种、轮作混作、调整栽培布局、做好田间卫生等方法；物理防治中的灯光诱杀、性诱杀、色板诱杀、高温消毒、翻耕等方法，生态多样性调控中的生物搭配、伴生植物选择、蜜源植物增植等无害化技术的组装，与化学防控技术的协调，实现以生物防治为主导，各种环境友好型技术的横向互补和纵向接力，构建起农田和草原生态时空立体可持续的绿色控害技术网络。

多年来，发挥生物防治作用物产品特点，结合作物类型与病虫害发生规律，我国不同科研单位研发了多项轻简化实用技术，如在山东日照地区凝练并推广的"助迁土蜂防治地下害虫蛴螬"技术；在东北平原"赤眼蜂防治向日葵螟"技术，"天敌昆虫综防大豆食心虫"技术；以及"广赤眼蜂防治菜青虫"、"水稻全程主要病虫害无公害防控技术""芽孢杆菌制剂防治水稻病害"、"白僵菌复合防控大豆食心虫、玉米螟"、"绿僵菌制剂防控蝗虫、蛴螬"、"弯尾姬蜂防控小菜蛾"、"伞裙追寄蝇防草地螟"、"保护瓢虫防治青稞蚜虫"、"招引苹果绵蚜蚜小蜂防治苹果绵蚜"等轻简化技术，有效促进了我国生物防治天敌昆虫与生物制剂研发核心技术的提升。

三、利用天敌昆虫产品在内的生物防治体系在我国的应用

进入 21 世纪以来，我国相关生物防治研究优势单位，开展科研协作，在全国范围内，建立了 6 个跨区域生态康复型绿色控害技术推广应用示范区，覆盖我国东北、华北、华中、华南、西南及内蒙古、西藏边疆区共 16 个省区，建立 100 余个示范基地和示范点，涵盖玉米、大豆、花生、水稻、蔬菜、甘蔗、柑橘、苹果、向日葵等多种农作物，示范区内减少农药使用量 30% 以上，有效地控制了病虫草害的发生，获得了巨大的经济效益、社会效益和生态效益。以下内容的统计数据来源于各省、市农业主管部门。

1. 东北大豆、玉米、葵花生物防治技术推广应用区

在我国东北黑龙江、吉林省粮食作物和经济作物主产区，以大豆、玉米、葵花和蔬菜为主要作物区系，示范应用项目组扩繁的赤眼蜂、白僵菌制剂等生防措施，结合各种生态调控措施，开展重要害虫大豆食心虫、玉米螟、葵螟的综合治理。据统计，从 2011—2013 年，累计示范面积 4 808 万亩，经济效益 27.94 亿元。其中，在黑龙江齐齐哈尔地区开展赤眼蜂防治玉米螟面积达到 2 175 万亩、防治向日葵螟 26 万亩，经济效益 19.2 亿元，应用区内对玉米螟平均防效达到 69.08%，对向日葵螟平均防效达到 66.95%；在黑龙江哈尔滨、牡丹江、佳木斯、黑河等地区开展大豆蚜和大豆食心虫综合防治技术体系，推广面积 1 517 万亩，防治效果达到 80% ~ 90%，产生经济效益 8.74 亿元；在吉林全省境内推广应用白僵菌防治玉米螟面积 1 090 万亩，经济效益 9.23 亿元，示范区内减少 50% 用量化学农药，产品质量逐步提高，生态环境指标显著提高。

（1）大豆害虫绿色控害技术集成与示范

A. 大豆食心虫绿色控害技术示范区：

主要集中在牡丹江地区，示范技术主要包括利用昆虫卵寄生蜂赤眼蜂、昆虫性诱剂和昆虫病原真菌白僵菌防治大豆食心虫，对大豆食心虫各个虫态进行防治。参加单位为东北农业大学、牡丹江市农业技术推广总站和宁安市海浪镇农业技术推广站。试验结果分析表明，单独使用性诱剂和赤眼蜂防治大豆食心虫的示范效果分别为 39.08% 和 43.78%，两

者之间差异不显著，三种技术同时使用，防治效果有显著提高达 62.66%，三者都有明显的增产效果，有明显的增产效果（9.09%），说明运用集成的生物防治技术能够明显地提高防治效果。该技术的推广有利于农田生态系统的康复。综合配套技术为合理的增加使用生物技术防治大豆田害虫，减少化学农药的使用量及使用次数，减少化学农药对人、畜和环境的影响，提高大豆的品质，提供了理论基础及实验依据，是有效地完成本项目任务必不可少的环节。

根据大豆田昆虫种类、主要害虫种类、优势天敌昆虫种类及期发生时间的先后、发生量的情况分析，优化集成对大豆主要害虫大豆蚜及大豆食心虫的防治技术与协调应用试验（图 1-3，图 1-4）。

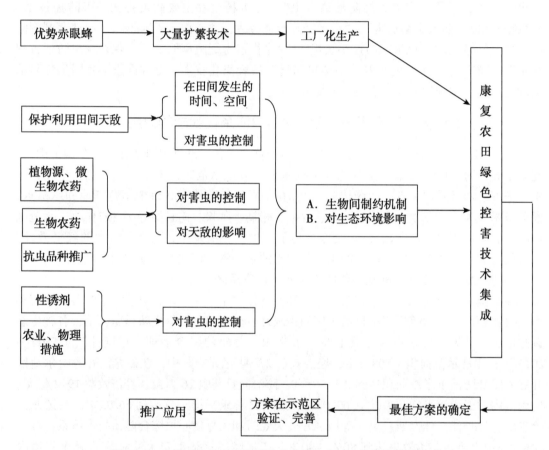

图 1-3　生物防治作用物利用及生物防治为核心的控害技术集成

大豆食心虫的生物防治集成：

①性诱剂＋赤眼蜂＋白僵菌：在大豆食心虫发生前期使用性诱性诱杀成虫，在其成虫发生高峰期释放赤眼蜂（螟黄赤眼蜂），在秋季大豆食心虫脱荚时，用白僵菌封垄，减少越冬的虫口基数达到控制大豆食心虫的目的。

②性诱剂＋熏蒸＋白僵菌：在大豆食心虫发生前期使用性诱性诱杀成虫，在其成虫发生高峰期利用药剂熏蒸降低田间的成虫数量，在大豆食心虫脱荚时，用白僵菌封垄，减少越冬的虫口基数达到控制大豆食心虫的目的。

③当田间虫口数量少时，可选择其中的两种方式来组合，这样有利于降低成本。

④可根据当年的气候、田间等等具体情况来选择这两种生物防治方式。

B. 大豆蚜生物防治集成：

加强大豆蚜发生前期、中期和后期的天敌控制，根据大豆蚜及其天敌在田间的发生情况选用高效低毒、对天敌伤害小的化学农药，如 10% 吡虫啉可湿性粉剂，10% 吡虫啉可湿性粉剂虽然在增产和速效性方面稍有逊色，但对敌伤害小，在天敌与农药共同作用下，能够达到控制大豆蚜为害的目的，又有利于农田生态系统康复。

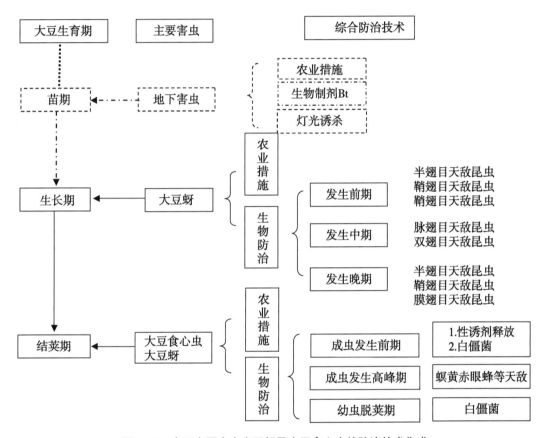

图 1-4　大豆主要害虫大豆蚜及大豆食心虫的防治技术集成

C. 成果示范应用情况与推广前景：

主推技术为大豆害虫综合防治技术和对大豆食心虫的生物防治技术。构建一套大豆蚜和大豆食心虫综合防治技术体系，并进行了生物防治技术集成，在 2 个示范区进行了试验示范，防治效果达到 80% ~ 90%；明确了利用性诱剂诱捕大豆食心虫成虫时期，确定了诱芯的有效诱蛾距离和田间持效期，生物防治中赤眼蜂防治效果显著好于性诱剂的防治效果。对大豆食心虫进行了生物防治技术集成，并将该技术应用于实验示范基地。

从 2009 年开始推广应用大豆害虫生物防治技术，自 2011—2013 年间在哈尔滨市的巴彦县、依兰县、宾县等主要大豆产区，推广应用大豆害虫生物防治技术和大豆食心虫生物防治策略研究技术成果，利用大豆食心虫赤眼蜂、性诱剂、白僵菌等进行推广应用 453 万亩，对大豆食心虫防治效果显著，增产效果显著。平均每亩增产 12.5kg，折合 3 年累计新增产量 4 662.5万 kg，3 年累计新增经济效益 22 814.65万元；推广这项技术后，平均每亩减少农药施用量 25%，每万亩减少使用杀虫剂 200kg、节省农药经济成本 8 000元/万亩，3 年累计节支 362.4 万元，减少化学杀虫剂用量 90.6t。综合上述节本增收，累计产生经济效益 22 740.05万元。应用生物防治技术后，防治大豆食心虫效果明显，大豆虫食率降低，对于大豆品质起到了重要作用。经过调查，田间天敌昆虫数量显著提高，平均比常规防控技术高了 46%，天敌对其他目标害虫大豆蚜的自然控制作用明显加强。

自 2011—2013 年在黑龙江省佳木斯市的富锦、同江、扶远、桦南等主要大豆产区，推广应用大豆害虫生物防治技术和大豆食心虫生物防治策略研究技术成果，利用大豆食心虫赤眼蜂、性诱剂、白僵菌等进行推广应用 455 万亩，对大豆食心虫防治效果显著，增产效果显著。平均每亩增产 12.5kg，折合 3 年累计新增产量 5 687.5万 kg，3 年累计新增经济效益 24 317.5万元；推广这项技术后，平均每亩减少农药施用量 25%，每万亩减少使用杀虫剂 200kg、节省农药经济成本 8 000元/万亩，3 年累计节支 364 万元，减少化学杀虫剂用量 91t。综合上述节本增收，累计产生经济效益 27 661.75万元。应用生物防治技术后，防治大豆食心虫效果明显，大豆虫食率降低，对于保障大豆品质起到了重要作用。经过调查，田间天敌昆虫数量显著提高，平均比常规防控技术高了 48.67%，天敌对其他目标害虫大豆蚜的自然控制作用明显加强。

自 2011—2013 年在黑龙江省牡丹江市的宁安市、林口县等主要大豆产区，推广应用大豆害虫生物防治技术和大豆食心虫生物防治策略研究技术成果，利用大豆食心虫赤眼蜂、性诱剂、白僵菌等进行推广应用 162 万亩，对大豆食心虫防治效果显著，增产效果显著。平均每亩增产 6.25kg，折合 3 年累计新增产量 2 025万 kg，3 年累计新增经济效益 8 684万元；推广这项技术后，平均每亩减少农药施用量 25%，每万亩减少使用杀虫剂 125kg、节省农药经济成本 8 000元/万亩，3 年累计节支 129.6 万元，减少化学杀虫剂用量 32.46t。综合上述节本增收，累计产生经济效益 9 874.7万元。应用生物防治技术后，防治大豆食心虫效果明显，大豆虫食率降低，对于大豆品质起到了重要作用。经过调查，田间天敌昆虫数量显著提高，平均比常规防控技术高了 50.67%，天敌对其他目标害虫大豆蚜的自然控制作用明显提升，取得了明显的生态效益和社会效益。

黑龙江省黑河市从 2011 年开始推广应用国家公益性行业（农业）专项研究中的大豆害虫生物防治技术，自 2011—2013 年在黑河市的嫩江、北安、逊克、爱辉等主要大豆产区，推广应用大豆害虫生物防治技术和大豆食心虫生物防治策略研究技术成果，利用大豆食心虫赤眼蜂、性诱剂、白僵菌等进行推广应用 447 万亩，对大豆食心虫防治效果显著，增产效果显著。平均每亩增产 12.5kg，折合 3 年累计新增产量 5 587.5万 kg，3 年累计新增经济效益 23 866.5万元；推广这项技术后，平均每亩减少农药施用量 25%，每万亩减少使用杀虫剂 200kg、节省农药经济成本 8 000元/万亩，3 年累计节支 357.6 万元，减少化学杀虫剂用量 89.4t。综合上述节本增收，累计产生经济效益 27 151.95万元。应用生物防治技术后，防治大豆食心虫效果明显，大豆虫食率降低，对于大豆品质起到了重要作用。经过调查，田间天敌昆虫数量显著提高，平均比常规防控技术高了 44.33%，天敌对其他目标害虫茄无网蚜和大豆蚜等的自然控制作用明显提高。

从示范区防治效果上看，使用大豆食心虫生物防治技术集成技术防治大豆食心虫，可直接减少农药的使用量，农药使用量仅为原来的1/3，在农田生态系统害虫的控制作用中，天敌的控制作用在50%以上，作物抗性和其他生态因素的调控作用占40%，天敌与抗性的综合控制作用超过80%。从这个角度来考虑，运用生态控制手段所获效益更可观，该方法无论是对人类健康还是对生态环境都是极为有利的，即便从纯经济效益的角度出发，它也是优于使用化学防治方法的，值得大面积研究推广使用，具有良好的推广前景。但由于其技术要求较高，且工厂化生产的程度较低，还未形成商品化生产，因而要进行大面积推广使用还要做很多准备。

（2）赤眼蜂防控玉米螟、向日葵螟技术应用与示范

黑龙江省农业科学院齐齐哈尔分院于2011—2013年，在齐齐哈尔地区的讷河市、龙江县、甘南县、依安县、泰来县、富裕县、克山县、克东县等地"应用赤眼蜂防治玉米螟"技术，3年内共计推广应用面积2 175万亩。通过连续3年专家调查及田间测产，赤眼蜂防治玉米螟技术田间平均防治效果达到70%，3年平均每亩挽回玉米损失40.57kg，3年累计新增产量88.24万t，新增总产值176 479.5万元（扣除标准水，3年平均收购价2.00元/kg计算）；应用该技术防效好，节本增收效果显著。推广赤眼蜂防治玉米螟技术后，平均每亩减少农药施用量245g（5%辛硫磷·毒死蜱颗粒剂有效含量），节省农药经济成本9.8元、人工成本50元，3年累计节支120 277.5万元，减少化学农药用量5 328.75t。3年增产及节本增收累计产生总经济效益186 521.91万元，投入产出比1∶19，经济效益十分显著。

赤眼蜂防治玉米螟技术的推广应用，在取得良好经济效益的同时，也取得了很好的社会及生态效益。推广赤眼蜂防治玉米螟技术，不但玉米螟防治效果显著，同时，极大的减少化学农药的使用量，田间天敌昆虫种群得到恢复，人畜中毒事件显著降低；对保障黑龙江省千亿斤粮食产能工程及农产品质量安全，建设绿色农业大省和生态强省具有深远影响。赤眼蜂防治玉米螟技术应用以来，得到各级政府及农民的广泛认可，具有广阔应用空间，对建设环境友好型农业及实现农业可持续发展都具有重要意义。

2011—2013年，在黑龙江省甘南县辖下甘南镇、音河镇、平阳镇、东阳镇、巨宝镇、长山乡、中兴乡、兴隆乡、宝山乡、查哈阳乡10个乡镇，以及双河、查哈阳2个农场首次使用并大规模推广"赤眼蜂防治向日葵螟"技术，3年内共计推广应用面积26万亩。通过连续3年专家调查及田间测产，赤眼蜂防治向日葵螟技术田间平均防治效果达到65%，3年平均每亩挽回向日葵损失29.5kg，3年累计新增产量0.767万t，新增总产值7 670万元（3年平均收购价10.00元/kg计算）；该技术解决了向日葵螟防治难的问题。推广赤眼蜂防治向日葵螟技术后，平均每亩减少农药施用量10g（2.5%溴氰菊酯有效含量），节省农药经济成本0.92元、人工成本50元，3年累计节支1 108.19万元，减少化学农药用量0.065t。3年增产及节本增收累计产生总经济效益5 517.26万元，投入产出比1∶25，经济效益十分显著。

黑龙江省甘南县是"中国向日葵之乡"，由于连年种植，向日葵螟发生逐年加重。由于向日葵属高秆密植作物，化学药剂施用困难且易造成人员中毒，并且对授粉昆虫杀伤严重，严重影响葵花籽产量及品质，使得农民种植积极性下降，面积逐年缩小。赤眼蜂防治向日葵螟技术的推广应用，解决了向日葵螟防治的难题。该项技术属于生物防治，不污染环境、不杀伤天敌、对人畜安全，得到广大农民的认可。推广赤眼蜂防治向日葵螟技术，

不但向日葵螟得到控制，葵花籽产量也得到提高，田间天敌昆虫种群得到恢复，人畜中毒事件显著降低；对甘南县向日葵种植面积的恢复及扩大具有重要意义。

（3）利用白僵菌防控玉米螟技术应用

吉林省农业科学院植保所近年来组织进行了大面积推广应用。自 2011—2013 年间在吉林省四平地区的公主岭市、梨树县、双辽市，松原地区的宁江区、乾安县、长岭县，白城地区的洮南市、通榆县、镇赉县，辽源地区的东丰县等主要玉米产区推广"应用白僵菌封垛防治玉米螟"技术，3 年内共计推广应用面积 1 090 万亩。

通过专家田间调查及测产，白僵菌封垛防治玉米螟技术田间平均防治效果超过 60%，平均每亩挽回玉米损失 37.50kg 以上，3 年累计新增产量 40.88 万 t，新增总产值 81 750 万元（扣除标准水后每千克玉米按 2.00 元计算）；该技术不但田间增产，还有节本增收的功效。推广白僵菌封垛防治玉米螟技术后，平均每亩减少农药施用量 35g（5% 辛硫磷颗粒剂有效含量），节省农药经济成本 10 元、人工成本 50 元，3 年累计节支 65 182 万元，减少化学农药用量 3 815t。3 年增产及节本增收累计产生总经济效益 92 349.16 万元，投入产出比 1 : 20 以上，经济效益十分显著。

该技术的推广应用，也取得了很好的社会及生态效益。推广白僵菌封垛防治玉米螟技术后，不但玉米螟得到了有效控制，而且大幅度减少了化学农药的使用，田间天敌昆虫、有益微生物种类和数量显著提高，人畜中毒事件显著降低；推动了农民发展绿色农业、生态农业的积极性，保障了吉林省"生态省建设、可持续发展"战略的实施。吉林省是玉米主产区，实施白僵菌封垛防治玉米螟技术之后，不但粮食增产、农民增收、农业增效，而且对保障农业生产安全、农业生态环境安全、提高农产品质量安全，增强农产品市场竞争力，实现农业可持续发展都发挥了重要作用。

2. 京津冀鲁蔬菜、果树生物防治应用示范区

近年来，在北京怀柔、密云；天津宝坻、蓟县、西青、武清；河北廊坊；山东日照等地区，以大田和设施蔬菜、果园为主，应用项目组扩繁的生防产品，结合物理调控、种植模式调整、生态优化等多项措施，开展针对蔬菜病虫害的综合防控技术应用与示范。

自 2011—2013 年在天津市宝坻、武清、蓟县、宁河、西青、北辰、津南等蔬菜、水稻、玉米产区，推广应用赤眼蜂、蚜茧蜂、瓢虫、捕食螨等天敌昆虫，结合生态调控，配以杀虫灯、性诱剂、彩色板等物理防治技术和生物农药综合防治措施控制螟虫、蚜虫、粉虱、韭蛆、甜菜夜蛾等农业害虫，3 年累计推广应用面积 170 万亩，其中，蔬菜 65 万亩、水稻 10 万亩、玉米 95 万亩。经测算，在技术推广应用区内，平均每亩增产蔬菜 55kg、水稻 27kg，玉米 20.5kg，折合累计新增产量蔬菜 3.575 万 t、水稻 0.27 万 t、玉米 1.845 万 t，小计 5.69 万 t，3 年累计新增经济效益 2.608 亿元；推广上述生防技术后，每亩平均减少农药施用量 0.02kg，折算成本 16 元，3 年累计节支 2 640 万元，减少化学农药用量 34t。综合上述节本增收，累计产生经济效益 2.872 亿元。

应用以天敌昆虫为主的优质生物防治作用物，结合物理防治技术及生态调控等综合防治措施后，天津市蔬菜、水稻、玉米虫害得到有效控制，对无公害农产品生产起到了重要的保障作用，农产品农药残留量明显下降，农产品质量显著提升，经调查，田间天敌昆虫、有益微生物种类和数量显著提高，分别提高了 20% 以上，取得了显著的生态和社会效益。

在山东省日照市，结合该市农业生产特点，合理种植红麻、绿豆、番薯等蜜源植物招引和保护臀钩土蜂，结合绿菌、白僵菌制剂防控蛴螬；利用枯草芽孢杆菌制剂等生物农药防控花生叶斑病等病害；利用引诱剂、种植模式调整等措施防治果树食心虫，效果明显。针对花生、果树、茶叶、水稻、蔬菜等山东省主要粮食作物及经济作物，在平原、丘陵、滨海等不同种植区内应用上述技术体系，建立技术应用与示范基地22个，技术辐射面积基本涵盖了日照市全境农田。对蔬菜病虫害的绿色控害示范基地，通过保护地黄瓜、番茄、辣椒、菜豆等蔬菜上采取先期低量介入、及时补充接力释放、适时人工助迁烟盲蝽、龟纹瓢虫、蚜茧蜂、丽蚜小蜂、草蛉、豌豆潜蝇姬小蜂等天敌昆虫，并辅以农艺、物理及生物农药等措施，有效控制了温室白粉虱、蚜虫、斑潜蝇等害虫的为害，综合防效达80%以上。通过使用枯草芽孢杆菌、白僵菌、绿僵菌等生防菌剂，结合生态调控措施，有效控制了白粉病、霜霉病、灰霉病、疫霉病、炭疽病、晚疫病、青枯病等病害的发生为害，防治效果达75%以上。基地生产的番茄、黄瓜、辣椒、菜豆、芹菜、冬瓜等蔬菜产品，经农药残留测试检测，未检出化学杀虫剂。山东省日照市植物保护站自2009以来，应用农业害虫生物防治技术，在花生、小麦、果树、蔬菜、茶叶等作物产区开展应用，防控蛴螬、蚜虫、粉虱等主要农业害虫。2011—2013年，3年累计推广应用该技术848万亩，累计挽回产量损失52.43万t，累计新增总产值352 350万元，累计增加经济效益192 936万元。通过该技术的应用，增加了生物多样性，天敌数量明显增多，作物产量和品质都有明显提高，还对周边地区起到了示范带动作用，提升了农民对农作物病虫害的绿色控害技术理念，减少了化学农药使用量，降低了环境污染，保护了人畜健康安全，取得了明显的社会效益、经济效益和生态效益。

3. 江苏水稻生物防治应用示范区

江苏省农业科学院植物保护研究所、南京农业大学、中国农业科学院植保所等单位在江苏省兴化、姜堰、丹阳、武进、泗阳等市县累计建立水稻病虫害生物防治技术集成示范区，采用无纺布覆盖秧田防治灰飞虱、小苗机插秧－延期播种避开灰飞虱一代成虫迁入高峰和一代螟虫发蛾高峰；稻鸭共作控制田间杂草和稻飞虱、纹枯病；利用振频式杀虫灯诱杀水稻害虫，并将害虫作为鸭饲料，形成生态循环；释放稻螟赤眼蜂防治稻纵卷叶螟；使用生物农药防治水稻病虫害（枯草芽孢杆菌防治纹枯病和稻曲病、春雷霉素防治稻瘟病、绿僵菌、BT、阿维菌素、甜核·苏云菌防治纵卷叶螟和稻飞虱）；在迁飞性害虫大量迁入时，应急使用高效低毒、低残留的化学农药进行药剂防治；通过采用弥雾机下倾喷雾技术和添加适量的助剂，可实现农药减量使用30%。

自2011—2013年在江苏省水稻种植区推广应用芽孢杆菌类生物杀菌剂防治水稻纹枯病、稻曲病，3年累计推广面积2 178万亩，平均每亩增产稻谷15kg，折合新增产值为30元，3年累计新增经济效益为65 340万元；推广该项技术后，平均每亩化学农药成本3元，施药用工费用10元，3年累计节支省工28 314万元。合计总经济效益为93 654万元。江苏省是我国水稻主产区，实施芽孢杆菌类生物杀菌剂生物防治水稻纹枯病、稻幅度减少了农药使用量，农药残留量明显下降，水稻品质显著提升，为生产无公害优质稻米提供有力的技术支撑，推动了农民种田积极性，取得了良好的经济、生态和社会效益。

4. 粤闽滇的蔬、蔗、橘生物防治应用示范区

在我国华南、西南的广东、广西、福建、云南等地，针对蔬菜、柑橘、甘蔗、荔枝大面积种植区，防治对象为重大害虫小菜蛾、甘蔗螟虫、荔枝蝽象和橘小实蝇等。

广东省农业科学院植物保护研究所等单位自 2011—2013 年在广东省湛江、韶关、珠海、深圳、茂名以及广西等主要甘蔗、柑橘和荔枝产区推广利用螟黄赤眼蜂防治甘蔗螟虫技术累计 132 万亩，推广利用捕食螨防治柑橘害螨技术 1.5 万亩，推广利用平腹小蜂防治荔枝蝽技术 1 万亩，取得显著经济效益和社会效益。

甘蔗推广示范区平均每亩增产 46.5kg，3 年累计新增产量 6.14 万 t，甘蔗 480 元/t，3 年累计新增总产值 2 946.24 万元，推广利用赤眼蜂防治甘蔗螟虫技术后，每亩放蜂成本 3 元，平均每亩减少农药施用量 20g，节省农药经济成本 4 元、人工成本 2 元，3 年累计节支 396 万元，减少化学农药用量 26.4t。综合上述节本增收，3 年累计产生经济效益 3 342.24 万元。柑橘推广示范区平均每亩减少农药施用 1.5kg，平均每亩节约农药成本 77 元，人工成本 49 元，减去每亩释放捕食螨成本 56 元，平均每亩节支 70 元，3 年累计节支 105 万元；柑橘每亩产量 3 500kg，采用绿色防控技术后每千克售价增加 0.2 元，每亩增收 700 元，3 年累计增收 1 050 万元。综合上述节本增收，3 年累计产生经济效益 1 155 万元。荔枝推广示范区平均每亩增产 65kg，累计新增产量 0.065 万 t，荔枝每千克售价 20 元，3 年累计新增产值 1 300 万元，减去每亩放蜂成本 120 元，3 年累计产生经济效益 1 180 万元。3 年合计经济效益共 5 677.24 万元。

通过推广应用优质生物防治作用物赤眼蜂、平腹小蜂和捕食螨，不仅使广东地区重要作物甘蔗、柑橘和荔枝重要虫害得到有效控制，而且显著减少了农药使用，保护了农业生态环境，调查发现田间天敌昆虫、有益微生物种类和数量显著增多，是常规化防田的 2 倍以上，农产品农药残留量明显下降，产品品质显著提升。广东省是甘蔗、柑橘和荔枝主产区，通过推广应用上述生物防治技术，促进了上述产业向绿色、健康、甚至是有机种植方向发展，提高了农户绿色种养的意识和积极性，保障了广东省农业生态文明建设战略的实施，取得了显著的经济、生态和社会效益。

小菜蛾是我国十字花科蔬菜重要害虫，为害严重，由于其抗药性极强，防治难度大，导致防治成本增加、农田生态环境恶化等一系列的经济、生态和社会问题。云南省农业科学院农业环境资源研究所针对小菜蛾这一严重问题，采取了以天敌昆虫半闭弯尾姬蜂控制为主的小菜蛾生物防治关键技术，在昆明市进行了逐年的推广应用，对小菜蛾危害起到了优势的经济、安全、持续和有效地自然控制作用。自 2009 年起在昆明市推广应用以半闭弯尾姬蜂为主的小菜蛾生物防治技术，5 年以来推广应用面积 70.5 万亩次，半闭弯尾姬蜂发挥了对小菜蛾有效、持续的控制作用，使得每亩次减少农药使用 3 次，农药施用量减少 120ml，节省农药经济成本 31.20 元、人工成本 60 元，合计节支 91.20 元/亩次，结合提高了产品质量，从而提升了产品产值，新增纯收益 41 679.6 万元，累计产生经济效益 24 836.87 万元，推广投资年均纯收益率 14.09 元/元，取得良好的经济效益。

弥渡县是云南省蔬菜主产区，自 2009 年起开始推广应用以半闭弯尾姬蜂为主的小菜蛾生物防治技术。从 2009 年至今在蔬菜主产区的西兰花等蔬菜上进行了此项技术的推广应用。4 年多以来推广应用此技术 9.9 万亩次，半闭弯尾姬蜂发挥了其有效持续的控制作用，使得每亩次减少农药使用 3 次，农药施用量减少 120ml，节省农药经济成本 31.20 元、人工成本 60 元，合计节支 91.20 元/亩次，结合提高了产品质量，从而提升了产品产值，新增纯收益 5 536.08 万元，累计产生经济效益 3 487.73 万元，推广投资年均纯收益率

10.98 元/元，取得良好的经济效益。

应用综合性防控技术后，小菜蛾得到有效持续的控制，缓解了农药对农田的污染和残留，产品农药残留量明显下降，保护环境的同时保护和增加了田间天敌的数量和种类，增加了农田生态系统的多样性，获得了较好的生态效益；通过应用该技术和技术培训，农民认识和了解了生物防治技术，提高了农民减少农药使用和有害生物综合防治意识以及保护天敌资源意识，推动了农民使用生物防治技术的积极性，形成了在广大农民中谈生物防治技术，用生物防治技术的良好社会局面，取得了良好的社会效益。

5. 内蒙古草原生物防治应用示范区

中国农业科学院草原研究所等单位，针对草地螟等猖獗危害的害虫，在内蒙古包头达茂旗、乌兰察布市四子王旗、锡林郭勒盟镶黄旗等 12 个地区设立防控示范区，对以杀虫真菌（绿僵菌、白僵菌）和寄生性天敌为主体草原主要害虫防治技术进行田间示范推广。通过对草地害虫及天敌的系统研究，已经形成了一套包括天敌昆虫繁殖和释放利用的技术、绿僵菌防治草原蝗虫的技术、牧鸡防蝗技术、白僵菌防治草地螟的技术、性诱剂防治草地螟的技术及杀虫真菌和生物农药混用技术等各种技术措施配套协同防治草地害虫的技术体系。

该技术成果在内蒙古乌兰察布市（四子王旗）、锡林郭勒盟（镶黄旗、苏尼特右旗、东乌珠穆沁旗和多伦县）、阿拉善盟（阿拉善左旗）、巴彦淖尔市（乌拉特前旗和乌拉特中旗）、包头市（达茂旗）、赤峰市（林西县、巴林左旗、巴林右旗）、呼和浩特市（托克托县、和林县和武川县）、兴安盟等地建立示范核心区和技术示范推广核心区进行了推广应用。统计 2011—2013 年，累计推广应用面积已达到 2 882 万亩，取得经济效益 2.83 亿元。实现了生防效果达到 70% 以上，降低化学农药的用量 50% 以上，使草地生产力分别提高 15% 以上的既定目标，使草地螟和蝗虫等草地害虫得到了有效控制，降低了化学农药的使用量与残留量，为减少环境污染、康复草原生态奠定了重要基础。五年共推广应用技术近 3 198 万亩，挽回牧草产量损失 184 万 t，新增总产值 55 200 万元，累计增加经济效益 30 585 万元。

在内蒙古锡林郭勒地区，主要在锡林郭勒盟东乌珠穆沁旗、镶黄旗、阿巴嘎旗、多伦县等地区不同类型草原区、农牧交错区等天然草地、人工草地对草原蝗虫、草地螟进行防治。利用大型机械喷施绿僵菌、白僵菌油剂和植物源农药，牧鸡灭蝗技术及生态治理防治草原害虫，防效明显，并减少了化学农药的用量，使草原生态环境得到明显改善，促进了草原生态康复。五年共推广应用技术近 793 万亩，挽回牧草产量损失 47 万 t，新增总产值 13 980 万元，累计增加经济效益 8 528 万元。

在内蒙古兴安盟，主要在兴安盟科右中旗、突泉县等地利用大型机械喷施白僵菌和植物源农药，性诱剂诱捕及生态措施防治草地螟。在有效控制草地螟发生与危害的同时，天敌种类和数量比实施前显著增加，减少了化学农药的用量，使草原生态环境得到明显改善，农牧业增产增收。5 年共推广应用技术近 400 万亩，挽回农作物及牧草产量损失 19.9 万 t，新增总产值 6 634 万元，实现总经济效益 4 046 万元。

应用研发的新科技、新技术提高了草地植被覆盖度和草地产量，改善了牧草质量，快速消除了由于害虫危害引起的草原退化现象，增加牧草植被，对草场可持续发展和草地生态环境的保护起到了重要的作用。通过灭除草原害虫，为该区域牧民群众畜牧业生产的稳

天敌昆虫扩繁与应用

定发展确保了良好的基础环境条件，提升了农牧民对草原病虫害的绿色控害技术理念，同时对牧民群众的生活稳定有着良好的社会效益，其经济、生态及社会效益十分显著。

6. 青藏高原生态脆弱地区生物防治推广应用区

西藏自治区农牧科学院等单位针对青藏高原生态脆弱农牧区的农业、草原生产特点，重点选择青稞蚜虫、草原蝗虫等，农田采取的措施以生物农药防治，天敌保护，提高自然生防控制为主的技术；草地以保护天敌，提高自然生防控制，生物农药防治为主的技术。

自 2009 年以来推广应用上述技术。统计在 2011—2013 年的 3 年间，在西藏农区和牧区的青稞、小麦等大田作物及草地上推广应用面积累计达 11716 万亩，其中，农田 216 万亩、草原 11 500万亩，增产效果显著，生态效益突出。2011—2013 年累计农田应用生物防治面积 216 万亩，平均每亩增产 33kg，3 年折合累计新增产量 7. 128 万 t，每亩新增经济效益 82. 5 元，3 年累计新增纯经济效益 1. 782 亿元。2011—2013 年累计草地牧草应用生物防治面积 11 500万亩，平均每亩增产 10kg，3 年折合累计新增产量 115. 00 万 t，每亩新增经济效益 15 元，3 年累计新增经济效益 17. 25 亿元。推广生物防治技术后，农田平均每亩减少农药施用量 0. 15kg，节省农药经济成本 2. 1 元、人工成本 8 元，3 年累计节支 2 181. 6万元，减少化学农药用量 324t。草地平均每亩减少农药施用量 0. 05kg，节省农药经济成本 0. 8 元、人工成本 2 元，5 年累计节支 3. 2805 亿元，减少化学农药用量 5 858t。综合测算，2011—2013 年累计产生新增总产值 16. 696 亿元，新增纯效益 13. 258 亿元。应用该技术后，青稞、小麦、油菜、牧草等的病虫害得到有效控制，农产品农药残留量明显下降，产品品质显著提升。实施生物防治技术之后，大幅度减少了农药使用，保护了农业生态环境，促进了农业的可持续发展。在打造西藏绿色农产品基地和保护青藏高原及国家生态屏障中发挥了重要作用，生态效益突出。

青海省西宁市自 2009 以来起推广应用蔬菜病虫害生物防治技术，自 2009—2013 年在西宁市郊、大通、湟中等地的黄瓜、番茄、空心菜、胡萝卜等作物田推广应用面积 52 万亩，抗虫防病增产效果显著。平均每亩挽回产量损失 100kg，五年共挽回产量 5 200万 kg（折合 5. 2 万 t）；亩新增纯经济效益 100 元，5 年累计新增纯经济效益 4774. 3 万元。推广生物防治技术后，平均每亩减少农药施用量 0. 2kg，节省农药经济成本 10 元、人工成本 30 元，5 年累计节支 2 080万元，减少化学农药用量 104t。综合上述节本增收，累计产生经济效益 2 080万元，减少化学农药用量 104t。综合上述节本增收，累计产生经济效益 159 800万元。投入产出比达到 1∶5. 73. 应用该技术后，黄瓜、空心菜、胡萝卜病虫害得到有效控制，农产品农药残留量明显下降，产品品质显著提升。实施生物防治技术之后，大幅度减少了农药使用，保护了农业生态环境，促进了农业的可持续发展。该项目的推广应用实现了较好的社会效益和生态效益。

（张礼生、陈红印编写）

参考文献

Chen H, Yin Y P, Eryan, Xie F X, *et al.* 2013. Structure and expression of a cysteine proteinase gene from *Spodoptera litura* and its response to biocontrol fungus, Nomuraea rileyi [J]. Insect Molecular Biology, 10.

Chen H, Yin Y, Li Y, Mahmud M S, *et al.* 2012. Identification and analysis of genes differentially expressed in the *Spodoptera litura* fat body in response to the biocontrol fungus, *Nomuraea rileyi* [J]. Biochem Mol Biol, 163 (2): 203 - 10.

Cheng R X, Meng L, Baoping Li. 2011. Host preference between symbiotic and aposymbiotic *Aphis fabae*, by the aphid parasitoid, *Lysiphlebus ambiguous* [J]. Journal of Insect Science, 11, Article 92.

Cheng R X, Meng L, Nickolas J Mills, *et al.* 2010. Effects of aposymbiotic and symbiotic aphids on parasitoid progeny development and adult oviposition behavior within aphid instars [J]. Environ. Entomol, 39 (2): 389 - 395.

Grootaert P, Yang D, Wang M Q. 2006. First recoed of syntormon from Singapore with the description of a new species (Insect, Diptera, Dolochopodidae) [J]. Zootaxa, 1 114:53 - 59.

Guo S F and Qin Y C. 2010. Effects of temperature and humidity on emergence dynamics of *Plutella xylostella* (Lepidoptera: Plutellidae) [J]. Journal of Economic Entomology, 103 (6): 2 028 - 2 033.

Khuhro N H, Chen H Y, Zhang Y, *et al.* 2012. Effect of different prey species on the life history parameters of *Chrysoperla sinica* (Neuroptera: Chrysopidae) [J]. Eur. J. Entomol, 109: 175 - 180.

Li P Y and Qin Y C. 2011. Molecular cloning and characterization of sensory neuron membrane protein and expression pattern analysis in the diamondback moth, *Plutella xylostella* [J]. Applied Entomology and Zoology, 46 (4): 497 - 504.

Li P Y, Zhu J W, Qin Y C. 2012. Enhanced attraction of *Plutella xylostella* (Lepidoptera: Plutellidae) to pheromone - baited traps with the addition of green leaf volatiles [J]. Journal of Economic Entomology, 105 (4): 1 149 - 1 156.

Li Y F, Qin Y C, Gao Z L, *et al.* 2012. Cloning, expression and characterization of a novel gene encoding a chemosensory protein from *Bemisia tabaci* Gennadius (Hemiptera: Aleyrodidae) [J]. African Journal of Biotechnology, 11 (4): 758 - 770.

Li Y, Wang M Q, Yang D. 2013. A new species of *Ocydromia Meigen* from China, with a key to species from the Palaearctic and Oriental Regions (Diptera, Empidoidea, Ocydromiinae) [J]. ZooKeys, 349: 1 - 9.

Li Y, Wang Z K, Chen H, *et al.* 2013. Identification and expression analysis of QM - like gene from the oriental leaf worm, *Spodoptera litura* after challenge by the entomopathogenic fungus, *Nomuraea rileyi* [J]. Journal of Incest Science.

Liu R, Wang M Q, Ding Yang. 2013. Chrysotus Meigen (Diptera: Dolichopodidae) from Tibet with descriptions of four new species [J]. Zootaxa, 3717 (2): 169 - 178.

Liu Y H and Li B P. 2008. Effects of *Helicoverpa armigera* (Noctuidae, Lepidoptera) host stages on some developmental parameters of the uniparental endoparasitoid *Meteorus pulchricornis* (Braconidae, Hymenoptera) [J]. Bulletin of Entomological Research, 98 (2): 109 - 114.

Liu Y Z, Chen Z Y, Liu Y F, *et al.* 2011. Combination biocontrol agents with sodium bicarbonate to control pear ring rot during storage [J]. Biological Control, 46 (3).

Song Z Y, Yin Y P, Jiang S S *et al.* 2013. Comparative transcriptome analysis of microsclerotia development in *Nomuraea rileyi* [J]. BMC Genomics, 14: 411.

Wang J C, Wang M Q, Ding Yang, 2013. Heleodromia Haliday newly found in Tibet with description of one new species (Diptera: Empidoidea: Trichopezinae) [J]. Zootaxa. (待刊出)

Wang M Q and Yang D. 2006. Description of four new species of *Chrysotimus loew* from Tibet (Diptera: Dolichopodidae) [J]. Entomologica Fennica, 17: 98 - 104.

Wang M Q and Yang D. 2006. Species of *Chrysotus* from Beijing (Diptera: Dolichopodidae) [J]. Deutsche Entomologische Zeitschrift, 53 (2): 249 - 255.

Wang M Q and Yang D. 2008. New species of *Dolichopodidae* (Diptera) from China [J]. Bulletin de l' Institut

Royal des Sciences Naturaelles de Belgique Entomologie, 78: 251 – 257.

Wang M Q and Yang D. 2009. Species of *Chrysotus Meigen* from Palaearctic China (Diptera: Dolichopodidae) [J]. Entomologica Fennica, 19: 232 – 240.

Wang M Q, Chen H Y, Ding Yang. 2013. New species of Nepalomyia henanensis species group from China (Diptera: Dolichopodidae: Peloropeodinae) [J]. Acta Zootaxonomica Sinica. (待刊出)

Wang M Q, Chen H Y, Ding Yang. 2013. Species of Nepalomyia Hollis from Taiwan (Diptera: Dolichopodidae: Peloropeodinae) [J]. Zootaxa, 3691 (4): 436 – 442.

Wang M Q, Chen H Y, Yang D. 2010. New species of the genus Neurigona (Diptera: Dolichopodidae) from China [J]. Zootaxa, 2517: 53 – 61.

Wang M Q, Chen H Y, Yang D. 2012. Species of the genus *Chrysotimus loew* from China (Diptera, Dolichopodidae) [J]. ZooKeys, 199: 1 – 12.

Wang M Q, Yang D, Grootaert P. 2006. A peculiar new species of *Neurigona* (Diptera: Dolichopodidae) from North China, Palaearctic Region [J]. Bulletin de l' Institut Royal des Sciences Naturaelles de Belgique Entomologie, 76: 87 – 91.

Wang M Q, Yang D, Grootaert P. 2006. Two new species of the genus *Teuchophorus* from Taiwan (Diptera: Dolichopodidae) [J]. Entomologica Fennica, 17: 105 – 109.

Wang M Q, Yang D, Grootaert P. 2007. Review of the genus *Neurigona* from the Chinese mainland (Diptera: Dolichopodidae) [J]. Zootaxa, 1388: 25 – 43.

Wang M Q, Yang D, Grootaert P. 2007. Revision of the species of *Acropsilus* from China [J]. Biologia, 62 (1): 88 – 94.

Wang M Q, Yang D, Grootaert P. 2009. New species of *Nepalomyia* from China (Diptera: Dolichopodidae) [J]. Zootaxa, 2162: 37 – 49.

Wang M Q, Yang D, Grootaert P. 2009. Species of *Teuchophorus* from China [J]. Annalis Zoologici, 56 (2): 315 – 321

Wang M Q, Yang D, Masuanga K. 2006. Notes on *Syntormon* from Chinese Mainland (Diptera: Dolichopodidae) [J]. Transactions of the American Entomological Society, 132: 129 – 132.

Wang M Q, Yang D, Masunaga K. 2007. A new species of *Asyndetus*, with a key to species from China (Diptera: Dolichopodidae) [J]. Entomological News, 118 (2): 149 – 153.

Wang M Q, Yang D, Masunaga K. 2009. Species of the genus *Chaetogonopteron* (Diptera: Dolichopodidae) from Taiwan [J]. Journal of Natural History, 43 (9): 609 – 617.

Wang M Q, Zhu Y J, Zhang L L, *et al*. 2007. A phylogenetic analysis of Dolichopo – didae based on morphological evidence (Diptera: Brachycera) [J]. Acta Zootaxonomica Sinica, 32 (2): 241 – 254.

Wang X Y, Luo C P, Liu Y Z, *et al*. 2010. Three non – aspartate amino acid mutation in the coma response regulator receiver motif severely decrease surfatin production, competence development, and spore formation in *Bacillus subtilis* [J]. Journal of Microbiology and Biotechnology, 20 (2): 301 – 310.

Wang X Y, Luo C P, Liu Y Z, *et al*. 2012. Genome sequence of the plant growth – promoting Rhizobacterium *Bacillus* sp. Strain 916 [J]. Journal of Bacteriology, 194 (19): 5 467 – 5 468.

Wang Y, Han L L, Zhao K J. 2012. Molecular cloning and sequence analysis of an Or83b cDNA from antenna of- *Heliothis viriplaca* (Lepidoptera: Noctuoidea), the 2012 6th International Conference on Bioinformatics and Biomedical Engineering.

Wang Z K, Zhang W D, Chen H *et al*. 2012. Cloning and characterization of the gallerimycin gene from immunized *Spodoptera litura* [J]. In Bulletin of Insectology, 65 (2): 721 – 726.

Wu, H P, Meng L, Li B P. 2008. Effects of feeding frequency and sugar concentrations on lifetime reproductive success of *Meteorus pulchricornis*（Hymenoptera：Braconidae）［J］. Biological Control, 45（3）：353 – 359.

Xu Q, Meng L, Li B*et al*. 2008. Influence of host – size variation on the development of a koinobiont aphid parasitoid, *Lysiphlebus ambiguus* Haliday（Braconidae, Hymenoptera）［J］. Bulletin of Entomological Research, 98（4）：389 – 395.

Zhang L S, Li Y Y, Chen H Y *et al.* 2013. The effects of temperature and photoperiod on diapause maintainance in the aphid parasitoid and the maternal effect in *Aphidius gifuensis* ［J］. Bulletin of Insectology, 66（4）：321 – 326.

Zhang L S, Chen H Y, Gu X L *et al.* 2011. Alternative host on development of the parasitoid *Diglyphus isaea*. Proceedings of international symposium on mass production and commercialization of arthropod biological control agents, 23 – 23.

Zhang L S, Chen H Y, Wang M Q *et al.* 2011. Photoperiodic and temperature response of diapause induction in the parasitoid *Aphidius gifuensis*. Ashmead Proceedings of international symposium on mass production and commercialization of arthropod biological control agents, 24 – 24.

Zhang R S, Liu Y F, Luo C P, *et al.* 2012. Baillus amyloliquefaciens Lx – 11—A potential Biocontrol agent against Rice Bacterial Leaf Streak ［J］. Journal of Plant Pathology, 94（3）：609 – 619.

Zhang Y, Dang G R, Chen H Y, Zhang L S. 2011. Determinants of egg mature in the leafminer parasitoid *Diglyphus isaea*. Proceedings of international symposium on mass production and commercialization of arthropod biological control agents, 14 – 14.

Zhao Q, Zhu J W, Yuchuan Qin, *et al.* 2013. Reducing whiteflies on cucumber using intercropping with less preferred vegetables ［J］. Entomologia Experimentalis *et* Applicata.

Zou D Y, Chen H Y, Zhang L S. 2012. Role of leaf mines in host location and pupation in *Diglyphus isaea*（Hymenoptera：Eulophidae）［J］. Eur. J. Entomol, 109：373 – 379.

Zou D Y, Thomas A. Coudron, Chenxi Liu, *et al.* 2013. Nutrigenomics in *Arma chinensis*：Transcriptome analysis of arma chinensis fed on artificial diet and Chinese oak silk moth antheraea pernyi Pupae ［J］. PLOS one, 8（4）：e60881.

Zou D Y, Wang M Q, Zhang L S. 2012. Taxonomic and bionomic notes on *Arma chinensis*（Fallou）（Hemiptera：Pentatomidae：Asopinae）［J］. Zootaxa, 382：41 – 52.

Zou D Y, Wu H H, Thomas A, *et al.* 2013. A meridic diet for continuous rearing of *Arma chinensis*（Hemiptera：Pentatomidae：Asopinae）［J］. Biological ControL.

曹林，李保平，孟玲. 2011. 混合柄瘤蚜茧蜂日龄对寄主虫龄选择行为及其后代适合度表现的影响 ［J］. 南京农业大学学报, 34（4）：55 – 58.

曹伟平，王金耀，冯书亮，等. 2007. 球孢白僵菌 HFW – 05 的诱变筛选及其对烟粉虱若虫的毒力测定 ［J］. 中国生物防治学报, 23（2）：133 – 137.

曹艺潇，刘爱萍. 2010. 不同温湿度对草地螟白僵菌的致病力影响 ［J］. 草原与草坪, 30（4）：68 – 70.

曾凡荣，陈红印，杨怀文，等. 2010. 天敌昆虫饲养系统工程 ［M］. 北京：中国农业科学技术出版社.

常有宏，陈志谊，王宏，等. 2010. 嘧霉胺与枯草芽孢杆菌 B – 916 协同防治梨黑斑病 ［J］. 江苏农业学报, 26（1）：1 227 – 1 232.

陈福寿，陈宗麒，王燕. 2009. 半闭弯尾姬蜂功能反应及寻找效应研究 ［C］//云南省昆虫学会年会论文集.

陈福寿，陈宗麒，王燕. 2010. 低温冷藏对半闭弯尾姬蜂羽化率和寄生率的影响 ［J］. 云南绿色植保理念与实践, 244 – 246.

陈福寿，陈宗麒，周燕波，等. 2009. 小菜蛾弯尾姬蜂对小菜蛾的控制作用研究 ［C］//生物防治创新与实践. 北京：中国农业科学技术出版社.

陈福寿, 王燕, 郭九惠, 等 . 2010. 半闭弯尾姬蜂羽化、交配及产卵行为观察 [J]. 环境昆虫学报, 32 (1): 132 – 135.

陈福寿, 王燕, 李志敏, 等 . 2011. 温度对半闭弯尾姬蜂发育和性比的影响 [J]. 环境昆虫学报, 33 (2): 257 – 260.

陈福寿, 王燕, 张红梅, 等 . 温度对半闭弯尾姬蜂羽化和性比的影响 [C] // 云南省昆虫学会, 2011 年学术年会论文集 .

陈红印, 陈长风, 王树英, 等 . 2003. 弧丽钩土蜂 (Tiphia popilliavora Rohwer) 在不同作物间飞行扩散行为研究 [J]. 中国农业科学, 36 (12): 1 489 – 1 495.

陈红印, 包建中 . 四种赤眼蜂滞育条件的探讨 [C] // 北京昆虫学会成立四十周年学术讨论会论文摘要汇编, 1990.

陈红印, 陈长风, 王树英, 等 . 2003. 建立土蜂资源保护区控制蛴螬为害 [J]. 植保技术与推广, 23 (7): 3 – 7.

陈红印, 陈长风, 王树英, 等 . 2006. 春臀钩土蜂两个地理种和日本丽金龟臀钩土蜂搜索能力的比较 [J]. 中国生物防治学报, 22 (1): 15 – 20.

陈红印, 陈长风, 王树英 . 2003. 引进天敌昆虫的效果评估 [J]. 植物检疫, 17 (5): 269 – 272.

陈红印, 陈长风, 王树英, 等 . 2000. 潜蝇姬小蜂的寄生行为观察, 扩繁与限制释放 [J]. 中国生物防治学报, 16 (1): 44 – 46.

陈红印, 姬金红, 包建中 . 1992. 一种制作赤眼蜂寄生卵卡的新方法 [J]. 中国生物防治学报 (4): 179 – 180.

陈红印, 王树英, 陈长风, 等 . 2003. 日本金龟子幼虫寄生蜂春黑小土蜂人工繁殖技术研究 [J]. 中国生物防治学报, 19 (4): 154 – 157.

陈红印, 王树英, 陈长风, 等 . 2009. 蚜虫的一种人工繁殖方法: 中国, CN200810114820. 8 [P]. 12 – 16.

陈红印, 王树英, 陈长风 . 2002. 以米蛾卵为寄主繁殖玉米螟赤眼蜂的质量控制技术 [J]. 昆虫天敌, 22 (4): 145 – 149.

陈红印, 王树英, 陈长风 . 2001. 一种大量生产米蛾的工艺: 中国, CN99111515. 5 [P]. 2 – 28.

陈红印, 王树英, 陈长风 . 2002. 一种大量生产粘虫及甜菜夜蛾的养虫装置: 中国, CN01275958. 1 [P]. 10 – 2.

陈红印 . 1990. 小卵繁蜂工厂化通过验收 [J]. 中国生物防治学报, (1): 4.

陈红印 . 1991. 玉米螟赤眼蜂滞育及贮藏技术研究 . 全国生物防治学术讨论会论文集 .

陈红印 . 1998. 美国自中国、日本和韩国引入土蜂防治日本金龟子效果的分析 [J]. 中国生物防治学报, (2): 88 – 90.

陈雯, 李保平, 孟玲 . 2011. 斑痣悬茧蜂对斜纹夜蛾不同虫龄幼虫的选择及后代发育表现 [J]. 生态学杂志, 30 (7): 1 317 – 1 321.

陈晓、赵奎军 . 2008. 东北地区草地螟 (Loxostege sticticalis) 越冬代成虫虫源地轨迹分析 [J]. 生态学报, 28 (4): 1 521 – 1 535.

陈志谊, 等 . 2012. 利用芽孢杆菌生防菌防控土传病害引起的设施蔬菜连作障碍 [J]. 中国蔬菜, 15: 29 – 30.

陈志谊, 等 . 2012. 植物病害生防芽孢杆菌研究进展 [J]. 江苏农业学报, 28 (5): 999 – 1 006.

陈志谊, 刘永峰, 刘邮洲, 等 . 2007. 一种莲子草假格孢菌株及其生防制剂的制备方法和应用: 中国, CN200710019832. 8 [P]. 8 – 29.

陈志谊, 刘永峰, 张荣胜 . 2011. 一种解淀粉芽孢杆菌菌株及其应用: 中国, CN201010518034. 1 [P]. 3 – 16.

陈志谊, 刘永峰. 2004. 一种用于防治水稻纹枯病和稻曲病的微生物复配农药: 中国, CN02138379.0 [P]. 1-21.

陈志谊, 刘邮洲, 刘永峰. 2010. 枯草芽孢杆菌丙环唑复配可湿性杀菌粉剂及其应用: 中国, CN200910212778.8 [P]. 4-28.

陈宗麒, 陈红印. 2010. 十字花科 "放心蔬菜" 害虫防治问答 [M]. 昆明: 云南省科技出版社.

陈宗麒, 付玉明, 陈福寿. 2009. 植物栽培钵隔板: 中国, CN200820081776.0 [P]. 12-9.

陈宗麒, 李向永, 陈福寿, 等. 2009. 半人工养殖小菜蛾饲料及其制备方法: 中国, CN200810058886.X [P]. 1-21.

陈宗麒. 2013. 蝶舞蜂飞 [M]. 昆明: 云南省科技出版社.

戴长春, 赵奎军. 2009. 大豆田中大豆蚜天敌昆虫群落结构分析 [J]. 昆虫知识, 46 (1): 52-55.

党国瑞, 刘竹, 陈红印. 2012. 大草蛉成虫取食经历对子代生长发育的影响 [C] //中国植物保护学会成立50周年庆祝大会暨2012年学术年会论文集. 北京: 中国农业科学技术出版社.

党国瑞, 张莹, 陈红印, 等. 2012. 人工饲料对大草蛉生长发育和繁殖力的影响 [J]. 中国农业科学, 45 (23): 4 818-4 825.

党国瑞, 张莹, 陈红印. 2011. 米蛾卵饲养对大草蛉生长发育的影响 [C] //. 植保科技创新与病虫防控专业化, 11. 北京: 中国农业科学技术出版社.

樊东, 高艳玲, 邱广伟, 等. 2013. 小地老虎P450 CYP6AB基因的克隆与序列分析 [J]. 东北农业大学学报, 44 (7): 137-142.

樊东, 郭博智, 高艳玲, 等. 2013. 小地老虎几丁质脱乙酰基酶基因的克隆与原核表达 [J]. 东北农业大学学报, 44 (4): 126-131.

方美娟, 黄建, 王竹红, 等. 2010. 两种烟粉虱寄生蜂感觉器的观察 [J]. 武夷科学, 28: 73-79.

高珏晓, 孟玲, 李保平. 2010. 广大腿小蜂对菜粉蝶蛹体型大小的产卵选择及后代发育表现 [J]. 生态学杂志, 29 (2): 339-343.

高书晶, 刘爱萍, 韩静玲, 等. 2011. 不同地理种群的亚洲小车蝗mtDNA ND1基因序列及其相互关系 [J]. 应用昆虫学报, 48 (4): 811-819.

高书晶, 刘爱萍, 李东伟, 等. 2010. 内蒙古地区8种主要蝗虫基因组DNA多态性的RAPD标记研究 [J]. 安徽农业科学, 38 (23): 12 535-12 547.

高书晶, 刘爱萍, 徐林波, 等. 2010. 杀蝗绿僵菌与植物源农药混用对亚洲小车蝗的杀虫效果 [J]. 农药, 49 (10): 757-759.

高书晶, 刘爱萍, 徐林波, 等. 2010. 印楝素和阿维·苏云菌对草原蝗虫的防治效果试验 [J]. 现代农药, 9 (2): 44-46.

高书晶, 刘爱萍, 徐林波, 等. 2011. 8种生物农药对草原蝗虫的田间防治效果评价 [J]. 草业科学, 28 (2): 304-307.

高书晶, 刘爱萍, 徐林波, 等. 2009. 4种牧鸡防治草原蝗虫效果研究 [J]. 中国植保导刊, 32 (6): 16-19.

高书晶, 特木尔, 魏云山, 等. 2013. 种群密度对亚洲小车蝗能源物质含量的影响及飞行能耗与动态 [J]. 应用昆虫学报, 50 (4): 1 055-1 061.

高文兴, 陈红印, 张礼生. 2011. 人工饲料pH值对桃蚜存活、繁殖及抗氧化酶活性的影响 [J]. 应用昆虫学报, 48 (3): 605-610.

高文兴, 王孟卿, 陈红印. 2012. 蚜虫人工饲料的研究及应用进展 [J]. 中国生物防治学报, 28 (1): 121-127.

高文兴, 张礼生, 王孟卿, 等. 2009. 食蚜蝇的营养需求及其人工饲育问题初探 [C] //粮食安全与植保科技创新. 北京: 中国农业科学技术出版社, 9: 562-567.

顾新丽，张礼生，陈红印，等.2010. 补充外源营养对豌豆潜蝇姬小蜂寿命的影响［J］. 植物保护，36
　　（3）：89－92.

郭林芳，孟玲，李保平.2008. 斑痣悬茧蜂寄生对甜菜夜蛾幼虫取食和食物利用的影响［J］. 昆虫学报，
　　51（10）：1 017－1 021.

郭林芳，孟玲，李保平.2010. 斑痣悬茧蜂寄生对甜菜夜蛾幼虫行为的影响［J］. 南京农业大学学报，33
　　（5）：71－74.

韩岚岚，赵奎军.2008. 几种苏云金芽孢杆菌杀虫晶体蛋白对黑龙江省主要蔬菜害虫小菜蛾活性分析
　　［J］. 北方园艺，（8）：1 998－2 000.

何超，秦玉川，周天仓，等.2008. 应用性信息素迷向法防治梨小食心虫试验初报［J］. 西北农业学报，
　　17（5）：107－109.

何亮，秦玉川，朱培祥.2009. 糖醋酒液对梨小食心虫和苹果小卷叶蛾的诱杀作用［J］. 昆虫知识，46
　　（5）：736－739.

胡林，张红梅，陈福寿，等.2011. 温度对烟蚜茧蜂成虫寿命的影响. 云南省昆虫学会 2011 年学术年会
　　论文集.

胡月，王孟卿，张礼生，等.2010. 杂食性盲蝽的饲养技术及应用研究［J］. 植物保护，36（5）：
　　22－27.

黄海广，刘爱萍，兰爱琴，等.2011. 茶足柄瘤蚜茧蜂生物学特性初步研究［J］. 环境昆虫学报，33
　　（3）：372－377.

黄海广，张玉慧，刘爱萍，等.2012. 茶足柄瘤蚜茧蜂寄生苜蓿蚜影响因子研究［J］. 中国植保导刊，32
　　（4）：5－8.

黄建，王竹红，李焱，等.2009. 重要天敌资源－蚜小蜂的研究与利用. 粮食安全与植保科技创新［M］.
　　北京：中国农业科学技术出版社，558－561.

黄建，王竹红，潘东明，等.2010. 福建省烟粉虱寄生蜂的调查与常见种类鉴别［J］. 热带作物学报，31
　　（8）：1 377－1 384.

黄建，王竹红，王联德，等.2012. 烟粉虱生物学与生物防治［M］. 福州：福建科学技术出版社.

黄建，王竹红.2009. 粉虱害虫的天敌资源及其利用研究. 生物防治创新与实践［M］. 北京：中国农业科
　　学技术出版社，167－168.

黄建.1997. 中国蚜小蜂科分类［M］. 重庆：重庆出版社.

黄露，杨德松，孟玲，等.2011. 斑痣悬茧蜂的飞行能力和野外扩散行为［J］. 生态学杂志，30（7）：
　　1 327－1 331.

黄明晓，陈福寿，张红梅，等.2011. 不同营养处理对烟蚜茧蜂成虫寿命的影响［C］//云南省昆虫学会
　　2011 年学术年会论文集.

黄姗，王中康，陈环，等.2012. 莱氏野村菌疏水蛋白基因 Nrhyd 的克隆及表达分析［J］. 菌物学报，31
　　（3）：350－358.

黄先才，周子扬，孟玲，等.2011. 稻鸭共作有机稻田蜘蛛多样性与飞虱数量的季节动态［J］. 生态学杂
　　志，30（7）：1 342－1 346.

孔建，彭华，陈红印，等.1988. 柞蚕卵繁蜂时松毛虫赤眼蜂罕见婚配行为观察［J］. 中国生物防治学
　　报，4（2）：50－54.

李燕，王中康，陈环，等.2013. 斜纹夜蛾 SpLPDI 的克隆、表达及其对莱氏野村菌的免疫应答分析
　　［J］. 中国农业科学，46（7）：1 359－1 369.

李保平，陈红印.2002. 生物入侵对自然生态系统的影响及其防治对策［J］. 植物检疫，16（6）：
　　356－359.

李波，秦玉川，何亮，等.2008. 不同性诱芯与糖醋酒液防治梨小食心虫［J］. 植物保护学报，35（3）：

285 - 286

李敦松, 彭唉天, 张宝鑫. 2004. 无公害果树病虫害田间诊断与防治 [M]. 广州: 广东科技出版社.

李敦松, 袁曦, 张宝鑫, 等. 2013. 利用无人机释放赤眼蜂研究 [J]. 中国生物防治学报, 29 (3): 455 - 458.

李敦松, 张宝鑫, 冯新霞, 等. 2008. 人造卵卡机的剪切装置: 中国, CN200720061580.0 [P]. 10 - 8.

李敦松, 张宝鑫, 宋子伟, 等. 2012. 小卵繁蜂释放器: 中国, CN201120502819. X [P]. 8 - 15.

李敦松, 张宝鑫, 章玉苹, 等. 2010. 可透气的捕食螨释放袋: 中国, CN200920058511.3 [P]. 5 - 5.

李敦松, 张宝鑫, 章玉苹, 等. 2010. 平腹小蜂大量繁殖柜: 中国, CN200920055760.7 [P]. 5 - 5.

李敦松, 章玉苹. 2013. 广东省生物防治产业技术路线图. 汕头: 汕头大学出版社.

李玲, 樊东. 2011. 苜蓿实夜蛾几丁质脱乙酰基酶基因 cDNA 序列的克隆与序列分析 [J]. 植物保护, 37 (1): 24 - 30.

李青超. 2013. 松毛虫赤眼蜂工厂化生产关键技术 [J]. 黑龙江农业科学, (6): 164 - 165.

李婷婷, 韩岚岚, 赵奎军. 2011. 圆盘分割法在转基因大豆抗虫鉴定上的应用 [J]. 作物杂志, 4: 20 - 22.

李献辉, 孟玲, 李保平. 2011. 蚕豆蚜日龄、翅型和寄生对其共生菌胞变化的影响 [J]. 中国生物防治学报, 27 (1): 11 - 15.

李艳梅, 赵奎军. 2010. AFLP 分子标记技术在昆虫学研究中的应用及展望 [J]. 植物保护, 36 (1): 22 - 27.

李玉利、赵奎军. 2009. 寄生蜂寄主选择的化学信息调控 [J]. 植物保护, 35 (3): 7 - 11.

李玉艳, 陈红印, 王孟卿, 等. 2009. 环境因子对寄生蜂滞育的影响 [C] // 粮食安全与植保科技创新 [M], 9. 北京: 中国农业科学技术出版社.

李玉艳, 张礼生, 陈红印, 等. 2013. 烟蚜茧蜂滞育的温光周期反应 [J]. 应用昆虫学报, 50 (3): 610 - 618.

李玉艳, 张礼生, 陈红印, 等. 2011. 烟蚜茧蜂滞育相关的发育指标测定 [C] // 植保科技创新与病虫防控专业化. 北京: 中国农业科学技术出版社.

李玉艳, 张礼生, 陈红印. 2010. 茧蜂滞育的研究进展 [J]. 昆虫学报, 53 (10): 1 167 - 1 178.

李玉艳, 张礼生, 陈红印. 2010. 生物因子对寄生蜂滞育的影响 [J]. 昆虫知识, 47 (4): 638 - 645.

林美珍, 陈红印, 王树英, 等. 2007. 大草蛉幼虫人工饲料的研究 [J]. 中国生物防治学报, 23 (4): 316 - 321.

林美珍, 陈红印, 杨海霞, 等. 2008. 大草蛉幼虫人工饲料最优配方的饲养效果及其中肠主要消化酶的活性测定 [J]. 中国生物防治学报, 24 (3): 205 - 209.

刘爱萍, 陈红印, 何平. 2006. 草地害虫及防治 [M]. 北京: 中国农业科技出版社.

刘爱萍, 陈红印, 徐林波. 2010. 生态康复草原病虫防控技术图册 [M]. 北京: 中国农业科技出版社.

刘爱萍, 陈红印, 张礼生, 等. 2009. 一种草原上喷施药剂用的车载装置. 实用新型专利.

刘爱萍, 陈红印, 张礼生, 等. 2009. 一种繁殖和收集寄生性昆虫的装置. 实用新型专利.

刘爱萍, 侯天爵, 吴新宏, 等. 2000. 利用针茅狭跗线螨防治狼针草害的探讨 [J]. 中国草地, (1): 45 - 46, 69.

刘爱萍, 吴新宏, 侯天爵, 等. 2001. 针茅草原针刺危害生防途径的探讨 [J]. 中国草地, (1): 78 - 79.

刘爱萍, 侯天爵. 2005. 针茅草原针茅颖果芒刺的主要天敌种类调查 [C] // 迈入 21 世纪的中国生物防治, 644 - 647.

刘爱萍, 徐林波, 王慧. 2007. 枸杞害虫发生规律及防治对策 [J]. 防护林科技, (6): 64 - 66.

刘爱萍, 徐林波, 王慧. 2007. 枸杞害虫及其天敌的种类和发生规律调查 [J]. 中国植保导刊, 27 (8): 31 - 33.

刘爱萍，徐林波，王俊清．2008．多异长足瓢虫捕食枸杞蚜功能反应与寻找效应研究［J］．中国植保导刊，28（7）：5-7．

刘爱萍，徐林波，王俊清．2008．龟纹瓢虫对枸杞蚜的捕食作用［J］．林业科技开发，22（4）：82-84．

刘爱萍，徐林波，高书晶，等．2008．狼针草害生物防控技术研究［C］//植物保护科技创新与发展．中国植物保护学会2008年学术年会论文集：780-786．北京：中国农业科技出版社．

刘爱萍，王俊清，徐林波，等．2008．食虫齿爪盲蝽对枸杞木虱的捕食作用研究［J］．植物保护，33（4）：85-89．

刘爱萍，徐林波，王慧，等．2008．针茅狭跗线螨生物学及其寄主专一性研究［J］．中国植保导刊，22（8）：8-10．

刘爱萍，陈红印，工育青，等．2009．阜地螟性诱剂的合成和利用：中国，CN200910080576.2［P］．8-12．

刘爱萍，徐林波，高书晶，等．2009．枸杞害虫的天敌资源及其利用研究［C］//粮食安全与植保科技创新．北京：中国农业科技出版社，593-597．

刘爱萍，徐林波，王俊清．2009．几种虫生真菌对枸杞负泥虫的致病性及应用［J］．中国植保导刊，29（1）：31-33．

刘爱萍，高书晶，徐林波，等．2011．一种摩托车载式捕蝗器．实用新型专利．8．

刘爱萍，高书晶，徐林波，等．2013．一种扩繁伞裙追寄蝇的方法：中国，CN201310073245.2［P］．6-5．

刘爱萍，侯天爵．2005．草地病虫害及防治［M］．北京：中国农业科学技术出版社．

刘爱萍，侯向阳，陈红印，等．2009．一种草地螟性诱剂：中国，CN200910080577.7［P］．8-12．

刘爱萍，黄海广，高书晶，等．2012．白僵菌与生物农药混用对亚洲小车蝗的生物活性研究［J］．现代农药，11（2）：50-53．

刘爱萍，黄海广，徐林波，等．2012．茶足柄瘤蚜茧蜂对苜蓿蚜的寄生功能反应［J］．环境昆虫学报，1（34）：69-74．

刘爱萍，王建峰．2004．乳浆大戟天敌-大戟天蛾成虫产卵特性及选择性研究［J］．草业科学，增刊：215．

刘爱萍，王建锋．1996．恶性杂草乳浆大戟天敌-大戟天蛾寄主专一性测定［J］．中国草地，（2）：33-34．

刘爱萍，王建锋．1999．大戟天牛对乳浆大戟生物控制的研究［J］．中国草地（2）：49-51．

刘爱萍，王俊清，徐林波，等．2010．枸杞木虱啮小蜂繁殖生物学研究［J］．昆虫知识，47（3）：49-497．

刘爱萍，王俊清，徐林波，等．2008．普通瑟姬小蜂生物学特性初步研究［J］．中国植保导刊，22（3）：7-10．

刘爱萍，王宁，王俊清，等．2009．针茅狭跗线螨的抗逆力研究［J］．植保导刊，29（10）：8-11．

刘爱萍，徐林波，陈红印．2008．牧草病害防治技术问答［M］．北京：气象出版社．

刘爱萍，徐林波，高书晶，等．2013．一种调控草地螟阿格姬蜂滞育的方法：中国，CN201310073586.X［P］．6-12．

刘爱萍，徐林波，路慧．2009．麦茎蜂发生情况及其天敌调查初报［J］．植物保护，34（6）：117-121．

刘爱萍，徐林波，王慧，等．2008．丝路蓟天敌——丝路蓟绿叶甲的寄主专一性［J］．草业科学，25（11）：98-102．

刘爱萍，徐林波，王慧．2006．丝路蓟天敌昆虫-欧洲方喙象营养生态学及控制效果的研究［C］//科技创新与绿色植保——中国植保学会2006年学术年会论文集：398-402．

刘爱萍，徐林波，王慧．2007．加拿大蓟天敌-欧洲方喙象寄主专一性测定［J］．植物保护，33（1）：

62 - 65.

刘爱萍, 徐林波, 王俊清. 2009. 几种虫生真菌对枸杞负泥虫的致病性及应用 [J]. 中国植保导刊, 29
　　(1): 31 - 33.

刘爱萍, 曹艺潇, 徐林波, 等. 2011. 人工合成草地螟雌蛾性信息素的初步筛选 [J]. 应用昆虫学报, 48
　　(03): 318 - 323.

刘爱萍, 陈光. 2006. 野生植物牛心朴子的开发利用 [J]. 内蒙古科技与经济 (01): 131 - 132.

刘爱萍, 侯天爵. 1999. 苜蓿锈病寄主范围研究 [J]. 中国草地 (1): 49 - 50, 67.

刘爱萍, 王建锋 2004. 乳浆大戟天敌 - 大戟天蛾成虫产卵特性及选择性研究 [J]. 内蒙古草业, 16
　　(1): 11 - 14.

刘爱萍. 2002. 大戟天蛾耐饥能力及对乳浆大戟的控制 [J]. 中国草地, 24 (6): 73 - 74.

刘爱萍. 2006. 野生植物资源苦豆子的开发 [J]. 内蒙古科技与经济, (12): 22 - 23.

刘爱萍. 针茅草原针茅颖果芒刺危害的生物防治 [J]. 中国生物防治, 增刊: 45 - 48.

刘晨曦, 陈红印, 王树英, 陈长风. 2005. 芦苇格姬小蜂的生活习性及寄生行为观察 [J]. 中国生物防治
　　学报, 21 (2): 120 - 121.

刘晨曦, 任玲, 陈红印, 等. 2004. Complexin 蛋白的研究进展 [J]. 生理科学进展, 35 (4): 361 - 363.

刘建峰, 刘志诚, 李敦松, 等. 2008. 人造卵繁蜂防真菌和细菌污染药物及其制备方法. 发明专利.

刘健, 马凤鸣, 赵奎军. 2009. 大豆植株挥发物成份定性分析 [J]. 大豆科学, 28 (4): 719 - 722.

刘健, 马凤鸣, 赵奎军. 2009. 东北地区大豆田天敌昆虫优势种类分析 [J]. 昆虫知识, 46 (4):
　　592 - 596.

刘健, 赵奎军. 2009. 异色瓢虫暗黄变种成虫触角感器扫描电镜观察 [J]. 东北农业大学学报, 40 (3):
　　44 - 46.

刘健, 赵奎军. 2010. 中国东北地区大豆主要食叶性害虫种类分析 [J]. 昆虫知识, 47 (3): 576 - 581.

刘健. 2010. 天敌昆虫对大豆蚜捕食作用的研究 [M]. 北京: 中国农业科学技术出版社.

刘丽平, 张礼生, 王孟卿, 等. 烟盲蝽卵黄原蛋白基因表达的营养调控 [C] //中国植物保护学会成立
　　50 周年庆祝大会暨 2012 年学术年会论文集. 北京: 中国农业科学技术出版社.

刘其全, 孙莉, 徐桂萍, 等. 2010. 小黑瓢虫生殖系统的解剖观察 [J]. 福建农林大学学报, 39 (5):
　　460 - 464.

刘其全, 王竹红, 徐桂萍, 等. 2010. 小黑瓢虫的交配和产卵行为及规律观察 [J]. 中国生物防治, 26
　　(4): 391 - 396.

刘遥, 张礼生, 陈红印. 七星瓢虫滞育关联蛋白双向电泳样品制备方法优化 [C] //中国植物保护学会
　　成立 50 周年庆祝大会暨 2012 年学术年会论文集. 北京: 中国农业科学技术出版社.

刘永峰, 陈志谊, 等. 2012. 拮抗细菌 T429 和 T392 的生物活性及其对水稻白叶枯病的防治效果 [J]. 江
　　苏农业学报, 28 (4): 733 - 737.

刘永峰, 陈志谊. 2007. 一种枯草芽孢杆菌的胞外抗菌蛋白质及其分离纯化方法: 中国,
　　CN200610097847. 1 [P]. 6 - 6.

刘永锋, 李美荣, 陈志谊, 等. 2010. YD4 - 6 和 NV11 - 4 菌株抑菌活性及诱导水稻防御性相关酶活性变
　　化 [J]. 微生物学通报, 37 (12): 1 753 - 1 759.

刘邮洲, 常有宏, 魏本强, 等. 2010. 化学药剂敌力脱与拮抗细菌协同作用防治梨轮纹病研究 [J]. 果树
　　学报, 27 (1): 82 - 85.

刘邮洲, 陈志谊, 王克荣, 等. 2010. 碳酸氢钠 (NaHCO$_3$) 对生防菌防治采后梨轮纹病的影响 [J]. 果
　　树学报, 27 (5): 757 - 763.

刘邮洲, 陈志谊, 梁雪杰, 等. 2012. 番茄枯萎病和青枯病拮抗细菌的筛选、评价与鉴定 [J]. 中国生物
　　防治学报, 28 (1): 101 - 108.

刘邮洲，罗楚平，刘永锋，等.2012. 粘质沙雷氏菌 C8 - 8 几丁质酶基因的克隆与表达 [J]. 江苏农业学报，28（3）：487 - 491.

刘邮洲，陈志谊，刘永峰.2010. 枯草芽孢杆菌嘧霉胺复配杀菌剂及其应用：中国，CN200910234937.4 [P].5 - 5.

刘邮洲，陈志谊.2011. 枯草芽孢杆菌 sf 628 和咪鲜胺锰盐协同作用防治番茄枯萎病 [J]. 江苏农业学报，27（6）：1 249 - 1 253.

刘正，黄露，孟玲，等.2010. 斑痣悬茧蜂的寄主种间选择性及其子代蜂发育适合度表现 [J]. 生态学杂志，29（10）1 962 - 1 966.

路慧，陈红印，王孟卿，等.2006. 广食性盲蝽的研究现状及生物防治前景 [C] //科技创新与绿色植保.北京：中国农业科学技术出版社.

路慧，陈红印.2007. 三营养级体系烟盲蝽对温室内不同作物种类的选择性 [J]. 植物保护，33（5）：75 - 79.

罗楚平，王晓宇，陈志谊，等.2010. 枯草芽孢杆菌 Bs916 中脂肽抗生素 Bacillomycin L 的操纵子结构及生物活性 [J]. 中国农业科学，43（22）：4 624 - 4 634.

罗楚平，陈志谊.2011. 脂肽类化合物 bacillomvcin L 抗真菌活性及其对水稻病害的防治 [J]. 中国生物防治学报，27（1）：76 - 81.

罗宏伟，王竹红，王联德，等.2010. 寄主植物对烟粉虱捕食性天敌 - 小黑瓢虫发育、存活和繁殖力的影响 [J]. 福建农林大学学报，9（3）：231 - 235.

罗宏伟，王竹红，王联德，等.2010. 捕食不同虫态烟粉虱对小黑瓢虫生长发育的影响 [J]. 福建农业学报，25（2）：149 - 152.

潘朝晖，王保海，等.2010. 林芝地区八一镇食蚜蝇科访花昆虫区系（双翅目）[J]. 安徽农业科学，25.

潘朝辉.2010. 中国毛蚜蝇属 1 新种记述（双翅目：食蚜蝇科）[J]. 东北林业大学学报，38（11）.

潘洪生，赵秋剑，赵奎军，等.2011. 中红侧沟茧蜂对不同龄期棉铃虫幼虫及其为害棉株的趋性反应 [J]. 昆虫学报，54（4）：437 - 442.

潘鹏亮，秦玉川，赵晴，等.2012. 水稻品种混播对害虫和天敌发生及水稻产量的影响 [J]. 中国生物防治学报，28（2）：56 - 63.

潘鹏亮，秦玉川. 立体种养模式下水稻不同品种混播对病虫害发生的影响. 公共植保与绿色防控，中国植物保护学会 2010 年学术年会论文集.

庞春杰，韩岚岚，杨帅，等.2012. 大豆食心虫生物防治研究进展 [J]. 大豆科技，31 - 35.

祁雪莲，邓华玲，徐丹，等.2012. 数量化理论模型在大豆食心虫虫食率的预测中的应用 [J]. 国土与自然资源研究，4：95 - 96.

秦玉川.2009. 昆虫行为学导论 [M]. 北京：科学出版社.

秦玉川.2012. 保护地黄瓜间作木耳菜驱避粉虱技术. 农业轻简化实用技术汇编.

邱素娟，黄建，唐乐尘.2008. 采用 C#. NET 开发农作物外来有害生物地理信息系统 [J]. 农业网络信息（3）：11 - 14.

曲忠诚.2010. 高温胁迫对松毛虫赤眼蜂生长发育的影响 [J]. 黑龙江农业科学.

阙晓堂，王竹红，黄建.2011. 小黑瓢虫过冷却点和结冰点的测定 [J]. 武夷科学，27：80 - 84.

阮用颖，王竹红，黄建.2012. 中国蚜小蜂科一新纪录属及一新纪录种 [J]. 动物分类学报，37（2）：456 - 459.

尚禹，孟玲，李保平.2011. 营养和寄主密度对斑痣悬茧蜂搜寻行为的影响 [J]. 中国生物防治学报，27（3）：289 - 293.

师振华，李保平.2009. 斑痣悬茧蜂对受药寄主幼虫的选择性及其后代表现 [J]. 中国生物防治，25（4）：289 - 294.

孙辉, 秦玉川. 2013. 不同品种萝卜苗对小菜蛾生长发育和繁殖的影响 [J]. 中国植保导刊, 33 (6):
　43 – 46.

谭云峰, 杨敏芝, 田志来, 等. 2008. 常用化学杀虫剂对白僵菌孢子生活力的影响 [J]. 吉林农业科学,
　33 (6): 65 – 66.

陶敏, 李保平, 孟玲. 2010. 甜菜夜蛾不同龄期幼虫被斑痣悬茧蜂寄生的风险分析 [J]. 生态学杂志, 29
　(1): 79 – 83.

田志来, 李启云, 杨薇, 等. 2012. 白僵菌封垛防治玉米螟技术规程. 地方标准.

田志来, 阮长春, 李启云, 等. 2008. 球孢白僵菌对昆虫致病机理的研究进展 [J]. 安徽农业科学, 36.

田志来, 孙光芝, 温嘉伟, 等. 2011. 玉米螟高毒力白僵菌菌株的紫外线诱变选育 [J]. 玉米科学, 19
　(4).

田志来, 孙光芝, 赵艳华, 等. 2010. 玉米螟白僵菌高致病性菌株筛选 [J]. 玉米科学, 18 (6).

田志来, 谭云峰, 孙光芝, 等. 2008. 影响松毛虫赤眼蜂防螟效果的主要因素 [J]. 吉林农业科学, 33
　(6): 67 – 69, 78.

田志来, 朱晓敏, 李启云, 等, 2012. 白僵菌菌株毒力与 Pr1 蛋白酶活性相关性研究 [J]. 吉林农业大学
　学报, 34 (6): 607 – 611.

王保海. 2011. 青藏高原天敌昆虫 [M]. 郑州: 河南科学技术出版社.

王保海. 2013. 青藏高原瓢虫 [M]. 郑州: 河南科学技术出版社.

王翠玲, 王保海. 2010. 西藏农业有害生物可持续控制 [J]. 西藏农业科技, 32 (2).

王德安, 王金耀, 陈红印. 2000. 我国侧沟茧蜂的研究进展概述 [C] // 走向 21 世纪的中国昆虫学——中
　国昆虫学会 2000 年学术年会论文集.

王德安, 王金耀, 陈红印. 2001. 侧沟茧蜂繁蜂器的研制及操作规程 [J]. 中国生物防治学报, (1).

王建锋, 刘爱萍. 1994. 恶性杂草乳浆大戟上的一种重要天敌锈菌 [J]. 中国草地, (2): 23 – 25, 22.

王建梅, 刘爱萍, 高书晶, 等. 2013. 草地螟曲阿格姬蜂的寄生功能反应 [J]. 中国生物防治学报, 29
　(3): 338 – 343.

王锦达, 王以一, 刘沛涵, 等. 2011. Bt 棉对斑痣悬茧蜂寄主选择及子代发育的影响 [J]. 植物保护, 37
　(3): 58 – 62.

王娟, 陈红印, 张礼生, 等. 2013. 不同寄主扩繁的丽蚜小蜂对粉虱的控效差异及评价 [J]. 植物保护,
　39 (5): 144 – 148.

王娟, 张礼生, 秦玉川, 等. 2011. 不同寄主来源的两种丽蚜小蜂对不同植物上烟粉虱和温室白粉虱的
　控制作用 [C] // 植保科技创新与病虫防控专业化, 11.

武琳琳, 赵秀梅, 王立达, 等. 2013. 柞蚕卵的保存方式对松毛虫赤眼蜂繁殖的影响 [J]. 黑龙江农业科
　学, 1: 65 – 67.

王立达, 赵秀梅, 周传余, 等. 2010. 应用赤眼蜂防治向日葵螟的效果研究 [J]. 黑龙江农业科学, 7:
　69 – 71.

王利娜, 陈红印, 张礼生, 等. 2008. 人工饲料对龟纹瓢虫幼虫体成分的影响. 植物保护科技创新与
　发展.

王利娜, 陈红印, 张礼生, 等. 2008. 龟纹瓢虫幼虫人工饲料的研究 [J]. 中国生物防治学报, 24 (4):
　306 – 311.

王孟卿, 陈红印, 杨定. 2010. 双翅目昆虫的婚飞 [J]. 昆虫知识, 47 (6): 1 280 – 1 286.

王孟卿, 周正, 陈红印. 2011. 烟蚜对烟盲蝽在烟草上的存活和种群增长的影响. 北京昆虫学会通讯.

王孟卿, 朱雅君, 张莉莉, 等. 2007. 基于形态学证据的长足虻科系统发育研究 [J]. 动物分类学报,
　(2): 241 – 254.

王萍, 秦玉川, 潘鹏亮, 等. 2011. 糖醋酒液对韭菜迟眼蕈蚊的诱杀效果及其挥发物活性成分分析 [J].

植物保护学报, 38 (6)：513－520.

王萍, 秦玉川, 朱栋, 等. 2011. 生物农药对韭菜迟眼蕈蚊的毒杀作用及田间药效 [J]. 中国植保导刊, 31 (5)：40－42.

王韧, 周伟儒, 陈红印, 等. 1986. 北京地区中华草蛉发生消长及其原因的探讨 [J]. 中国生物防治学报, 2 (3)：103－107.

王舒, 韩岚岚, 赵寅, 等. 2013. 八字地老虎 GOBP1 基因的克隆、序列分析与原核表达 [J]. 大豆科学, 32 (4)：467－472.

王树英, 陈红印, 陈长风. 2010. 智利小植绥螨的增殖技术及其利用评价 [C] //公共植保与绿色防控, 9.

王树英, 陈红印, 陈长风. 2011. 优化智利小植绥螨规模化扩繁技术研究 [C] //植保科技创新与病虫防控专业化, 11.

王树英, 陈长风, 陈红印. 2011. 一种能提高瓢虫产量的瓢虫产卵收集装置：中国, CN201010217343.5 [P]. 1－19.

王树英, 陈长风, 邹德玉, 等. 2010. 四斑小毛瓢虫生物学特性初探 [J]. 中国生物防治学报, 26 (4)：397－403.

王伟, 张礼生, 陈红印, 等. 2011. 瓢虫滞育的研究进展 [J]. 植物保护, 37 (5)：27－33.

王伟, 张礼生, 陈红印, 等. 2011. 低温下光周期对七星瓢虫 Coccinella septempunctata 滞育诱导的调控作用 [C] //植保科技创新与病虫防控专业化, 11.

王伟, 张礼生, 陈红印, 等. 2013. 北京地区七星瓢虫滞育诱导的温光效应 [J]. 中国生物防治学报, 2013, 29 (1)：24－30.

王晓宇, 罗楚平, 陈志谊, 等. 2011. 枯草芽胞杆菌 Bs－916 的全基因组分析 [J]. 中国农业科学, 44 (23)：4 807－4 814.

王延锋, 赵奎军. 2010. 转基因作物的生态安全性问题及其对策 [J]. 生物技术通报, 7：1－6.

王燕, 朱元, 陈福寿, 等. 2010. 人工繁殖半闭弯尾姬蜂性比失调因素研究 [C] //公共植保与绿色防控 [M]. 北京：中国农业科学技术出版社.

王中康, 宋章永, 李向英, 等. 2012. 100 亿孢子/克大孢绿僵菌 CQMa117 乳粉剂. 企业标准.

王中康, 宋章永, 李向英, 等. 2012. 10 亿孢子/克金龟子绿僵菌 CQMa128 微粒剂. 企业标准.

王中康, 宋章永, 李向英, 等. 2012. 100 亿孢子/克金龟子绿僵菌 CQMa128 乳粉剂. 企业标准.

王中康, 殷幼平, 宋章永, 等. 2012. 莱氏野村菌微菌核诱导产生的方法：中国, CN201110303314.5 [P]. 2－1.

王中康, 殷幼平, 宋章永. 2009. 杀虫真菌可乳粉剂：中国, CN200910103977.5 [P]. 10－28.

王竹红, 黄建. 2012. 松突圆蚧花角蚜小蜂雌性生殖系统、寄生习性及幼期发育的研究 [J]. 热带作物学报, 33 (1)：127－133.

王竹红, 潘东明, 黄建. 2010. 中国烟粉虱寄生蜂资源及其区系分布 [J]. 热带作物学报, 31 (9)：1 571－1 579.

吴根虎, 张礼生, 陈红印. 2012. 温度和光周期对多异瓢虫滞育诱导的影响 [C] //中国植物保护学会成立 50 周年庆祝大会暨 2012 年学术年会论文集.

吴晋华, 刘爱萍, 徐林波, 等. 2011. 不同的球孢白僵菌对草地螟的毒力测定 [J]. 中国植保导刊, 31 (10)：10－13.

吴晋华, 刘爱萍, 高书晶, 等. 2012. 球孢白僵菌与印楝素复配对草地螟的增效作用 [J]. 世界农药, 34 (3)：40－43.

吴晋华, 刘爱萍, 徐林波, 等. 2012. 人工饲料对草地螟消化酶活性及羧酸酯酶 mRNA 表达量的影响 [J]. 草地学报, 20 (6)：1 169－1 174.

吴钜文，陈红印.2013.蔬菜害虫及其天敌昆虫名录［M］.北京：中国农业科学技术出版社.

伍绍龙，徐福元，李保平，等.2013.管氏肿腿蜂雌性抚育中幼虫转移行为的启动时机和节律［J］.昆虫学报，56（4）392－397.

武和平，李保平.2007.补充营养对斑痣悬茧蜂寿命和取食行为的影响［J］.中国生物防治，23（2）：184－187.

武鸿鹄，张礼生，陈红印.2013.丽草蛉在温室内的扩散观察［C］//创新驱动与现代植保－中国植物保护学会2013年学术年会论文集，497.北京：中国农业科学技术出版社.

武鸿鹄，张礼生，王孟卿，等.2012.嗅觉反应研究对草蛉定殖的指导意义［C］//中国植物保护学会成立50周年庆祝大会暨2012年学术年会论文集.北京：中国农业科学技术出版社.

夏诗洋，孟玲，李保平.2012.聚寄生性蝶蛹金小蜂雌蜂体型大小对产卵策略的影响［J］.昆虫学报，55（9）：1 069－1 074.

夏诗洋，孟玲，李保平.2013.低温对蝶蛹金小蜂卵成熟及其数量动态的影响［J］.生态学报，33（4）：1 118－1 125.

相红燕，刘爱萍，高书晶，等.2012.黑条帕寄蝇成虫生物学特性初步研究［J］.植物保护，38（4）：57－62.

相红燕，刘爱萍，高书晶，等.2012.伞裙追寄蝇对不同寄主的选择性［J］.环境昆虫学报，34（3）：333－338.

谢宁，王中康，张建伟，等.2010.绿僵菌可乳化微粉剂对蛴螬时间—剂量—死亡率模型分析［J］.中国生物防治，26（4）：436－441.

徐妍，吴国林，吴学民，等.2009.梨小食心虫性信息素研究及应用进展［J］.现代农药，8（3）：40－44.

徐广春，顾中言，罗楚平，等.2012.枯草芽孢杆菌生防菌剂sf－628专用助剂的研发［J］.果树学报，29（5）：895－899.

徐汉虹，王中康.2013.生物农药［M］.北京：中国农业出版社.

徐林波，刘爱萍，王慧.2007.枸杞负泥虫的生物学特性及其防治措施［J］.中国植保导刊（9）：25－27.

徐清华，孟玲，李保平.2007.可疑柄瘤蚜茧蜂对高温下不同龄期黑豆蚜的寄生及其适合度表现［J］.昆虫学报，50（5）：488－493.

徐世新，陈长风，王树英，等.2002.芦苇格姬小蜂发育起点温度及有效积温［J］.中国生物防治学报，18（4）：187－188.

徐妍，吴国林，吴学民，等.2009.梨小食心虫微胶囊化及释放特性［J］.农药学学报，11（1）：65－71.

徐志宏，黄建.2004.中国介壳虫寄生蜂志［M］.上海：上海科技出版社.

徐忠宝，刘爱萍，吴晋华，等.2011.不同营养条件对草地螟球孢白僵菌生长的影响［J］.草业科学，28（6）：1 149－1 155.

徐忠宝，刘爱萍，徐林波，等.2013.草地螟阿格姬蜂生物学特性初步研究［J］.应用昆虫学报，50（4）：980－990.

许赣荣，胡鹏刚，王中康.2012.发酵工程［M］.北京：科学出版社.

闫正跃，孟玲，高小文.2008.润州黄色杆菌对甜菜夜蛾的毒力测定［J］.中国生物防治，24（1）：30－33.

杨德松，孟玲，李保平.2011.斑痣悬茧蜂对不同寄主密度斑块的选择和最优搜寻行为［J］.生态学杂志，30（7）：1 322－1 326.

杨德松，孟玲，李璐璐，等.2010.学习对斑痣悬茧蜂寄主搜寻行为的影响［J］.生态学杂志，28（10）：

2 026 – 2 031.

杨德松, 孟玲, 刘亚慧, 等. 2009. 空间场所对斑痣悬茧蜂选择不同龄期甜菜夜蛾幼虫行为的影响 [J]. 中国生物防治, 25 (3): 185 – 190.

杨海霞, 陈红印, 李强. 2007. 浅谈马铃薯甲虫的生物防治 [J]. 植物检疫, 21 (6): 368 – 372.

杨海霞, 陈红印, 张礼生. 2012. 一种人工饲料包装方法及其专用装置: 中国, CN201210275172.0 [P]. 12 – 5.

杨帅, 王玲, 赵奎军, 韩岚岚. 2012. 大豆蚜羧酸酯酶基因 AgCarE 的克隆、表达及活性分析 [J]. 中国农业科学, 45 (18): 3 755 – 3 763.

杨啸, 赵奎军, 王克勤, 等. 2012. 大豆食心虫触角感器的扫描电镜观察 [J]. 应用昆虫学报, 49 (15): 1 321 – 1 326.

殷幼平, 申剑飞, 时玉娟, 等. 2012. 金龟子绿僵菌 CQMa128 新制剂对花生蛴螬的田间防治效果 [J]. 植物保护, 38 (3): 162 – 167.

殷幼平, 宋章永, 谢宁, 等. 2010. 金龟子绿僵菌 CQMa117 的营养要求与培养特性初探 [J]. 中国生物防治, 26 (2): 206 – 210.

殷幼平, 王中康, 谢宁. 2010. 一种杀虫绿僵菌菌株: 中国, CN200910103950.6 [P]. 2 – 24.

尹小乐, 陈志谊. 2011. 稻曲病拮抗细菌的筛选与评价 [J]. 江苏农业学报, 27 (5): 983 – 989.

尹艳琼, 李向永, 陈宗麒, 等. 2010. 常用杀虫剂对半闭弯尾姬蜂成虫和蛹的安全性 [J]. 植物保护, 36 (3)

于海勇, 王中康, 张雯迪, 等. 2012. 莱氏野村菌的 Nr01 对斜纹夜蛾幼虫的侵染研究 [J]. 中国生物防治, 28 (2): 181 – 185.

于俊杰, 陈志谊, 刘永锋, 等. 2012. 枯草芽孢杆菌 Bs – 916 草酸脱羧酶基因 Bacisubin 的克隆、原核表达及其表达产物的酶活性分析 [J]. 江苏农业学报, 28 (3): 497 – 502.

袁曦, 冯新霞, 李敦松, 等. 2012. 紫外线处理米蛾卵对赤眼蜂繁殖的影响 [J]. 广东农业科学, 14: 91 – 94.

岳菊, 陈志谊. 2011. 西瓜枯萎菌拮抗细菌的筛选、鉴定及防效测定 [J]. 中国生物防治学报, 27 (3): 428 – 432.

张宝鑫, 李敦松, 章玉苹, 等. 2010. 平腹小蜂繁殖释放卡. 实用新型.

张博, 冯素芳, 黄露, 等. 2011. 斑痣悬茧蜂的寄主辨别能力及其影响因素 [J]. 昆虫学报, 54 (12): 1 391 – 1 398.

张博, 孟玲, 李保平. 2012. 野外环境中斑痣悬茧蜂的产卵选择行为 [J]. 南京农业大学学报, 35 (3): 78 – 82.

张芬, 陈志谊, 陆凡. 2011. 水稻稻瘟病菌拮抗细菌的筛选与鉴定 [J]. 江苏农业学报, 27 (3): 505 – 509.

张红梅, 陈福寿, 王燕, 等. 2011. 低温贮藏对烟蚜茧蜂蛹的影响. 云南省昆虫学会 2011 年学术年会论文集.

张红梅, 仇明华, 陈福寿, 等. 2013. 桃园节肢动物群落结构的时空动态 [J]. 西南农业学, 26 (4).

张红梅, 仇明华, 陈福寿, 等. 2012. 果园梨小食心虫种群消长动态研究初报 [C] // 中国植物保护学会成立 50 周年庆祝大会暨 2012 年学术年会论文集. 北京: 中国农业科学技术出版社.

张建伟, 王中康, 申剑飞, 等. 2012. 小菜蛾高致病力绿僵菌的筛选、鉴定及培养特性研究 [J]. 中国生物防治学, 28 (1): 53 – 61.

张洁, 张礼生, 陈红印, 等. 2013. 小蜂滞育的研究进展 [J]. 应用昆虫学报, 50 (6): (待刊出).

张洁, 张礼生, 陈红印, 等. 2012. 烟蚜两种寄生蜂成蜂的过冷却点及冰点测定 [C] // 中国植物保护学会成立 50 周年庆祝大会暨 2012 年学术年会论文集. 北京: 中国农业科学技术出版社.

张洁，张礼生，陈红印，等．2011. 赤眼蜂滞育的研究进展［C］//植保科技创新与病虫防控专业化.北京：中国农业科学技术出版社．

张礼生，陈红印，王孟卿，等．2012. 七星瓢虫滞育维持技术：中国，CN201210279647.3［P］. 11 - 14.

张礼生，陈红印，王孟卿，等．2011. 小型寄生蜂滞育研究中的几个问题［C］//植保科技创新与病虫防控专业化，11. 北京：中国农业科学技术出版社．

张礼生，陈红印，王孟卿．2009. 天敌昆虫的滞育研究及其应用［C］//粮食安全与植保科技创新.北京：中国农业科学技术出版社．

张礼生，陈红印，徐林波，等．2013. 一种扩繁烟蚜茧蜂的方法：中国，CN201310117138.5［P］. 6 - 26.

张礼生，陈红印，张洁，等．2013. 滞育烟蚜茧蜂的亲代效应评价［J］. 应用昆虫学报，50（6）．（待刊出）

张礼生，陈红印．2012. 天敌昆虫（瓢虫）的滞育诱导技术：中国，CN201210279680.6［P］. 11 - 14.

张丽丽，陈志谊，等．2010. 2株枯草芽孢杆菌对梨轮纹病菌的室内抑制作用研究［J］. 果树学报，27（5）：823 - 827.

张晴晴，陈红印，秦玉川．2010. 寄主植物单种及组合混种对丽蚜小蜂寄生和存活的影响［J］. 中国生物防治，26（1）：35 - 39.

张荣胜，陈志谊，等．2011. 水稻细菌性条斑病菌拮抗细菌的筛选、评价与应用研究［J］. 中国生物防治学报，27（4）：510 - 514.

张荣胜，梁雪杰，陈志谊，等．2013. 解淀粉芽胞杆菌Lx - 11生物发酵工艺优化［J］. 中国生物防治学报，29（2）：254 - 262.

张荣胜，王晓宇，陈志谊，等．2013. 解淀粉芽孢杆菌Lx - 11产脂肽类物质鉴定及表面活性素对水稻细菌性条斑病的防治作用［J］. 中国农业科学，46（10）：2 014 - 2 021.

张拓，庞春杰，韩岚岚，等．2013. 大豆蚜基因组DNA四种提取方法的比较［J］. 大豆科学，32（4）：473 - 476.

张文，秦玉川，孟昭清，孟新法．2009. 中国绿色食品生产操作规程标准.《绿色食品生产操作规程（华北地区—果树）种植业规程》．

张晓岚，孟玲，李保平．2009. 菜粉蝶蛹体型大小对蝶蛹金小蜂后代数量、性比及体型大小的影响［J］. 生态学杂志，28（4）：677 - 680.

张铉哲，代治国，樊东．2010. 背负式追肥器：中国，CN200920307121.5［P］. 3 - 24.

张铉哲，代治国，樊东．2010. 菜苗移栽器：中国，CN200920100549.2［P］. 3 - 31.

张铉哲，代治国，樊东．2010. 细菌培养装置：中国，CN200920308557.6［P］. 6 - 2.

张莹，党国瑞，张礼生，等．2013. 取食寄主对潜蝇姬小蜂卵成熟和寿命的影响［J］. 中国农业科学，46（6）：1 166 - 1 171.

章玉苹，李敦松，黄少华，等．2009. 柑桔木虱的生物防治研究进展［J］. 中国生物防治，25（2）：160 - 164.

赵奎军，韩岚岚，于洪春．2011. 苏云金芽胞杆菌Bt20广谱杀虫剂的助剂.发明专利．

赵奎军，谢桂林，徐纯柱．2013. 一种跳虫饲养装置.发明专利．

赵奎军，史树森．2010. 黑龙江省大豆田地老虎发生情况及防治方法［J］. 大豆科技，5：60 - 61.

赵奎军.黑龙江省地方标准——菜蛾虫情调查和防治技术规范.地方标准．

赵秀梅，张树权，沈凤云．2010. 赤眼蜂防治玉米螟田间防效测定与评估［J］. 作物杂志，（2）：93 - 94.

赵秀梅．2011. 黑龙江省玉米螟发生情况与绿色防控技术［J］. 黑龙江农业科学，（9）：159 - 160.

钟苏婷，李耀发，秦玉川，等．2009. 4种生物农药对烟粉虱和瓜蚜的防治效果及对其天敌的安全性评价［J］. 云南农业大学学报（增刊）24卷增刊：5 - 8.

钟苏婷，李耀发，秦玉川，等．2009. B型烟粉虱对辣椒、芹菜、黄瓜寄主选择作用的研究［J］. 中生物防治，25：18 – 23.

周华飞，罗楚平，陈志谊，等.2013.枯草芽胞杆菌 Bs916 突变体库的构建和抑制水稻细菌性条斑病菌相关基因的克隆 [J].中国农业科学，46（11）：2 232 – 2 239.

周伟儒，陈红印，邱式邦.1985.用简化配方的人工卵连代饲养中华草蛉 [J].中国生物防治学报，1（1）：8 – 11.

周伟儒，陈红印.1985.中华草蛉成虫越冬前取食对越冬死亡率的影响 [J].中国生物防治学报，1（2）：11 – 14.

周长梅，戴长春，赵奎军.2011.四川盆地部分地区土壤中苏云金芽胞杆菌分离与 cry 基因鉴定 [J].植物保护，37（2）：20 – 24.

周正，王孟卿，胡月，等.2012.烟盲蝽成虫触角感器的扫描电镜观察 [J].应用昆虫学报，49（3）：631 – 635.

周正，王孟卿，张礼生，等.2013.大眼蝉长蝽人工饲料的初步研究 [J].植物保护，39（1）：80 – 84.

周子扬，黄先才，孟玲，等.2011.有机稻与常规稻田埂植物上节肢动物多样性 [J].生态学杂志，30（7）：1 337 – 1 341.

朱栋，秦玉川，朱培祥，等.2012.不同诱杀方法对花生金龟子的防治效果研究技术的初步研究 [J].中国植保导刊，32（1）：38 – 41.

朱栋，秦玉川.2010.花生几种病虫害的绿色防控技术初步研究.公共植保与绿色防控，中国植物保护学会 2010 年学术年会论文集，中国农业科学技术出版社.

朱培祥，刘美昌，秦玉川，等.2011.保护地间作芹菜对温室粉虱的防治作用 [J].应用昆虫学报，48（2）：375 – 378.

朱元，吴剑，王燕，等.2010.大棚温室和田间小棚蚜虫及烟蚜茧蜂繁殖方法及效果分析 [C]//公共植保与绿色防控.北京：中国农业科学技术出版社.

邹德玉，陈红印，张礼生，等.2012.蝎蝽人工饲料研究 [C]//中国植物保护学会成立 50 周年庆祝大会暨 2012 年学术年会论文集.北京：中国农业科学技术出版社.

邹德玉，陈红印，张礼生，等.2013.一种人工饲料包装装置：中国，CN201220382214.6 [P].3 – 27.

邹德玉，张礼生，陈红印.2008.豌豆潜蝇姬小蜂产卵器感器的扫描电镜观察 [J].中国生物防治学报，24（4）：298 – 305.

邹德玉，张礼生，陈红印.2009.豌豆潜蝇姬小蜂雌蜂触角感器的扫描电镜观察 [J].昆虫知识，46（1）：90 – 96.

邹德玉，陈红印，张礼生，等.2013.大草蛉成虫的饲养方法及其专用饲料：中国，CN201210490808.3 [P].3 – 13.

邹德玉，陈红印，张礼生，等.2013.利用麦二叉蚜扩繁烟蚜茧蜂的方法：中国，CN201310117164.8 [P].6 – 26.

第二章　捕食性瓢虫的扩繁与应用

第一节　引进与利用概述

瓢虫是瓢虫科（Coccinellidae）昆虫的总称，隶属于鞘翅目（Coleoptera）多食亚目（Polyphaga）扁甲总科（Cucujoidea）。全世界的瓢虫种类超过 5 000 多种（Kuzentsov，1997），我国瓢虫资源极为丰富，是世界上已知种类最多的国家，至 2001 年，中国瓢虫已记录的种类达 680 种（庞虹，2002）。瓢虫根据食性分为植食性、菌食性和捕食性三大类。捕食性瓢虫是重要的天敌昆虫，约占瓢虫总数的 80%，以小型农林害虫如蚜虫、介壳虫、粉虱、叶螨等为食，在农林害虫的生物防治中占有重要地位。

最早人为应用瓢虫成功防治害虫的事例要推溯到 19 世纪，美国引进了澳洲瓢虫［Rodolia caedinalis（Mulsant）］成功控制了吹绵蚧的危害，由此也促进了生物防治和天敌昆虫学的兴起。从那时起，越来越多的捕食性瓢虫被相继开发利用，防控农林害虫并取得了显著成效。如澳洲瓢虫目前已被引入到近 60 个国家和地区（Caltagirone，1989）；孟氏隐唇瓢虫（Crypotaemus montrouzieri Mulsantzi）自 19 世纪后期被美国从澳大利亚引进，欧亚等国也效仿引进，我国从 1955 年引进该瓢虫，至今已广泛定殖，并在抑制粉蚧类害虫中发挥了重要作用。美国是最重视捕食性瓢虫引进与利用的国家之一，一百多年来持续引进世界各地的优良捕食性瓢虫 179 种（Day，1994；Humble，1994）。广泛分布在我国和亚洲其他地区的七星瓢虫［Coccinella septempunctata（L.）］、红肩瓢虫［Hippodamia variegate（Goeze）］、红点唇瓢虫［Chilocorus kuwanae（Silvestri）］等先后被美欧等国引进。据庞虹（2004）统计，捕食性瓢虫类群有 6 亚科 42 种被从原产地引入到其他国家或地区，如小红瓢虫（Rodolia pumila Weise）、二斑唇瓢虫（Chiloccrus lijugs Mulsant）等，可以说优良捕食性瓢虫的人为引进与利用受到世界各国的普遍关注（表 2 – 1）。

表 2 – 1　被引进定居的瓢虫种类（庞虹等，2004）

种　名	原产地	引入地*
澳洲瓢虫［Rodolia cardinalis（Mulsant）］	澳大利亚	美国（1888）、欧洲等 57 个国家或地区（1889—1958）
小红瓢虫（Rodolia pumila Weise）	东洋区（中国南部、日本）	南太平洋岛屿（加罗林，1928）及马绍尔群岛等（1947—1949）
黄头红瓢虫［Azya luteipes（Mulsant）］	巴西、圭亚那及哥伦比亚	美国（1934）及百慕大（1951，1956—1957）

（续表）

种　名	原产地	引　入　地*
双斑红瓢虫（*Azya orbigera* Mulsant）	阿根廷、哥伦比亚及墨西哥	美国（1935）
特立尼达红瓢虫（*Azya trinitatis* Marshall）	特立尼达及圭亚那	斐济（1928）
扭藿香暗色瓢虫［*Rhyzobius lophanthae*（Blaisdell）]	澳大利亚	美国（1889，1892）、意大利（1906—1908）及阿根廷（1913）
福氏暗色瓢虫［*Rhyzobius forestieri*（Mulsant）]	澳大利亚	美国（1889—1892）、智利（1903）、意大利（1917）及新西兰（1899）
黄暗色瓢虫［*Rhyzobius pulchellus*（Montrouzier）]	新喀里多尼亚及瓦努瓦图	土阿莫群岛及瓦利斯群岛（1972）
黄足光瓢虫［*Exochomus flavipes*（Thunberg）]	古北区、非洲和马达加斯加	美国（1918—1925，1947，1978—1983）
闪蓝光瓢虫［*Exochomus metallicus*（Korschefsky）]	埃塞俄比亚（尼里特里亚）	美国（1954）
四斑光瓢虫［*Exochomus quadripustulatus*（L.）]	古北区	美国（自意大利，1915，1927，1928）
双斑唇瓢虫［*Chilocorus bipustulatus*（L.）]	古北区	美国（自以色列，1952—1953）
红点唇瓢虫［*Chilocorus kuwanae*（Silvestri）]	中国、日本及印度北部	美国（1924—1925）
仙人掌唇瓢虫［*Chilocorus cacti*（L.）]	美国南部、中美及南美	波多黎各（1937）及百慕大（1951）
双痣唇瓢虫［*Chilocorus distigma*（Klug）]	热带非洲	塞舌尔（1938—1939）
黑背唇瓢虫［*Chilocorus nigritus*（Fabricius）]	喜马拉雅山、印度、缅甸及印度尼西亚	毛里求斯（1939）及塞舌尔（1938）
红褐唇瓢虫（*Chilocorus politus* Mulsant）	东印度群岛	毛里求斯（1937）
钢蓝色哈氏瓢虫［*Halmus chalybeus*（Boisduval）]	澳大利亚	美国（1892）
关岛寡节瓢虫（*Telsimia nitida* Chapin）	关岛	美国（夏威夷，1936）

（续表）

种　名	原产地	引　入　地[*]
努米底亚毛艳瓢虫［*Pharoscymnus numidicus*（Pic）］	阿尔及利亚	摩洛哥（1954）
卵圆形毛艳瓢虫（*Pharoscymnus ovoideus* Sicard）	阿尔及利亚	摩洛哥（1954）
闭合铲角瓢虫（*Catana clauseni* Chapin）	马来西亚及印度尼西亚	古巴（1930）
孟氏隐唇瓢虫（*Cryptolaemus montrouzieri* Mulsant）	澳大利亚	美国（大陆，1891—1892，夏威夷，1893）、意大利（1908）、法国（1918）、以色列（1924）、西班牙（1928）、波多黎各（1911—1913）、百慕大（1954—1955）、中国（1955—1964）
隐颚瓢虫（*Cryptohnatha nodiceps* Marshell）	特立尼达及圭亚那	斐济（1928）、美国（1936—1938）、葡萄牙（1955）及西非普林西比岛（1955）
矮基瓢虫（*Diomus pumilio* Weise）	澳大利亚	美国（1892、1975、1976）
南非弯叶毛瓢虫［*Nephus*（*Sidis*）*binaevatus*（Mulsant）］	南非	美国（1921，1922）
白边小毛瓢虫（*Scymnus margipallens* Mulsant）	巴西	菲律宾（1931）
印尼小毛瓢虫（*Scymnus smithianus* Clausen）	印度尼西亚	古巴（1930）
古小瓢虫（*Scymnus impexus* Mulsant）	欧洲中南部及非洲北部	美国（1955—1965）
缝合小毛瓢虫（*Scymnus suturalis* Thunberg）	欧洲及前苏联西伯利亚	美国（1972）
深点食螨瓢虫（*Stethorus punctillum* Weise）	古北区	加拿大及美国（1950）
嗜蚜瓢虫［*Aphidecta obliterate*（L.）］	欧洲	美国（1960，1963，1965—1966）
七星瓢虫［*Coccinella septepunctata*（L.）］	古北区	美国（1956—1971）
十一星瓢虫［*Coccinella undecimpunctata*（L.）］	古北区	美国（1912 首次发现，属偶然引入种）

（续表）

种　名	原产地	引　入　地*
变斑盘瓢虫 ［*Coelophora inaequalis* (Fabricius)］	亚洲南部及澳大利亚	美国（夏威夷，1894）、波多黎各（1938）及美国（大陆，1939）
红肩瓢虫 ［*Leis dimidiata* (Fabricius)］	中国、日本、尼泊尔及印度北部	美国（1924）
十眼裸瓢虫 ［*Bothrocalvia pupillata* (Swartz)］	中国、印度及印度尼西亚	美国（夏威夷，1890）
方斑瓢虫 ［*Propylea quatuordecimpunctata* (L.)］	古北区	加拿大（1968）
塞内加尔显盾瓢虫 (*Hyperaspis senegalensis hottentotta* Mulsant)	非洲	美国（1978，1980，1981，1982，1983）
西氏显盾瓢虫 (*Hyperaspis silvestrii* Weise)	加勒比海地区	美国（夏威夷，1922），菲律宾（1931）
三纹显盾瓢虫 (*Hyperaspis trilineata* Mulsant)	圭亚那	西印度群岛（1958—1959）

注：＊括号内数字为引入年代。

　　除澳洲瓢虫之外，近年来我国先后从澳大利亚、美国等地引进了孟氏隐唇瓢虫、小黑瓢虫 ［*Delphustus catalinae* (Horn)］ 等捕食性瓢虫，在防治介壳虫、粉虱等小型刺吸式口器害虫中发挥了重要作用（表 2 - 2）。

表 2 - 2　在欧洲已经商业化应用的瓢虫种类（van Lenteren，2003）

种　名	防治对象	开始使用时间
二星瓢虫 (*Adalia bipunctata*)	橘声蚜 *Toxoptera aurantii*	1998
贝式唇瓢虫 (*Chilocorus baileyi*)	盾蚧 Diaspididae	1992
细缘唇瓢虫 (*Chilocorus circumdatus*)	盾蚧 Diaspididae	1992
黑唇瓢虫 (*Chilocorus nigritus*)	Diaspididae，Asterolecaniidae	1985
七星瓢虫 (*Coccinella septempunctata*)	蚜虫 Aphids	1980
孟氏隐唇瓢虫 (*Cryptolaemus montrouzieri*)	粉蚧 Pseudococcidae，蜡蚧 Coccidae，柑橘粉蚧 *Planococcus citri*	1992
小黑瓢虫 (*Delphastus catalinae*)	温室白粉虱 *Trialeurodes vaporariorum* 烟粉虱 *Bemisia tabaci/B. argentifolii*	1993 1993
异色瓢虫 (*Harmonia axyridis*)	蚜虫 Aphids	1995
锚斑长足瓢虫 (*Hippodamia convergens*)	蚜虫 Aphids	1993
愈合弯叶毛瓢虫 (*Nephus reunion*)	粉蚧 Pseudococcidae	1990
食叶甲暗红瓢虫 (*Rhyzobius chrysomeloides*)	松干蚧 *Matsucoccus feytaudi*	1997

（续表）

种　　　名	防治对象	开始使用时间
Rhyzobius（*Lindorus*）*lophanthae*	盾蚧 Diaspididae 桑白盾蚧 *Pseudaulacapsis pentagona*	1980
澳洲瓢虫（*Rodolia cardinalis*）	吹绵蚧 *Icerya purchasi*	1990
深点食螨瓢虫（*Stethorus punctillum*）	螨 Mites	1995

　　需要强调的是，引进捕食性瓢虫防控蚜蚧害虫等的良好用意有时也会发生变化，异色瓢虫［*Harmonia axyridis*（Pallas）］最初被美国引进时，一度成功地抑制了玉米、棉花、苜蓿、烟草、小麦、柑橘、山核桃、红松等农林植物上的蚜虫，但由于该虫强大的繁殖和竞争能力，加剧了对土著瓢虫的生存压力；越冬前大量聚集的习性，致使异色瓢虫大量迁移进入民宅，还引发了过敏性结膜炎和叮咬人类的个别案例；因其栖息于葡萄串中难以清除，压榨葡萄酒过程中，异色瓢虫体内富含的生物碱被释放出来，严重降低了葡萄酒的风味，影响了人类的生活和生物多样性，故此近年来该虫被列入"害虫"类别，世界自然保护联盟（IUCN）列出的全球入侵物种数据库中，将异色瓢虫视为重要的入侵物种。

第二节　形态学与生物学特征

一、形态学特征

　　瓢虫属完全变态昆虫，发育过程分为卵期、幼虫期、蛹期和成虫期4个阶段。在4龄幼虫发育后期至蛹期绝大多数瓢虫都存在一个静止时期，也被称做预蛹期。瓢虫的发育历期在不同地区、不同食物和不同环境条件下会有较大差异。

　　卵：瓢虫的卵多为椭圆形或纺锤形，表面颜色从黄色至橙红色依种类不同而变化。新生卵颜色较艳，而至孵化前颜色逐渐转灰。瓢虫卵为丛生，卵堆中各卵排列整齐并以较窄一端粘附于基质（叶片或嫩枝）上。但也有一些瓢虫如黑缘红瓢虫（*Chilocorus rubldus* Hope）一次仅产1粒卵。

　　幼虫：蛞型，具毛突、枝刺或蜡粉；色彩鲜艳，行动活泼。新生1龄幼虫孵化后，一般会在卵壳表面停留至多1天，主要为了身体强壮，即外骨骼的硬化，然后分散觅食。幼虫通常经过3次蜕皮发育至4龄，而有些瓢虫如日本丽瓢虫（*Callicaria superba* Mulsant）存在5个幼虫龄期。瓢虫幼虫的体貌特征，包括体型及体色差异很大、一般其头部口器向下，有3对强有力的胸足，在腹部末端形成一个足突，其可以帮助幼虫在行动或化蛹时固定躯体。幼虫各体节上通常存在骨化的突起或刺，有的有很发达呈分叉状的刺突。而有些瓢虫（如小毛瓢虫属）的幼虫体背上会覆盖有白色的絮状蜡丝，这些幼虫往往和覆盖物一样呈白色。在蜕皮前幼虫通常停止进食，利用肛门组织将虫体固定，而后将头部面向基质下垂，自头部向尾部蜕皮。整个幼虫期的取食量以及体型体重增加程度均取决于4龄幼虫。幼虫的发育历期受环境条件（如温度和食物）的影响较大，其中温度的影响相对较小，而食物的数量及质量对瓢虫幼虫生长发育的影响要大得多。幼虫对于不同食物的同化能力直接影响幼虫的营养水平，继而影响生长发育。

蛹：多数瓢虫如瓢虫亚科及小艳瓢虫亚科物种的蛹是裸蛹，在化蛹时幼虫将皮壳褪在其身体和基质相黏结的一边；而在盔唇瓢虫和短脚瓢虫中其蛹是围蛹，即化蛹时所褪皮壳并不完全褪下，仅在上部裂开，此时蛹体绝大部分仍存留在皮壳内部。瓢虫的蛹并非一直不动，当其受到外部刺激时蛹体会颤动。

成虫：体形一般为椭圆形或瓢形，周围近于卵圆形、半球形拱起。但是瓢虫科内有瓢形、突肩形及长足形3种变异。而瓢虫成虫的大小在不同种间差异十分明显。瓢虫腹部多为平坦状，其体表或覆盖短细毛。当成虫自蛹体内羽化时，其鞘翅为浅黄色并且柔软易变性，此时鞘翅并无色斑显现。当成虫身体在空气中暴露一段时间后，其鞘翅逐渐变硬，并且色斑开始显现。当瓢虫体色稳定后其底色和色斑随物种的不同而呈现极大的差异。

二、捕食对象

捕食性瓢虫的捕食对象包括多种蚜、蚧、螨以及鞘翅目、膜翅目、双翅目和鳞翅目昆虫的卵、幼虫和蛹，蚜虫是主要猎物。在捕食性瓢虫类群中，瓢虫亚科 Coccinellinae、显盾瓢虫亚科 Hyperaspinae 多以蚜虫为食，兼食其他节肢动物，瓢虫亚科中有的种类也兼食花粉、花药或偶尔吸食植物的幼嫩部分；盔唇瓢虫亚科 Chilocorinae 的种类多捕食有蜡粉覆盖的介壳虫，如盾蚧、蜡蚧等；红瓢虫亚科 Coccidulinae 的瓢虫专食绵蚧和粉蚧；四节瓢虫亚科 Lithophilinae 中的瓢虫有的也捕食绵蚧和粉蚧；隐胫瓢虫亚科 Aspidimerinae 的瓢虫主要捕食蚜虫和介壳虫；小毛瓢虫亚科 Scymninae、小艳瓢虫亚科 Sticholotinae 和刻眼瓢虫亚科 Ortaliinae 中包括了捕食蚜虫、介壳虫、粉虱、叶螨的种类，其中，食螨瓢虫族 Stethorini 专食叶螨，是叶螨的重要天敌之一（表2-3）。

表2-3　瓢虫的猎物范围（Hodek 和 Hodek，1996）[*]

瓢虫种类	猎物
小艳瓢虫亚科 Sticholotinae	
展唇瓢虫族 Sukunahikonini	介壳虫、盾蚧科
刀角瓢虫族 Serangini	蚜总科
小艳瓢虫族 Sticholotini	介壳虫、盾蚧科
（Pharini）	盾蚧科
（Microweiseini）	介壳虫、盾蚧科
小毛瓢虫亚科 Scymninae	
食螨瓢虫属 Stethorini	植食螨、叶螨科
小毛瓢虫族 Scymnini	62%介壳虫、23%蚜虫
各独立属 Individual genera	
陡胸瓢虫属 Clitostethus，Lioscymnus	蚜总科
基瓢虫属 Diomus，弯叶毛瓢虫属 Nephus	粉蚧亚科、软蜡蚧亚科
星弯叶毛瓢虫属 Sidis，Parasidis	粉蚧亚科

（续表）

瓢虫种类	猎　　物
隐唇瓢虫属 *Cryptolaemus*	粉蚧亚科
方突毛瓢虫属 *Pseudoscymnus*	盾蚧科
Platyorus	蚜虫
毛瓢虫亚属 *Scymnus*	蚜虫
隐胫瓢虫族 Aspidimerini	蚜虫
显盾瓢虫族 Hyperaspini	75％为介壳虫，还有包括旌蚧亚科、蛾蜡蝉科
刻眼瓢虫族 Ortaliini	木虱总科、蛾蜡蝉科
盔唇瓢虫亚科 Chilocorinae	
寡节瓢虫族 Telsimiini	介壳虫、盾蚧科
广盾瓢虫族 Platynaspini	蚜虫
盔唇瓢虫族 Chilocorini	75％为介壳虫，还包括蚜虫
红瓢虫亚科 Coccidulinae	
粗眼瓢虫族 Coccidulini（Rhyzobiini）	全部介壳虫除一未定名种，51％为盾蚧科，35％为介壳虫
Exoplectrini	吹绵蚧及其近缘种
短角瓢虫族 Noviini	吹绵蚧及其近缘种
瓢虫亚科 Coccinellinae	
瓢虫族 Coccinellini	85％为蚜虫，也包括木虱总科和叶甲科

注：＊表中所列亚科、族、属中文名称均参考庞虹等（2003）《中国瓢虫物种多样性及其利用》。

　　捕食性瓢虫对猎物的捕食能力与其所处环境内猎物密度变化有关。通过拟合 Holling 功能反应并且进行数值反应分析可以较好地了解瓢虫捕食不同猎物时的猎食潜力，并且更好地对捕食性瓢虫成为生物防治天敌的潜能进行合理评估。捕食功能反应的试验结果常受到下列因素的影响：试验环境的温度、猎物的密度、猎物的饥饿程度、试验容器的大小、添加植物的干扰、成蚜产仔的干扰等。功能反应是衡量天敌昆虫控害作用的主要指标，也是天敌昆虫开发利用的主要依据。龟纹瓢虫（*Propylea japonica* Thunberg）是捕食蚜虫的优良天敌，许多学者对龟纹瓢虫捕食蚜虫如苜蓿蚜（*Aphis medicaginis*）、玉米蚜（*Rhopalosiphum padi*）、菊小长管蚜（*Macrosiphum sanborni*）等的功能反应进行了研究，发现其功能反应模型均为 Holling Ⅱ 型。王丽娜对龟纹瓢虫大豆蚜的功能反应研究发现，龟纹瓢虫捕食大豆蚜的数量随蚜虫密度的增加而增加，其曲线符合 Holling Ⅱ 描述的捕食功能反应模型，即瓢虫捕食量和蚜虫密度呈负加速曲线型，因此可用 Holling Ⅱ 圆盘方程拟合功能反应曲线。

三、自残性

　　自残现象在捕食性瓢虫中十分常见。当所处环境内食物供给无法满足个体发育的营养需求时，同种或非同种个体间会通过自残来淘汰孱弱个体以保证种群规模维持在一定水平，避免种群整体性消亡，这种行为可以增强种群对环境的适应性，提高物种的竞争力。瓢虫的自残分为种内自残（Intraspecific cannibalism）和种间自残（Interspecific cannibalism）两种。种内自残是指同种瓢虫在种群内部个体间发生的自残行为，该行为可发生于同种瓢虫的两个或多个个体间，对大规模人工扩繁捕食性瓢虫而言，要防止种内自残现象的发生。自残有以下几种体现形式：成虫对卵的自残、初孵幼虫对姊妹卵的自残、各龄期幼虫间的自残。

成虫对卵的自残：这一现象不多见，在野外或者人工扩繁过程中可观察到待产卵雌虫取食卵粒。有研究表明，抱卵异色瓢虫雌成虫在饥饿胁迫下会产下若干不能孵化的卵，并将其吃掉以补充营养，这种卵也叫营养卵。成虫对非亲缘关系的卵自残往往发生在越冬之前，当雌虫在食物数量丰富而种群已趋老化的区域产卵后，若该卵堆恰好位于新羽化成虫附近，新羽化的成虫往往会主动取食卵以补充能量，积累足够脂肪，应对漫长越冬期的营养消耗。

初孵幼虫对姊妹卵的自残：这种自残常发生在同一卵堆的初孵幼虫和未孵化卵之间。初孵幼虫急于补充营养，在孵化后首先取食自身卵壳，随后会取食周边未孵化的卵。这种自残可显著提高初孵幼虫的存活率，以取食一个卵为例，九星盘瓢虫、六斑月瓢虫、双斑盘瓢虫以及狭臀瓢虫幼虫的生存时间，分别比不自残的对照幼虫延长生存时间37%、70%、84%和134%。有研究表明，十斑盘瓢虫、双斑盘瓢虫、六斑月瓢虫和狭臀瓢虫的卵损失率为9.34%、11.57%、14.84%和24.01%。

各龄期幼虫间的自残：瓢虫的4龄幼虫是体型最大的发育虫期，食量巨大，化蛹也需补充充足的营养，因此，4龄幼虫对异期幼虫、蛹甚至成虫均可发生自残。蛹因其体壁较坚硬，只有高龄幼虫、成虫可取食。当高龄虫态处于蜕皮过程中或刚完成蜕皮、4龄幼虫进入预蛹期和成虫刚羽化鞘翅未硬化时，都面临被低龄幼虫取食的风险。由于处在上述阶段的瓢虫身体较为柔软，还要面对多个低龄幼虫的群体进攻，此时高龄瓢虫若被攻击，得以逃生的概率较低。这种类型的自残现象可发生在任何自然条件下，常见于猎物种群数量锐减、瓢虫种群尚有若干幼虫未及时发育时出现。

综合而言，尽管瓢虫会通过生产不孵化的营养卵粒混杂于正常卵堆中以及个体迁移扩散等手段来降低自残的发生概率，但是自残现象无法完全根除。在大规模生产捕食性瓢虫天敌中，自残现象显著降低捕食性瓢虫的生产效率，此时要注意降低瓢虫种群密度，加大营养供应，防止自残现象发生。

四、滞育

滞育是大多数昆虫固有的遗传属性，是指昆虫受环境条件的诱导所产生的静止状态的一种类型。滞育常发生于一定的发育阶段，比较稳定，不仅表现为形态发生的停顿和生理活动的降低，而且一经开始必须渡过一定阶段或经某种生理变化后才能结束。昆虫通过滞育及与之相似但较不稳定的休眠现象来调节生长发育和繁殖的时间，以适应所在地区的季节性变化。统计显示有滞育研究报道的瓢虫共29种，对滞育调控因子有较详细描述的有19种，涉及5个亚科：瓢虫亚科10种、盔唇瓢虫亚科3种、小毛瓢虫亚科2种、食植瓢虫亚科4种（表2-4）。从表中可见，多数瓢虫以成虫进入滞育，诱导滞育的光周期主要为短光照，为长光照反应型；从滞育的发生时期来看，既有冬滞育型，也有夏滞育型；某些瓢虫的滞育表现出明显的地理多样性，即同种不同地理型的瓢虫滞育发生时间有所不同，如七星瓢虫（*Coccinella septempunctata*）、黄柏弯角瓢虫（*Semiadalia undecimnotata*）在不同的地理区域，有的发生冬滞育，有的发生夏滞育。瓢虫的滞育表现比较复杂：其发生虫态多为成虫；发生时期既有冬滞育也有夏滞育；滞育诱导的主导因子多为光周期；不同光周期环境中的瓢虫种群有截然不同的滞育特征，如七星瓢虫、异色瓢虫、黄柏弯角瓢虫（*Semiadalia undecimnotata*）、瓜黑斑瓢虫（*Epilachna admirabilis*）等种类，在自然界中处于不同的光周期时，其滞育时期、诱发因子、持续时间、生理变化等均有差别（Hodek，1983；Katsoyannos，2005；Sakurai，1992；Berkvens，2008；Imai，2004；Hoshikawa，2000；Takeuchi，1999）。

表 2 - 4　瓢虫的滞育类型及滞育诱导的主导因子

类　　　别	滞育虫态	发生季节	主导因子	引文
瓜茄瓢虫（*Epilachna admirabilis*）东京种群	成虫	夏季	长光照	Imai（2004）
瓜茄瓢虫（*Epilachna admirabilis*）札幌种群	成虫	秋末冬初	短光照	Hoshikawa（2000）
瓜茄瓢虫（*Epilachna admirabilis*）东京种群	四龄幼虫	冬季	短光照	Takeuchi（1999）
茄二十八星瓢虫（*Henosepilachna vigintioctopunctata*）	成虫		短光照	Katsoyannos（1997）
墨西哥大豆瓢虫（*Epilachna varivestis*）	成虫		短光照	Taylor & Schrader（1984）
苜蓿瓢虫（*Subcoccinella vigintiquatuorpunctata*）	成虫		短光照	Ali & Saringer（1975）
七星瓢虫（*Coccinella septempunctata*）中国秦皇岛种群	成虫	夏季		阎浚杰等（1980）
方斑瓢虫（*Propylea quatuordecimpunctata*）	成虫	冬季		Hodek（1996a）
五星瓢虫（*Coccinella quinquepunctata*）	成虫	冬季		Hodek（1996a）
瓢虫亚科（*Leptothea galbula*）	成虫	冬季		Hodek（1996a）
斑大鞘瓢虫（*Coleomegilla maculata*）	成虫	冬季		Hodek（1996a）
嗜蚜瓢虫（*Aphidecta obliterata*）	成虫	冬季		Hodek（1996a）
五斑长足瓢虫（*Hippodamia quinquesignata*）	成虫	冬季		Hodek（1996a）
四斑光瓢虫（*Exochomus quadripustulatus*）	成虫	冬季		Hodek（1996a）
黑缘红瓢虫（*Chilocorus rubidus*）	成虫	冬季		Hodek（1996a）
红瓢虫亚科（*Scymnodes lividigaster*）	成虫	冬季		Hodek（1996a）
二星瓢虫（*Adalia bipunctata*）	成虫	秋末冬初	短光照	Obrycki（1983）

植食性瓢虫（左侧类别：植食性瓢虫）

捕食性瓢虫（左侧类别：捕食性瓢虫）

（续表）

类　　别	滞育虫态	发生季节	主导因子	引文
黄柏弯角瓢虫（*Semiadalia undecimnotata*）中欧种群	成虫	秋末冬初	短光照	Hodek（1983）
黄柏弯角瓢虫（*Semiadalia undecimnotata*）希腊种群	成虫	夏季	长光照、高温	Katsoyannos（2005）
九星瓢虫（*Coccinella novemnotata*）	成虫	夏季、秋末冬初	短、长光照	McMullen（1967）
横斑瓢虫（*Coccinella transversoguttata*）	成虫		短光照	Storch（1973）
十三星瓢虫（*Hippodamia tredecimpunctata*）	成虫		短光照	Storch（1972）
波纹瓢虫（*Coccinella repanda*）	成虫		食料	Hodek（1996a）
七星瓢虫（*Coccinella septempunctata*）中欧、西欧洲种群	成虫	冬季	短光照	Okuda（1994）
七星瓢虫（*Coccinella septempunctata*）日本札幌种群	成虫	冬季	短光照	Okuda（1994）
异色瓢虫（*Harmonia axyridis*）日本种群	成虫	冬季	短光照	Sakurai（1992）
异色瓢虫（*Harmonia axyridis*）欧洲种群	成虫	冬季	短光照	Berkvens（2008）
七星瓢虫（*Coccinella septempunctata*）希腊种群	成虫	夏季	长光照、25℃	Katsoyannos（1997）
七星瓢虫（*Coccinella septempunctata*）日本本州岛种群	成虫	夏季	长光照、高温	Sakurai（1983）；Sakurai（1987a）
锚斑长足瓢虫（*Hippodamia convergens*）	成虫		食料因子	Michaud & Qureshi（2005）
纤丽瓢虫（*Harmonia sedecimnotata*）	成虫		食料因子	Zaslavskii & Semyanov（1998）
双斑唇瓢虫（*Chilocorus bipustulatus*）	成虫	秋末冬初	短光照	Tadmor & Applebaum（1971）
肾斑唇瓢虫（*Chilocorus renipustulatus*）	成虫		短光照	Hodek（1996a）
孪斑唇瓢虫（*Chilocorus geminus*）	成虫		短光照	Hodek（1996a）
深点食螨瓢虫（*Stethorus picipes*）	成虫		短光照，低温	Hodek（1996a）
日本食螨瓢虫（*Stethorus japonicus*）	成虫		短光照（18℃）	Katsuhiko *et al.*（2005）

捕食性瓢虫

从生态学和进化的角度看，瓢虫的滞育是其在长期进化过程中形成的与生活环境相适应的一种动态的发育机制（Hodek，1996）。在滞育的不同阶段，成虫体内发生着一系列的变化，表现出一些特有的生理生化特征。解剖显示，滞育阶段的七星瓢虫雌虫腹部富含脂肪体，卵小管空瘪，内部没有卵黄原蛋白（王伟，2012）。此外，滞育成虫咽侧体明显偏小是其滞育后较为突出的特性，如七星瓢虫（Imai，2004；Sakurai，1986）、异色瓢虫（Sakurai，1992）；其他较为明显的生理特征是在滞育前期，成虫一直保持相对较高的体重，如异色瓢虫（Berkvens，2008；Sakurai，1986）、茄二十八星瓢虫（Kono，1982），特别是在滞育早期，茄二十八星瓢虫体重的增加与滞育深度的加强呈正相关（Kono，1982）。此外解剖七星瓢虫、黄柏弯角瓢虫和异色瓢虫滞育个体的中肠后发现，其内部几乎是空的或仅填充有液体，非滞育个体中肠内则有明显的食物残留（Okuda，1994；Katsoyannos，2005；Katsoyannos，1997；Hodek，1996）。

滞育状态下瓢虫的呼吸速率比非滞育个体明显偏低，在整个滞育过程中呼吸速率的变化曲线呈"U"形，如七星瓢虫本州岛种群、异色瓢虫（Sakurai，1987；Sakurai，1986；Sakurai，1992）。因此，在研究瓢虫成虫滞育的过程中，可将呼吸速率的变化作为滞育状态判断的参考标准。

越冬滞育昆虫滞育期间低温耐受能力增强，普遍存在过冷却点下降的现象（Denlinger，1991）。异色瓢虫冬滞育时亦是如此，成虫的过冷却点在滞育初期（10月）为−7℃，滞育中期（12月至翌年1月）降至最低为−18℃，滞育后期（次年3、4月）则回升至10月水平（Okuda，1988）。

瓢虫滞育过程中在相关物质代谢上发生着一系列的变化。在营养物质的积累方面，在滞育前期脂肪和糖原大量合成并在体内储存，随着滞育发育的进行逐渐降解，如二星瓢虫（*Adalia bipunctata* Linnaeus）雌虫体内的脂肪含量由滞育初期的3.1mg/鲜重降至滞育后期的0.4mg/鲜重，糖原含量则由初期的0.045mg/鲜重降至0.007mg/鲜重（Hodek，1996）；不饱和脂肪酸、肌醇等抗寒性物质含量增加，低温耐受能力增强，如异色瓢虫、黑缘红瓢虫（*Chilocorus rubidus*）（Hodek，1996）、肾斑唇瓢虫（*C. renipustulatus*）（Hodek，1996）；核酸和蛋白质在滞育初期含量降低，滞育后期则逐渐恢复，卵黄原蛋白Vg的合成代谢在整个滞育期一直受到抑制（Okuda，1988；关雪辰，1982）；与滞育相关的物质表达，比非滞育状态下表达量明显提高。如七星瓢虫夏滞育、异色瓢虫冬滞育期间出现与滞育相关联的蛋白条带，滞育解除后条带消失（Sakurai，1986；Sakurai，1992）。这些结果也从微观的角度表明瓢虫的滞育不是静止不变的，而是一种动态的发育过程。

近年来，关于昆虫滞育关联蛋白以及滞育过程中滞育激素调控的分子作用机理的研究十分活跃，也取得了一系列重大研究进展（赵章武等，1996；Denlinger，2002；李周直等，2004；徐卫华，2008），这对于我们深刻认识昆虫滞育的分子机制十分重要。而在这一领域，除前面提到的滞育期间的七星瓢虫和异色瓢虫的相关研究外，尚未见其他更为深入的研究报道。

五、趋光性

趋光性（phototaxis）是众多昆虫的重要生物学特征之一，体现了昆虫对环境条件的选择和适应，是物种在长期演化过程中所形成的。由于昆虫的趋光性在害虫的预测预报及害虫综合防治中具有十分重要的地位和作用，目前，利用光行为学、现代电生理学技术和复眼组织解剖学等方法研究昆虫的趋光机制已经成为国内外害虫综合治理研究的重要领域和热点之一。

一般而言，瓢虫趋光性不如鳞翅目、双翅目蚊类、鞘翅目金龟子类显著。Collett（1988）对七星瓢虫接近植物茎秆时的视觉注意力和选择性进行了研究，结果表明，当其接近目标时，就会由目标的运动所产生的视觉流获取距离信息，而且一旦目标确定，在其复眼视杆上端的图像运动即会抑制侧面目标在视杆上的反应。Edward（2000）等研究报道了异色瓢虫成虫借助色彩去寻找适宜的寄主及其具有辨认取食蚜虫体色的能力，结果发现异色瓢虫对黄色和绿色的猎物均具有一定的辨识能力，并且雌成虫对黄、绿光的辨认需要的时间较长，而雄虫则恰恰相反。

陈晓霞、魏国树等人（2009）对龟纹瓢虫成虫的趋、避光行为研究表明，光谱和光强度均对龟纹瓢虫成虫趋光行为有一定影响，其中，光强度的影响较大，且其影响大小与波长因素有关。而对光谱和光强度避光行为反应率均较低，推断其避光行为可能由趋光行为衍生或随机活动造成。性别对其光谱和光强度行为反应影响不大。在340～605nm波谱内，不同波长的单色光刺激均能引发龟纹瓢虫一定的趋光行为反应，其光谱趋光行为反应为多峰型，各峰间主次不明显，紫外340nm处最高，分析显示龟纹瓢虫成虫复眼可感受的白光或各单色光光强度范围更宽，具有较强的光强度自调节和感、耐光能力，且其趋光性行为光强度依赖性与光刺激类型有关。此外还有报道，单色光刺激和颜色对龟纹瓢虫成虫趋向和取食猎物成功率具有一定影响。

六、迁飞

迁飞（migration）或称迁移，是指一种昆虫成群地从一个发生地长距离地转移到另一个发生地的现象。昆虫的迁飞既不是无规律的突然发生的，也不是在个体发育过程中对某些不良环境因素的暂时性反应，而是种在进化过程中长期适应环境的遗传特性，是一种种群行为。但迁飞并不是各种昆虫普遍存在的生物学特性。迁飞常发生在成虫的一个特定时期，一般雌成虫的卵巢尚未发育，大多数还没有交尾产卵。目前已发现很多昆虫具有迁飞的特性，瓢虫的类群中七星瓢虫、多异瓢虫等也具有迁飞的习性。

1976年6月上旬，在我国河北省北戴河海滨聚集了大量七星瓢虫成虫，水面、沙滩、崖石、草丛均有层层叠叠的瓢虫出现，组成了海岸的瓢虫奇观。随后，蔡晓明等（1979—1981）、董承教等（1979—1980）等人也进行了大量的调查研究。证明了平原地区（郑州）夏季瓢虫的突减现象与秦皇岛海岸的群聚现象相吻合。尚玉昌等（1984）采取解剖学手段，对从海滨群聚瓢虫取样解剖观察，鉴定为当年新羽化的成虫。又以同年5月底至7月中下旬先后从当地麦田取样，进行解剖观察鉴定为当地的第一代成虫，证实海滨群聚的七星瓢虫并非来自本地，而是由外地迁飞而来。张来存等（1989）结合气象条件分析手段，在河南省林县利用高山捕虫网对七星瓢虫的高空迁飞现象进行了观察，发现了七星瓢虫的迁飞具有一定的规律性：每年5月下旬开始迁飞，6月上、中旬为迁飞盛期，由于受东南季风的影响，从平原起飞的虫群随气流由东南途经太行山上空向西北方向迁飞，到我国北部后，受北方冷空气堵截而转向东去，当遇下降气流时，被迫降落海面，出现了渤海海岸七星瓢虫的突然聚集现象。自此，基本确认七星瓢虫也具有迁飞习性，其迁飞途径受东亚季风影响，每年 5 月下旬至 6 月上旬间，在 850mbar（毫巴）（约 1 500m）高空，每年定期出现自南向北的迁飞虫群。此外，异色瓢虫的迁飞也被认为与其越冬越夏的滞育性迁飞有关（罗希成，1964；翟保平，1990）。龟纹瓢虫、异色瓢虫、锚斑长足瓢虫等也见到类似报道（Rankin，1980）。

七、假死性

假死性（feigndeath）是指昆虫受到某种刺激或震动时，身体卷缩，静止不动，或从停留处跌落下来呈假死状态，稍停片刻即恢复正常而离去的现象，是昆虫逃避外来敌害袭击而采取的一种防御措施。多数种类的瓢虫成虫具有假死性。

八、天敌

捕食性瓢虫虽被视为生防天敌被开发利用，但与所有未处于食物链顶级者一样，瓢虫也面临其他物种攻击的威胁。这些天敌是影响瓢虫自然种群波动的重要因素之一，按其取食（攻击）方式可分为两大类群：捕食性天敌与寄生性天敌。

瓢虫的捕食性天敌很多，包括多种能攻击取食瓢虫的捕食性昆虫、哺乳动物、食虫鸟类以及蜥蜴等爬行动物。鸟类的捕食活动可以严重影响其种群变化，一些爬行类或哺乳类动物在冬眠前因补充能量的需要也常取食瓢虫。在捕食性昆虫中，草蛉和食蚜蝇会取食瓢虫的卵和低龄幼虫，一些捕食螨可猎食瓢虫，还有一些捕食性甲虫也是瓢虫的天敌。膜翅目中对瓢虫威胁最大的是蚂蚁，蚂蚁对瓢虫的攻击行为多基于与一些蚜蚧类昆虫协同共生关系所产生的特殊行为，少数蚂蚁如红火蚁（Solenopsis invicta）会主动攻击瓢虫，并将瓢虫视为食物。

寄生性天敌主要是寄生蜂和寄生蝇，它们可寄生于瓢虫的各个虫态。这些寄生物对瓢虫的寄生严格来说是拟寄生，因其只寄生在瓢虫体内，但并不立即杀死瓢虫。目前，已知瓢虫的寄生性天敌 100 多种，包括昆虫、螨类和线虫。在寄生性昆虫天敌中瓢虫茧蜂最为常见，瓢虫茧蜂分布很广，专性寄生瓢虫亚科的瓢虫，主要寄生成虫，其于瓢虫体内结茧，迫使瓢虫无法自由行动、无法正常取食，最终饥饿致死，如七星瓢虫的天敌有蚤蝇（Megaselia sp.）、啮小蜂（Tetrastichus coccinellae Kurjumov）、茧蜂［Dinocampus coccinellae (Schrank)］、跳小蜂（Homalotylus flaminus Dalman）。其中，蚤蝇和啮小蜂为蛹寄生，茧蜂为成虫寄生，跳小蜂为幼虫寄生，寄生率有时可达 50% 左右，对七星瓢虫的数量增长有一定的抑制作用。在英国的调查显示，瓢虫茧蜂对七星瓢虫的寄生率可以超过 70%。在美国很多地区，寄生蝇（Stringygaster triangulifera）会寄生异色瓢虫的幼虫及蛹，在限制其扩散速度和分布区域方面发挥了一定作用。

第三节　饲养技术

瓢虫作为一类具有广泛应用前景的捕食性天敌，对其进行大量繁殖的技术研究及相关的理论基础研究均在不断推进。从 20 世纪 50 年代开展捕食性瓢虫的人工饲料研究，到现在大量瓢虫的商业化生产和应用，瓢虫在生物防治中的应用已越来越广泛（沈志成，

1989；Van Lenteren JC，2003）。根据食料来源的不同，瓢虫饲养及扩繁可分为利用自然猎物扩繁以及利用人工饲料扩繁两大技术体系。

一、利用自然猎物繁殖瓢虫技术

该类技术主要是大量饲养蚜虫、蚧虫、螨虫、粉虱、蜂蛹、鳞翅目幼虫等捕食性瓢虫的自然猎物或可替代猎物，饲喂并维持瓢虫种群，获得瓢虫产品。优点是扩繁成功率高、瓢虫能维持种群繁衍，不足之处是扩繁的时空利用率低、成本较高、不易大量生产。

（一）食蚜瓢虫的饲养技术

食蚜瓢虫主要包括刀角瓢虫族、隐胫瓢虫族、广盾瓢虫族、瓢虫族以及小毛瓢虫族的几个属，常见种如七星瓢虫、异色瓢虫、多异瓢虫等。取食蚜虫种类不一，扩繁时多利用易感蚜虫植物如十字花科、禾本科、茄科、豆科植物，待植物幼苗生长到适宜阶段后，接入一定数量的蚜虫，再进行适宜条件下的连续培养，由于蚜虫种群繁殖速度较快，理想条件下每 3 ~ 4 天即可繁殖一代，能在短时间内建立数量巨大的蚜虫种群。随后，按一定的比例接入一定数量的瓢虫，虫态可以是卵、幼虫、蛹或成虫，由于供取食的蚜虫数量有保障，往往能在短时间内获得活力旺盛的瓢虫产品。

如利用大豆、蚕豆饲养大豆蚜再扩繁七星瓢虫，可先将蚕豆种装入塑料盆内，浸种24h 后冲洗干净，可加入 75% 百菌清可湿性粉剂浸泡杀菌消毒，在室温下催芽。再将腐殖土装入育苗盘内，浇湿水后将浸泡发芽的大豆或蚕豆种子种入，上覆薄层土，可视情况再浇水 1 次。置于光照良好的育苗室内待其发芽。待蚕豆发芽后并萌生 2 ~ 3 片真叶时，接入大豆蚜，让其自行迁入大豆或蚕豆叶片或幼嫩茎秆上，给予适当温度光照条件，使其快速繁殖。待其在蚕豆上繁殖到一定程度时，将收集到的七星瓢虫卵块，或待其卵孵化后，用罩笼进行大量饲养，罩笼内移入已有大量蚜虫的大豆或蚕豆苗，将初孵的幼虫用毛笔轻轻刷入植物叶片上。每天视情况加入新鲜蚜虫，保证蚜虫供给。一般温度控制在 23℃ 以上、湿度 75%、光周期 16L : 8D 条件即可，冬季可利用空调加温。七星瓢虫一般在 15 ~ 35℃ 下都可生长，而以 21 ~ 30℃ 为宜，改变温度可控制其发育速度，25℃ 下，七星瓢虫各虫态发育历期分别为卵 2 ~ 3.3 天、幼虫期 8.8 ~ 9.8 天、蛹期 2.9 ~ 3.5 天，一般 15 天左右即可完成自卵至羽化的发育过程。

除利用大豆蚜饲养瓢虫外，也可利用烟蚜、苜蓿蚜、萝卜蚜、麦蚜饲养瓢虫，扩繁原理基本一致，都是"培育植物—接蚜培养—接瓢虫扩繁"的技术路线。此外，还可以采用蚜虫粉、意蜂雄蜂蛹、地中海粉螟卵、米蛾卵、人工卵赤眼蜂蛹等饲养瓢虫，其中，意大利蜂雄蜂蛹的营养价值较高，对瓢虫幼虫的生长发育、成虫寿命与产卵量等都有促进效果，近年来，寄生性天敌赤眼蜂的规模化、商品化生产，其中间产品即赤眼蜂蛹也可做为七星瓢虫扩繁时的替代猎物。

（二）食蚧瓢虫的扩繁

食蚧瓢虫在蚧虫天敌中占有很重要的地位，对蚧虫控制能力较强，被广泛应用于蚧虫的生物防治，据统计，被引入并定殖的 42 种瓢虫中，有 28 种可以用于防治蚧虫，占 2/3 的比例（Gordon，1985）。食蚧瓢虫主要包括展唇瓢虫族、小艳瓢虫族、寡节瓢虫族、粗眼瓢虫族、短角瓢虫族以及小毛瓢虫族的几个属。可根据食性分为专性食蚧瓢虫和兼性食蚧瓢虫，前者如盔唇瓢虫亚科，主要捕食有蜡质覆盖物的蚧虫、红瓢虫亚科专食绵蚧和粉蚧、四节瓢虫亚科捕食蜡蚧和粉蚧，后者如瓢虫亚科和小毛瓢虫亚科的种类，既捕食蚧虫也捕食蚜虫、粉虱等昆虫。我国食蚧瓢虫种类较丰富，经整理涉及瓢虫科的 8 个亚科 26 属，计 65 种（庞虹，2000），常见种如大红瓢虫、小红瓢虫、澳洲瓢虫、孟氏隐唇瓢虫等。

本类瓢虫的扩繁多利用粉蚧，通过富含淀粉类营养的南瓜、马铃薯、红薯等，供粉蚧大量繁殖，随后接入瓢虫，培养得到产品。利用马铃薯的方法较常见，在分层的容器内放置马铃薯，覆土后置于通风处，薯芽长至 10cm 时移至弱光处，接入粉蚧，粉蚧可在薯芽上滋生繁殖，发育至 3 龄阶段后，即可接入瓢虫。若大量繁殖，则可待粉蚧再扩繁一代后，择机接入瓢虫。这种方法持续时间较长，薯芽能一直生长到 25cm，不足之处是扩繁数量有限。

此外，也可利用南瓜繁殖孟氏隐唇瓢虫。选择大小适中的南瓜，置于分层的立体繁殖笼内，在南瓜表面接种粉蚧，很快粉蚧可布满整个南瓜表面，若粉蚧数量过多时，可将南瓜表面滋生的蜜露霉菌等洗刷再次使用。当粉蚧种群数量达到一定规模时，可按比例接入孟氏隐唇瓢虫卵卡，也可将南瓜表面的粉蚧刷下，置入另外的养虫缸内，并在其中繁殖瓢虫。这种方法的优点是繁殖数量相对较多，不足之处仍是生产效率较低。

（三）食螨瓢虫的扩繁

食螨瓢虫主要是小毛瓢虫亚科食螨瓢虫属的种类，包括深点食螨瓢虫（*Stethorus punctillum*）、腹管食螨瓢虫（*Stethorus siphonulus* Kapur）、束管食螨瓢虫（*Stethorus chengi* Sasaji）、黑囊食螨瓢虫（*Stethorus aptus* Kapar）、拟小食螨瓢虫（*Stethrous parapauperculus* Pang）、宾川食螨瓢虫（*Stethorus binchuanensis*）、云南食螨瓢虫、广东食螨瓢虫、广西食螨瓢虫等。

由于采用人工饲料如纯蜂蜜、10% 蜂蜜和猪肝粉等，只能维持食螨瓢虫成虫寿命，但不能产卵繁殖，需以叶螨继饲数天后方能产卵，国外用蔗糖、蜂浆和蜡粉等组成的半人工饲料，可以饲养深点食螨瓢虫，再通过冲洗、洗涤的方法或利用刷螨器收集叶螨，供室内繁殖食螨瓢虫。天敌猎物方面，可利用柑橘全爪螨、太平洋叶螨、榆全爪螨、朱砂叶螨、二斑叶螨等，以豆科植物为载体，扩繁食螨瓢虫，该技术被西欧、北美和东亚很多国家所采用。我国有利用蚕豆、大豆繁育朱砂叶螨，继而扩繁腹管食螨瓢虫的报道（罗肖南，1991），有扩繁二斑叶螨繁殖深点食螨瓢虫的研究（顾耘，1996）等。上述技术路线主要是通过栽培适合感虫植物，如大豆、蚕豆等，在其叶面上大面积繁育叶螨，再接种瓢虫并培养，获得瓢虫产品。

如利用大豆、蚕豆培养朱砂叶螨再扩繁食螨瓢虫，可选用叶片无毛的豆种，夏秋季可用长豇豆、冬春季可用蚕豆来繁育朱砂叶螨。在温室或室外园地上，根据繁殖计划，分批播种长豇豆或蚕豆，待要接种叶螨时，将带土豆苗移栽到室内盆钵或塑料筐内，便可接种朱砂叶螨。将朱砂叶螨移接在温室豆株上发育繁殖较快，适时摘取带螨叶片，接入并养殖瓢虫。由于朱砂叶螨喜温，在 20 ~ 35℃ 范围内，其发育历期与温度呈负相关，故可将环境温度适宜提高。一般 30℃ 朱砂叶螨产卵量最大，每雌螨平均产卵 86.88 粒，最多可达 156 粒。用含有 3 片真叶株高 12 ~ 17cm 的蚕豆株，株接 9 头繁殖雌螨，3 天后叶螨数量即大幅度上升，10 天达到最高峰，数量为初始移接量的 35 ~ 40 倍，此时是摘叶供饲适期。

在养虫室的层架上排列种植有豆苗的盆钵或塑料筐，并接种朱砂叶螨，当培育叶螨达到适宜数量时，在豆株上放养处于产卵期的食螨瓢虫，每株接入成虫 4～5 对，外罩细目铜纱笼或尼龙网笼，两天后移去成虫，留同批产下的卵。幼虫孵化后，在豆株上成长，待化蛹 1～2 天后带叶摘蛹，收集备用。在豆株上接殖食螨瓢虫幼虫，一般每株接虫 10 多头。幼虫发育至 3～4 龄时，多趋集于豆株的中下部取食并化蛹。这时如若豆株上部叶片螨量仍然很多，还可再放养一批 1 龄幼虫。如此可连续饲养 2～4 批。直接在豆株上饲养食螨瓢虫，成活率常在 80% 以上，比在器皿内饲养者成活率高，经济成本低廉。

（四）食粉虱瓢虫的扩繁

食粉虱瓢虫主要有小黑瓢虫（*Delphastus catalinae* Horn）、日本刀角瓢虫（*Serangium japonicum* Chapin）、沙巴拟刀角瓢虫（*Serangiella sababensis* Sasaji）、越南斧瓢虫（*Axinoscymnus apioides* Kuznetsov）等，龟纹瓢虫、异色瓢虫等也可取食粉虱。

利用自然猎物扩繁本类瓢虫，多采取栽培感虫植物，再饲养温室白粉虱、烟粉虱等自然猎物，适宜时机接入瓢虫的方式。

除了上述几种利用自然猎物扩繁瓢虫的技术外，近年来也见到利用蜜蜂蛹、赤眼蜂蛹、鳞翅目幼虫等猎物扩繁捕食性瓢虫的报道。由于不同瓢虫猎物不同、取食量不同，同种瓢虫的不同阶段、不同龄期其取食习性及取食量也有较大差异，所以在实际饲养中，要根据实际情况确定适宜的感虫植物、适宜的扩繁猎物时机、接入瓢虫时机与数量等细节。并需保持环境卫生，防止虫霉滋生，杜绝螨类或寄生蜂侵入，以免影响猎物的生长供应及瓢虫的正常发育。

二、饲养瓢虫的环境参数

瓢虫对于环境有着很强的感知力和极高的敏感度，这些可以从瓢虫精明的产卵策略中即可得知（Li，2009；MeaRae，2010；Matska，1977），所以，瓢虫饲养过程中的环境参数，如温度、光周期、食料因子、湿度、种群密度、亲代效应等与环境相关的因素都会影响到瓢虫的生长发育及生殖策略等。

关于七星瓢虫环境参数的研究，Omkar（2003）对七星瓢虫在不同温度下的生物学特征进行了研究，从发育历期、产卵量和繁殖力、孵化比例、幼虫存活、成虫羽化、生长指数等角度进行了比较，结果显示 30℃ 是七星瓢虫最适温度（Matsuka，1975）。孙洪波等（1999）在室外遮阳自然变温条件下饲养七星瓢虫，观察到各虫态平均历期：卵 2～3.3天，幼虫期 8.8～9.8 天，蛹期 2.9～3.6 天，自卵至成虫羽化 13.9～14.9 天（McMullen，1967）。徐焕禄、路绍杰（2000）通过对七星瓢虫生活习性的系统观察，在日平均温度20.5～23.5℃，相对湿度 70% 左右的情况下完成一个世代需要 26.3 天（Michaud，2005）。杨惠玲（2010）研究了七星瓢虫对松大蚜和棉蚜的选择效应，结果表明，七星瓢虫较喜好棉蚜，只有在松大蚜种群数量明显高于棉蚜时，才捕食松大蚜（Nalepa，2000）。薛明等（1996）对七星瓢虫对萝卜蚜和桃蚜捕食功能研究看出，七星瓢虫对两种蚜虫都具备较强的自然控制能力，相同条件下对桃蚜的捕食量大于萝卜蚜（Nettles，1979）。刘军和（2008）通过单种群与混合种群饲养，研究了猎物密度对七星瓢虫和异色瓢虫种间竞争的影响，并用 Lotka‑Volterra 种间竞争模型对两种瓢虫在猎物相对充足与不足条件下的种间竞争进行模拟，结果表明：猎物充足，两种瓢虫的种群增长呈线性增长趋势；猎物不足时，单独饲养时，两种瓢虫的种群增长趋势呈 Logistic 曲线，混合饲养时异色瓢虫的种群增长呈上升趋势，七星瓢虫趋于下降。在两种瓢虫的种间竞争中，异色瓢虫占相对优势，竞争的结局是二者可以形成一个稳定的平衡局面而得以共存（Niigima，1979）。

关于异色瓢虫环境参数的研究，陈洁（2009）从异色瓢虫温度适应性及卵黄发生的角度进行了研究，通过记录瓢虫的发育历期、产卵量、存活率等生理指标，综合评价 25℃ 比较适合异色瓢虫的发育和繁殖。何继龙等（1999）发现在室内 24℃ 时每代历期为 31.37 天，雌性寿命为 86.9 天，雄性为 90.25 天，每雌平均产卵约 751 粒（Obrycki，1998）。LaMana 等（1998）研究结果显示，18 ~ 30℃，幼虫—成虫的存活率为 83% ~ 90%，10℃ 时为 42%，34℃ 时为 25%。30℃ 时平均发育历期为 14.8 天，14℃ 时为 81.1 天，10℃ 和 34℃ 时卵不能孵化，10℃ 时 1 龄幼虫不能进入 2 龄。卵到成虫的平均发育起点温度为 11.2℃（Obrycki，1983）。地域和食料的差异也可能是造成异色瓢虫发育历期不一致的原因，如俄勒冈州种群完全发育积温为 267.3 日·度，比法国种群的 231.33 日·度要高一些。雷朝亮等（1998）研究结果是异色瓢虫全世代发育起点温度为 8.21℃，有效积温为 353.46 日·度，各虫期生存最有利的温度为 21℃，对产卵最有利的温度为 29℃。藤树兵（2004）关于人工扩繁异色瓢虫的研究中，通过比较人工饲养条件和温室放养条件下的交配、产卵情况，发现人工饲养条件下表现出更好的生殖特性——交配次数、产卵次数更多，产卵量更大。研究表明，产卵适宜条件是变温 25 ~ 29℃、光周期为 14L∶10D，其中，14L 对应温度是 29℃，10D 对应温度是 25℃。张岩研究了异色瓢虫以 5 种蚜虫（白杨毛蚜、禾谷缢管蚜、菜缢管蚜、桃粉蚜和棉蚜）为饲料时异色瓢虫的生长发育情况，综合评价显示，在供饲喂的五种蚜虫中菜缢管蚜和桃粉蚜是扩繁异色瓢虫较为理想的食料。

陈洁（2009）研究了温度对龟纹瓢虫实验种群生长发育的影响，显示 25℃ 是饲养龟纹瓢虫的最适温度，并且 35℃ 高温情况下龟纹瓢虫仍能够少量产卵。龟纹瓢虫卵期、幼虫期和蛹期最适温度分别是 29 ~ 31℃、28 ~ 30℃ 和 31℃，最适湿度分别是 RH 67% ~ 84%、RH 72% ~ 79% 和 RH 84%；龟纹瓢虫卵、幼虫和蛹的发育起点温度分别为 13.7℃、13.4℃ 和 12.5℃，有效积温分别是 36.4 日·度、92 日·度和 51.8 日·度（Peeterson，1968）。Seagraves 综述了瓢虫产量对营养环境的响应机制，瓢甲科雌虫的产卵策略与生境的质量如视觉和嗅觉因子等密切相关。所以实际饲养，既要考虑温光周期和湿度，也要针对特定的种类和虫态，寻找最佳环境条件，满足瓢虫对生境的的各种需求。

第四节　瓢虫的人工饲料

工厂化大规模繁殖瓢虫用自然猎物效果虽然好，但是生产周期长、空间占据较大、饲养成本较高且受季节环境条件影响较大。人工饲料尽管在当前的研究中有一些与营养学和生理学相关的挑战，却有很多独特的优点：原材料易得，饲喂方便，所需空间小，饲养成本低，饲料受环境条件的制约小，试虫的发育整齐度高。可为其他的毒理、生理的研究提供生理状态一致的材料。

一、瓢虫人工饲料的研究现状

肉食性天敌昆虫可分为广食性和寡食性,广食性天敌的饲料配方较寡食性容易研究,尽管不同昆虫种间对个别营养物质的营养需求略有差异,但几乎所有昆虫的营养需求基本相似,包括蛋白质、糖类、脂类、维生素、脂原物质、无机盐和水分等(忻介六等,1979)。在设计天敌昆虫人工饲料的配方时,可以参考已饲养成功的相近种类配方,然后在实践中进行调整,或是参照猎物的化学组成设计营养配方,以减少因盲目组合营养成分而造成的各种浪费。在饲料的研制中,不仅要具备特定的营养成分,还要在量的方面保持生理代谢所需的比例,即不同阶段保持营养平衡(方杰等,2003)。昆虫最佳的营养平衡因发育状态的不同而异,因此,在配制人工饲料时对于各个时期所用的人工饲料的配方也有所差别。近年来,在捕食性瓢虫的食性、营养及人工饲料的研究方面有所进展。根据饲料主成分的来源不同,可将其分为含昆虫物质与无昆虫物质两种。

(一)含有昆虫成分的人工饲料

研究内容主要包括了意大利蜜蜂(*Apis mellifera*)雄蜂蛹、赤眼蜂蛹、蝇蛆和黄粉虫、米蛾、麦蛾、地中海粉斑螟等仓储害虫为基本组成的饲料配方。

1. 意大利蜜蜂 *Apis mellifera* 雄蜂蛹

对于意蜂雄蜂蛹或幼虫为主要成分的人工饲料研究显示,意大利蜜蜂雄蜂蛹与蚜虫体内的无机盐组分相似,与家蚕蛹差异显著;雄蜂蛹和蚜虫粗蛋白的氨基酸组成比例也相似。虽然意蜂雄蜂蛹可以满足七星瓢虫、异色瓢虫、龟纹瓢虫等幼虫和成虫的营养需求,但是与生殖相关的卵黄发生、产卵量、孵化率、产卵前期等能力都相应下降(孙毅,1999;程英,2006;Matsuka,1972)。究其原因,可能是因为意蜂雄蜂蛹与蚜虫体内(沈志成,1992)的无机盐组分相似且粗蛋白的氨基酸组成比例也与蚜虫相似,因此,可以用于作为瓢虫的补充饲料。Matsuka(1975)报道曾用雄蜂粉添加到酵母、鸡肝、香蕉、果冻、花粉、奶粉中来饲养异色瓢虫。1977年Matsuka等(1977)对适合异色瓢虫的人工饲料—雄蜂干粉进行分离,指出其中的无机盐,特别是钾盐为不可缺少的成分。Niijima K.(1979)用雄蜂干粉喂养柯氏素鞘瓢虫 *Illeis koebelei* 等三种瓢虫。韩瑞兴等(1979)以雄蜂蛹粉、蔗糖(5:1)配制的粉剂饲养异色瓢虫集体饲养化蛹率为20%～33.3%,个体单养化蛹率为50%～60%,幼虫期较喂食蚜虫有所延长。高文呈等(1979)以意蜂雄蜂幼虫或蛹粉、啤酒酵母粉、麦乳精、葡萄糖、胆固醇(4:3:1.5:1.5:0.1)配制的粉剂饲养异色瓢虫,幼虫成育率35%。王良衍(1986)用鲜蜜蜂雄蜂蛹(幼虫)或猪肝、蜂蜜、啤酒酵母、维生素C、尼泊金(5:1:0.5:0.05:0.005)饲养异色瓢虫成虫获得率和产卵率分别为80.3%、82.8%,饲养幼虫,成育率54%～70%。沈志成等(1992)报道龟纹瓢虫和异色瓢虫用雄蜂蛹粉饲养会延迟其卵黄蛋白的形成,认为雄蜂蛹粉在营养上是完全能够满足生殖需要的,生殖不良的原因可能是内分泌失调而非营养缺陷。在雄蜂蛹粉中加保幼激素类似物ZR512,可促进龟纹瓢虫和异色瓢虫取食蛹粉,提高成虫产卵率。但在实际应用中,鲜雄蜂蛹易于腐烂变质,且易粘着幼虫;以高温干燥制备成粉状,损失养分,饲养效果差;采用冰冻真空干燥做成粉剂,虽不损失养分,但仍对取食有一定的影响。

在养蜂业中雄蜂蛹或幼虫的作用不大,用作瓢虫的人工饲料加工时,可以添加一些取食的刺激因子如保幼激素类似物 ZR512 等，促进瓢虫取食和卵黄蛋白的形成，以提高成虫产卵率。但是实际中，雄蜂蛹材料与养蜂业相联系，也不容易获得，所以需要考虑具体的实际情况而定。因为此方法需要大量的原材料，加上制备方法比较复杂而且不容易保存，在工厂化大规模饲养的情况下，较难投入使用。

2. 赤眼蜂蛹

夏邦颖等（1979）研究了柞蚕卵壳的结构与松毛虫赤眼蜂（*Trichogramma dendrolimi*）的寄生关系，为大规模应用提供了理论依据。包建中（1980）认为柞蚕卵可以作为繁殖松毛虫赤眼蜂和螟黄赤眼蜂（*Trichogramma chilonis*）等的寄主卵。刘文惠等（1979）指出在人工饲料卵中只有当所添加柞蚕蛹血淋巴含量不低于 15% 时，赤眼蜂才能完成整个生育期的发育。Magro 等（2004）指出在 20 世纪 70 年代世界各国研究赤眼蜂的人工饲养中，只有中国运用柞蚕卵大规模繁殖赤眼蜂获得了成功。曹爱华（1994）用人工卵赤眼蜂蛹饲养四斑月瓢虫、龟纹瓢虫、七星瓢虫，龟纹瓢虫和四斑月瓢虫的发育历期和单雌产卵量接近取食棉蚜的效果，而七星瓢虫成虫则不太喜食。孙毅（1999）报道人工卵赤眼蜂蛹基本上能满足七星瓢虫幼虫的生长发育，但发育历期、成虫产卵前期比食蚜虫的对照有所延长，产卵率和孵化率低于蚜虫对照。如在成虫产卵前期添加取食刺激剂（0.01% 橄榄油 + 5% 蔗糖溶液均匀喷布）或适当添加蚜虫可显著提高其生殖力，可获得满意效果。郭建英等（2001）报道以柞蚕卵赤眼蜂蛹饲养异色瓢虫成虫获得率 81.3%，与桃蚜饲养成虫获得率差异不显著，但发育历期和蛹期均较以桃蚜（*Myzus persicae*）作为饲料显著延长且成虫不产卵，仅用赤眼蜂蛹饲养龟纹瓢虫成虫不能产卵。张良武等（1993）用人工赤眼蜂蛹喂养的尼氏钝绥螨（*Amblyselus nicholsi*），取食后的主要生物学特性正常且保持捕食天然猎物的性能。侯茂林等（2000）用人工卵赤眼蜂蛹饲养中华草蛉幼虫，与米蛾卵的饲养效果相似。张帆（2004）用人工卵赤眼蜂蛹饲养大草蛉幼虫和成虫，幼虫可完成发育，但与用蚜虫饲喂有显著差异，成虫产卵量也明显低于用蚜虫饲喂的效果。郭建英等（2001）尝试以柞蚕卵赤眼蜂蛹饲养东亚小花蝽，饲养效果与用蚜虫和白粉虱差异不显著，但对其连代饲养的效果还需进一步研究。

瓢虫的赤眼蜂人工饲料相关研究结果不一致，总体上可以看出，不同种类瓢虫对赤眼蜂人工饲料的喜好程度不一样，虽然可以满足幼虫的生长发育，但是会对蛹的发育或者成虫的生殖相关的特性造成一定的影响，可以通过在成虫期添加取食刺激剂（0.01% 橄榄油 +5% 蔗糖溶液均匀喷布）或成虫产卵前期改喂蚜虫解决，建议在蚜虫供应不足时，在瓢虫幼虫期可以适当作为补充饲料（曹爱华，1994；孙毅，2001；郭建英，2001）。

近年来，寄生性天敌赤眼蜂的规模化、商品化生产，为赤眼蜂作为主要成分的捕食性天敌昆虫的人工代饲料的研发提供了新途径。又因其价格低廉、制备简单、易于贮藏与运输等优点受到了人们的重视，具有很大开发利用前景。

3. 蝇蛆和黄粉虫

近年来，蝇蛆和黄粉虫在资源昆虫的开发中应用愈加广泛。众所周知，蝇蛆和黄粉虫营养丰富且成本低、易获取，其规模化饲养技术也日渐成熟，在昆虫饲养中的相关的报道也逐渐增多（Filho，2003；Lemos，2003；Theiss，1994；杨华等，2007；乔秀荣等，2004）。Kesten（1969）用蝇蛆、香蕉组成的饲料成功饲养了灰眼斑瓢虫（*Anatis ocellata*）。李连枝等（申请号：201010212700.9）发明了一种异色瓢虫的人工饲料，由以下重量比的原料制成：白菜汁 25 份、研磨成酱状的烤香肠 8 份、研磨成酱状的黄粉虫 8 份、氨基酸 0.5 份、蜂蜜 4 份。本发明原料来源于多种丰富的营养物，可以完全替代蚜虫满足异色瓢虫的食用需求。杨海霞等（申请号：201010293244.5）发明了一种适用于天敌昆虫的人工饲料，以脱脂家蝇幼虫粉为基本组成，添加酵母抽提物、蔗糖和蜂花粉中至少一种，具体质量分数比为，脱脂家蝇幼虫粉：酵母抽提物：蔗糖：蜂花粉 = 2.0：1.6：1.5：0.6。该天敌昆虫可为瓢虫，具体可为异色瓢虫幼虫。由于家蝇生命周期短、繁殖能力强，所以可以在短期内大量获得。这种饲料的制备方法简单，饲料材料来源广，投入少，生产成本低。王利娜等（2008）用蝇蛆老熟幼虫和黄粉虫蛹为基本成分研究了龟纹瓢虫幼虫的人工饲料，对这两种基本成分进行不同方式的加工，分别获得匀浆液、全脂粉、脱脂粉、微波粉和冷冻干燥粉。分别以 5 种蛋白质与其他营养成分配制人工饲料饲喂龟纹瓢虫幼虫至化蛹，综合评价幼虫存活率、幼虫发育历期、羽化率、蛹历期、成虫体重等生物学指标，发现无论蝇蛆还是黄粉虫蛹，均以脱脂粉配方的饲喂效果最优。运用 L9 (34) 正交试验设计分别对蝇蛆与黄粉虫蛹脱脂粉配方的主成分及水平进行筛选，经 Duncan 新复极差检验分析得到 2 组优化配方：（AD I）蝇蛆脱脂粉 0.5g、酵母抽提物 0.25g、蔗糖 0.3g、橄榄油 0.01g、蜂蜜 0.2g、蒸馏水 3.75g；（AD II）黄粉虫蛹脱脂粉 0.5g、酵母抽提物 0.35g、蔗糖 0.3g、橄榄油 0.02g、蜂蜜 0.2g、蒸馏水 3.65g。饲养验证表明，脱脂蛆粉配方与脱脂蛹粉配方均符合实际，其成虫获得率分别达到 86.11% 与 75%，以脱脂蛆粉配方的饲喂效果更佳。

4. 米蛾、麦蛾、地中海粉斑螟等仓储害虫

我国学者探索以米蛾［Corcyra cephalonica（Stainton）］卵繁殖玉米螟赤眼蜂（Trichogramma ostriniae）、甘蓝夜蛾赤眼蜂（Trichogramma brassicae）等寄生蜂（贾乃新，2002），均取得较好的效果。除用于寄生性天敌的繁殖外，米蛾卵还用来饲养多种常见的捕食性天敌。中国农林科学院植保室（1977）用米蛾卵饲养中华草蛉（Chrysopa sinica）、大草蛉（Chrysopa septempunctata）和丽草蛉（Chrysopa formosa）幼虫，三者的羽化率都高于 85%。李丽英（1988）以米蛾幼虫饲养叉角厉蝽（Eocanthecona furcellata），效果优于纯柞蚕（Antheraea pernyi）蛹血淋巴；高文呈（1987）用米蛾卵饲养黑叉胸花蝽（Dufouriella ater），连续饲养 5 代范围内生活力无明显变化。周伟儒（1986）用米蛾成虫、卵饲养黄色花蝽（Xylocoris flavipes），成虫获得率达 90.9% 和 88.5%。广东省昆虫研究所（1995）用米蛾卵饲养捕虱管蓟马（Aleurodothrips fasciapennis），可顺利完成个体发育并产卵繁殖。周伟儒（1989）用米蛾卵、米蛾成虫不加水饲养东亚小花蝽若虫，无法存活，加水后存活率可达 63% 以上，但要求米蛾卵必须新鲜。郭建英等（2001）报道，用米蛾卵饲养龟纹瓢虫和异色瓢虫，在低龄幼虫期全部死亡，饲养效果不佳。张帆（2004）报道用米蛾卵饲养大草蛉幼虫可完成发育，饲养成虫则无法产卵。

与我国相比较，国外对麦蛾［Sitotroga cerealella（Olivier）］卵的研究应用比较多。以麦蛾繁殖赤眼蜂（Hassan，1982）、红通草蛉（Chrysoperla rufilabris）（Legaspi，1994）、淡翅小花蝽（Orius tantillus）（Tripti，2006）、红肩瓢虫（Harmonia dimidiata Fabricius）（Hejzlar，1998）、异色瓢虫（Harmonia axyridis）（Abdel – Salam，2001），都取得不错的饲养效果。但用麦蛾卵饲养草蛉时，大草蛉和丽草蛉发育不正常，仅中华草蛉幼虫能正常发育结茧（中国农林科学院植保室，1977）。

20世纪70年代起，欧美国家用地中海粉斑螟成功地饲养了小花蝽（*Orius insidiosus*），并应实现了商品化生产。Richards（1995）报道了地中海粉斑螟能够成功地饲养小花蝽，并且额外供给西花蓟马（*Frankliniella occidentalis*）时可提高小花蝽的生殖力。Iperti等（1972）用地中海粉螟的卵饲养食蚜的半球毛艳瓢虫（*Pharoscymnus semiglobsus*）与食蚜的十斑大丽瓢虫（*Adalia decempunctata*）效果较好，饲养*Sdonia llnotata*的效果较差。我国用米蛾卵饲养草蛉和瓢虫与地中海粉斑螟卵的饲养效果基本一致（蔡长荣，1985）。但地中海粉螟的价格比较昂贵，在规模化生产中的成本较高，难以在实际中应用。

（二）不含昆虫的配方研究

无昆虫物质的饲料主要采用肉类、肝类、啤酒酵母等作为主要成分，并添加一些取食刺激物和其他生长发育所必需的因子配制人工饲料。此外，一些应用于昆虫饲料的化学合成饲料，也属于此类，是指可以用化学成分表示的饲料，主要用于瓢虫营养需求和代谢途径的研究，也用于测定某些特定的化合物对瓢虫取食和生长发育的影响等，为研究各组分与天敌昆虫的营养关系奠定了基础。

富含蛋白质、脂肪、糖类及维生素的动物组织的人工饲料中，研究较深入的是以猪肝为主的基础饲料。朱耀沂（1976）用猪肝、糖、夜盗虫及花粉等饲喂赤星盘瓢虫（*Lemnia twinhoei*）及六斑月瓢虫（*Menochilus sexmaculatus*）成功。中国科学院动物研究所昆虫生理研究室（1977）报道了以猪肝、蜂蜜、蔗糖为饲料饲养当年越冬代及第一代七星瓢虫能促使其产卵。中国科学院（1977）以鲜猪肝、蜂蜜（5∶1）匀浆饲养七星瓢虫和异色瓢虫，并用保幼激素类似物"512"点滴腹部背板，以促使产卵，获得初步成功。宋慧英等（1988）以鲜猪肝、蜂蜜及蔗糖配制成6种人工饲料饲养龟纹瓢虫，结果表明，用鲜猪肝∶蜂蜜（重量比为5∶1）和鲜猪肝∶蜂蜜∶蔗糖（重量比为5∶1∶1）两种饲料饲养龟纹瓢虫成、幼虫，效果最好。高文呈等（1983）以猪肝—蔗糖为基础，添加不同其他成分的人工饲料饲养异色瓢虫成虫，其寿命可达80天，雌虫产卵量343.8粒。但以猪肝—蔗糖为基础的饲料是流体状，易结块、变质和粘着饲养的幼虫，所以在实际中，难以应用于规模化饲养。陈志辉等（1982；1989）以鲜猪肝匀浆液、蜂蜜、蔗糖以5∶1∶1混合的代饲料为基础，研究饲料中水分含量取食刺激因素对七星瓢虫饲喂效果的影响。试验结果表明，添加0.1%橄榄油和保幼激素类似物ZR512的人工饲料，产卵率达到96.7%，如果在此基础上分别添加1%的玉米油或豆油，能促进雌虫产卵量的进一步增加。黄金水等（2007）对松突圆蚧主要天敌红点唇瓢虫人工饲料进行了初步研究，以鲜猪肝、酵母粉、维生素C粉末和蜂蜜（质量比为100∶10∶1∶20）为主要配方的人工饲料，基本满足红点唇瓢虫成虫的营养需要，前期存活率可达60%，但平均雌虫产卵量较低。若混合适量的松突圆蚧进行饲养，则可以较好地延长成虫的寿命和产卵量，饲养效果较好。

国外以牛肝、牛肉为基础成分的饲料配方经过多年尝试，许多科学家认为可应用于捕食性天敌，对捕食性蝽类的饲喂效果更为突出。Cohen（1985）以牛肝、牛肉为基础成分配成的人工饲料成功饲养大眼蝉长蝽（*Geocoris punctipes*）之后，Clercq等（1993）用此配方饲养捕食性蝽斑腹刺益蝽（*Podisus maculiventris*），也具有很不错的饲养效果。Iriarte等（2001）改进配方后用来饲喂捕食性蝽塔马尼烟盲蝽（*Dicyphus tamaninii*），连续饲养七代后，捕食效率没有丝毫减退。Arijs等（2004）以Cohen（1985）所用配方研究无毛小花蝽（*Orius laevigatus*）人工饲料时，通过试验证明，牛肝比牛肉对小花蝽的生长和生育能力具有更积极的影响。我国学者雷朝亮（1989）用液体人工饲料饲养南方小花蝽（*Orius similis*），能够基本满足南方小花蝽的营养需求，但由于液体饲料没有更好的剂型，使得小花蝽在取食时容易淹死。

瓢虫化学规定饲料的研究进展较缓慢。Chumakova（1962）提出了孟氏隐唇瓢虫（*Cryptolaemus montrouzieri*）的部分化学规定饲料。沈志成等报道了 Niijima（1977）配制的一种异色瓢虫化学规定饲料，它由 18 种氨基酸（60%）、蔗糖（32.5%）、胆固醇（0.5%）、10 种维生素（0.1%）和 6 种无机盐（6.9%）组成，它不能使幼虫完成发育和成虫产卵，但可利用它相对的比较各化学成分组成的营养重要性。捕食性昆虫的化学饲料远远落后于植食性昆虫。捕食性昆虫食料中同时含有被食昆虫与寄主植物，很难用简单的化学饲料替代，另外也可能与捕食昆虫的捕食行为等有关。

二、人工饲料物理性状对瓢虫取食的影响

除配方外，人工饲料的剂型对于昆虫的取食也是一个重要因素，剂型设计要考虑 3 个方面：有利于取食、易保存、不损失营养（庞虹，1996）。瓢虫幼虫和成虫均为咀嚼式口器，自然界中所取食的蚜虫是含有较高水分、糖类物质的固体。人工饲料中像猪肝、蜂蜜、蔗糖等复合饲料是呈流体状，与瓢虫取食行为不适应，在饲养过程中容易淹死幼虫，也不宜长时间保存。高温干燥制成粉状，营养成分丢失，饲养效果差。采用冰冻真空干燥做成粉状，虽然营养可以大部分保留，但其物理状态与天然食物不同，对饲养效果还是有一定的影响。剂型的研究需要结合具体天敌昆虫的取食行为、习性及信息生态学等综合考虑，而相关的研究远远落后于植食性的昆虫。此外，饲料质地如黏度、细度、均匀度等也很重要，会影响昆虫的取食、消化及其后的生长、发育和生殖（庞虹，1996）。

由以上可以看出，目前关于瓢虫的各种人工饲料对其生殖均存在或多或少的不利影响，如产卵前期延长、产卵率和孵化率低等问题。需要指出的是，这 3 个方面并不是独立的，而是各种原因综合作用的结果。研究瓢虫的行为学，发现瓢虫的觅食行为可以分为 7 步，搜寻、捕食、嚼食、梳理、静止、展翅和排泄（王进忠，2000）。瓢虫在捕食的时候对猎物的反应是感觉神经系统综合作用的结果。七星瓢虫的下颚须内生有嗅觉感受器和味觉感受器，下唇须有味觉感受器（严福顺，1987），对异色瓢虫取食行为机制的研究发现，异色瓢虫取食不仅受蚜虫及蚜虫危害的寄主叶片的气味吸引强烈，而且视觉也在猎物搜寻中起到一定的引导作用（Shonko，1986），即瓢虫对猎物的搜寻是一种"寄主植物—害虫—天敌"的三级营养互作进化关系。所以，人工饲料的研究及物理性状的选择都要充分考虑到瓢虫的取食行为，或许是瓢虫感受到了人工饲料的某种气味或者物理状态甚至是颜色等，也可能是瓢虫取食的人工饲料中存在某些抑制物质或者由于瓢虫缺乏某种消化酶等造成营养的摄取不充分或不平衡。有关生殖的影响主要表现在卵黄蛋白上，由于营养不良或者不平衡使卵黄蛋白合成受阻、卵黄沉淀少、不能充分启动相应的反应机制，激素失调，表现出来产卵量低、产卵前期延长、孵化率低等。因瓢虫取食行为研究的复杂性，使得对其机制的解释并不充分，相关的研究有待进一步提高。

三、饲料配方的优化方法

目前，饲料配方的优化设计方法已比较成熟，如畜牧、家禽、水产等行业，应用了许多较好的饲料配方设计方法，比较常见的有：正交试验法、二次正交旋转法、均匀设计法、线性规划法、模糊线性规划、目标规划等。"优选法"和"正交设计"是我国普遍使用广为流传的传统试验因素筛选方法。

饲料组成成分在配制人工饲料对决定饲料价值中起关键作用，而饲料成分之间的比例协调则是营养成分有效利用的决定因素，饲料营养成分的均衡遵循"木桶理论"原理。因此，实现营养成分均衡、提高饲料利用率的关键是各种原材料合理搭配从而满足对每一种营养成分的需求。"正交设计"对多因素、多水平的试验，需要进行多次试验，周期长，投入大，比较适合于因素和水平数较少的试验设计。

二次回归正交旋转组合设计具有规范化和标准化的计算方法，通过建立研究对象与各种作用因子相互关系的数学模型，将回归分析与正交法有机结合起来。其一可以选择较少的适宜试验点，继而应用最小二乘法原理，通过实测到的数据求出各因子与指标之间的回归方程式。通过主因子效应分析和频次分析，可以得到饲料组分的最佳配比范围（唐启义，1997）。

目前，线性规划也被广泛应用于饲料配方设计上。在优化饲料配方中，线性规划主要通过解决一项任务，确定如何统筹安排，尽量做到用最少的人力、物力去完成（赵丽华，2006）。利用线形规划进行配方设计的原则：从数学角度来说，线性规划问题实质上是在若干线性约束条件下求某一目标函数的最小值（最大值）；将其应用于饲料配方中，一般是指最低配方成本。线性规划为硬性约束，在一定的条件下（存在最优解），能求出满足所有约束条件的最低成本配方。有经验的配方设计人员可以使用线性规划，线性规划往往不能一次得到满意的结果，因此，须经过多次调整。线性规划的硬性约束，相比之下模糊线性规划为软约束，美国科学家 Chames 和 Cooper 最早提出多目标规划模型，是线性规划模型的发展。模糊线性规划能根据各项营养成分的价格及用户给出的伸缩量调整配方，并且能将专家的经验融入配方设计中，从而使配方调整方便、容易（黄汉英，1999）。该模型与线性规划模型的本质区别是：在约束方程中引入离差变量，对离差变量函数求极值，允许离差变量的值不为零。这些特点使得多目标规划模型具备更多的灵活性，其相应的约束条件具有一定的弹性（史明霞，2004）。

以上各种试验设计方法有各自的优缺点，在进行试验设计时应根据试验目的选择比较合适的方法，利用数学统计手段进行数据分析处理。

四、人工饲料的评价方法

通常使用的人工饲料生物学评价指标有饲养昆虫的幼虫发育历期、蛹历期、成虫寿命以及虫体各个发育阶段的个体大小、重量、及成虫生殖力；饲养昆虫的幼虫成活率、化蛹率、羽化率、成虫的雌雄比例、卵的孵化率等；饲养昆虫的种群建立与维持以及在遗传和行为方面的表现，如捕食功能反应等。使用生物学评价指标，用来检测表观直接的饲养效果；使用捕食功能反应，目的是评价获得天敌的应用效能。这些只能在宏观上反应人工饲料的可利用性。

除了宏观上的生物学指标外，还可在微观方面对生理生化方面的指标进行评价。饲料中的大分子物质如蛋白质、脂肪等必须通过消化酶的作用分解成小分子物质才能被吸收利用，而中肠消化液和中肠组织中的酶系影响饲料中各营养成分的消化和吸收，因此，这些酶的活性强弱与饲料的吸收利用有着直接关系。通过测定中肠各主要消化酶的活性可反映出饲料组分配比的适合度（李春峰，2000）。国内，许多研究者常用氧化铬比色分析法测定昆虫取食量和利用率（陈志辉，1981）。在人工饲料中加入惰性化合物三氧化二铬作为指示物，它在食物中不被昆虫吸收利用，在三氧化二铬浓度含量不超过4%时对昆虫没有毒性。分析含有氧化铬的样品时，先把氧化铬氧化成重铬酸（$Cr_2O_3 \rightarrow Cr_2O_7$），再用二苯卡巴肼显色，使用分光光度计测定重铬酸盐的离子含量，最后以测定的重铬酸盐浓度，通过比较排泄物中氧化铬浓度与食物中氧化铬浓度的差异，就可算出昆虫取食饲料的量和饲料利用率。Joseph等（2003）在研究杂食性天敌昆虫普通草蛉的人工饲料时，曾运用稳定性同位素技术，由此测定出，天敌昆虫所吸收的主要营养物质和吸收量，此项技术也可反映人工饲料组分的配比适合度。

可以通过多种方法对天敌昆虫人工饲料进行评价，使用每种评价方法的目的存在差异，如从生理生化方面进行评价，可以了解人工饲料对饲养昆虫生理方面造成的影响，从而指导改良饲料配方。总之，正确使用这些评价方法，是我们研究天敌昆虫人工饲料必不可少的重要手段。

五、天敌昆虫人工饲料中存在的问题及展望

经人工饲料饲喂的天敌昆虫，常出现发育滞缓、存活率低、无法化蛹或化蛹率低、蛹重减轻、羽化困难、成虫体重减轻及无法产卵或产卵数量减少、雌雄性别比例失调等问题。研究天敌昆虫的人工饲料的最佳途径是对其最喜好猎物的营养成分进行分析研究。Nettles（1990）和Grenier（1994）都认为在人工饲料里添加天敌昆虫猎物的粗提取物，可适当缓解上述问题，但昆虫粗提取物跟天然食物一样，成本相对较高。提取昆虫细胞并进行培养扩繁后，作为天敌昆虫人工饲料的主要成分，不仅能够满足天敌的营养需求，而且能够显著降低饲料成本，是比较有效的解决途径之一。

目前，对人工饲料中存在的问题，最多的解释是营养平衡失调和昆虫取食量少，深入阐述并解释机理的研究比较少。为了更深入地探寻这些问题的根源，并最终解决这些问题，需要将昆虫生理学和营养学知识紧密结合起来。了解蛋白质、碳水化合物和脂肪在人工饲料中的比例，氨基酸种类及含量，此外，还需要了解天敌昆虫对营养成分的消化和吸收方面的生理生化知识，才能得出针对性较强的人工饲料配方（Cohen A. C，1992）。目前，绝大多数人工饲料都是经验式的配方，最普遍的营养技术仍停留在饲喂观察阶段，比较添加或者减少一种成分，或者各成分间的比例发生差异后，试虫的各种生物学特征有何变化（House H. L.，1974）。而在猎物营养成分分析方面的研究相当少，这也是阻碍天敌昆虫人工饲料发展的原因之一。

天敌昆虫对猎物的取食，除受饲料的化学成分影响之外，饲料的物理性状也是极其重要的。目前，人工饲料的剂型主要有粉状、凝胶状、流体状等。剂型的设计需要考虑3方面的因素，即有利于取食、易保存和不损失养分。对于捕食性天敌昆虫，在人工饲料的剂型设计时要考虑到昆虫的口器、取食行为与饲料成分之间的关系，才能更好地摸索出适合

不同天敌的剂型（忻介六等，1979）。如在应用猪肝等鲜材料的饲养瓢虫的配方中，一般采用流体状，但是容易结块，且易于变质和粘着饲养的昆虫，所以很难在实际生产中大规模的应用（沈志成等，1989）。因此，对鲜材料在不损失养分的情况下加工并进行配制的研究将有待进行。在赤眼蜂的生产摸索中，一开始均采用悬滴法，方法繁琐，不能在生产中应用。广东省昆虫所天敌研究组（1986）首次报道以人工寄主卵生产机生产赤眼蜂人工卵获得成功，终于解决了生产加工的难题。此外，在饲料的制作过程中，要考虑到各组分的物理性质如黏度、细度、均匀度等都可以影响昆虫的取食和消化。在室内连续长期饲养的昆虫，无论是用人工饲料还是自然饲料，种群的生活力都会出现不同程度的衰退现象。因此，将昆虫生物学、昆虫生理学、昆虫营养学、生态学以及遗传学相结合，深入研究并解释这些问题，将是天敌昆虫人工饲料的主要探索方向之一。

第五节　规模化饲养的质量控制

分析国内外天敌昆虫引种与应用失败的原因，一般认为主要有 3 个方面因素：一是没有解决好天敌种类品系及生态型问题，错误地从它地引种；二是没有解决好天敌产品的品质问题，实验室内扩繁的昆虫、或用人工饲料大量饲养的天敌昆虫与田间的天敌昆虫在品质上会发生变化，例如选择性取食或强迫性饲喂改变了天敌昆虫的营养需求、天敌昆虫扩繁时的环境参数不利，产品进入滞育或休眠状态，或尚未解除滞育状态，如果未进行检验，没有明确产品品质，随意地进行释放，难免导致失败；三是没有解决好天敌昆虫的释放问题，在释放的时间、空间以及具体方法上，没有结合天敌昆虫特殊的生境要求，而随意释放，也会导致应用失败。

近年来，国内外学者围绕天敌昆虫产品的质量控制，开展了广泛而深入的探讨。国际生物防治生产商协会（the International Biocontrol Manufacturers Association）目前制定出 30 多种天敌的质量控制标准（Lenteren，1996，1998，2003；Lenteren，1999），这些标准已被欧洲、北美多家天敌昆虫公司采用，据其生产规模和扩繁种类、数量具体运用 1~20 种检测方法进行天敌产品的质量检验。这些标准包括：天敌数量、羽化或孵化百分率、雌虫百分率、繁殖力、最短存活寿命、寄生率、捕食率、成虫体型、飞行能力、田间表现等指标。国际有害动植物生物防治组织（International Organization for Biological Control of Noxious Animals and Plants，IOBC）在其网站上（www. users. ugent. be）介绍了从 1982—2010 年的历次国际会议，并列出了有关昆虫质量控制的著作。

综合而言，在人工扩繁条件下，捕食性瓢虫的质量控制标准主要有：形态学指标，包括产品如幼虫、蛹、成虫的大小、重量、畸形率；发育生态学指标，包括卵、幼虫、蛹的发育历期，卵、幼虫、蛹、成虫的存活率，雌雄性比，产卵前期，产卵持续时间，寿命；生物化学指标，包括蛋白质、脂类、碳水化合物、激素等的含量；行为学指标，包括捕食效率，运动能力，搜寻寄主能力等；遗传学指标，包括遗传变异性和纯合率等。对捕食性瓢虫质量检测方法主要有形态学检测，重点是检测畸形率；生物学检测，主要是发育历期；生态学检测，重点是捕食率；生物化学检测，重点是对蛹进行检测；行为学检测，重点是捕食行为和飞行能力；分子生物学检测，一般较少使用，主要针对饲养扩繁中的遗传变异检测。

在捕食性瓢虫质量控制方面，Robert（1998）评估了包括锚斑长足瓢虫（*Hippodamia convergens* Guérin – Meneuulle）在内的 4 种天敌昆虫发货后的质量。由于天敌的种类和天敌公司的运输时间等原因，发货和收货后的数量会有很大差异，研究显示锚斑长足瓢虫大约有 20% 的寄生率，每 1 000 头甲虫中有 75～508 头生殖活跃的雌虫。如果进一步研究，这样的信息可以作为一个行业标准提供给客户。Van Lenteren 提出了关于孟氏隐唇瓢虫的质量控制标准：检测条件为温度（25±2）℃；湿度 70%±5%；光暗比 16L：8D。检测成虫质量指标包括 3 项内容：①性比，雌虫比例应大于 40%，样品数量 100 头，此检测每季进行一次；②寿命，最少生存 30 天，样品数量 30 头；此检测每季进行一次；③生殖力指标，要求平均每雌每 10 天产卵大于 50 粒，样品数量 30 头，此检测每季进行一次。孙毅等（2000）提出了七星瓢虫规模化饲养的质量控制，包括生活力特征（体重大于26.9mg、羽化率大于 87.7%、寿命达到 62.9 天、储藏时间大于 51.6 天）；生殖力特征（产卵前期短于 13.7 天、产卵雌虫率大于 86.9%、产卵期大于 52.9 天、卵孵化率达到85.8%、单雌产卵量达到 4 027 粒）；捕食能力（饥饿 24h 后，在 220 头蚜虫/m² 密度下，日捕食量达到 70.15 头）等 3 方面的参数。将此七星瓢虫以瓢蚜比 1：100 释放至田间时，成虫 5 天后达到 82.5% 的防治效果，释放蛹则有 2～3 天滞后期。故在田间应用时，应提前 2 天置室温下羽化后释放。

第六节　发育调控

当前国内外天敌昆虫产业化的一个瓶颈问题是：天敌昆虫扩繁周期较长，存活期较短，产品出厂时间很难与害虫发生期一致，往往导致天敌昆虫在害虫发生前就已死亡，或害虫发生时没有天敌产品可用。故此，调控天敌昆虫产品的发育进度具有重要的现实意义。利用昆虫本身固有的遗传性能——滞育，是调控天敌昆虫产品发育进度的有效途径之一。现阶段国内外大量应用的天敌昆虫产品，已基本掌握了诱导天敌昆虫进入滞育及解除滞育的技术，能及时将生产出的天敌昆虫以滞育状态进行储存，在释放前再打破滞育使其进入活跃状态来防治害虫，滞育调控技术已成为天敌昆虫生产和高效应用的核心技术之一（Denlinger，2004）。此外，开展天敌昆虫滞育的研究，也有助于掌握天敌昆虫的发育特点与发生动态，提高害虫防治效率，有助于加深对天敌昆虫发育机制的认识，探寻昆虫的环境适应机制及进化途径。因此，滞育调控及滞育机理研究也一直是昆虫学研究的一个重要领域（Denlinger，2002）。

一、滞育的判断

判断指标的选择对于瓢虫滞育研究至关重要。大多数瓢虫滞育虫态为成虫，成虫的滞育有很多指标来反映，如产卵前期、卵巢卵子的发育进度、生殖活动、体表特征等等。从目前已有的研究来看，除依照雌虫一定时间内是否产卵判断瓢虫的滞育外，生殖系统的发育状况、脂肪体的大小也是判断瓢虫滞育的常用标准。

产卵时间：滞育瓢虫与非滞育瓢虫的产卵前期有很大差异。如非滞育瓜茄瓢虫 *Ep-*

ilachna admirabilis 东京种群在食料充足、25℃、短光照条件下的产卵前期的为 30（均值）天左右，而滞育个体（同温度、长光照条件下）则 70 天内也不产卵（Imai，2004）；七星瓢虫札幌种群（Okuda，1994）、异色瓢虫希腊种群（Berkvens，2008）、黄柏弯角瓢虫中欧种群（Hodek，1983）、二星瓢虫（*Adalia bipunctata*）（Obrycki，1983）以及日本食螨瓢虫（*Stethorus japonicus*）（Katsuhiko，2005）也表现出类似现象。因此，成虫产卵前期的这种差异可以作为滞育的判断标准，而且不同于解剖学的判定方法，这种方法不影响成虫的正常发育，有利于研究成虫的滞育发育时间、滞育结束后的生殖力、再次滞育等生物学特征，是一种较好的判断手段。

生殖系统发育受到抑制是成虫滞育的典型特征（许永玉，2001）。而雄性瓢虫成虫生殖发育早在蛹期就已开始，且多数个体的睾丸管在滞育期间依然保持活性，故无法从性腺的发育状态准确判断雄虫滞育（Hodek，2000）。相反雌性成虫滞育状态下卵巢发育几乎停滞，卵巢不活跃，卵子发生的发育受到抑制，卵巢内无成熟卵；卵子形成的发育几乎停止，发育阶段通常不超过卵黄形成期，如七星瓢虫、异色瓢虫、黄柏弯角瓢虫（*S. undecimnotata*）、茄二十八星瓢虫（*Henosepilachna vigintioctopunctata*）等（Okuda，1994；Berkvens，2008；阎浚杰等，1980；Sakurai，1983；Sakurai，1987；Sakurai，1986；Sakurai，1992；Storch，1973；翟保平，1990；Katsoyannos，2005；Kono，1982；Katsoyannos，1997）。

脂肪体发育良好是瓢虫滞育的显著特征（Hodek，1996）。在对比正常个体与滞育个体的脂肪体时发现，滞育成虫个体的脂肪体在滞育初期逐渐增大；滞育后脂肪体填充整个腹部，体积明显比非滞育个体大，如七星瓢虫、黄柏弯角瓢虫、茄二十八星瓢虫、异色瓢虫、黄柏弯角瓢虫希腊种群等（阎浚杰等，1980；Kono，1982；Okuda，1994；Katsoyannos，1997）。

七星瓢虫在夏滞育时鞘翅色泽也表现出一定的差异（阎浚杰等，1980；Sakurai，1983；Sakurai，1987），滞育成虫鞘翅颜色浅，长期呈现黄色；而非滞育个体鞘翅色泽较深，为红色。但瓢虫鞘翅色泽发育是一个渐变过程，与温度、食料、时间等诸多因素有关，此指标可靠的标准还有待进一步研究。此外，七星瓢虫成虫飞行肌的发育状况以及起飞行为也可以作为其滞育的参考标准（Hodek，1996）。

解剖研究表明，滞育雌虫与非滞育雌虫解剖形态学差异明显，滞育雌虫卵巢发育停滞，卵巢呈透明状，卵巢小管长时间内未见卵黄沉积，脂肪体颗粒堆满整个腹部；非滞育成虫卵巢小管出现卵黄沉积，卵巢中含有待产卵粒，脂肪体数量较少（王伟，2013）。判断七星瓢虫成虫滞育时，采用产卵前期作为标准切实可行，具体的判断标准为：18℃下40 天内未产卵、24℃下 30 天内未产卵、30℃下 15 天内未产卵的雌虫视为滞育个体（王伟，2012）。

二、滞育的调控

昆虫滞育是一系列因子综合调控的结果，通常在不良环境到来前，昆虫就已经感知了某些因子（光周期、温度、食料、湿度等）的诱导信号，进而决定是否进入滞育；在各种调控信号中，光周期因其对昆虫滞育的影响稳定、准确，被作为最主要的诱导因子而得到了广泛研究；温度作为仅次于光周期的调控因子，在昆虫的滞育过程中也起重要作用；除了光周期、温度外，食料因子对昆虫的滞育也具有重要影响。

光周期是指在一天中昼夜节律的固定变化。目前，在滞育方面有较深入研究的 18 种瓢虫（25 个地理种群），均受光周期的影响。感受光周期并进入滞育的敏感虫态除瓜茄瓢虫东京种群为幼虫外，其余 18 种 24 个地理种群均为成虫（表 2 - 4）。研究表明，幼虫和蛹期横斑瓢虫（*Coccinella transversoguttata*）、十三星瓢虫（*Hippodamia tredecimpunctata*）的光照经历对成虫的滞育并无显著影响，光周期主要调控成虫的滞育（Storch，1973；Storch，1972）。也有个别学者（Hodek，1996）认为，幼虫期和蛹期瓢虫也可能是滞育的敏感虫态。

光周期对瓢虫滞育的调控作用及其特点主要体现在以下几个方面：①诱导成虫滞育的主导因子。特定温度下，光周期决定冬滞育的发生，短光照诱导滞育，长光照阻止滞育发生，如七星瓢虫札幌种群（Okuda，1994）、异色瓢虫（Berkvens，2008）、黄柏弯角瓢虫（Hodek，1983）、横斑瓢虫（Storch，1973）、深点食螨瓢虫（*Stethorus punctillum*）（Hodek，1996）、双斑唇瓢虫（*C. bipustulatus*）（Tadmor，1971）、肾斑唇瓢虫（*C. renipustulatus*）（Hodek，1996a）、李斑唇瓢虫（*C. geminus*）（Hodek，1996）等；在一定温度范围内，瓜茄瓢虫（东京种群）（Imai，2004）、九星瓢虫（*Coccinella novemnotata*）（McMullen，1967）以及七星瓢虫（中欧种群）（Sakurai，1992）的滞育依然由光周期决定。②调节滞育的深度，影响滞育持续时间。光周期对某些瓢虫的滞育诱导作用表现出数量反应特征和等级反应（肖海军等，2004），如二星瓢虫在光照时长（L13：D11）接近临界光周期（光照时长 13 ~ 14h）时滞育强度最弱，滞育持续时间仅为 L10：D14 条件下的一半左右（Obrycki，1983）；不同长度的日照诱导了墨西哥大豆瓢虫（*Epilachna varivestis*）不同长度的滞育持续时间（Taylor，1984）。③解除滞育的重要因子，光周期对滞育解除起到一定的活化作用，但是在滞育后期或滞育解除后，至少是滞育解除后的一段时间内，光周期对瓢虫的滞育却丧失调控作用。如将滞育初期的瓜茄瓢虫（东京种群）置于非滞育条件（L13：D11）下 5 天后，雌虫开始恢复生殖（Imai，2004）；长光照能促进七星瓢虫札幌种群的冬滞育的解除（Okuda，1994）；七星瓢虫（中欧种群）（Hodek，1996）、黄柏弯角瓢虫（Hodek，1977）在滞育后期或滞育解除后，长光照和短光照下雌虫均能产卵。④再次诱导成虫滞育，即成虫表现出循环光周期反应，如七星瓢虫中欧种群在短光照条件下产卵一段时间后，恢复光周期敏感性，停止产卵，再次进入滞育（Hodek，1977）。

温度作为一种仅次于光周期的重要影响因子，在昆虫滞育调控过程中起着重要作用（Hodek，1988；薛芳森，2001；王小平，2006）。对昆虫进行光周期滞育诱导的过程中，通常温度是一个恒定值，这使得温度对昆虫滞育的诱导作用只能通过光周期而间接表现出来（王小平，2006）。目前，温度对瓢虫滞育诱导的影响尚未得到全面系统的研究，但已有的研究结果表明，温度在瓢虫的滞育中发挥着重要作用，具体表现为：①重要的诱导因子。高温促进长光照对夏滞育的诱导甚至决定夏滞育的诱导，如七星瓢虫本州岛种群在温度均值高于 21.5℃时夏滞育率较高，而均温低于 21.5℃时滞育率较低（Ohashi，2003）；处理条件为 25℃、L10：D14 时，七星瓢虫本州岛种群产卵 10 日后停止产卵进入滞育状态（Sakurai，1983；Sakurai，1987）。②调节光周期的诱导强度，光周期反应显示出温度敏感现象（肖海军，2004）。温度的变化影响光周期的滞育诱导甚至会改变成虫的临界光周期，如七星瓢虫中欧种群（Hodek，1996）、肾斑唇瓢虫（*C. renipustulatus*）（Hodek，1996）、九星瓢虫（*Coccinella novemnotata*）（Mcmullen，1967）、深点食螨瓢虫（*Stethorus* picipes）（Hodek，1996）、苜蓿瓢虫（*Subcoccinella vigintiquatuorpunctata*）（Ali，1975）。③滞育活化或解除的主导因子。对于七星瓢虫札幌种群来说，温度起着重要的活化（activation）作用，适当高温（30℃）配合长光照（L/D = 16h/8h）能阻止 63%（n = 19）的个体滞育，而同样光周期下 25℃ 的阻止作用降至 37%（n = 30）（Okuda，1994）；而高温能完全抑制短光照对深点食螨瓢虫的滞育诱导（Hodek，1996）。适当的高温加速冬滞育的发育，从而促进滞育的解除，如七星瓢虫冬滞育解除的速度在 12℃ 下明显高于低温（5℃、0℃）（Storch，1973）。④影响滞育个体的存活率。如 30℃、长光照（16L：8D）处理瓜茄瓢虫（东京种群）的成虫 55 天，滞育雌虫的存活率下降为 50% 左右，雄虫则下降更多，而 25℃ 的成虫则全部存活（Okuda，1994）。

食料因子不仅影响昆虫的发育速度、发育质量，而且也是一种重要的滞育诱导信号，它从质量和数量两个方面影响昆虫的滞育（王小平，2004）。食料因子对瓢虫滞育的调控作用具体表现在影响滞育前期、滞育率等方面（Kono，1982；Ohashi，2003；Ali，1975；Michaud，2005；Zaslavskii，1998）。如当食料数量减至正常饲喂水平的 30%～40% 时，茄二十八星瓢虫的滞育光周期敏感性与正常饲喂个体相比延长一倍，滞育前期也比正常饲喂成虫长 10 天左右（Michaud，2005）；锚斑长足瓢虫在仅喂食水或向日葵茎秆时，滞育率为100%，而喂食地中海粉螟（*Ephestia kuehniella*）卵与水则降至 60% 左右（Michaud，2005）；就某些种的滞育诱导而言，光周期并无明显作用，食料因子起着主导作用，决定成虫的滞育，如锚斑长足瓢虫（Michaud，2005）、纤丽瓢虫（*Harmonia sedecimnotata*）（Zaslavskii，1998）和波纹瓢虫（*Coccinella repanda*）（Hodek，1996），取食蚜虫时，成虫几乎不滞育，而取食其他饲料时则多数进入滞育。

由此看出，光周期、温度与食料存在相互作用，共同调控瓢虫的滞育启动和解除。自然条件下，不同地理区域甚至同一区域不同海拔，其环境条件（温度、光照、食物、湿度等）往往存在一定差异。这种栖息地环境条件的多样性也造就了同种不同地理种群的瓢虫适应方式的地理多样性，如七星瓢虫中欧种群以及日本札幌种群，其冬滞育是耐受严冬、保证存活的重要手段；而本州岛地区冬季相对温和，部分地区夏季高温不利于其种群的繁衍增殖，瓢虫表现出夏滞育（Hodek，1994；Ohashi，2003）。因此，已有的研究结果只能作为参考，应针对特定区域瓢虫滞育的具体表现开展系统研究。

保幼激素：成虫体内保幼激素（Juvenile Hormone，JH）的滴度与成虫的滞育密切相关，当成虫体内保幼激素含量不足时，成虫的生殖发育受到抑制，进入滞育状态；而随着滞育发育的进行，滞育强度逐渐减弱，JH 的含量逐渐上升，成虫也慢慢解除滞育（Denlinger，2004）。因此，处于滞育状态的瓢虫，通过注入 JH 或保幼激素类似物 JHA 能有效的解除滞育，如七星瓢虫、异色瓢虫和黄柏弯角瓢虫（*S. undecimnotata*）等（Sakurai，1986；Sakurai，1992）。也有观点认为，成虫滞育不仅仅是因为 JH 缺乏，类固醇蜕皮酮也发挥一定的作用（许永玉，2001；Hodek，1996）。

其他因子：湿度、种群密度、亲代效应等其他因子对昆虫的滞育调控也发挥着作用（Tauber，1976；Tauber，1986），但目前尚未见这些因子在瓢虫滞育调控中的具体报道。

以七星瓢虫为例，如在长光照 L16：D8 下，温度对七星瓢虫雌虫产卵发生存在显著影响，高温显著加速雌虫的卵巢发育速度，缩短其产卵前期，而低温则延缓雌虫卵巢发育，延长了雌虫的产卵前期。成虫羽化初期是其滞育的敏感虫期，只有此时施以短光照刺激，成虫才能进入滞育。18℃时，初羽化成虫和初产卵雌虫对短光照极为敏感。七星瓢虫属短日照—低温诱导的冬滞育型昆虫。滞育诱导与温度、光周期及其互作相关，其中，温度是决定性因子，光周期伴随温度发挥滞育诱导作用。滞育率随温度降低而显著升高；随光照时长的延长而显著降低。此外，滞育的光周期反应呈现温度敏感型特征，温度对其光周期反应具调控作用，18℃时滞育临界光照时长在14～16h/天，24℃和30℃时不存在明显的临界光周期。七星瓢虫滞育持续时间受光周期和温度的共同影响，雌虫的滞育持续时间与滞育诱导的光照时长呈负相关，随光周期的缩短而延长，光周期对成虫滞育持续时间的调控作用表现出数量反应特征，暗示成虫对光周期进行数量测量；滞育诱导的温度能调节成虫滞育发育的速度，从而影响成虫滞育持续期，较低温度对成虫滞育维持具有促进作用，延长了成虫的滞育持续时间；高温则加快滞育发育速度，促进滞育成虫的产卵发生。环境条件改变后，滞育成虫依然保持对温度和光周期的敏感性，温度与光周期对七星瓢虫滞育解除都具有显著的影响。长光照对成虫滞育解除具有促进作用，环境条件为长光照时，滞育解除历期显著短于短光照；短光照则维持成虫滞育，成虫经过较长时间的滞育发育后解除滞育。适当升高温度可加速成虫的滞育解除，温度为24℃时与18℃时相比，成虫滞育解除速度加快，滞育解除历期缩短。无论光周期为长光照还是短光照，成虫在环境温度升高时，都能很快解除滞育，表明温度对成虫滞育解除起决定作用，光周期伴随温度起作用；对于滞育成虫而言，短光照和低温起维持成虫滞育发育的作用。滞育经历显著影响成虫的生物学特征，滞育后成虫在生殖力、寿命等方面均有降低。与正常发育个体相比，24℃时经历滞育的成虫，无论雌雄其寿命均缩短，滞育后雌虫的产卵期缩短，30天内雌虫的总产卵量以及卵的孵化率下降；光周期对滞育后成虫生物学特性影响不显著，滞育解除后雌虫即使在滞育诱导的短光照下依然能长时间持续产卵，表明光周期对滞育后成虫的生物学特性无显著影响（王伟，2012）。

第七节　产品储藏、包装

一、产品储藏、包装和运输

与生产计划相关的问题或者一些不可预知的需求等使天敌的储藏和包装成为必须，许多有益节肢动物的短期储藏方法已经得到发展，通常将未成熟阶段的天敌昆虫储藏在4～15℃，一般储存几周，而且还会降低其生活力（Pittendrigh，1966）。瓢虫在应用过程中需要进行储藏，以在适当的时间释放到田间发挥控害作用。对瓢虫各个虫态的研究结果显示，瓢虫在成虫期相对其他虫期储藏时间较长，此外，卵期储藏也可作为一个短期的手段。储藏期间结合人工喂养可以相对改善瓢虫的生理和生殖指标。

藤树兵（2004）通过对异色瓢虫各虫态的低温冷藏实验，明确了适合人工繁殖过程的保藏虫态为卵和成虫，其最适保藏条件为：初产卵在25℃、湿度70%～90%下发育15h后置于10℃、湿度70%～90%条件下冷藏12天，再在14℃下、湿度70%～90%条件下缓慢发育至孵化。按此法保藏初产卵块，经保藏21天后孵化率仍大于90%，可满足人工扩繁过程中对卵的保藏要求；初羽化成虫在15℃、0L：24D条件下饲喂16天，即经人工诱导滞育后再置于10℃下冷藏，在冷藏90天后存活率仍大于70%，可满足人工扩繁过程中对成虫的保藏要求。在以上实验结果的基础上提出，异色瓢虫的商品虫态主要为经过保藏处理的卵块（Quezada，1973）。梅象信等（2007）研究了异色瓢虫成虫在低温辅助人工饲料饲喂条件下的保存试验，对异色瓢虫成虫在不同低温条件下的储藏存活率进行了研究，结果显示，8℃下异色瓢虫保存效果较好，保存一个月后存活率为90%，3个月后存活率为52%，低温贮藏结合人工饲料喂养，可有效延长瓢虫的寿命。刘震对人工扩繁异色瓢虫最适冷藏条件进行了研究，结果显示，异色瓢虫卵在10℃条件下能冷藏更长时间（15天左右）。幼虫较为适宜的冷藏保存温度为5~8℃，此温度范围内冷藏保存20天左右的存活率能达到80%左右；异色瓢虫幼虫较为适宜冷藏的龄期为3龄。较适合于异色瓢虫刚羽化成虫保存（30天左右）的温度是10℃。

对十一星瓢虫（*Coccinella undecimpunctata* L.）的储藏研究显示（Rinehart，2007），6.0℃储藏条件下，7天后卵的孵化率是65.0%。15天、30天、60天后卵孵化率是零。三龄和四龄幼虫存活率大于一龄和二龄幼虫。幼虫存活率在15天后迅速下降。在30天或60天储藏后没有幼虫存活。成虫从储藏蛹羽化的比例从7天的85.0%下降到30天的25.0%。成虫存活比例与储藏前的饲喂相关。从目前研究来看，成虫储藏是最佳发育阶段。另外，发现成虫储藏前的饲喂影响着瓢虫的寿命、生殖力和消耗率。

对多异瓢虫的最适冷藏条件研究显示，9℃是多异瓢虫卵（20天内）最适合的冷藏温度。对刚羽化的成虫在15℃、0L∶24D预处理13天后置于9℃冷藏能保持最高的存活率和最长的存活期，是最佳冷藏方法。

随着瓢虫类滞育研究的不断深入，与瓢虫滞育相关的发育调控和贮藏研究日渐增多。滞育作为昆虫对不良环境的适应性策略，其种的遗传特异性让我们对它的研究充满兴趣。瓢虫进入滞育后，不经特殊处理，一般会较长时间处于低代谢的缓慢发育状态，此时滞育瓢虫可以存活很长时间，这对于我们利用瓢虫的滞育调控其生长发育进而用于扩繁、延长产品货架期，提供一个新的途径。刘震研究了异色瓢虫滞育诱导条件：温度为14~16℃，光周期为4~8L，在此适宜条件下定量饲喂异色瓢虫成虫18~20天，成虫便可以进入滞育状态，即完全停止取食且不活动。异色瓢虫滞育成虫的适宜冷藏条件，对15℃、4L∶20D、RH=70%~90%条件下定量饲喂20天，已进入滞育状态的异色瓢虫成虫而言，8~10℃是较为理想的长期冷藏保存温度。在此温度条件下冷藏保存120天，异色瓢虫成虫的存活率仍高于85%。12℃适宜短期冷藏保存，在此温度条件下冷藏保存50天，异色瓢虫成虫的存活率仍能达到100%。王伟（2012）对七星瓢虫滞育的研究，发现七星瓢虫属成虫滞育且滞育诱导受温光周期调控，其中温度是决定性因子，光周期伴随温度发挥滞育诱导作用。18℃时滞育临界光照时长在14~16h/天。18℃初孵成虫经光周期L10∶D14诱导40天进入滞育后，仍在原条件下饲养，滞育持续时间为114.11天。18℃条件下，不同光周期条件下，七星瓢虫的滞育持续期有显著差异。此外，成虫在滞育解除后，即使在原滞育诱导条件下仍可以产卵，表明滞育发育后期，成虫暂时失去对促进诱导滞育的短光照的敏感性。这些研究对于延长七星瓢虫的货架期具有重要的指导作用。七星瓢虫在大规模饲养中，滞育诱导阶段，低温短光照处理可以延长雌虫的滞育持续时间；成虫滞育后，进一步缩短光照和降低温度，则可有效延长产品储存期。

Ukishiro等（1991）发明了一种用于天敌昆虫饲养或运输的装置，可以用来作为饲养或运输食虫昆虫的庇护所。制作了一种空瓶，其中，放入小块塑料泡沫，在其上表面留取一个或多个小孔，孔的大小可以保证食虫昆虫通过，但是小块塑料泡沫不能穿过。这个设计可防治食虫昆虫的自相残杀，实现对食虫昆虫的有效饲养和运输，特别是像捕食性昆虫，如草蛉、瓢虫。

二、应用实例

（一）Koppert 公司的产品二星瓢虫商品实例如下

1. 包装规格

棉布袋。内含 100 头在荞麦上的幼虫

2. 防治对象

用于蚜虫各阶段的防治，棉布袋专门用于树上（如椴树，栗树）

3. 使用方法

在果园等地：打开袋子，用钉子固定或者用线挂在树的第一枝上，严重感染的树枝，使用多袋。每 25cm 直径用 1 袋，最多每棵树 3 袋。在温室时，应用于严重侵染的叶子，用于彻底的根治，适用于一些蚜虫危害严重的植物，此产品应用于 DIBOX 涂抹器。

4. 使用数量

以表格形式介绍，见表 2 - 5。

表 2 - 5　二星瓢虫使用数量

	比例	m²/单位	间隔（天）	频率	备注
预防	—	—	—	—	—
轻度发生	10/m²	25	—	1x	仅用于感染地块
重度发生	50/m²	5	—	1x	仅用于感染地块

5. 产品存储

收到后 1 ~ 2 天存储，存储温度：8 ~ 10℃/47 ~ 50°F，黑暗环境。

6. 产品形态

卵为黄色，群聚在叶子下；幼虫为黑色，身体两侧 0 ~ 1 黄色条纹，中间一条黑色条纹；成虫体长 ±8mm，颜色不一，有 2 个黑色圆点的红色或黑色有红色的点。

7. 见效时间

通常会在一个星期之内根除蚜虫。

8. 备注

瓢虫也吃干瘪的寄生蚜虫。

（二）Koppert 公司的产品小黑瓢虫商品实例如下

1. 产品规格

瓶装，1 000 头成虫放在荞麦壳中。

2. 防治对象

温室白粉虱（*Trialeurodes vaporariorum*）和烟粉虱（*Bemisia tabaci*），所有虫态，尤其

是卵和幼虫。

3. 使用数量（表2－6）

表2－6 小黑瓢虫使用数量

项目	用量	m²/单位	间隔（天）	频率	备注
重点	100/m²	10	7	2x	白粉虱 500/m²
轻度	1/m²	1 000	7	2x	白粉虱 20/m²
重度	2/m²	500	7	3x	白粉虱 40/m²

4. 释放

在温室内或者叶片上

5. 应用方法

用前旋转或轻摇；早上或晚上释放；天气条件：最低温度20℃，最适温度22～30℃。

6. 储存和处理

黑暗中1～2天（整平存放），储存温度：12～14℃。

7. 建议

该捕食性瓢虫需要充足的食物（白粉虱）才能繁殖

8. 备注

该瓢虫有假死现象，可以通过叶子下面的黄色粪便确定其活力。如果瓢虫把卵、幼虫和蛹的体液吸出，仅留外壳。也可通过典型的黄色粪便来检测它们的取食活力。

9. 外观

幼虫呈灰白色；成虫1.5mm长，黑色，雌虫头呈褐色。

（三）Biobest公司孟氏隐唇瓢虫产品实例

1. 功效

粉蚧是最难控制的害虫。它的身体覆盖一层白色的蜡状物，这往往导致化学防治的不凑效。捕食性甲虫孟氏隐唇瓢虫是清除粉蚧的优良天敌。

2. 生物学

孟氏隐唇瓢虫是原产于澳大利亚的瓢虫。成虫体长4mm，幼虫可长达13mm，并可通过体被白色蜡质物来识别。由于分泌物，幼虫和它的猎物看起来像一个豆荚里的两个豆子一样相像。然而，孟氏隐唇瓢虫幼虫更长，更易活动，它的蜡线比粉蚧的更长。从卵到幼虫的发育时间取决于温度。24℃条件下大约需要32天。雌虫在一个粉蚧群体中或者在一群粉蚧卵中生存大约2个月，每天会产10粒卵。当天气晴朗的时候是最活跃的。最佳产卵条件是22～25℃，相对湿度70～80%。当温度降到16℃，甲虫不再活跃（滞育）。温度高于33℃寻找猎物时会混淆。

孟氏隐唇瓢虫成虫和低龄幼虫喜食粉蚧的卵和幼虫。更大的幼虫吃各个龄期粉蚧。当食物不足，也会取食蚜虫等替代粉蚧。当温室引进孟氏隐唇瓢虫时，2～3成虫/m²。凉爽天气下应用最好。蚂蚁的出现影响孟氏隐唇瓢虫的取食。蚂蚁取食粉蚧的蜜露，因此会保护粉蚧。

3. 包装

提供成虫每25或500头一份。放入有滤纸载体的螺帽的塑料管包装中。产卵后，要尽快引进。如果必须，可以短时间储存在15℃的温度下。

第八节　释放与保护利用

一、捕食性瓢虫的释放与定殖

天敌的释放受到各种生物因素和非生物因素的综合影响，也因防治和释放对象差异而存在不同地区释放量和释放方式的差异，所以释放相关技术的研究，要在综合考虑释放地生态系统本身的基础上，因时因地采取合适的技术，达到最大的经济、社会和生态效益。

进行捕食性瓢虫释放时，首先，要对所释放地区的基本情况有清晰的了解。了解本地区往年虫害发生情况，清晰本年度和季节的虫情监测情况，把握准确的虫情信息是防治的重点。高福宏等（2012）指出异色瓢虫的释放最好在百株蚜量为100~150头，蚜量一级时即可开始第一次释放。

其次，根据蚜虫与瓢虫的比例确定释放的虫量。按照释放虫态及其捕食功能和控制能力的不同、释放地的实际情况如害虫种类、害虫种群数量等通过具体的试验研究详细确定。此外，也可在虫情调查的基础上按照往年经验释放，释放前可在温室内提前种植带蚜虫的油菜等植物，并在其上释放少量瓢虫进行繁殖，田间害虫发生早期放入，控制初发害虫并为田间提供瓢虫种源。还有其他的释放方式，可以根据具体的实际情况采用其他方式释放或者各种释放方法结合，进行综合的控制。

再次，对于释放虫态的研究，瓢虫属于完全变态，各虫态释放均有研究。卵期释放较为方便，但易受气候条件的影响及天敌的危害。成虫期释放存活率、抗药性较强，但是活动性太大，也影响防效。幼虫期释放相对较多，因为相比于卵，其存活率较大；同时也没有成虫的高活动性；对于人力，也是相对节约的一种方式。针对各个虫态的优缺点，各地都依据具体的情况进行了相应的改造和优化。北京市农林科学院研制的卵卡，将粘有卵粒的卡片部分卷折，卵卡打折打孔直接挂于树枝基部，释放后既防雨又保护瓢虫。针对成虫的高活动性，在法国培育出了异色瓢虫不飞的纯合子品系，且明显延长了瓢虫捕食时间。有些瓢虫在应用的时候剪去后翅的1/3，冷水短时猛浸或饥饿1~2天后在无风晴朗的日落后释放。Femn等将异色瓢虫的食料地中海粉螟卵粘在小型透明塑料盒底部。然后放入幼虫，将盒子开盖后置于植株上部，让幼虫自行爬出。此外，还可以释放成虫。在田间直接散放。也可用释放纸盒，装入成虫后放置或挂在植株上，打开释放孔，瓢虫自行爬出觅食。阮长春等（专利申请号：20092009066.8）发明了一种异色瓢虫成虫释放装置，为封闭的方形盒体，材质选用高密度纸板，两侧面上各留有一圆孔，该圆孔处用薄纸封闭；盒内部底面有一柱形槽，其内放置有蘸取蜂蜜水的脱脂棉，顶部盒盖中间有一挂钩。采用此装置运输及释放瓢虫成虫，可以避免运输过程中挤压，内部柱形槽提供的蜂蜜水可保证水分及营养的补充，减少虫体在运输过程中的死亡；两侧面圆孔处薄纸封闭的设计，使整个释放过程快速便捷。此外，孙光芝等（申请号：200920217963.6）发明公开了一种越冬代异色瓢虫的收集、低温储藏及释放方法，选用负吸式吸尘装置为收集越冬代异色瓢虫容器；收集的异色瓢虫置于冷库或冰柜中低温储藏，储藏方式是将瓢虫采集回来分装至布袋中，布袋内置有折纸作为瓢虫越冬载体；根据害虫的季节性发生，按防治对象发生量确定释放量，直接将异色瓢虫投放至保护作物上，瓢虫的运输及释放选用盒式装置。本方法实现越冬代异色瓢虫的快速大量收集；选用越冬代成虫为释放虫态，利用冷库或冰柜中储存，实现越冬代异色瓢虫的中长期储存。根据马菲等（2005）的研究，①一般按"益害"比1∶（50～80）进行释放。②释放虫态最好是成虫、幼虫和卵混合，有利于种群的建立，保证有效持续的控害效果。③释放时间：成虫在阳光照射下会大量迁移，最好日落后释放。④释放方式：可单个释放，也可装在各种容器内定点释放。

最后，释放后的保护和定殖情况调查。释放后要及时且长期的关注防治效果，定期对害虫进行调查，计算防效，记录定殖情况。释放2～3天后检查效果，根据害虫数量采取后续控制措施，果园释放瓢虫后，其天敌较多，特别是麻雀会影响害虫的防治效果，需要有人管理。随着大量天敌的引入释放，能否定殖已成为生物防治成败的关键。因为根据统计，在全世界引入的天敌中，有2/3的例子是失败的，能够成功定殖的种类只有10%～20%，而且这有限的定殖种类中仅有一部分对目标害虫能起到控制作用。关于瓢虫定殖的研究中，有些优秀的定殖者经历了复杂的定殖过程，如澳洲瓢虫、黑背唇瓢虫（Chilocorus melas Weise）、七星瓢虫。自1900年在英国开始引入瓢虫进行生物防治以来，只有4种外来瓢虫在野外被记录，而在北美人为引入释放的179种捕食性瓢虫中能够成功定殖的也不过18种。在实际应用中往往通过在目标地多次释放来提高瓢虫天敌的定殖几率。例如，在1957—1973年间七星瓢虫被先后在11州释放；而六斑月瓢虫［Menochilus sexmaculata（Fabriciys）］在1910—1976年于6个州被释放了7次。对北美瓢虫定殖情况评估后发现，通过生物防治引入的瓢虫在此地的定殖率（10%）要低于全球生物防治瓢虫引入的定殖率（34%）。根据庞虹（1996）研究，瓢虫被引入定居的种类已达42种，其中包括红瓢虫亚科Coccidulinae8种，盔唇瓢虫亚科Chilocorinae11种，小艳瓢虫亚科Sttcholotinae3种，小毛瓢虫亚科Scymninae10种，瓢虫亚科Coccinelinae7种，显盾瓢虫亚科Hyperaspinae3种。20世纪40年代，我国成功地从美国加利福尼亚和夏威夷引入两种澳洲瓢虫来控制吹绵蚧、孟氏隐唇瓢虫控制湿地松粉蚧，不但有效控制了该虫的为害，还定居并建立了种群。

二、捕食性瓢虫的保护与利用

瓢虫中很多的种类都有越冬或越夏的习性，特别是对瓢虫越冬场所的保护利用，是保证来年初始虫源的有效措施之一。如一般异色瓢虫越冬大多在山峰顶部的石洞或石缝中，其周围树木很少，仅有杂草，海拔高度200～350m。石洞均处于朝阳的东南或西南方，日照时间较长，石缝则完全在背风向阳的石头下面。其共同特点就是背风向阳，冬暖夏凉，一侧开口。当然可能在不同地区间有些差异，如在鄂西越冬成虫多分布于海拔200～800m，且低海拔多于高海拔。异色瓢虫的越冬聚集无方位性。由于某一区域内的异色瓢虫会年复一年地到同一越冬地进行越冬，因此，保护异色瓢虫的越冬场所是非常重要的，尤其是在某些旅游开发地区，为天敌昆虫保持合适的越冬环境应引起当地政府的重视，因为这与维持当地生态系统平衡是息息相关的。或者可将越冬瓢虫收集到室内人工饲养，来年蚜虫出现时放回田间。小麦田是田间瓢虫的主要来源，因此，在小麦蚜虫防治中，尽量避免使用杀伤力大的农药。

人工增殖释放与田间调控相结合是目前瓢虫保护利用的主导方向。有关田间增殖的措施要综合考虑整个生态系统的结构和功能，从整理和细节上保护瓢虫。增加生物多样性，主要包括种植结构的调整或改善，合理利用空间结构和不同季节，合理保护或利用田间杂草，为瓢虫等天敌提供庇护所和更多的栖境。可以研究设计一种异色瓢虫的招引和庇护箱（chamber），这种箱子就像异色瓢虫的"家"一样，可以对异色瓢虫收放自如，当某区域内发生蚜害时，可以大批量地投放异色瓢虫成虫，瓢虫即刻发挥作用，短时间内就可以将蚜虫种群控制下去，然后利用庇护箱将瓢虫招回，储藏备用。这样既操作方便，又无环境污染，有望成为一种有效的生防措施。

各种瓢虫对空间和环境的要求会根据时间的变化而有所不同，因此，我们应该做好瓢虫的保育工作，保护瓢虫的生存环境和庇护所等免受干扰和破坏。参考文献记载关于果园瓢虫的保护和助迁，主要有以下几点：第一，瓢虫的冬前捕捉和储存。调查并了解瓢虫习性和各地区的不同越冬时间，在此之前捕捉，可放于庇护所或者就地取材——纸袋、木箱、纸盒等，选择温暖合适的地点并适时饲喂，以保证瓢虫越冬后的存活率。第二，瓢虫助迁。张立功等（1997）调查春季七星瓢虫的分布发现，其具有四多四少的特点，丘陵多，平原少，旱地多，水地少，向阳多，背阴少，油菜多，麦地少。当然具体的情况要因地制宜，根据不同时间和地区进行具体分析和调查。要随时监测瓢虫及其防控害虫的发生动态，适时捕捉助迁。诱捕助迁方法：下午在瓢虫较多的田间平铺一些麦草，要求厚度在15cm以上，春季夜温较低，瓢虫畏冷，大多隐蔽其中过夜，次日清晨可及时连同麦草取回，傍晚时分释放果树树冠上部或外围蚜虫集中处，如此反复几次，果园瓢虫就会增多。对于捕捉后的释放，建议对卵、幼虫和蛹，尽快助迁，不要拖延。捕捉的成虫，可以饥饿处理 1～2 天，或者冷水速浸一下，于傍晚释放。第三，助迁后的管理。可向田间补充人工蜜露增加瓢虫数量。选择性的喷洒环境友好型农药或者不喷，利用树冠挂红塑料条等方式惊吓飞鸟。果园养鸡可暂停 4 天左右。减少田间作业量和次数。第四，助迁指标。按果园对角线选 5～10 株有代表性的树，并在其上部东、南、西、北、中各选一枝调查，当瓢蚜比在 1：150 以下时，则不必再助迁。

（张礼生编写）

参考文献

蔡晓明，尚玉昌，阎浚杰.1980. 中国七星瓢虫（*Coccinella septempunctata* L.）迁飞初探 [J]. 中国农业科学，13（1）：74-79.

陈洁，秦秋菊，何运转.2009. 温度对龟纹瓢虫实验种群生长发育的影响 [J]. 河北农业大学学报，32（6）：69-72.

陈志辉，饮俊德.1982. 代饲料中水分对七星瓢虫的营养效应 [J]. 昆虫学报，25（2）：141-146.

陈志辉.1981. 测定昆虫的取食量和利用率——氧化铬比色分析法. 见：郭郛，忻介六主编. 昆虫学实验技术 [M]. 北京：科学出版社，154-155.

陈志辉，陈娥英，严福顺.1980. 食料对于七星瓢虫取食和生殖的影响 [J]. 昆虫学报，23（2）：141-148.

戴宗廉，李桂兰.1984. 寄生七星瓢虫蛹的一种蚤蝇_瓢蛹蚤蛹初步观察 [J]. 昆虫知识，2（3）：132.

高福宏，潘悦，孔宁川，等.2012. 异色瓢虫释放技术概况 [J]. 湖北农业科学，51（11）：2 172-2 173，2 193.

高文呈，袁秀菊．1983．日本松干蚧天敌—异色瓢虫的人工饲养及应用的研究［J］．林业科学，19：63 – 74.

高文呈，唐泉富，胡鹤令．1979．异色瓢虫的饲养及控制松干蚧虫口的效果试验初报［J］．浙江林业科技，2：41 – 53.

郭建英，万方浩．2001．三种饲料对异色瓢虫和龟纹瓢虫的饲喂效果［J］．中国生物防治，17（3）：116 – 120.

韩瑞兴，蒋玉才，徐丽华．1979．异色瓢虫人工繁殖技术研究初报［J］．辽宁林业科技，6：33 – 39.

何继龙，马恩沛，沈允昌，等．1994．异色瓢虫生物学特性观察［J］．上海农学院学报，12（2）：119 – 124.

河北省秦皇岛海滨林场，等．1977．秦皇岛海岸集积瓢虫带的调查［J］．昆虫知识，14（2）：53 – 55.

黄汉英，熊先安，魏明新．1999．几种规划在优化饲料配方设计中的比较［J］．粮食与饲料工业，10：26 – 27.

黄金水，郭瑞鸣，汤陈生，等．2007．松突圆蚧天敌红点唇瓢虫人工饲料的初步研究［J］．华东昆虫学报，16（3）：177 – 180.

荆英，黄建，黄蓬英．2002．有益瓢虫的生防利用研究概述［J］．山西农业大学学报（自然科学版），4：299 – 303.

雷朝亮，宗良炳，肖春．1989．温度对异色瓢虫影响作用的研究［J］．植物保护学报，16（1）：21 – 25.

雷朝亮，宗良炳．1989．两种小花蝽酯酶同工酶的比较研究［J］．华中农业大学学报，8（4）：342 – 345.

李春峰，吴大洋．2000．人工饲料育家蚕中肠和血液中几种消化酶活性变化［J］．蚕学通讯，20（1）：5 – 8.

李世良，张凤海，梁家荣，刘树法．1986．空中昆虫的航捕观察［J］．昆虫知识，23（2）：53 – 56.

李文江．1984．七星瓢虫啮小蜂［J］．昆虫知识，2（5）：221 – 222.

李玉艳，张礼生，陈红印．2010．生物因子对寄生蜂滞育的影响［J］．昆虫知识，47（4）：638 – 645.

李玉艳．2011．烟蚜茧蜂滞育诱导的温光周期反应及滞育生理研究［D］．中国农业科学院研究生院，硕士学位论文．

刘军和，禹明甫．2008．猎物密度对七星瓢虫与异色瓢虫种间竞争的影响［J］．环境昆虫学报，30（3）：277 – 280.

罗希成．1964．异色瓢虫越冬集群的报道［J］．昆虫知识，8（6）：254 – 256.

罗希成，刘益康．1976．我国北方异色瓢虫越冬集群的调查研究，越冬场所的调查初报［J］．昆虫学报，19（1）：115 – 116.

罗希成．1964．异色瓢虫（*Leis axyridis* Pallas）越冬集群的报导［J］．昆虫知识，6：4.

马菲，杨瑞生，高德三．2005．果园蚜虫的发生及应用异色瓢虫控蚜［J］．辽宁农业科学，（2）：37 – 39.

庞虹．1996．捕食性瓢虫的利用［J］．昆虫天敌，18（4）：30 – 36.

任月萍，刘生祥．2007．龟纹瓢虫生物学特性及其捕食效应的研究［J］．宁夏大学学报：自然科学版，28（2）：158 – 161.

尚玉昌，蔡小明，阎浚杰．1984．蚜虫天敌——七星瓢虫的研究Ⅱ：七星瓢虫卵巢发育的分级标准及研究卵巢发育的生态学意义［J］．昆虫天敌，21（5）：316 – 319.

沈志成，胡萃，龚和．瓢虫人工饲料的研究进展［J］．昆虫知识，1989，5：313 – 317.

沈志成，胡萃，龚和．1992．取食雄蜂蛹粉对龟纹瓢虫和异色瓢虫卵黄发生的影响［J］．昆虫学报，35（3）：273 – 278.

史明霞，孔杰．2004．多目标规划模型在原棉配方中的应用［J］．河南教育学院学报（自然科学版），13（2）：14 – 16.

宋慧英，吴力游，陈国发，等．1988．龟纹瓢虫生物学特性的研究［J］．昆虫天敌，10（1）：22 – 23.

孙洪波，王瑞霞，郭天风．1999. 七星瓢虫生物学特性及人工饲养的初步研究［J］. 新疆农业大学学报，22（4）：331－335.

唐启义，冯光明．1997. 实用统计分析及其计算机处理平台［M］. 北京：中国农业出版社，77－91.

滕树兵．2004. 人工扩繁异色瓢虫的关键技术及其在日光温室中的应用［M］. 中国农业大学.

王良衍．1986. 异色瓢虫的人工饲养及野外释放和利用［J］. 昆虫知识，29（1）：104.

王伟，张礼生，陈红印，等．2013. 北京地区七星瓢虫滞育诱导的温光效应［J］. 中国生物防治学报，29（2）：24－30.

王伟，张礼生，陈红印．2011. 瓢虫滞育的研究进展［J］. 植物保护，37（2）：27－33.

王伟．2012. 七星瓢虫滞育调控的温光周期效应及滞育后生物学研究［D］. 中国农业科学院研究生院，硕士学位论文.

王小艺，沈佐锐．2002. 异色瓢虫的应用研究概况［J］. 昆虫知识，39（4）：255－261.

王小平，薛芳森．2006. 昆虫滞育诱导中的温周期效应［J］. 江西农业大学学报，28（5）：739－744.

吴少会，李峰，周昱晨，等．2007. 暗期干扰对环带锦斑蛾滞育诱导的影响［J］. 昆虫学报，50（7）：703－708.

徐焕禄，路绍杰．2000. 七星瓢虫的生活习性观察［J］. 山西果树，3（8）：27－28.

徐卫华．2008. 昆虫滞育研究进展［J］. 昆虫知识，45（2）：512－517.

薛芳森，李爱青，朱杏芬．2001. 温度在昆虫滞育期间的作用［J］. 江西农业大学学报，23（1）：62－67.

薛明，李照会，李强，等．1996. 七星瓢虫对萝卜蚜和桃蚜捕食功能的初步研究［J］. 山东农业大学学报，27（2）：171－175.

阎浚杰，尚玉昌，蔡晓明．1980. 蚜虫天敌－七星瓢虫（*Coccinella septempunctata* L. ）的研究Ⅱ. 七星瓢虫卵巢发育的分级标准及其研究卵巢发育的生态学意义［J］. 昆虫天敌，（2）：5－8.

阎浚杰，尚玉昌，蔡晓明．1981. 燕山主峰七星瓢虫迁飞现象观察［J］. 昆虫知识，18（5）：214－215.

杨惠玲．2010. 七星瓢虫对松大蚜和棉蚜的选择效应［J］. 东北林业大学学报，38（8）：149－150.

杨金宽，1984. 长白山异色瓢虫奇斑变瓢虫迁飞时间和种群成分调查［J］. 森林生态系统研究，4：181－184.

岳健．2009. 多异瓢虫［*Hippodamia variegate*（Goeze）］人工扩繁技术研究［D］. 宁夏大学，硕士学士论文.

翟保平．1990. 越冬代七星瓢虫和异色瓢虫的飞翔能力［J］. 应用生态学报，1（3）：214－220.

张帆，杨洪，王甦．2009. 瓢虫的大量饲养与应用. 见：曾凡荣，陈红印主编. 天敌昆虫饲养系统工程［M］. 北京：中国农业科学技术出版社.

张来存，孙万启．1989. 七星瓢虫高空迁飞观察［J］. 昆虫天敌，11（3）：1 392－1 411.

张礼生，陈红印，王孟卿．2009. 天敌昆虫的滞育研究及其应用［J］. 粮食安全与植保科技创新－中国植物保护学会2009年学术年会论文集.

张礼生．2009. 滞育和休眠在昆虫饲养中的应用. 见：曾凡荣，陈红印主编. 天敌昆虫饲养系统工程［M］. 北京：中国农业科学技术出版社.

张立功，李鑫．1997. 果园蚜虫的发生与瓢虫的助迁利用［J］. 山西果树，（1）.

赵丽华．2006. 线性规划在畜牧生产中的应用［J］. 现代化农业，327（10）：26－27.

中国科学院北京动物研究所昆虫生理研究室．1977. 七星瓢虫和异色瓢虫人工饲养和繁殖试验初报［J］. 昆虫知识，14（2）：58－60.

中国科学院动物研究所昆虫生理研究室．1977. 河南省安阳县农业局生物防治站. 七星瓢虫成虫代饲料的研究［J］. 昆虫学报，20（3）：243－252.

朱耀沂，薛台芳．1976. 赤星瓢虫与六条瓢虫代饲料之研究［J］. 植保会刊，18：58－74.

Abdel Salam A H, Abdel Baky N F. 2000. Possible storage of *Coccinella undecimpunctata*（CoL. , Coccinellidae） under low temperature and its effect on some biological characteristics［J］. Journal of Applied Entomology，124（3 - 4）：169 - 176.

Angalet G W，Tropp J M，Eggert A N. 1979. *Coccinella septempunctata* in the United States：recolonizations and notes on its ecology［J］. Environmental Entomology，8（5）：896 - 901.

Barker RJ. 1963. Inhibition of diapause in *Pieris rapae* L. by brief supplementary photophases［J］. Experientia，19：185.

Beck SD. 1980. Insect Photoperiodism［J］. 2nd ed. Academic Press，New York.

Berkvens N，Bonte J，Berkvens D，*et al*. 2008. Influence of diet and photoperiod on development and reproduction of European populations of *Harmonia axyridis*（Pallas）（Coleoptera：Coccinellidae）［J］. Biological Control，53（1）：211 - 221.

Bünning E. 1960. Circadian rhythms and the time measurement in photoperiodism［J］. Cold Spring Harbor Symposia on Quantitative Biology，25：249 - 256.

Caltagirone L E，Doutt R L. 1989. The history of the vedalia beetle importation to California and its impact on the development of biological control［J］. Annual Review of Entomology，34（1）：1 - 16.

Cheng WN，Li XL，Yu F，Li YP，Li JJ，Wu JX. 2009. Proteomic analysis of pre - diapause，diapause and post - diapause larvae of the wheat blossom midge，*Sitodiplosis mosellana*（Diptera：Cecidomyiidae）［J］. European Journal of Entomology，106（1）：29 - 35.

Cohen A C. 1985. Simple method for rearing the insect predator *Geocoris punctipes*（Heteroptera：Lygaeidae）on a meat diet［J］. Journal of Economic Entomology，78（5）：1 173 - 1 175.

Cohen A. C. 1992. Using a systematic approach to develop artificial diets for predators［J］. In：T. Anderson and N. Leppla（eds），Advances in Insect Rearing for Research and Pest Management. Boulder：Westview Press，77 - 92.

Danks HV. 1987. Insect Dormancy：An Ecological Perspective［J］. VoL. 1. Biological Survery of Canada（Terrestrial Arthropods），Ottowa.

Day W H，Prokrym D R，Ellis D R，*et al*. 1994. The known distribution of the predator *Propylea quatuordecimpunctata*（Coleoptera：Coccinellidae）in the United States，and thoughts on the origin of this species and five other exotic lady beetles in eastern North America［J］. Entomological News，105（4）：244 - 256.

De Clercq P，Degheele D. 1993. Quality assessment of the predatory bugs *Podisus maculiventris*（Say）and *Podisus sagitta*（Fab.）（Heteroptera：Pentatomidae）after prolonged rearing on a meat—based artificial diet［J］. Biocontrol Science and Technology，3（2）：133 - 139.

Denlinger D L，Yocum G D，Rinehart J P. Hormonal Control of Diapause［J］. In：Gilbert LI，Iatrou K，Gill SS eds.

Denlinger D L. 2002. Regulation of diapause［J］. Annual Review of Entomology，47：93 - 122.

Denlinger DL. 2008. Why study diapause?［J］Entomological Research，38（1）：1 - 9.

Dicke M，Jong M，Alers M，*et al*. 2009. Quality control of mass - reared arthropods：Nutritional effects on performance of predatory mites1［J］. Journal of Applied Entomology，108（1 - 5）：462 - 475.

Dickson RC. 1949. Factors governing the induction of diapause in the oriental fruit moth［J］. Annals of the Entomological Society of America，42：511 - 537.

Doucet D，Walker VK，Qin W. 2009. The bugs that came in from the cold：molecular adaptations to low temperatures in insects［J］. Cellular and Molecular Life Sciences，66（8）：1 404 - 1 418.

Eagraves M P. 2009. Lady beetle oviposition behavior in response to the trophic environment［J］. Biological Control，51（2）：313 - 322.

Evans E W，Dixon A. 1986. Cues for oviposition by ladybird beetles（Coccinellidae）：response to aphids［J］.

The Journal of Animal Ecology, 1 027 – 1 034.

Ferran A, Giuge L, Tourniaire R, *et al*. 1998. An artificial non – flying mutation to improve the efficiency of the ladybird *Harmonia axyridis* in biological control of aphids [J]. Biological Control, 43 (1): 53 – 64.

Ferran A, Niknam H, Kabiri F, *et al*. 1996. The use of *Harmonia axyridis* larvae (Coleoptera: Coccinellidae) against *Macrosiphum rosae* (Hemiptera: Sternorrhyncha: Aphididae) on rose bushes [J]. European Journal of Entomology, 93: 59 – 68.

Gordon R D. 1985. The Coccinellidae (Coleoptera) of America north of Mexico [J]. Journal of the New York Entomological Society, 93 (1).

Goryshin NI, Tyshchenko VP. 1968. Physiological mechanismof photoperiodic reaction and the problem of endogenous rhythms. In: Danilevskii AS ed. Photopcriodic Adaptations in Insects and Acari [J]. Leningrad University Press, 192 – 269.

Harder R, Bode O. 1943. Bber die Wirkung von Zwischenbelichtungen w3/4 hrend der Dunkelperiode auf das Blühen, die Verlaubung und die Blattsukkulenz bei der Kurztagpflanze Kalanchoe blossfeldiana [J]. Planta, 33: 469 – 504.

Hayadawa Y, Chino H. 1982. Phosphofrictokinase as a possible key enzyme regulating glycerol or trehalose accumulation in diapausing insects [J]. Insect Biochemistry, 12 (6): 639 – 642.

Hemptinne J L, Lognay G, Doumbia M, *et al*.2001. Chemical nature and persistence of the oviposition deterring pheromone in the tracks of the larvae of the two spot ladybird, *Adalia bipunctata* (Coleoptera: Coccinellidae) [J]. Chemoecology, 11 (1): 43 – 47.

Hodek I, Ceryngier P. 2000. Sexual activity in Coccinellidae (Coleoptera): a review [J]. European Journal of Entomology, 97: 449 – 456.

Hodek I, Okuda T. 1997. Regulation of adult diapause in *Coccinella septempunctata* and *C. septempunctata brucki* from two regions of Japan (a minireview) [J]. Entomophaga, 42 (1/2): 139 – 144.

Hodek I, Honek A. 1996. Ecology of Coccinellidae [J]. Boston: Kluwer Academic Publishers, Dordrecht: 239 – 318.

Hoshikawa K. 2000. Seasonal Adaptation in a Northernmost Poplation of *Epilachna admirabilis* (Coleoptera: Coccinellidae) . I. Effect of Day – Length and Temperature on growth in preimaginal stages [J]. Japanese Journal of Entomology New Series, 3 (1): 17 – 26.

Howarth F G. 1991. Environmental impacts of classical biological control [J]. Annual Review of Entomology, 36 (1): 485 – 509.

Humble L M. 1994. Recovery of additional exotic predators of balsam woolly adelgid, *Adelges piceae* (Ratzeburg) (Homoptera: Adelgidae), in British Columbia [J]. The Canadian Entomologist, 126 (04): 1 101 – 1 103.

Imai C. 2004. Photoperiodic induction and termination of summer diapause in adult *Epilachna admirabilis* (Coleoptera: Coccinellidae) from a warm temperate region [J]. European Journal of Entomology, 101: 523 – 529.

Iriarte J, Castañé C. 2001. Artificial Rearing of *Dicyphus tamaninii* (Heteroptera: Miridae) on a Meat – Based Diet [J]. Biological Control, 22 (1): 98 – 102.

Jenner CE, Engels WL. 1952. The significance of the dark period in the photoperiodic response of male juncos and white throated sparrows [J]. Biological Bulletin (Woods Hole), 103: 345 – 355.

John J. Obrycki, Timothy J. Kring. 1998. Predaceous Coccinellidae [J]. Biological Control, 43: 295 – 321.

Joplin KH, Yocum GD, Denlinger DL. 1990. Diapause specific proteins expressed by the brain during the pupal diapause of the flesh fly, *Sarcophaga crassipalpis* [J]. Journal of Insect Physiology, 36 (10): 775 – 779, 781 – 783.

Joseph M. P. , Sam C. W, George C . H. . 2003. Assimilation of carbon and nitrogen from pollen and nectar by a predaceous larva and its effects on growth and development [J]. Ecological Entomology, 28: 717 – 728.

Katsoyannos P, Kontodimas D, Stathas G. 2005. Summer diapause and winter quiescence of *Hippodamia* (*Semiadalia*) *undecimnotata* (Coleoptera: Coccinellidae) in central Greece [J]. European Journal of Entomology, 102: 453 – 457.

Katsoyannos P, Kontodimas D, Stathas G. 1997. Summer diapause and winter quiescence of *Coccinella septempunctata* (CoL. Coccinellidae) in central Greece [J]. Entomophaga, 42 (4): 483 – 491.

Katsuhiko M, Mitsuyoshi N, Kazuya A, *et al.* 2005. Life – history traits of the acarophagous lady beetle, *Stethorus japonicus* at three constant temperatures [J]. Biological Control, 50 (1): 35 – 51.

Kim BG, Shim JK, Kim DW, Kwon YJ, Lee KY. 2008. Tissue – specific variation of heat shock protein gene expression in relation to diapause in the bumblebee *Bombus terrestris* [J] . Entomological Research, 38 (1): 10 – 16.

Kirkpatrick CM, Leopold AC. 1952. The role of darkness in sexual activity of the quail [J]. Science, 116: 280 – 281.

Krebs RA, Bettencourt BR. 1999. Evolution of thermotolerance and variation in the heat shock protein, Hsp70 [J]. American Zoologis, 39 (6): 910 – 919.

Kuroda T, Miura K. 2003. Comparison of the effectiveness of two methods for releasing *Harmonia axyridis* (Pallas) (Coleoptera: Coccinellidae) against *Aphis gossypii* Glover (Homoptera: Aphididae) on cucumbers in a greenhouse [J]. Applied Entomology and Zoology, 38 (2): 271 – 274.

Lamana M L, Miller J C. 1998. Temperature – dependent development in an Oregon population of *Harmonia axyridis* (Coleoptera: Coccinellidae) [J]. Environmental Entomology, 27 (4): 1 001 – 1 005.

Lee REJr. 1991. Principles of insect low temperature tolerance. In: Lee RE Jr, Denlinger DL eds [J]. Insects at Low Temperature. Chapman & Hall, New York. , 17 – 46.

Lees AD. 1973. Photoperiodic time measurement in the aphid *Megoura viciae* [J]. Journal of Insect Physiology, 19: 2 279 – 2 361.

Leppla N C, Ashley T R. 1989. Quality control in insect mass production: a review and model [J]. Bulletin of the ESA, 35 (4): 33 – 45.

Leppla N C, Fisher W R. 2009. Total quality control in insect mass production for insect pest management [J]. Journal of Applied Entomology, 108 (1 – 5): 452 – 461.

Li AQ, Michaud MR, Denlinger DL. 2009. Rapid elevation of Inos and decreases in abundance of other proteins at pupal diapause termination in the flesh fly *Sarcophaga crassipalpis* [J]. Biochimica *et* Biophysica Acta, 1 794 (4): 663 – 671.

MaeRae TH. 2010. Gene expression, metabolic regulation and stress tolerance during diapause [J]. Cellular and Molecular Life Sciences, 67: 2 405 – 2 424.

Matska M. *et al.* 1977. Nutritional studies of aphidophagous coccinellid *Harmonia axyridis* Significance of minerals for laval growth [J]. Applied Entomology and Zoology, 12 (4): 325 – 329.

Matsuka M. , Okada I. . 1975. Nutritional studies of an aphidophagous coccinellid, *Harmonia axyridis*. Examination of artificial diets for the larval growth with special reference to drone honeybee powder [J]. Bulletin of the Faculty of Agriculture (Tamagawa University), 15: 1 – 9.

McMullen R D. 1967. The effects of photoperiod, temperature, and food supply on rate of development and diapause in *Coccinella novemnotata* [J]. *The Canadian Entomologist*, 99 (6): 578 – 586.

Michaud J P, Qureshi J A. 2005. Induction of reproductive diapause in *Hippodamia convergens* (Coleoptera: Coccinellidae) hinges on prey quality and availability [J]. European Journal of Entomology, 102 (3): 483 – 487.

Nalepa C J, Stremick C A, Ceri H J. 2000. A Novel Technique for Evaluating the Activity of Biocides Against Biofilm Bacteria [J]. CORROSION 2000.

Nettles W. C. . 1990. In vitro rearing of parasitoids: role of host factors in nutrition [J]. Archives of Insect Biochemistry and Physiology, 13: 167 – 175.

Niijima K. . 1979. Further attempts to rear coccinellids on drone powder with field observation [J]. Bull. Bulletin of the Faculty of Agriculture Tamagawa University, 19: 7 – 12.

Obrycki J J, Kring T J. 1998. Predaceous Coccinellidae in biological control [J]. Annual Review of Entomology, 43 (1): 295 – 321.

Obrycki J J, Tauber M J, Tauber C A, *et al.* 1983. Environmental Control of the Seasonal Life Cycle of *Adalia bipunctata* (Coleoptera: Coccinellidae) [J]. Environmental Entomology, 12 (2): 416 – 421.

Okuda T, Hodek I. 1994. Diapause and photoperiodic response in *Coccinella septempunctata* brucki Mulsant in Hokkaido, Japan [J]. Applied Entomology and Zoology, 29 (4): 549 – 554.

Omkar S. S. 2003. 温度对七星瓢虫一些生物学特性的影响（英文）[J]. Entomologia Sinica, 3.

Peterson DM, Hamner WM. 1968. Photoperiodic control of diapause in the codling moth [J]. Journal of Insect Physiology, 14: 519 – 528.

Quezada J R, Debach P. 1973. Bioecological and population studies of the cottony – cushion scale, Icerya purchasi Mask. , and its natural enemies, *Rodolia cardinalis* Mul. and *Cryptochaetum iceryae* WilL. , in Southern California [J]. California Agricultural Experiment Station (Hilgardia) 41 (20): 631 – 688.

Rinehart JP, Li AQ, Yocum GD, Robich RM, Hayward SAL, Denlinger DL. 2007. Up – regulation of heat shock proteins is essential for cold survival during insect diapause [J]. Proceedings of the National Academy of Sciences of the United States of America, 104 (27): 11 130 – 11 137.

Sakurai H, Goto K, Takeda S. 1983. Emergence of the ladybird beetle *Coccinella septempunctata bruckii* Mulsant in the Field [J]. Research bulletin of the Faculty College of Agriculture Gifu University, (48): 37 – 45.

Sakurai H, ltirano T, Kodarna K, *et al.* 1987. Conditions governing diapause induction in the lady beetle, *Coccinella septempunctata brucki* (Coleoptera: Coccinellidae) [J]. Applied Entomology and Zoology, 21: 424 – 429.

Sakurai H, Goto K, Takeda S. 1986. Physiological distinction between aestivation and hibernation in the lady beetle *Coccinella septempunctata bruckii* (Coleoptera: Coccinellidae) [J]. Applied Entomology and Zoology, 21: 424 – 429.

Sakurai H, Kawai T, Takeda S. 1992. Physiological changes related to diapause of the lady beetle, *Harmonia axyridis* (Coleoptera: Coccinellidae) [J]. Applied Entomology and Zoology, 27: 479 – 487.

Samways M J. 1984. Biology and economic value of the scale predator, *Chilocorus nigritus* (F.) (Coccinellidae) [J]. Biocontrol News and Information, 5.

Saunders DS. 2002. Insect Clock. 3rd ed. Academic Press, New York.

Schaefer P W, Dysart R J, Specht H B. 1987. North American distribution of *Coccinella septempunctata* (Coleoptera: Coccinellidae) and its mass appearance in coastal Delaware [J]. Environmental Entomology, 16 (2): 368 – 373.

Storch R H, Vandell W L. 1972. The effect of photoperiod on diapause induction and inhibition in *Hippodamia tredecimpunctata* (Coleoptera: Coccinellidae) [J]. Canadian Entomologist, 104: 285 – 288.

Storch R H. 1973. The effect of photoperiod on *Coccinella transversoguttata* (Coleoptera: Coccinellidae) [J]. Entomologia Experimentalis *et* Applicata, 16 (1): 75 – 82.

Tadmor U, Applebaum S W. 1971. Adult diapause in the predaceous coccinellid, *Chilocorus bipustulatus*: Photoperiodic induction [J]. Journal of Insect Physiology, 17 (7): 1 211 – 1 215.

Takeuchi M, Shimizu A, Ishihara A, *et al.* 1999. Larval diapause induction and termination in a phytophagous lady beetle, *Epilachna admirabilis* Crotch (Coleoptera: Coccinellidae) [J]. Applied Entomology and Zoology, 34 (4): 475 – 479.

Taylor F, Schrader R. 1984. Transient effects of photoperiod on reproduction in the Mexican bean beetle [J]. Physiological Entomology, 9: 459 – 464.

Tourniaire R, Ferran A, Giuge L, *et al.* 2003. A natural flightless mutation in the ladybird, *Harmonia axyridis* [J]. Entomologia Experimentalis *et* Applicata, 96 (1): 33 – 38.

Van Lenteren J C, Woets J. 1988. Biological and integrated pest control in greenhouses [J]. Annual Review of Entomology, 33 (1): 239 – 269.

Van Lenteren J C. 2003. Commercial availability of biological control agents. Quality control and production of biological control agent [J]. CAB International, Wallingford, UK: 167 – 179.

Wei XT, Xue FS, Li AQ. 2001. Photoperiodic clock of diapause induction in *Pseudopidorus fasciata* (Lepidoptera: Zygaenidae) [J]. Journal of Insect Physiology, 47: 1 367 – 1 375.

Xue FS, Kallenborn HG, Wei HY. 1997. Summer and winter diapause in pupae of the cabbage butterfly, *Pieris melete Menetries* [J]. Journal of Insect Physiology, 43: 701 – 707.

Xue FS, Kallenborn HG. 1998. Control of summer and winter diapause in *Pidorus euchromioides* (Lepidoptera: Zygaenidae) on Chinese sweetleaf *Symplocos chinensis* [J]. Bulletin of Entomological Research, 88: 207 – 211.

Zaslavskii V A, Semyanov V P, Vagina NP. 1998. Food as a cue factor controlling adult diapause in the lady beetle *Harmonia sedecimnotata* (Coleopetera: Coccinelidae) [J]. Journal of Entomological Review, 78 (6): 774 – 779.

第三章　草蛉类天敌昆虫饲养与应用技术

第一节　草蛉概述

一、形态特征

草蛉属完全变态昆虫，其个体发育分为卵、幼虫、蛹、成虫 4 个虫态。

卵椭榄形，初期呈绿色，其长轴约 2mm，除少数种类（*Anomalochrysa* 属）外，绝大多数种类的卵基部有 1 根富有弹性的丝柄，卵以丝柄着生在枝叶或树皮上，卵柄长度随种类不同而变化。

幼虫体呈纺锤形，似鳄鱼状。体表刚毛发达，束状着生于体侧瘤突上。体色黄褐、灰褐或红棕，因种而异。头背腹宽扁，具黑褐色斑纹，是幼虫分类的一个重要依据，而且具有较高的稳定性：幼虫标本体色极易变色，但头部斑纹不易退变；如大草蛉（*Chrysopa pallens*）（Rambur）1~2 龄幼虫斑点呈倒 "T" 字形，3 龄幼虫 3 个斑点呈 "品" 字形分布，可以作为鉴定特征。头部前端有 1 对强大有力的捕吸式口器，由上下颚特化，合成弯管，形如钳。胸部发达，有 3 对发达的胸足。腹部末端 2 节细小而有力，起着帮助行动和支撑固定身体的作用。

幼虫结茧化蛹，茧近球形，白色。茧常在叶片背面、卷皱枯叶内、枝杈间或疏松树皮下，有的种类在土壤中结茧；在幼虫期背驮残杂物的种类，茧表面裹有残杂物。结茧后经过一段较短时间的预蛹期（越冬代可达半年），在茧内蜕皮一次，变成蛹，蛹为强颚离蛹，体型类似成虫，但未完全舒展开来，足可以自由活动，卷曲的触角位于翅膀的旁边。蛹壳近透明，可透过蛹皮看到成虫身体的轮廓。

成虫体绿色，体长因种而异，多数在 8~16cm。触角丝状，细长，有些种类触角长度超过体长。翅无色透明，翅脉密如网状，翅脉多为绿色。复眼发达，有金属光泽，无单眼。头部常有深褐色斑纹，按其所在部分分为：唇基斑（位于唇基两侧，多呈长形）、颊斑（位于复眼下方两颊）、中斑（位于两触角间头部中央）、角下斑（沿两触角窝下沿，常呈新月状）、角上斑（位于触角上方头顶中部）、后头斑（位于头顶后部，常呈一横排）。不同种类的头斑数目和形状各不相同，可作为识别不同种类的简便依据之一。但有的种类头斑数目常有变异，如大草蛉头斑有 2~7 个不等，叶色草蛉头斑通常为 9 个，但也有变异（杨集昆，1974；南留柱，1985）。由于斑点数不同容易被错误地认为是不同种。腹部10节，末端2节特化为外生殖器，第8、第9节腹板愈合成一块明显的铲状物者为雄虫，腹部末端有1对橘瓣状生殖突者（第9节腹板特化）为雌虫（图3－1），以此鉴别雌雄简便可靠（杨星科，2005）。

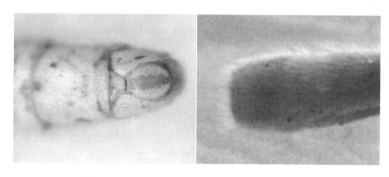

图3－1 草蛉雌虫产卵瓣（左图），草蛉雄虫铲状末端（右图）

二、生物学习性

草蛉一年发生一至多代，多代发生者世代重叠明显，同一地区不同种类的年发生代数各异，同一种类在不同地区发生的世代数亦不同，往往随着发生地的南移而增加（魏潮生，1987；Canard，2005）。

（一）发育习性

1. 卵的孵化

草蛉的胚胎发育与温度的关系非常密切。在25℃，一般3～6天孵化。孵化过程中，卵的颜色由绿色变为灰白色，最后变为深灰色，幼虫在头孔处裂缝，头先出壳。未受精卵不能发育，始终保持绿色直至干瘪。

2. 幼虫的发育

草蛉幼虫阶段共3个龄期，初孵幼虫顺着卵柄爬下去寻找食物，若超过半天未获食物，就可能死亡。发育历期因种类不同而变化，亦与气温和猎物等有关。例如，在25℃左右时，取食大豆蚜的大草蛉幼虫7～8天即可结茧，取食桃蚜的日本通草蛉 ［*Chrysoperla nipponensis*（Okamoto）］（也即中华通草蛉 ［*Chrysoperla sinica*（Tjeder）］，国内文献多用）幼虫需要10天才能结茧。

3. 蛹的发育

草蛉幼虫成熟后会四处活动，寻找较为隐蔽的地方结茧，部分种类喜在土层下结茧。在化蛹前由肛门抽丝结茧，幼虫在茧内不停转动，茧丝随之慢慢围成茧壁。当老熟幼虫完成作茧后进入前蛹期，幼虫在茧内以"C"形弯曲，然后身体逐渐变为乳黄色，脱去身上的毛。前蛹期一般需要1～3周，不同种类表现有差异，温度的影响比较显著。茧期与气温有关，一般比幼虫期长2天左右。蛹成熟后破茧爬出，寻找合适位置准备蜕皮羽化。

4. 成虫的羽化

成虫在羽化时，用上颚在头孔处把茧割破后破茧而出，先是在地上爬动，寻找可以抓握的支持物，头开始上抬，进行最后一次蜕皮，从胸背部开缝钻出；触角最后从蜕皮中抽出，由于触角较长，蜕皮时需要在口器的辅助下完全抽出。然后开始展翅，展翅前，第三对足先独立行动，以便于寻找一个地方倒悬休息，翅在半小时内就可以完全展开，羽化后先行排粪然后再寻找食物。成虫趋光性强，常爱集聚在光亮处。

（二） 繁殖习性

刚羽化的成虫，性腺发育不成熟，需要补充营养才能进行交配、产卵。羽化后至性成熟成虫交尾产卵前称为产卵前期。产卵前期长短因种而异，受多种因素的影响，主要包括食物、温度和湿度等。在理想条件下，产卵前期多为 4 ~ 10 天，中华通草蛉为 4 ~ 7 天，大草蛉 5 ~ 11 天，丽草蛉 （Chrysopa formosa Brauer） 则为 6 ~ 9 天。营养来源也会影响产卵前期的长短，如大草蛉取食大豆蚜和米蛾卵的产卵前期分别为 7.4 天和 10 天。对于一些越冬代滞育的成虫，如普通草蛉，其产卵前期可以达到 8 个月 （Tauber，1976）。

1. 求偶

草蛉成虫在交尾前有一个求偶过程，在求偶过程中雄虫起主导作用，不时用腹部振动发出信号，有些雌虫也振动腹部。

2. 交配

草蛉在交配时，常呈直线，雌雄头部呈相反方向。雌雄虫均有多次交尾的习性，但多数雌虫交配一次就可终生产卵。

3. 产卵

多数草蛉不交配则不产卵，有些种类不经交配也能产卵，但所产卵为未受精卵，不能孵化。一次交尾可终身产卵，适当延长光照能刺激其产卵。草蛉寿命和一生产卵量，除了受种类不同影响外，同种草蛉，受温度和营养条件的影响较大。中华通草蛉平均为 35 天 （越冬代成虫可活 150 天），产卵 560 ~ 1 050 粒；大草蛉平均为 50 天，产卵 800 粒左右 （最高可达 2 000 余粒）；丽草蛉平均为 30 天，产卵 600 粒左右 （最高可达 1 800 粒）。草蛉自然种群对猎物有较明显的跟随现象，产卵有一定的选择性，喜好在猎物来源充足如蚜虫多的植株上产卵，这样初孵幼虫只需要爬行较短的距离即可获得充足的食物 （Cohen，2003）。

卵的排列分布状态因种而异，通常可以分为 3 种形式：一是单产，如中华通草蛉和丽草蛉为单粒散产；二是聚产，如大草蛉卵聚集成丛，每丛少至数粒，多至近百粒；三是束产，主要表现在尼草蛉属 （Nineta）、玛草蛉属 （Mallada） 和叉草蛉属 （Dichochrysa）。通常每一种类都有一种固定的卵的分布形式，但是个别种类如弓弧叉草蛉 （Dichochrysa prasina） 三种形式都有 （杨星科，2005）。

（三） 取食和自残

1. 取食

草蛉主要捕食蚜虫、螨类 （尤其是叶螨）、蓟马、粉虱、叶蝉、小型鳞翅目幼虫、介壳虫和斑潜蝇的幼虫等 （图 3 - 2）。

草蛉幼虫行动敏捷，食量大，性凶猛。幼虫移动中不断摆动头部，寻找猎物；发现猎物后，一般采取突然攻击的方式，然后利用捕吸式口器直接插入被捕食者体内，吸吮其体液。有的种类幼虫将食物残骸等杂物驮在体背，把身体掩护起来，如普通草蛉 [*Chrysoperla car-nea* (Stephens)]、亚非玛草蛉 [*Mallada desjardinsi* (Navás)] 和八斑绢草蛉 [*Ankylopteryx octopunctata* (Fabricius)] 等（魏潮生，1985，1987）。幼虫直肠与消化道不相通，故全幼虫期只取食不排粪。

图 3 - 2　从左向右依次为取食米蛾 [*Corcyra cephalonica* (Stainton)] 幼虫、美洲斑潜蝇 (*Liriomyza sativae* Blanchard) 幼虫和黑腹果蝇 (*Drosophila melanogaster*) 幼虫

草蛉幼虫的取食范围很广，但并不是所有猎物都是它的最佳食物，每一种幼虫都有其特定的食物要求。不同的猎物对草蛉的发育及后代的繁殖有很大影响。Niaz 等（2012）通过研究证明，中华通草蛉幼虫阶段取食不同寄主如大豆蚜 (*Aphis glycines* Matsumura)、桃蚜 [*Myzus persicae* (Sulzer)]、玉米蚜 (*Rhopalosiphum maidis* Fitch)、苜蓿蚜 (*Aphis craccivora* Koch)、米蛾 (*Corcyra cephalonica* Stainin) 卵等对其生长发育和繁殖力会产生影响：取食苜蓿蚜的幼虫发育历期显著延长，相对于取食其他寄主的个体延长了 3～4 天；取食大豆蚜、桃蚜和米蛾卵的雌性个体拥有更长的寿命和更高的繁殖力。在生产中应该开展充分的试验验证，以便更好地利用。

草蛉成虫有两类摄食方式，一类是肉食性，如大草蛉；另一类以各种花粉、花蜜和昆虫分泌的蜜露为主要食物来源，如中华通草蛉、红肩尾草蛉 [*Chrysocerca formosana* (Okamoto)]。肉食性的种类有捕食自产卵的习性。成虫对饥饿的忍耐有限，如果不给食物与水，3～5 天就会很快死亡，刚羽化的成虫缺少食物和水，1 天后就有可能死亡。

图 3 - 3　初孵幼虫取食未孵化的卵

2. 自残

初孵幼虫对姊妹卵的自残：在田间由于卵柄的存在，比较少见。室内卵集中在一起饲养时，先孵化的幼虫如果找不到其他食物，会取食周边未孵化的卵（图 3 - 3）。

幼虫对幼虫、茧和成虫的自残：低龄幼虫由于取食量小，这种现象并不明显，但 3 龄幼虫进入暴食阶段，幼虫急需补充营养以保证生长并顺利结茧，这时如果食物供给不足，幼虫会相互攻击，此种现象一般在个体大小不一致，及龄期不一致的幼虫之间发生较多。幼虫也会对已经结茧的老熟幼虫展开攻击，在允许的条件下，3 龄幼虫甚至会攻击成虫（图 3 - 4）。

成虫对卵的自残：在群体饲养中，当食物和水分供应不足（尤其是水分）或密度过大时，成虫会出现残食同类卵和直接吞食自产卵的习性。这种习性，大草蛉和丽草蛉比中华通草蛉严重，叶色草蛉更甚，有时可使产卵损失半数以上。被取食的卵是不是营养卵，还有待深入研究。

自残习性不仅和草蛉本身以及食物有关，环境条件也影响着草蛉的自残行为。研究表明，在一定温度范围内，自残行为的发生随着温度的上升而增加（Helena，2009）。

图 3 - 4   从左向右依次为 3 龄幼虫攻击同龄幼虫、正在结茧幼虫和成虫

（四）越冬和滞育

越冬和滞育往往存在极大的关联性，在此一并论述。

1. 越冬

我国草蛉中的广布型和偏北方型种类普遍存在越冬现象。而南方型种类，如红肩尾草蛉、八斑绢草蛉以至亚非玛草蛉等，在广东省南部地区则无越冬现象，在自然界一年四季均可见到各个虫态个体活动（魏潮生，1985，1987）。

同一地区不同种类的草蛉越冬历期不同，同一种在不同地区的越冬历期也不尽相同。一般在高纬度地区的蛉种开始进入越冬期较早，而冬后复苏较迟，越冬历期较长；低纬度地区进入越冬的时间推迟，而冬后复苏的时间却提早，越冬历期缩短，一年内发生的世代数相应增加。我国常见草蛉中，部分种类如大草蛉、丽草蛉、叶色草蛉和普通草蛉等，以预蛹期在茧内越冬，其越冬代的老龄幼虫在枯枝落叶堆、树缝或枯皱卷曲叶片内结茧，丽草蛉和叶色草蛉常常在树根处入土结茧。以预蛹越冬的种类，其越冬蛹历期长达 130 天以上，最长可达 220 天。

中华通草蛉和普通草蛉以成虫越冬，其越冬成虫羽化后性腺不发育，体色由绿变成茶褐，并出现许多红色斑点，躲藏在背风处草丛、枯枝皱叶或树皮缝内越冬，待翌年清明时节天气转暖，日照延长，其红斑即消失，体色渐渐转绿而复苏。以成虫越冬的种类，成虫并非完全不活动，外界温度适宜的情况下，可以恢复活动（许永玉，2002）。

2. 滞育

草蛉普遍存在滞育现象，根据滞育发生时所处的发育阶段可分为以下几种情况：

（1）成虫滞育

通草蛉属（*Chrysoperla*）的滞育发生在成虫期，成虫滞育往往由多种因素引起，光照、食物、温度等都会发生作用。中华通草蛉是典型的以成虫进行兼性滞育而越冬的昆虫

92

之一，周伟儒等（1985）和郅伦山等（2007）先后对中华通草蛉滞育成虫的越冬能力进行了研究。许永玉等（2001，2002）明确了光周期和温度是诱导中华通草蛉滞育的首要因子，并提出成虫滞育斑的出现是其开始滞育的重要标志。郭海波（2006）研究了中华通草蛉越冬与滞育的生化机制，明确滞育个体虫体和血淋巴内氨基酸含量增加，蛋氨酸是维持滞育的主要氨基酸等，为进一步揭示滞育的生理机制提供了基础。

（2）预蛹或蛹滞育

草蛉属（*Chrysopa*）、三阶草蛉属（*Chrysopidia*）、线草蛉属（*Cunctochrysa*）、尼草蛉属（*Nineta*）、蜜草蛉属（*Meleoma*）、俗草蛉属（*Suarius*）等属的滞育发生在前蛹或蛹期。这些种类多分布于北温带地区，诱导滞育发生的主要因素是光周期，但是同时也受温度的影响，即草蛉的滞育具有温周期效应（那思尔·阿力甫，2000）。预蛹滞育以前，能够成功的调整和分配营养消耗和越冬能量储存之间的平衡，以保证来年种群的生存机会，并且能够感受低温的到来，通过体内一系列生理生化变化，以增强其抗寒能力。通过研究滞育蛹的耐寒性，可以为草蛉的冷藏提供借鉴（时爱菊，2007；于令媛，2012）。

（3）幼虫滞育

叉草蛉属（*Dichochrysa*）的所有种类及其他一些种类以 2～3 龄幼虫越冬，在幼虫阶段发生滞育；越冬幼虫躲藏在杂草、叶堆或树皮下，通常以 3 龄，有时以 2 龄幼虫越冬。

（4）双滞育

除了上述三种滞育外，草蛉还存在双滞育现象，即同一种类的两个不同发育阶段发生滞育。有研究表明黄尼草蛉（*Nineta flava*）还可在两个不同发育阶段（前蛹和成虫）发生双滞育（陈天业和牟吉元，1996；杨星科，2005）。

（五）天敌

草蛉被当作生物防治天敌加以利用的同时也面临着其他物种的威胁，这些天敌的存在影响着草蛉自然种群的数量变动，也影响着草蛉控害效果的实现。

蚂蚁是多种天敌的重大威胁，它能够取食草蛉、瓢虫等天敌的卵，从而降低天敌的控害效果（Morris，2009）。蚂蚁和蚜虫存在共生关系，会对蚜虫的天敌展开攻击行为，从而保护蚜虫。

捕食性瓢虫等也会取食草蛉的卵和幼虫。瓢虫和草蛉的幼虫一起饲养时，在食物不足的情况下，两种天敌会互相攻击。在田间两类天敌也会产生竞争干扰作用（苏建伟和盛承发，2002；李慧仁，2009；金凤新，2010）。

草蛉黑卵蜂（*Telenomus acrobates* Giard）是草蛉卵的一种重要卵寄生蜂，草蛉卵被寄生后，卵壳随黑卵蜂的发育由黄绿色逐渐变为黄褐色，最终呈黑色。有报道称该蜂对中华草蛉等单粒散产的卵，寄生率最高可达 50% 左右，而对大草蛉成堆产的卵，则高达 80% 以上（赵敬钊，1986）（图 3－5）。此外，还有草蛉柄腹细蜂（*Helorus anomalipes* Panzer）（万森娃，1985）、草蛉亨姬蜂（*Hemiteles* sp.）等寄生性天敌。在建立草蛉种群之初必须采取有效措施，严防寄生蜂等混入。

图 3 – 5　黑卵蜂寄生的草蛉卵

三、分布

世界性分布，其栖息地非常广泛，包括多种农业生态系统如粮田、菜园、果园等（Wang 和 Nordlund，1994）。在国内，大草蛉和中华通草蛉为广布全国的最常见种，大草蛉除西藏、内蒙古外都有分布，中华通草蛉除西藏、台湾、广西未见报道外，其他省均有分布报道。其次分布较广的种类依次有丽草蛉（除华南和西南地区之外均有分布）、叶色草蛉（*Chrysopa phyllochroma* Wesmael）（黄淮地区以北均有分布）、普通草蛉 *Chrysoperla carnea*（Stephens）］（分布于西北、华北、华中、华东和西南）（杨星科，2005）。

第二节　人工繁殖技术

大量获得高品质的草蛉是其成功应用于生物防治的重要条件，这就迫切需要开发成熟的人工繁殖技术。用自然猎物饲养草蛉效果良好，但用于大面积防治害虫时，天然寄主的繁殖常受到自然条件的影响，从而使草蛉的大规模生产应用受到限制。因此，寻找合适的替代饲料就成为天敌昆虫饲养的必经之路（Thompson，1999；Tauber，2000）。自 20 世纪40 年代以来，国内外对草蛉的替代寄主和人工饲料开展了大量的研究工作，取得了丰硕成果，为草蛉的规模化生产和应用创造了前提条件。

一、草蛉繁殖工艺研究

（一）自然种群采集，室内饲养

在合适的时令采集相当数量的自然种群是建立室内繁殖天敌的必要条件。大草蛉成虫有明显的趋光性，可利用此特性采集成虫。由于草蛉卵具有卵柄，在野外容易与其他昆虫的卵相区别，可以到棉田、麦田等地采集草蛉卵；并根据卵的一些特征和聚集与否等特征，初步判定草蛉的种类。如不能确定，可于合适的气候条件下饲养至成虫，再进行种类鉴定。以大草蛉为例，在华北地区可在4~5月的傍晚采用灯光诱集的办法收集成虫。根据大草蛉的形态特征：成虫头部0~7个斑点且个体较大等特征进行鉴定。此外，也可以根据昆虫发育历期进行判断，如丽草蛉和叶色草蛉，在形态上较难区别，但是叶色草蛉茧的发育历期及从卵期到成虫羽化的总发育历期较丽草蛉分别长3~4天，和6~7天左右。随着分子生物学的发展，从分子水平对其进行种类鉴定也将成为目前鉴定不同种类昆虫的一种重要方式。

1. 种群维持与复壮

通常，草蛉于室内饲养一段时间后会发生种群退化，如个体变小，产卵量减少，卵孵化率下降等，这时有必要采取相应措施，进行种群复壮。复壮主要通过4种途径实现。

①引入一定数量的野生草蛉，作为补充。

②室内草蛉种群回归室外，一段时间后重新收集。

③将不同饲养环境下得到的品系杂交，如将用人工饲料饲养的草蛉和用蚜虫饲养的草蛉杂交，改变种群遗传结构，改良草蛉品质。

④适当改变草蛉的饲养条件，如温度，光周期等。

此外，在建立种群之初，于不同的地区、不同的寄主甚至不同的时间采集初始野生种群，也可以防止种群过早退化。

2. 食物来源

（1）猎物

基于寄主植物—害虫—天敌三级营养关系可建立天敌昆虫的生产扩繁，考虑到植物种植管理的方便性，目前，多种植小麦、大豆等粮油作物和萝卜、白菜、油菜等蔬菜作物作为寄主植物。植物的栽培管理参照相关作物栽培技术，也可以参照北京农林科学院专利：瓢虫、草蛉人工繁殖生产方法（北京农林科学院，公开号：CN1631127A，2005）。

如果采用群体饲养的方法，育苗盘和养虫笼的大小比例应该达到1:2以上，以方便养虫笼内种苗的新旧交替和更新换代。

运用以上作物繁殖的蚜虫种类包括：麦蚜、萝卜蚜、桃蚜和大豆蚜等。不同作物接种蚜虫的时间和初始接种数量不尽相同，参见表3-1。在生产中可根据种苗、蚜虫的生长状况进行调整。

表3-1　不同猎物饲养草蛉的参数

植物	接种蚜虫	接种时间	接种密度	使用时间
小麦	麦长管蚜［*Sitobion miscanthi*（Takahashi）］	2~3cm高	2~5头/株	15~30头/株
大豆	大豆蚜（*Aphis glycines* Matsumura）	4~5cm高	15~20头/株	150~250头/株
萝卜	萝卜蚜［*Lipaphis erysimi*（Kaltenbach）］	4~6叶片	10~20头/叶	100~300头/叶
油菜	桃蚜［*Myzus persicae*（Sulzer）］	3~5叶片	15~30头/叶	150~400头/叶

受不同环境条件影响及不同草蛉对食物的嗜好性不同，在生产工作中，可结合当地气候条件及实际饲喂效果等因素，进行草蛉规模化饲养。

在人工饲养过程中可以将植株上的蚜虫用毛刷刷掉，这样既能保证足量的蚜虫生产，同时使植株不致因蚜虫的大量增长而受害枯萎，可继续保持良好的生长状态，使雌蚜产出更多的蚜虫，对植物的利用更为经济（滕树兵，2004）。

（2）替代饲料

替代饲料，一般也称为替代寄主。寻找合适的替代寄主，作为草蛉的食物，能够在一定程度上减少工作量，降低工作强度。替代寄主的应用有两大优势，一是寻找更便于室内饲养和管理的食物来源，二是不同地方如果能够选出当地的优势资源昆虫，作为适合天敌昆虫人工大量繁殖的替代寄主，势必能够增加天敌的应用范围，节省生产成本。作为草蛉饲养的替代寄主必须满足以下条件：①必须是草蛉所喜食的；②草蛉取食寄主后能够顺利地完成生长发育，并育出生活力强的优质后代；③寄主较易获得，成本低；④寄主繁殖量大，繁殖系数高；⑤资源丰富，易于饲养管理。

Finney（1948）率先应用马铃薯块茎蛾（马铃薯麦蛾、烟草麦蛾）［*Phthorimaea oper-culella*（Zeller）］的卵和幼虫饲养普通草蛉，并将其收集的卵用于大田试验，开启草蛉规模化饲养和田间释放应用的先河。麦蛾（*Sitotroga cerealella* Olivier）卵分别成功饲养了多种草蛉，如外通草蛉（*Chrysoperla externa*）、红通草蛉、普通草蛉和黑颊通草蛉（*Chrysoperla genanigra*）（Albuquerque，1994；Legaspi，1994；Syed，2008；Bezerra，2012）；Woolfolk 采用地中海粉螟（*Ephestia kuehniella* Zeller）卵饲养了红通草蛉，Ali Alasady 和 Niaz Khuhro 各自用米蛾［*Corcyra cephalonica*（Stainton）］卵饲养中华通草蛉。以上研究，草蛉的生长发育基本正常，但饲喂效果存在不同程度的差异。

20 世纪 70 年代，邱式邦等运用米蛾卵饲养过中华通草蛉、大草蛉和叶色草蛉，研究表明 3 种草蛉对米蛾卵的利用效果存在差异，但均能正常生长发育。叶正楚等用紫外线处理的米蛾卵，从而减少米蛾卵孵化而造成的损失，饲养了中华通草蛉 8 个世代，结果显示对中华通草蛉无不良影响。侯茂林等研究了利用人工卵赤眼蜂蛹饲养中华草蛉幼虫的可行性。浙江省天童林场用雄蜂儿饲养大草蛉幼虫和成虫计 7 个世代，结茧率平均为 58% ~ 70%，羽化率为 60% ~80%，性比正常，平均产卵量为 280 ~987 粒，张帆等应用人工卵赤眼蜂蛹饲养大草蛉幼虫，结茧率 76.7%，羽化率 69.6%，饲养成虫平均单雌产卵量 77.7 粒，显著低于用蚜虫饲养者 382.7 粒。值得注意的是，有研究显示，用麦蛾卵饲养草蛉时，大草蛉和丽草蛉发育不正常，仅中华通草蛉幼虫能正常发育结茧。

研究表明鳞翅目昆虫卵如米蛾卵、地中海粉螟卵和麦蛾卵等以及雄蜂儿，赤眼蜂蛹等替代寄主的饲养效果可能与自然寄主存在差异，但草蛉都能在一种或多种上述食物上基本完成生长繁殖。在人工饲料配方和加工工艺的研究不能达到预期目的而饲养自然寄主又受到条件限制的情况下，运用它们作为替代饲料来饲养草蛉，能够简化工艺流程，并且在一定程度上降低饲养成本，具有较大的研究与应用价值。

地中海粉螟已成为国外实验室保存天敌昆虫的标准饲料，国内米蛾卵业已成为赤眼蜂扩繁的重要媒介，同时也可应用于瓢虫、草蛉等天敌的替代寄主的研究（胡月，2010）。应用新鲜的米蛾卵（储存期不超过 5 天）饲养大草蛉，完全可以保证大草蛉生长发育和繁殖）。

米蛾卵的繁殖工艺：

A. 米蛾饲料的准备

配方：麦麸、玉米面、大豆粉 18：1：1，同时控制饲料含水量在 15% 左右。将一定量的水倒入麦麸中搅匀，然后加入玉米面大豆粉等补充营养物，再搅拌均匀。

水分的添加根据饲料本身的含水量、消毒的方法和饲养环境等情况而定。采用干热灭菌，应将饲料各组分分别灭菌，再按 15% 比例加水。采用蒸汽消毒，由于在消毒的过程中，饲料吸入蒸汽中的水分，加水量可酌情减为 3% ~6%。

经过灭菌、灭虫的饲料除立即应用于米蛾饲养者外，应放入冰箱内保存，防止病虫侵入。养过米蛾的饲料要及时清除。

B. 接种米蛾

饲养米蛾幼虫的器具无特殊要求，我们以 30cm×50cm×5cm 的铁盘饲养，铁盘内铺上一层报纸，用以吸引米蛾结茧。将饲料倒入，厚度以 4~5cm 为宜。然后按每千克饲料接 4 000 粒米蛾卵的标准接种。接种盘放在饲养架上，饲养架以尼龙纱笼罩，防止米蛾羽化后逃逸。

C. 成虫和卵的收集

从接种米蛾卵到成虫开始羽化的时间根据饲养条件不同而有所变化，在 27℃，RH 75% 的条件下需要 40~45 天，羽化持续期 30 天左右。在羽化持续期，每天需要收集成虫一次。为方便采集，可以根据邱式邦等人的研究，制作米蛾集中羽化器（邱式邦，1996）。Chandrika 等为了更方便地收集米蛾卵，他们将米蛾成虫放在的塑料圆筒(15cm×12cm) 中，上下用尼龙纱（尼龙纱布网孔保证米蛾卵顺利通过而成虫不能逃逸的大小）密封；将塑料圆筒放置在大漏斗上，漏斗尾部插入锥形瓶中，锥形瓶底部放置一张倾斜的纸张，米蛾卵从尼龙纱网透过，沿纸张滚动的过程中，混杂其中的鳞片和灰尘等粘附在纸上（Mohan 和 Sathiamma，2007）。将收集的米蛾卵清除鳞片和其他杂物，放入 4~6℃ 冰箱备用。

另外，在试验和生产中为了草蛉更好地取食，也为了操作的简便，可以制作米蛾卵卡。用毛刷轻轻涂上一层稀释的蜂蜜在硬质卡片上，待蜂蜜稍干后，撒上米蛾卵，抖落多余的、未粘住的卵粒，即可得到卵卡。也可以用双面胶粘在硬质卡片上，另一面粘附卵粒。根据计数，每平方厘米约有卵450 粒。在试验中可制作两种规格的卵卡，分别记为 1#（1 cm²）和 2#（2 cm²），以满足繁殖草蛉不同发育阶段的生产需要。邱式邦等采用单头饲养的方法研究了大草蛉等 3 种草蛉对米蛾卵的取食量，可以作为草蛉幼虫饲喂量的参考（邱式邦，1975），具体见表 3-2。

表 3-2　三种草蛉幼虫期取食米蛾卵量

龄期	大草蛉		丽草蛉		中华通草蛉	
	食量（粒）	占总量（%）	食量（粒）	占总量（%）	食量（粒）	占总量（%）
1 龄	30.3	4.72	27.3	5.20	29.8	12.10
2 龄	97.0	15.10	85.8	16.36	27.3	11.10
3 龄	514.9	82.18	411.4	78.44	189.0	76.80
幼虫期总计	642.2	100.00	524.5	100.00	246.1	100.00

（3）人工饲料

全纯饲料、半纯饲料、实用饲料和优化配方饲料与自然猎物及替代寄主有着明显的不同，通常被称为复合饲料，在此一并论述。

Finney 首次用蜂蜜和柑橘粉蚧 [*Planococcus citri* (Risso)] 的蜜露饲养普通草蛉，发现柑橘粉蚧能够提高成虫的生殖力，并提出用化学合成物替代柑橘粉蚧更加经济（Finney，1948）。这可以看做是草蛉复合饲料研究的开端。随后 Hagen 用以酵母水解蛋白和蔗糖为主的人工饲料饲养了普通草蛉（Hagen，1950；Hagen 和 Tassan，1965）。Vanderzant 用筛选的方法研究普通草蛉幼虫的氨基酸需求，证明普通草蛉的 10 种必需氨基酸，与一般昆虫所必需的 10 种氨基酸相同（Vanderzant，1969；Vanderzant，1973；Vanderzant，1974）。Mokoto 报道了普通草蛉的化学规定饲料，根据蚜虫和其他一些昆虫的营养需求，对 22 种氨基酸的 4 种不同比例以及蔗糖和海藻糖的 2 种不同比例进行组合比较，得出一个最佳配方，用此配方饲养幼虫和蛹的历期为（24.8 ± 0.8）天，其中，蛹的历期为（5.4 ± 0.5）天，成虫获得率为 66.7%。此外他也研究了普通草蛉对脂肪酸、维生素、矿物质等的营养需求（Hasegawa，1989）。Niijima 研究了大草蛉幼虫的纯化学合成人工饲料，并探讨了大草蛉对氨基酸、维生素等的营养需求（Niijima，1989，1993a，1993b）。半纯饲料、化学规定饲料等虽然成本较高，但对草蛉人工饲料配方的设计有指导意义。在实际生产应用中，草蛉的实用饲料却更具有价格优势。在这方面，科研工作者做了大量工作。Zaki 等用海藻水提取物为饲料主成分配制了普通草蛉幼虫人工饲料，结茧率达到 89%，蚜虫对照组结茧率 93%，二者十分接近（Zaki 和 Gesraha，2001）。Lee 等用柞蚕蛹粉、牛肉、牛肝和鸡蛋黄等为主要蛋白源饲养大草蛉幼虫，幼虫存活率高达 88%，羽化率为 78%，效果比较理想（Lee，2005）。Syed 等比较了 9 种饲料包括 6 种人工饲料和 3 种饲养普通草蛉的效果，并认为普通草蛉可以在不同的饲料上生长，鸡肝应用于人工饲料在操作中更加容易（Syed，2008）。

国内方面，广东省农林科学院最早报道了亚非草蛉的人工饲料，之后，中国农业科学院植物保护研究所（叶正楚，1979）、中国农业科学院生物防治室分别利用不同人工饲料成功饲养了中华草蛉（周伟儒，1981；周伟儒和张宣达，1983；陈红印，1985）。蔡长荣等配制了液体人工饲料，饲料以塑料泡沫吸附，连代饲养了中华通草蛉 10 个世代，与人工蜡卵饲料差异不明显，幼虫发育和成虫羽化基本正常（蔡长荣，1983）王良衍，胡鹤龄等分别运用红铃虫蛹及意蜂雄蜂幼虫（蛹）作为人工饲料蛋白源饲养大草蛉成虫，草蛉产卵前期明显延长，产卵量个体之间差异极显著（王良衍，1982；胡鹤龄，1983）。与此同时，也有很多报道利用不含昆虫成分的原料，如猪肝粉、酵母粉、鸡蛋、糖类等饲养大草蛉成虫，但是饲养效果不佳，雌虫产卵率较低，产卵前期明显延长（王世明，1980；于久钧和王春夏，1980；蔡长荣，1985）。

目前，昆虫源蛋白的应用逐渐受到科研工作者的重视，其中，家蝇（*Musca domestica* Linnae）（蝇科 Muscidae）蝇蛆和黄粉虫（*Tenebrio molitor* Linnaeus）（拟步甲科 Tenebrionidae）由于营养价值高、管理简便、饲养成本低等优势，目前，已广泛应用于动物饲料，也有人将其应用于天敌昆虫如管氏硬皮肿腿蜂（*Scleroderma guani* Xiao *et* Wu）（陈倩和梁洪柱，2006；陈倩，2006）、川硬皮肿腿蜂（*Scleroderma sichuanensis* Xiao）（杨伟，2006；杨华，2007；蔡艳，2009）、白蛾周氏啮小蜂（*Chouioia cunea* Yang）（乔秀荣，2004；杨明禄和李时建，2011）、龟纹瓢虫（*Propylaea japonica* Thunbery）（王利娜，2008）等的饲养。将这两种昆虫源蛋白应用在大草蛉人工饲料的开发上，也已获得初步成功（林美珍，2007，2008）。

由于草蛉成、幼虫具有不同类型的口器（幼虫为捕吸式口器，成虫为咀嚼式口器），成、幼虫的取食方式也不同。在用自然寄主或替代寄主繁殖草蛉的研究中，无须考虑这种差异，但是在人工饲料的研究中却不能不涉及这一问题，人工饲料的剂型要保证草蛉取食和营养供应，同时还要求能够易于保存。这就不得不考虑草蛉人工饲料的剂型问题。

　　草蛉成虫人工饲料的加工相对容易，在试验和生产中多配制粉状饲料，而幼虫的人工饲料则需要考虑到草蛉幼虫口器和取食特点，科学家需要付出更多的努力。在草蛉幼虫人工饲料的研究中成功引入了微胶囊技术，微胶囊状饲料既能保证草蛉幼虫取食，又能避免饲料过早腐败，是比较理想的草蛉幼虫人工饲料加工剂型。从1989年起台湾农业试验所开始研究人工饲料微胶囊化技术，现已在草蛉人工饲料微胶囊化上有所突破。微胶囊技术用在捕食性天敌上比寄生性天敌容易成功，而多食性天敌较寡食性天敌容易，刺吸式口器天敌又较咀嚼式口器天敌容易，因此，草蛉是最适合发展微胶囊饲育技术的天敌昆虫（李文台，1997）。

　　人工制卵机的研究成功为大量繁殖天敌昆虫创造了更为有利的条件（马安宁和张宣达，1986）。GD-5型自动控制生产人造卵卡机研制成功，使工厂化生产赤眼蜂有了质和量的保证。目前，人造卵已经在多种赤眼蜂如螟黄赤眼蜂（*Trichogramma chiloni* Ishii）（刘志诚和刘建峰，1996；冯建国，1997；张君明和王素琴，2001）、松毛虫赤眼蜂（*Trichogramma dendrolimi* Matsumura）（刘建峰，1998；王德和李永波，1999；罗晨，2001）、玉米螟赤眼蜂（*Trichogramma ostriniae* Pang et Chen）（练永国，2009）等和平腹小蜂（*Anastatus* sp.）（刘志诚，1986；刘志诚，1995）的繁殖中广泛应用，将此技术与草蛉人工饲料配方的研究相结合，能够推进草蛉幼虫人工饲料的开发和扩繁工艺的改进。

　　《Lacewing in the Crop Environment》一书中把除自然猎物以外的所有饲喂草蛉的饲料统称为人工饲料。根据饲料的来源和用途，饲料分为5种：替代饲料（Subnatural diet，包含一般指替代寄主），全纯饲料（Holidic diet，也称为化学规定饲料 Chemically defined diet，即所有化学成分已知的饲料，主要是用各种化学试剂如各种氨基酸，糖类等配制而成），半纯饲料（Meridic diet，即饲料中既有部分化学成分已知的原料，还包括一些未知的成分），实用饲料（Practical diet 也称为 Oligidic diet，化学成分不明，原料未经过纯化和鉴定，多用于规模化饲养）和优化配方饲料（Suboptimal diets，即在试验过程中创造并改良配方而获得的能应用于昆虫的饲养的一些配方饲料）。各类饲料的主要用途不尽相同，如化学规定饲料和半纯饲料往往用来研究昆虫的营养和消化，实用饲料则因为成本相对低廉，被用来大量饲养昆虫，而优化配方饲料则是为了改良人工饲料，以期获得更高质量的昆虫，并降低生产成本（Vanderzant，1974；McEwen，2001）。在书中 Yazlovetsky 总结了用于饲养草蛉幼虫的人工饲料的研究，结合近年来的一些研究，制作表3-3，以供读者研究参考。

表3-3　草蛉幼虫人工饲料的研究

草蛉种类，参考资料	人工饲料分类	草蛉种类，参考资料	人工饲料分类
普通草蛉 *Chrysoperla carnea*		外通草蛉 *Chrysoperla externa*	
		Li *et al.*，2010	3，4
		黑颊通草蛉 *Chrysoperla genanigra*	

草蛉种类，参考资料	人工饲料分类	草蛉种类，参考资料	人工饲料分类
Ageeva *et al.*，1988	3，5	Bezerra & Tavares，2012	1
Ageeva *et al.*，1990	3，5	日本通草蛉 *Chrysoperla nipponensis* = *Chrysopa sinica*	
Babrikova & Radeeva，1990	1，3	Cai *et al.*，1983	3，4
Babyi，1979	3，5	Khuhro *et al.* 2012	1
Bigler *et al.*，1976	1，3	Li *et al.*，2010	3，5
Cohen，1983	1，3	Yazlovetsky *et al.*，1992	3，5
Cohen，1998	4，5	Ye *et al.*，1979	3，4
Ferran *et al.*，1981	1，4，5	Zhang *et al.*，1998	3，4
Finney，1948	1	红通草蛉 *Chrysoperla rufilabris*	
Finney，1950	1	Hydorn *et al.*，1979	3，4
Hagen& Tassan，1965	3	黑腹草蛉 *Chrysopa perla*	
Hagen & Tassan，1966a，1966b	3	Bigler *et al.*，1976	1，3
Hasegawa *et al.*，1983，1989	1，2，5	Canard，1973	1，4
Hassan & Hagen，1978	3，4	Ferran *et al.*，1981	1，4
Hoda *et al.*，2009	3	Yazlovetsky *et al.*，1992	3，5
Hogervorst *et al.*，2008	4	大草蛉 *Chrysopa pallens* = *Chrysopa septempunctata*	
Jokar & Zarabi，2012	3，5	Okata *et al.*，1971	1
Kariluoto，1980	3，4	Okada *et al.*，1974	1
Keiser *et al.*，1991	3，5	Niijima，1989	2
Letardi & Caffarelly，1989	3，4	Frran *et al.*，1989	1，4，5
Martin *et al.*，1978	3	Niijima & Mastuka，1989	1，2，5
Nepomnyashaya *et al.*，1979	3，5	Kaplan *et al.*，1989	3，5
Niijima & Mastuka，1989	1，2，5	Choi *et al.* 2000	1
Ponomareva，1971	1，3，4	Lee *et al.* 2005	3
Ponomareva *et al.*，1973	1，3，4	Nakahira *et al.*，2005	1
Sattar & Abro，2009	3，4	Lin *et al.*，2007，2008	3，5
Sogoyan & Lyashova，1971	1，3，4	白线草蛉 *Cunctochrysa albolineata* = *Chrysopa albolineata*	
Tartarini，1983	3，4	Yazlovetsky *et al.*，1992	3，5
Uddin *et al.*，2005	1	丽草蛉 *Chrysopa formosa*	
Ulhaq *et al.*，2005	1	Ferran *et al.*，1981	1，4，5
Vanderzant，1969，1973	3	Niijima & Mastuka，1989	1
Viji *et al.*，2005	1	多斑草蛉 *Chrysopa intima*	
Wuhrer & Hassan，1990	3，4	Niijima & Mastuka，1989	1

（续表）

草蛉种类，参考资料	人工饲料分类	草蛉种类，参考资料	人工饲料分类
Yazlovetskij *et al.*，1981	3	弓弧叉草蛉 *Dichochrysa prasina = Mallada prasina = Anisochrysa prasina = Chrysopa prasina*	
Yazlovetskij *et al.*，1979a，1979b	3，5	Yazlovetsky *et al.*，1992	3，5
Yazlovetskij *et al.*，1990	3，5	黄额玛草蛉 *Mallada flavifrons*	
Yazlovetskij，1992	3，5	Cava *et al.*，1982	3，4
Yazlovetskij *et al.*，1977	3	黄玛草蛉 *Mallada basalis* =（基征草蛉）*Mallada formosanus*	
Zaki & Gestrana，1990	4	Niijima & Mastuka，1989	1

注：人工饲料分类说明：1 替代饲料，2 全纯饲料，3 半纯饲料，4 实用饲料，5 优化配方饲料

（二）饲养与管理

1. 成虫饲养设备与技术

草蛉属于昼伏夜出性昆虫，喜欢在傍晚活动，白天常躲于植物叶片下休息。饲养设备既要保证足够的光照，同时也要提供一定的遮阴区，为草蛉提供庇护所。在用自然猎物如蚜虫饲养时，如果有植物的存在，草蛉可以躲在植物叶片下，无须这些措施，但是在用米蛾卵和人工饲料等饲养时这些措施是必要的。具体做法为用不透明的纸张、布匹覆盖在养虫笼一侧（同时部分草蛉也以此为产卵介质）。

McEwen 等（1999）介绍了一套普通草蛉在实验室小规模繁殖的装置，该装置使用方便，成本低廉，而且能繁殖出远远超过实验所需的、健康的草蛉昆虫。在饲养成虫的养虫笼（塑料鱼缸，35cm×20cm×20cm）中放入一定数量的草蛉成虫（性比大约 1∶1，数目根据养虫笼的大小调整），该成虫养虫笼的上面是一塑料盖子。以一张蓝色的薄纸片固定于塑料盖朝向养虫笼的一面，作产卵基质。成虫提供的人工饲料为酵母水解物。蔗糖和水（4∶7∶10，重量比）每周喂食 3 次，食物涂抹在两个倒置的塑料杯上，每个杯子每次约提供 5～6ml 食物，在另一个倒置的塑料杯上放置湿润的纸巾来给草蛉提供水分。产卵基质每天更换。为了保持养虫笼的整洁，每周换一次养虫笼。更换时，将养虫笼整体置于 4℃ 条件下处理到成虫不能活动（30min 以内），以防止成虫逃逸（McEwen，2007）。

群体饲养时，也可以先将羽化的成虫先集中于养虫笼（可称之为交尾笼）中饲养一段时间，饲养时间依不同种类草蛉产卵前期的长短而定，一般为 4～10 天：中华通草蛉和丽草蛉为 4～5 天，大草蛉为 5～10 天，叶色草蛉为 4～6 天，普通草蛉 5 天左右。雌虫产卵前期末腹部明显膨大，一旦发现成虫开始产卵，立即将雌虫转入产卵笼饲养。为了避免交尾不充分，同时按 1/5～1/4 比例移入一定数量的雄虫，多余的雄虫可以释放到田间或作其他用途。有研究认为，雄虫的存在也能刺激雌虫的生殖表现。

实际生产中，雌虫存活至产卵末期，卵的质量和数量会显著下降；成虫也可能会染病，此时丢弃生长末期的成虫，可以降低饲养成本，同时也保证了种群的健康。

2. 卵的收集技术

为了方便卵的收集，科学家们也做了很多研究。由于草蛉卵着生于卵柄上，在饲养容器里加上一层产卵基质，直接将基质取出再剪切成合适的大小，可以直接应用于田间投放。Gautam（1994）用黑纱做产卵基质，将黑纱放在养虫笼顶部，能够一定程度上诱集草蛉产卵；每天取出黑纱，并注意搜索产卵于养虫笼其他位置的卵。而 Nasreen（2002）改用黑色的、比较粗糙的纸，并用次氯酸钠溶解基质，更易于卵的移除。热导法也用于从产卵基质收集卵，Donald 等（1995）报道在饲养中使用电热网纱使草蛉卵脱落再进行收集（McEwen，2007）。

生产中如非必要可以不必剪除卵柄，因为卵柄具有一定的保护作用。同时卵柄的存在也可能有利于初孵幼虫孵化，使身体更容易从卵壳内爬出来。

3. 幼虫饲养设备和技术

草蛉幼虫具有自相残杀习性，在饲养时要尽量避免这种现象的发生。国内饲养多用木质或塑料方盒，亦可以根据条件因地制宜，如装食品的玻璃瓶、木制饲养盒、方形饲养盒等。盒盖改为 80 目尼龙纱网覆盖，2/3 长度固定，留出 1/3 开口便于喂食和清洁。邱式邦等研究应用塑料薄膜作为隔离物饲养草蛉：将薄膜剪成 5mm 宽的长条，放入饲养容器，任其自然迂回交错，形成无数间隔，草蛉幼虫在其间独自活动，而互不干扰。同时薄膜透明，能清楚地观察到幼虫发育和结茧情况，薄膜可清洗能反复多次使用也提高了塑料薄膜的利用效率。

Morrison 首次运用 VerticelR（Hexacomb，University Park IL，这种材料有三角形网格，Triangular cell，类似瓦楞纸结构，见图 3-6）制作出类似蜂窝结构的分隔容器（Morrison，1977）。容器的两面用纱布密封，草蛉卵和部分食物（如麦蛾卵、地中海粉螟卵等）在密封前加入容器，幼虫孵化后间隔一段时间添加食物。鉴于该容器质量轻，价格低廉，节省空间，直到现在西方国家依然采用 Verticel 作为幼虫饲养容器的材料，并不断改进饲养技术，如采用热熔胶将化纤网布粘附在饲养容器底部，将草蛉卵放入小室后，再封住顶部，草蛉孵化后可以透过化纤网布取食食物（Nordlund，1993）。McEwen 等（1999）介绍了一套普通草蛉在实验室小规模繁殖的装置，这个幼虫饲养装置和 Morrison 介绍的装置比较类似，只是采用的是网格状的材料。应用这两种容器饲养草蛉也存在共性问题：如何快速准确的将草蛉卵和食物分配到各个饲养小室。为此 Tedders 等开发了一种快速将昆虫卵分配到饲养容器的设备和方法（Device and Method for Rapidly Loading Insect Eggs Into Rearing Containers，专利号：6244213B1，2001，见图 3-6），使用这个方法能够减小工作量并显著提高卵的分配效率。密西西比州立大学和美国农业部成功地改进成为一种"多孔道分配系统"。该系统的工作原理是将含有草蛉卵的悬浮液用蠕动泵泵入多孔模具，多孔模具下末端为 23 根不锈钢管（外径 0.32cm，内径 0.15cm），不锈钢管对应饲养容器中的 23 行饲养小室。这样草蛉卵就通过分配管流入饲养小室。应用这套系统在保证卵孵化率的基础上，大大提高了接种效率。（Woolfolk，2007）（图 3-6）。

4. 茧的管理

草蛉 3 龄末期，在饲养笼中加入折叠的牛皮纸作为诱集结茧器，诱集幼虫在其上结茧，待草蛉结茧后收集牛皮纸。或者在幼虫 3 龄末期，将草蛉幼虫连同部分食物一同搜集到另一饲养容器中，集中结茧。

为获得同一批次的草蛉成虫，最好将同一批次的茧集中管理。茧放于合适容器内羽化。由于草蛉羽化时足的抓握能力不强，羽化容器表面不可过于光滑，也可添加折叠的纸片等方便草蛉抓握。

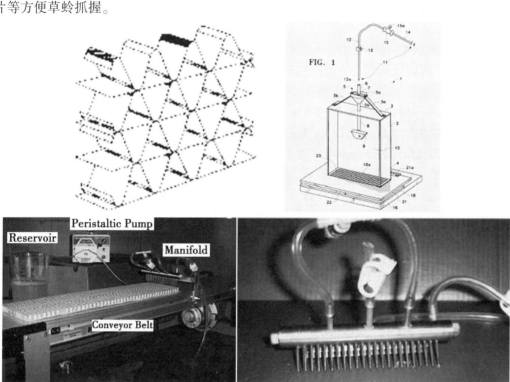

图 3 - 6　上面两幅分别为 Verticel 材料和 Tedders 设计的卵分配专利，下面为多孔道分配系统

二、草蛉饲养的环境参数

温度、湿度和光周期在草蛉的饲养中发挥重要的作用，一般说来本节所述大草蛉饲养环境均为温度 T = （25 ±2）℃，相对湿度 RH = 70% ±10%，光暗比 L：D = 16：8，值得注意的是光周期在草蛉的滞育中起主要作用，必须严格控制，有报道称大草蛉成虫在光照短于 16 h 时，活跃度下降，雌虫产卵减少，在生产中应避免此现象的发生。

三、产品质量控制

草蛉在生物防治中应用较多，目前，普通草蛉已经制作了相应的质量控制指南，下面介绍一下普通草蛉的主要检测条件和检测标准（van Lenteren，2003）。

1. 检测条件

温度 T = （25 ±1）℃，相对湿度 RH = 70% ±5%，光暗比 L：D = 16：8。

2. 草蛉卵的质量

卵孵化率（5 天内卵孵化率）是衡量天敌饲养质量的重要指标，其检测标准为初孵幼虫比例 ≥65%。检测时要防止初孵幼虫的自相残杀，将卵分开放置；检测样本数为200 粒。

3. 检测草蛉幼虫的质量

使用桃蚜为猎物，初孵幼虫在 4 天内发育到 2 龄幼虫的比例和二龄幼虫 5 天内发育到 3 龄的比例均≥65%；检测样本为 200 头，每年检测一次，饲养环境改变时也需要进行检测。

4. 幼虫捕食效率/搜寻能力

2 龄幼虫 4 天内捕食 50 头桃蚜或 25 头马铃薯长管蚜；检测样本数为 10 头，每年检测一次。

5. 捕食效率和捕食能力检测的试验方法

使用能密封的培养皿（直径 13.5cm，高 2cm），盖上打一孔，并用尼龙纱网粘住以利于通气，培养皿底部浇注 5 mm 厚度的 1.5% 的琼脂，在琼脂缓慢冷凝前，取一叶片平展于琼脂表面，然后用软毛笔转移 30 头已经开始生殖的成蚜至叶片上，盖上培养皿盖，平放。24 h 后移走成蚜留下幼蚜并计数（≥100），棉蚜（*Aphis gossypii* Glover），桃蚜和马铃薯长管蚜 *Macrosiphum euphorbiae* 均可用于捕食能力检测。

检测时，单独取刚蜕皮发育到 2 龄的幼虫，在上述培养皿内放至少 100 头蚜虫，4 天后查看草蛉取食蚜虫数目。检测样本数为 30 头。

此标准制定人为 M. G. Tommasini 和 R. Mayer。此外，天敌质量控制标准目前已经开通了网站（网址：www. AMRQC. org），读者可登录查看多种天敌质量控制标准。

四、大草蛉室内扩繁技术

（一）大草蛉的食物来源

大草蛉室内繁殖如通过猎物如大豆蚜和替代寄主如米蛾卵来繁殖，大豆蚜和米蛾卵见上文所述，此处重点介绍大草蛉幼虫和成虫的人工饲料，（包括配方和加工工艺）。

1. 微胶囊人工饲料（针对大草蛉幼虫）

（1）家蝇蝇蛆的获得

采集家蝇成虫放入养虫笼内饲养，提供水和红糖（分别装在两个小盘内），以及产卵物质。产卵物质跟幼虫饲料相同。幼虫即蝇蛆在 500ml 罐头瓶内饲养。幼虫饲料为麦麸 100g，奶粉 1g，水 200ml，先用热水将奶粉调成糊状，倒入麦麸中，加水拌匀。蝇蛆饲养到 4～5 天后即可作为试验原材料。饲养获得的蝇蛆经与饲料分离，60℃下泡 10min 致死，冲洗干净，用 1% NaClO 溶液灭菌 10min 后，中温烘干（50～55℃下烘 6～8h），获得蝇蛆干虫（也可以从市场上购买蝇蛆干虫）。

（2）蝇蛆脱脂粉的获得

取上述蝇蛆干虫，经粉碎机初步粉碎后，按索氏法脱脂法（80℃下抽提 5h）进行脱脂处理，再进一步粉碎，过 80 目筛后得到脱脂蝇蛆粉，放入冰箱内保存备用。

（3）幼虫微胶囊人工饲料的获得

人工饲料配方：水、脱脂蝇蛆粉、酵母抽提物、生鸡蛋黄、蔗糖和琼脂按 42：10：4：4：2：1 的比例称重备用，再按饲料总重量的 0.3% 和 0.03% 的比例称取蜂蜜和抗坏血酸。

取两个烧杯，向烧杯 A 加入蜂蜜、鲜鸡蛋黄、脱脂蝇蛆粉、酵母抽提物；再取另一烧杯 B，加入蔗糖、琼脂，用微波炉加热至琼脂溶解，冷却到中温后倒入烧杯 A 中，拌匀，最后加入抗坏血酸，搅拌混匀，置于室温下冷却至固体状。放入冰箱4℃冷藏备用，在该条件下饲料可保存一周。

少量繁殖大草蛉时可采用手工包裹饲料的方式：取石蜡膜剪成15mm×15mm小块，拉伸3倍长，包上5mm×5mm×5mm饲料小块，把封口捏紧，即得到微胶囊饲料。大规模生产时，可以用人工制卵机制备微胶囊饲料。获得微胶囊人工饲料后即可应用于大草蛉幼虫的繁殖。研究表明，使用此人工饲料，幼虫存活率高。

2. 粉状人工饲料（针对大草蛉成虫）

大草蛉成虫是咀嚼式口器，粉状饲料更利于大草蛉的取食，鉴于此，目前研究了以黄粉虫脱脂虫粉和家蝇蝇蛆脱脂粉为主要成分的人工饲料，饲养效果较好，但有待进一步改进（图3-7）。

图3-7　大草蛉成虫取食
粉状人工饲料

（1）黄粉虫和家蝇蝇蛆的获得

黄粉虫成虫，在室温下，用6:1的麦麸和玉米面在养虫盒中饲养，并每天添加少许新鲜的油菜叶片，待成虫产卵，幼虫孵化之后，挑出幼虫，在同样的条件下饲养。体长达到20mm后，选取大小均一，色泽鲜亮者备用；也可以从市场上购买黄粉虫干虫。

（2）脱脂虫粉的获得

黄粉虫脱脂虫粉和家蝇蝇蛆脱脂粉的获得可参照4.1.1所述。

（3）其他材料的准备

鸡蛋粉和花粉放入-70℃超低温冰箱8h以上，取出后放入冷冻干燥机，低温真空干燥8h后，用粉碎机粉碎。蔗糖直接粉碎。

（4）成虫粉状人工饲料的获得

所有原材料过80目筛后，按照配方称量各原料，混合均匀，放于磨砂试剂瓶内，于冰箱内4℃冷藏。若一次配制饲料较多，应该将饲料分成多份保存，依次使用，避免饲料反复冻融。饲料使用时，应该先取出试剂瓶，待试剂瓶内外温度一致后打开瓶塞，取出饲料，这样能防止吸入水分。

关于大草蛉成虫粉状人工饲料具体可参考发明专利（中国农业科学院植物保护研究所，申请号：201210490808.3，2012）。

（二）大草蛉的饲养与管理

1. 成虫饲养设备和技术

成虫先放于交尾笼中饲养4~5天，随后将雌雄虫按（4~5）:1的比例放入养虫笼内，按照下述方法饲养。

（1）大豆蚜

用大豆蚜饲养，草蛉的卵大部分产在大豆植株上，少部分产在养虫笼其他位置；而且大豆蚜很容易污染养虫笼，所以更换养虫笼，比更换大豆苗更适合成虫的饲养。

在养虫笼内置入已接种大豆蚜4天以上的大豆育苗盘，第3天（在25℃条件下，大草蛉卵发育历期为3天左右，如不及时移出，幼虫第4天就开始孵化）转移所有成虫至新的养虫笼内饲养，这样大豆苗上就有3批次的卵。

（2）米蛾卵

根据试验观察，我们利用米蛾卵卡饲养成虫能避免卵的浪费，同时更易于成虫取食。饲养时，每对草蛉每天需要投放一个 2# 卵卡，产卵末期可改为 1# 卵卡。每天更换产卵基质。

（3）人工饲料

用本节上述粉状人工饲料时，每头成虫每日饲喂量为 8～10mg。可每 3～4 天更换一次饲料和水，但需要每天更换产卵基质。

研究表明成虫饲喂此人工饲料（幼虫阶段饲喂米蛾卵），大草蛉前期死亡率偏高，但存活下来的个体平均寿命显著延长（表 3－4）；雌虫产卵率显著下降，能够产卵的个体总产卵量略有降低，但仍保持了较高的生殖力，甚至所产卵孵化率相对于对照明显提高（表 3－5）。

表 3－4　营养对大草蛉成虫产卵率、存活率和寿命的影响

营养	产卵率（%）	存活率（%）		寿命（天）	
		雌虫	雄虫	雌虫	雄虫
大豆蚜	100.00a	96.15a	100.00a	37.42 ± 1.79b	43.92 ± 2.78b
米蛾卵	95.83a	92.31a	88.00a	46.29 ± 2.62b	38.38 ± 2.99b
人工饲料	70.37b	79.41b	64.71b	78.48 ± 4.31a	60.29 ± 7.31a

注：数据为平均值 ± 标准误差；同列数据后不同字母表示差异显著（1：Fisher 精确检验；2：Duncan's test, $P = 0.05$）

表 3－5　饲喂不同人工饲料对大草蛉雌虫生殖力的影响

营养	卵孵化率（%）	产卵前期	产卵天数	总产卵量	单雌日均产卵量
大豆蚜	71.76c	7.38 ± 0.36b	28.83 ± 1.92b	914.8 ± 99.80a	29.94 ± 2.05a
米蛾卵	77.10b	10.05 ± 0.79b	31.43 ± 2.55b	871.6 ± 98.95a	26.54 ± 1.69a
人工饲料	85.60a	28.16 ± 1.93a	44.05 ± 4.74a	636.1 ± 90.06a	13.80 ± 1.38b

注：表中数据为平均值 ± 标准误差，同列数据后不同字母表示差异显著（1：卡方检验，$P = 0.05$；2：Duncan's test, $P = 0.05$）

当然，如能进一步改善人工饲料饲养草蛉的效果，如缩短产卵前期，提高存活率和产卵率等，在草蛉的规模化生产中将发挥重大作用。

2. 卵的收集

如饲养数量不多，则可以将收集的卵放在 96 孔板内单独管理，能有效避免自残。大规模饲养时，根据成虫饲料的不同，卵的收集方法和管理也不同，如成虫在接种大豆蚜的大豆苗上饲养，产在大豆苗上的卵可不收集，只将未产在大豆苗上的卵收集起来，等待草蛉孵化即可。而在用米蛾卵和人工饲料饲养时，草蛉一般将卵产在产卵介质上，每天取出产卵介质，部分产在卵卡、养虫笼以及饲料盘上的卵则需要单独收集。

3. 幼虫饲养设备和技术

由于幼虫有自相残杀的习性，因此，要控制饲养空间的大草蛉密度，同时，还要加上折叠的牛皮纸为阻隔物（同时也作为诱集结茧器），降低幼虫遭遇的频率。每天应提供足

够的食物，供草蛉取食。下面简要介绍以大豆蚜、米蛾卵和微胶囊人工饲料饲喂大草蛉幼虫的操作。

（1）大豆蚜

a. 小规模饲养

以 7cm×10cm×20cm 的方形盒为养虫盒，饲养大草蛉幼虫以 15 头为宜，每天剪下着生足够多大豆蚜的豆苗，供草蛉取食。幼虫 1～2 龄期只需每天添蚜虫 1 次，3 龄后，大草蛉开始暴食，每天添蚜虫 2～3 次。

b. 大规模饲养

着生在大豆苗上的卵，在损害卵柄的情况下，自残的发生概率较少。次日开始，3 批卵相继孵化，第 1 批初孵幼虫先取食残余在大豆苗上的蚜虫，同时移入接种大豆蚜 4 天以上的大豆苗育苗盘，然后分别在第 5、第 8 日移入同样的育苗盘，第 10、第 12、第 14 日移入双倍的育苗盘。12～13 日后陆续结茧。也可在接种大豆蚜 2 天的大豆育苗盘上接入同一批次的草蛉卵，密度为每 2 株苗 1 粒，草蛉卵孵化的过程中，大豆蚜数量持续增加，亦能保证草蛉生产所需。

（2）米蛾卵

a. 直接供应米蛾卵

直接在养虫盒内群体饲养草蛉幼虫，将米蛾卵均匀撒遍整个养虫盒底部；如以 Nor-lund（1993）报道的养虫系统饲养草蛉，可以将米蛾卵直接透过纱网均匀地撒入养虫小室。

草蛉幼虫各龄期食卵量约为 30 粒、97 粒和 514 粒（邱式邦，1975）。米蛾卵的数量应该随着草蛉龄期的变化逐渐增加，足量供应。

b. 利用米蛾卵卡

以米蛾卵卡饲养大草蛉幼虫时，卵的投放量必须既要保证大草蛉取食，也要节约卵卡。经试验，可按如下标准饲喂：1～2 龄一个 1# 卵卡可以饲喂 3～4 头草蛉，3 龄后一个 1# 卵卡可供 1 头幼虫，这样基本满足幼虫生产需要。

（3）微胶囊人工饲料

以 Norlund（1993）报道的养虫系统饲养草蛉，可以将微胶囊直接置于养虫小室顶部，幼虫透过纱网取食。在普通养虫笼中饲养时，饲料均匀地放在养虫笼底部，并加一些折叠的纸条、塑料薄膜等作为隔离物。

4. 茧的管理

收集起来的同一批次的大草蛉茧置于合适的环境条件下，10 天后即开始羽化。一般，第 1～2 天羽化个体中雄虫较多，随后雌虫比例增加。

第三节　包装、储藏与运输

一、储藏

田间释放前，由于不能准确预测客户的需求（使用时间和数量），同时为了降低生产上的饲养成本，要对人工饲养的昆虫在不影响其生命力的前提下，进行有效储藏，以使天敌生产和田间需求高峰相吻合，更好地利用天敌。

不同天敌的储藏时限不一样，细菌、真菌和病毒可以保存数月甚至几年，但是天敌昆虫仅能保存很短的一段时间，甚至同一种昆虫不同发育阶段的储藏时限也不一样。天敌的储藏条件也有很大差异，有些昆虫可以耐受较低的温度，但有些昆虫则不行。一般情况下，人们把昆虫置于 4 ~ 15℃ 的条件下冷藏一段时间，但即便这样也会减低昆虫的活性（van Lenteren，2003）。

草蛉的卵、蛹是静态虫态，从操作的方便性上来看，是理想的冷藏虫态。吴子淦将基征草蛉（*Mallada basalis*）的卵、幼虫和蛹分别置于 10℃ 低温条件下冷藏，卵的孵化率和蛹的羽化率随处理时间加长而降低，但在处理初期，即卵储藏 4 天，蛹储藏 7 天，则卵孵化率和蛹羽化率可维持在 80% 以上。1 龄幼虫在此低温下，8 天内平均存活率在 90% 以上。2 龄和 3 龄幼虫，冷藏 14 天存活率不受影响，冷藏到 30 天的 2 龄幼虫和冷藏 25 天的 3 龄幼虫存活率都在 70% 以上。这说明 2 龄和 3 龄幼虫比其他发育期更容易以低温来控制生长（吴子淦，1992）。著名的天敌公司——荷兰 Koppert 生产的普通草蛉推荐的冷藏条件即为 8 ~ 10℃（互联网网站 http：//www. koppert. com/products/products - pests - diseases/products/detail/chrysopa - 2/）。

北温带的普通草蛉的卵可以在 8℃ 条件下冷藏大约 20 天，而不影响孵化率（Osman & Selman，1993）。J. Isabel López - Arroyo 等研究表明不同发育天数的草蛉卵经低温冷藏后发育时间不相同，但是孵化率无差异，在应用中可以根据实际条件和需要确定冷藏时间，或者是刚产出的卵，或者是已经发育的卵（López - Arroyo，2000）。李水泉等（2012）通过研究认为，在温度 T = 10℃，相对湿度 75% ±5% 条件下，玛草蛉（*Mallada* sp.）卵的最佳冷藏天数为 10 天，而蛹的最佳冷藏天数为 30 天，玛草蛉蛹期是较好的低温冷藏虫态，可以满足玛草蛉商品化贮藏和运输要求。

在滞育阶段储藏有益昆虫的可行性一直在研究，但多数还处于理论研究阶段，未进行实践应用。发生滞育的普通草蛉成虫能在低温下储藏 30 周，同时草蛉的存活率和生殖活性保持在可接受的范围（Tauber，1993）。结合滞育研究草蛉的低温储藏技术，能够显著延长草蛉的货架期等，推动草蛉在生物防治中的应用。

二、包装和运输

草蛉自残的习性在食物存在的条件下也无法避免，在包装时应该利用一些特殊的设备。通常情况下，应该用纸条、荞麦、蛭石和麦麸等材料为草蛉提供隐匿之所。

草蛉卵和幼虫往往装在稻壳等惰性介质中，稻壳是一个运输的载体，同时装运时要保持草蛉的松散。Koppert 公司的普通草蛉 2 龄幼虫产品提供了两种包装：1 000 头/瓶（500ml）和 10 000 头/桶，幼虫夹杂荞麦。草蛉幼虫也可放置在具有格子的框或多孔养虫板（如十六孔板、二十四孔板等）中，十多孔养虫板是由小的分隔的空间组成的，当释放草蛉时能同时打开一排。草蛉茧的包装最为简便，只要能有效避免挤压，放置在硬质纸盒、玻璃瓶等都可以。草蛉成虫时是放在两端开口的筛管里或放在袋中。

Noboru Ukishiro 和 Yoshinori Shono 在 1998 年申请了一项应用于捕食性昆虫饲养和运输的专利（Method for Rearing and Transporting Entomophagous Insect，专利号：5784991）可

以用来包装草蛉卵和幼虫。其主要技术是一个空瓶内放入小块的塑料泡沫，瓶盖上有许多小孔，孔的大小介于捕食性昆虫大小和塑料泡沫大小之间，以保证捕食性昆虫能通过而塑料泡沫不能通过。这个设计能有效防止昆虫自相残杀，实现其有效饲养和运输，特别适合草蛉、瓢虫和捕食性蝽类。在生产中可以借鉴此项技术。

草蛉在运输过程中，如需要较长的时间，有必要使用气候式集装箱，以保证昆虫处于较好的生理状态；有时候还需要添加足够的食物（如蜂蜜、花粉等）。已经被商业化应用的普通草蛉和红通草蛉以卵、幼虫、蛹和成虫的形式都可以装运。长距离运输最好是包装草蛉卵和茧，并给予足够的食物，这样在运输的过程中即便草蛉孵化或者羽化，也能维持其生长。

第四节　释放与控害效果

一、草蛉的控害效果

草蛉是一种非常优秀的天敌资源，草蛉种类很多，有 1 400 余种。常见的草蛉种类主要有大草蛉、丽草蛉、普通草蛉、叶色草蛉、多斑草蛉、松氏通草蛉（*Chrysoperla savioi* Navás）、黄褐俗草蛉〔*Suarius yasumatsui*（Kuwayama）〕等。草蛉在自然界中对害虫种群数量的消长有显著的控制效果，其幼虫俗称"蚜狮"，它能防治粮食、棉花、油料、果树、蔬菜上多种害虫。草蛉幼虫是捕吸式口器，可直接插入被捕食者体内，吸吮其体液。当其发现猎物后，一般采取突然攻击的方式。草蛉主要捕食一些种类的蚜虫、螨类（尤其是红蜘蛛）、蓟马、粉虱、叶蝉的卵、蛾类和潜叶蝇、小型鳞翅目幼虫、甲虫幼虫和烟青虫等。草蛉在温室和室内景观植物中是长尾粉蚧最重要的捕食者。

20 世纪 60 年代，草蛉就开始在国外的害虫防治中应用，美国 Ridgeway 和 Jonesyu（1969）在得克萨斯州的棉田利用普通草蛉防治美洲棉铃虫（*Helicoverpa zea* Boddie）和烟芽夜蛾（*Haliothis virescens* Fabricius），使棉铃虫的幼虫减退率达到 96%，籽棉增产 3 倍。70 年代，草蛉在欧洲许多国家的应用已相当普遍，在许多作物上的应用都获得成功，并已开始了工厂化生产。美国利用诱集草蛉的方法来增加苜蓿地草蛉的数量，从而成功地控制了蚜虫危害。前苏联 1971 年已经成功地利用四斑型大草蛉来防治温室中黄瓜上的蚜虫和其他蔬菜害虫，效果十分显著。匈牙利、法国、荷兰和墨西哥等国家也都对草蛉开展了大量的研究工作，取得明显的成效。20 世纪 80 年代，美国、荷兰、加拿大等国实现了草蛉的商品化生产和田间大面积推广应用。在俄罗斯和埃及棉田、德国甜菜和欧洲葡萄园，普通草蛉都被认为是一个重要的蚜虫捕食者。北卡罗来纳州立大学有害生物综合治理中心认为，它是长尾粉蚧的重要天敌，长尾粉蚧是北卡罗来纳州室内景观植物上五种最重要的害虫之一（虽然最近更多的研究表明，普通草蛉捕食其他的捕食者，可能破坏对棉田蚜虫的控制）。1974 年我国河南民权县试验每亩有草蛉 2 000 头，可使棉铃虫卵减少 90% 左右。河北利用草蛉防治果树红蜘蛛，北京利用中华草蛉防治白粉虱，都有显著效果。

二、草蛉的田间释放

草蛉作为一种天敌，主要应用于田间释放来防治害虫。释放前，要对人工饲养的成虫、卵或蛹在不影响其生命力的前提下，进行有效储藏，以便在适当的时机进行人工释放。为此，储藏方法、投放方法的研究成为田间释放以及实现防治效果的根本保证。在20世纪70年代至80年代，全国不少农林科研单位都投入了很大人力物力进行了反复的研究与田间试验，最后成功地解决了以上两方面的问题，在全国大部分地区可根据气候条件、田间环境采取放卵、放幼虫和放成虫的具体办法，实现害虫的生物防治，有效地控制了某些害虫的发生、蔓延和危害，减少了化学农药对环境的污染（杨星科，2005）。

在田间可以引进不同发育阶段的草蛉（卵、幼虫、蛹、成虫），具体引进草蛉的哪一阶段由在田间的操作和运输的方便性决定。当然，选择捕食害虫最有效的阶段释放草蛉也是非常重要的。因此，一个不变的阶段（通常是卵或蛹期），是最适合运输和释放的。草蛉田间释放有很多方法：可以将草蛉的卵和蛹散布在寄主植物的叶子上，或者搜集草蛉的不同阶段放进容器内，然后进行释放。天敌的活动阶段——幼虫，蛹和成虫阶段，当它们在容器内刚开始活动时，就将它们释放到田里。

可以通过购买卵、幼虫和成虫的方式得到国外商品化应用的草蛉。害虫发生初期，害虫数量不是很大时购买卵是很有用的，但当害虫发生严重、、或者急于尽快除掉害虫时，此时应该购买幼虫。成虫，主要应用于树木上害虫的防治。草蛉幼虫是肉食性的，能取食大量的蚜虫，也取食蚜虫以外的其他软体动物：像小型的处于未发育成熟阶段的昆虫，包括亮灰蝶、介壳虫和粉虱等，尤其嗜食昆虫的卵。

草蛉在生防工程中的应用，需要一个有经济效益的体系来保障，才能用来大量释放到目标区域。一般来说，草蛉的释放主要是以卵和幼虫为主，但是成虫也可以用来释放。草蛉卵和幼虫广泛应用于温室、田间、室内景观性植物、果园和花园。成虫可以用在成排的庄稼、森林、果园和高的室内栽培植物中。

1. 释放卵

卵的应用是相当经济的方法。释放草蛉卵同样也存在一些问题。卵的存放时间受高温、释放位置（是否在植物上面）、捕食性天敌等因素的影响（Daane，1993）。而且，卵孵化后，草蛉幼虫需要尽快找到食物，否则就会死亡。通常来讲，只有在害虫数量比较少的时候才会释放草蛉，因此，草蛉会降低害虫数量。由此，引出一种方案：可以设计一种系统，使在草蛉在植物上定殖前，每一粒猎物的卵对应一粒草蛉卵，以提高定殖率。至少，在释放草蛉卵的同时把猎物材料撒到植物上面，是十分有效的。然而，其他的措施可能也会显著增加草蛉应用的成本。

传统的方法，草蛉卵的释放是直接人工将卵或者是卵和某些类型的填充物（蛭石、稻谷壳、木屑等）的混合物喷洒到植物上面，也有通过悬挂释放袋来释放。释放袋是一个薄的纸型容器，易于悬挂或钉在一个固定的地方。袋里有草蛉卵，打开顶部折叠部分，将其挂在或钉在植物或树叶上。3~7天幼虫开始出现并取食。然而，最近几年，越来越多的研究是关于机械化释放卵。Daane 等（1993）报道了用机械化的方法将玉米的穗轴、砂砾与卵混合后释放到田间。混合物被放置在一个5加仑的容器内，这个容器里面有一个可调节开口的漏斗。释放速度可以通过漏斗的开口大小，或者是安装了这种容器的拖拉机的移动速度来调节。目前已经开展的许多实验就是通过用机械化释放卵的方法，以此来确定被释放卵的可用性。Gardner 和 Giles（1996）测试了草蛉卵通过田间喷洒器释放后蛭石提取物、拖拉机的震动和环境条件对其的影响。这些不同的释放方法之间卵的孵化率没有明显的区别。Gile 等（1995）利用蛭石作为生物天敌的载体，但是这种方法有一个弱点就是蛭石是干燥的载体，其很难将天敌均匀的分布在载体中，而且容易出现机器堵塞和空化，同时易造成天敌的损伤。

还有一种有趣的释放技术，就是把卵放在一种液体溶液里面喷洒在田间。生物天敌以水剂的方式进行喷洒也是可行的。它具有释放均匀、提高存活数量、节省劳动力、施用方便等优点。大家较为熟悉的是苏云金杆菌，作为生物制剂，其体积小、且悬浮于水中比较稳定，因此，苏云金杆菌的水剂喷洒在农业生产上得到较为广泛的应用。这种已进行了卵放入某一种溶液内的实验。Gardner（1996）等将草蛉卵和赤眼蜂寄主卵置于水中 3h，其成活率都很高，且喷洒后分布均匀，因此，利用水剂作为载体，将生物天敌以喷洒的方式施用于田间是一项可选的技术。Jones 和 Ridgway（1976）发现，草蛉卵悬浮在 0.125% 琼脂溶液中，至少一小时内可以保持孵化率不会下降。McEwen（1996）希望能够找到一种喷洒介质可以延长卵的储存时间。可以确定的是在 4℃ 下，把卵放在 0.125% 琼脂溶液或者水中与放在空气中相比一天内的孵化率不会下降。Sengonca 和 Lochte（1997）用水就可以把草蛉卵悬浮起来，用带有导流喷嘴的喷洒装置时不会破坏卵。他们也测试了好几种材料，用来增强卵与植物之间的黏附力。他们报道了喷雾装置和喷雾技术的发展，也指出水可以作为草蛉卵喷洒的载体，而且草蛉卵在水中 12 时内不会对孵化率产生不良影响。同时他们也证明，导流喷嘴上面有一个直径 0.9mm 的小孔时，喷洒压力会达到 3 个大气压。

飞行装置同样可以用来释放草蛉。维修过机翼的飞艇，直升飞机，甚至是无线操控式的飞机，都可以在安装释放漏斗后用来释放草蛉卵。一位直升机飞行员就可以在 30min 内完成 200 英亩（1 英亩 ≈ 4 046.9m²）的草蛉释放工作（Grossman，1990）。一个无线操控式的飞机可以在 10min 内完成 50 亩的释放工作（McClintic，1992）。

适于田间释放的卵需符合四条标准：①卵膜呈暗灰色；②幼虫腹部条带很清晰；③幼虫眼点清晰可见；④至少看见 1% 的卵已经孵化。如果天气不佳或安排上出现问题，可通过降低温度推迟孵化。对于延迟的发育，建议只在收到的当天冷藏一天。卵放在温度低于 15.5℃，相对湿度少于 50% 的条件下可能会延迟孵化。刚接收到的卵在建议的温度和湿度水平下放置不超过 3 天。释放前期，在运到释放区域的过程中，卵应该放置在不低于 15.5℃，相对冷的温度下短期储藏。可以应用机械化液体喷头释放草蛉的卵。

注意事项：在养虫板内饲养 0～24h 的不同龄期的草蛉，在草蛉饲养的过程中会出现产卵高峰，大部分出现在 12～15h。所以，在这个比较狭窄的养虫板内也会出现孵化或幼虫羽化的高峰期。草蛉卵从获得到准备装运的过程需要 36h。因此，对顾客来说，运来的卵都是 36～60h 的卵。当顾客收到卵的时候，卵膜通常呈绿、亮黄和灰色的混合色。一些肉眼不可见的卵呈亮绿色，用 14 倍目镜仔细检查可见的卵，在放大倍数比较大的解剖镜下可观察发育中的草蛉，其幼虫有腹部分节现象，呈现出一系列灰白的条带。随着卵内的幼虫继续发育，卵膜逐渐变成暗黄色。里面正在发育的幼虫变成深灰色，腹部分节现象更加明显，一些卵在这个时候开始孵化。当观察到 95% 的卵膜变成暗灰色，并且发育着的幼虫变为灰色，有明显的腹带，很容易看见眼点时，草蛉孵化速度开始变快，大概在 12

~15h 内即可完成孵化。草蛉幼虫出现以后，空的卵膜变成白色。

如果购买的是还没有孵化的草蛉卵时，将装有草蛉卵的袋子放在 20~31℃，稍微温和、湿润、阴凉的地方，直到卵开始孵化（每天检查一次）。为判断卵是否开始孵化，可以在袋子的两边或容器内寻找开始爬行的一龄幼虫。千万不要让幼虫在袋子里停留时间过长，因为它们有自残性。如果对卵是否已经孵化表示怀疑，立刻打开装卵的器皿，在日落时将里面的混合物直接放到有害虫的植物叶片上。如果你拿到的是卵卡，直接将卵卡挂在需要防治的地区即可。卵卡不能挂在蚂蚁容易接近的地方，也不能挂在枝头，而且挂卡区域光照时间不能太长，同时卵卡不能被践踏，也不能浸在水里。在这两种情况下，都要防止蚂蚁取食草蛉未孵化出来的卵。已经孵化出来的草蛉也可能刺破卵，但是并不注射毒素。孵化出来的幼虫储藏时间不宜超过 4h，并且应将其放置在 12.8~18.3℃，相对温和湿润的环境下。未孵化的卵冷藏储藏不要超过 4 天，如果卵已经从绿色变成灰色就不要冷藏了（因为，可能卵已经开始孵化了）。如果进行冷藏，最好放在 7.2~10℃ 湿润温和的条件下，最好是放在冰箱里。

卵的释放率：在花园和温室，每平方英尺释放 100~200 头卵，幼虫出现到发育成成虫前要取食 1~3 周。在农场，每英亩释放 5 000~50 000 头，当然这也要取决于受害程度。

2. 释放幼虫

草蛉幼虫是应用的主要虫态。草蛉幼虫是目前为止所使用的捕食者中从释放到开始取食过程中速度最快的天敌。而且由于它们见什么吃什么的本性，对于一些除了蚜虫之外的害虫也能起到有效的防治作用。在果园这样的地方，用成虫防治害虫也能取得很好的效果。但是对于幼虫，尤其是大一点的幼虫来说，在运输中要想不被咬伤是很困难的。释放幼虫的另外一个问题是确定他们的逃离容器装置这种趋性的大小。但这和草蛉的优点相比是微不足道的，因为至今还没有听到关于草蛉在室内景观植物上使用的负面评论。

草蛉幼虫期间防治害虫效果非常显著。幼虫用带有格的、彼此分离的框架包裹，一次可以打开一部分进行释放，因而可以在不同的地区进行释放。Daane 等（1993）报道，释放幼虫比释放卵可以更好地控制害虫数量。同时，卵更容易受捕食者的影响。目前，释放幼虫主要是通过人工用毛笔转移幼虫，或者是在植物上放置饲养单元。大部分释放方法都很耗时耗力。一些商业公司将幼虫与稻谷壳混在一个装有喷洒头的瓶子里，通过挤压瓶子来释放幼虫（Planet Natural，Bozeman MT）。自动化释放幼虫的研究正在进行。有研究探索了旋转和震动蛭石或者稻谷壳后，对草蛉幼虫的影响，结果表明，幼虫可以忍受机械搅动而不明显降低存活率。

注意事项：收到购买的幼虫当天，太阳落山时就要进行释放。释放时揭掉在一面的密闭的纱网，打开十六孔养虫板的盖子。如果很难打开，就用蘸水的海绵湿润一下十六孔养虫板，一定要小心仔细，不要淹死幼虫。将先孵化的幼虫一个个、一排排轻轻敲打出来释放到受害植物的叶子上，确保它们在受害作物上分散开来。更好的办法是直接将它们释放在有害虫的地方，但草蛉幼虫相互不要挨得太近，因为它们有很强的自残性。幼虫如果不易从养虫板里出来，试着对着养虫板吹气，这样可促使它们移动，避免它们紧紧贴在养虫板上。如果幼虫还不能释放出来，就把养虫板放在受害最严重的叶子上。若收到瓶装的幼虫，可把幼虫直接释放到整个田间，尤其是受害比较严重的地区。由于草蛉幼虫的自残性，不要让幼虫停留时间过长。草蛉幼虫也可能刺吸庄稼，但注射物无毒。幼虫可放置在12.8～18.3℃，温和湿润的环境下储存。但不要将幼虫储藏在十六孔养虫板里超过32h。

3. 释放成虫

大田释放草蛉成虫目前存在一些问题，因为很多种类成虫产卵前有迁移的特性（Du-elli，1984）。初羽化的草蛉成虫在释放到田间后，其很有可能会在开始产卵前就会离开目标区域。草蛉在大片区域的实际应用中，包括一些早期季节性的预防释放，可能会有一些效果。但是，捕食性天敌和寄生性天敌会取食大量卵，尤其是在生长季节的后期。目前很多天敌昆虫公司之所以人工饲养成虫，是基于这样一套理论：在目标区域，存在潜在的猎物，被释放的成虫会在此产卵、定殖。这种方法，看起来成本十分昂贵，但是值得进一步研究。

注意事项：成虫装在盛有100头或500头草蛉的容器里，在运输过程中产在容器内的卵，可将容器切割然后释放到田里。在收到成虫的当天、太阳快要落山时释放。不建议将成虫冷冻储存，如果不能立即释放，用海绵蘸水来代替冷藏。要尽早释放，从收货起，一般不超过24h。释放时，拿掉上层的挡板，同时用一块纸板控制释放的数量。如果受害严重，每7～10天重新释放效果最佳。通常在最近的需要防治的树木或田里释放。成虫的释放，只需把两端的管子打开，让它们自己飞出来即可。如果成虫不愿意飞出来，在管子的一端轻轻的吹一下，在释放的地方放些人工饲料或某类植物（能产生花粉的植物），增加成虫产卵活性。成虫在管中储藏不要超过4h，且应储藏在12.8～15.6℃温和湿润的环境下。建议在每个季节开始每隔两周释放一次草蛉，这样就建立起来一个保护性的种群。

当害虫取样很困难或害虫种群发展非常快时，如蚜虫和蓟马，盲目释放的效果往往很一般，但在很多情况下当在田间观察到害虫时，就释放天敌。当在早期没发生害虫世代重叠时，适合的释放时间是很必要的。决定释放量、分布和释放频率是很困难的问题，这些问题在大量释放和接种释放上是冲突的。只要有可能释放大量的天敌，在大量释放方案中，释放率并不是关键的。然而，这可能受到大量繁殖的限制。在季节性接种释放方案中，释放率是很重要的，如果释放少量的有益昆虫，当害虫引起经济危害后，才能得到有效的控制。如果释放的天敌太多，害虫就有濒临灭绝的危险，而只剩下天敌的生态系统易于遭到害虫的再次入侵。最佳释放规模的确定，需要通过实验来形成一个科学的方案。

（刘晨曦、陈红印编写）

参考文献

蔡艳. 2009. 作为川硬皮肿腿蜂繁蜂替代寄主的黄粉虫专用饲料的初步研究［D］，四川农业大学.

蔡长荣，张宣达，赵敬钊. 1983. 中华草蛉幼虫液体人工饲料的研究［J］. 昆虫天敌，5（2）：82－85.

蔡长荣，张宣达，赵敬钊. 1985. 大草蛉人工饲料的初步研究［J］. 昆虫天敌，（3）：125－128.

陈倩，梁洪柱. 2006. 黄粉虫蛹不同处理对繁育管氏肿腿蜂的影响［J］. 中国森林病虫，25（1）：39－41.

陈倩，梁洪柱，张秋双. 2006. 低温贮存黄粉虫蛹对管氏硬皮肿腿蜂繁育的影响［J］. 中国生物防治，22（1）：30－32.

陈天业，牟吉元. 1996. 草蛉的滞育［J］. 昆虫知识，33（1）：56－58.

党国瑞，张莹，陈红印，等. 2012. 人工饲料对大草蛉生长发育和繁殖力的影响［J］. 中国农业科学，45

（23）：4 818 – 4 825.

冯建国，陶训，张安盛．1997．用人造卵繁殖的螟黄赤眼蜂防治棉铃虫研究［J］．中国生物防治，13
　　（1）：6 – 9.

郭海波．2006．中华通草蛉成虫越冬与滞育的生理生化机制［D］，泰安，山东农业大学．硕士研究生毕
　　业论文．

侯茂林，万方浩，刘建峰．2000．利用人工卵赤眼蜂蛹饲养中华草蛉幼虫的可行性［J］．中国生物防治
　　（1）：5 – 7.

胡鹤龄，杨牡丹，裘学军，等．1983．应用人工配合饲料饲育瓢虫、草蛉幼虫的效果（简报）［J］．浙江
　　林业科技（4）：27 – 28.

胡月，王孟卿，张礼生，等．2010．杂食性盲蝽的饲养技术及应用研究［J］．植物保护，36（5）：
　　22 – 27.

金凤新，李慧仁，张芸慧．2010．中华草蛉与异色瓢虫竞争干扰研究［J］．林业调查规划，35（2）：97 –
　　99.

李慧仁，迟德富，李晓灿，等．2009．林间蚜虫 3 种天敌间竞争干扰的研究［J］．中国农学通报，25
　　（11）：145 – 150.

李水泉，黄寿山，韩诗畴，等．2012．低温冷藏对玛草蛉卵与蛹发育的影响［J］．环境昆虫学报，33
　　（4）：478 – 481.

李文台．1997．微胶囊化人工饲料大量饲养捕食性天敌之展望．中华昆虫特刊第十号——昆虫生态及生物
　　防治研讨会专刊，：67 – 75.

练永国，王素琴，白树雄，等．2009．卵液成分改变及卵表涂施引诱剂对玉米螟赤眼蜂产卵发育的影响
　　［J］．昆虫知识，（4）：551 – 556.

林美珍，陈红印，王树英，等．2007．大草蛉幼虫人工饲料的研究［J］．中国生物防治，23（4）：
　　316 – 321.

林美珍，陈红印，杨海霞，等．2008．大草蛉幼虫人工饲料最优配方的饲养效果及其中肠主要消化酶的
　　活性测定［J］．中国生物防治，24（3）：205 – 209.

刘建峰，刘志诚，冯新霞，等．1998．利用人工卵大量繁殖赤眼蜂及其田间防虫试验概况［J］．中国生物
　　防治，14（3）：139 – 140.

刘志诚，刘建峰．1996．人造寄主卵生产赤眼蜂的工艺流程及质量标准化研究［J］．昆虫天敌，18（1）：
　　23 – 25.

刘志诚，刘建峰，杨五烘，等．1995．机械化生产人工寄主卵大量繁殖赤眼蜂，平腹小蜂及多种捕食性
　　天敌研究新进展．全国生物防治学术讨论会论文摘要集，60.

刘志诚，王志勇，孙姐纫，等．1986．利用人工寄主卵繁殖平腹小蜂防治荔枝蝽．2（2）：54 – 58.

罗晨，王素琴，吴钜文，等．2001．不同地理种群赤眼蜂对亚洲玉米螟的控制潜能［J］．植物保护学报，
　　28（4）：377 – 378.

马安宁，张宣达，赵敬钊．1986．昆虫人工卵制卵机的研究［J］．生物防治通报，2（4）：145 – 147.

那思尔·阿力甫．2000．温周期对苍白草蛉滞育的影响［J］．干旱地区研究，17（3）：53 – 58.

乔秀荣，韩义生，徐登华，等．2004．白蛾周氏啮小蜂的人工繁殖与利用研究［J］．河北林业科技（3）：
　　1 – 3.

邱式邦．1975．草蛉幼虫集体饲养方法的研究［J］．昆虫知识（4）：15 – 17.

邱式邦．1977．草蛉的冬季饲养［J］．昆虫知识（5）：143 – 144.

邱式邦．1977．饲养米蛾，繁殖草蛉［J］．农业科技通讯，10（1）：161 – 162.

邱式邦．1996．邱式邦文选［M］．北京：中国农业出版社．

邱式邦，周伟儒，于久钧．1979．用塑料薄膜作隔离物饲养草蛉［J］．农业科技通讯（1）：28 – 29.

时爱菊.2007. 大草蛉滞育特性的研究, 山东农业大学.

苏建伟, 盛承发.2002. 棉田两种瓢虫与叶色草蛉干扰竞争初探 [M]. 中国棉花, 29 (8): 16 – 17.

滕树兵.2004. 人工扩繁异色瓢虫的关键技术及其在日光温室中的应用 [D]. 北京: 中国农业大学. 硕士研究生毕业论文.

万森娃.1985. 草蛉柄腹细蜂在我国首次发现 [J]. 昆虫分类学报, 7 (4): 264.

王德, 李永波.1999. 人造卵繁育松毛虫赤眼蜂防治二代玉米螟试验初报 [J]. 植保技术与推广, 19 (2): 18 – 19.

王利娜, 陈红印, 张礼生, 等.2008. 龟纹瓢虫幼虫人工饲料的研究 [J]. 中国生物防治, 24 (4): 306 – 311.

王良衍.1982. 草蛉成虫粉剂代饲料饲养初报 [J]. 昆虫知识, (1): 16 – 18.

王世明.1980. 大草蛉成虫人工代饲料研究初报 (1978—1979) [J]. 内蒙古农业科技, (1): 22 – 27.

魏潮生, 黄秉资, 郭重豪.1985. 八斑绢草蛉的初步研究 [J]. 中国生物防治, 2: 55.

魏潮生, 黄秉资, 郭重豪, 等.1987. 广州地区草蛉种类与习性 [J]. 昆虫天敌, 9 (1): 21 – 24.

吴子淦.1992. 以基征草蛉防治柑橘叶螨之可行性之探讨 [J]. 中华昆虫, (12): 81 – 89.

许永玉.2001. 中华通草蛉的滞育机制和应用研究, 杭州: 浙江大学.

许永玉, 胡萃, 牟吉元, 等.2002. 中华通草蛉成虫越冬体色变化与滞育的关系 [J]. 生态学报, 22 (8): 1 275 – 1 280.

杨华, 杨伟, 周祖基, 等.2007. 川硬皮肿腿蜂在黄粉虫蛹上的寄生, 繁殖能力及实验种群生命表 [J]. 中国生物防治, 23 (2): 110 – 114.

杨明禄, 李时建.2011. 利用黄粉虫蛹人工繁殖白蛾周氏啮小蜂的研究 [J]. 中国生物防治学报, 27 (3): 410 – 413.

杨伟, 谢正华, 周祖基, 等.2006. 用替代寄主繁殖的川硬皮肿腿蜂的学习行为 [J]. 昆虫学报, 48 (5): 731 – 735.

杨星科, 杨集昆, 李文柱, 等.2005. 中国动物志: 昆虫纲. 脉翅目. 草蛉科, 科学出版社.

叶正楚, 程登发.1986. 用紫外线处理的米蛾卵饲养草蛉 [J]. 生物防治通报, (3): 132 – 134.

叶正楚, 韩玉梅, 王德贵, 等.1979. 中华草蛉人工饲料的研究 [J]. 植物保护学报, 6 (2): 11 – 16.

于久钧, 王春夏.1980. 多种草蛉成虫的人工饲料 [J]. 农业科技通讯, (10): 31.

于令媛, 时爱菊, 郑方强, 等.2012. 大草蛉预蛹耐寒性的季节性变化 [J]. 中国农业科学, 45 (9): 1723 – 1730.

张帆, 王素琴, 罗晨, 等.2004. 几种人工饲料及繁殖技术对大草蛉生长发育的影响 [J]. 植物保护, (5): 36 – 40.

张君明, 王素琴.2001. 不同水质的人造卵液对赤眼蜂寄生及发育的影响 [J]. 北京农业科学, 19 (2): 19 – 21.

赵敬钊.1986. 草蛉黑卵蜂生物学的研究 [J]. 昆虫天敌, 8 (3): 146 – 149.

郅伦山, 李淑芳, 刘兴峰, 等.2007. 中华通草蛉越冬成虫的耐寒性研究 [J]. 山东农业科学 (3): 67 – 68.

周伟儒, 陈红印.1985. 中华草蛉成虫越冬前取食对越冬死亡率的影响 [J]. 生物防治通讯, 1 (2): 11 – 14.

周伟儒, 陈红印, 邱式邦.1985. 用简化配方的人工卵连代饲养中华草蛉 [J]. 中国生物防治, 1 (1): 8 – 11.

周伟儒, 刘志兰, 邱式邦.1981. 用干粉饲料饲养中华草蛉成虫的研究 [J]. 植物保护, 7 (5): 2 – 3.

周伟儒, 张宣达.1983. 人工卵饲养中华草蛉幼虫研究初报 [J]. 植物保护学报, 10 (3): 161 – 165.

Adashkevih, B. P., Kuzina, N. P. 1971. *Chrysopa* against the Colorado potato beetle [J]. Zashchita Rastenii

12, 23.

Adashkevih, B. P. , Kuzina, N. P. 1974. Chrysopids on vegetable crops [J]. Zashchita Rastenii 9, 28 – 29.

Alasady, M. A. A. , D. Omar, Y. Ibrahim, *et al.* 2010. Life Table of the Green Lacewing *Apertochrysa* sp. (Neuroptera: Chrysopidae) Reared on Rice Moth *Corcyra cephalonica* (Lepidoptera: Pyralidae) [J]. International Journal of Agriculture & Biology, 12 (2): 266 – 270.

Albuquerque, G. S. , C. A. Tauber, M. J. Tauber. 1994. *Chrysoperla externa* (Neuroptera: Chrysopidae): Life History and Potential for Biological Control in Central and South America [J]. Biological Control, 4 (1): 8 – 13.

Aphid ControL. http: //www. syngenta – bioline. co. uk/controldocs/html/ChrysoperlaCarnea. htm.

Bezerra, C. E. S. , P. K. A. Tavares, C. H. F. Nogueira, *et al.* 2012. Biology and thermal requirements of *Chrysoperla genanigra* (Neuroptera: Chrysopidae) reared on *Sitotroga cerealella* (Lepidoptera: Gelechiidae) eggs [J]. Biological Control, 60 (2): 113 – 118.

Canard, M. 2005. Seasonal adaptations of green lacewings (Neuroptera: Chrysopidae) [J]. European Journal of Entomology, 102 (3): 317 – 324.

Cohen, A. C. 2003. Insect diets: science and technology, The Chemical Rubber Company Press.

Finney, G. L. 1948. Culturing *Chrysopa californica* and obtaining eggs for field distribution [J]. Journal of Economic Entomology, 41 (5): 719 – 721.

Cranshaw W, Sclar DC, Cooper D. 1996. A review of 1994 pricing and marketing by suppliers of organisms for biological control of Arthropods in the United States [J]. Biological Control, 6: 291 – 296.

Duelli, P. 1984. Flight, dispersal, migration. *In Biology of chrysopidae*, ed. Canard, M. Semeria, Y. & New, T. R, 110 – 116.

Gardner J, Giles DK. 1996. Mechanical Distribution of *Chrysoperla rufibabris* and *Trichogramma pretiosum*: Survival and Uniformity of Discharge after Spray Dispersal in an Aqueous Suspension [J]. Biological Control, 8: 138 – 142.

Gardner J, Giles DK. 1996. Handling and environmental effects on viability of mechanically dispensed green lacewing eggs [J]. Biological Control, 7: 245 – 250.

Hagen, K. S. 1950. Fecundity of *Chrysopa californica* as affected by synthetic foods [J]. Journal of Economic Entomology, 43 (1): 101 – 104.

Hagen, K. S. , R. L. Tassan. 1965. A method of providing artificial diets to *Chrysopa* larvae [J]. Journal of Economic Entomology, 58 (5): 999 – 1 000.

Hasegawa, M. , K. Niijima, M. Matsuka. 1989. Rearing *Chrysoperla carnea* (Neuroptera: Chrysopidae) on chemically defined diets [J]. Applied Entomology and Zoology, 24 (1): 96 – 102.

Helena, R. , B. Franc, T. Stanislav. 2009. Effect of temperature on cannibalism rate between green lacewings larvae (*Chrysoperla carnea* [Stephens], Neuroptera, Chrysopidae) [J]. Acta agriculturae Slovenica, 93 (1): 5 – 9.

Khuhro, N. H. , H. Chen, Y. Zhang, *et al.* 2012. Effect of different prey species on the life history parameters of *Chrysoperla sinica* (Neuroptera: Chrysopidae) [J]. European Journal of Entomology, 109 (2): 175 – 180.

LEE, K. S. , J. H. LEE. 2005. Rearing of *Chrysopa pallens* (Rambur) (Neuroptera: Chrysopidae) on artificial diet [J]. Entomological Research, 35 (3): 183 – 188.

Legaspi, J. C. , R. I. Carruthers, D. A. Nordlund. 1994. Life-History of *Chrysoperla rufilabris* (Neuroptera: Chrysopidae) Provided Sweetpotato Whitefly *Bemisia tabaci* (Homoptera: Aleyrodidae) and Other Food. [J] Biological Control, 4 (2): 178 – 184.

López – Arroyo，J. I.，C. A. Tauber，M. J. Tauber. 2000. Storage of lacewing eggs：post – storage hatching and quality of subsequent larvae and adults［J］. Biological Control，18（2）：165 – 171.

McEwen PK，Kidd NAC，Eccleston L. 1999. Small – scale production of the common green lacewing *Chrysoperla carnea*（Stephens）（Neuropt. Chrysopidae）：minimizing costs and maximizing output［J］. Applied Entomology and Zoology，123：303 – 305.

McEwen，P. K.，T. R. New，A. E. Whittington. 2007. Lacewings in the crop environment，Cambridge University Press.

Mike Cherim. 2007. Aphid Predatory *Chrysoperla* Species Green Lacewings. http：//greenmethods. com/site/bio-controls/chrysoperla/.

Mohan，C.，B. Sathiamma. 2007. Potential for lab rearing of Apanteles taragamae，the larval endoparasitoid of coconut pest *Opisina arenosella*，on the rice moth *Corcyra cephalonica*［J］. BioControl，52（6）：747 – 752.

Morris，T. I.，M. Campos，M. A. Jervis，*et al.* 2009. Potential effects of various ant species on green lacewing，*Chrysoperla carnea*（Stephens）（Neuropt：Chrysopidae）egg numbers［J］. Journal of Applied Entomology，122（1 – 5）：401 – 403.

Morrison，R. K. 1977. A simplified larval rearing unit for the common green lacewing［*Chrysopa carnea*］［J］. The Southwest Entomology，2（4）：188 – 190.

Nasreen A，Mustafa G，Iqbal M. *et al.* 2004. Viability of Eggs of Green Lacewing Harvested by Am – tech and Other Methods［J］. Pskistan Journal of Biological Sciences，7（1）：126 – 127.

Nasreen A，Mustafa G. 2002. Improved rearing techniques for *Chrysoperla carnea* Stephens（Neuropteta：Chrysopidae）. Exploring New Frontiers in IPM. Proceedings of International IPM Conference，Toronto，Ontario，Canada.

Neil Cunningham. 2009. Method for Producing Green Lacewing Eggs and Larvae. http：//www. mda. state. mn. us/plants/insects/plantscape/lacewing. htm.

Niijima，K. 1989. Nutritional studies on an aphidophagous chrysopid，*Chrysopa septempunctata* Wesmael（Neuroptera：Chrysopidae）. I. Chemically – defined diets and general nutritional requirements［J］. Bulletin of the Faculty of Agriculture，Tamagawa University，29：22 – 30.

Niijima，K. 1993. Nutritional Studies on an Aphidophagous Chrysopid，Chrysopa septempunctata Wesmael（Neuroptera：Chrysopidae）：II. Amino Acid Requirement for Larval Development［J］. Applied Entomology and Zoology，28（1）：81 – 87.

Niijima，K. 1993. Nutritional Studies on an Aphidophagous Chrysopid，*Chrysopa septempunctata* Wesmael（Neuroptera：Chrysopidae）：III. Vitamin Requirement for Larval Development［J］. Applied Entomology and Zoology，28（1）：89 – 95.

Nordlund DA，Morrison RK. 1992. Mass rearing of *Chrysoperla* species. In：Anderson TE，Leppla NC.（Eds.）Advances in insect rearing for research and pest management. Oxford and IBM publishing Co. Pvt. Ltd，India：427 – 439.

Nordlund，D. A. 1993. Improvements in the production system for green lacewings：a hot melt glue system for preparation of larval rearing units［J］. Journal of Entomological Science，28：338 – 338.

Optimizing Applications of *Chrysoperla rufilabris* Eggs. http：//www. insectary. com/lw/lacewing2. html.

Osman，M. Z.，B. J. Selman. 1993. Storage of *Chrysoperla carnea* Steph（Neuroptera，Chrysopidae）eggs and pupae［J］. Journal of Applied Entomology，115（1 – 5）：420 – 424.

Pappas，M. L.，G. D. Broufas，D. S. Koveos. 2007. Effects of various prey species on development，survival and reproduction of the predatory lacewing *Dichochrysa prasina*（Neuroptera：Chrysopidae）［J］. Biological Control，43（2）：163 – 170.

Pappas, M. L., G. D. Broufas, D. S. Koveos. 2008. Effect of temperature on survival, development and reproduction of the predatory lacewing *Dichochrysa prasina* (Neuroptera: Chrysopidae) reared on *Ephestia kuehniella* eggs (Lepidoptera: Pyralidae) [J]. Biological Control, 45 (3): 396 – 403.

Sengonca, C. Lochte, C. 1997. Development of a spray and atomizer technique for applying eggs of *Chrysoperla carnea* (Stephens) [J]. Journal of Plant Disease and Protection, 104, 214 – 221.

Syed, A. N., M. Ashfaq, S. Ahmad. 2008. Comparative Effect of Various Diets on Development of *Chrysoperla carnea* (Neuroptera: Chrysopidae) [J]. International Journal of Agricultural and Biological, 10: 728 – 730.

Tauber, M. J., C. A. Tauber. 1976. Environmental control of univoltinism and its evolution in an insect species [J]. Canadian Journal of Zoology, 54 (2): 260 – 265.

Tauber, M. J., C. A. Tauber, K. M. Daane, *et al.* 2000. Commercialization of Predators: Recent Lessons from Green Lacewings (Neuroptera: Chrysopidae: Chrosoperla) [J]. American Entomologist, 2000, 46 (1): 26 – 38.

Tauber, M. J., C. A. Tauber, S. Gardescu. 1993. Prolonged storage of *Chrysoperla carnea* (Neuroptera: Chrysopidae) [J]. Environmental Entomology, 22 (4): 843 – 848.

Thompson, S. N. 1999. Nutrition and culture of entomophagous insects [J]. Annu Rev Entomol, 44: 561 – 92.

Ukishiro, Noboru, Shono, Yoshinori. 07/28/1998. Method for rearing or transporting entomophagous insect: United States, 5784991.

van Lenteren, J. C. 2003. Quality control and production of biological control agents: theory and testing procedures, CABI.

Vanderzant, E. S. 1969. An Artificial Diet for Larvae and Adults of *Chrysopa carnea*, an Insect Predator of Crop Pests [J]. Journal of Economic Entomology, 62 (1): 256 – 257.

Vanderzant, E. S. 1973. Improvements in the rearing diet for *Chrysopa carnea* and the amino acid requirements for growth [J]. Journal of Economic Entomology, 66 (2): 336 – 338.

Vanderzant, E. S. 1974. Development, significance, and application of artificial diets for insects [J]. Annual Review of Entomology, 19 (1): 139 – 160.

Viji, C. P., R. D. Gautam. 2005. Mass Multiplication of *Chrysoperla carnea* (Stephens) on Non Traditional Hosts [J]. Annals of Plant Protection Sciences, 13 (1): 123 – 128.

Wang, R., D. A. Nordlund. 1994. Use of *Chrysoperla* spp. (Neuroptera: Chrysopidae) in augmentative release programmes for control of arthropod pests [J]. Biocontrol News and Information, 15.

Woolfolk, S. W., D. B. Smith, R. A. Martin, *et al.* 2007. Multiple orifice distribution system for placing green lacewing eggs into verticel larval rearing units [J]. Journal of Economic Entomology, 100 (2): 283 – 90.

Zaki, F. N., M. A. Gesraha. 2001. Production of the green lacewing *Chrysoperla caranea* (Steph.) (Neuropt: Chrysopidae) reared on semi-artificial diet based on the algae, Chlorella vulgaris. [J] Journal of Applied Entomology, 125 (1 – 2): 97 – 98.

第四章　捕食蝽类天敌昆虫饲养与应用技术

第一节　捕食蝽类天敌昆虫的生物学和生态学概述

一、捕食蝽类的生态学概述

传统的半翅目昆虫俗称蝽类昆虫，是昆虫纲中比较大的类群，其中的捕食性种类在自然生态系统中起到很好的天敌昆虫作用，随着科研工作的推进，人们对这类昆虫的认知越来越明晰，目前，研究较多的有蝽科中的益蝽亚科、长蝽科、猎蝽科、姬蝽科、花蝽科、盲蝽科齿爪盲蝽亚科等的一些种类。

蠋蝽 [*Arma chinensis* (Fallou)]，又名蠋敌，异名 *Arma discors* Jakovlev (Jakovlev, 1902)、*Auriga peipingensis* Yang (Yang, 1933)，属半翅目，蝽总科，蝽科，益蝽亚科，蠋蝽属。该蝽分布于我国的北京、甘肃、贵州、河北、黑龙江、湖北、湖南、江苏、江西、吉林、辽宁、内蒙古、山西、山东、陕西、四川、新疆、云南、浙江及蒙古和朝鲜半岛等地区 (Rider, 2002)。蠋蝽经常活动于榆树及杨树混交林、棉田及大豆田等地，是农林业中一种重要的捕食性天敌昆虫。其可以捕食鳞翅目、鞘翅目、膜翅目及半翅目等多个目的害虫 (柴希民, 2000; 陈静, 2007; 高长启, 1993; 高卓, 2010; Zou, 2012)。其中以叶甲科和刺蛾科的幼虫最为喜食 (高长启, 1993)。在棉田，由于 Bt 棉的种植，棉铃虫 (*Helicoverpa armigera* Hübner) (鳞翅目：夜蛾科) 的种群被有效地抑制，但是 Lu 等 (2010) 发现，盲蝽象由次要害虫上升为主要害虫，蠋蝽除了可以捕食棉铃虫外，还可以捕食三点苜蓿盲蝽 (*Adelphocoris fasciaticollis* Reuter) (半翅目：盲蝽科) 和绿盲蝽 (*Apolygus lucorum* Meyer – Dür) (半翅目：盲蝽科)。因此应用转基因技术和释放天敌昆虫相结合的方法来控制害虫可以更有效地达到可持续发展的目的。此外，蠋蝽还可以取食马铃薯甲虫 [*Leptinotarsa decemlineata* (Say)] (鞘翅目：叶甲科) 和美国白蛾 [*Hyphantria cunea* (Drury)] (鳞翅目：灯蛾科)，因此，应用本地天敌昆虫来防治重大外来入侵害虫是一种切实有效的好方法。由此可见，蠋蝽是农林业生物防治中一种非常值得关注的天敌昆虫。

斑腹刺益蝽 (刺兵蝽) [*Podisus maculiventris* (Say)] 属半翅目，蝽科，益蝽亚科，原产美国，我国于 1983 年从美国引进，是一种捕食性蝽，主要用于防治鞘翅目、鳞翅目害虫 (王丽荣, 1993)。为探究大规模饲养斑腹刺益蝽所需湿度条件，在温度为 25 ~ 27℃时设定了 6 个不同湿度梯度来进行实验，结果显示相对湿度 80% ~ 85% 为最适宜的湿度条件，再配以合适的温度条件和饲料条件，可为室内大量繁殖斑腹刺益蝽提供可靠的依据。

叉角厉蝽 [*Cantheconidea furcellata* （Wolff）] 属益蝽亚科厉蝽属，在我国主要分布于四川、广东、广西等南部省份，能够捕食隐纹谷弄蝶 （*Pelopidas mathias*）、三线茶蚕 （*Andraca bipunctata*）、尘污灯蛾 （*Diacrisia obliqua*）、芝麻荚野螟 （*Antigasira catalaunalis*）、绿额翠尺蛾 （*Thalassodes proquadria*） 等多种害虫，尤其对鳞翅目害虫有很强的嗜好性，是一种重要的捕食性天敌昆虫 （谢钦铭，2001；林长春，1998）。在人工饲养方面，李丽英等 （1988） 用纯柞蚕蛹血淋巴以及体外培育赤眼蜂用的混合培养液饲喂叉角厉蝽，发现可正常完成生长发育和繁殖产卵。用菜青虫和斜纹夜蛾喂养叉角厉蝽，其效果要好于用米蛾幼虫和柞蚕蛹血淋巴喂养的，得出结论证明菜青虫和斜纹夜蛾是大规模繁殖叉角厉蝽的较好猎物。

大眼长蝽属 （*Geocoris*） 隶属长蝽科。该属的种类广泛分布于欧洲、非洲北部、中亚、印度、中南半岛、菲律宾和印度尼西亚，在我国分布也比较广泛，目前，在我国记录有16种，其中，分布最广的种为白翅大眼长蝽 [*Geocoris pallidipennis* （Costa）]，该种下有若干变型，大致可分为两个亚种：[*Geocoris pallidipennis pallidipennis* （Costa）] 和 [*Geocoris pallidipennis xizangensis* （Zheng）]，大部分地区的种群属于前者，分布记录有：北京、天津、河北、山西、河南、湖北、浙江、江西、上海、山东、陕西、四川、云南，其中，北京周边所采集的个体与 *Geocoris pallidipennis* var. *mandarinus* 相符，前胸背板中央白斑几乎消失，但通常使用的种名仍然是 *Geocoris pallidipennis* （Costa）。

中国对大眼长蝽的研究很少，而国外的学者对于大眼长蝽进行了一定的研究。国外研究的种类主要有斑足大眼长蝽 （*Geocoris punctipes*）、沼泽大眼长蝽 （*G. uliginosus*）、光滑大眼长蝽 （*G. lubra*） 等。对于大眼长蝽捕食潜力的深入研究，证明大眼长蝽有很好的利用潜能 （Joseph，2009）。在美国佐治亚州的棉田里，通过2004年到2006年的调查发现，大眼长蝽和小花蝽、捕食性蜘类一样，已经成为棉田生物防治系统中不可缺少的一部分 （Tillman，2009）。它们长久存留在重要的农业生态系统中，作用于相关的害虫，即便害虫密度低的情况下仍存留于田间，这些特点让大眼长蝽成为短暂农业、行播作物系统中开展生物防治的研究重点。Waddill & Shepard （1974） 研究了大眼长蝽对于墨西哥大豆瓢虫的潜在捕食能力，结果表明大眼长蝽在田间能有效地降低墨西哥大豆瓢虫的密度。有人曾研究了农药对南亚大眼长蝽 （*Geocoris ochropterus*） 的毒性，在所研究的几种农药中，没有哪一种对成虫是安全的，都对成虫具有毒性，但是印楝素 （neemarin） 对若虫是安全的。这对于选择对天敌种群相对安全的农药提供了参考。Elzen & Elzen （1999） 研究了选择性杀虫剂用量对于大眼长蝽的致死和未致死效应，为大眼长蝽的田间释放提供了一定的理论依据。其中，Tillman 等 （2001） 以及 Myers 等 （2006） 试验了杀虫剂对于大眼长蝽的毒效作用以及对有害生物综合治理系统的影响，为进一步研究杀虫剂在棉田的合理使用奠定了基础。

小花蝽属半翅目花蝽科，作为一类重要的天敌昆虫，在我国害虫生物防治中具有很好的应用前景。其中，东亚小花蝽 [*Orius sauteri* （Poppius）] 为我国中部和北部的优势种，而南方小花蝽 [*Orius strigicollis* （Poppius）] 为我国南方的优势种。南方小花蝽是我国南方温室蔬菜害虫的主要天敌之一，对控制多种蔬菜上的粉虱、蓟马、红蜘蛛、蚜虫和叶蝉等害虫有着明显的作用，是一种很有利用前景的天敌昆虫 （魏潮生，1984）。张昌容等

（2010）为更好地繁殖南方小花蝽，用西花蓟马同时添加蜂蜜水对其进行饲养，研究表明添加蜂蜜水可以显著提高南方小花蝽雌虫寿命和产卵量，说明蜂蜜水可以作为其大量饲养时的添加饲料。张士昶等在实验室研究了南方小花蝽在9种寄主植物上的产卵量和孵化率，结果表明，南方小花蝽对于不同寄主植物具有显著的选择差异性。同时，针对南方小花蝽刺吸式口器的特点，张士昶等发明了一种液体人工饲料来对其进行饲养，结果显示液体人工饲料可以很好地满足南方小花蝽生长发育和生殖发育的营养需求。

东亚小花蝽属半翅目、花蝽科、小花蝽属，主要分布于我国辽宁、北京、天津、河北、山西、湖北、四川、内蒙古等地，由于其分布范围广，环境适应能力强，种群数量大，被认为是一种具有较好应用价值的天敌昆虫。东亚小花蝽是林木、果园、温室及农田中多种害虫的捕食性天敌，可以捕食蚜虫、蓟马、粉虱、叶蝉、叶螨等（王方海，1998）。对于东亚小花蝽的人工饲养，国内外的一些学者进行了一定的研究。用人工卵饲养东亚小花蝽，发现在不提供水分的情况下，其成活率能够达到72%～83%。王方海等（1996）用嫩玉米粒饲养东亚小花蝽，成虫获得率为45%，并且经济实惠，具有一定的实用价值，可以考虑用作饲养时的补充饲料。郭建英等（2002）用人工卵赤眼蜂蛹来饲养东亚小花蝽，连续饲养6代后发现，其若虫发育历期和成虫产卵能力均与桃蚜饲养的没有显著差异，表明赤眼蜂蛹可以满足其生长发育的需要。谭晓玲等（2010）发明了一种微胶囊人工饲料来饲养东亚小花蝽，并且对其进行了饲喂效果评价。Honda 等（1998）和Yano 等（2002）用地中海粉斑螟卵来饲养东亚小花蝽，发现其可以成功地完成生长发育和繁殖产卵，不过还需要通过进行连续饲养来进一步验证。

黄色仓花蝽［*Xylocoris flavipes*（Reuter）］属半翅目、花蝽科，分布较为广泛，主要生活在粮仓内，能够捕食包括粉斑螟蛾、印度谷螟、大蜡螟以及麦蛾在内的13种仓库害虫，是捕食仓库害虫的有效天敌（姚康，1981；Lecato，1977；Jay，1968）。杨怀文等（1985）用米蛾卵饲养黄色仓花蝽，饲养结果表明，用10万粒米蛾卵能够养出黄色仓花蝽成虫4 000头，并且饲养出的成虫其发育速度和繁殖力与正常相比没有显著差异。周伟儒等用米蛾成虫、米蛾卵、人工卵、米蛾卵加人工卵做饲料喂养黄色仓花蝽，结果显示，不同饲料对于若虫发育和成虫繁殖都有不同程度的影响，其中以米蛾成虫和米蛾卵喂养的效果最好，而且米蛾成虫是生产米蛾卵后的废弃产物，充分利用可以大大降低繁殖黄色仓花蝽的成本。

盲蝽科 Miridae 昆虫具有重要的经济价值，包含许多农林业的重要害虫和一些害虫的重要天敌（吴伟坚，2004）。盲蝽科中有不少种类食性复杂，既取食小型、柔软的节肢动物，也吸食植物汁液，在密度不高和猎物充足的情况下并不对植物构成危害，所以部分种类已大量应用于生物防治中。目前，国内对烟盲蝽的使用还存在一些争议，烟盲蝽会对某些植物造成取食危害，还可能传播烟草病毒，引起间接危害。而国际上已经将烟盲蝽工厂化生产并释放应用到田间，一定数量的烟盲蝽在番茄田里应用时，确实对粉虱、蚜虫起到很好的控制作用。同时，由于植物与昆虫长期的协同进化的结果，植物被烟盲蝽取食后，在一定的范围内具有自然补偿，甚至超补偿作用。在盲蝽的生命周期中，能够实现从动食性向植食性转换，这是盲蝽作为克服猎物短缺的一种策略（Cohen，1986）。Blaeser 等研究比较了捕食盲蝽：塔马尼猎盲蝽（*Dicyphus tamaninii*）和矮小长脊盲蝽（*Macrolophus pygmaeus*）。作为西花蓟马的生物防治方法，塔马尼猎盲蝽和矮小长脊盲蝽分别能明显的控制温室中虎刺梅（*Euphorbia pulcherrima*）、臭六月雪（*Serissa foetida*）（茜草科）和非洲紫罗兰（*Saintpaulia ionantha*）上西花蓟马的密度（Blaeser，2004）。目前成功应用于温室害虫生物防治的有：暗黑长脊盲蝽（*Macrolophus caliginosus*），塔马尼猎盲蝽和西方猎盲蝽（*Dicyphus hesperus*）等，在欧洲和北美地区被广泛的应用于温室害虫的综合防治。暗黑长脊盲蝽主要应用于温室白粉虱和烟粉虱的防治，可取食粉虱的卵和若虫。至少有5家公司生产和销售该蝽。塔马尼猎盲蝽主要应用于防治温室作物上的粉虱和西花蓟马，在加拿大，西方猎盲蝽应用于温室作物上的粉虱和螨类，相对于螨类，该盲蝽更嗜食粉虱，喜欢在粉虱为害过的茄子和番茄上产卵。我国对应用于生物防治的盲蝽报道相对较少，主要集中在中华微刺盲蝽、黑带多盲蝽、黑肩绿盲蝽、黑食蚜盲蝽等，所作研究主要停留在已开展的生物学等研究的基础之上。

二、捕食蝽类的生物学概述

（一）蠋蝽

1. 蠋蝽形态特征

成虫：体色斑驳，盾形，体较宽短，臭腺沟缘有黑斑，腹基无突起，抱器略呈三角形（郑乐怡，1981）。体黄褐色或暗褐色，不具光泽，长10～15mm；头部侧叶长于中叶，但在其前方不汇合；前胸背板侧角伸出不远（柴希民，2000）。雌虫体长11.5～14.5mm，体宽5～7.5mm；雄虫体长10～13mm，体宽5～6mm，体黄褐或黑褐色，腹面淡黄色，密布深色细刻点。触角五节，第三、第四节为黑色或部分黑色。头的中叶与侧叶末端平齐，喙第一节粗壮，只在基部被小颊包围，一般不紧贴于头部腹面，可活动；第二节长度几乎等于第三、第四节的总长，前胸背板侧缘前端色淡，不成黑带状，侧角略短，不尖锐，也不上翘。雄虫抱握器为三角形（高卓，2009）。

卵：圆筒状，鼓形，高1～1.2mm，宽0.8～0.9mm。侧面中央稍鼓起。上部1/3处及卵盖上有长短不等的深色突起，组成网状斑纹。卵盖周围有11～17根白色纤毛。初产卵粒为乳白色，渐变半黄色，直至橘红色（高卓，2009）。

若虫：初孵若虫为半黄色，复眼赤红色，孵化约10min后头部、前胸背板和足的颜色由白变黑，腹部背面黄色，中央有4个大小不等的黑斑，侧接缘的节缝具赭色斑点，4龄后可明显看到1对黑色翅芽。若虫共计5龄，其各龄平均体长为1.6mm、2.9mm、4.2mm、5.9mm、9.6mm；体宽为1.0mm、1.2mm、2.3mm、2.7mm、4.6mm（高卓，2009）。

2. 蠋蝽生活史

蠋蝽若虫五龄，在北京，每年发生2～3代（徐崇华，1981）。在沧州每年发生2代，以第二代成虫越冬，翌年4月中旬开始出蛰，4月底交尾，5月上旬开始产卵，中旬出现第一代若虫，6月中旬出现第一代成虫，7月上旬第一代成虫交尾产卵，7月中旬出现第二代若虫，7月底出现第二代成虫（姜秀华，2003）。该蝽在新疆每年发生2～3代，翌年四月中旬出蛰，十月上旬开始越冬。在甘肃兰州，上官斌（2009）通过林内定点观察发现，蠋蝽1年发生2代，以成虫在枯枝落叶下、向阳的土块下以及树皮、墙缝等处越冬。每年4月上旬越冬成虫开始在刺柏上活动，5月上旬开始交尾产卵，产卵盛期为5月下旬。5月下旬第1代若虫孵出，孵化可持续到6月下旬，5月下旬到6月上旬为孵化盛期。第1代成虫始发期为6月下旬。7月上旬第2代卵孵化。第2代若虫发生期是从8月上旬至9月中旬。第2代成虫始发期为9月中旬。第2代成虫持续到10月上旬开始进入越冬场所。而在浙江省，每年可发生3代（柴希民，2000）。在黑龙江省每年发生两代，该蝽以成虫于树叶枯草下，石缝或树皮裂缝中越冬。越冬成虫在次年5月初开始活动，五月底开始产卵。若虫6月中旬孵出。7月初第一代成虫开始羽化，7月末开始产卵。第二代若虫在8月初开始孵出，成虫8月底开始羽化。10月初至来年4月成虫处于越冬状态（表4-1）。蠋蝽世代重叠现象明显（图4-1）。Zou等（2012）研究发现，在北京室内 [（27±2）℃，RH 75%±5%] 以柞蚕 （*Antheraea pernyi* Guérin - Méneville）（鳞翅目：天蚕蛾科）蛹饲养的蠋蝽产卵前期5~8天，若虫各龄期发育时间不同，具体发育时间详见表4-2。研究发现，经室内观察，成虫多次交尾，交尾时间最长195min，最短的10~20min。成虫多在叶片上产卵，几十粒或十几粒为一个卵块。高卓（2010）认为蠋蝽取食时是进行口外消化，可以取食比自己体型宽大的猎物。雌性个体间产卵差异较大，平均409粒/雌左右。

图4-1　蠋蝽生活史

1. 卵块；2. 一龄若虫；3. 二龄若虫；4. 三龄若虫；5. 四龄若虫；6. 五龄若虫；

7. 雄成虫；8. 雌成虫（Zou，2012）

天敌昆虫扩繁与应用

表 4 – 1 蝎蝽生活史（哈尔滨，2008—2009 年）（高卓，2010）

世代	月						
	11 – 4	5	6	7	8	9	10
越冬代	（+）（+）（+）		+ + + +				
第一代		○ ○	○ ○ ○				
				− − − −	− −		
				+ +	+ + + + +	+ +	+ （+）（+）（+）
第二代				○ ○ ○			
					− − −	− −	− −
					+ +	+ +	（+）（+）（+）

（+），越冬代成虫 overwintering adults；+，成虫 adults；○，卵 eggs；—，1～5 龄若虫 1st to 5th in-star nymphs.

表 4 – 2 蝎蝽发育历期（Zou，2012）

发育阶段	发育（时间）历期（天）		
	最小值	最大值	平均值（mean ± SE）
卵	5	7	6.43 ± 0.08
1 龄	3	4	3.25 ± 0.07
2 龄	3	5	4.11 ± 0.10
3 龄	3	4	3.41 ± 0.07
4 龄	3	6	4.00 ± 0.11
5 龄	5	7	5.89 ± 0.09
雄虫	33	60	44.18 ± 1.08
雌虫	23	54	37.25 ± 1.14

（二）大眼长蝽

白翅大眼长蝽 [*Geocoris pallidipennis*（Costa）] 属半翅目长蝽科，为我国常见种。成虫体型较小，体黑色，但前缘为灰黄色；复眼黄褐色，大而突出，单眼橘红色；触角呈丝状，短于体长，第一节橙黄色，第二、第三节黑褐色，第四节灰褐色；前胸背板呈四边形，小盾片呈三角形。前翅黄褐色，后翅白色；足黄褐色，腿节基半部黑色。成虫具有趋光性，雌虫在植物叶表产卵，卵散产。卵为椭圆形，长约 0.74mm。初产时橙黄色，将孵化时变为红色，复眼深红色，肉眼明显可见。若虫分为五个龄期，刚孵化时呈粉红色，孵化两到三天后变为紫黑色，头部较尖，腹部大而圆。白翅大眼长蝽主要以成虫、少数若虫在杂草、树木的枯叶下越冬。此虫抗寒性较强，冬天白天温度摄氏零度以上时，在背风向阳的杂草中活动，来年五月在棉田内可见成虫和卵（艾素珍，1989）。白翅大眼长蝽生活习性很广，在棉田、玉米、高粱、山芋、豆类、瓜类、蔬菜以及杂草中均能见到，6～7月在棉田发生较多，8～10 月在蔬菜、豆类、瓜类、杂草地发生较多（孙本春，1993）。

大眼长蝽作为长蝽科大眼长蝽亚科在我国是最为常见的种，在棉田可以捕食棉蚜、棉叶螨、棉蓟马、叶蝉、红铃虫、棉铃虫等鳞翅目的卵和幼虫，甚至可以捕食苜蓿盲蝽的成虫及若虫（崔金杰，1997；仝亚娟，2011）。

在美国，斑足大眼长蝽（Geocoris punctipes）是一些主要农作物系统中的一种主要天敌昆虫。若虫和成虫都是好动而且凶猛的捕食者，捕食棉花、大豆及其他农作物上的多种害虫。由于大眼长蝽具有从植物中摄取营养的能力，即便在害虫密度低的情况下，仍倾向于停留在原先环境中，这些特点使之成为短暂农业、行播作物系统中开展生物防治的研究重点。Pfannenstiel & Yeargan（1998）通过试验表明，斑足大眼长蝽具有明显的植物的选择性，田间试验表明，在临近种植的大豆，玉米，西红柿和烟草四种作物中，斑足大眼长蝽若虫在大豆上数量最多，而成虫明显更喜好烟草和大豆，7月早期和中期，斑足大眼长蝽成虫转移到大豆上，8月初转移到烟草上，若虫的大发生跟随成虫的出现高潮而出现。在大豆和烟草上，斑足大眼长蝽的生殖率较高，在大豆上，斑足大眼长蝽若虫和成虫数目的比例最大为28∶1；在烟草上，其比例最大为21.4∶1。斑足大眼长蝽总是在植物的下部1/3部位活动，产卵在植物流出物周围，而若虫和成虫活动在离流出物较远的地方，衰老的或枯掉的叶子上，或植物的底部。很多时候姬蝽常与斑足大眼长蝽同时出现在同一作物上。

Ruberson等2001年试验验证了光周期对斑足大眼长蝽（Geocoris punctipes）不同地理种群的胚胎前发育和滞育感应。两个地理种群的位置分别是（84°29′N，38°04′W）和（83°31′N，31°28′W）。光周期和种群明显影响胚胎和若虫的发育时间。两个种群都随着光周期的下降，滞育率升高；但是在14∶10（L∶D）的光周期处理中，肯塔基种群进入滞育的比例比芝加哥种群进入滞育的比例明显高出很多。肯塔基种群进入滞育的比例最高值是在12∶12（L∶D）条件下达81.8%，而芝加哥种群进入滞育的比例最高值是在10∶14（L∶D）条件下达40.9%。肯塔基种群进入滞育的临界光周期比芝加哥种群进入滞育的临界光周期长约1h。产卵前期明显受到光周期的影响，而这种影响在两个种群中表现不同：短光照明显延长了两个种群的产卵前期，而对芝加哥种群而言，延长光照导致产卵前期缩短更明显。两个种群滞育感应的最大区别可能反映出两个地方相关滞育条件的不同。对光周期诱导沼泽大眼长蝽（Geocoris uliginosus）生殖滞育进行了研究，发现在光周期为12∶12及11∶13（L∶D）时，群体中86%~88%的个体进入滞育，然而，光照时间越长，发生滞育的个体数量越少。Mansfield等（2007）曾研究过饲料、温度、光周期对于光滑大眼长蝽（Geocoris lubra）生长发育的影响，结果表明，用棉铃虫卵饲养的若虫存活率要比用蚜虫饲养的稍好一些，并且在27℃时饲养的若虫发育时间和存活率要显著好于在25℃时饲养的。

大眼长蝽人工饲料的研究也取得了一定的进展，用一磅的饲料可以饲养3万头大眼长蝽成虫或者1万头草蛉成虫，并且在它们的生命期内可以产下3百万粒的卵。Hagler和Cohen（1991）用人工饲料连续饲养6年的斑足大眼长蝽和野外的个体所表现出来的猎物选择性极为相似。人工饲养和野生个体对于猎物选择没有表现出明显的不同。这些饲养方式表明，实验室饲养的斑足大眼长蝽，甚至是连续多代饲养，对于猎物的选择特性都没有明显的降低。Cohen（2000）通过用人工饲料饲养6年以上（繁殖60代）的斑足大眼长蝽和野生种群的比较，来确定人工驯化是否会导致其缺失相关的捕食性功能。以雌成虫为例，以烟青虫幼虫、棉铃虫、豌豆蚜或豆长管蚜为猎物，测量了捕食的权重、单个猎物的处理时间、提取量、单位消耗量和摄食能力。驯养的雌性重量明显小于非驯养的，体重分别为 4.53mg 和 5.09mg。驯养与否没有明显影响单个猎物的处理时间，对于喂养棉铃虫的一组，人工饲养种群和自然种群平均处理时间分别为 131min 和 122min；而喂养豆长管蚜虫的一组，平均处理时间分别为 106min 和 94min。尽管两类猎物在重量方面有着明显的不同（棉铃虫是豆长管蚜的两倍），但是，两种猎物都超过了捕食者的摄取量。捕食者的摄取量是 1.12mg 到 1.20mg，这跟猎物的饲养背景、捕食量以及捕食种类没有显著关系。人工饲养种群和自然种群的捕食者对于单位消耗量也基本相同，分别为 11.86μg/min 和 12.91μg/min，没有受到猎物种类不同的影响。Hagler（2009）在室内饲养斑足大眼长蝽 40 代以后发现，和自然种群相比，室内饲养的个体在对粉虱的取食量、取食速率以及取食时间上都要优于野生个体，室内繁殖的斑足大眼长蝽种群也能够进行实际应用。

（三）小花蝽

南方小花蝽〔*Orius strigicollis*（Poppius）〕为半翅目花蝽科的一种捕食性天敌，其主要捕食对象为：稻蓟马、棉铃虫、红铃虫、棉蚜、棉叶蝉、棉叶螨。主要分布在长江以南的湖北、江苏、上海、江西、广东、广西等省区，河南、河北、北京也偶有发现。

雌虫：体长约 2mm。初羽化时淡黄色，以后变为黑褐色，有光泽。触角 4 节，长约 0.80mm，浅黄色，第四节颜色变深。复眼暗红色；单眼 2 个，暗红色。喙 3 节，第二、第三节端半部黑褐色，余黄褐色。前翅革片污黄色，楔片污黄色至黑褐色，膜片无色，透明。足淡黄色，基节和跗节色深。腹部末端宽，侧缘及外缘外露。雄虫：体较雌虫略小。触角较雌虫长，被短毛，第二节粗长，第四节黄褐色，第三节端半部浅黑褐色，其余浅黄色。前翅楔片黑褐色。腹部全部被前翅所盖，腹末端不对称，从背面看偏向右边。

卵：卵散产于棉花嫩叶的叶柄基部和叶脉组织中，仅露出卵盖（白色）在表面。卵为短茄形，长 0.50mm 左右，最宽处约为 0.21mm。卵盖圆形，直径约为 0.10mm，由边缘向内凹陷，凹陷中央又略为隆起，表面有 2 圈小室状花纹，外圈为长方形，小室的数目 20～30 个；内圈有 10～20 个小室，形状不规则。若虫共有 5 个龄期，到五龄时体长 2.02～2.06mm，宽 0.88～0.90mm，发育末期雄虫抱器基本形成；雌虫产卵器也开始分化，可以区分雌雄虫。

南方小花蝽多在棉花嫩头处活动，花蕾期多在蕾、花、铃苞叶内活动。成虫常在开花作物花内吸食液汁和捕食。气温低时少活动，风和日丽时活跃。在密度大、食物缺乏时有自残习性。温度是影响发育历期长短的主要因素。南方小花蝽在湖北省武汉市一年发生 8 代；在广东省广州市一年发生 14 代。成虫多在早晨和上午羽化。羽化后的雌虫，数小时后就能交配，交配喜在暗的地方进行。雌雄均有多次交配习性。以第一次交配的时间较长，每次历时 1～22min 不等。交配后的雌虫 3～9 天后开始产卵。成虫对产卵场所有选择性，喜将卵散产在棉花上部幼嫩棉叶背面主脉基部及蕾苞叶基部，偶尔也产于叶肉组织内。单雌每日平均可产 4～8 粒卵，一生的总产卵量平均 40～50 粒，最多可产 100 余粒。温度、湿度和营养对产卵量有一定影响，温度越高（30℃以上）成虫的寿命越短，产卵量低。如相对湿度 90%，温度在 25℃时平均产卵量 48 粒；30℃时 5 粒；35℃时不能产卵。在 26℃时，相对湿度 70% 时平均产卵 33 粒；相对湿度 90% 时 48 粒。但在 30℃，相对湿度 70% 时平均产卵 20.50 粒；相对湿度 90% 时只有 5 粒。在 15℃以下不产卵。

南方小花蝽在湖北省以成虫在苕子田、蚕豆田、蔬菜地、稻田株间夹缝和枯枝落叶内越冬。越冬成虫于翌年2月中旬开始活动，3月上、中旬在蚕豆、苕子田出现，3月下旬开始产卵。第一代若虫于4月上旬出现，4月中旬达到高峰；第二代4月下旬至6月中旬在苕子、四季豆、黄瓜、番茄、辣椒等作物上活动；第三代于5月下旬至7月上旬陆续在豆类、瓜类蔬菜上活动，6月上、中旬，一部分进入棉田；第4～7代在棉田内外来往迁移，9月下旬至10月上旬，棉田数量逐渐减少。10月中旬至11月中旬主要在蔬菜地活动；11月下旬至12月上旬迁移到越冬田进行越冬。由于南方小花蝽寿命长，产卵期也长，故世代重叠现象明显。南方小花蝽在广州市无明显越冬现象。南方小花蝽为广捕性天敌，可捕食棉铃虫卵和初孵幼虫、红铃虫卵和初孵幼虫、棉蚜、蓟马、棉叶蝉若虫和棉叶螨等。被捕食棉铃虫卵可出现三种症状：①卵白色，塌瘪，顶端短尖形，卵汁全部被吸空；②卵棕褐色，明显细缩，不塌瘪，顶端长尖形，卵汁大都被吸；③卵褐色，部分凹缩，不塌瘪，顶端正常，卵汁小部分被吸食。被捕食红铃虫卵可呈现两种症状：①卵白色，塌瘪凹陷，卵汁部被吸空；②卵棕褐色，部分凹缩，卵汁部分被吸食。所有被捕食的卵粒均不能发育。

　　据室内观察，南方小花蝽平均每头若、成虫单日捕食棉铃虫卵分别为3.70粒和5.22粒；红铃虫卵分别为7.21粒和9.88粒。如以棉蚜、棉铃虫卵和红铃虫卵混合饲养，南方小花蝽成虫、若虫可同时吸食棉蚜、棉铃虫和红铃虫卵。其捕食量依次是：棉蚜＞红铃虫卵＞棉铃虫卵。魏潮生等（1984）在室内测定，南方小花蝽全世代共捕食棉蚜平均数量达286.60头。

（四）动植性盲蝽

　　随着捕食性天敌昆虫使用过程中在田间定殖困难的问题凸显出来，一些动植性昆虫逐步受到重视。动植性昆虫指的是具有既能取食猎物又能取食植物的昆虫，一般来说是特指盲蝽类昆虫和一些在发育过程中的某个阶段，从肉食性变为植食性的作为克服猎物短缺的一种生存策略的种类。目前，国内对动植性盲蝽的研究尚未真正开始，但国际上已经很重视这类昆虫的研究，本文中这类信息主要来源于国外的研究结果。

　　Gillespie等（2000）通过研究认为，盲蝽科Miridae猎盲蝽属 *Dicyphus* 的不少种类是温室白粉虱的捕食天敌，在欧洲，Dicyphini族的捕食盲蝽已经被广泛地应用于露地和温室蔬菜上害虫的生物防治，其中包括：塔马尼猎盲蝽（*Dicyphus tamaninii*）和西方猎盲蝽（*Dicyphus hesperus*），烟盲蝽（*Nesidiocoris tenuis*）和暗黑长脊盲蝽（*Macrolophus caliginosus*）等。该族盲蝽多被用于温室白粉虱的生物防治，但也捕食蓟马、蚜虫、叶蝉以及其他类小型昆虫（Castanea，1996）。

1. 烟盲蝽（*Nesidiocoris tenuis*）

　　烟盲蝽形态特征：成虫，体长3.3～4.5mm，宽0.6～1.0mm，体细长，绿色，复眼大，红色，前胸背板中央有一条黑色纵沟，中胸背板有4个纵长黑斑，小盾片绿或黄绿色，前翅狭长，半透明，后翅白色透明，足细长，胫节具短毛并混生次状毛。卵长0.70～0.77mm，宽0.16～0.24mm，茄形，具卵盖，初产时白色透明，后转淡黄，近孵化时棕色。若虫分5龄，一龄若虫体长0.60～0.75mm，体宽0.2～0.3mm，初孵时白色透明，以后变为淡绿或绿色，少数变黄或棕色，头大，复眼棕褐色，触角淡褐色，足淡黄色，外形似小蚂蚁；二龄若虫体0.8～1.5mm，宽0.3～0.5mm；三龄若虫体长1.7～2.3mm，体宽0.6～0.8mm，体绿色，前翅芽伸至第一腹节，四龄若虫体长 2.2～2.6mm，体宽 0.6～0.9mm，前翅芽伸至第二腹节，并隐约可见后翅芽；五龄若虫体长 2.5～3.3mm，体宽 0.8～1.2mm，深绿色至黄绿色，前翅芽伸达第四腹节。

烟盲蝽生活史及习性：一般 4～5 代，有明显的世代重叠现象。室内观察表明，温度在 21～31℃，相对湿度 52%～85% 的条件下，完成一个世代需要 38±4 天，成虫雄虫交配结束后 10～15 天死亡，雌虫寿命 30～50 天。成虫、若虫喜阴，多在植物叶背、幼嫩生长组织上栖息活动。成虫初羽化时翅白色，活动和飞翔能力弱，24h 后活动能力增强，前翅翅脉逐渐明显，并开始交配，一生可交配多次，全天均可见交配，交配高峰期在晴天上午 9:00～11:00，交配时间可长达 3h 以上，边交配边取食，交配当天产卵，卵散产于嫩茎及叶背组织内，每次有效产卵 3～4 粒，产卵期 4～7 天，卵期 9～18 天，多数为 11～12天。烟盲蝽在北方温室内番茄和烟草等植物上可周年繁殖，如遇到植物上害虫资源较丰富时，其体型较大，健壮，害虫资源相对匮乏时，其体型较小，瘦弱。

烟盲蝽在北方温室内番茄、茄子、烟草、油菜等作物上可周年繁殖，猎物资源丰富时，其体型大而健壮，猎物缺乏时则体型小而瘦弱，因此需定期添加蚜虫、粉虱等害虫作为其食物。烟盲蝽取食植物时，在茎叶部分产生坏死环，导致果实退色和畸形，但这种情况只有在其种群数量过高，缺乏猎物时才发生。在温室番茄上，烟盲蝽取食植物（番茄枝叶）的程度和植物密度、温度呈正相关，和粉虱密度呈负相关。烟盲蝽的数量动态与猎物密度的变化有关，粉虱暴发时，烟盲蝽种群增加；粉虱得到控制后，烟盲蝽种群数量降低；粉虱减少时，烟盲蝽种群迅速减少，这表明对烟盲蝽来说，和粉虱相比，植物是次级营养源。在国内，烟盲蝽被认为是一种很有潜力的可用于生物防治的动植性盲蝽，但关于烟盲蝽的人工饲料及田间释放等方面的研究正在进行中。

烟盲蝽在气候温暖的地区和季节以及地中海地区是普遍存在的捕食性天敌，对小型昆虫尤其是白粉虱和烟粉虱的各龄虫态都很有效。烟盲蝽在番茄上存活时间比茄子上长，但在没有充足的食物情况下不能完成生长发育。在接有地中海斑粉螟卵的番茄上比在同样条件下的甜椒上更适合烟盲蝽生长。这些结果表明，取食动物是烟盲蝽所必需的，其取食植物的情况则因寄主植物而定。冬末每平方米释放 6 头盲蝽（暗黑长脊盲蝽和烟盲蝽）对温室白粉虱能起到快速控制的作用，在夏末释放效果会更好。

2. 塔马尼猎盲蝽（*Dicyphus tamaninii*）

塔马尼猎盲蝽可以成功的用于对棉蚜、温室白粉虱的控制（Alvarado，1997）。塔马尼猎盲蝽的生长发育期较长，在寄主植物烟草上，25.6℃时饲以地中海斑粉螟（*Ephestia kuehniella* Zeller）的卵和蛹，完成一个世代需要 33.3 天（Agust，1998）。饲以二龄西花蓟马若虫时，需要 31 天。对塔马尼猎盲蝽取食不同发育日龄的蚜虫的捕食量的研究，表明其所有幼虫虫态都可以在 1～2 和 4～5 天的棉蚜上完成其生长发育。一到四龄的雌性与雄性若蝽其捕食量之间没有显著差异，但是，五龄雌蝽取食各龄棉蚜的数量明显比五龄雄蝽多。试验表明塔马尼猎盲蝽的一龄若虫可以在没有任何猎物情况下发育到二龄，因此，低龄若虫比高龄若虫及成虫更接近植食性的。幼虫发育历期试验中在无猎物和番茄叶上幼虫不能发育到成虫，只取食植物的成虫重量比只取食猎物的显著轻。塔马尼猎盲蝽对番茄果实的刺吸程度受到番茄叶片存在的显著影响，而与地中海斑粉螟卵存在与否没有显著性差异；只有当番茄叶片不存在时，塔马尼猎盲蝽才会对番茄果实造成严重影响。

3. 西方猎盲蝽 (*Dicyphus Hesperus*)

西方猎盲蝽若虫取食猎物是为了生长发育的需要，雌蝽取食猎物是产卵的需要，各龄虫态都需取食植物和水分以完成其生长发育。水分的摄取对西方猎盲蝽是必需的，西方猎盲蝽在同时存在番茄叶片和果实时，会选择取食叶片。西方猎盲蝽捕食猎物越多，其取食植物就越少（Gillespie，2000）。西方猎盲蝽取食叶片或水分对于它捕食猎物及生长发育都是关键的因素。尽管提供有额外的动物猎物让其若虫取食，但当没有植物资源或水分时大多数西方猎盲蝽不能完成生长发育。与此相反，当同时提供植物材料和猎物的卵时，几乎所有的盲蝽若虫（97%）都完成了其生长发育，大部分的盲蝽若虫（88%）在提供水分和猎物卵时，也都完成了生长发育。Gillespie 等（2000）发现在植物选择性试验中，毛蕊花（*Verbascum thapsus*）是西方猎盲蝽最喜好的寄主植物，对冲茅麻、假荆芥、烟草和番茄居中，胡椒、菊花、玉米、宽豆角是非选择性寄主植物。在滞育研究中，发现日照长度对盲蝽的影响很弱，可以在任何时间引入温室（Gillespie，2001）。

4. 暗黑长脊盲蝽 (*Macrolophus caliginosus*)

暗黑长脊盲蝽作为广食性捕食性天敌在地中海等地区是普遍应用的，可完成越冬，所有虫态均可捕食白粉虱、烟粉虱的若虫及成虫。目前，已成功应用于番茄、茄子、辣椒以及一些观赏性植物上害虫的生物防治。

暗黑长脊盲蝽作为一种用于温室作物，如番茄等上的温室白粉虱及蚜虫的有效天敌（Alomar，1991），已经商品化生产。蚜虫与红蜘蛛相比，暗黑长脊盲蝽更嗜好捕食前者（Foglar，1990）。Lucas 等（2002）认为，暗黑长脊盲蝽可以用于许多番茄栽培种类的生物防治，而且并不会造成对番茄果实及植株的损伤。研究发现暗黑长脊盲蝽会对樱桃番茄造成部分损伤，因此，要选择具有较好耐害性的作物，同时应用这类捕食天敌才可以达到比较理想的控害效果。在这种情况下，动植性昆虫取食植物导致对植物造成的损伤是非常有限的，并且可以忽略不计。

5. 矮小长脊盲蝽 (*Macrolophus pygmaeus*)

Perdikis 等（2000）研究了矮小长脊盲蝽可以在缺乏昆虫猎物的番茄、茄子、黄瓜、辣椒和四季豆上成功的完成其生长发育，但在缺乏猎物时的死亡率高于猎物存在时的死亡率，并且存在猎物时若虫的发育历期明显短于缺乏猎物时的发育历期，在寄主植物茄子上若虫的发育历期最短，其他植物之间则没有明显差别；在不同猎物存在下，若虫在茄子上总发育历期差异显著，以温室粉虱为猎物时发育历期最短，但其死亡率之间没有明显差异。在加拿大哥伦比亚，矮小长脊盲蝽目前正广泛地应用于温室番茄上白粉虱和二斑叶螨的生物防治（Robert，1999）。

综上所述，使用动植性天敌昆虫盲蝽来控制害虫，在世界范围内越来越被广泛的应用于生物防治，见表 4-3。

表 4-3 国外用于蔬菜作物上生物防治的动植性盲蝽

盲蝽种类	国家
暗黑长脊盲蝽 *Macrolophus caliginosus*	欧洲大部分地区
矮小长脊盲蝽 *Macrolophus pygmaeus*	希腊
西方猎盲蝽 *Dicyphus hesperus*	加拿大、美国

（续表）

盲蝽种类	国家
透翅猎盲蝽 Dicyphus hyalinipennis	匈牙利
角猎盲蝽 Dicyphus cerastii	葡萄牙
游猎盲蝽 Dicyphus errans	意大利
塔马尼猎盲蝽 Dicyphus tamaninii	西班牙
烟盲蝽 Nesidiocoris tenuis	菲律宾、意大利
普通烟盲蝽 Cyrtopeltis（Engytatus） modestus	美国

第二节　捕食蝽类天敌昆虫的人工繁殖技术

一、工艺环节概述

蠋蝽的人工繁殖技术大体上可分为以下5个步骤（详见工艺流程图4-2）：

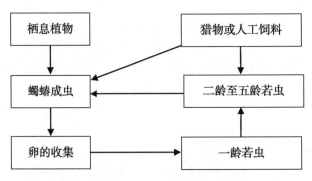

图4-2　工艺流程图

1. 栖息植物（或寄主植物）的获得

尽管蠋蝽取食多种害虫，但其也有刺吸植物的特性，目前，没有报道其传毒的文献记载。高卓等（2009）认为，对植物的刺吸不会对植物造成危害。由于蠋蝽喜欢活跃于榆杨混交林、大豆田和棉田等地，因此，理论上讲，榆树枝或杨树枝作为其栖息植物最好，但是，室内栽培榆树和杨树很难长期存活，而且占用空间很大。而大豆苗室内种植成活率高，占用空间少，周期短，成本低，因此，使用大豆苗作为其栖息植物是较合适的。栖息植物除了可以供其刺吸，同时可以为其提供休憩场所，更重要的是在群体饲养时可以提供躲避空间，大大减少自残的比率。

2. 蠋蝽成虫的饲养

将羽化的成虫按1:1雌雄配对，放入笼中，笼子底部放入鲜活大豆苗，大豆苗不用过密，同时饲喂猎物（如柞蚕蛹）或人工饲料，并定期更换食物。柞蚕蛹变软或变色后就已经腐烂，要立即更换；而人工饲料要每天更换一次。养虫笼上可放蒸馏水浸湿的脱脂棉供其取水，每天加水一次。如果对成虫进行单杯饲养，每个大纸杯中可放一对成虫，用双面胶将指形管粘于杯底，将管内注水后放入大豆苗，每2~3天加一次水即可保证豆苗的存活。

3. 蝎蝽卵的收集

蝎蝽喜欢将卵产在较隐蔽的地方，如叶背面。收集卵时可将带卵的叶片区域剪下，放于带有润湿滤纸的培养皿中，每天喷一次蒸馏水保湿，喷湿即可，水不可过多，更不能将卵浸泡，培养皿盖子半盖即可。如果卵产于笼子上，收卵时要尽量轻，尽量不要将卵块弄散。卵初产时淡乳白色，随后卵发育成熟变为金黄色。群体饲养时，成虫有取食卵的现象，因此，卵最好每天收集一次，避免成虫取食。

4. 一龄若虫的饲养

初孵一龄若虫与其他龄期若虫及成虫不同，一龄若虫孵化后聚在一起，不分散，只取食水就可发育到二龄，因此，只提供给一龄若虫充足的水即可。将脱脂棉用蒸馏水泡湿放于小容器内（如塑料杯、小塑料盒等），将初孵的一龄若虫团放于湿脱脂棉上，若虫绝不可泡在水中。小容器可用纱网罩住，用皮筋绑定，以防逃逸。

5. 二龄至五龄若虫的饲养

一龄若虫大多3天后即蜕皮变成二龄，二龄若虫开始分散取食。二龄到五龄若虫都可以捕食猎物。对于易动的猎物虫态，如鳞翅目幼虫，为了减少其对低龄若虫可能造成的伤害及易于被取食，可将猎物用热水烫死后提供给蝎蝽若虫取食，但是，猎物不可烫时间过久，60~70℃热水烫30~60s即可。对于不易动的虫态，如蛹期，可直接提供给若虫取食。养虫笼上可放蒸馏水浸湿的脱脂棉供其取水，每天加水一次。为了便于更换食物，可将猎物或人工饲料放于养虫笼或单杯饲养的纸杯的纱网上。要根据饲养的蝎蝽数量计算食物的施放量，避免因食物不足而造成个体间自残。若虫期可不提供栖息植物。待五龄若虫发育成熟即羽化为成虫。

二、种群维持与复壮

天敌昆虫长期在室内饲养会出现种群退化的现象，如个体变小、产卵量和生育率下降等，这种现象很可能是近亲繁殖的结果。此外，食物单一、空气不流通、光照不合适及空间的限制也是造成种群退化的几个因素。因此，延缓或尽量防止天敌昆虫的种群退化是大量扩繁天敌昆虫中不可忽视的一个重要问题。对于不用常年进行的蝎蝽种群维持，室内大量繁殖后临近秋季时，可将室内自然种群释放到自然界，使其越冬，待翌年春季再将越冬种群采集回室内进行扩繁。这样可以通过释放室内大量饲养的蝎蝽进行越冬而增加自然界的种群数量，同时退化的个体在越冬中死亡，通过自然选择而保证室内种群的维持及复壮。对于需要常年进行种群维持的蝎蝽，可以定期采集自然界种群使其与室内种群进行交配而使室内种群复壮，同时将室内饲养的大量蝎蝽释放到野外以保证野外种群的数量。此外，可以交替饲喂两种以上的猎物给蝎蝽，以防止饲喂一种猎物而造成的营养单一，即通过扩大营养谱对种群进行复壮。清新流通的空气、适宜的光照条件及足够的活动空间都对种群的维持及复壮起到一定的帮助作用。有条件的情况下，可以在养虫室内装备适量的通风扇以保证清新空气的流通。由于蝎蝽有自残现象，因此，保证其有足够的活动空间对于大量扩繁蝎蝽将起到很好的作用。

三、猎物与宿主植物

蠋蝽嗜食榆紫叶甲 ［*Ambrostoma quadriimpressum*（Motschulsky）］（鞘翅目：叶甲科）及松毛虫（*Dendrolimus* spp.）（鳞翅目：枯叶蛾科）等鞘翅目和鳞翅目害虫。但是室内很难长期饲养这两种害虫，因此，需要找到一种简便易得，且相对经济的猎物。经过国内多位学者的试验证明，柞蚕蛹是室内大量繁殖蠋蝽的一种好猎物（高长启，1993；高卓，2010；宋丽文，2010；徐崇华，1981；Zou，2012）。高长启等（1993）通过饲喂蠋蝽 4 种昆虫来筛选蠋蝽的较优猎物，其中从成虫获得率上看，饲喂柞蚕蛹的最高为 67%，其次为黄粉虫（*Tenebrio molitor* Linnaeus）（鞘翅目：拟步甲科）38%，再次为柞蚕低龄幼虫 5% 和黏虫（*Mythimna separata* Walker）（鳞翅目：夜蛾科）3.3%。从产卵量上看，饲喂柞蚕蛹的最高，平均为 299.1 粒/雌，其次为黄粉虫 155.3 粒/雌，再次为柞蚕低龄幼虫 54 粒/雌和黏虫 36 粒/雌。高卓（2010）研究发现，取食柞蚕蛹的蠋蝽产卵量为 300～500 粒，平均为 409.45 粒/雌，卵的孵化率达 90% 以上。不同温度对蠋蝽的繁殖、发育影响显著，在 20℃ 时，若虫发育历期约为 42.3 天，而在 30℃ 时仅需 29 天。20℃ 时成虫寿命为 43 天，而在 30℃ 时成虫寿命仅有 28.4 天。

在食物充足的条件下，蠋蝽也会刺吸植物的汁液，因此，在室内大量繁殖蠋蝽时最好提供给栖息植物供其栖息及刺吸。以往栖息植物往往选择水培新鲜杨树枝叶，但是，需每周更换 1～2 次杨树枝叶，否则蠋蝽若虫死亡率显著上升。但是，更换工作量较大而且对若虫造成一定的损失，增加了饲养费用。高长启等（1993）还通过喷施蔗糖水（5% 及 10%）、蜂蜜水（5% 及 10%）及杨树鲜叶水浸液等方法对栖息植物进行了改良。结果表明，喷雾 5% 蔗糖水和杨树鲜叶水浸液都可以起到和使用水培杨树枝叶一样好的效果，这 3 种处理的若虫存活率分别为 68%、73% 和 73%。

宋丽文等（2010）通过研究不同宿主植物和饲养密度对蠋蝽生长发育和生殖力的影响来对室内大量繁殖蠋蝽的工艺进行了改良。结果表明，当饲喂柞蚕蛹但使用不同宿主植物时，用榆树饲养的蠋蝽若虫存活率最高，达 82.09%，大豆饲养的为 61.34%，山杨饲养的相对较低，为 34.60%；而无宿主植物的对照存活率最低，仅为 16.38%；对于若虫发育历期，3 种宿主植物对若虫发育历期的影响无显著差异，但是无宿主植物的对照的若虫发育历期延长；对于产卵量，宿主为榆树时蠋蝽产卵量最大，平均每头雌蠋蝽产卵量可达 330.89 粒，以大豆为宿主时产卵量略少，为 255.71 粒，山杨作为宿主时其产卵量仅为榆树条件下的 68.11%，空白对照的产卵量最少，仅为榆树条件下饲养的 29.21%；对于产卵前期，用榆树和山杨作为宿主植物时，蠋蝽成虫产卵前期无明显差别，相差不足 1 天，而在对照和大豆条件下饲养的蠋蝽，其产卵前期显著长于前两者；对于产卵期，榆树饲养的蠋蝽产卵期最长，可达 17.97 天，而用山杨和大豆饲养时，蠋蝽的产卵期分别比前者短 3.49 天和 6.88 天，对照最低，仅为 5.89 天；对于次代卵的发育时间，榆树饲养的孵化时间较短，为 5.10 天，而大豆和山杨饲养的孵化时间稍长于前者，对照则历时 7.48 天，且孵化率仅为 50%。当以柞蚕蛹为猎物以榆树枝叶为宿主植物时，不同饲养密度对蠋蝽若虫存活率影响较大，每罩 4 头、10 头、20 头、30 头饲养时，其存活率差别不大，都能达到 85% 以上，饲养密度为每罩 40 头时，其存活率降至 53.33%，而每罩达到 50 头时，其存活率仅为 44.67%；不同饲养密度对蠋蝽若虫各龄发育历期的影响无规律；不同饲养密度对螳蟖的产卵前期、产卵期和产卵量都有不同程度影响，密度过高或过低都明显降低其生殖力，饲养密度为每罩 4 头和 50 头时，其产卵前期最长，为 12.09 天和 13.6 天，其他各密度差别不大。而产卵期则相反，密度过高或过低时其产卵期都不足 8 天，而密度适合时其产卵期均超过 11 天。产卵量的趋势与产卵期相同，依旧是低密度的每罩 4 头和高密度每罩 50 头较少，只有 100 粒左右，其他密度下均在 200 粒左右。由于榆树是较易获得的植物，但榆树属于木本植物，生长周期很长，在室内容易落叶枯萎，栽植成本较高。而大豆幼苗培养螳蟖虽然存活率和生殖力略低于榆树，但大豆苗生长周期较短，易于室内栽培且可随时更换，成本较低。因此，宋丽文等（2010）认为，在大量饲养螳蟖时可选用大豆苗作为宿主植物。而在室内大量扩繁螳蟖的过程中，为了获得较多的螳蟖，饲养密度控制在每头螳蟖占有 26.17cm² 左右的面积较为适合。

四、人工饲料

应用生物防治方法来控制害虫的一个最主要的任务就是释放大量的高质量的昆虫天敌。而生物防治大范围应用的一个限制因子就是天敌昆虫的费用问题，它要远远超过化学防治的费用。采用传统的方法大量繁殖天敌昆虫，其经济成本高而且浪费时间，因此，一个理想的人工饲料可以大大地减少生产天敌昆虫的费用。为了在害虫发生初期人工大量释放螳蟖，吉林省林业科学院自 20 世纪 70 年代开始就对螳蟖的人工大量繁殖技术进行了研究，并取得了较好的效果。目前在中国，人工室内大量繁殖螳蟖主要以鲜活柞蚕蛹为猎物（高长启，1993；高卓，2010；宋丽文，2010；徐崇华，1981；Zou，2012）。但是柞蚕蛹个体较大，在未被取食尽之前就已经死亡并腐烂，不仅造成螳蟖食物的大量浪费，而且取食腐烂的柞蚕蛹会造成一部分螳蟖的死亡。此外，由于螳蟖不愿取食腐烂的柞蚕蛹，在饥饿胁迫下，群体饲养的螳蟖会发生种内自残的现象，这就大大增加了种群倍增的费用，延长了倍增时间。因此研制螳蟖人工饲料，并将其进行小剂量包装，可以大大减少食物的浪费。高长启等（1993）曾用以柞蚕蛹为主成分的半合成人工饲料（表 4-4）饲喂螳蟖，具体如下：

表 4-4 人工半合成饲料配方

组别 Team	饲料成分 Components of the diet
1	蛹液 100ml、蔗糖 10%、山梨酸 200mg / 100ml、苯硫脲 100mg / 100ml 100ml hemolymph of Chinese oak silk moth pupae, 10% sucrose, 2mg /ml sorbic Acid, 1mg /ml phenylthiocarbamide
2	蛹液 100ml、蔗糖 5%、山梨酸 200mg / 100ml、苯硫脲 100mg / 100ml 100ml hemolymph of Chinese oak silk moth pupae, 5% sucrose, 2mg /ml sorbic Acid, 1mg /ml phenylthiocarbamide
3	蛹液 100ml、蔗糖 10%、山梨酸 100mg / 100ml、苯硫脲 100mg / ml 100ml hemolymph of Chinese oak silk moth pupae, 10% sucrose, 1mg /ml sorbic Acid, 1mg /ml phenylthiocarbamide
4	蛹液 100ml、蔗糖 10%、山梨酸 100mg / 100ml、苯硫脲 100mg / 100ml 100ml hemolymph of Chinese oak silk moth pupae, 10% sucrose, 1mg /ml nipagin, 1mg /ml phenylthiocarbamide

柞蚕蛹液的制备：柞蚕蛹经60℃水浴6min，以防血淋巴黑化，之后用组织捣碎机充分捣碎，离心2min除去渣子备用。

饲料卡模具的制作：选0.5 cm厚、15cm长、10cm宽的铜板，均匀排列钻24个半球形小坑，小坑底部钻一直径约为0.02cm的小洞，铜板背面镶一铁盒长14.5cm、宽9.5cm、高3cm，并在一边做一抽气嘴与水泵连接。

饲料卡的制作：将无毒塑料薄膜平铺模具上，打开水龙头使水泵通水抽气，用电热风吹塑即可制成半球形饲料卡底片，然后将人工半合成饲料滴入凹坑内再用一张塑料薄膜覆盖上用电熨斗熨即可。

饲喂方法：将制好的饲料卡均匀地放在饲养笼上，每天换食一次。

结果表明，以人工饲料第3组饲喂的蠋蝽效果较好，成虫获得率达83.3%，比取食柞蚕蛹的成虫获得率70%还要高，但是若虫发育历期比饲喂柞蚕蛹的延长了9天，性比（♀：♂）由饲喂柞蚕蛹的0.9：1变为0.85：1，雄性所占比例增加。但其解决了饲料腐败和柞蚕蛹利用率低的问题。

五、保存越冬及冷藏

蠋蝽的人工饲养，首先要采集到足够的种蝽。高卓（2010）对于种蝽的采集和保存进行了较为详细的研究。种蝽的采集可在春秋两季进行，即在秋季蠋蝽成虫进入越冬场所之后，或在春季越冬代蠋蝽离开越冬场所之前，实践中一般选择在秋季的11月大雪封地之前和春季的4月初田间雪化以后。采集地点一般选在蠋蝽发生地的落叶层下，以鱼鳞坑或者树根的落叶层下为主。采集到的蠋蝽成虫，暂时放于保湿捕虫盒中，带回室内后放于含有10～15cm厚湿沙的养虫盒内。先将蠋蝽虫体平放，然后将其上覆盖树叶，于4～6℃冰箱低温保藏4～5个月，其成活率仍可达90%左右。也可将采回的蠋蝽成虫放在室外土坑中保藏。保藏方法为：室外向阳避光处，挖一深度为20～30cm土坑，坑的大小可根据储藏的蠋蝽数量而定。在挖好的土坑内先填15～20cm潮湿的细沙，将蠋蝽放于其上，再覆盖些落叶，然后将坑面用纱网罩好以防止其他生物的侵害。用此种方法保存的蠋蝽3～5个月后其存活率也可达90%左右。保存后使其复苏时，是先将越冬的蠋蝽取出在15℃下慢慢复苏。1～2天后再将其放于养虫室内。养虫室的温度控制在23～28℃较好，相对湿度控制在70%较宜。

作为一种天敌商品，蠋蝽的长期保存，即延长其货架期，是一个亟须解决而又非常重要的问题。快速冷驯化可以提高某些昆虫的耐寒性。为了研究不同冷驯化诱导温度对蠋蝽抗寒性的影响，以期为以后延长蠋蝽货架期奠定稳固的技术基础，李兴鹏等（2012）以室内人工饲养的第3代蠋蝽成虫为对象，利用热电偶、液相色谱分析等技术，测定了经15℃、10℃、4℃冷驯化4h和梯度降温（依次在15℃、10℃、4℃各驯化4h）冷驯化后，蠋蝽成虫过冷却点、虫体含水率及小分子碳水化合物、甘油和氨基酸含量，及其在不同暴露温度（0℃、-5℃、-10℃）下的耐寒性。结果表明，处理后暴露在-10℃时，梯度处理组和4℃冷驯化处理组的蠋蝽成虫存活率为58.3%，其他处理组及对照（室温饲养）的存活率显著降低，平均为8.9%；梯度处理组与4℃冷驯化处理组成虫过冷却点平均为-15.6℃，比其他处理平均降低1.3℃；各处理虫体含水率无显著差异，平均为61.8%；与其他各组相比，梯度处理组和4℃冷驯化组成虫的葡萄糖、山梨醇和甘油含量分别增加

2.82 倍、2.65 倍和 3.49 倍，丙氨酸和谷氨酸含量分别增加 51.3% 和 80.2%，海藻糖、甘露糖和脯氨酸含量分别下降 68.4%、52.2% 和 30.2%，而果糖含量各组间无显著差异。快速冷驯化对蠋螨成虫具有临界诱导温度值，梯度降温驯化不能在快速冷驯化的基础上提高蠋螨成虫的抗寒性。

　　我国对于大眼长蝽的研究报道很少，仅限于对其生物学特性、生活习性、捕食功能反应等一些研究，而对于其在室内饲养以及人工饲料尚未见报道，因此，本研究对大眼长蝽室内人工饲养以及人工饲料进行了一定的探索，为以后室内大规模繁殖以及田间实际应用奠定了一定的基础。目前，通过用米蛾卵饲养大眼长蝽，从而得到若虫发育历期、若虫成活率、成虫体重、成虫性比、繁殖力等一些生理指标，并通过连代饲养来判断室内大规模繁殖大眼长蝽的可行性。柞蚕蛹是一种很好的昆虫蛋白，作者以柞蚕蛹作为大眼长蝽人工饲料的外源动物蛋白，并对其进行不同形式的加工处理，饲料配方见表 4 - 5，通过测试饲喂后的各项生理指标，进而判断柞蚕蛹作为捕食性蝽类人工饲料主成分的可行性。饲养方法的优劣将直接影响天敌昆虫的生产成本以及利用潜能，因此，探索一种合适的人工饲料在生防系统中是十分重要的。作者希望通过本试验能够为大眼长蝽室内规模化人工饲养以及人工饲料的进一步研究提供参考依据。

表 4 - 5　大眼长蝽人工饲料配方

配方 Diet	单位 Unit	A₁	A₂	A₃	A₄
柞蚕蛹匀浆液 Water extract	ml	30.000			
柞蚕蛹脱脂粉 Defatted powder	g		30.000		
柞蚕蛹冷冻干 Dreezing powder	g			30.000	
柞蚕蛹全脂粉 Full - fat powder	g				30.000
脱脂奶粉 Dry buttermilk	g	15.900	15.900	15.900	15.900
玉米油 Corn oil	ml	13.200	13.200	13.200	13.200
蔗糖 Sucrose	g	3.150	3.150	3.150	3.150
鸡蛋黄 Yolk	g	15.900	15.900	15.900	15.900
抗坏血酸 Ascorbic acid	g	0.177	0.177	0.177	0.177
叶酸 Folic acid	g	0.177	0.177	0.177	0.177
韦氏盐 Wesson salt mixture	g	1.470	1.470	1.470	1.470
山梨酸 Sorbic acid	g	0.045	0.045	0.045	0.045
尼泊金 Nipalgin	g	0.087	0.087	0.087	0.087

　　大眼长蝽蜡卵人工饲料的制作原理及注意事项：当液体饲料从针孔中流出时，由于重力以及分子内聚力的作用，液态石蜡被饲料中的水溶液排斥在饲料表面，并立刻均匀的分散，包围在饲料周围，从而形成一层蜡膜。在由上而下滴落以及接触到载玻片表面时，蜡膜冷却凝固成固体，即形成蜡卵（马安宁等，1986）。期间注意事项：应选用口径较小的注射器，口径过大的话不宜制作蜡卵；用注射器抽取饲料后应放置 2min，否则液体饲料不易流出针孔；饲料制作完成后应迅速放入培养皿中，防止被空气氧化。

大眼长蝽蜡卵人工饲料的制作步骤

将固体石蜡置于 100ml 的烧杯里，放入水浴锅中，然后加热至 80℃；

↓

将人工饲料取出，用注射器抽取适量后迅速放回；

↓

将注射器的针头插入水浴 80℃ 的液态石蜡中；

↓

迅速提起注射器，使营养液滴流出注射器，针头表面的石蜡包围在营养液周围；

↓

石蜡在载玻片上遇冷冷却，形成外部为固态石蜡、内部为液体饲料的人工卵。

第三节　释放与控害效果

一、产品包装及释放

1. 暗黑长脊盲蝽

储藏：在释放前应将盲蝽储藏在阴凉的地方，不要直接暴露在阳光下。一般在收到产品后应立即释放，至多在 18h 内释放。如果条件不允许，应将盲蝽储藏在密闭黑暗的容器内，温度保持在 5~10℃，但要避免长期储藏，一般 1~2 天为宜。

包装：暗黑长脊盲蝽可以包装在塑料瓶中，每瓶 250 头，瓶内放入蛭石和烟草叶，如今也有放在硬纸管内的，每管放盲蝽 500 头，管内放入蛭石、烟草叶和刨花作为载体。放入的盲蝽应选择若虫末期虫态或刚羽化的成虫。

运输：应在 10~20℃ 的条件下运输。

释放：盲蝽释放时，应选择在清晨或傍晚温室通风孔关闭的时候。将昆虫带到要释放的田间，在释放前，立即打开每一个容器。轻轻的拿起刨花将盲蝽从容器中拿出，翻过来，沿着田间边走边轻轻敲打刨花。每一个容器都重复上述的动作，这样盲蝽就可以均匀的分布在田里。把装盲蝽的容器及刨花放在田里几个小时，可以将剩余的盲蝽释放出来。释放量 1~2 头/m²。

2. 西方猎盲蝽

释放：粉虱种群一建立起来就要释放盲蝽，在早期受害地区，以每平方米 0.25~0.5 头盲蝽的比例释放。2~3 周重复一次。在粉虱密度大的地方，要释放大约 100 头盲蝽成虫，当粉虱水平很低时，每周提供盲蝽足够的食物（冷藏的米蛾、麦蛾或粉斑螟的卵），在早期田间也能建立盲蝽种群。盲蝽需要取食大量的猎物来繁殖，因此，应该只在能观察到害虫的区域释放盲蝽，或供给足够的食物。当害虫种群消失时，盲蝽密度比较高（每株大约 100 头）时，可使用烟雾杀死盲蝽避免伤害植物。释放时，只是将盲蝽撒到叶子上，或者散布在释放袋中，每个位置 50 头。轻度危害的植物，每亩 500 头，每隔两周释放两次。正常危害的植物，每亩 500 头，每隔一周释放四次。

当下面情况发生时，盲蝽也可能造成植物坐果不良，落花，形成不规则的花、果实或花团等危害，在果实上引起取食点。①盲蝽种群密度过高。比如在整株植物上有数百头盲蝽，或在植物顶端有 50 头盲蝽个体都能对植物造成危害（一般很少达到这种程度）。②猎物很少或没有（其实在这种情况下，不会释放盲蝽的）。③不适宜的气候条件或植物徒长减少坐果。④感性作物和品种，例如盲蝽在樱桃小番茄和小串番茄上能引起严重的坐果问题，此外不建议暗黑长脊盲蝽应用在非洲菊上。

一种天敌的成功应用，无不与释放该天敌的生态环境有关。在实际应用中，我们必须考虑到释放环境的特点，如具有什么样的间作套种和耕种格局等。目前，对烟盲蝽的研究主要在以下几方面：①烟盲蝽对油菜以及油菜—蚜虫体系的趋性较强，因此可以利用这一点，合理安排耕作制度，比如将油菜作为一种诱集植物，适当的种在主要作物周围，一方面，当主要作物上害虫缺乏的情况下，油菜可以作为一种食物来源，提供给烟盲蝽生长发育必需的营养需求；另一方面，油菜作为诱集植物，可以招引烟盲蝽。②试验表明，不同植物＋粉虱体系的两两组合，烟盲蝽对组合中两种作物间的选择性不存在显著差异，这表明，生产实践中，除菜豆外，其他三种作物：番茄、茄子、黄瓜在理论上可以相互组合却并不影响烟盲蝽的分布。同时，也可以结合①中所讨论的将油菜作为诱集和食物补充来源，综合利用，合理搭配。这些将为合理安排田间的间作套种、防治害虫提供理论依据。如应用于生产实践中：在主作物（番茄、茄子和黄瓜）周围种少量油菜。一方面在番茄上害虫缺乏的情况下，油菜可以做为烟盲蝽的食物来源，借此维持环境中种群数量。另一方面，烟盲蝽转移到油菜上，减轻了对主作物的危害。再者，一旦害虫重新发生，油菜上的烟盲蝽重新回到主作物上（因为粉虱是其选择的主要因素，并且烟盲蝽必须补充动物蛋白才能完成生长发育）。因此，整个环境就达到一种动态平衡，长期控制害虫。烟盲蝽对于茄科和葫芦科植物的偏好性，使它成为了一个在粉虱严重的地区和作物上非常有趣的生物防治工具。不像其他捕食性盲蝽，烟盲蝽取食植物的习性，有时会在植物茎处造成环形褐斑，导致果实退色和畸形，但是只有在其种群数量太高，缺乏被捕食者的情况下才发生。因此，使用烟盲蝽时，必须得到相关技术人员的指导，释放时每平方米 1～3 头，一般较早释放，以便其在作物上定殖。

3. 大眼长蝽

佛州大眼长蝽（*Geocoris floridanus* Blatchley）目前还没有大规模应用，主要是其资源保护方案的研究。是美国芝加哥条耕作物系统中常见的天敌昆虫，发现取食棉铃虫卵，大眼长蝽雌虫和雄虫的若虫发育时间、取食猎物量都没有明显区别。取食甜菜黏虫幼虫，若虫的发育时间比起取食棉铃虫卵延长了。若虫的存活率不受猎物种类的影响。用棉铃虫卵饲养的若虫需要较少的猎物就可以完成若虫的发育，成虫期延长。取食棉铃虫卵的雌虫产卵前期较短，产卵量及寿命都长于取食甜菜黏虫者的数据。雌虫取食的甜菜黏虫幼虫多于棉铃虫卵，但是每单位的猎物对应的产卵量更少。一些雌性若虫期取食甜菜黏虫，成虫期取食棉铃虫卵，其产卵量增加一些，并且表现出与那些若虫期和成虫期都取食棉铃虫卵的个体同样的生活史特征。因此，这种大眼长蝽可以取食这两种猎物，并完成发育和生殖，并且食性从甜菜黏虫转为棉铃虫时，性能提高。

斑足大眼长蝽（*Geocoris punctipes*）不光取食猎物，也取食植物，包括棉花，所幸的是它的这种植食性并没有伤害棉花。斑足大眼长蝽取食一些草本的被子植物，包括深红色的三叶草（*Trifolium incarnatum* L.），是棉田里的冬季覆盖植物。斑足大眼长蝽非常容易地取食多种植物的多个部位，包括向日葵（*Helianthus annuus* L.）的种子，高粱（*Sor-*

ghum vulgare Pers）的种子，绿豆（*Phaseolus vulgaris* L.）的果实。对斑足大眼长蝽雌性的植食性，多个专家有过解释：①帮助昆虫度过猎物缺失的时段；②当取食营养不够的猎物时，为其提供额外的营养；③发育需求；④延长寿命所需；⑤生殖所需；⑥提供水分。并且发现西方大眼长蝽（*Geocoris pallens*）取食相当多的用同位素标记^{32}P的棉花，并且确定这种捕食者通过取食植物摄取水分。虽然，斑足大眼长蝽植食性的益处已经详述，只有一项研究量化了它的植食行为。确定了斑足大眼长蝽摄取叶子量，在没有烟芽夜蛾（*Heliothis virescens*）卵存在的情况下的蜜腺棉花多于有卵存在的情况下的数量。棉花的类型，有或无蜜腺，并不影响大眼长蝽的植食行为。

Myers 等（2006）在实验室条件下和温室条件下，将斑足大眼长蝽分别暴露于印楝素 azadirachtin、多杀菌素 spinosad、噻虫嗪 thiamethoxam、二嗪农 diazinon 和吡虫啉 imidacloprid 几种杀虫剂滤纸上进行试验。实验室条件下，成虫连续48h后，相应的最大存活率分别为，对照（100%±0.0%），印楝素（95.0%±2.2%），吡虫啉（81.7%±7.9%）。平均存活率：多杀菌素（55.0%±11.2%），噻虫嗪（46.6%±3.3%），二嗪农在12h时杀死了所有的虫子。温室内试验的数据如下：成虫连续暴露在喷洒有各种杀虫剂的矮菜豆（bush bean）上，连续144个小时后相应的平均存活率分别为，对照（97.5%±2.5%），印楝素（92.5%±5.3%），二嗪农（92.5%±3.7%），吡虫啉（72.5%±8.4%），多杀菌素（70.0%±8.4%），噻虫嗪（57.5%±8.8%）。数据显示区别明显：噻虫嗪明显区别于其他杀虫剂。滤纸上的结果和温室内的结果都显示，在 IPM 过程中使用这些农药可以基本保护大眼长蝽。在这几种杀虫剂中，印楝素在室内对大眼长蝽有95%的存活率，温室内有90%的存活率，表明对大眼长蝽而言，它是试验中毒性最低的杀虫剂。

但是，由于杀虫剂的滥用，大眼长蝽这种天敌昆虫的田间数量在萎缩，为找到有效的资源保护方法，调查了南亚大眼长蝽［*Geocoris ochropterus*（Fieber）］作为棉田害虫的重要天敌昆虫，在主要作物收割之后的存活情况。每周调查一次，结果表明：这种天敌昆虫在剩余的作物上仍然活跃直到下一个棉花季节的来临。这种天敌昆虫活动最频繁的是：四月的第四周在棉花的截根苗上的最高，达147头/20株；苘麻上在6月的第二周达97头/100株。因此，用其中任何一种作物都可以作为这种天敌的有效的保护植物。尝试南亚大眼长蝽种群在印度棉田的重建。该蝽是棉花害虫的重要天敌，但是在有些棉区，它的数量在锐减，于是将这种天敌昆虫引入到天敌完全消失的田间。1999—2000年，将130头天敌（性比2∶3）引入2亩完全不使用杀虫剂的田间。长达一个季节的调查发现，它能够存活并繁殖。数量可能达到每20株作物上有3~40头若虫或成虫。临近的没有引入这种捕食者的田间，很快就喷施杀虫剂。这种天敌能够存活于其他的寄主植物上，如玉米（*Zea mays*），高粱（*Sorghum bicolour*），珍珠粟，甚至野草上。释放区的棉花收获后，发现有草蛉（*Chrozophora rottleri*）在这里出现，棉花收获后继续的调查显示，这种天敌昆虫能够在这个地区重建。

4. 蝎蝽

关于蝎蝽的产品包装，目前尚未有相关的报道。据笔者观点，为了节省空间及费用，每个包装容器内当然是多一些蝎蝽较好，但是由于蝎蝽有自残的习性，因此，具体每个蝎蝽占多大空间还需做进一步的研究。并且根据运输路途及时间的长短，需适当调整包装容器内蝎蝽的数量。释放前，对蝎蝽进行一定程度的饥饿胁迫可以加强蝎蝽对害虫的搜索能力及控害能力。但饥饿胁迫程度越强，蝽螨的自残现象就越严重，因此，可以在包装容器内放入一些栖息植物，如大豆苗、马铃薯苗等，除了提供一定程度的阻隔空间外，蝽螨对植物的刺吸可以减少个体间的自残现象。由于蝽螨属于活体生物，因此，在包装运输过程中还要注意包装容器的空气流通问题。流通清新的空气可以延长运输时间，并减少蝽螨的自残现象。

尽管蝽螨2龄若虫就可以取食害虫，但是2龄若虫个体很小且生存能力较弱，因此，释放时最好选择3~5龄若虫及成虫。相对于4、5龄若虫，3龄若虫发育到成虫时间最长，生存能力较2龄时变强，因此，3龄若虫是释放的最好虫态。成虫能飞，在食物或环境不适时会飞走。因此，在小范围定点释放时选择3~5龄若虫较佳。但是如果释放地点为大面积森林、果园或农场，成虫也是释放的好虫态。尽管蝽螨可以控制很多种农林害虫，但是较小的害虫或害螨，如蚜虫、粉虱、叶螨等，蝽螨并不喜取食。因此，可以结合瓢虫、草蛉、寄生蜂等天敌昆虫，与蝽螨协同释放。为避免蝽螨取食瓢虫、草蛉，可根据害虫发生期的不同而释放不同的天敌昆虫，或根据害虫发生地点的不同进行相对天敌昆虫的定点释放。另外，高卓（2010）认为，应用蝽螨防治农林害虫的关键技术环节，首先是要掌握好蝽螨释放日期与猎物在田间发生期的一致性，然后根据拟释放的不同虫态、不同龄期的蝽螨对猎物不同龄期及虫态的捕食量，以及两者在田间持续遭遇历期和拟达到的防治效果来计算放螨比例和数量，这样才能达到经济有效的控害效果。此外，还要根据蝽螨的生物学、生态学来调控蝽螨的生态环境，这样才能使蝽螨在释放地定殖并达到可持续控害的目的。

此外，为了计算蝽螨释放时间，以期和害虫发生期吻合，掌握蝽螨的发育时间、发育起点温度和有效积温就显得尤为重要。徐崇华等（1984）研究表明，18℃时，蝽螨卵期为（18.629±0.77）天，若虫期为（57.375±1.60）天。22℃时，卵期为（11.367±0.85）天，若虫期为（31.0±2.35）天。26℃时，卵期为（7.689±1.17）天，若虫期为（26.11±1.74）天。30℃时，卵期为（5.049±0.22）天，若虫期为（18.378±0.96）天。卵期发育起点温度为14.3℃，有效积温为82.7℃；若虫发育起点温度为12.7℃，有效积温为322.4℃。但陈跃均等（2001）研究表明，卵期发育起点温度为16.71℃，有效积温为70.43℃。这与徐崇华等人的结果不同，原因很可能是猎物不同造成的。陈跃均等（2001）是用鳞翅目和鞘翅目的5种猎物交替饲喂蝽螨，而徐崇华等（1984）则是用单一猎物——柞蚕蛹饲喂蝽螨。取食猎物不同，发育时间会相应的发生变化。

二、控害效果

早在20世纪70年代开始，吉林省林科所（现吉林省林业科学研究院）就开始将室内人工大量饲养的蝽螨老龄若虫以1∶18的比例进行野外释放防治榆紫叶甲幼虫，13天捕食率可达61.9%，并可以在林间定殖，有效地控制了榆紫叶甲的危害（高长启，1993）。此后，江苏、安徽、内蒙古、河北、北京等地的林业科研单位，对侧柏毒蛾（*Parocneria furva* Leech）（鳞翅目：毒蛾科）、松毛虫、杨毒蛾（*Stilpnotia candida* Staudinger）（鳞翅目：毒蛾科）、杨扇舟蛾（*Clostera anachoreta* Fabricius）（鳞翅目：舟蛾科）和黄刺蛾（*Cnidocampa flavescens* Walker）（鳞翅目：刺蛾科）等害虫做了试验，都取得了良好防效（徐崇华，1984）。为了解蝽螨对害虫的捕食能力，徐崇华等（1981）在室内对3种林业害虫进行了捕食量测定（表4-6）。可以看出，蝽螨捕食害虫的数量随着龄期的增长而增加，老龄若虫和成虫的捕食量最大。同龄期蠋蝽对害虫的捕食量因害虫龄期不同而异，害虫虫龄小，被捕食的量就大。一头 2 龄蠋蝽平均一天可取食杨扇舟蛾卵 15 粒，3 龄若虫可取食 18～19 粒，4 龄若虫可取食 20～30 粒。此外，徐崇华等（1981）还进行了野外释放试验，在罩笼捕食侧柏毒蛾试验中，用 1.3m×1.3m×2.0m 的铁纱笼罩住一株侧柏幼树，放入 120 头 2～3 龄侧柏毒蛾幼虫，同时放入室内繁殖的初孵蠋蝽若虫 26 头，另设一对照。以后隔 6～7 天调查蠋蝽和侧柏毒蛾的数量，直到侧柏毒蛾羽化为止。试验结果显示，20 天内侧柏毒蛾的数量比对照笼明显下降，蠋蝽的校正捕食效果达 88.0%。在笼罩捕食油松毛虫试验中，用同样大小的罩笼罩在一株油松幼树上，幼树上挂松毛虫卵卡 3 块，卵共 550 粒。放入 2～3 龄蠋蝽若虫 5～10头，至蠋蝽羽化为成虫，松毛虫发育到 2 龄时检查蠋蝽和松毛虫的数量。结果显示，在释放蠋蝽的笼内，松毛虫数量比对照笼明显减少，释放 10 头的，其校正捕食效果为 94.59%，释放 5 头的校正捕食效果为 37.01%。在单株释放捕食杨扇舟蛾试验中，在 1～2 年生杨树枝条丛上先清除树上各种昆虫，然后挂上即将孵化的杨扇舟蛾卵块，每株释放 3～4 龄蠋蝽若虫10～20 头，记录试验株和对照株的被害程度。结果显示，在Ⅰ区，A 组（释放 20 头蠋蝽）舟蛾剩余 1.87%，树木被害率 23.0%；B 组（释放 10 头蠋蝽）舟蛾剩余 0.62%，树木被害率47.0%；C 组（对照）舟蛾剩余 1.33%，树木被害率 78.0%。在Ⅱ区，A 组（释放 20 头蠋蝽）舟蛾剩余 3.06%，树木被害率 5.0%；B 组（释放 10 头蠋蝽）舟蛾剩余 3.76%，树木被害率 5.0%；C 组（对照）舟蛾剩余 11.54%，树木被害率 55.0%。由此可见，释放蠋蝽的树木被害率都比对照轻，因此，释放蠋蝽能有效地减少害虫对树木的危害。

表 4 - 6　蠋蝽捕食森林害虫的数量（徐崇华，1981）

害虫 Pests		蠋蝽若虫 Nymphs of *Arma chinensis*				蠋蝽成虫 Adults of *Arma chinensis*
		2 龄 2nd instar	3 龄 3rd instar	4 龄 4th instar	5 龄 5th instar	
油松毛虫	1 龄	4.6 (6)	4.2 (6)	6.8 (13)	14.0 (19)	15.8 (18)
Dendrolimus tabulaeformis	2 龄	1.3 (2)	2.4 (6)	2.3 (5)	2.3 (6)	2.1 (6)
	3 龄	1.0 (1)	1.3 (3)	1.9 (3)	1.2 (3)	1.5 (4)
杨扇舟蛾	1 龄	2.5 (6)	5.5 (10)	5.6 (9)	6.0 (10)	8.7 (10)
Clostera	2 龄	1.6 (3)	2.2 (5)	3.0 (6)	2.6 (9)	5.5 (9)
anachoreta	3 龄	—	1.5 (3)	1.8 (3)	2.1 (5)	4.2 (10)
	4 龄	—	1.2 (2)	1.7 (2)	1.6 (3)	2.3 (4)
	5 龄	—	—	—	1.3 (2)	1.1 (2)
柳毒蛾	1 龄	5.6 (11)	7.7 (18)	10.4 (21)	6.7 (10)	—
Stilpnotia salicis	2 龄	2.2 (4)	3.2 (9)	5.1 (13)	13.1 (21)	—
	3 龄	1.0 (1)	1.2 (2)	1.8 (4)	2.9 (5)	2.3 (5)
	4 龄	1.0 (1)	1.1 (2)	1.6 (3)	2.6 (4)	1.7 (3)
	5 龄		1.0 (1)	1.3 (2)	1.3 (3)	1.4 (3)

注：括号内为最大捕食量

榆蓝叶甲［*Pyrrhalta aenescens*（Fairmaire）］（鞘翅目：叶甲科）是林业上，尤其是城市园林绿化树木上的一种重要害虫，由于其发生分散、迁飞性强、繁殖速度快，因此，施用化学农药势必造成大面积污染并杀伤天敌昆虫，造成生态环境的破坏。因此，作为榆蓝叶甲的一种重要天敌，蠋蝽引起了学者们的关注。对蠋蝽的捕食量室内研究结果显示，蠋蝽若虫自孵化之日起至老熟止，平均捕食时间为 18 天左右。整个若虫期平均每头蠋蝽捕食 20.7 头榆蓝叶甲的幼虫或蛹，平均每天每头蠋蝽若虫捕食 1.15 头榆蓝叶甲。而对于蠋蝽成虫，成虫平均捕食天数为 25.5 天。在整个成虫期，平均每头蠋蝽成虫捕食 89.2 头榆蓝叶甲。平均每天每头蠋蝽成虫捕食 3.5 头榆蓝叶甲。一头蠋蝽一生可捕食 110 头榆蓝叶甲。姜秀华等（2003）对罩养在网内的单头蠋蝽成虫的捕食量进行了研究，结果显示蠋蝽成虫日均捕食榆蓝叶甲卵 11.8 粒，老熟幼虫 3.7 头，蛹 4.7 头，成虫 2.3 头。因此，应用蠋蝽防治榆蓝叶甲可以起到很好的防效。

郑志英等（1992）对蠋蝽平均日捕食量及林间释放防治几种林业害虫进行了调查。在蠋蝽平均日捕食量试验中，供试蠋蝽均由室内人工饲养繁殖，作为饲料用的活虫及卵，均从林地现采现用。每笼放 4 头成蝽和 1 种林业害虫，10 个重复。然后将套笼转移到新鲜枝叶上，使活虫能正常取食和生存。每天定时观察取食量，并分别补充活虫或卵。结果显示，蠋蝽对榆紫叶甲幼虫、黄刺蛾低龄幼虫、黄刺蛾老龄幼虫、杨红叶甲（*Chrysomela populi* Linnaeus）（鞘翅目：叶甲科）成虫、杨毒蛾老龄幼虫、杨扇舟蛾老龄幼虫和榆紫叶甲成虫的平均日捕食量分别为 0.82 头、0.72 头、0.52 头、0.51 头、0.34 头、0.31 头和 0.17 头。对榆紫叶甲幼虫（0.82 头/日）和黄刺蛾低龄幼虫（0.72 头/日）取食最多；但蠋蝽不喜食身体多毛的杨扇舟蛾老龄幼虫（0.31 头/日）、杨毒蛾老龄幼虫（0.34 头/日）以及榆紫叶甲成虫（0.17 头/日）。3 龄蠋蝽若虫对杨扇舟蛾卵有较高取食量（10.8 粒/日）。在林间防治几种林业害虫的调查中，试验用 3 龄以上蠋蝽共 3.5 万头，防治试验分别在 5 年生榆树纯林和 8 年生杨树纯林进行。每一防治对象设 3 块 20m×20m 的放蝽试验区，另设 1 块 20m×20m 的不放蝽对照区，小区间隔 10 米。试验前分别调查试验区和对照区害虫密度，按 1∶5 的益害比将蠋蝽均匀地释放到树上。放蝽后 15 天调查虫口减退率。结果显示，放蝽治虫 15 天后，蠋蝽对榆紫叶甲幼虫、黄刺蛾低龄幼虫和杨扇舟蛾幼虫的防治效果分别达 69.2%、65.4% 和 41.6%，但对榆紫叶甲成虫的防治效果仅为 39.9%，此结果与室内蠋蝽对害虫的日捕食量研究结果是一致的。

1998 年在新疆北疆，双斑长跗萤叶甲（*Monolepta hieroglyphica* Motschulsky）（鞘翅目：叶甲科）被首次发现危害棉花且种群数量迅速增长。2001 年在农七师发现双斑长跗萤叶甲开始点片危害棉花，至 2004 年为害面积达 20 万~30 万亩，占全师棉花种植面积的 1/4。2002 年双斑长跗萤叶甲扩散到农八师，至 2005 年为害面积达 28 万亩，现已成为新疆棉田的主要害虫之一。陈静等（2007）首次在新疆棉田发现蠋蝽可捕食双斑长跗萤叶甲，因此，针对蠋蝽对双斑长跗萤叶甲成虫的捕食功能进行了研究。结果表明，蠋蝽对双斑长跗萤叶甲成虫的捕食功能符合 Holling Ⅱ 模型，捕食量随猎物密度的增加而增大。当猎物密度达到一定程度时，捕食量增加缓慢，蠋蝽成虫一昼夜可捕食双斑长跗萤叶甲成虫 20.4 头。捕食一头双斑长跗萤叶甲成虫需要 2.94min；随着蠋蝽数量的增加，个体间易相互干扰，使捕食率明显降低。在猎物密度固定的情况下，随着蠋蝽若虫密度的增加，个体间相互干扰增加，捕食率下降。这说明在评价蠋蝽对双斑长跗萤叶甲成虫的控制作用时，不能光从蠋蝽的数量和独自的捕食量来衡量，必须考虑蠋蝽的密度和猎物密度。尽管室内环境和田间环境差异很大，但该结果为以后田间释放蠋蝽防治双斑长跗萤叶甲奠定了很好的基础。

天敌昆虫扩繁与应用

甜菜夜蛾对多地蔬菜造成了很大的经济损失。高卓（2010）对蠋蝽室内对甜菜夜蛾的捕食量进行了研究，结果表明，蠋蝽成虫及4、5龄若虫对甜菜夜蛾1~2龄幼虫的捕食量最高，平均每日可达2.1头和2头，而对5龄幼虫捕食量最低，只有0.37头和0.25头。蠋蝽2~3龄若虫对甜菜夜蛾1~2龄及5龄幼虫的每日平均捕食量分别为1.9头和0.12头。而在田间甜菜罩网试验中，蠋蝽成虫和4~5龄若虫对1~2龄甜菜夜蛾日平均捕食量最大，分别为1.9头和1.1头，而对5龄幼虫的捕食量只有0.16头和0.13头。蠋蝽2~3龄若虫对1~2龄及5龄甜菜夜蛾幼虫捕食量分别为0.8头和0.05头。室内捕食量几乎为田间捕食量的2倍，原因很可能是田间干扰因素很多且环境复杂。随后，高卓（2010）按蝽蛾比为1:15的比例在甜菜地释放室内饲养的第三代2龄蠋蝽若虫进行田间防效试验，结果表明，13天后蠋蝽对甜菜夜蛾幼虫的防效达63.88%。30天后虫口减退率达38.52%。

为了比较化学防治与生物防治的效果，上官斌（2009）在兰州垒洼山林场将化学防治和利用蠋蝽控制侧柏毒蛾进行了对比。在化学防治侧柏毒蛾试验中，2006年4月下旬在面积为630 m²刺柏林中，对600株侧柏毒蛾发生严重的刺柏使用40%氧化乐果1 000倍液喷雾防治，效果明显。杀虫率达到91%，次年该区侧柏毒蛾发生株率仅为6%，有虫株虫口密度仅为4~8头/株。全年不需进行防治。在应用蠋蝽防治侧柏毒蛾试验中，试验地选为与化学防治在同一地块上，面积为90 m²的84株侧柏毒蛾发生严重但同时有蠋蝽发生的刺柏，2006年7月以前侧柏毒蛾为害明显，到8月中旬观察到与化学防治区相比，树木生长效果几乎完全相同。8月中旬侧柏毒蛾和蠋蝽都很难观察到，说明害虫被控制后天敌数量也自然下降。次年蠋蝽发生株率仅有4%，有虫株虫口密度仅为1~2头/株。全年侧柏毒蛾发生很轻，不需进行防治。通过对比分析，上官斌（2009）认为化学防治效果明显迅速，但是同时会杀伤多种天敌昆虫，不利于生态的良性发展，也会污染环境，因此，只有在侧柏毒蛾发生严重时，为控制灾情，应在4月上旬以前进行1次化学防治，既可快速控制侧柏毒蛾，又可减轻对蠋蝽的危害。但蠋蝽控制侧柏毒蛾存在滞后性。然而，从可持续发展角度出发，蠋蝽有很大的优势，可有效控制侧柏毒蛾为害，经济环保，值得推行。

鉴于环境的恶化、人类健康、化学杀虫剂的抗性等问题，大量生产应用于生物防治的天敌昆虫是一个急于解决的重要问题。然而，这需要大量的、廉价的有益昆虫能进行增补式或接种式释放。传统的饲养方法需要在室内用寄主植物大量繁殖猎物或寄主。这种昂贵的方法使得生物防治变得较难实施。然而，一种理想的人工饲料可以大大减少大量扩繁天敌昆虫的费用（Glenister, 1998；Glenister, 1998；Thompson, 1999；Wittmeyer, 2001）。

目前，一些半翅目捕食性天敌昆虫的无昆虫成分的人工饲料的研究已经取得很大进展。斑足大眼长蝽（*Geocoris punctipes* Say）（半翅目：长蝽科）可以用牛肉和牛肝为主成分的人工饲料饲养至少60代（Cohen, 1985；Cohen, 1994）。斑腹刺益蝽（*Podisus maculiventris* Say）（半翅目：蝽科）可以用无昆虫及植物成分、以肉和蛋为主成分的饲料连续饲养多代，但是与取食天然猎物的相比，取食人工饲料的斑腹刺益蝽若虫发育历期延长，雌虫产卵量下降。Coudron等（2004）研究发现，用无昆虫成分的动物源人工饲料连续饲养斑腹刺益蝽11代后，室内种群的发育时间、产卵前期、产卵量和若虫存活率得到了改善。但是取食人工饲料的野生种群的繁殖率及内禀增长率并没有得到改善。此外，尽管经过了 11 代的人工饲料的适应，但是与取食天然猎物——粉纹夜蛾（*Trichoplusia ni* Hübner）（鳞翅目：夜蛾科）幼虫的种群相比，取食人工饲料的种群的生命表参数还是要偏低。对于二点益蝽（*Perillus bioculatus* Fabricius）（半翅目：蝽科）的连代饲养，大多数的报道都应用第二猎物或第二猎物与人工饲料的组合（Adams，2000；Yocum，2002）。Rojas 等（2000）测试了两种以鸡肝和金枪鱼为主成分的人工饲料对二点益蝽的影响。结果显示，经过 11 代的饲养，没有发现饲料对二点益蝽有累加的危害影响。与取食马铃薯甲虫（*Leptinotarsa decemlineata* Say）（鞘翅目：叶甲科）卵的二点益蝽相比，起初，取食人工饲料的二点益蝽的发育时间、产卵前期显著延长，卵孵化率、卵到成虫的存活率、产卵量都相对较低。然而，11 代以后，取食人工饲料的二点益蝽的发育时间缩短，卵到成虫的存活率增加，产卵前期缩短。但卵的孵化率没有变化。Coudron 等（2004）研究发现，与在若虫期和成虫期都饲喂粉纹夜蛾的二点益蝽相比，在若虫期和成虫期都饲喂无昆虫成份的人工饲料时，二点益蝽发育时间延长，净繁殖率和内禀增长率都降低。

除了人工饲料以外，应用天然猎物和人工饲料饲喂天敌昆虫的费用问题是需要面对的另一个难题。Wittmeyer 等（2001）研究发现，饲养相同数量的斑腹刺益蝽种群，应用天然猎物——粉纹夜蛾的费用是用人工饲料的费用的 1.4 倍。但是实际上，由于取食人工饲料的种群发育历期延长，产卵量下降等因素，使得取食人工饲料的费用成为取食粉纹夜蛾的 3.5 倍。进一步研究发现，斑腹刺益蝽经过连续 11 代的饲养以后，取食人工饲料的实际费用仅为取食粉纹夜蛾的费用的 1.2 倍。这大大地减少了应用人工饲料获得天敌昆虫的费用。饲料包装的成本占人工饲料总成本的很大一部分。目前，国内外捕食性蝽类的人工饲料研究主要集中在实验室内，而以后进行工厂化生产时，经过工艺改良，人工饲料的费用会比实验室内的费用大大减少。这为应用人工饲料扩繁天敌昆虫提供了美好的前景。尽管目前尚无较成功的人工饲料来饲喂蠋蝽，但是相信在昆虫学者的不懈努力下，蠋蝽的人工饲料会在不久的将来面世。

此外，蠋蝽在释放地不易定殖及大量繁殖的一个重要因素是一些蠋蝽不能成功越冬。其原因有以下几点：①在林区，蠋蝽大多与其猎物，如鳞翅目蛹，在相同或相近的场所越冬，蠋蝽复苏后可直接取食。但在大田或果园不行，由于人为干扰因素多，土地的翻耕或果园清洁，不仅使越冬害虫数量减少，蠋蝽也会受到一定程度的损失。因此，可以人为采集越冬的蠋蝽帮助进行越冬保护，待其复苏后或进行完农事操作后再将其释放。②笔者在河北及北京等地采集时发现，当地农民在春耕前有燎荒习惯，很多田地或果园周围的其他树木也被同时烧伤或烧死，而这些场所很多是蠋蝽的越冬场所。这种行为大大减少了蠋蝽越冬的存活数量，因此，应加强对基层农民在这方面知识的普及和教育。③在释放后，由于猎物不足，蠋蝽成虫飞走或若虫被饿死的现象也常有发生。越冬前猎物不足，使得越冬的成虫营养不良，抗逆性下降，在越冬过程中被冻死。食物缺乏是造成蠋蝽不能定殖的另一个主要因素。因此，可以在越冬前或释放后，在越冬场所或释放地人为施放一些猎物或人工饲料，来帮助其种群的维系及补充越冬营养。

由于蠋蝽分布的地域性，对蠋蝽的研究主要为国内的研究报道。对蠋蝽属的其他蝽类的研究也主要是分类地位的研究。因此，为加强对蠋蝽的进一步了解，我们还有待于做更多的研究，如生态调控、生防措施集成、作物布局、农事操作、监测预警等。由于蠋蝽有着很强的的控害能力和广泛的猎物食谱，因此，相信它会越来越多地受到中外昆虫学者的关注。

（王孟卿、邹德玉、刘丽平、武鸿鹄编写）

参考文献

艾素珍，朱兆雄.1989. 大眼蝉长蝽生物学的初步观察 [J]. 昆虫天敌，11 (1)：38 - 38.

柴希民，何志华，蒋平，等.2000. 浙江省马尾松毛虫天敌研究 [J]. 浙江林业科技，20 (4)：1 - 56，61.

陈红印，干树英，陈长风.2000. 以米蛾卵为寄主繁殖玉米螟赤眼蜂的质量控制技术 [J]. 昆虫天敌，22 (4)：145 - 150.

陈静，张建萍，张建，田永，等.2007. 蠋敌对双斑长跗萤叶甲成虫的捕食功能研究 [J]. 昆虫天敌，29 (4)：149 - 154.

陈跃均，乐国富，粟安全.2001. 蠋敌卵的有效积温研究初报 [J]. 四川林业科技，22 (3)：29 - 32.

崔金杰，马艳.1997. 大眼蝉长蝽对棉铃虫初孵幼虫捕食功能研究 [J]. 中国棉花，24 (3)：15 - 16.

高长启，王志明，余恩裕.1993. 蠋蝽人工饲养技术的研究 [J]. 吉林林业科技，2：16 - 18.

高卓，2010. 蠋蝽 *Arma chinensis* Fallou 生物学特性及其控制技术研究 [D]，硕士学位论文，哈尔滨：黑龙江大学.

郭建英，万方浩，吴珉.2002. 利用桃蚜和人工卵赤眼蜂蛹连代饲养东亚小花蝽的比较研究 [J]. 中国生物防治，18 (2)：58 - 61.

胡月.2010. 烟盲蝽营养需求与人工饲料改进研究 [D]. 硕士学位论文. 北京：中国农业科学院.

胡月，王孟卿，张礼生，等.2010. 杂食性盲蝽的饲养技术及应用研究 [J]. 植物保护，36 (5)：22 - 27.

姜秀华，王金红，李振刚.2003. 蠋敌生物学特性及其捕食量的试验研究 [J]. 河北林业科技，3：7 - 8.

李丽英，郭明昉，吴宏和，等.1988. 叉角厉蝽的人工饲料 [J]. 生物防治通报，4 (1)：41.

李兴鹏，宋丽文，张宏浩，等.2012. 蠋蝽抗寒性对快速冷驯化的响应及其生理机制 [J]. 应用生态学报，23 (3)：791 - 797.

林长春，王浩杰，任华东，等.1998. 叉角厉蝽生物学特性研究 [J]. 林业科学研究，11 (1)：89 - 93.

上官斌.2009. 蠋敌研究初报 [J]. 甘肃林业科技，34 (4)：27 - 30.

宋丽文，陶万强，关玲，等.2010. 不同宿主植物和饲养密度对蠋蝽生长发育和生殖力的影响 [J]. 林业科学，46 (3)：105 - 110.

孙本春.1993. 大眼蝉长蝽生物学特性的初步研究 [J]. 昆虫天敌，15 (4)：157 - 159.

谭晓玲，王甦，李修炼，等.2010. 东亚小花蝽人工饲料微胶囊剂型的研制及饲养效果评价 [J]. 昆虫学报，53 (8)：891 - 900.

仝亚娟，陆宴辉，吴孔明.2011. 大眼长蝽对苜蓿盲蝽的捕食作用 [J]. 应用昆虫学报，48 (1)：136 - 140.

王方海，周伟儒，王韧.1996. 东亚小花蝽人工饲养方法的研究 [J]. 中国生物防治，12 (2)：49 - 51.

王丽荣，陈琳，张荆.1993. 天敌——刺兵蝽观察研究报告 [J]. 沈阳农业大学学报，24 (1)：47 - 49.

魏潮生，彭中建，杨广球，等.1984. 南方小花蝽的初步研究 [J]. 昆虫天敌，6 (1)：32 - 40.

吴伟坚，余金咏，高泽正，等.2004. 杂食性盲蝽在生物防治上的应用 [J]. 中国生物防治，20 (1)：61 - 64.

谢钦铭，梁广文，罗诗，等.2001. 叉角厉蝽对绿额翠尺蛾幼虫的捕食作用的初步研究 [J]. 江西科学，19 (1)：21 - 23.

忻介六，邱益三.1986.昆虫、螨类和蜘蛛的人工饲料（续篇）.北京：科学出版社.

杨怀文，程武.1985.用米蛾卵繁殖黄色花蝽初报［J］.生物防治通报，1（2）：24.

姚康.1981.黄色花蝽是捕食仓库害虫的有效天敌［J］.华中农学院学报，1：95－100.

于毅，严毓骅，胡想顺.1998.营养和生态因子对东亚小花蝽生长发育的影响［J］.中国生物防治，141：4－6.

张昌容，郐军锐，郑姗姗，等.2010.添加蜂蜜水对南方小花蝽生长发育和繁殖的影响［J］.贵州农业科学，8：96－99.

张敏玲，卢传权.1996.叉角厉蝽的饲养［J］.昆虫天敌，18（1）：74－77.

Adams TS. 2000. Effects of diet and mating status on ovarian development in a predaceous stinkbugs *Perillus bioculatus*（Hemiptera：Pentatomidae）［J］. Ann. Ent. Soc. Am. , 93：529－535.

Alomar O，Castane C，Gabarra R，Arno J，Arino J，Albajes R. 1991. Conservation of native mirid bugs for biological control in protected and outdoor tomato crops［J］. BulL. IOBC/WPRS, 14（2）：33－42.

Blaeser P. 2004. The potential use of different predatory bug species in the biological control of *Frankliniella occidentalis*（Pergande）（Thysanoptera：Thripidae）［J］. J. Pest Sci. , 77：211－219.

Brannon SL，Decker KB，Yeargan KV. 2006. Photoperiodic induction of reproductive diapause in the predator *Geocoris uliginosus*（Hemiptera：Geocoridae）［J］. Ann. Ent. Soc. Am. , 99（2）：300－304.

Castanea C，Alomar O，Riudavets J. 1996. Management of Western Flower Thrips on Cucumber with *Dicyphus tamaninii*（Heteroptera：Miridae）［J］. Biol. Contr. , 17：114－120.

Clercq PD. 1998. Unnatural prey and artificial diets for rearing *Podisus maculiventris*（Heteroptera：Pentatomidae）［J］. Biol. Contr. , 3：67－73.

Cohen AC. 2000. Feeding fitness and quality of domesticated and feral predators：effects of long－term rearing on artifical diet［J］. Biol. Contr. , 17：50－54.

Cohen AC. 1984. Food consumption, food utilization and metabolicrates of *Geocoris punctipes*（Het.：Lygaeidae）fed *Heliothis virescens*（Lep.：Noctuidae）eggs［J］. Entomophaga, 29：361－367.

Cohen AC. 1985. Simple method for rearing the insect predator *Geocoris punctipes*（Heteroptera：Lygaeidae）on a meat diet［J］. J. Econ. Ent. , 78：1 173－1 175.

Cohen AC，Staten RT. 1994. Long－term culturing and quality assessment of predatory big－eyed bugs, Geocoris punctipes. In：Narang SK，Bartlett AC，Faust RM. （Eds. ），Applications of Genetics to Arthropods of Biological Control Significance. CRC Press，Boca Raton，FL，pp. 121－132.

Cohen AC，Urias NM. 1986. Meat－based artificial diets for *Geocoris punctipes*（Say）. Southwest Ent. , 11, 171－176.

Coudron TA，Kim Y. 2004. Life history and cost analysis for continuous rearing of *Perillus bioculatus*（Heteroptera：Pentatomidae）on a zoophytogenous artificial diet［J］. J. Econ. Ent. , 97：807－812.

Elzen GW，Elzen P J. 1999. Lethal and sublethal effects of selected insecticides on Geocoris Punctipes［J］. Southwest Ent. , 24（3）：199－205.

Gillespie D，Sanchez A，Mcgregor R，*et al.* 2001. Dicyphus hesperus－Life history，biology and application in tomato greenhouses. Pacific Agri－Food Research Centre，Agassiz Agriculture and Agri－Food Canada Technical Report.

Glenister CS. 1998. Predatory heteropterans in augmentative biological control：an industry perspective. In：Coll M. ，Ruberson，J. R. （Eds. ），Predatory Heteroptera：Their Ecology and Use in Biological Control, pp. 199－208. Proceedings，Thomas Say Publications in Entomology，Entomological Society of America，Lanham，MD.

Glenister CS，Hoffmann MP. 1998. Mass－reared natural enemies：scientific，technological，and informational needs and considerations. In: Ridgway, R., Hoffmann, M. P., Inscoe, M. N., Glenister, C. S. (Eds.), Mass – Reared Natural Enemies: Application, Regulation, and Needs, pp. 242 – 247. Proceedings, Thomas Say Publicationsins in Etomology, Entomological Society of America, Lanham, MD.

Hagler JR. 2009. Comparative studies of predation among feral, commercially – purchased, and laboratory – reared predators [J]. Biocontrol, 54: 351 – 361.

Hagler JR, Cohen AC. 1991. Pery selection by in vitro – and field – reared *Geocoris punctipes* [J]. Ent. Exp. AppL., 59: 201 – 205.

Honda JY, Nakashima Y, Hirose Y. 1998. Development, reproduction and longevity of *Orius minutus* and *Orius sauteri* (Heteroptera: Anthocoridae) when reared on *Ephestia kuehniella* eggs [J]. AppL. Ent. Zool., 33 (3): 449 – 453.

Jay E, Davis R, *et al.* 1968. Studies on the predaceous habits of *Xylocoris flavipes* (Reuter) [J]. J. Georgia Ent. Soc., 3 (3): 126 – 130.

Lecato GL, Collins JM, *et al.* 1977. Reduction of residual populations of stored product insects by *Xylocoris flavipes* [J]. J. Kansas Ent. Soc., 50 (1): 84 – 88.

Lu, Y. H., Wu, K. M., Jiang, Y. Y., *et al.* 2010. Mirid bug outbreaks in multiple crops correlated with wide – scale adoption of Bt cotton in China [J]. Science, 328: 1 151 – 1 154.

McCutcheon GS. 2002. Consumption of Tobacco Budworm (Lepidoptera: Noctuidae) by hooded beetle (Coleoptera: Anthicidae) and bigeyed bug (Hemiptera: Lygaeidae) [J]. J. Agric Urban Ent., 19 (1): 55 – 61.

Myers L, Liburd OE, Arevalo HA. 2006. Survival of *Geocoris punctipes* Say (Hemiptera: Lygaeidae) following exposure to selected reduced – risk insecticides [J]. J. Ent. Sci., 41 (1): 57 – 64.

Perdikis D, Lykouressis D. 2000. Effects of various items, host plants, and temperatures on the development and survival of *Macrolophus pygmaeus* [J]. Biol. Contr., 17: 55 – 60.

Pfannenstiel RS, Yeargan KV. 1998. Association of predaceous Hemiptera with selected crops [J]. Environmental Ent., 27 (2): 232 – 239.

Rider DA, Zheng LY. 2002. Checklist and nomenclatural notes on the Chinese Pentatomidae (Heteroptera) I, Asopinae [J]. Entomotaxonomia, 24: 107 – 115.

Robert R, McGregor, *et al.* 1999. Potential use of *Dicyphus hesperus* Knight (Heteroptera: Miridae) for biological control of pests of greenhouse tomatoes [J]. Biol. Contr., 16: 104 – 110.

Rojas MG, Morales – Ramos JA, King EG. 2000. Two meridic diets for *Perillus bioculatus* (Heteroptera: Pentatomidae), a predator of *Leptinotarsa decemlineata* (Coleoptera: Chrysomelidae). Biol. Contr., 17: 92 – 99.

Thompson SN. 1999. Nutrition and culture of entomophagous insects [J]. Annu. Rev. Ent. 44, 561 – 592.

Tillman G, Hammes GG, Sacher M, *et al.* 2001. Toxicity of a formulation of the insecticide indoxacarb to the tarnished plant bug, *Lygus lineolaris* (Hemiptera: Miridae), and the big – eyed bug, *Geocoris punctipes* (Hemiptera: Lygaeidae) [J]. Pest Management Science, 58: 92 – 100.

Tillman G, Lamb M, Mullinix B, *et al.* 2009. Pest insects and natural enemies in transitional organic cotton in Georgia [J]. J. Ent. Sci., 44 (1): 11 – 23.

Waddill V, Shepard M. 1974. Potential of *Geocoris punctipes* (Hemiptera: Lygaeidae) and *Nabis* spp. [Hemiptera: Nabidae] as predators of Epilachna Varivestis (Coleoptera: Coccinellidae) [J]. Entomophaga, 19 (4): 421 – 426.

Wittmeyer JL, Coudron TA. 2001. Life table parameters, reproductive rate, intrinsic rate of increase and estimated cost of rearing *Podisus maculiventris* (Heteroptera: Pentatomidae) on an artificial diet [J]. J. Econ. Ent., 94, 1 344 – 1 352.

Yano E，Watanabe K，Yara K. 2002. Life history parameters of *Orius sauteri*（Poppius）（Het.，Anthocoridae）reared on *Ephestia kuehniella* eggs and the minimum amount of the diet for rearing individuals［J］. J. Appl. Ent.，126：389－394.

Yocum GD，Evenson PL. 2002. A short term auxiliary diet for the predaceous stinkbug *Perillus bioculatus*（Hemiptera：Pentatomidae）［J］. Florida Ent.，85，567－571.

Zou DY，Wang MQ，Zhang LS *et al*. 2012. Taxonomic and bionomic notes on *Arma chinensis*（Fallou）（Hemiptera：Pentatomidae：Asopinae）［J］. Zootaxa，3328：41－52.

第五章 蚜茧蜂的扩繁与应用

第一节 研究进展与应用现状

一、蚜茧蜂天敌昆虫饲养研究概况

蚜茧蜂（Aphid parasites）是膜翅目（Hymenoptera）姬蜂总科（Ichneumonoidea）蚜茧蜂科（Aphidiidae）的通称，广布世界。蚜茧蜂科主要识别特征是：①前翅上有一中间脉和 1 ~ 3 个径室，后翅仅有一基室，前翅端半部翅脉常退化。②腹部具柄，着生在并胸腹节下方、后足基节之间，腹部第三节以后背板可以自由活动。③唇基端缘凸出，不与上颚形成圆形口腔。目前，全世界已知有 35 属，400 余种。我国已知有 4 个亚科，22 属，120 余种。4 个亚科分别为：全脉蚜茧蜂亚科（Ephedrinae）、外蚜茧蜂亚科（Prainae）、原蚜茧蜂亚科（Aclitinae）和蚜茧蜂亚科（Aphidiinae）。蚜茧蜂作为一类专门寄生蚜虫的寄生性天敌昆虫，对蚜虫的自然控制效果相当显著。当蚜虫被其产卵寄生后，待寄生蜂发育进入幼虫高龄阶段，寄主蚜虫的发育及生殖力受到严重干扰，最后被取食致死。自然界中水及蚜虫分泌的蜜露可能是蚜茧蜂成蜂的主要食物源。

蚜茧蜂种类都是蚜虫的体内寄生蜂，是一类重要的天敌昆虫，已应用于防治一些重要的蚜虫。中国是蚜茧蜂资源最丰富的国家，重要种类有：麦蚜茧蜂（Ephedrus plagialor）、烟蚜茧蜂（Aphidius gifuensis）、棉蚜茧蜂（Lysiphlebia japonica）、桃瘤蚜茧蜂（Fovephedrus persicae）、菜蚜茧蜂（Diaeretiella rapae）、燕麦蚜茧蜂（Aphidius avenae）、苦艾蚜茧蜂（Aphidius absinthii）、阿尔蚜茧蜂（Aphidius ervi）、茶足柄瘤蚜茧蜂（Lysiphlebus testaceipes）。目前，阿尔蚜茧蜂和茶足柄瘤蚜茧蜂在世界上已被商品化生产和销售（徐学农，2007）。

大多数蚜茧蜂存在兼性滞育现象，这对于蚜茧蜂产品的储存、延长产品货架期等具有重要的现实意义。国内外学者对蚜茧蜂自然滞育现象的观察研究表明：温带的蚜茧蜂多以预蛹或蛹滞育越冬，也有以老熟幼虫滞育越冬的种类，如高粱蚜茧蜂（Lysiphiebia sacchari）。Stary 发现了唯一的一例在蚂蚁巢内以成蜂滞育越冬的无翅脉点径蚜茧蜂 Paralipsis enervis（Stary，1966）。目前，已报道的滞育蚜茧蜂种类中，其滞育持续期一般可维持数月，如黑折脉蚜茧蜂（Aphidius nigripes）、另蚜茧蜂（Aphidius alius）、西方蚜外茧蜂（Praon occidentalis）的滞育持续时间均可达 8 个月之久（Schlinger，1960；Brodeur，1989）。在冬季田间，寄生苜蓿彩斑蚜（Therioaphis maculata）的徘徊蚜外茧蜂（Praon palitans），其滞育可维持 140 天（Schlinger，1959；Schlinger，1960；Schlinger，1960a；Van den Bosch，1959）。同样也是寄生苜蓿彩斑蚜的扁平三叉蚜茧蜂（*Trioxys complanatus*），其在夏秋季节进行滞育，滞育也可持续 120 天左右（Schlinger，1961）。

二、国内外应用蚜茧蜂进行生物防治概况

鉴于蚜茧蜂在自然界对蚜虫种群数量消长的显著控制作用，国内外生物防治工作者对蚜茧蜂的生物学及保护利用开展了广泛研究。

最早利用蚜茧蜂防治蚜虫是 Hunter 于 1909 年在美国中西部的堪萨斯州进行的，他将得克萨斯州的红足柄瘤蚜茧蜂（*Lysiphlebus testaceipes*）移植来用于防治麦二叉蚜（*Schizaphis graminum*），因其对该蜂的生物学及生态学特性了解不足，以至于放蜂没有取得完全成功（Hunter，1909）。同年，在美国东部用不完全全脉蚜茧蜂（*Ephedrus incomplelus*）防治蔷薇长管蚜（*Macrosiphum rosivorum*），取得一定成效。此后，世界各国许多专家，针对一些具有明显生防潜能的蚜茧蜂的生物学、生态学及释放应用技术进行了大量研究，并且有许多成功放蜂的例子。美国从印度引进斯氏蚜茧蜂（*Aphidius smithi*）防治苜蓿上的豌豆蚜（*Acyrthosiphon pisum*），从法国和伊朗等地引进白三叉蚜茧蜂（*Trioxys pallidus*）防治核桃黑斑蚜（*Chromaphis juglandicola*），均取得成功，并获得了显著的经济效益和生态效益（陈家骅，2001）。南美洲的智利引进和繁殖缢管蚜茧蜂（*Aphidius rhopalosiphi*）、无网长管蚜茧蜂（*Aphidius ervi*）、法蚜外茧蜂（*Praon gallicum*）、翼蚜外茧蜂（*Praon volucre*）、多脉下曲蚜茧蜂（*Monoctonus nervosus*）防治小麦及玉米等禾本科作物蚜虫，同时大量繁殖、释放菜蚜茧蜂防治菜缢管蚜（*Rhopalosiphun pseudobrassicae*）都取得一定效果（Dhiman，1986）。

随着人工大量饲养蚜茧蜂技术的不断完善，已形成机械化的人工繁蜂流水线，此外为提高蚜茧蜂对蚜虫的防控能力，参照国际生防（International Organization for Biological Control，IOBC）制定的质量控制标准，各国均加强了对蚜茧蜂大规模扩繁与工厂化生产的质量控制，在蜂种选择、最适繁蜂数量确定和成蜂寿命及寄生率等生物学指标方面均进行了较大完善，并且规定了机械化生产的工艺流程，进一步提高了防治效果（Fernandz，1997）。目前，应用蚜茧蜂防治温室和塑料大棚内的蚜虫已成为温室害虫综合治理的重要组成部分，而在欧美发达国家温室蚜虫的生物防治也已成为控制蚜虫为害的主要手段。

国内对蚜茧蜂的应用也有很多报道，云南、沈阳等地利用繁殖的烟蚜茧蜂防治烟草、黄瓜和辣椒上的蚜虫等均取得显著效果（赵万源，1980；李学荣，2002）。在吉林通化，用棉蚜茧蜂防治大豆蚜（*Aphis glycins*），豆田内的寄生率可达到 56% ~ 76%，大豆蚜发生中等偏重年份可将蚜害控制在经济阈值以下（高峻峰，1985）。此外，在北京京郊（区）县和河南、山东等省，对寄生麦长管蚜的蚜茧蜂采用保护措施，从而取得了较好的蚜茧蜂对蚜虫的自然控制作用。例如，山东省临沂市保护、利用燕麦蚜茧蜂，自然控制麦田麦蚜的面积约达 11 万 hm²，占麦田总面积的 72.7%（李文江，1985）。

此外，诸多学者从保护天敌的角度，探讨了农田、温室各种常用化学农药对蚜茧蜂的影响，认为氯氰菊酯等对蚜茧蜂影响较小，而高浓度的抗蚜威则显著降低蚜茧蜂的羽化率和生殖力（陈家骅，1989；高峻峰，1993）。因此，温室作物要选用选择性农药和采用释放蚜茧蜂防治蚜虫的综合防治措施。蚜茧蜂是一类极具应用价值的优良天敌，我国蚜茧蜂资源丰富，利用蚜茧蜂进行生物防治前景广阔，但目前很多工作尚待开展。

第二节　生物学与生态学特性

一、寄主专化性

寄生性膜翅目昆虫的进化明显向着寡食性方向发展，在蚜茧蜂科表现了同样的趋势。蚜茧蜂的寄主范围具有明显专化性。很多种类的蚜茧蜂寄主范围较窄，如烟蚜茧蜂可寄生烟蚜（*Myzus persicae*）、萝卜蚜（*Lipaphis erysimi*）、麦二叉蚜（*Schizaphis graminum*）、麦长管蚜（*Macrosiphum avenae*）、棉蚜（*Aphis gossypii*）等。当蚜茧蜂把卵产在不适合子代发育的蚜虫体内时，产下的卵通常不发育，而被产卵的蚜虫也不会受到明显影响。

二、形态特征

蚜茧蜂均营体内寄生生活。雌蜂通常每次产一粒卵于蚜虫体内，胚胎发育时外被一层伪浆膜。幼虫孵化后在蚜虫体内取食，共经过 4 龄，幼虫成熟后在被寄生致死的蚜虫僵壳内或僵壳下结茧化蛹，继续发育至羽化（对于在僵壳内化蛹的，习惯上将出蜂称为羽化，本文同）。在过寄生或共寄生情况出现时，经相互残杀或竞争而淘汰多余的，只有一个个体能正常发育。以我国南北均可见的烟蚜茧蜂为例：

（一）卵

初产时长梭形，其长轴 60～90μm，短轴 20～40μm。淡绿色，卵膜透明，卵内物质均匀。随卵期的延长，体积逐渐增大，孵化前可增至原体积的 200 多倍。

（二）幼虫

幼虫共分 4 龄。

一龄幼虫：为具尾形幼虫，头部大，体末端细，绿色，体长 400～600μm，最宽处 90μm 左右。稍弯曲，体末有一对长尾片，长 60～90μm，约为体长的 1/10。体分节明显，13 节。体表突起不明显，表皮皱折较浅，呈纵向排列。

二龄幼虫：蛆形，体淡绿色，体长 800～1 000μm，宽 180～260μm，尾片缩短，仅剩很小的残余。体表突起明显呈不规则状。

三龄幼虫：蛆形，乳白色，呈 "C" 形弯曲，头短而圆，短于胸节，尾片消失，体长 1.40～1.80mm，宽 0.36～0.42mm。体表突起较为明显。

老熟幼虫：体长 2.74～2.80mm，宽 0.66～0.76mm。身体强度弯曲成 "C" 形，无尾片，身体背部表面被有密集的近似圆形的颗粒，大小不等。中肠黑褐色，中后肠已相通，肛门开启，丝腺发达。马氏管两分支，贴于中肠肠壁上。取食速度快，食量大，利用其锋利上颚刮食蚜体内壁，吮吸三对足和触角内含物，而后先在蚜虫腹面用上颚咬一孔洞，吐丝将蚜壳粘于底物上，再开始织茧（毕章宝，1993）。

（三）预蛹与蛹

预蛹：体粗短，浅黄色，头、胸、腹部分界明显，复眼明显，足芽、翅芽及外生殖器显现。

蛹：为裸蛹，足及翅紧贴于身体两侧，静止不动。从化蛹开始，整个蛹期体色不断加深。除头部黑色外，体呈鲜黄色，复眼红褐色，触角褐色可见分节。

（四）成虫

体多呈黄褐色和橘黄色，少数为暗褐色。胸一般二色，背面暗褐，侧、腹面黄褐，少数个体全胸呈暗黄色。腹褐色。雄蜂色泽较雌蜂暗。雌蜂体长 2.1~2.7mm，雄蜂体长 1.9~2.1mm。

头部

头部横形，黑褐色，光滑具光泽，表面着生很多刚毛。头宽 0.5mm 左右，大于胸翅基片处的宽度，后头缘凹陷。复眼黑褐色，长椭圆形，向脸中部收敛，由 230 多个直径 12μm 的小眼组成，在一些小眼间着生稀疏刚毛。单眼 3 个，位于头顶部触角后方呈锐角三角形排列，单眼直径约 45μm。咀嚼式口器，唇基两侧各有一个幕骨陷，幕骨指数 0.4；上颚较发达，端部具齿，基部有刚毛；下颚须 5 节，下唇须 4 节，表面有很多毛形感器；上颊比复眼横径略短；脸较窄，是头宽的 1/2.5；颊长是复眼径纵的 1/5。

触角：丝状，黄褐色，着生于头顶部，长 2.0~2.2mm，基部间距约 0.12mm。雌蜂触角 16~18 节，多为 17 节；雄蜂触角 18~20 节。触角基部球形，着生于臼形触角窝中，端部逐渐膨大；梗节较短，长约 60μm。第 1、2 鞭节等长，长是宽的 3.0 倍~3.5 倍。触角上分布着很多不同类型的感器。在柄节、梗节基部分布有几簇短的锥形感器，其他部位分布着许多长短不一的毛形感器，且雄性较雌性的毛形感器发达。

胸部

黄褐色，并胸腹节黄色，中胸光滑有光泽，沿边缘及盾纵沟着生长毛，盾纵沟在肩角处明显而宽，上具小横脊。并胸腹节长约 0.2mm，宽约 0.3mm，表面具有明显突起的脊，中央围成一个清晰的五边形小室，上侧室具有 5~8 根刚毛，下侧室具有 2~4 根刚毛，在下侧室的边缘处各有一个气门。

翅：前翅长约 2.1mm，宽约 0.8mm，后翅长约 1.4mm，宽约 0.3mm，均透明膜质；前翅翅脉不完整，第一径间脉退化，径室与中室合并，其外缘由第二径间脉关闭，翅痣长是宽的 4.0~4.5 倍，约与痣后脉等长，径脉第一、第二段略等长；前后翅的正面和背面有微毛分布，微毛均向外缘方向倾斜排列，翅外缘和内缘处的微毛排列整齐，长度约 35μm。

足：足三对，黄褐色。前足胫节长度约为第一跗节长的 3 倍，其端部有一个净角器；后足胫节约为第一跗节长度的 2.2 倍，中、后足胫节端部均有距；跗节分为 5 节，第一节长度为第二跗节的 2 倍，第二跗节比其余 3 跗节略长；足表面分布有很多刚毛，其中，腿节较稀疏，胫节和跗节较密集；有一对分叉状的爪。

腹部

呈披针形，光滑，刚毛散生并向腹后方倾斜；腹柄节细长，长是气门瘤处宽的 3.5 倍，末端稍扩大，中部两侧稍下陷，背面具不分叉的中纵脊，腹柄节的腹面有纵向平行的条纹，气门瘤处有一些刚毛；腹柄节、第一腹节和第二、第三节之间呈黄色，以后腹节均为褐色。

外生殖器：雄性外生殖器可见一对抱握器，其表面着生有长刚毛，其余部分缩在体内。雌性外生殖器的第九节背片基部腹突宽，产卵器鞘较粗短，长约 0.1mm，向后伸出，末端呈略倾斜的平面，产卵器鞘由左右两片组成，短宽，末端稍平截，中央可分开，其表面也着生较稀疏的刚毛。

三、生物学习性

蚜茧蜂一年发生多代，每年发生代数依种类和环境条件而异，同一地区不同种类的年发生代数各异，同一种类在不同地区发生的世代数亦不同，往往随着发生地的南移而增加，多的每年达20余代。

（一）越冬现象

在温带和亚热带地区，很多蚜茧蜂常以预蛹或老熟幼虫进入滞育状态在被寄生致死的蚜虫僵壳内越冬，春季温度回升时即解除滞育并发育羽化，如徘徊蚜外茧蜂（*Praon palitans*）、横脊蚜外茧蜂（*Praon pequodorum*）、缢管蚜茧蜂（*Aphidius rhopalosiphi*）等。若寄主蚜虫以卵越冬，成蜂羽化的日期一般较越冬代若蚜出现略迟。还有一些种类在盛夏进入休眠或滞育状态，如菜蚜茧蜂、镰锥蚜茧蜂（*Falciconus pseudoplatani*）、蓟三叉蚜茧蜂（*Trioxys cirsii*）等（Schlinger，1960b）。大多数蚜茧蜂具有兼性滞育特性，即使在很适宜的环境条件下，每代也可能有一定数量的个体进入滞育。烟蚜茧蜂作为烟蚜的一种优势寄生性天敌，在沈阳地区一年发生11～12代，北京16～19代，河北保定温室内20多代，福建室内20多代。在辽宁沈阳及河北自然条件下，主要以老熟幼虫在寄主体内越冬；在河北保定温室和大棚内，可终年繁殖且无越冬和滞育现象（忻亦芬，1986；毕章宝，季正端，1994）。福建闽南冬烟区和闽西春烟区，整年可见其产卵寄生活动，而在云南玉溪终年不滞育。

李学荣等经3年系统调查，结果表明烟蚜茧蜂在沈阳地区温室内周年可以发生，露地春、夏、秋季发生，以蛹（少数以预蛹）在寄主蚜虫形成的僵蚜体内越冬。越冬场所为窖藏十字花科蔬菜及田间蔬菜枯叶。沈阳地区田间每年有二次发生高峰，第一次高峰在春末夏初，以寄生桃树上的桃蚜为主；夏季发生量较小，主要寄生于烟草的桃蚜上；秋季形成第二次发生高峰，一般是9月中旬至10月中、下旬，主要以萝卜、白菜上的桃蚜为寄主。李学荣等对1995—1997年烟蚜茧蜂田间滞育越冬情况的调查结果表明：沈阳地区的烟蚜茧蜂，滞育越冬为10月下旬，春季出蜂始见5月上旬，越冬期为195天左右；在5月下旬至10月中旬的时间范围内均有发生（李学荣，1999）。

同处一地不同种的越冬历期不同，同一种在不同地区的越冬历期也不一致。一般在高纬度地区的蚜茧蜂种类较低纬度的越冬历期长，而低纬度地区的蚜茧蜂种类一年内发生的世代数也相应增加。

（二）分布

在国内，烟蚜茧蜂和菜蚜茧蜂为广布全国的常见种，北京、河南、河北、湖南、湖北、山东、山西、江苏、浙江、台湾、福建、云南、广东、新疆等地均有分布报道。其次分布较广的种类有棉蚜茧蜂（辽宁、山西、陕西、山东、江苏、湖北、江西、台湾、香港等地有分布）、麦蚜茧蜂（主要分布于陕西、湖北、北京、山东、浙江、福建、台湾）、桃瘤蚜茧蜂（分布集中于北京及东南部沿海地区）、燕麦蚜茧蜂（主要分布在北京、辽宁、河北、河南、湖北）、苦艾蚜茧蜂（陕西、四川、台湾、香港等地区有分布）。

（三）生长发育

以广布我国的烟蚜茧蜂为例：

1. 卵的孵化

烟蚜茧蜂的胚胎发育与温度有明显关系，在 25～27℃ 的条件下，一般 1～2 天孵化。幼虫利用尾片将卵膜刺破，再利用其上颚将残余卵膜咬破后从卵壳内爬出。初孵幼虫全体透明，数小时后变为乳白色半透明。

2. 幼虫的发育

温度为 25～27℃ 时，烟蚜茧蜂的幼虫期为 4～5 天，1～3 龄幼虫中后肠不相通，4 龄幼虫中肠黑褐色，中后肠已相通，肛门开启。将蚜虫内脏取食完毕后利用其锋利上颚刮食蚜体内壁，吮吸三对足及触角内含物，而后先在蚜虫腹面咬一孔洞，吐丝将蚜壳粘于底物上，并开始织茧。幼虫织茧完毕后，身体剧烈伸缩并将体内蛹便排出，体色由乳白色变为黄色后进入预蛹期。

3. 蛹的发育

预蛹体液剧烈流通，此时复眼点和单眼点开始出现并逐渐变大、突出。翅芽、足芽、口器逐渐增大，1～2 天后开始蜕皮化蛹，化蛹前预蛹除一层未脱去的皮外，其他已均似蛹态，脱下的皮附于腹部末端，呈疤痕状。初化蛹时通体浅色，复眼橙红色，头部白色透明，胸腹部橙黄色，胸腹部交界处橙色，生殖器无色透明。头部变色最早，待头部变为黄色后，复眼由橙红色逐渐变为黑褐色，整个头部的颜色也随之变为灰褐色。同时，中胸背板及中胸小盾片也成为灰色，腹部各节背板出现灰色带，随后头部及中胸颜色进一步加深，由灰黑色变为黑色，腹部灰色带颜色变深，翅、触角、足跗节末端也逐渐成为深色。临近羽化时，颜色不再加深。

4. 成虫的羽化

蛹一直静止到临近羽化。25℃ 条件下，从排蛹便至羽化 3～4 天。全天均可羽化，但以白天羽化为多。李学荣等对烟蚜茧蜂羽化情况的观察研究表明，烟蚜茧蜂 8～16h 羽化数量最多，占全天羽化总数的 61.7%；其中，上午雄蜂羽化多于雌蜂，而下午雌蜂多于雄蜂（李学荣，1999）。羽化时，借助触角、足及腹部扭动，将蛹皮脱向腹部及足末端，几小时后翅展开，翅脉骨化，开始在寄主两腹管间咬一圆形孔洞，并从其中脱出。雌蜂羽化前卵巢内已有部分成熟卵，但数量少，平均 16.7 粒，羽化后成熟卵不断增加，至羽化后第四天可达 169.9 粒（赵万源，1980）。成蜂受不同温度、湿度、食物、性别以及是否交配等因素的影响。李学荣就湿度对烟蚜茧蜂寿命的影响做了很多工作，结果表明70%～85% 的相对湿度有利于成蜂的存活，可延长其寿命；同时试验结果也表明雌蜂寿命稍长于雄蜂。

（四）繁殖习性

大多数蚜茧蜂属双亲型，即成虫须寻求偶交配繁殖后代，少数种属单亲型即孤雌生殖。蚜茧蜂的生殖方式及孤雌生殖时产雌、产雄或产雌与雄受地理条件等因素的影响。例如桃瘤蚜茧蜂在我国是单亲型的孤雌生殖，而在欧洲及加拿大则为双亲型（Stary，1960）。本小节以烟蚜茧蜂为例，对蚜茧蜂的繁殖习性进行了详细介绍。烟蚜茧蜂在雌雄两性均存在的条件下，营两性生殖。未交配过的雌蜂只生殖雄性个体。

1. 交配

烟蚜茧蜂在交配开始时，雄蜂首先追逐雌蜂，雄蜂爬上雌蜂体后，雌蜂仍不断爬行。雄蜂用两触角交替快速撞击雌蜂触角，两翅竖立于体背方频频振动。开始交配后，雌蜂多静止不动，雄蜂触角有节奏地上下摆动。交配完毕后，雄蜂离去，雌蜂静止片刻，开始缓慢爬行并寻找寄主产卵。交配时间可持续几秒甚至一分钟。雄蜂可多次交配而雌蜂只交配一次（Stary，1981）。一般交配后雌蜂即丧失分泌性外激素的能力，未经交配已行孤雌生殖的雌蜂多不再进行交配，少数仍可交配。李学荣对烟蚜茧蜂生殖方式的观察结果表明烟蚜茧蜂在雌雄两性存在时营两性生殖，而在缺乏雄蜂时可进行孤雌生殖，产生的后代全部为雄性，即产雄孤雌生殖。烟蚜茧蜂成蜂交配受温度影响很大，10℃时只有25%发生交配，30℃高温时交配率为30%，而15～25℃范围内交配率在95%以上（李学荣，1999）。交配与否对成蜂寿命也具有一定影响。在温度为20℃，光周期为 L：D = 14：10，RH 70%～90%的条件下，供以寄主蚜虫时雌蜂交配与否其寿命没有显著差异，而未供寄主蚜虫时，交配的雌蜂寿命较未交配的雌蜂长1天左右。无论是否供以寄主蚜虫，未交配的雄蜂寿命均稍长于交配者（李学荣，1999）。

2. 产卵

烟蚜茧蜂羽化1h后，遇到寄主，无论其是否交配均能产卵。烟蚜茧蜂在产卵时，寻找寄主主要依靠嗅觉作用，雌蜂边爬行边用触角敲击寄主植物表面，当靠近寄主蚜虫时，其爬行速度明显减慢，并频频摆动触角，直至触角触及蚜虫身体，即停止爬行并表现产卵动作。产卵时，雌蜂用触角轻轻拍打蚜虫体背，三对足支持身体平衡，腹部下弯，从足间伸过头部迅速刺向蚜虫，把卵产入蚜虫体内同时两触角上举，完成产卵。整个产卵过程持续数秒钟。如产卵器触不到蚜体则向前移动直到产卵器尖端触及寄主为止。若蚜虫逃走，雌蜂常保持产卵姿势追击直到产卵成功。一旦产卵成功，雌蜂即离开寄主。如果产卵失败而蚜虫仍在原处，雌蜂则重新调整方向进行产卵。烟蚜茧蜂产卵时对已被寄生的蚜虫没有识别能力，并且对僵蚜及蚜虫蜕下的皮表现产卵动作。不同学者的研究结果表明烟蚜茧蜂成蜂每雌孕卵均可达百粒以上，但其产卵量受环境条件制约，温度、湿度和寄主密度均影响其繁殖力。在温度为22℃，光周期为 L：D = 14：10，RH 70%～90%的条件下，每日供以100头桃蚜对烟蚜茧蜂的产卵情况进行观察研究。结果表明，烟蚜茧蜂羽化当日即可产卵，但产卵量较少，从第2天起进入产卵高峰，产卵高峰期可持续到羽化后第3、第4天，此期约占一生总产卵量的70%以上。雌蜂平均产卵期为6.2天，每雌一生产卵总量平均为159.4，日平均产卵量为26.1粒（李学荣，1999）。烟蚜茧蜂产卵对寄主龄期有选择性，喜寄生2～3龄若蚜，有翅成蚜也可以被寄生。烟蚜茧蜂在室内对寄主的选择性试验结果显示，烟蚜茧蜂对桃蚜的选择性最强，其次是棉蚜，然后依次为萝卜蚜（*Lipaphis erysimi*）、麦长管蚜（*Macrosiphum avenae*）、甘蓝蚜（*Brevicoryne brassicae*）、茄无网蚜（*Aulacorthum solani*），大豆蚜（*Aphis glycines*）寄生率最低（李学荣，1999）。

（五）取食习性

食物与水是决定蚜茧蜂成蜂寿命的基本因素，没有食物成蜂只能短暂生存，若羽化后数小时仍得不到水，成蜂旋即死亡。在自然界中水及蚜虫分泌的蜜露可能是成蜂的主要食物源，在实验室中蜂蜜与水是培养成蜂的适宜食物。烟蚜茧蜂在自然界一般以蚜虫蜜露、花蜜、果汁液为食料。室内饲养观察，成蜂寿命受食物和温度等因子影响较显著。夏季室温约 24℃，不供给任何食物，成虫一般活 2～3 天，喂以蜜液可活 7～8 天，最长 11 天。冬季低温约 24℃，成虫寿命比夏天长，平均 13.6 天。而温度超过 30℃时，平均为 1.7 天，最长 3 天。一般雌蜂比雄蜂的寿命长，未交配的比交配过的长（赵万源，1980）。在温度为 20℃，光周期为 L：D＝14：10，RH 70%～90% 的条件下以不同食物饲喂烟蚜茧蜂成蜂，其寿命长短有显著差异。其中以 20% 蜂蜜水饲喂成蜂寿命最长，雌蜂达 10.3 天。桃蚜捣碎液、葡萄糖液、蔗糖液、萝卜叶捣碎液也可延长其寿命。但喂以清水与对照相比没有差异，均为 4 天左右（李学荣，1999）。

（六）滞育

在已有滞育报道的蚜茧蜂种类中，大多数蚜茧蜂以幼虫滞育，如无网长管蚜茧蜂（Christiansen – Weniger，1997；1999）、豌豆蚜茧蜂（*Aphidius pisivorus*）（Schlinger，1960b）、亮全脉蚜茧蜂（*Ephedrus nitidus*）（Schlinger，1960b）等均在幼虫期发生滞育，缢管蚜茧蜂（*Aphidius rhopalosiphi*）和扁平三叉蚜茧蜂（*Trioxys complanatus*）（Schlinger，1961）以老熟幼虫进行滞育。少数种类的滞育发生在预蛹期，如广蚜茧蜂（*Aphidius matricariae*）、黑折脉蚜茧蜂（*Aphidius nigripes*）、翼蚜外茧蜂（*Praon volucre*）（Polgar，1991；Brodeur，1989；Polgar，1995）。国内主要报道了烟蚜茧蜂的滞育虫态及滞育期，忻亦芬报道烟蚜茧蜂在沈阳以老熟幼虫越冬，越冬场所主要为窖藏白菜和萝卜（忻亦芬，1986），毕章宝的研究也表明在河北地区烟蚜茧蜂在田间能以老熟幼虫滞育越冬，滞育期约在 120 天左右（毕章宝，1994）。李学荣就生长季不同时期沈阳地区的烟蚜茧蜂自然种群滞育率的调查结果表明在 10 月下旬采自十字花科蔬菜上的僵蚜滞育率高达 70% 以上；烟蚜茧蜂除少量个体死亡外，在 10 月下旬以后所形成的僵蚜绝大部分进入滞育越冬状态，其滞育虫态主要是蛹。烟蚜茧蜂冰点下低温 －10℃处理 5 天，对非滞育蜂与越冬滞育蜂生命力的影响研究表明，生长季非滞育蜂死亡率极高，除 9 月为 93.5% 外，其余均高达 97.0% 以上，而 10 月僵蚜死亡率仅为 41.8%。可见，滞育的烟蚜茧蜂更具有抵抗低温冻害的能力。对烟蚜茧蜂滞育解除后生物学特性的研究结果表明滞育蜂较非滞育蜂羽化率高，羽化整齐度大；在同种食物条件下，滞育解除后的成蜂寿命稍长；滞育与非滞育蜂均随寄主密度增大而寄生率降低，但在较高寄主密度条件下，滞育成蜂寄生率较非滞育成蜂提高近 10%（李学荣，1999）。李学荣就烟蚜茧蜂的生物学和生态学特性、滞育及繁殖利用等做了较为系统的研究，这为烟蚜茧蜂的研究和利用提供了理论指导，但其对烟蚜茧蜂滞育的研究还不够深入（李学荣，1999）。

第三节　人工繁殖技术

蚜茧蜂在农林业生物防治中发挥着不可替代的重要作用。利用蚜茧蜂防治蚜虫不仅有利于减少化学农药的使用次数和数量、保护自然环境、维持生态平衡和保护生物多样性，而且其扩繁和利用也是害虫可持续综合治理的方法之一，通过采用室内大量繁殖蚜茧蜂并配合科学合理释放技术，可增加田间初始蚜茧蜂种群的数量，达到替代或减少化学农药使用的目的，这已成为无公害食品、绿色食品生产的主要手段之一，对于农业可持续发展战略的实施也具有重要意义。

目前，世界已开展的蚜茧蜂应用研究涉及的斯氏蚜茧蜂（*Aphidius smithi*）、缢管蚜茧蜂、无网长管蚜茧蜂、烟蚜茧蜂、粗脊蚜茧蜂（*Aphidius colemani*）、广蚜茧蜂、菜蚜茧蜂、法蚜外茧蜂、翼蚜外茧蜂、榆三叉蚜茧蜂、*Monoctonus nervosus* 等类群中，烟蚜茧蜂以其繁殖力强，世代周期短，自然寄生率高，适应性强并易于人工繁殖而成本低等优点成为蚜茧蜂科中利用价值很高的天敌昆虫之一（赵万源，1980；忻亦芬，1986；Fukui，1988；毕章宝，1996；Chi，2006）。近年来，烟蚜茧蜂受到了国内外的高度关注，其规模化扩繁与应用也得到了广泛开展，并在实际应用中取得了极好的防控效果。本节主要以烟蚜茧蜂为例，重点阐述蚜茧蜂的人工繁殖技术，以期为蚜茧蜂类天敌昆虫的规模化生产及应用提供理论指导。

一、扩繁工艺流程

规模化繁殖烟蚜茧蜂主要由 3 个部分组成，即寄主植物培育、繁殖烟蚜和繁殖烟蚜茧蜂。这三个环节环环相扣，任何一个环节出现问题，都会影响蚜茧蜂的规模化繁殖效果。

（一）培育寄主植物

通常，在烟蚜茧蜂规模化繁殖过程中，烟苗被认为是最适合烟蚜繁殖的寄主植物（Wei，2005）。目前，烟蚜寄主植物已多达 285 种，我国南方地区，烟蚜主要以烟草和油菜作为寄主植物，此外，也以十字花科蔬菜、辣椒、茄子、瓜类及杂草等为寄主（张广学，1990；吴兴富，2007）。忻亦芬、李学荣等以萝卜苗作为寄主植物饲养烟蚜繁殖烟蚜茧蜂，也取得了较好的繁蜂效果。杨硕媛等对烟蚜茧蜂规模化繁殖中烟蚜的越冬寄主进行了研究，结果表明油菜、白萝卜、红萝卜也均可作为烟蚜茧蜂规模化繁殖体系中烟蚜的理想越冬寄主。

寄主植物的培育是繁殖烟蚜茧蜂的首要环节，因此，该环节是整个繁蜂流程的基础。王树会等报道了烟苗的培育流程，首先是在漂浮育苗盘中播种烟草种子，育苗盘规格为长方形泡沫板，长 70cm × 35cm；上有 10 行 20 列共计 200 个小室。将育苗盘置于漂浮育苗室内一个长 2.2m、宽 1m、深 40cm 的育苗池内，池内为水和培养液按体积比 1∶1 000 配制的营养液。育苗室温度控制在 22 ~ 28℃、光照 L∶D 14∶10。20 天后间苗保持每个小室有一株苗，继续生长 15 天后，苗高达到 7cm 左右 6 片真叶时，将其移栽至直径 25cm 的大花盆中，供扩增和繁殖越冬烟蚜及烟蚜茧蜂；另一部分移栽至 7.5cm 的小花盆中，以进行烟蚜和烟蚜茧蜂的大量繁殖（王树会，2006）。目前，已有的研究报道多以类似的育苗技术进行烟苗的大量培育（魏佳宁，2001；Wei jianing，2003；李明福，2006）。

邓建华等则以田间小棚栽植方式，根据扩繁规模要求，直接在田间栽植烟苗，进行烟蚜茧蜂的规模化繁殖（邓建华，2006）。忻亦芬等以窖藏红萝卜（*Raphanus sativus*）作为寄主植物饲养烟蚜，主要在田土盆内栽种，待越冬红萝卜长出 5 片叶以上时即可用于接种蚜虫（忻亦芬，2001）。李学荣等也采用了相同方法培育萝卜苗用于寄主烟蚜的饲养，繁蜂效果均较佳（李学荣，2002）。

（二）繁殖烟蚜

烟蚜（*Myzus persicae*）又名桃蚜，属蚜科瘤蚜属。全代最低发育起点温度为 4.68℃，若虫为 5.15℃、成虫为 3.67℃；有效积温为 142.86 日·度，其中若虫和成虫分别为

121.95 日·度、22.32 日·度。全代最高发育上限温度为 28.47℃，若虫和成虫分别为 28.05℃、27.17℃。在 26℃时，平均生殖率最高，为 34.56 头/雌，而在 32℃时最低为 13.71 头/雌（秦西云，2006），在 20～30℃条件下，烟蚜只需 6～7 天即可发育完成一代。这为确定烟蚜饲养的适宜环境条件提供了理论基础。

如前文所述，烟蚜繁殖主要以烟苗作为寄主植物，也有的以萝卜苗进行大规模繁殖。以烟苗繁殖烟蚜，首先要控制好繁蚜室内的温度、湿度条件，注意通风、防蚜霉病等，保证烟蚜正常生长发育。一般将饲养温度控制在 20～30℃，以 25℃左右为宜，此温度条件为烟蚜及烟蚜茧蜂繁殖的最适温度，湿度小于 70%，若在室外大规模饲养，则以自然光照条件为佳。室内繁蜂时人工补光，保持光照为长日照（LD14∶10）（龙宪军，2012；王树会，2006；魏佳宁，2001；吴兴富，2000；李明福，2006）。

烟蚜的接种，可以采用多种方法，如种蚜扩散法、单蚜接种法、叶片转接法。在种蚜数量大时，可以将繁有大量种蚜的盆栽烟株转移至繁蚜室内，任其自行扩散繁殖，此为种蚜扩散法。该方法比较省时省工，但需要有足够的种蚜数量。单蚜接种时应选择个体发育良好，体型较大，未被寄生的无翅蚜，用毛笔将烟蚜转移到清洁烟苗中下部叶片背面上任其固定。此方法一般在种蚜数量少时使用，较费时费力，但用蚜量少。叶片转接法即将附着有烟蚜的烟叶，摘下后直接放在无蚜烟株叶片上，任其扩散繁殖，该种方法效率高，可以大规模的接种烟蚜，在规模化生产中较适用。

此外，还应注意接蚜时期和接蚜量的问题。待烟株长出 9～13 片真叶，为移栽后 25～30 天时，即可接种蚜虫。如果接蚜时选择的烟株较小，可能会导致繁出的烟蚜个体小，不利于烟蚜茧蜂的繁育，并可影响烟株的继续生长和烟蚜及烟蚜茧蜂的规模化繁育进度。接蚜量的大小，可根据实际应用需要，制定相应的方案，放蜂次数多时，可适当加大接种量，每株接种 30 头左右，而当放蜂次数少时，则减少接蚜量，一般控制在 10 头/株为宜。

（三）繁殖烟蚜茧蜂

待烟蚜达到一定量后，则可进行烟蚜茧蜂的大规模繁殖。烟蚜茧蜂在不同温度下其发育历期不同，一般随温度上升而逐渐缩短。恒温 25℃条件下，其完成一代需要 11.74 天。由卵发育至僵蚜需要 7.90 天，从僵蚜至成蜂羽化仅需 3.89 天。烟蚜茧蜂从卵发育至僵蚜的发育起点温度为 5.68℃，所需有效积温为 157.00 日·度；由僵蚜至成蜂羽化的发育起点温度为 8.20℃，有效积温为 63.93 日·度；完成一个世代的发育起点温度为 6.68℃，有效积温为 218.65 日·度（李玉艳，2011）。繁蜂温度控制在 20～25℃时，一般 12 天左右烟蚜茧蜂即可完成一代。

烟蚜茧蜂种蜂的获得可从田间采集，或用室内保种饲养的种群。田间采集回的烟蚜茧蜂僵蚜，带回室内羽化后进行扩大繁殖以用于后期烟蚜茧蜂的大规模繁殖。将羽化后 24h 内的烟蚜茧蜂按♀∶♂＝1∶1 进行集体交配，然后按蜂蚜比 1∶100 的比例转接到繁殖有烟蚜的烟株上进行扩繁，建立稳定的种群。

接蜂量一般按蜂（♀）蚜比 1∶（100～200）的比例接种，在实际操作中，可根据情况酌情降低或提高比例，以配合生产繁殖的需要。接蜂方法，分为两种：一种是直接将即将羽化的僵蚜集中采集后，置于繁蜂室内，待成蜂羽化后即可自行寻找烟蚜寄生；另一种为直接将羽化后的成蜂收集后，放飞到繁蜂室内。僵蚜接蜂法较易实施，只需采集僵蚜后转接即可，但单个收集僵蚜比较费时费力，且容易在挑僵蚜时损伤烟蚜茧蜂蛹；另一种较为有效的方法是直接将带有大量僵蚜的叶片置于繁蚜烟株上，此接种方法较为高效。采集成蜂法较困难，在采集过程中还可能对成蜂造成损伤，携带运输也不方便，影响繁殖效果。

国内关于烟蚜茧蜂规模繁殖的报道已有很多，龙宪军等报道当单株烟蚜超过 3 000 头/株时即可进行放蜂，按雌蜂：烟蚜 =1：100 的比例将烟蚜茧蜂转移至温室小棚内，任其自然搜寻烟蚜寄生。通常 2 ~ 3 天后，烟蚜茧蜂的寄生率可达 90% 以上，经 7 ~ 10 天形成大量僵蚜。邓建华等采用 "两代繁蜂法"，得出当蜂（♀）蚜比为 1：100、蚜量 2 000 ~ 3 000 头/株时，在田间小棚内可获得僵蚜数量达 8 000 头/株以上。李明福等报道在单株蚜量达到 200 头/株，将群体交配过的蚜茧蜂按雌蜂与烟蚜比为 1：（30 ~ 50）放飞在简易小温棚中，每个小温棚接蜂 200 头，接蜂后 20 天，僵蚜数量达 2192 头/株；接蜂后 25 天，僵蚜数量为 1 740 头/株；接蜂后 30 天，僵蚜数可达 1 715 头/株。王树会等在大玻璃温室内繁蜂，每间温室蚜量可达 100 多万头，放蜂 6 000 头（♀：♂ = 2：1，每天 1 500 头，连续 4 天），25 天左右僵蚜量每株约达 14 000 头，每间温室可生产僵蚜 250 万头左右。3 间温室总计能生产僵蚜 700 万头左右。在塑料温室繁蜂时，每温室内可放置小塑料盆 500 盆，每盆烟苗接种成蚜 5 ~ 7 头，6 ~ 7 天后每盆烟苗上可产生 160 头烟蚜。一间温室内能繁殖烟蚜 8 万头，放蜂 3 000 头（♀：♂ = 2：1，每天 1 000 头，连续 3 天），8 ~ 10 天左右可获得僵蚜 250 头/株，每间温室可产生僵蚜 12.5 万头左右。魏佳宁等也从寄主植物繁殖、烟蚜大量繁殖、蜂种繁殖及烟蚜茧蜂的规模化繁殖释放技术等方面开展了相关研究。忻亦芬等在温度 20 ~ 25℃，湿度 75%、蚜量 100 ~ 200 头/株、蜂（♀：♂ = 1：1）蚜比 1：（100 ~ 200）的条件下以萝卜苗繁殖烟蚜茧蜂，7 天后平均可得到僵蚜 1 242 头/株（最多可达 3 200 头/株），并推算出利用 2m × 2m × 4m 的繁蜂室内（300 盆苗）繁蜂一次，可获得僵蚜 30 余万头。

近年，有学者研究了蜂蚜同接技术繁殖烟蚜茧蜂的效果，结果表明此种方法繁殖烟蚜较快，接蚜 15 天后，烟蚜数量达到 994 头/株，是接蚜时的 8 倍，僵蚜数量 61 头/株；接蚜 20 天后，烟蚜达到 1 344 头/株，是接蚜时的 11 倍，僵蚜数量 284 头/株。烟蚜的快速繁殖为烟蚜茧蜂的繁殖创造了条件，同时，烟蚜茧蜂的繁殖能力也较快，能满足大田散放烟蚜茧蜂数量的需求（崔宇翔，2011）。朱艰等采用相同技术繁殖烟蚜茧蜂，当蚜源的寄生率控制在 47% 左右时，平均每株接蚜 2.8 头，饲养 18 天后最高繁蚜量可达 11 万头/m²，饲养 23 天后单位面积可获得 4.9 万头/m² 以上的僵蚜量，繁蚜和繁蜂效益较高（朱艰，2012）。

此外，关于其他蚜茧蜂的规模繁殖技术也有相关研究。高峻峰研究了通化地区繁殖菜蚜茧蜂的方法，以盆栽白菜饲养菜蚜，用于菜蚜茧蜂的繁殖。在室温 15 ~ 25℃ 条件下，待白菜长出 7 ~ 10 片叶时，每片叶上接种母蚜 20 头，3 ~ 4 天后每片叶子可得到 2 ~ 3 龄幼蚜 1 000 头左右，此时可接种蚜茧蜂。接蜂时的温度控制在 20 ~ 23℃ 为宜，湿度在 60% ~ 75%（高峻峰，1985）。

二、种群维持与复壮

烟蚜种群的维持，一般以烟苗作为主要寄主植物室内进行连代饲养，冬季烟苗生长缓慢时，可用萝卜、油菜、白菜等叶菜类植物作为替代寄主植物进行饲养，以保证种群的稳定，同时应控制好饲养温湿度条件，防止蚜霉菌病等的发生与传播，注意及时通风等。

烟蚜茧蜂种群的维持，以室内饲养的烟蚜作为寄主进行连续饲养，成蜂羽化后可用棉条蘸取 10% 的蜂蜜水饲喂烟蚜茧蜂延长其寿命，延长产卵时间，并保证室内适宜的温湿度饲养条件。

通常，室内连代饲养的昆虫种群会出现觅食、交配、产卵、飞行能力下降等种群退化现象，从而导致田间防治效能降低。因此，应间隔一定时间从田间采集野外种群进行复壮，以保证烟蚜及烟蚜茧蜂种群的繁殖力、飞行能力等。从田间采回的种群在释放以前，应先在室内饲养 1~2 代，并对烟蚜进行消毒，防止将田间的蚜霉病菌带进室内。烟蚜茧蜂则需要注意重寄生蜂的引入，待采回的烟蚜茧蜂羽化后，剔除重寄生蜂，防止其寄生室内种群，保证种群数量的稳定。

三、寄主与替代寄主

在烟蚜茧蜂的大规模繁殖中，主要以烟蚜作为寄主进行规模化繁殖（忻亦芬，1986；任广伟，2000；忻亦芬，2001；李学荣，2002；Wei，2003；邓建华，2006；王树会，2006；Ohta，2006；Chi，2006；吴兴富，2007；周子方，2011）。其中，我国云南省烟草公司玉溪市公司以及韩国 SESIL Corporation Biological System 公司已经以烟蚜作为寄主开展了烟蚜茧蜂的商业化规模生产，在生物防治应用中取得了较好的控制效果。日本学者 Ohta 和 Honda 就烟蚜茧蜂的替代寄主开展了研究，他们分别以 6 种蚜虫：豌豆蚜（Acyrthosiphon pisum）、豆蚜（Aphis craccivora）、豌豆修尾蚜（Megoura crassicauda）、玉米蚜（Rhopalosiphum maidis）、禾谷缢管蚜（Rhopalosiphum padi）、麦长管蚜（Sitobion avenae）作为替代寄主进行试验，结果表明豌豆蚜、玉米蚜和麦长管蚜均可被烟蚜茧蜂选择寄生，其中，麦长管蚜是 6 种蚜虫中被寄生最成功的，僵蚜形成率为 71.7%、羽化率为 96.7%。烟蚜茧蜂在麦长管蚜内的发育历期和个体大小与在烟蚜内的没有显著差异。这表明，在烟蚜茧蜂的规模化繁殖中，麦长管蚜是有希望作为替代寄主进行规模化生产的（Ohta，2010）。国内研究也表明，烟蚜茧蜂对麦长管蚜有明显的正偏好性（实验设置寄主密度条件下），而对禾谷缢管蚜则存在明显的负喜好性，且高密度利于烟蚜茧蜂选择自己喜好的寄主（王文夕，1990）。

中国农业科学院植保所张礼生等在室内大规模扩繁的条件下，开展了烟蚜茧蜂对烟蚜（Myzus persicae）、萝卜蚜（Lipaphis erysimi）、大豆蚜（Aphis glycines）、麦二叉蚜（Schizaphis graminum）、禾谷缢管蚜（Rhopalosiphum padi）、棉蚜（Aphis gossypii）、甘蓝蚜（Brevicoryne brassicae）等多种寄主的寄生适应性与子代发育特征研究，比较了不同蚜虫寄主扩繁的烟蚜茧蜂在个体大小、回接寄生率、羽化率和性比等关键生防指标上的差异。结果表明，烟蚜茧蜂对棉蚜和禾谷缢管蚜的寄生率极低，分别为 0.5% 和 0；对烟蚜和麦二叉蚜的寄生率较高，分别为 53.13% 和 51.83%，且显著高于其他处理。利用麦二叉蚜繁育的烟蚜茧蜂羽化率为 90.34%，雌蜂发育历期为 11.47 天，雌性比例为 61.08%，与利用烟蚜繁育的烟蚜茧蜂无显著差异，且其对烟蚜亦有较高寄生率。结合考虑扩繁周期、成本、时—空利用率等因素，麦二叉蚜有望作为扩繁寄主应用于烟蚜茧蜂的规模化繁殖生产。在烟蚜茧蜂的规模化繁殖实践中，麦二叉蚜有望作为扩繁寄主，应开展后续的扩繁工艺参数优化研究，并注意烟蚜茧蜂种群退化问题，可通过定期采集野外种群进行复壮，尽快开发出满足市场需求的的烟蚜茧蜂产品。在生物防治领域，通过对天敌昆虫的调控滞育，可达到延长天敌昆虫产品的货架期、延长天敌昆虫的防控作用时间、提高天敌昆虫的抗逆性和繁殖力的目标（张礼生，2009；张洁，2014）。

四、人工饲料

目前，烟蚜茧蜂仅在韩国 SESIL Corporation Biological System 公司有商品化生产，我国云南地区玉溪市烟草公司虽已进行大规模生产，但尚未商品化。关于烟蚜茧蜂人工饲料的研究报道极少，王燕等在研究不同补充营养、密度及温度对烟蚜茧蜂寿命的影响过程中，就补充人工饲料对烟蚜茧蜂寿命的影响作了一定研究，其选用的人工饲料配方为：以配置100ml 人工饲料为例，蒸馏水 100ml，琼脂 1.5g，蜂蜜 10g，复合维生素 0.1g，山梨酸钾 0.1g，维生素 0.1g，溶解后放入 20ml 指形管内 1/5 量，待冷却后备用。在不同温度下用人工饲料饲喂烟蚜茧蜂的结果显示，5℃下人工饲料补充营养的烟蚜茧蜂，平均寿命达到了（30 ± 2.5）天，当温度升到 10℃以上时，饲喂人工饲料的烟蚜茧蜂寿命比饲喂 10% 蜂蜜水的个体存活天数短。5℃下，当用人工饲料饲喂不同密度的烟蚜茧蜂时，其存活天数比对照显著延长了 10 天以上，与清水和对照差异显著。但补充蜂蜜水或清水时，烟蚜茧蜂的密度显著影响了其存活天数，分析原因可能为烟蚜茧蜂极易被液体粘住而活动量增加导致存活天数缩短，因此，研究者认为在大量繁殖烟蚜茧蜂的过程中，可优选人工补充饲料进行饲喂（王燕，2011）。

近年来，国内外学者虽已对烟蚜茧蜂的生物学、生态学、生理生化机制以及大规模繁殖技术等有广泛研究，但对烟蚜茧蜂人工饲料的研究尚未开展，关于饲料配方中各种成分的调配、配方比例、各成分含量以及饲养效果评价等需要更多学者开展广泛研究，从而为烟蚜茧蜂商品化生产的实现提供理论基础和技术支撑。

五、发育调控

在实际应用中，包括烟蚜茧蜂在内的许多天敌昆虫，往往存在生产周期长、产品不能长期储存及产品供求脱节等问题。由于存在以上问题，天敌昆虫产品出厂期常难与害虫发生期一致，导致天敌在害虫暴发前死亡，或害虫大发生时没有天敌可用。故此，调控天敌昆虫产品的发育进度具有重要的现实意义，可解决常年生产、产品贮存及适时应用等扩繁与释放中的实际问题，而发育进度调控恰要基于昆虫滞育诱导及解除等技术的实现。利用天敌昆虫的滞育，不仅可以实现天敌昆虫发育进度的人工调控、延长产品货架期及其田间防控时间、提高产品抗逆性和繁殖力等，还可以深入了解其季节性生物学、帮助发展和完善有效害虫治理策略，同时也可为其他天敌昆虫的滞育研究提供理论参考。

在南方地区，由于气温常年维持较高温度，烟蚜及烟蚜茧蜂可终年繁殖，无明显越冬现象（赵万源，1981）。而在北方地区，随着秋季田间作物、蔬菜等收获完成，气温逐渐下降，此时自然条件下的烟蚜及烟蚜茧蜂将要面临越冬问题。烟蚜茧蜂的滞育调控技术，对延长产品货架期、提高田间防治效果等具有重要意义。研究表明，低温、短光照是诱导烟蚜茧蜂滞育的主要环境因子，其中，温度起主要调控作用，光周期作为辅助调控因子配合起作用，二者相互作用配合效果更显著。短光照（L8：D16）条件下，温度低于 12℃

即可诱导烟蚜茧蜂进入滞育，8℃时滞育率可达到54.35%；10℃条件下，可诱导50.70%的个体进入滞育。理论上，短光照8h结合8℃可诱导较高比率的个体进入滞育，这在生产中是我们所期待的。但研究显示，温度越低，烟蚜茧蜂的滞育诱导期也相应延长，且死亡率逐渐升高，耗费时间长。因此，生产应用中需考虑适宜低温、处理期、诱导过程中的死亡率等因素，基于此，目前认为生产中适宜的诱导条件为：10℃、L8：D16（50.7%），虽然该条件是滞育诱导中的次优条件，但其滞育诱导期相对较短，死亡率较低，在实际生产中更具应用价值，可为扩繁应用提供技术支撑。

六、产品质量控制

在烟蚜茧蜂的大规模生产中，应注意扩繁出的烟蚜茧蜂的质量问题，高质量的烟蚜茧蜂产品能在田间发挥更高的防治效能，提高防控作用能力。高质量烟蚜茧蜂个体的获得需要进行适度的质量控制，保证各个环节的质量达标，才能使最终获得的产品符合要求，生产过程中应注意的问题主要有以下几点：

（一）制定繁蜂计划，准备繁蜂设备、材料、工具等

在开展繁蜂工作前，应制定好一个详细具体的繁蜂计划，做好各个环节所需设施工具的筹备工作，例如温室大棚、玻璃温室的建造，繁蚜室、繁蜂室的面积规模，繁蜂过程中需要用到的营养钵、盆、喷壶、肥料（营养液）、烟苗或其他繁蚜寄主植物、烟蚜及烟蚜茧蜂种群、烟蚜茧蜂采集器、毛笔、挑针等工具。

（二）繁蚜寄主植物及其品种的选择

在繁蜂前，选择好繁殖烟蚜的适宜寄主植物，并对该寄主植物的品种进行筛选，根据烟蚜的偏好性、以及繁殖烟蚜的效果选定较为合适的品种。若以烟苗作为寄主植物，周子方等报道，目前，以云203、K326较适合作为繁蚜品种。云87的抗蚜性较差，是较好的繁蚜品种，但K326较易感染花叶病，这一点需格外注意（周子方，2011）。

（三）控制好繁蚜、繁蜂的温湿度条件

在繁殖烟蚜、烟蚜茧蜂过程中，应始终注意控制好饲养环境条件。烟蚜及烟蚜茧蜂生长发育的适宜温度范围为20~30℃，上限温度以不超过30℃为宜。温度过高或过低，都影响烟蚜及烟蚜茧蜂的正常生长发育，影响繁蜂效果。湿度条件以控制在相对湿度50%~70%较佳，湿度过高容易导致蚜虫和蚜茧蜂感病。若在大棚内繁蜂，应在中午温度较高时及时通风喷水降温，若室外温度高时应在棚顶加盖遮阳网以保证棚内适宜的繁蜂条件。

（四）筛选优质烟蚜品种，控制防除重寄生蜂

繁蜂用的烟蚜品种，应进行一定的筛选，以繁殖力强、个体大、发育快、世代周期短、不易感病的品种为优，选择这样的烟蚜繁蜂，扩繁出的烟蚜茧蜂个体健壮、繁殖力高、在田间能发挥更优的防治效能。此外，在繁蜂时应严格控制重寄生蜂，一旦发现立即清除，还要做好预防工作，及时关好防虫网及繁蜂室纱网门窗。注意繁蜂棚周边的清洁工作，拔除杂草及残余烟株等。

（五）提高接蚜、接蜂、放蜂技术

在扩繁环节中，接蚜技术、接蜂技术以及放蜂技术是最重要的几项关键技术，应对繁

蜂工作人员进行一定的技术培训，提高关键技术的使用性，进而提高繁蜂效果。接蚜过程中，应注意接种时期、接种量以及接蚜方式等，根据生产实际需要情况，确定合适的接种时期、数量，选用较高效的接蚜方式。同样，接蜂技术也需因地制宜，制定相应合理的计划。放蜂技术是获得理想防治效果的关键，针对不同放蜂时间及田间烟蚜种群数量的分布、发生情况等特点，重点性的选择烟蚜集中暴发的田块、或点、片放蜂相结合的方法进行释放。温度过高不利于烟蚜茧蜂的活动，因此，应选择在中午以前温度较低时释放烟蚜茧蜂。目前，使用的放蜂方法有放置带僵蚜花盆法、释放成蜂法、悬挂僵蚜法等（魏佳宁，2006）。这几种方法各有特点，其中，释放僵蚜法是广泛采用的方法，而释放成蜂法由于其一次放蜂量少（<5 000头），在烟蚜发生初期使用比较好，当发生量大时则不太理想，但是该种方法的好处在于成蜂释放后即可寄生烟蚜，烟蚜茧蜂投入使用的时间较短。因此，在实际应用时要有选择性的使用，提高防治效果。

第四节 应用技术

在田间及温室内可以引进不同虫态的蚜茧蜂（幼虫、蛹、成蜂），具体引进蚜茧蜂的虫态由操作和运输的方便性决定。当然，选择控制寄主增殖能力最有效的阶段释放蚜茧蜂也是非常重要的。因此，一个不变的阶段，通常是形成僵蚜后蚜茧蜂发育到老熟幼虫至蛹期，是最适合运输和释放的。

一、储藏

蚜茧蜂应用过程中冷储问题是很重要的，Hofsvang 等对寄生桃蚜的两种蚜茧蜂进行了试验，发现樱桃全脉蚜茧蜂（*Ephedrus cerasicola*）在僵蚜 1 ~ 2 天时储于 0 ± 1℃，经 1 ~ 6 周羽化率为 60% ~ 90%，经 8 ~ 22 周，羽化率降至 2% ~ 46%。而当僵蚜 4 ~ 5 天时冷储于 1℃时，经 1 ~ 2 周羽化正常，经 4 周羽化率降至 30%，经 8 周则无一头羽化（Hofsvang，1977）。Starks 以茶足柄瘤蚜茧蜂为试材，同样是寄生 5 天后的僵蚜，直接贮于 5℃低温 30 天者羽化率为 5%，而移入 5℃之前先在 16℃下驯化 12h，经 30 天后羽化率达 51%，可见驯化可延长蚜茧蜂的安全储藏期（Starks，1976）。对阿尔蚜茧蜂的低温保存研究表明置于冰箱 3 ~ 5℃冷藏的僵蚜在贮存 4 天后取出，翌日移入 3 ~ 10℃变温低温保存，将保藏 196 天和 202 天的僵蚜取出放于 20℃条件下，羽化的成蜂均具有生殖力（何琬，1983）。陈茂华等对烟蚜茧蜂蛹期的耐冷藏性研究表明在（25 ± 1）℃、RH 85%、L16：D8 条件下僵化 1 ~ 5 天的僵蚜，置 5℃冰箱中保存 5 天、10 天、15 天、20 天、25 天、30 天后取出，僵化 3 天蚜虫中烟蚜茧蜂平均羽化率最高，为 72.33% ~ 85.33%，僵化 2 天蚜虫中烟蚜茧蜂次之，羽化率为 65.67% ~ 81.33%，僵化 4 天、5 天蚜虫中的烟蚜茧蜂羽化率最低（<70%）；僵蚜低温冷藏对羽化出的烟蚜茧蜂雌蜂寄生能力无显著影响，各处理中羽化出的雌蜂平均寿命减少皆小于 1 天（陈茂华，2005）。为明确变温及不同寄主对蚜茧蜂低温存活的影响，寻找在低温贮藏过程中的最适条件及寄主，不少学者对此进行了大量研究。唐文颖等以被烟蚜茧蜂寄生的烟蚜和麦二叉蚜僵蚜为试验材料，经不同变温（4℃ 22h/20℃ 2h，4℃ 46h/20℃ 2h，4℃ 70 h/20℃ 2h）处理后，比较烟蚜茧蜂

羽化率、性比和后足胫节长度的变化。结果表明经不同变温处理的僵蚜与恒定低温（4℃）处理相比，烟蚜茧蜂的羽化率有所提高，寄主为烟蚜的僵蚜羽化率经过 4℃ 22h/20℃ 2h 处理 2 周后最高，为 78.33%；寄主为麦二叉蚜的僵蚜羽化率经过 4℃ 46 h/20℃ 2h 处理 1 周后最高，为 68.33%。性比变化不显著。低温储藏后，寄主为烟蚜的僵蚜羽化率略高于麦二叉蚜，且性比和后代蜂雌雄蜂后足胫节长度差异不显著。变温储藏技术更适于烟蚜茧蜂的繁殖与释放（唐文颖，2011）。

下面以烟蚜茧蜂为例介绍蚜茧蜂的包装与储运技术：

目前，烟蚜茧蜂并未得到大规模的商业化使用，因此，其包装与储运的报道研究较少。针对烟蚜茧蜂大规模繁殖与释放技术应用的研究，仅限于小范围的田间实验，且繁蜂基地与防治区相距较近，较少涉及长途运输，因而烟蚜茧蜂的包装与储运尚需继续研究。

一般而言，近距离的产品运输与包装，方法较为简单，若是直接将带僵蚜的盆栽植株放置于田间，可直接将其装车运输至目的地。若采用悬挂僵蚜法，可以将带有僵蚜的老叶片采下后，集中运输至目的地，10 片一组挂于竹竿上，且 2 片叶背面相对，正面向外，防止雨淋或暴晒。将其以点状或随机插于田间，任烟蚜茧蜂羽化后自行寻找寄主寄生扩散（王树会，2006）。如果释放的是成蜂，则可用容器收集后（可用低温储藏盒装箱），及时送至目的地使用。

长距离的产品运输，应以低温冷藏车作为运输工具，若是常温运输，烟蚜茧蜂很可能在运输途中即已羽化。僵蚜内的烟蚜茧蜂幼虫或蛹在低温下发育缓慢，可延缓其羽化时间。烟蚜茧蜂在温度 25℃，光照 14h 条件下，从形成僵蚜到羽化约需 4 天（李玉艳，2011）。陈茂华等的研究表明，25℃下僵化 1~5 天的僵蚜，置于 5℃冰箱中保存，以蚜虫僵化 3 天的僵蚜冷藏效果最好，冷藏时间以 15~20 天短期冷藏为佳；而僵化 1~2 天的僵蚜冷藏效果略差，僵化 4~5 天的僵蚜冷藏效果最差。因此，在实际运输过程中，可将低温冷藏车温度控制在 5℃左右，选择僵化 3 天的僵蚜进行运输，其冷藏时间完全可以满足应用需要。长距离运输时，不建议运输成蜂，因为成蜂在运输过程中可能因低温、拥挤、缺乏食物等原因大批量死亡。

二、田间防治效能

（一）榆三叉蚜茧蜂

核桃黑斑蚜在美国加州是核桃的重要害虫。1959 年从法国引进榆三叉蚜茧蜂繁殖释放后，在加州南部沿海地区很快定殖，但未能在核桃主要产区（较干热的内地）定殖。1968 年又从与核桃主要产区气候条件更接近的伊朗引进该蜂的另一品系，不到两年的时间，该品系就在加州内地约 13 万 hm² 核桃种植区定殖。1971—1974 年在多个点的系统调查表明，核桃黑斑蚜每年在春季的增殖阶段就被大量寄生，寄生率常连续几周维持在80% 以上，使每年春季的发生高峰不再出现，在夏季和秋季当蚜虫呈上升趋势时，寄生率立即上升，蚜虫数量随即又下降，在秋季即使是蚜虫数量很低的情况，寄生率也常可连续几周维持在 80% 以上。对照天敌引进前后蚜虫的季节消长，发现榆三叉蚜茧蜂不仅将黑斑蚜的种群压低到了不造成经济危害的水平（春季高峰由引进天敌前的一般每叶 300 ~ 600 头下降到每叶 0 ~ 20 头），而且改变了该蚜虫的季节消长曲线，即由原来的每年春秋季两个高峰变成了每年只有夏季一个小高峰。还值得注意的是，榆三叉蚜茧蜂本身也被多种寄生蜂寄生，每年春、夏、秋三个发生盛期重寄生率常高达40%～90%，但对其控制蚜虫的效能并无多大影响（Van den Bosch, 1979）。

（二）烟蚜茧蜂

1997—2000年在对云南玉溪烟区不施药烟田调查表明，烟蚜茧蜂对烟蚜有明显的跟随效应，烟蚜茧蜂（僵蚜）高峰期滞后烟蚜高蜂期10天左右（侯茂林，王福莲，万方浩，2004）。烟蚜被寄生龄期的大小和烟蚜茧蜂对烟蚜的跟随效应是影响烟蚜茧蜂有效控制烟蚜种群数量的主要因素。吴兴富等在云南玉溪烟田长期连续释放烟蚜茧蜂控制烟蚜，可达到将烟蚜控制在经济允许损失水平以下的良好效果（吴兴富，2007）。邓建华等利用萝卜饲养桃蚜繁殖烟蚜茧蜂，防治塑料大棚内辣椒及黄瓜上的桃蚜也取得显著效果，而不释放烟蚜茧蜂的对照大棚内需施用6次以上农药才能达到同等效果（邓建华，2006）。在大棚内连续释放烟蚜茧蜂防治黄瓜上的蚜虫，每株蚜量从放蜂前的36.70头控制到1.36头（蒋杰贤，2003）。利用蜂菌结合防治田间烟蚜，先在烟田喷施大孢耳霉蚜霉菌（*Conidiobolus major*）（350个孢子/ml），第3天每亩再放蜂1万头，放蜂后第7天对烟蚜的防治效果达到了96.8%，且有利的保护了其他天敌（刘明辉，1991）。

（三）释放

通常，蚜虫繁殖快，环境条件适宜短时间就能造成严重危害。因此，蚜茧蜂的释放宜早不宜迟，及早放蜂，控制蚜虫前期基数，提高蚜茧蜂的利用价值。不同种类的蚜茧蜂对寄主种群的控制潜能不同。控制潜能高的蚜茧蜂一般适应的气候条件范围广，在寄主能大量繁殖的温度范围内，其增殖潜能与寄主相当或更高，能将大部分卵产在低龄若蚜中。刘树生对苦荬菜蚜茧蜂（*Aphidius sonchi*）的研究表明，当苦荬菜蚜（*Hyperomyzus lactucae*）在1～2龄期接受产卵时，由于尚未发育到成蚜就已死亡，内禀增长力r_m趋于负无穷大；当蚜虫在2龄后期至3龄前期接受产卵时，r_m接近0；此后随着接受产卵的龄期推迟，r_m迅速上升，当接受产卵的龄期推迟到羽化后第1～2天时，r_m就与健康蚜虫的接近；当接受产卵的龄期推迟到羽化后3～5天，r_m与健康蚜虫的基本一致，尽管此时的产仔量还不到健康蚜虫的50%（刘树生，1988）。由此可见，蚜茧蜂必须产卵于大量的若蚜，尤其是低龄若蚜，在蚜虫种群的增殖阶段就能大量寄生寄主，才有可能对蚜虫种群的增长有明显的抑制作用。

另外，大多数蚜茧蜂对温度的适应范围较寄主蚜虫的窄，一般只有在18～25℃的范围内，其种群增殖潜力才与寄主的接近甚至更高，因此掌握合理的放蜂技术是充分发挥蚜茧蜂生防潜能的重要保障。

棉平突蚜茧蜂（*Lysiphlebia japonica*）是吉林省大豆蚜的主要天敌。通过田间观察和试验，在通化县每年6月5日前后放蜂比较合适，此阶段大豆蚜呈点片发生。每亩约释放1 000头日本豆蚜茧蜂。在5月下旬到7月上旬，蚜虫可繁殖5～7代，蚜茧蜂可繁殖3～4代。一头母蚜可产若蚜50头左右，一头蚜茧蜂可寄生200头若蚜，1 000头蚜茧蜂有雌蜂500头左右，可寄生10万头左右的蚜虫。田间释放僵蚜时，把即将羽化的僵蚜连同寄主剪下后挂到大豆植株上，每亩5点，每点200头僵蚜（高峻峰，1985）。

陈家骅等研究了烟蚜茧蜂的人工繁殖及放蜂技术，认为应在田间烟蚜处于点片发生时放蜂或释放僵蚜，云南玉溪烟区的试验结果，以蜂蚜比1：200释放成蜂，烟蚜被寄生率达90%，比对照区提高2~3.5倍，而施药区的被寄生率只有4.6%（陈家骅，1990）。下面就烟蚜茧蜂在烟田内的释放技术展开介绍：

1. 放蜂时间

针对不同放蜂时间和田间烟蚜种群数量不均匀分布、烟田不集中连片等特点，放蜂时应重点选择烟蚜集中发生的小面积烟田或烟株进行点、片放蜂相结合的方法。一是放烟蚜茧蜂成蜂：将要羽化的僵蚜，装入玻璃瓶内，每瓶500头左右，置于25℃条件下羽化，用纱布将瓶口扎上，发现出蜂时向瓶内放入少量蘸有15%蜂蜜水的脱脂棉，三天后可带到田间释放蜂。释放烟蚜茧蜂成蜂时间应选择在中午12:00前进行，12:00以后烟株叶表面覆盖的腺毛分泌物增大，不利于烟蚜茧蜂飞行和寄生烟蚜。另外，温度过高也不利于烟蚜茧蜂成活。二是挂僵蚜叶（僵蚜卡）：采集带有僵蚜的叶片，从植株底部叶开始逐步向上收集，将载有僵蚜的叶片10片一组挂在竹竿上，且2叶片背面相对，正面朝外，以防止暴晒或雨淋。将制成的僵蚜叶以点状或随机插在田间，任烟蚜茧蜂羽化后自由扩散。放蜂方释放烟蚜茧蜂僵蚜时则对每天的释放时间要求不高。

2. 放蜂次数及注意事项

通常烟蚜茧蜂在寄生烟蚜后，烟蚜产仔量会下降，平均寿命也相应缩短。羽化并交配过的烟蚜茧蜂雌蜂在前5天内产卵寄生烟蚜，其后代的雌雄比大于1。在雌蜂与烟蚜比为1:100的条件下，烟蚜茧蜂对2、3龄烟蚜有较强的嗜好性。烟蚜茧蜂成虫喜欢在烟株中下部叶片活动，下部叶片上的僵蚜数量显著高于中、上和顶部（周子方，2011）。在初始蚜量较低的条件下，采用逐次（3次以上）放蜂的方法散放烟蚜茧蜂防治烟蚜，可有效地控制烟蚜种群的增长。大田放蜂时应根据烟蚜的发生规律，采用少量多次的方法放蜂，可减少烟蚜茧蜂的散放量，降低成本，有效控制烟蚜的发生。由于化学杀虫农药对烟蚜茧蜂同样具有较强的杀伤力，因此，在散放烟蚜茧蜂区域，应注重控制化学农药的施用时间和施用量，以保证获得理想的防治效果。长期散放烟蚜茧蜂，可明显减少化学杀虫农药的使用次数和使用量。在烟草病虫害防治工作中，化学农药使用的减少，明显减少了烟农的劳动力投入和劳动强度，大幅提升了烟叶生产的安全性，提高烟叶质量（黄继梅，2008）。

第五节　与其他防治措施的协调注意事项

天敌的保护和利用，要从创造利于天敌的生存环境和减少人为杀伤天敌因素两个方面着手。普及关于蚜茧蜂僵蚜及成蜂形态特征方面的知识，提高生防意识。提高农田生态系统的多样性，给蚜茧蜂创造较适宜的生存环境。以烟蚜茧蜂的保护和利用为例，应采取如下措施：有计划地在烟田周围种植油菜、芥菜、萝卜等十字花科蔬菜，增加烟田周围的蜜源植物同时使烟蚜茧蜂等天敌先以萝卜蚜繁殖和增加种群数量。大田烟苗生长，出现烟蚜后，就有大量天敌去寄生或捕食烟蚜。蚜虫高度集中在已开花的十字花科蔬菜植株上时，这类植株上的活蚜，轻轻抖动即落，而被烟蚜茧蜂寄生而死亡的僵蚜紧贴枝叶不掉落。可有意识地从十字花科蔬菜植株上获得较多的烟蚜茧蜂，移至烟田，增加烟田蚜茧蜂数量，造成优势并控制蚜害。选用较为合理的烟蚜防治指标以减少杀虫剂的施用次数和施用量、选择对天敌杀伤力较小的高效低毒农药并避开敏感虫态或时期施药等措施可有效保护利用烟蚜茧蜂。由于烟蚜与黄瓜花叶病（CMV）、马铃薯 Y 病毒病（PVY）、烟草丛顶病（TBTV）等烟草病毒病的流行密切相关，因此在田间放置载有僵蚜的叶片时要特别注意叶片是否携带此类病毒，以控制病毒病的流行。重寄生蜂也是影响烟蚜茧蜂自然种群的一个不可忽视的因素。重寄生蜂多在烟蚜茧蜂发育至老熟幼虫到预蛹阶段时开始产卵寄生。被重寄生蜂寄生的烟蚜茧蜂大多不能羽化出成蜂，进而影响烟蚜茧蜂对烟蚜种群的控制作用。国内报道烟蚜茧蜂的重寄生蜂有 8 种：蚜虫宽缘金小蜂（*Pachyneuron aphidis*）、宽肩阿莎金小蜂（*Asaphes suspensus*）、蚜虫跳小蜂（*Aphidencyrtus aphidivorus*）、细脊细蜂（*Dendrocerus laticeps*）、粗脊细蜂（*D. laevis*）、合沟细蜂（*D. carpenteri*）、光背瘿蜂（*Alloxysta* sp.）、长背瘿蜂（*Phaenoglyphis* sp.），云南烟区主要有 2 种，即蚜虫宽缘金小蜂和宽肩阿莎金小蜂，其中，蚜虫宽缘金小蜂为优势种。针对重寄生蜂的防治主要是采用物理防治方法。由于重寄生蜂具有趋光性，在中午时会飞到繁蜂棚的纱网上，可采用人工防治的方法，用吸虫瓶吸出重寄生蜂，然后集中处理。由于重寄生蜂是烟蚜茧蜂僵蚜时期的寄生蜂，在释放烟蚜茧蜂时，最好是释放成蜂，并严格把重寄生蜂剔除，以免将重寄生蜂带入烟田，这样可大大降低烟田重寄生蜂的种群基数。此外，耕作模式和栽培方式也能有效地保护烟蚜茧蜂，地膜对烟田前期烟蚜茧蜂种群数量有显著影响，覆膜烟田烟蚜茧蜂种群数量高于未覆膜烟田，且烟田覆膜还有利于降低烟蚜种群数量。

综上所述，生物防治是综合防治的重要内容，应该大力发展生物防治工作。为了更有效地利用蚜茧蜂防治害虫，为农业生产作出更大贡献，必须树立"预防为主，综合防治"的思想，正确理解和宣传生防工作在综合防治中的作用，以及保护蚜茧蜂和利用的重大意义，以充分发挥蚜茧蜂的积极作用。

（张礼生编写）

参考文献

毕章宝，季正端.1993. 烟蚜茧蜂 *Aphidins gifuensis* Ashmead 生物学研究Ⅰ. 发育过程和幼期形态 [J]. 河北农业大学学报，16（2）：1 - 8.

毕章宝，季正端.1994. 烟蚜茧蜂 *Aphidins gifuensis* Ashmead 生物学研究Ⅱ. 成虫生物学及越冬 [J]. 河北农业大学学报，17（2）：38 - 44.

陈家骅，李芳，张玉珍.1989. 农药对烟蚜茧蜂的影响 [J]. 生物防治通报，5（3）：107 - 109.

陈家骅，张玉珍，张章华，等.1990. 烟草病虫害及其天敌 [M]. 福州：福建科学技术出版社，87 - 93.

陈家骅，石全秀.2001. 中国蚜茧蜂（膜翅目：蚜茧蜂科）[M]. 福建：福建科学技术出版社.

陈茂华，韩召军，王瑞.2005. 烟蚜茧蜂蛹期耐冷藏性研究 [J]. 植物保护，31（2）：41 - 43.

崔宇翔，胡小曼，李佛琳，等.2011. 滇西北高原烟蚜茧蜂繁育及田间防治蚜虫效果 [J]. 云南农业大学学报：自然科学版，26（B12）：123 - 128.

邓建华，吴兴富，宋春满，等.2006. 田间小棚繁殖烟蚜茧蜂的繁蜂效果研究 [J]. 西南农业大学学报 28（1）：66 - 73.

高峻峰.1985. 棉平突蚜茧蜂的观察 [J]. 植物保护，11（2）：15 - 16.

高峻峰.1985. 日本豆蚜茧蜂利用研究 [J]. 昆虫天敌，7（3）：152 - 154.

高峻峰.1993. 几种农药对日本柄瘤蚜茧蜂生存率的影响 [J]. 昆虫天敌，15（4）：160 - 161.

何琬，李学芬，赵清和，等.1983. 豌豆蚜天敌——阿尔蚜茧蜂繁殖与利用研究 [J]. 植物保护学报，10

（8）：167－170.

侯茂林，王福莲，万方浩.2004.栽培措施对烟田前期烟蚜和烟蚜茧蜂种群数量的影响［J］.昆虫知识，41（6）：563－565.

黄继梅，邓建华，龚道新，等.2008.烟蚜茧蜂防治烟蚜的散放次数及其田间防治效果研究［J］.中国农学通报，24（10）：437－441.

李明福，张永平，王秀忠.2006.烟蚜茧蜂繁育及对烟蚜的防治效果探索［J］.中国农学通报，22（3）：343－346.

李文江.1985.麦田蚜茧蜂的保护利用［J］.植物保护，（2）：50.

李学荣.1999.烟蚜茧蜂研究博士学位论文［D］.浙江：浙江大学.

李学荣，忻亦芬，张明伟，等.2002.烟蚜茧蜂控制工厂化蔬菜桃蚜的研究［J］.沈阳农业大学学报，33（4）：262－265.

李玉艳，张礼生，陈红印，等.2011.烟蚜茧蜂滞育相关的发育指标测定［C］//植保科技创新与病虫防控专业化论文集.北京：中国农业科技出版社.373－378.

刘明辉，官宝斌，陈家骅，等.1991.蜂菌结合防治烟草蚜虫试验［J］.福建农业科技，23：17.

刘树生.1988.苦苣菜蚜茧蜂的生物学、生态学特性研究［J］.昆虫天敌，10（1）：44－47.

龙宪军.2012.利用烟蚜茧蜂防治烟蚜的技术研究［J］.湖南农业科学，（1）：80－82.

秦西云.2006.烟蚜生长发育与温度的关系研究［J］.中国农学通报，22（4）：365－370.

忻亦芬.1986.烟蚜茧蜂繁殖利用研究［J］.生物防治通报，2（3）：108－111.

唐文颖，张燕，郑方强，等.2011.变温对烟蚜茧蜂低温贮藏存活特性的影响［J］.中国农业科学，44（3）：493－499.

王树会.2006.烟蚜茧蜂规模化繁殖和释放技术研究［J］.云南大学学报：自然科学版，28（S1）：377－382.

王文夕.1996.寄主密度对烟蚜茧蜂生殖特性的影响［J］.华北农学报，11（4）：52－57.

王燕，朱元，陈福寿，等.2011.动物学研究，32：62－65.

魏佳宁，况荣平，何丽平，等.2001.昆虫与环境［C］//中国昆虫学会2001学术年会论文集.456－462.

吴兴富.2007.烟蚜茧蜂繁殖利用概述［J］.中国农学通报，23（5）：306－308.

徐学农，王恩东.2007.国外昆虫天敌商品化现状及分析［J］.中国生物防治，23（4）：373－382.

蒋杰贤，王冬生，张沪同，等.2003.桃蚜茧蜂繁殖与利用研究［J］.上海农业学报，19（3）：97－100.

张广学.1990.烟蚜 Myzus persicae 研究新进展［J］.河南农业大学学报，24（4）：496－504.

张洁，张礼生，陈红印，等.2014.大规模扩繁烟蚜茧蜂的蚜类寄主筛选研究［J］.中国生物防治学报，（1）：32－37.

张礼生，陈红印，王孟卿.2009.天敌昆虫的滞育研究及其应用［C］//粮食安全与植保科技创新论文集.北京：中国农业科技出版社.548－552.

赵万源，丁垂平，董大志，等.1980.烟蚜茧蜂生物学及其应用研究［J］.动物学研究，1（3）：405－415.

周子方，任伟，周冀衡，等.2011.规模化应用烟蚜茧蜂防治烟蚜的主要技术障碍及应对方法［J］.安徽农业科学，39（16）：9 659－9 661.

朱艰，王新中，蒋自立，等.2012.利用蜂蚜同接技术规模饲养烟蚜茧蜂［J］.中国烟草学报，18（3）：74－77.

Brodeur J.，McNeil J. N..1989. Biotic and abiotic factors involved in diapause induction of the parasitoid, *Aphidiusnigripes*（Hymenoptera：Aphidiidae）［J］. Journal of Insect Physiology, 35（12）：959－974.

Chi H.，Su H. Y..2006. Age－Stage, Two－Sex life tables of *Aphidius gifuensis*（Ashmead）（Hymenoptera：

Braconidae) and its host *Myzus persicae* (Sulzer) (Homoptera: Aphididae) with mathematical proof of the relationship between female fecundity and the net reproductive rate [J]. Environmental Entomology, 35 (1): 10 – 21.

Christiansen – Weniger P. , Hardie J. 1997. Development of the aphid parasitoid, *Aphidius ervi*, in asexual and sexual females of the pea aphid, *Acyrthosiphon pisum*, and the blackberry – cereal aphid, *Sitobion fragariae* [J]. Entomophaga, 42: 165 – 172.

Christiansen – Weniger P. , Hardie J. 1999. Environmental and physiological factors for diapause induction and termination in the aphid parasitoid *Aphidius ervi* (Hymenoptera: Aphidiidae) [J]. Journal of Insect Physiology, 45: 357 – 364.

DhimanS. C. , Kumar V. 1986. Studies on the oviposition site of *Diaeretiella rapae*, a parasitoid of *Lipaphis erysimi* (Kalt.) [J] . Entomonograph, 11 (4): 247 – 250.

Fernandez C, Nentwig W. 1997. Quality control of the parasitoid *Aphidius colemani* (Hym. : Aphidiidae) used for biological control in greenhouses [J]. Journal of Applied Entomology, 26 (4): 989 – 994.

Fukui M. , Takada H. 1988. Fecundity, oviposition period and longevity of *Diaeretiella rapae* (M'Intosh) and *Aphidius gifuensis* Ashmead (Hymenoptera: Aphidiidae), two parasitoids of *Myzus persicae* (Sulzer) (Homoptera: Aphididae) [J]. Japanese Journal of Applied Entomology and Zoology, 32 (4): 331 – 333.

Hofsvang T. , Hagvar E. B. 1977. Cold storage tolerance and supercooling points of mummies of *Ephedrus cerasicola* Stary and *Aphidius colemani* Viereck (Hym, Aphidiidae) [J]. Norwegian Journal of Entomology.

Hunter S J. 1909. The green bug and its enemies [J]. Bulletin University Kansas, 91 – 163.

OhtaI. , Ohtaishi M. 2006. Effect of low temperature and short day length exposure on the development of *Aphidius gifuensis* Ashmead (Hymenoptera: Braconidae) [J]. Applied Entomology and Zoology, 41 (4): 555 – 559.

OhtaI. , Honda K. 2010. Use of *Sitobion akebiae* (Hemipera: Aphididae) as an alternative host aphid for a banker – plant system using an indigenous parasitoid, *Aphidius gifuensis* (Hymenoptera: Braconidae) [J]. Applied Entomology and Zoology, 45 (2): 233 – 238.

Polar L. , Darvas B. 1991. Effects of nonsteroidal ecdysteroid agonist, RH 5849 on a host/parasite system *Myzus persicae/Aphidius matricariae*. In: Polgar L. , Chambers R. J. , Dixon A. F. G. , HodekI. (eds.), Behaviour and Impact of Aphidophaga [M]. SPB Academic Publishing Bv, The Hague, 323 – 327.

Polgar L. A. , Darvas B. , Volkl W. 1995. Induction of dormancy in aphid parasitoids: implications for enhancing their field effectiveness [J]. Agriculture, Ecosystems and Environment, 52: 19 – 23.

Schlinger E. I. , Hall J. C. 1959. A synopsis of the biologies of three imported parasites of the spotted alfalfa aphid [J]. Journal of Economic Entomology, 52 (1): 154 – 157.

Schlinger E. I. 1960. Diapause and secondary parasites nullify the effectiveness of the rose aphid parasites in Riverside, California, 1957 – 1958 [J] . Journal of Economic Entomology, 53: 151 – 154.

Schinger E. I. , Hall J. C. 1960a. The biology, behavior and morphology of *Praon palitans* Muesebeck, an internal parasite of the spotted alfalfa aphid, *Therioaphis maculata* (Buckton) [J]. Annals of the Entomological Society of America, 53 (2): 144 – 160.

Schinger E. I. , Hall J. C. 1960b. Biological notes on PacificCoast aphid parasites, with a list of California parasites and their hosts [J]. Annals of the Entomological Society of America, 53 (3): 404 – 415.

Schinger E. I. , Hall J. C. 1961. The biology, behavior and morphology of *Trioxys utilis*, an internal parasite of the spotted alfalfa aphid, *Therioaphis maculata* (Hymenoptera: Braconidae, Aphidiinae) [J]. Annals of the Entomological Society of America, 54 (1): 34 – 45.

Starks K. J. 1976. Release of parasitoids to control greenbugs on sorghum [J]. Agricultural Research

Service，US.

Stary P. 1960. The generic classification of family Aphidiidae ［J］. Acta Societatis Entomologicae Cechosloveniae，57：238 – 252.

Stary P. 1966. A review of the parasites of aphids associated with *Prunus* trees in Czechoslovakia（Hym.：Aphidiidae；Hom.：Aphidoidea）［J］. Acta Entomologica Bohemoslovaca.，63：63 – 75.

Stary P.，Rejmanek M. 1981. Number of parasitoids per host in different systematic groups of aphids；the implications for introduction strategy in biological control（Homoptera：Aphidoidea：Hymenoptera：Aphidiidae）［J］. Entomologica Scandinavica Supplement，15：341 – 351.

Wei JN，Li TF，Kuang RP，*et al.* 2003. Mass rearing of *Aphidius gifuensis*（Hymenoptera：Aphidiidae）for biological control of *Myzus persicae*（Homoptera：Aphididae）［J］. Biocontrol Science and Technology，13：87 – 97.

Wei JN，Bai BB，Yin TS，*et al.* 2005. Development and use of parasitoids（Hymenoptera：Aphidiidae & Aphelinidae）for biological control of aphids in China［J］. Biocontrol Science and Technology，15：533 – 551.

Van den Bosch R.，Schlinger E. I.，Dietrick E. J.，*et al.* 1959. The role of imported parasites in the biological control of the spotted alfalfa aphid in southern California in 1957［J］. Journal of Economic Entomology，52（1）：142 – 154.

Van den Bosch R.，Hom R.，Matteson P.，*et al.* 1979. Biological control of the walnut aphid in California：impact of the parasite，*Trioxys pallidus*. Hilgardia［J］. California Agricultural Experiment Station，47（1）：13 – 15.

第六章　天敌昆虫的繁殖与应用技术

第一节　丽蚜小蜂的繁殖与应用技术

一、丽蚜小蜂国内外研究现状

丽蚜小蜂（*Encarsia formosa* Gahan）属膜翅目（Hymenoptera）、蚜小蜂科（Aphelinidae）、恩蚜小蜂属（*Encarsia* Förster），是温室白粉虱的寄生性天敌。

早在20世纪20年代，英国对丽蚜小蜂进行了研究与应用，并在应用丽蚜小蜂防治温室白粉虱的尝试中取得了显著效果（赵建周，1990；Lenteren，1998）。随后加拿大、澳大利亚、新西兰等国家先后引进丽蚜小蜂，使得丽蚜小蜂控制粉虱成为当时的研究焦点。到80年代，丽蚜小蜂的生物学特性、控害潜能、商品化生产技术和应用等方面研究已经初步成熟，在防治温室白粉虱方面上取得了一定的成就（Woets，1982；程洪坤，1989）。

全世界已有20多个国家开展了丽蚜小蜂的研究和利用，英国、美国、荷兰等国已实现了商品化大量生产，可全年为农户提供产品。他们大多采用烟草作为温室白粉虱的寄主植物，再用温室白粉虱繁育丽蚜小蜂。丽蚜小蜂寄生产卵后，在粉虱若虫体内逐渐发育至蛹期，被寄生的蛹后期表现为深黑色。将黑蛹收集下来并制卡，然后释放田间（Scopes，1985）。在罗马尼亚采用番茄苗饲养温室白粉虱，再用温室白粉虱饲养丽蚜小蜂，饲养温度为20~25℃，相对湿度为60%~70%。在粉虱若虫发育至3~4龄时接种丽蚜小蜂，接蜂比例为1:(20~25)，15周以后寄生率达到88.5%。采用清洗机将寄生蛹从叶片上收集下来，再用0.1%清洁剂乳浊液分离、清水清洗、30~35℃下风干，即得到丽蚜小蜂蛹。将蜂蛹储藏在6℃或8℃下，20天后羽化率分别为75.3%和80.9%，25天后羽化率分别为66.7%和77.5%（Szabo.，1995）。近年来，人们还尝试利用人工饲料培育粉虱来繁育丽蚜小蜂（Elizabeth，2000），但是，远未到实用阶段。

我国于1978年从英国引进丽蚜小蜂，在中国农业科学院生物防治研究所和蔬菜花卉研究所进行了生物学特性、批量生产及应用等方面的深入研究，并取得了实用性的效果（程洪坤，1989；魏淑贤，1989；朱国仁，1993）。生物防治研究所研究形成的五室繁蜂法所用温室为：清洁苗培育室、粉虱繁殖和接种室、粉虱若虫发育室、接蜂室、小蜂分离室。清洁苗培育：种植番茄苗，7~8片真叶时接种粉虱。繁殖和接种粉虱：接种8~28h后赶走粉虱成虫，敌敌畏熏蒸4h，留1/3植株繁殖粉虱。粉虱若虫发育：剪去植株生长点，粉虱若虫发育到2~3龄时接蜂。小蜂接种：接种小蜂1头/cm²，10~12天黑蛹零星出现，搬出接蜂室。收集、分离：将带黑蛹植株放置2~3天，待粉虱大量羽化，经敌敌畏熏蒸4h，再采摘黑蛹叶片并阴干1~2天，即可包装、储存或应用。蛹卡制作：用试管毛刷收集黑蛹、胶水固定在卡片上即成"卡片蛹卡"，将一定数量叶片粘贴在纸本页面上即成"本卡"，装在带孔的纸袋内即成"袋卡"。低温储存：在（12±1）℃低温箱储存20天，羽化率71.6%~75.8%，对照羽化率77.4%。运输：木盒包装，快件邮寄。中国农业科学院蔬菜花卉研究所研究形成了用烟草作清洁苗的繁蜂方法。由于烟草叶片面积大，有利于蛹的收集。收集时用压力喷头冲下黑蛹，然后烘干，再用涂胶器在卡纸上涂胶，撒黑蛹即成蜂卡。

目前，国内实现工厂化生产丽蚜小蜂的单位主要有：中国农业科学院生物防治研究所（现中国农业科学院植物保护研究所生防室），中国农业科学院蔬菜花卉研究所，北京市农林科学院植物保护环境保护研究所，天津市农业科学院植物保护研究所和河北省农林科学院旱作农业研究所。其中，河北省农林科学院旱作农业研究所下属科技企业衡水田益生防有限责任公司，已形成了多种天敌昆虫（包括丽蚜小蜂）的生产技术规程（Zheng，2004）。

在国外，采用丽蚜小蜂防治温室白粉虱技术已经很成熟，由于国外的大型连栋蔬菜温室采用一体化经营、统一管理、可控性强；且在温室的密闭、调节气候等方面都比较优越，因此释放较少的天敌就能取得很好的防治效果。

在国内，也进行了大量的丽蚜小蜂防治白粉虱的应用研究与示范推广工作。如中国农业科学院生物防治研究所在北京、河北、黑龙江等省市进行了丽蚜小蜂防治白粉虱的应用示范和推广，累计达300余 hm^2，取得了显著成效。大庆市试验对照区和生防区前期在番茄顶部平均每叶上粉虱成虫数都较低（对照区每叶有粉虱成虫0.02头，生防区每叶有粉虱成虫0.31头），随着气温不断升高和作物的生长发育，粉虱数量也不断增加，但由于采取的防治措施不同，生防区粉虱成虫一直被控制在较少的范围内，而化防对照区的粉虱成虫数却成倍大幅度增长。至收获时最后一次调查生防区植株上部四叶平均有粉虱成虫为8头，每叶平均2头，比经济阈限（10头/叶）少8头，而对照区植株顶部四叶高达164头，每叶41头，是生防区的20.5倍，比经济阈限多31头，生防区粉虱虫口减退率为95.1%（王启祥，1983）。王玉波等研究了不同益害比放蜂处理的效果，尤以6:1处理控制温室白粉虱效果最好；3月放蜂处理能将温室白粉虱数量持续控制在较低水平，且效果与11月放蜂+翌年3月放蜂处理差异不显著。在衡水越冬番茄温室内使用丽蚜小蜂防治白粉虱时，应将释放天敌集中在年后温室温度刚开始回升、害虫发生数量较少时进行（王玉波，2011）。邢星等利用丽蚜小蜂防治番茄、黄瓜、菜豆上的温室白粉虱，放蜂区白粉虱基数一直保持在单株0.6~1.0头，而对照区单株达到0.9~26.5头，放蜂番茄田虫口减退率91.1%，黄瓜田为93.8%，菜豆田为94.0%。番茄田平均寄生率61.5%，黄瓜田为67.4%，菜豆田为59.3%（邢星，2008）。内蒙古农牧业科学院植物保护研究所、河北省农林科学院旱作农业研究所、河北省衡水市植保植检站在田间应用方面也做了大量研究和推广工作，形成了比较完整的使用及配套技术：防虫网隔离通风口，黄板诱杀和监测，培育清洁苗，早期放蜂和配合选择性农药（纪世东，2005；徐兴学，2006；白全江，2007）。

虽然已进行了大量的试验、示范和推广，但丽蚜小蜂的应用仍处于示范和推广阶段，主要原因是防治效果受设施结构和栽培因素的影响较大。北方以发展节能型日光温室和塑料大棚为主，冬春季蔬菜生产不加温，温度较低，植株夜间接露严重，极不利于寄生蜂的存活和建立种群；夏天温度超过40℃，丽蚜小蜂几乎不停留在叶片上活动产卵，且寿命缩短、产卵量减少（Hirotsngn，1998），成为制约丽蚜小蜂推广应用的主要因素。

二、生物学特性

（一）丽蚜小蜂的形态学特征

丽蚜小蜂雌虫体长约0.6mm，宽0.3mm。头部深褐色，胸部黑色，中胸三角片前伸突出，明显超过翅基连线，腹部黄色，并有光泽。其末端有延伸较长的产卵器，足为棕黄色。翅无色透明，翅展1.5mm。触角8节，长0.5mm，淡褐色。雄蜂腹部为棕色，很易区分。

（二）丽蚜小蜂的生活习性

丽蚜小蜂成虫非常活泼，释放到粉虱的栖息地后，能在所有空间范围内任意地寻找寄主，扩散半径在百米以上。远距离吸引丽蚜小蜂搜索的物质与寄主植物的挥发性化合物有关（Guerrieri，1997），近距离吸引丽蚜小蜂的物质主要是粉虱分泌的蜜露和三龄、四龄粉虱若虫（Birkett，2003）。

不同寄主植物间丽蚜小蜂的寄生率差异显著，番茄、菜豆、烟草、棉花、黄瓜这5种寄主植物中，丽蚜小蜂在番茄上的寄生率最高（84%），黄瓜上寄生率最低（26.9%）。不同寄主植物对丽蚜小蜂的生长发育、成虫寿命和产卵量均有较大影响，寄主植物间差异显著，但对其存活率影响不大（徐维红，2007）。

丽蚜小蜂幼虫在粉虱若虫体内取食粉虱体液，以此完成幼虫及蛹的发育。寄生约8天后粉虱若虫（或蛹）的体色变黑，小蜂幼虫继续发育10天左右，成虫即可从粉虱蛹体背面咬孔钻出。在温度26℃，相对湿度90%时，光照13h/日时较适于丽蚜小蜂的生长发育和繁殖（朱楠，2011）。

发育历期受温度的影响较大，在15~30℃的温度范围和12L：12D光照环境下，丽蚜小蜂从产卵到寄主变褐、再从褐色伪蛹到成蜂破壳而出的发育历期均随着温度的升高而显著缩短。丽蚜小蜂总发育历期在15℃下为55.5天，在20℃下为20.2天，25℃下为14.5天，30℃下仅需12.9天。发育历期还受寄主龄期的影响，寄生二龄粉虱若虫、三龄粉虱若虫和伪蛹初期，小蜂的发育历期依次为10.1天、7.7天和7.6天。可见，寄生粉虱若虫龄期越大，丽蚜小蜂发育速度越快（徐维红，2003）。

张世泽等比较了两个品系（分别来自北京和美国）丽蚜小蜂在不同温度下寄生番茄烟粉虱的发育历期，取食不同食物的寿命，发育起点温度和有效积温，结果表明，在18~33℃，丽蚜小蜂的发育历期随温度升高而加快。两品系在18℃下发育历期最长，美国品系为34.7天，北京品系为36.1天；在33℃下发育历期最短，分别为7.8天和8.4天；且在18℃和23℃下，美国品系的发育历期显著短于北京品系。与饥饿处理相比，喂食10%蜜水和可延长成虫寿命；且不同温度条件下成虫寿命差异显著，两品系均表现出18℃下寿命最长，33℃时寿命最短。丽蚜小蜂由产卵至成虫羽化、成虫期和全世代的发育起点温度和有效积温：美国品系分别为13.1℃、12.3℃、12.8℃和177.23℃、179.11℃、353.53℃；北京品系分别为13.2℃、11.4℃、12.4℃和188.25℃、168.58℃、358.28℃

（张世泽，2004）。

三、繁殖技术

（一）饲养条件

1. 温室类型和要求

（1）结构形式

文洛式尖顶玻璃温室，钢结构骨架，温室专用铝合金型材。温室四周密闭，内部分成多个小区，各区间严格密封、隔离。所有开窗、湿帘、风机的对外开口处均设防虫网，网孔直径小于 0.2mm。各区分隔门上方设风幕机。温室屋顶采用双层 PC 板覆盖，立面可采用中空玻璃或双层 PC 板。钢结构做热镀锌处理。苗床边框为铝合金、苗床网做热镀锌处理。

（2）设备条件

控温降温采用湿帘风扇组合和空调，加温依靠圆翼式暖气和空调。

补光温室专用钠灯。

肥水滴灌采用滴箭进行滴灌，并配备水处理系统净化滴灌用水。

自动控制采用气象站监控，并连接计算机。

2. 营养土

（1）营养土的基本要求

营养土一般要求为：一是容重适宜，疏松透气，吸水保水性强，浇水不板结；二是发酵充分，养分较高，均匀细碎；三是无虫卵、无病菌、无草籽。

具体技术要求是：营养土 pH 值 6~7；适宜的容重为 0.5~0.9g/cm³。

营养土过于疏松，移栽烟苗成活率低，而且极易失水干燥，不利于烟苗生长；营养土过黏，通透性差，不利于根系发育，侧根少，根系不发达。营养土中含有大量有机质，必须充分腐熟后才有利于烟苗生长，否则易烧苗伤根。

（2）营养土的主要原料

营养土的原料非常广泛，腐熟秸秆、腐熟圈肥、草炭、蛭石、腐殖土、草甸土、森林土、食用菌下脚料、地表土等，都可以作为配制营养土的原料。

（3）营养土处理与消毒

使用微生物速腐剂能将循环使用的营养土或秸秆、圈肥、草炭、腐殖土、草甸土、森林土、食用菌下脚料等充分腐熟。如秸秆腐熟，秸秆与水 1：1.8 的比例加水，使秸秆湿透，确保纤维素充分水解；按秸秆与速腐剂 1000：2 的比例加速腐剂、秸秆与尿素 1000：7 的比例加尿素（调节碳氮比），按秸秆重的 2.5% 加过磷酸钙；秸秆堆宽 1.5~2m，高 1.5~1.6m，分三层堆积，第一、第二层各高 60cm 左右，第三层高 40cm 左右，由下而上 4：4：2 的比例撒速腐剂和调节剂；堆好后，拍实，用泥封严，保温、保湿、防止养分流失。

将腐熟的秸秆、圈肥、草炭、腐殖土、草甸土、森林土、食用菌下脚料等有机物粉碎过筛，剔除过长和腐烂不好的部分，充分混合拌匀原料，调整水分至合墒程度，堆好并采用药剂熏蒸消毒。

3. 寄主植物

以烟草为寄主植物，利用烟草繁育温室白粉虱，再用温室白粉虱繁育丽蚜小蜂。烟草选择茎秆粗壮、叶面积大、叶间距适中，易于感染温室白粉虱的品种。栽植时注意肥水适当、光照强度适中。

（二）丽蚜小蜂的繁殖技术

1. 培育烟草清洁苗

育苗盘选用长方形的塑料盒子，在育苗盘内装填基质，装盘质量好坏直接影响烟草种子萌发和幼苗的生长发育。装盘原则是均匀一致，松紧适中。装填基质前先喷水湿润，达到握之成团、松之即散的效果。装盘后，撒播适量烟草种子，盖种用过筛营养土或细砂，厚度为 1 ~ 2mm。播种后，在育苗盘上盖一层玻璃板，既能保持土壤水分，又可以提高土壤温度，注意及时将玻璃板上的水滴擦去，防止滴到刚萌芽的种子上，出苗后撤去玻璃板。烟苗生长阶段，根据其大小和生长需要进行三次移栽。

第一次移栽：种子出苗后，用小镊子进行适度间苗，待生长至小十字期时，进行移栽。在小型营养钵（直径5cm、高度5cm）内装填营养土，松紧适度、深浅一致。浇足水后，用小药勺从育苗盘起苗植入营养钵。控制温度在 20 ~ 28℃，缓苗后，适度加强肥水管理。

第二次和第三次移栽：待烟苗生长至大十字期时，小营养钵较小，不能满足其生长需要，需进行换盆移栽。中号营养钵规格为：直径14cm、高度14cm。生长至5片真叶时，进行第三次移栽。大号营养钵规格为：直径26cm、高度21cm。这两次移栽期间，要充分加强肥水的管理。

采用育苗移栽有很多好处：一是能有效利用温室空间，在单位面积内培育更多的幼苗；二是能严格控制温、光、水、养分等，满足种子萌发和幼苗生长；三是可以生产出大量的整齐、健壮烟苗。

2. 温室白粉虱接种和繁殖

挑选长有 8 ~ 12 片叶的烟草植株运入粉虱接种车间，将粉虱成虫接种到新的烟苗上，产卵 1 天后用吹风机驱除粉虱成虫。

不同生育期的烟草植株繁殖粉虱差异较大，比较生长至 6、8、10、12、14 片叶时的烟草植株繁殖粉虱的产卵量和单位面积产出量，得出结果如下：6 叶期的粉虱产卵量和温室利用效率最低，往后呈逐渐增加的趋势，但在 12 片叶时略有下降，14 片叶时下降显著，因此，选择 8 ~ 12 片叶时烟草植株接种温室白粉虱，繁殖效率和温室空间利用率都高。

将接有粉虱卵的烟苗运入粉虱发育车间，待粉虱发育到三龄若虫时，即可运入下一个繁殖车间。留出一部分烟苗，让粉虱发育、化蛹、羽化，以补充接种车间的粉虱成虫。

这期间烟草的肥水管理非常重要，多施氮肥和钾肥，保证植株的健壮生长，注意勤浇水。

3. 丽蚜小蜂接种

将带有三龄粉虱若虫的烟苗运入丽蚜小蜂接种车间，将正处于羽化阶段丽蚜小蜂的蛹装入小塑料盘，放在植株旁边。新羽化的小蜂飞到植株上寻找合适的粉虱若虫，并寄生产卵。接蜂24h后，用吹风机驱除成蜂，将苗运入丽蚜小蜂发育车间。

4. 丽蚜小蜂的收集

把从接蜂车间运入的烟苗按顺序排放在发育车间，加强肥水管理，做到丽蚜小蜂收获时叶片不干枯。当丽蚜小蜂的蛹变为褐色后，将叶片采摘下来，置于丽蚜小蜂收集架上，把烟叶展平，用带压力的喷头通水冲刷丽蚜小蜂蛹。收集冲下来的蜂蛹经过分离器，把未被寄生的粉虱蛹、若虫、蛹壳等杂质分离出去。然后将纯净的丽蚜小蜂蛹晾干，即可得到用于田间的丽蚜小蜂蛹。

四、储藏和包装技术

（一）储藏

丽蚜小蜂蛹在低温条件下仍能够继续发育，即使在 0.4℃下也能缓慢发育。随着储存时间的延长，少部分逐渐羽化，羽化出的蜂活动能力和产卵量均呈降低趋势。可将 3 日龄的丽蚜小蜂蛹在 11±1℃恒温箱储藏，作 7 天左右的短期存放，最长不超过 14 天。

（二）包装

1. 加工卡片和包装盒

卡片纸长、宽、厚分别为 6.5cm、3.5cm、0.5cm，在卡片一端内掏 1.5cm×0.7cm 方孔（粘贴蜂蛹），另一端掏一个类似于等边三角形的钝圆孔，并在孔的一个斜下角切开至外边缘（方便挂在作物枝条上）。卡片正面标注使用标签。

包装盒可以有不同规格，如进行 1 万、5 万、10 万头/盒等，根据需要定制。

2. 制作蜂卡

在卡片背面方孔处贴上不干胶带，卡片正面朝上平铺，均匀撒上丽蚜小蜂蛹，用毛刷扫下多余的蜂蛹，即得到丽蚜小蜂卡。

3. 包装

丽蚜小蜂卡包装可以根据需要进行选择，若运输时间较短（3 天内），则直接用纸盒打包；若时间较长，则可以考虑在包装盒内放冰块，延缓丽蚜小蜂发育进程，以获得更长的运输时间。

五、田间应用技术

温室内大量繁殖丽蚜小蜂是为了防治害虫—温室白粉虱。要做好这项工作，达到预期的效果，除了培养健壮的蜂体外，还得必须进行调查研究，了解气候变化的特点，掌握温室白粉虱的发生规律，采取灵活机动的方法，确定温室适宜的放蜂间隔及数量，才能收到良好的效果。

放蜂前在大棚上下放风口安装防虫网，防止各种害虫侵入。防虫网规格为 40 目，宽 2m 左右。应注意的是防虫网棚比没有防虫网的温度偏高，可适当提早或延长放风时间。

在温室作物定植 1 周后，开始释放丽蚜小蜂防治温室白粉虱。丽蚜小蜂的使用极其方便，只需要将蜂卡挂在植株中上部的枝条上即可。丽蚜小蜂羽化后自动寻找温室白粉虱，并寄生白粉虱的若虫。每次释放 3.0 万~4.5 万头/hm²，隔 7~10 天释放一次，总共释放 5~7 次，丽蚜小蜂即可顺利建立种群，有效控制白粉虱的为害。

丽蚜小蜂比较小，飞行能力有限，应注意将蜂卡均匀的挂在田间。温室温度应控制在

20~35℃，夜间在 15℃以上。防止高湿或滴水湿润蜂卡，使蜂蛹窒息或霉变不能羽化。在温室地面覆盖有塑料薄膜、正常放风的情况下即可达到这些要求。

第二节　食蚜瘿蚊的繁殖与应用技术

一、食蚜瘿蚊国内外研究现状

食蚜瘿蚊（*Aphidoletes aphidimyza* Rondani）属于双翅目（Diptera）瘿蚊科（Ccidomyiidae）是蚜虫的捕食性天敌。

早在 1847 年，意大利双翅目分类学家 Rondani 第一次对食蚜瘿蚊进行了描述，之后许多昆虫学者分别对瘿蚊科的 30 多种捕食蚜虫的种类进行了描述，1929 年 Bames 对捕食蚜虫的瘿蚊共 37 个种名和 10 个属名进行了重新排列，其中，大多数是食蚜瘿蚊的同物异名（刘细群，2007）。

20 世纪 70 年代初前联邦德国、前苏联等国分别对食蚜瘿蚊进行了大量的研究，80 年代中期，芬兰（萧刚柔，1990）加拿大（Gilkeson，1986）的大量扩繁和温室应用技术获得成功，率先实现了商品化生产。其后，荷兰、美国和前苏联等国也实现了商品化生产（Markkula，1976）。

我国对食蚜瘿蚊的应用研究起步较晚，1979 年湖北农业科学院报道，在棉田观察到一种食蚜性瘿蚊，并对其田间发生作了简要记述（湖北省农业科学院植保所虫害室，1979）。1984 年中国农业科学院生物防治研究所在加拿大 IDRC 的资助下，从加拿大引进食蚜瘿蚊，对其基本生物学进行了研究（程洪坤，1988a），在此基础上对引进种的大量饲养繁殖技术进行了改造。总结出一套适用于我国的食蚜瘿蚊饲养技术，主要包括清洁苗的培育、接种蚜虫、瘿蚊的饲养、瘿蚊的收集等几个流程。清洁苗的培育：培育蚕豆清洁苗，培育室冬季温度应保持在 20℃以上，晚上不低于 15℃，光照时间 12 h/日以上。接种蚜虫，当蚕豆苗长至 3~5cm 时接种蚜虫，每盆蚕豆苗可接豌豆修尾蚜 30~50 头，6~7 天内单盆蚜量可增殖到 500~700 头，此时可用于接种食蚜瘿蚊。接种食蚜瘿蚊：在笼子内放置蚜量适当的盆栽苗，在成虫产卵笼的下层放入小瓷盘，盘内放 2~3 层吸水纸或蛭石，加入适量清水，然后将少量羽化的瘿蚊蛹瓶按每笼 1 000 头放入笼的下层，以后每 3 天补充 300 头，每天更换寄主植物。饲养瘿蚊幼虫：瘿蚊幼虫发育期间，应及时补充蚜虫数量以保证瘿蚊生长发育需要。瘿蚊饲养室应保持在（22±0.5）℃的恒温及 75%~85% 相对湿度。瘿蚊的收集：包括水盘收集法和毛笔挑取法两种方法。瘿蚊的贮存，包括短期储存和长期储存，短期储存就是当幼虫结茧后放入 13~15℃ 的低恒温箱内，使其缓慢发育；长期储存就是将幼虫置于 15℃、6h/日光照的条件下饲养，待幼虫结茧后进入滞育，放入 4℃ 条件下储存 2~3 个月，需要释放时，将蛹瓶取出放在 22℃和 18h/日光照条件下，约 15~20 天即可羽化，羽化率仍可保持在 65% 左右（程洪坤，1988b）。

天津市植物保护研究所 1993—1995 年连续 3 年在大棚黄瓜蚜虫初发期以益害比 1：30 释放，30 天后食蚜瘿蚊可在棚内稳定建群，控蚜效果达到 75% 以上。田间叶片可见极典型的捕食症状（蚜蜕）和瘿蚊幼虫（古希树，1996）。

二、生物学特性

(一) 食蚜瘿蚊的形态

食蚜瘿蚊雌虫体长 1.40 ~ 1.80mm，棕褐色，全身密被黄色长毛。头和口喙黄色，触角黄褐色，复眼黑色，无单眼。前后胸很小，中胸发达，棕褐色。足细长，长度约为体长的 2.60 倍，基节棕色，腿节黑褐色，其余淡黄褐色。雌虫腹部呈椭圆形，共 9 节。雄虫腹部比雌虫小，末端两侧有向上弯曲的抱握器 1 对，其上着生黄褐色几丁质化的长钩。

(二) 食蚜瘿蚊的生活习性

食蚜瘿蚊一生经历卵、幼虫、蛹、成虫四个阶段，属于完全变态类昆虫。卵的孵化高峰期一般在上午 10:00 左右，初孵幼虫不喜活动，随后便开始在附近捕食初生若蚜，长大后捕食成蚜，以口钩钩住蚜虫的腹部或足等处，吸取体液。初龄幼虫取食量小，随着虫龄的增加，取食量也增大，但老熟幼虫一般取食量很少。当老熟幼虫准备化蛹时，通常从植物上"弹跳"下来，短距离爬行后钻到土中结茧，2 ~ 4 天后开始在潮湿松软的基质中化蛹。食蚜瘿蚊羽化集中于晚上，以 19:00 ~ 22:00 羽化最多。成虫爬行迅速，飞翔迁移扩散能力强。羽化后当夜即可交尾，次日傍晚开始产卵，卵散产，也有几粒或几十粒产在一起。蚜虫充足时，成虫产卵明显增加；蚜虫量少时几乎不产卵。在 22℃ 人工气候箱内，以豌豆修尾蚜为食料，每雌一生可产卵 87.9 粒，平均产卵量为 58.7 粒（刘细群，2005）。

张洁等在 19℃、22℃、25℃、28℃、31℃ 和湿度 80% 的组合下，测定了食蚜瘿蚊的发育历期，结果表明：温度对食蚜瘿蚊的生长发育有较大影响，在 19 ~ 28℃ 范围内，食蚜瘿蚊各虫态的发育历期随温度的升高而缩短，而在 28 ~ 31℃ 范围内，食蚜瘿蚊各虫态的发育历期随着温度的升高而略为延长。不同温度下食蚜瘿蚊的 5 天化蛹率和总羽化率差别较大，但以 25℃ 下为最高，分别为 88% 和 94%；而 22℃ 下的化蛹率和羽化率与 25℃ 下较为接近，分别为 84% 和 90%，经分析差异不显著，由此得出食蚜瘿蚊最适生长发育温度为 22 ~ 25℃（张洁，2008）。

三、繁殖技术

(一) 食蚜瘿蚊的饲养条件

1. 温室类型和营养土要求同丽蚜小蜂

2. 寄主植物

利用大麦为寄主植物来繁育禾缢管蚜，再用禾缢管蚜繁育食蚜瘿蚊。选取叶片光滑、叶色浓绿、植株健壮的大麦品种。并且栽培时要注意温室内温湿度、光照和肥水的控制。

(二) 食蚜瘿蚊的繁殖技术

1. 培育大麦清洁苗

种植大麦苗的容器为横截面梯形的长塑料盒，在苗盆内装土、播种，第 5 天开始检查，苗高 2 ~ 3cm 时，把苗盆搬至蚜虫繁殖车间接种蚜虫。该车间要求环境清洁、密闭，以便培育无病虫的大麦清洁苗，温度保持在 20 ~ 30℃，相对湿度保持在 70% ~ 85%，光照充足，定期浇水，防止土壤干燥。

2. 蚜虫的接种和饲养

在清洁苗的苗盆上，架置铁丝网，将长满蚜虫的大麦叶放置到丝网上，待蚜虫转移到清洁苗上后，将老叶清除，蚜虫密度达到 20～30 头/叶时，将苗盆搬入食蚜瘿蚊生产车间接种瘿蚊，温度保持在 22～30℃，相对湿度保持在 60%～80%。

3. 食蚜瘿蚊接种和饲养

在食蚜瘿蚊生产车间按益害比 1：80 的比例释放瘿蚊成虫，雌虫与雄虫交配后在有蚜虫的大麦叶上产卵，孵化出的幼虫捕食大量蚜虫，到第 7 天左右发育为老熟幼虫。在此车间温度保持在 21～28℃，相对湿度保持在 80%～90%，秋冬季早晚还需补光，以满足 10h 的光照时间。

4. 食蚜瘿蚊的收集

将发育到老熟幼虫的盆栽大麦倒置于盛有清水的水盘上面，老熟幼虫自动弹跳到水中，翌日将幼虫收集起来并除去蚜虫尸体等杂质。

四、储藏和包装技术

（一）储藏技术

将收集到的食蚜瘿蚊老熟幼虫装入盛有蛭石的小塑料盒内，保持蛭石潮湿，当天老熟幼虫就在蛭石里化蛹。在恒温箱中 10℃ 条件下可以保存 1 个月。

（二）包装

食蚜瘿蚊在装有蛭石的保鲜塑料盒（直径 10.5cm，高 6.7cm）内化蛹。蛭石内用滴管滴适量的水，保持环境湿润。包装盒的盖上打上四个小孔，其下盖一层纱网（60 目），作用一、防止包装盒内湿度过大；作用二、防止食蚜瘿蚊羽化后逃窜。

五、田间应用技术

食蚜瘿蚊应用于温室蔬菜、花卉和大田作物上，可有效地控制蚜虫的为害。

1. 释放数量

释放之前要做好虫情调查，准确地掌握蚜虫的发生动态及数量，根据虫情确定释放食蚜瘿蚊的数量，一般益害比为 1：（30～40），每盒 500～600 头，每棚设 5～6 个点释放。

2. 释放虫态

释放刚羽化的成虫，将包装盒打开盖子，放到田间蚜虫密度大的地方，这样既能保证刚羽化的食蚜瘿蚊有充足的食物，又能起到良好地控制害虫的效果。

3. 释放时间

避免高温暴晒及雨水较多的天气，选择晴天下午 4 点以后进行田间释放效果最佳。在蚜虫为害初期进行释放，可有效地抑制蚜虫种群数量。

4. 释放后管理

释放一定的时间后，根据害虫数量采取后续控制措施。

第三节　赤眼蜂的繁殖与应用技术

一、赤眼蜂的国内外研究现状

欧洲国家研究赤眼蜂的工厂化繁殖与应用起步较早，20世纪70年代初，欧洲许多国家开始利用赤眼蜂防治欧洲玉米螟开始于并取得了较好的防治效果（Bigler，1986；Hawlitzki.，1986）。前苏联、德国、土耳其、菲律宾应用广赤眼蜂（*Trichogramma evanescens* Westwood）（广赤眼蜂玉米螟型），瑞士、法国、荷兰、意大利、奥地利、罗马尼亚等国家使用甘蓝夜蛾赤眼蜂 *T. maidis* Pintureau & Voegele（*T. brassicae* Bezdenko）防治欧洲玉米螟和亚洲玉米螟取得很好的防治效果；保加利亚利用暗黑赤眼蜂（*T. pintoi* Voegele）防治玉米螟，效果高达90%（Tran，1988；Li.，1994；Hassan，1994；Ozpinar，1994；Tran，1986）。在北美，美国先后使用欧洲玉米螟卵大量繁殖欧洲玉米螟赤眼蜂（*T. nubilale* Ertle *et* Davis）和使用麦蛾卵大量繁殖亚洲玉米螟赤眼蜂（*T. ostriniae* Pang *et* Chen）用于防治欧洲玉米螟均取得成功（Ridgway.，1981；Burbutis，1983；Michael，2001）。目前，欧、美有很多商业化公司生产提供多种赤眼蜂用于果、菜、粮食害虫防治。

我国对赤眼蜂的研究始于20世纪30年代，70年代我国赤眼蜂大面积应用推广达到高潮，推广利用赤眼蜂防治农林害虫的面积最高达67万 hm²，其中，在玉米螟、松毛虫、棉铃虫、甘蔗螟等害虫防治中的应用最为广泛，每年防治面积稳定在40万~50万 hm²（王金玲，1998）。

赤眼蜂工厂化生产一直得到国内外重视，我国70年代末就研制成功适合于蓖麻蚕卵和柞蚕卵大量繁蜂的机械化设备和繁殖方法，经过多年改进已在我国东北地区形成了多个以生产松毛虫赤眼蜂为主的柞蚕卵赤眼蜂繁蜂基地。此外，中国农业科学院生防所等单位建立了用米蛾卵繁殖玉米螟赤眼蜂的质量控制体系（陈红印，2000），河北省农林科学院开发建立了麦蛾（*Sitotroga cerealella*）卵生产线，并应用麦蛾卵成功饲养了玉米螟赤眼蜂、甘蓝夜蛾赤眼蜂等多种小卵蜂种，也具备了较为成熟的赤眼蜂生产技术（郑礼，2003，2004；Zheng，2006），为小卵蜂种的应用提供了可能。

二、生物学特性

（一）赤眼蜂的形态

赤眼蜂属于膜翅目小蜂总科赤眼蜂科的一类寄生性昆虫，赤眼蜂个体微小，成虫体长0.3~1.0mm，在不同寄主卵中发育的个体大小有较大差异。赤眼蜂头背面阔而短，后头向内弯曲，口器为与体色接近的淡色；复眼赤色，卵圆形，单眼三个，为赤色，位于复眼间，在中央略居前方；触角短，柄节较长，与梗节成肘状弯曲，鞭节在各属之间差异甚大，均不超过7节，常有1~2个环节、1~2个索节和由1~5节组成的棒节；胸腹较头狭，背腹两面有黄色、黄褐色、黑褐色等不同体色，腹部近卵圆形，末端较尖，雌蜂产卵器不伸出或稍伸出于腹部末端；前翅宽，较体长，翅脉简单，痣脉、缘脉及缘前脉成连续的 S 形，翅缘有缨毛，后缘角最长；后翅细长，呈刀形。

（二）赤眼蜂的生活习性

赤眼蜂为卵寄生性昆虫，以鳞翅目、同翅目、鞘翅目、膜翅目、双翅目、脉翅目、蜻蜓目、缨翅目、直翅目、广翅目等昆虫卵为寄主。成虫产卵于寄主卵内，幼虫取食卵黄，化蛹，并引起寄主死亡。成虫羽化后咬破寄主卵壳外出自由生活，通过取食自然界蜜露能延长成虫寿命并提高雌蜂产卵量。

赤眼蜂雌蜂羽化（交尾）后靠触角上的嗅觉器寻找寄主，找到寄主卵后先用触角点触寄主，徘徊片刻爬到其上，用腹部末端的产卵器向寄主体内探钻，把卵产在其中。赤眼蜂能根据寄主卵的大小调节每胎的产卵量，并具有自主控制后代性别的行为，此外，赤眼蜂还能识别自身、同种其他个体甚至不同种类赤眼蜂寄生的寄主卵。某些种类赤眼蜂在一个寄主卵中可产下几粒至几十粒卵，其雌蜂和雄蜂的交配活动可在寄主体内完成。

赤眼蜂成虫寿命随着温度升高寿命缩短，20～25℃时 4～7 天，30℃以上时只能存活 1～2 天，环境湿度过低对成蜂寿命影响较大。雌蜂平均产卵 30～40 粒，在补充营养条件下成蜂寿命和产卵量可成倍增长。赤眼蜂在害虫卵内产卵，幼虫孵化后取食卵液，杀死寄主卵，7～12 天繁殖一代。雌蜂产卵 25～28℃，相对湿度 60%～90% 为宜。20℃以下以爬行为主，活动范围变小，水平扩散半径减小，25℃以上时，赤眼蜂水平扩散半径可达 10m。

赤眼蜂发育历期在适温范围内，与温度呈负相关，种间、不同区域型间有较大差异，甚至同一品系在不同寄主卵上发育历期也有差别。一般 20～30℃条件下，赤眼蜂从卵发育到成虫需要 7～17 天不等。25℃恒温下发育历期 10～12 天，卵期 1 天，幼虫期 1～1.5 天，预蛹期 5～6 天，蛹期 3～4 天。

不同蜂种甚至同种赤眼蜂不同地方型的发育起点温度有较大差别，此外，同种赤眼蜂不同发育阶段的发育起点温度也有所不同。根据试验（1973—1979 年），广赤眼蜂（玉米螟型）的适温范围 18～28℃；最适温度 20℃；发育起点温度 11.33℃。同一蜂种（1980 年）不同地方型发育适温区则为 22～27℃；发育起点温度为 9℃。

赤眼蜂寄生自然界的寄主卵存活，在北方地区于 10 月下旬至 11 月甚至更早即开始在寄主卵内进入滞育或休眠状态开始越冬，翌年 3 月下旬至 4 月中旬或更晚出现第一代成蜂。

三、繁殖技术

（一）饲养条件

1. 中间寄主麦蛾的饲养条件

准备间：用于饲养器具的消毒、清理，室温 20～30℃，相对湿度 40%～90%，通风良好。

幼虫饲养室：用于幼虫发育培养，室温 25～30℃，相对湿度 80%～90%，通风良好，除工作照明外不需要光照。

成虫饲养收集室：用于麦蛾成虫饲养收集，室温 25～30℃，相对湿度 75%～85%，通风良好，除工作照明外不需要光照。

麦蛾产卵室：用于麦蛾幼虫阶段饲养，室温 22～26℃，相对湿度 80%～90%，通风良好，除工作照明外不需要光照。

2. 赤眼蜂饲养条件

繁蜂室：23～27℃，70%～90% 相对湿度，14L：10D 光暗比，光源用小功率散射光源，放置在繁蜂箱两侧。

赤眼蜂发育室：20～28℃，70%～90% 相对湿度，除工作照明外不需要光照。可用恒温恒湿箱代替。

蜂卡制作室：20～25℃，70%～90% 相对湿度，除工作照明外不需要光照。

（二）赤眼蜂的繁殖技术

1. 中间寄主麦蛾的规模化饲养

（1）饲料选择

选用带颖壳的大麦为饲料，利用有壳大麦自身保湿性能降低饲料受环境温湿度的变化的影响。饲喂麦蛾用的大麦要选择籽粒饱满，蛋白质含量高的品种。

（2）灭菌杀虫

将饲料（大麦）淘洗 10～15min，去杂后装入托盘在高温消毒柜中加热至 85～110℃，保持 60～90min，杀死饲料中的害虫与虫卵，取出后大麦含水量约保持在 15% 左右，触手潮而不湿即可。

（3）接卵寄生与幼虫饲养

将消毒后的大麦分装到干净的饲养托盘中，盘中大麦厚度约 3cm，将麦蛾卵按 1：1 000 的比例接入消毒好的饲料中，即每千克大麦需要接入 1g 麦蛾卵，接好麦蛾卵后将饲养托盘放置在幼虫饲养室的饲养架上。为防止高湿条件下饲料霉变，饲养室每周开紫外灯灭菌 2 次各 30min。接卵 10 天后，麦蛾幼虫代谢作用会导致饲料内部温度升高，饲养室要注意通风降温，必要时搅拌饲料降低料温。接卵 3 周后（约 20 天时），将含麦蛾的饲料转入两个由不锈钢网组成的成虫饲养框，并将其搬到成虫饲养收集室，转入成虫收集箱准备收集成虫。

（4）成虫的饲养与收集

饲料从转入成虫收集箱到淘汰共 75～90 天，在成虫饲养收集室放置，期间收集成虫 3 代。成虫收集箱是下部漏斗，上部立式插槽插放成虫饲养框的固定箱体，箱体下半部分的漏斗下口与麦蛾收集杯相连。麦蛾成虫羽化后由于向地性会主动向下转移，进入收集杯，麦蛾成虫落入收集杯后每日收转 1～2 次，将麦蛾成虫转入成虫产卵笼即可。

（5）卵的收集与清洁

将装有麦蛾成虫的产卵笼安放在卵收集机上，每 2h 收集机自动带动产卵笼旋转 10min，收集机上的毛刷能自动刷落产卵笼上的麦蛾卵。在收集机工作时，收集机上的抽气装置同时开启，将麦蛾鳞片等细小灰尘去除。每 24h 由专人将落在挡板上的麦蛾卵收集起来，用气流式清卵器和分样筛清洁麦蛾卵并分类存放。

（6）卵的存放

用（4±1）℃和（10±1）℃的冰箱分别存放繁蜂卵和用于繁殖麦蛾的卵。

2. 赤眼蜂的保种

一般保种：

为避免生产用蜂出现混杂，日常用大试管常规保存各种类及品系的赤眼蜂，不同种类或品系的赤眼蜂在独立的容器中放置。保种饲养的赤眼蜂可在 20～30℃ 恒温或变温，60%～90% 相对湿度，12～16h 光照环境条件下连续饲养。一般保种目标为保纯，即确保蜂种不混杂，保种操作严格按照保种蜂接种操作规程操作，做到单独操作、明确标记、独立存放。

种蜂的饲养保存：

为确保种蜂强壮，赤眼蜂种蜂的繁殖采用以下方法进行保种饲养。

（1）秋季采集自然界寄主卵内的野生蜂作为种蜂进行人工饲养；种蜂扩繁 4～5 代后诱导滞育储存至来年再开始解除滞育扩繁。条件允许时在大量扩繁前用自然寄主对种蜂进行复壮。

（2）为确保种蜂强壮，赤眼蜂种蜂常年在室外变温条件下放置以锻炼种蜂对外界环境条件的适应能力。

（3）在室内接种种蜂时采用加大寄生卵量、筛选初日羽化蜂等措施筛选强壮蜂，使种蜂种群常年处于接近最佳状态。

3. 赤眼蜂规模化繁蜂

（1）麦蛾卵消毒

将麦蛾卵均匀撒在加雾的有机玻璃板上，放在麦蛾卵处理箱的紫外灯下（30W，30cm 高）照射 20～30min 杀死麦蛾胚后转入繁蜂箱内。

（2）繁蜂

在赤眼蜂大量使用前，首先开始扩大繁殖种蜂量，小量种蜂扩繁可以在大试管或其他封闭容器中进行，接蜂时按每头雌蜂 30～40 粒卵的量供给麦蛾卵。大量扩繁种蜂和生产用蜂在繁蜂箱进行，采用不同蜂卵比繁殖，种蜂繁殖时蜂卵比一般 1:（15～20），一般按照每 1 份寄生率约 50% 的寄生蜂接入 4～5 份麦蛾卵；生产用蜂繁殖时蜂卵比控制在 1:（10～15），一般按照每 1 份寄生率约 50% 寄生蜂接入 3～4 份麦蛾卵。繁蜂时先根据种蜂量将需要使用的麦蛾卵消毒处理后放入繁蜂箱一侧，种蜂（一般在 20%～30% 个体羽化开始接蜂）从繁蜂箱的另一侧分层均匀接入，接好后将繁蜂箱新接入麦蛾卵一侧的灯光打开，让羽化的赤眼蜂向光通过寄主卵向光源方向转移。接蜂 24h 后在繁蜂箱另一侧接入新鲜麦蛾卵，同时在中间补充种蜂，之后将灯光切换到新接入麦蛾卵一侧，让赤眼蜂向有新鲜麦蛾卵一侧转移。再过 24h 后将第 1 天接入的麦蛾卵取出，更换新麦蛾卵并继续补充种蜂、转换光源方向。

（3）寄生蜂的培养

麦蛾卵在繁蜂箱内供种蜂寄生 40h 后，将带麦蛾卵的托板取出，用毛刷轻轻将将粘在托板上的麦蛾卵扫落到一个托盘中，托盘贴上标签标记寄生日期，种蜂批次等关键信息后放置在赤眼蜂发育箱内全黑暗（或设定光暗比）条件下继续发育，为防止被寄生及未被寄生的麦蛾卵结块，第 2 天需要将托盘取出摇匀一次。

（4）寄生卵的收集

赤眼蜂接蜂寄生开始至第 4～5 天（在赤眼蜂发育箱内放置 48～72h 后），将托盘从发育箱内取出，此时被赤眼蜂寄生的麦蛾卵已变成黑色。将同一批寄生的赤眼蜂混合均匀后取样，制做 50 ~ 100 粒/卡的卵卡在解剖镜下检测并记录寄生率。

（5）繁蜂记录

繁殖赤眼蜂过程中要详细记录生产用蜂的繁殖过程，即生产每批赤眼蜂的种蜂来源、种蜂数量（卵量、寄生率、羽化率、性比）、接入寄主卵数量、供寄生时间、该批次赤眼蜂发育条件及储存情况。

四、储藏和包装技术

（一）储藏技术

1. 常规储存赤眼蜂

短期储存为在 10 ~ 11℃ 条件下存放，寄生卵存放前从繁蜂室（发育室）取出后在 15℃ 的培养箱内放置半天后转入 10 ~ 11℃ 冰箱存放，存放前两天每天翻动贮存器皿一次，防止寄生卵结块，短期存放以 10 天以内为宜，储存 15 ~ 20 天后使用要检测蜂的质量。

为了减少储存对赤眼蜂质量的影响，在赤眼蜂从冷藏箱取出后要在 15 ~ 20℃ 的条件下处理 12 ~ 24h 后再拿到常温下制卡。

2. 长期储存赤眼蜂

根据蜂种特性，采用特殊方法诱导滞育后在低温下长期储存，储存前后处理方法参考常规储存方法。以玉米螟赤眼蜂长期储存为例，其方法如下（其他蜂种根据各自生物学特性有区别）：

（1）恒温诱导玉米螟赤眼蜂滞育：在（25 ± 2）℃，相对湿度 70% ~ 90% 条件下将麦蛾卵和羽化饲喂过的玉米螟赤眼蜂接入繁蜂箱，24 ~ 30h 后，吹去表面赤眼蜂并将麦蛾卵（已供给玉米螟赤眼蜂产卵寄生）收集起来。收集起来的玉米螟赤眼蜂在繁蜂室继续发育 0 ~ 24h 后（即麦蛾卵接蜂后在繁蜂室累计发育 24 ~ 54h）将麦蛾卵装入浅敞口瓶，并用黑布封口后转入 10.5 ~ 12.5℃，70% ~ 90% 相对湿度条件下诱导 35 天，使玉米螟赤眼蜂进入滞育态。

（2）玉米螟赤眼蜂滞育蜂的低温贮存：低温诱导 35 天后，将赤眼蜂转入 2 ~ 5℃，相对湿度 70% ~ 90% 条件下继续低温贮存，储存期 3 ~ 5 个月。

（3）冷藏蜂的恢复发育：在冷藏结束后，根据生产需求，提前 7 ~ 10 天将冷藏的赤眼蜂转入 20 ~ 25℃，14L : 10D 条件下恢复发育。经历冷藏后的赤眼蜂生活力要弱于非冷藏蜂，饲喂 10% 的蜂蜜能提高赤眼蜂产卵率与产卵量。

以上方法为玉米螟赤眼蜂的长期储存方法，使用不同蜂种应对储存方法进行相应改变。

（二）包装

常规蜂卡的制作：制卡时根据田间使用要求，将发育到蛹期（25℃ 条件下 3 ~ 4 天后可羽化）的赤眼蜂粘在有大约 3cm² 胶面的卡纸上，扫去表层寄生卵，将卡纸折叠，制成两侧留有 1 ~ 2mm 宽缝隙的蜂卡备用。制作好的蜂卡上有 1 000 ~ 1 200 头寄生蜂，蜂卡上的赤眼蜂在田间持续出蜂 1 ~ 2 天。

长效蜂卡的制作：制卡时根据田间使用要求，将发育到蛹期（25℃ 条件下 2 ~ 4 天后可羽化）和预蛹中期与后期（25℃条件下 4～7 天后可羽化）的寄生卵按 4：3：3 的比例混合均匀后粘在有大约 3cm² 胶面的卡纸上，扫去表层寄生卵，将卡纸折叠，制成两侧留有 1～2mm 宽缝隙的蜂卡备用。制作好的蜂卡上有 1 000～1 200 头寄生蜂，蜂卡上赤眼蜂在田间可持续出蜂 3～5 天。

同一批蜂卡制作好后抽取 5～10 个卡标注批次后放入恒温恒湿箱继续培养，观察并记录赤眼蜂初始羽化时间，最后存活时间并检测寄生率、羽化率等质量指标。

赤眼蜂的包装：将制作好的蜂卡每 50 卡或 100 卡一组分装，外包装标注蜂卡制作批次。蜂卡批次可分年度、蜂种顺序编号，生产记录中应详细注明制作每批蜂卡所用赤眼蜂的批次信息。

五、田间应用技术

（一）技术要点

1. 清洁田园

降低田间虫量：清除田内外杂草，做好灭茬，清理残株老叶，间苗定苗时拔除废株。

2. 做好害虫监测

根据当地害虫发生一般规律，提前开始害虫监测，确定主要鳞翅目目标害虫的成虫产卵时期。

3. 及时放蜂

在害虫开始产卵初期即开始释放赤眼蜂加以防治，释放时根据害虫发生程度和作物种类，玉米等大田作物每次释放 15 万～22.5 万头/hm²，大田蔬菜每次释放 22.5 万～37.5 万头/hm²。使用常规蜂卡时，每 2～3 天放蜂一次；使用能连续出蜂 3～5 天的长效蜂卡时，每 5～7 天释放一次，连续释放至害虫产卵高峰结束，各地根据当地害虫发生情况须使用 2～4 次。

（二）注意事项

（1）赤眼蜂是卵寄生天敌，释放时期对最终防效至关重要，为确保防治效果，一定要做好害虫监测，在害虫产卵初期开始使用，以免后期由于害虫早产的卵孵化为害而不得不用农药防治。

（2）释放赤眼蜂时要将蜂卡均匀挂放在田间，挂放时将蜂卡挂在作物叶片背面避免阳光直射。

（3）释放赤眼蜂期间，特别是挂放蜂卡前后禁止使用化学农药，避免农药残留和杀伤天敌。

（郑礼编写）

参考文献

白全江，陈静，李笑硕，等.2007.利用丽蚜小蜂及物理等综合技术措施防治温室蔬菜白粉虱 [J].内蒙古农业科技，5：79-81.

陈红印，王树英，陈长风.2000.以米蛾卵为寄主繁殖玉米螟赤眼蜂的质量控制技术 [J].昆虫天敌，22

（4）：145 – 150.

程洪坤，田毓起，魏炳传，等 . 1989. 丽蚜小蜂商品化生产技术 ［J］. 生物防治通报，5（4）：178 – 181.

程洪坤，魏炳传，田毓起 . 1988a. 食蚜瘿蚊生物学的初步研究 ［J］. 植物保护，34（3）：26 – 27.

程洪坤，魏炳传，田毓起，等 . 1988b. 食蚜瘿蚊的饲养技术 ［J］. 农业科技通讯，8：24.

程洪坤，赵军华，谢明，等 . 1992. 利用食蚜瘿蚊防治保护地蔬菜桃蚜的试验 ［J］. 生物防治通报，8
（3）：97 – 100.

古希树，白义川 . 1996. 应用食蚜瘿蚊防治大棚黄瓜蚜虫 ［J］. 天津科技，6：32.

湖北省农业科学院植保所虫害室 . 1979. 棉虫天敌——食蚜瘿蚊与食螨瘿蚊 ［J］. 湖北农业科技，5：
30 – 31.

纪世东，吴春柳 . 2005. 棚室蔬菜应用丽蚜小蜂防治白粉虱的影响因素及应对措施 ［J］. 中国植保导刊，
25（12）：18 – 19.

刘细群，杨茂发 . 2005. 贵州食蚜瘿蚊生物学特性的初步研究 ［J］. 贵州农业科学，33（1）：8 – 9.

刘细群 . 2007. 食蚜瘿蚊研究进展 ［J］. 安徽农学通报，13（6）：136 – 137.

刘志诚，刘建峰，张帆，等 . 2008. 赤眼蜂繁殖及田间应用技术 ［M］. 北京：金盾出版社 .

宋若川，迟颖敏，王和平，等 . 1994. 赤眼蜂生产工厂化配套设备的研究 ［J］. 农业工程学报，10（2）：
48 – 52.

王金玲，肖子清 . 1998. 中国赤眼蜂研究与应用进展 ［J］. 中国农学通报，14（1）：43 – 45.

王启祥，齐长林 . 1983. 丽蚜小蜂防治温室白粉虱试验 ［J］. 北方园艺，3：24 – 28.

王玉波，李梦，郑礼 . 2011. 释放丽蚜小蜂防治越冬番茄温室白粉虱技术研究 ［J］. 河北农业科学，15
（11）：38 – 41.

魏淑贤，王锦祯，程洪坤，等 . 1989. 丽蚜小蜂商品化生产技术的研究 ［J］. 北方园艺（植保），9：21 –
24.

萧刚柔 . 1990. 芬兰有害生物防治近况 ［J］. 生物防治通报，6（3）：143 – 144.

邢星，李艳，于广文，等 . 2008. 丽蚜小蜂防治温室白粉虱效果初报 ［J］. 辽宁农业职业技术学院学报，
10（4）：21 – 22.

徐维红，谷希树，刘佰明，等 . 2007. 不同寄主植物对丽蚜小蜂寄生、发育、存活和增殖的影响 ［J］. 山
东农业科学，6：73 – 75.

徐维红，朱国仁，李桂兰，等 . 2003. 温度对丽蚜小蜂寄生烟粉虱生物学特性的影响 ［J］. 中国生物防
治，19（3）：103 – 106.

徐兴学，王文凤 . 2006. 天敌昆虫丽蚜小蜂防治温室白粉虱的应用及释放技术 ［J］. 蔬菜，10：25 – 26.

张洁，杨茂发，王利爽 . 2008. 温度对食蚜瘿蚊生长发育的影响 ［J］. 昆虫知识，45（2）：256 – 259.

张世泽，郭建英，万方浩，等 . 2004. 温度对不同品系丽蚜小蜂发育、存活和寿命的影响 ［J］. 中国生物
防治，20（3）：174 – 177.

赵建周，朱国仁 . 1990. 国外温室害虫生物防治的研究与应用 ［M］. 北京：金盾出版社 .

赵军华，程洪坤 . 1990. 几种化学农药对食蚜瘿蚊的影响 ［J］. 昆虫知识，6（4）：185.

郑礼，宋凯，郑书宏 . 2003. 用麦蛾卵大量繁殖甘蓝夜蛾赤眼蜂（*Trichogramma brassicae.*）［J］. 河北农
业科学，7（增刊）：29 – 32.

郑礼，宋凯，郑书宏 . 2004. 用麦蛾卵工厂化生产赤眼蜂工艺（专利）. 中国：ZL 02129344. 9：12 – 15.

朱国仁，乔德禄，徐宝云 . 1993. 丽蚜小蜂防治白粉虱的应用技术 ［J］. 中国农学通报，9（3）：52 – 53.

朱楠，郑礼，刘顺，等 . 2011. 光周期、温度对丽蚜小蜂生长发育的影响 ［J］. 植物保护学报，38（4）：
381 – 382.

Bigler F. 1986. Mass production of *Trichogramma maidis* pint. & Voeg. And its field application against *Ostrinia nu-
bilalis* Hbn. in Switzerland ［J］. Sonswestruck aus Bd，1：23 – 29.

Birkett MA, Chamberlain K, Guerrieri E, *et al.* 2003. Volatiles from whitefly – infested plants elicit a host – locating response in the parasitoid *Encarsia Formosa* [J]. Journal of Chemical Ecology, 29 (7): 1 589 – 1 600.

Burbutis P, Goldstein LF. 1983. Mass rearing*Trichogramma nubilale on* European corn borer, its natural host [J]. Protection Ecology, 5: 269 – 275.

Elizabeth WD. 2000. Improved artificial feeding system for rearing the whitefly *Bemisia argentifolii* (Homoptera: Aleyrodidae) [J]. Florida Entomologist, 83 (4): 459 – 468.

Gilkeson L. 1986. Dept of EntomoL. Ph. D. thesis, Macdonald College, McGill University, Montreal, Canada, 256.

Guerrieri H. 1997. Flight behaviour of *Encarsia formosa* in response to plant and host stimuli [J]. Entomologia Experimentalis *et* Applicata, 82 (2): 129 – 133.

Hassan SA. 1994. Strategies to select *Trichogramma* species for use in biological control. In: Wajnberg E, Hassan SA. eds. Biological Control with Egg Parasitoids. England: CAB International, 55 – 71.

Hawlitzki N, Stengel M, Voegele J, *et al.* 1986. Strategy used in France in biological control of European corn borer *Ostrinia nubilalis* Hbn. (Lep., Pyraliidae) by oophagous insects *Trichogramma maidis* Voeg *et* Pint. (Hym. Trichogrammatidae). Mededelingen van de faculteit Landbouwwetenschappen Rijksuniversiteit Gent, 51: 1 029 – 1 032.

Hirotsngn T, Koji T. 1998. Differences in spatial distribution and life history parameters of two sympatric whiteflies, the greenhouse whitefly (*Trialeurodes vaporariorum* Westwood) and the silverleaf whitefly (*Bemisia argentifolii* Bellows & Perring), under greenhouse and laboratory conditions [J]. Appl Entomol Zool, 33 (3): 379 – 383.

Hudon M, Leroux E J, Harcourt D G. 1989. Seventy years of European corn borer (*Ostrinia nubilalis*) research in North America [J]. Agricultural Zoology Reviews, 3: 53 – 96.

Jarvis JL, Guthrie WD. 1987. Ecological studies of European corn borer (Lepidoptera: Pyraliidae) in Boone County [J]. Environmental Entomology, 16: 50 – 58.

Lenteren JC. 1998. Biological and control in greenhouse [J]. Am Rev Entomol, 33 (2): 39 – 69.

Li SY, Henderson D, Myers JH. 1994. Selection of suitable *Trichogramma* species for potential control of blackeaded fireworm infesting cranberries [J]. Biological Control, 4: 244 – 248.

Markkula M, Tiittanen K. 1976. O ILB SROP /WPRS BULL, 4: 183 – 184.

Michael PH, Peter RO, Donna L W, *et al.* 2001. Performance of *Trichogramma ostriniae* (Hymenoptera: Trichogrammatidae) Reared on Factitious Hosts, Including the Target Host, *Ostrinia nubilalis* (Keoudiotera: Crambidae) [J]. Biological Control, 21: 1 – 10.

Ozpinar A, Kornosor S. 1994. Population development of the egg parasitoid, *Trichogramma evanescens* Westwood (Hymenoptera: Trichogrammatidae) on the eggs of *Ostrinia nubilalis* Hubner (Lep., Pyraliidae) damaged in corn in Cukurova Region [J]. Turkish Journal of Entomology, 18: 28 – 39.

Ridgway RL, Goodpasture JRC, Hartstack AW. 1981. *Trichogramma* and its utilization for crop protection in the USA. In Proceedings Joint American – Soviet Conference on the use of Beneficial Organisms in the Control of Crop Pests, Washington D C, 41 – 48.

Scopes NEA, Pickford R. 1985. Mass production of natural enemies. In: Hussey and Scopes, 197 – 209.

Szabo A, Ghizdavu I. 1995. Mass – rearing of the parasitoid *Encarsia formosa* Gahan, used for the control of the greenhouse whitefly, *Trialeurodes vaporariorum* Westwood. Buletinul Universitatii de Stiinte Cluj Napoca [J]. Seria Agricultura si Horticultura, 49: 111 – 117.

Tran LC, Hassan SA. 1986. Preliminary results on the utilization of *Trichogramma evanescens* Westw to control the Asian corn borer *Ostrinia furnacalis* (Guenee) in the Philippines [J]. Journal of Applied Entomology, 11:

18 – 23.

Woets J. 1982. List of areas with application of beneficial insects in greenhouse percoutry and per crop in 1981 （inha）/List of research workers in biological control in greenhouse, 1982/commercial producers of beneficial insects. In: sting, Nens. Bio Contr. , 5: 6 – 13.

Zheng L, Cui HY, Song K, *et al.* 2004. Mass production and control effeicency of natural enemies in vegetable crops. Proceedings of the 15th International Plant Protection Congress, 113.

Zheng L, Song K, zheng SH, *et al.* 2006. A mass production system of *Trichogramma ostriniae* Pang *et* Chen （Hymenoptera: Trichogrammatidae） on *Sitotroga cerealella* （Olivier） eggs. 22nd Conference of International Working Group on Ostrinae and other maize pests, 22.

第七章　赤眼蜂防治甘蔗螟虫应用技术

第一节　概　　述

　　赤眼蜂（*Trichogrammatid*）是许多农林害虫的重要天敌，也是目前害虫生物防治中研究最多、应用最广的一类卵寄生蜂。从 1951 年开始，蒲蛰龙等在广东省率先对赤眼蜂进行了系统研究，研究内容包括赤眼蜂寄主、人工大量繁殖方法、田间释放方法、防治甘蔗螟虫的田间试验等，并首次发现了蓖麻蚕（*Philosamia cynthia ricina*）卵是繁殖赤眼蜂的优良寄主，在许多方面优于各国一向沿用的仓库蛾类害虫的卵，从而大大推动了我国赤眼蜂的大量繁殖及其在生产上的应用。1956 年，广东开始进行赤眼蜂大面积防治甘蔗螟虫的示范。1958 年，我国在广东顺德建立了第一批赤眼蜂站，大量繁殖赤眼蜂防治甘蔗螟虫。我国在开展赤眼蜂研究和应用方面取得了举世瞩目的成就，是目前世界上应用赤眼蜂防治害虫面积最大的国家之一。

第二节　生物学与生态学特性

一、赤眼蜂的生物学特性

　　赤眼蜂是一种完全变态的营寄生昆虫，其大多数种类为昆虫卵内寄生发育，也有少数种类（摩洛哥的异寡索赤眼蜂 *Oligosita anomala* 和意大利的瘿蚊纹翅赤眼蜂 *Lathromeris cecidomyiiae*）为蛹寄生和幼虫寄生。它们从产卵寄生于寄主体内直到成虫羽化，都在寄主卵或幼虫体内生活。其个体发育阶段可以分为以下 5 个时期：胚胎期、幼虫期、预蛹期、蛹期和成虫期。

1. 赤眼蜂的胚胎发育

　　赤眼蜂刚产下的卵为无色透明，长棒状或香蕉状，长 56～83μm，卵表面有层薄而透明的卵壳。赤眼蜂为多精受精，受精卵发育成雌虫，未受精卵发育成雄虫。卵产入寄主体内后约 30min 开始第一次卵裂。产卵 3h 后，卵周边形成一层多核体的胚盘。9h 后，细胞膜出现，形成一层细胞的表面囊胚。胚后前期后端形成肛陷和口陷，逐渐形成消化道。当胚胎前端形成弯曲的口钩，胚体端部蠕动取食时，就进入幼虫阶段。幼虫没有从卵壳孵化的现象，但幼虫由端部向后蜕出的卵包膜在尾部聚集，呈透明状，没有固定形态，随幼虫体摆动，一般误认为是排泄物（刘卫，1989）。

2. 赤眼蜂胚后发育

根据幼虫期外部形态的变化和蜕皮现象，可将幼虫期分为初龄幼虫、中龄幼虫和末龄幼虫3个阶段（刘卫，1989）。

初龄幼虫是赤眼蜂幼虫期剧烈变化的时期，幼虫身体可以分为5节。幼虫刚破开卵膜后便开始快速生长，不久就在口沟两侧出现脑芽原基。4h后幼虫便蜕掉胚膜成为中龄幼虫。中龄幼虫大量取食，使得中肠内充满食物，而后肠成为一个圆形的囊。这使得虫体分节消失，但头和体躯的分界仍然存在。中龄末期幼虫进行第二次蜕皮。但此次蜕下的皮薄，且不完整，无拖尾现象。末龄幼虫头和体躯的分节不明显，背侧皱折不断加深（迟仁平，2002）。

当幼虫停止取食，身体表面出现白色梅花斑时，则进入预蛹期。预蛹期是虫体各器官形成的主要时期。虫体外侧形成3对足芽和2对翅芽。腹神经索末端出现4个外生殖器芽。在预蛹末期它们翻出体外，形成雏形的器官。预蛹后期生殖细胞开始增殖。末期呼吸系统形成（包建中，1989）。

蛹可以清楚的分为头、胸、腹3节。复眼位于头部两侧，单眼位于头顶，都呈鲜红色，这标志着进入蛹期。蛹期其内部各个器官的雏形基本形成。进入蛹后期，各器官在原来基础上继续发育和完善（迟仁平，2002）。

3. 成虫的羽化、交尾和产卵

赤眼蜂寄生不同体积昆虫卵时，成虫的某些寄生行为和习性是不同的。利用柞蚕卵繁殖赤眼蜂时，雄蜂一般较雌蜂早羽化1~1.5天，但并不马上咬破寄主卵壳，而是在卵壳内等待雌蜂羽化，并与刚蜕去蛹壳的雌蜂交尾。实验证明，大约有50%以上的雌蜂在羽化前就已正常受精。而雄蜂在交尾后，很少再爬出卵外，一般柞蚕卵内的遗卵蜂多为雄蜂，即使有少数雄蜂爬出卵外，但寿命很短，不久便死亡。而用米蛾等小卵繁殖赤眼蜂时，雄蜂羽化后就咬破寄主卵壳，在卵外守候雌蜂。雌蜂羽化后，守候在一旁的雄蜂便与之交尾（包建中，1989）。

展翅后的雌虫，随机寻找寄主卵寄生，繁殖后代。在产卵过程中，大多分为敲击、钻孔、产卵和取食4个阶段。不同赤眼蜂种之间产卵行为上有明显差异。玉米螟赤眼蜂在不同寄主卵上产卵耗时不同，且能根据寄主卵大小调节产卵数。产卵时具有性别控制行为。它可以通过"学习"提高辨别寄主卵被寄生与否的能力，对自身和同种个体间已寄生卵有很强的辨别力。而没有产卵经历的松毛虫赤眼蜂对已被寄生和未被寄生的寄主卵的接受率没有差异（王振营，1996）。

二、赤眼蜂的生态学特性

1. 温度对赤眼蜂的影响

赤眼蜂的生长、发育、繁殖都与温度密切相关。它们的发育历期主要取决于温度条件。在一定的温度和寄主条件下，对一种赤眼蜂或一个种型来说，其发育历期都是一个定值，如螟黄赤眼蜂（表7-1）。在适合的温度范围内，发育历期随温度的升高而缩短。

表 7 - 1　螟黄赤眼蜂世代历期与温度的关系

历期平均温度 （℃）	30 ~ 35	28 ~ 31	25 ~ 28	24 ~ 27	23 ~ 25	21 ~ 22	18 ~ 20	16 ~ 17	13 ~ 15	11 ~ 13
世代历期 （日）	6.5 ~ 7	8	9	10	11	12 ~ 14	15 ~ 19	21 ~ 31	36 ~ 41	46 ~ 52

螟黄赤眼蜂繁殖最适宜温度为25℃。温度升高或降低3 ~ 5℃，螟黄赤眼蜂世代历期便减少或增加1 ~ 2天。在上表的温度范围内，螟黄赤眼蜂世代历期与温度成反比。螟黄赤眼蜂对温度的反应可以分为以下5个区域：①致死高温区：50℃以上，在几分钟内成虫便死亡。②非致死高温：40 ~ 50℃，成虫活动减少，但不致死。③适温区：20 ~ 30℃：该温区最适合螟黄赤眼蜂的生长、发育和繁殖。④非致死低温区：8 ~ 15℃：可用以暂时保存成虫。⑤滞育区：1 ~ 3℃：可使其较长时间的暂停发育。

适当的高温处理，有利于提高赤眼蜂的寄生率。而赤眼蜂各虫态对高温的耐受性排列顺序为：蛹期 > 成虫期 > 幼虫期 > 卵期。吴静（2008）研究发现，33℃的高温处理刚羽化的暗黑赤眼蜂2h，它们寄生效率为最高。单位时间（24 h）内1头雌蜂最高可寄生108.7粒米蛾卵。适当的高温（如30℃）胁迫一定时间（如4h）后，加快了刚羽化的雌蜂体内未成熟卵子的成熟，同时也使其更为活跃，能更快的寻找到寄主并产完体内的卵。

2. 湿度对赤眼蜂的影响

赤眼蜂的生长、发育和繁殖，空气相对湿度和食物含水量对其有很大的影响。连梅力（2003）就湿度对广赤眼蜂的影响做了实验，结果表明，当相对湿度在55% ~ 92%区间内时，广赤眼蜂的羽化出蜂率达80%以上，产卵雌蜂比率达90%，单雌产卵量为37.15 ~ 70.47。当相对湿度降至23%时，羽化率只有27.14%，雌雄比和单雌产卵量也都明显下降。但不同温湿度对该赤眼蜂的雌雄比没有影响。相对湿度饱和时，寄主卵容易发霉，赤眼蜂易发病死于寄主卵内。因此，天气干燥时，要注意加湿。

相对湿度对赤眼蜂的影响，通常是与温度相结合的而表现出来的，在25℃和80%相对湿度时，赤眼蜂寄生生长发育良好（刘志诚，2000）。

3. 寄主挥发性物质对赤眼蜂的影响

赤眼蜂在寻找寄主栖息地、寄主定位、寄主接受和寄主调节的一系列过程中，必须借助那些与寄主有关的挥发性化学物质。它们通过对寄主栖息地植物的挥发性物质和寄主昆虫的信息素进行寄主的定位。寄主栖息地植物挥发性物质主要是萜烯类化合物，如三环烯、α－蒎烯、莰烯、β－蒎烯、宁烯、柠檬烯、水芹烯、石竹烯、大香叶烯、雪松烯等。而寄主的信息化合物主要来自寄主鳞片、寄主卵、性附腺、性信息素等（王勇，2008）。

在所有挥发性化学物质中，寄主本身所释放的挥发物在赤眼蜂的寄主定位中起着重要作用，但寄主的挥发性化学物质挥发性较弱，且量少，因此，不易被赤眼蜂察觉。就植物挥发性化学物质而言，其量大，容易被赤眼蜂察觉，但寄主存在与否的可靠性差。这就存在利用的线索物质的可靠性和可检测性。赤眼蜂同其他寄生蜂一样，可以通过学习来适应植物挥发物的化学指纹图，并且它也能将植物信息化合物强的可检测性与植食性昆虫信息物高的可信性联系起来学习。它们也能识别寄主植物和非寄主植物，健康寄主植物和被为害的寄主植物挥发出来的物质，从而提高自身的寄生能力（练永国，2007；欧海英，

2010；李保平，2002）。

第三节　饲养技术

一、柞蚕卵繁殖赤眼蜂技术

（一）繁殖设备

1. 冷藏室

蚕茧滞育被打破后，从东北运输至繁蜂场所，在冷藏室储存至繁蜂时间。冷藏室温度在1~5℃，RH 95%。冷藏室地板上铺有木板，木板距地面20cm左右，以隔开蚕茧与地板。收蛾当天不繁蜂时，将活蛾也储存在冷藏室。

2. 串茧室

蚕茧发育前，常用结实的尼龙线串成大串，以便于挂在铁架上发育羽化。串茧时将茧散铺在地板上，避免堆放过厚蚕茧散出的热量过高。串茧室温度控制在25℃以下，室内面积稍大为宜。

3. 化蛾室

准备繁蜂时，计算好蚕茧出蛾时间，在相应的日期将串连在一起的蚕茧挂在化蛾室内，待蚕茧发育羽化出蛾。挂蚕前清洗并消毒室内墙壁和地面，做好防鼠工作。化蛾时用加热器将室内温度控制在18℃，并每天升高1℃，直至23℃，用干湿球温度计测定室内温湿度。

4. 打卵机

收集24h内羽化的蛾，用打卵机打碎蛾体以收集体内的卵。大型打卵机一次打蛾75kg，时间控制在60s，打碎的蛾体经清水冲洗去杂物，得到干净的剖腹卵。

5. 繁蜂室

柞蚕卵大量繁殖赤眼蜂在黑房内完成，繁蜂室门窗应贴膜以达到密不透光的要求。室内配备温湿控制系统，保持25℃、RH 75%，空气流通。室内定期用甲醛和高锰酸钾烟雾熏蒸消毒，常用0.1%新洁尔灭消毒水擦洗繁蜂架、桌面和地板，并做好防鼠、蟑螂工作。

6. 繁蜂框

繁蜂框用无味木头或铝合金等金属材料制成，80cm×50cm×5cm（长×宽×高）。一个框接500g柞蚕卵，卵均匀平铺在框内，使卵层厚度在1~1.5粒范围内。

7. 繁蜂架

繁蜂架用无味木头或不锈钢等金属材料制成，高1.8m，均匀分成6层。繁蜂架的前后左右及顶部被黑布完全遮掩，目的在于遮光并阻挡里面的种蜂逃逸。

（二）大量繁殖技术

根据广东省地方标准《螟黄赤眼蜂地方标准》（DB44T/175—2003）的规定，商品化繁殖赤眼蜂流程包括种蜂的采集与扩繁、中间寄主卵的筹备、中间寄主卵的制备、接蜂、制作蜂卡和成品蜂卡质量检测等环节，工艺流程如下所示。

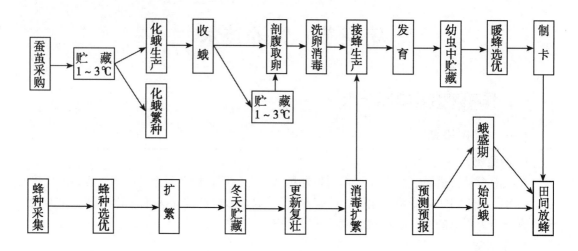

1. 种蜂的采集与扩繁

（1）种蜂采集

采集对甘蔗螟虫寄生率高、适应性强的螟虫卵内的螟黄赤眼蜂。采集工作一般每年9~10月在甘蔗地进行，没有被寄生的螟虫卵，卵壳颜色为白色，最后孵化出幼虫；被寄生蜂寄生的螟虫卵，卵壳颜色3天内会变为黑色，将田间的螟虫卵块采回室内观察、筛选。

（2）鉴定提纯

种蜂采回后，用指管分装、编号，待其羽化后用蜜糖水饲养，接入寄主卵，出蜂后鉴定提纯优选，去除杂蜂、弱蜂，得到优质种蜂。

（3）种蜂扩繁

提纯后的种蜂，在玻璃筒内进行扩繁。扩繁用未经冷藏的柞蚕卵，（25±2）℃、RH 80%±5%的环境下，蜂卵比（1.5~2）:1接蜂10~12h。

（4）种蜂复壮

种蜂繁育5代后，采取更换寄主卵或中间寄主卵等方法进行复壮。

（5）种蜂冷藏

在1~4℃、RH 60%~70%的环境下冷藏，冷藏时间不超过30天。

2. 中间寄主卵的筹备

（1）选茧

选自东北地区二化性、无病柞蚕茧，要求雌茧率80%以上，50只雌茧重量不低于500g。

（2）蚕茧包装

用柳条编制的箩筐包装，每件20kg。

（3）蚕茧保存

设专用冷藏库房，2~5℃，RH 50%~60%。库中禁止存放农药、化肥等有毒或有刺激气味的物品，并做好防潮工作。

3. 中间寄主卵的制备

（1）化蛾

繁蜂前计算好蚕茧出蛾和种蜂出蜂时期，提前挂茧以保证种蜂羽化时能提供足够的卵。化蛾室采用逐步升温的方法控温，后期控制在23℃左右，RH 70%±5%。

（2）收蛾

挂茧后一般16天开始出蛾，并逐天增多。3天后开始大量出蛾，此高峰期一般持续3天，高峰期后再收集5天。每天收蛾1~2次，同时将雌雄蛾分开。

（3）寄主保鲜

蛾羽化当天不能接蜂时，将活蛾贮于2~5℃，RH 50%~60%冷库，冷藏不超过7天。贮存的雌蛾取卵后接蜂，在0~5天对两种赤眼蜂寄生率的影响很小，螟黄赤眼蜂的寄生率在68%以上；雌蛾贮存10天后取卵，赤眼蜂的寄生率开始明显下降；贮存15天后，螟黄赤眼蜂的寄生率保持在60%左右；但以后随贮存时间的加长，寄生率下降很快，当贮存到50天时寄生率极低，可低达14.07%（李丽娟，2010）。

（4）采卵、洗卵并晾卵

繁蜂当天人工或机械剖蛾腹取卵，然后用清水反复洗卵，漂净蛾头、足等杂物，再人力或机械碾压剔除青卵，冲洗干净卵粒，用0.1%新洁尔灭溶液消毒10min，然后用甩干机甩干，在风扇下晾干，忌在阳光下暴晒。

4. 接蜂

当种蜂发育至蛹后期，将种蜂卡装入容器内，待10%成蜂羽化时接蜂，常采用散卵繁蜂的方式，将500g柞蚕卵均匀平铺在80cm×50cm×5cm的繁蜂框里，卵层1~1.5粒厚。将繁蜂框运至全黑暗的繁蜂室里，放入繁蜂架上，将种蜂卡迅速均匀撒在繁蜂框，已羽化的成蜂也用软毛刷均匀扫到框内卵上。接蜂遵守动作迅速、轻柔的原则，完毕迅速放下繁蜂架外面的黑布，整个过程在黑暗条件下完成，必要时借助灯光微弱的应急灯进行短暂的照明。繁蜂室用温湿控制系统控制在25℃、RH 75%左右。温度过高或过低、湿度过高或过低均会影响赤眼蜂的寄生。

接蜂时间控制在10~12h，接蜂结束后将繁蜂框搬出繁蜂室，取出已羽化的种蜂卡，筛除残留的成蜂，编号注明日期，置于25℃条件下发育至老熟幼虫虫态，然后统一储存。贮存温度、贮存虫期和贮存时间可单独或互作显著影响羽化出蜂率和单卵出蜂数，尤以贮存虫期的影响更为明显；综合各冷贮虫期对低温的反应，4℃下幼虫期和蛹期，7℃下卵期和蛹期，羽化出蜂率和单卵出蜂数相对于其他虫期，受冷贮的负面影响较小。从对羽化出蜂率的影响来看，于卵期7℃下冷贮为最适宜；从对单卵出蜂数的影响来看，蛹期在4℃和7℃冷贮为适宜（耿金虎，2005）。贮存温度和贮存时间对松毛虫赤眼蜂存活率有显著影响（马春森，1995）。储存一个月的赤眼蜂比对照羽化率降低14%，储存2个月比对照羽化率降低39%，当储存102天时羽化率只有13.1%（史桂荣，2000）。

二、米蛾卵繁殖赤眼蜂技术

（一）米蛾饲养和繁蜂工具

1. 米蛾饲养筐

饲养筐由铝合金等金属制成，以避免长期饲养过程中被虫蛀蚀。饲养筐规格80cm×

50cm×10cm（长×宽×高），配以同样面积大小的网盖，网盖四周附有毛条，用以防止米蛾成虫逃逸。此规格的筐可接种米蛾卵0.8~1.2g，加入麦麸6~8kg。

2. 收蛾工具

米蛾成虫的收集，量少时可用软毛刷轻扫到盛蛾容器或网袋中，量多时可用吸尘器改装的吸蛾装置进行收集。由广东省昆虫研究所发明的一种昆虫收集器，可用来收集米蛾成虫，有效提高了米蛾成虫的收集效率。

3. 鳞片清除机

鳞片清除机（陈红印，2000）是由一台型号为 CXW－200－228A 单孔飞碟式 B 型强力抽吸机和一个三面封闭一侧开口的箱式底座（60cm×50cm×4cm）组成。操作时先将平底盘插入底座的开口处，开动抽吸机，后用羊毛刷轻轻刷动盘内米蛾卵约一分钟，使之与粉尘等物分离，利用抽吸机的吸力将粉尘等杂物除掉，获得相对清洁的米蛾卵。

4. 杀胚架

由铁架和紫外灯管组成，铁架上下多层，每层间隔20~30cm，紫外灯管两排平行装置。杀胚时将卵均匀散在 80cm×50cm×5cm 的框内，卵层控制在1~2粒。将盛卵的筐放入铁架上，打开紫外灯照射20min。

5. 繁蜂工具

随着米蛾卵繁殖赤眼蜂技术的不断更新，接蜂工具也在不断改进，先后主要有蜂卡、玻璃蜂筒和繁蜂箱。蜂卡即将米蛾卵粘到涂有胶水的纸片上做成卵卡，然后将卵卡和种蜂放在网袋、玻璃容器等容器中，接蜂一段时间后，被赤眼蜂寄生的米蛾卵卡就成为一片片蜂卡。中国农业科学院植物保护研究所陈红印等发明的利用玻璃蜂筒繁蜂的繁蜂装置，提高了赤眼蜂寄生率。广东省农业科学院植物保护研究所李敦松等发明的繁蜂箱装置，有效提高了繁蜂效率。

6. 米蛾饲养室

饲养室为设有温湿度控制仪器的房间。室内配置饲养架、空调、抽湿机、排风扇、加温器等。饲养架高 2m 左右，6~7层，用于放置饲养筐。饲养室温度控制在 26℃ 左右，湿度控制在 RH70%~80%。

7. 米蛾产卵室

米蛾成虫收集在产卵笼后，置于产卵室产卵。产卵室设置多排铁架，铁架上放置铝合金框，产卵笼水平放置于框内。产卵室配备大型排气扇，定时排气以保持室内空气流通，同时将米蛾成虫鳞片等浮尘排出室外。温度过高，米蛾寿命缩短影响产卵量；温度过低，成虫产卵量显著减少。在 30~35℃ 下雌虫羽化出就交尾产卵，而在 25℃ 时只有1/3雌蛾交尾产卵，30℃ 时产卵数最多，因此，成虫产卵室应控制温度在 30℃ 左右。

8. 繁蜂室

繁蜂室是赤眼蜂繁殖和发育的场所，接蜂前用甲醛加高锰酸钾烟雾熏蒸消毒繁蜂室，每 $10m^3ml$ 甲醛和 1g 高锰酸钾熏蒸 24h，熏蒸完毕打开门窗，让室内刺激物质散发干净。室内要求温度 25℃ 左右，湿度 60%~80%，全黑暗环境。用温湿度控制系统或者空调、加湿器、抽湿机调节温湿度，并保持空气循环流通。用黑色膜封严门窗漏光处，保证关灯后室内为全黑暗环境。繁蜂后，用消毒水擦洗桌椅、铁架等设备表面和地板，做好消毒工作。

9. 冷藏室

用于冷藏寄主米蛾卵和赤眼蜂，分为 0 ~ 5℃ 低温库和 10 ~ 12℃ 中温库，米蛾卵冷藏于低温库，赤眼蜂根据虫态和冷藏天数的不同，冷藏在低温库或中温库。冷藏室湿度 70% ±5%，全黑暗环境，室内配置多排铁架，用于排放寄主米蛾卵和赤眼蜂寄生卵。

（二）大量繁殖技术

1. 寄主的饲养

利用米蛾饲养筐饲养米蛾幼虫，根据筐的大小，每筐接种 0.8 ~ 1.2g 即将孵化的米蛾卵，饲料为含水量 25% ~ 30% 的麦麸，接种时在筐底铺一薄层麦麸，15 ~ 20 天后加添加麦麸，此后每 7 天添加一次麦麸，后期根据饲料消耗情况，每 4 ~ 5 天添加一次，直到米蛾幼虫老熟化蛹。

加料后注意控制室内温度在 25℃ 左右，尤其夏天加料后麦麸发酵，饲料内部温度高于室内温度很多。可将温度计插入框内饲料里检测温度，发现温度过高时打开门窗，或者开空调制冷。幼虫期湿度控制很重要，过度干燥和潮湿都会影响幼虫生长。干燥天气一天喷水 2 次。喷水时喷洒均匀，润湿麦麸即可。潮湿天气用除湿机将室内湿度控制在 60% ~ 80%。幼虫末期要保证饲料的湿度，不然米蛾幼虫会出现推迟化蛹的现象。

2. 寄主卵的准备

繁蜂前要进行寄主米蛾卵的准备工作，包括收卵、清理、杀胚等环节。

（1）收卵

产卵笼内的米蛾成虫堆积不能过厚，一般不超过 3cm，否则影响总产卵量。收卵时用软毛刷来回轻扫产卵笼外壁，附着在笼壁上的卵粒便随之脱落到下面盛放笼的筐内。扫刷完毕将筐内所有的卵收集在一起，进行下一步清理工作。

（2）清理

首先将卵放在一平底盘中，然后置于鳞片清除机中，除去鳞片和较轻的杂物。鳞片清除机是由一台型号为 CXW - 200 - 228A 单孔飞碟式 B 型强力抽吸机和一个三面封闭一侧开口的箱式底座 60cm×50cm×4cm 组成。操作时先将平底盘插入底座的开口处，开动抽吸机，后用羊毛刷轻轻刷动盘内米蛾卵约 1min，使之与粉尘等物分离，利用抽吸机的吸力将粉尘等杂物除掉，获得相对清洁的米蛾卵。经过吸尘后的米蛾卵盘内仍有少量蛾子肢体和比重较大的杂物未能被除去，可以用滚动卵法清除，方法是一只手将平底卵盘托住，盘的平面与水平面呈角，另一只手用毛刷柄轻轻敲击盘的边缘，使卵向下轻轻滚动。其他杂物因不呈圆形而不向下滚动或滚动速度较慢，就会与卵逐步分开。这个过程可重复一次。米蛾卵在清理后并不是都可以用于接蜂，这些卵的大小是有一定差别的，因此还要进行优选。可用目筛选器将小卵粒与正常卵分开。这些较小的卵约占总量的 5%，卵壁较薄，极易失水干瘪，不适于繁蜂（陈红印，2000）。

（3）杀胚

米蛾卵在接蜂前要进行杀胚处理，以防未被赤眼蜂寄生的卵孵化出虫。杀胚前将卵均匀散铺在 80cm×50cm×5cm 的筐内，卵控制在 1 ~ 2 层。将盛卵的筐放在杀胚架上，打开紫外灯照射 20min。紫外线处理米蛾卵的主要目的是杀死米蛾胚胎，防止幼虫孵化后取食其他卵而降低赤眼蜂的产量。照射时间和间距显著影响杀胚效果，间距控制在 20cm 以内，时间 20min 以上为宜。紫外线处理杀胚，能显著提高赤眼蜂的单雌平均寄生粒数和羽化率，赤眼蜂单雌平均寄生粒数由 39.33 粒，增加到 50 ~ 60 粒，提高了 25% ~ 50%；羽化率由 61.15% 增加到 70% ~ 80%，提高了 10% ~ 20%；性比无显著性变化，说明杀胚处理能显著提高赤眼蜂的质量和繁殖效率（袁曦，2012）。

3. 寄主卵的储存

米蛾卵积累到足够量才能用于接蜂，因此，储存具有重要意义。米蛾卵储存采用保鲜冷藏的方法，具体操作是将清洁、杀胚后的卵装入玻璃管，塞上棉塞，放入 4℃的冰箱冷藏。米蛾卵低温储存时间越长，赤眼蜂对其寄生量越少，米蛾卵经低温贮存 15 天，其被寄生量低于新鲜米蛾卵被寄生量的 50%（潘雪红，2011），贮存时间超过 50 天，赤眼蜂几乎不能够寄生（张国红，2008）。

4. 接蜂

接蜂在繁蜂室内进行，室内保持温度 26 ~ 28℃，RH 60% ~ 70%，全黑暗环境。种蜂开始羽化时提供 25% 密糖水以补充营养，羽化高峰期时用于接蜂。不同设备繁殖赤眼蜂的方法不同，主要有卵片、蜂筒和繁蜂箱接蜂法 3 种方法。接蜂时的蜂卵比为 1：（6 ~ 9），接蜂时间约 24h。

第四节　蜂卡的制作

去除未寄生卵、种蜂的卵壳。用清水浸泡分离，漂浮在清水上层的为种蜂的卵壳，去除此层过滤晾干得到纯寄生卵，以待制卡。制卡纸 70 ~ 80g，16 开书写纸，胶水选用优质无毒白乳胶。用排笔刷涂胶于卡上，将寄主卵撒粘其上，粘成 3 条 ×21.5cm ×3cm，共 195cm^2，晾干即成蜂卡。

蜂卡制成完成后，测算蜂量。按 12 粒卵/cm^2 测算卵量，蜂量 = 卵粒寄生率 × 卵粒羽化率 × 单卵出蜂数 ×195cm^2 ×12 粒卵/cm^2。

成品蜂卡质量检测：在同一批成品蜂中，随机抽取总量的 1%，在所抽取样品中以对角线取 5 点，每点取 20 粒。从总样中随机抽取 500 粒寄生卵，装入一个试管（简称样 A）。再抽取 20 粒寄生卵分装 20 个试管内（简称 B$_1$、B$_1$……B$_{20}$ 样本）。将 A、B 样本分别按（25 ±2）℃，RH 70% ±5% 条件加湿使其羽化，其余样本为 C 样本。从 C 样本中随机抽取 300 粒，检数青卵数，计算青卵率；从 C 样本中随机抽取 300 粒，逐粒剖卵检查寄生卵粒数，计算平均寄生率；待 A 样本全部羽化结束后，逐粒检查带有羽化孔的卵粒数，计算平均卵粒羽化率；单卵羽化蜂量，从 C 样本中随机抽取 20 粒，逐粒检查单卵蜂数，计算平均单卵出蜂数；分别检数 B$_1$、B$_1$……B$_{20}$ 样本中羽化总蜂头数、畸形蜂数、雌雄蜂比例，计算畸形蜂率、性比、雌蜂寿命；检数 B$_1$、B$_1$……B$_{20}$ 样本中，每个卵壳内遗留蜂数，计算其遗留蜂率。放蜂前按分级标准和检测结果，填写每批次蜂卡出蜂头数和放蜂面积。蜂卡质量分级标准中八项指标有一项低于三级蜂标准，视为不合格蜂卡（表 7 – 2）。

表7-2　螟黄赤眼蜂蜂卡质量分级标准（柞蚕卵）（广东省地方标准）

	一级蜂卡	二级蜂卡	三级蜂卡	四级蜂卡
寄生率（%）	≥90.0	80.0~89.9	60.0~79.9	≤59.9
羽化率（%）	≥80.0	70.0~79.9	50.0~69.9	≤49.9
青卵率（%）	≤3.0	3.1~4.0	4.1~4.9	≥5.0
单卵蜂量（头）	70.0~80.0	60.0~69.9	50.0~59.9	≤49.9
遗留蜂（%）	≤15.0	16.0~20.0	21.0~25.0	≥26.0
畸形率（%）	≤5.0	6.0~8.0	9.0~10.0	≥11.0
雌蜂率（%）	85.0	75~84.9	50.0~74.9	≤49.9
雌蜂寿命（天）	≥5.0	4.0	3.0	≤2.0

第五节　赤眼蜂发育的控制

作为一种大面积释放的天敌，控制赤眼蜂的发育能积累大量的赤眼蜂个体，以满足大面积释放的需要。接蜂后的寄生卵均匀散铺在80cm×50cm×5cm（长×宽×高）的筐内，卵层厚度不超过2mm，在25℃、RH 75%、L：D=0：24的室内发育。第4天寄生卵发育至老熟幼虫或预蛹时放入冷藏室（0~4℃）。幼虫期和预蛹期的赤眼蜂受冷藏影响相对较小，是进行中、短期冷藏的适用虫态，其中，又以处于幼虫中后期的为首选虫态（陈科伟，2002）。

在接蜂或放蜂前6天从冷藏室拿出赤眼蜂，在发育室发育，5天后成蜂开始羽化，羽化前完成释放。经过发育控制的赤眼蜂，羽化时间相对集中，90%的蜂在放蜂后的2天内羽化。

第六节　产品的储存和包装

将蜂卡每10张用旧报纸包成一包，注明批注、日期，置于3~5℃条件下储藏待用，冷藏时间不超过40天。放蜂前计算好出蜂期，从冷库取出冷藏的蜂卡，在25℃，RH 70%±5%的条件下发育。大部分蜂体进入中蛹期，可向放蜂地发放。立式放置包装箱内，运输时不与有毒、有异味货物混装，要求通风，严禁重压、日晒和雨淋。

第七节　释放与保护利用

赤眼蜂是目前生产上应用面积最大、应用范围最广的一类寄生性天敌昆虫（Hassan，1993）。国外利用赤眼蜂防治害虫，最早是从1882年加拿大进行释放试验开始的。许多国家先后进行过实验研究，除非洲较为薄弱外各个大洲均有研究和在生产实际中应用，并形成了一定规模化的产品。我国是自20世纪30年代开始利用赤眼蜂防治甘蔗螟虫的试验，

天敌昆虫扩繁与应用

之后的几十年是我国赤眼蜂研究迅速发展的时期，对赤眼蜂的生物防治试验研究也逐步成熟。至70年代后期，我国赤眼蜂的应用工作达到一个高峰期，全国26个省份均建立了生物防治的研究机构，建立了数百个赤眼蜂繁殖站。

当田间诱测到越冬代甘蔗螟成虫（始见期）开始，为第一次放蜂适期，选择气象条件适合时放蜂，在甘蔗螟成虫始盛期、高峰期各再放一批。根据甘蔗螟密度，第一批每公顷放7.5万头，第二批放22.5万头，如田间甘蔗螟卵粒寄生率达80%时，可以不放，达不到时再放第三批。每公顷设30~40个释放点，在放蜂点附近选择一株甘蔗，将蜂卡或放蜂器置于中部叶背面叶脉基部1/3处，离地面50~100cm。

一、释放装置

释放赤眼蜂通常采用淹没式方法，要求配备一定的释放装置。近些年随着研究的不断深入，赤眼蜂释放装置也在不断创新，各单位创制了出各具特色的赤眼蜂释放器，如吉林农业大学的袋式放蜂器、盒式放蜂器、广东省农业科学院植物保护研究所的赤眼蜂释放卡，以及云南瑞升烟草技术（集团）有限公司的三角形释放器等。分别简述如下。

袋式放蜂器：为网状袋式结构，或是纸、纤维类制成的口袋，并在口袋上穿有出蜂孔。

盒式放蜂器：由盒体和盒盖两部分组成，其特征在于：盒体的底部为PVC泡罩，盒体内装有被赤眼蜂寄生的柞蚕卵，盒体中部开有凹槽，盒体上部边缘开有半圆形孔道，盒体上覆盖有铝箔纸或胶性透析纸的盒盖，盒盖与盒体热合为一体。

释放卡：为卡片形，使用时将其上端开口处沿虚线撕开，挂于树枝、实验箱等处，在其背面粘贴赤眼蜂寄生卵，使之自然孵化即可。

三角形释放器：，该装置为横截面呈三角形的中空结构，在三角形的顶部开设有系线孔，在三角形的底边沿长度方向设置有向上内凹的凹槽。将被赤眼蜂寄生的寄主卵（如柞蚕卵）或卵卡（如米蛾卵）放入装置内部位于凸起凹槽两旁的底部放置区，撕去胶条上的保护纸，将上折边翻折后与主片基粘贴在一起进行封口。

二、控害效果评价

能寄生甘蔗螟卵的赤眼蜂有螟黄赤眼蜂（*T. chilonis* Ishii）、松毛虫赤眼蜂（*T. dendrolimi* Matsumra）、稻螟赤眼蜂（*T. japonicum* Ashmead）、亚洲玉米螟赤眼蜂（*T. ostriniae* Pang *et* Chen）、广赤眼蜂（*T. evanescens* Westwood）和小拟赤眼蜂（*T. todideanana* Zehnter）等（李奇伟，2000）。其中，以螟黄赤眼蜂最为重要（李继虎，2011）。国外利用赤眼蜂防治甘蔗螟虫的技术始于20世纪20年代。美国于1926—1929年在南方蔗区进行放蜂防螟试验，取得一定的成功。但1933—1935年的另一个系统试验，却否定了赤眼蜂对甘蔗螟的防治效果（任大方，1977）。此后圭亚那、美国、秘鲁、波多黎和印度等地都试验过利用赤眼蜂防治甘蔗螟虫，但收效甚微乃至放弃（蒲蛰龙，1962）。直到20世纪50年代后，利用天敌昆虫防治甘蔗螟技术才越来越成熟。菲律宾、巴基斯坦和印度等国家在利用赤眼蜂防治甘蔗螟虫的试验中均取得了一定的成功，防效与化学防治的防效相当（Alba，1991；Ashraf，1996；Shenhmar，2005）。

我国利用赤眼蜂防治甘蔗螟虫始于20世纪30年代初，1956年在广州市郊河南农场进行大面积试验，放蜂区甘蔗螟卵寄生率达 60.0% ~ 79.0%（蒲蛰龙，1960）。1958 年我国第一个赤眼蜂站在广东顺德建立，随后在全国的许多甘蔗区也相继建立了赤眼蜂站。1981—1985 年，广东省农业科学院植物保护研究所释放赤眼蜂防治甘蔗螟枯心的效果达 80.0%，减少螟害节率 71.0%（潘雪红，2009）。广东珠海红旗农场于 1975—1994 年间坚持放蜂防治甘蔗螟，将甘蔗枯心苗率和死尾率均控制在 2.0% 以下（张中联，1995）。广东省农业科学院植物保护研究所与广东湛江丰收糖业有限公司合作，在 2001 —2012 年释放人工繁殖的螟黄赤眼蜂，结果显示全株的防效达到 22.28%，6 ~ 19 节及全株的被害节率都明显低于对照，在宿根蔗区对黄螟危害节率降低幅度尤其显著（郭良珍，2001）。螟黄赤眼蜂对二点螟有较好的控制效果（王海云，1994），放蜂区二点螟螟虫卵块寄生率和卵粒寄生率均为 80% 以上，而对照区的卵块寄生率和卵粒寄生率则均低于 50%，放蜂区的螟害株率（30.80%）比对照区的螟害株率（40.00%）低 9.20 个百分点，螟害节率（4.19%）比对照区的螟害节率（8.48%）低 4.29 个百分点（潘雪红，2011）。

　　由此可见，螟黄赤眼蜂（*T. chilonis* Ishii）对甘蔗螟虫有较高的寄生率和防治效果（王海云，1994；郭良珍，2001）。利用赤眼蜂特别是螟黄赤眼蜂，是甘蔗螟虫生物防治中非常重要的一项（商显坤，2010），受到许多蔗区重视（李继虎，2011）。

（李敦松、袁曦、张宝鑫、吴可量、冯新霞编写）

参考文献

包建中，陈修浩 . 1989. 中国赤眼蜂研究与应用［M］. 北京：学术期刊出版社 .

陈科伟，蔡晓健，黄寿山 . 2002. 低温冷藏对拟澳洲赤眼蜂种群品质的影响［A］. 中国昆虫学会 . 昆虫学创新与发展——中国昆虫学会 2002 年学术年会论文集［C］. 中国昆虫学会 . 589 – 594.

陈红印，王树英，陈长风 . 2000. 以米蛾卵为寄主繁殖玉米螟赤眼蜂的质量控制技术［J］. 昆虫天敌，（04）：145 – 150.

迟仁平，陈素伟，徐和光，等 . 2002. 赤眼蜂的个体发育［J］. 昆虫知识，39（4）：456 – 4457.

耿金虎，沈佐锐，李正西，等 . 2005. 利用柞蚕卵繁殖的松毛虫赤眼蜂的适宜冷贮虫期和温度［J］. 昆虫学报，（06）：903 – 909.

郭良珍，冯荣杨，梁恩义，等 . 2001. 螟黄赤眼蜂对甘蔗螟虫的控制效果［J］. 西南农业大学学报，05：398 – 400.

马春森，陈玉文，张国红 . 1995. 低温对松毛虫赤眼蜂存活影响的研究［C］//全国生物防治学术讨论会论文摘要集，76.

李保平，刘小宁 . 2002. 学习对广赤眼蜂寻找寄主和接受寄主行为的影响［J］. 昆虫天敌，24（4）：154 – 158.

李敦松，刘志诚，杨伟新，等 . 螟黄赤眼蜂地方标准［M］. ICS65. 020. 01.

李丽娟，鲁新，张国红，毛刚，刘宏伟，孙康娜，丁岩 . 2010. 柞蚕雌蛾的贮存时间对赤眼蜂繁殖的影响［J］. 吉林农业科学，（05）：28 – 30.

李继虎，管楚雄，安玉兴，等 . 2011. 甘蔗螟虫生物防治的研究进展与应用概况［J］. 甘蔗糖业，04：81 – 86.

李奇伟，陈子云 . 2000. 现代甘蔗改良技术［M］. 广州：华南理工大学出版社 .

连梅力，李唐，张秀 . 2007. 温湿度对广赤眼蜂的影响［J］. 山西农业大学学报（自然科学版），27（4）：378 – 380.

练永国，王素琴，王振营，等.2007. 挥发性信息化合物对赤眼蜂寄生行为的影响及其利用 [J]. 中国生物防治，23 (1)：89 – 92.

刘志诚，刘建峰，张帆，等.2000. 赤眼蜂繁殖及田间应用技术 [M]. 北京：金盾出版社.

刘卫，罗建仁，熊平英.1989. 松毛虫赤眼蜂个体发育研究 [J]. 武汉大学学报（自然科学版），1：109 – 114.

欧海英，田明义，阮琳，等.2010. 寄主利它素和学习行为对赤眼蜂嗅觉反应的影响 [J]. 环境昆虫学报，32 (2)：243 – 249.

潘雪红，黄诚华，黄冬发，等.2011. 螟黄赤眼蜂对二点螟的防治效果试验 [J]. 中国植保导刊，02：26 – 28.

潘雪红，黄诚华，魏吉利，等.2011. 赤眼蜂及其寄主卵低温贮存时间对赤眼蜂繁殖的影响 [J]. 湖北农业科学，(20)：4 194 – 4 196.

蒲蛰龙，刘志诚.1960. 利用赤眼蜂 *Trichogramma evanescens* Westw. 防治甘蔗螟虫 [J].昆虫知识，(3)：77 – 79.

蒲蛰龙，邓德，刘志诚，等.1956. 甘蔗螟虫卵赤眼蜂繁殖利用的研究 [J]. 昆虫学报，01：1 – 35.

任大方.1977. 我国甘蔗螟虫防治研究的成果与展望 [J]. 甘蔗糖业，10：30 – 41.

史桂荣，李国强，臧君彩，等.2000. 松毛虫赤眼蜂储存时间对其羽化率的影响 [C] //全国生物防治暨第八届杀虫微生物学术研讨会论文摘要集，13.

田志来，谭云峰，孙光芝，等.2008. 影响松毛虫赤眼蜂防螟效果的主要因素 [J]. 吉林农业科学，06：67 – 69，78.

王海云，李承志，李凤娥，等.1994. 释放赤眼蜂防治甘蔗二点螟 [J].甘蔗糖业，(4)：27 – 28.

王振营，周大荣.1996. 玉米螟赤眼蜂的产卵行为研究 [J]. 中国生物防治，12 (4)：145 – 149.

王勇，肖铁光，何忠，等.2008. 马尾松树针叶挥发性化学物质对松毛虫赤眼蜂嗅觉及寄生行为的影响 [J]. 昆虫知识，45 (6)：944 – 949.

吴静，郭文超，吐尔逊，等.2008. 高温胁迫对暗黑赤眼蜂寄生功能反应的影响 [J]. 新疆农业科学，45 (2)：282 – 286.

袁曦，冯新霞，李敦松，等.2012. 紫外线处理米蛾卵对赤眼蜂繁殖的影响 [J]. 广东农业科学，14：91 – 94.

余金咏，周印富，于泉林，等.2009. 亚洲玉米螟发生动态及释放松毛虫赤眼蜂防治效果 [J]. 中国农学通报，24：344 – 351.

张国红，鲁新，李丽娟，等.2008. 贮存后的米蛾卵对赤眼蜂繁殖的影响 [J].吉林农业学，(05)：42 – 43，52.

张中联，林展明.1995. 坚持繁殖利用赤眼蜂防治甘蔗螟虫十八年的体会 [J].昆虫天敌，17 (3)：125 – 127.

Alba，M C. 1991. Utilization of *Trichogramma* for biological control of sugarcane borers in the Philippines [J]. Colloques de l'INRA，(56)：161 – 163.

Ashraf M，Fatima B. 2005. Success of *Trichogrammachilonis*（Ishii）for area – wide control of sugarcane borers in Pakistan [J]. British Crop Protection Council，1996 (1)：385 – 388.

Maninder Shenhmar，Brar K S，Jagmohan Singh. Advances in bio – control of sugarcane borers in Punjab [J]. Advances in Indian Entomology，(3)：155 – 164.

Hassan S. A. 1993. The mass rearing and utilization of *Trichogramma* to control lepidopterous pests：achievements and outlook [J]. Journal of Pesticide Science，37 (4)：387 – 391.

第八章　平腹小蜂防治荔枝蝽技术

第一节　概　述

　　荔枝主要分布在我国华南和西南地区（Chen & Huang，2004），还有热带和亚热带的其他国家，例如，东南亚的泰国、印度；非洲的南非、毛里求斯和大洋洲的澳大利亚（Mitra，2002）。到目前为止，已经报道的为害荔枝的害虫超过 58 种，其中，为害严重的有荔枝蝽 [*Tessaratoma papillosa*（Drury）]、荔枝蒂蛀虫（*Conopomorpha sinensis* Bradley）和荔枝瘤瘿螨 [*Aceria litchii*（Keifer）] （Ren and Tian，2000；余胜权，1995；Mitra，2002）。其中，荔枝蝽发生最为普遍，原因是由于荔枝蝽的活动性较强，而且为周年发生，冬天可以以成虫在田间越冬，因此，在荔枝的整个生产过程中都要对其进行监测和控制（蒲蛰龙，1992；赵善欢，1987；陈炳旭，2009）。据统计，在正常年份，荔枝损失的20% 到 30% 都是由荔枝蝽造成，荔枝蝽发生严重的情况下，该比例可以达到70%～90%（古德祥，2000；何金祥，2001），再加上近年来有机荔枝的生产对化学农药的严格限制，荔枝蝽螨的为害愈加严重。

　　20 世纪 60 年代开始，中国科学院中南昆虫研究所（现为广东省昆虫研究所）开始研究利用荔枝蝽平腹小蜂（*Anastatus japonicus* Ashmead）防治荔枝蝽。荔枝蝽平腹小蜂是一种卵寄生蜂，在荔枝园中自然存在。20 世纪 60 年代末到 70 年代，广东省荔枝主产区利用平腹小蜂防治荔枝蝽的面积占荔枝面积的 20% 左右。80 年代，体外培育平腹小蜂获得成功，利用人工寄主卵代替昆虫卵进行繁殖平腹小蜂。广东省农业科学院植物保护研究所、广东省昆虫研究所分别试验用人工寄主卵培育平腹小蜂防治荔枝蝽螨，均获得理想的防治效果（刘志诚，1986）。自 1989 年开始，平腹小蜂在福建省大面积推广应用，取得了良好的效果，荔蝽卵的寄生率达到94%～97.5%（余春仁，1997）。1996—1998 年，香港嘉道理农场利用平腹小蜂防治荔枝蝽，卵块寄生率达到80%～90%，卵粒寄生率达到68.72%～89.16%（韩诗畴，1999）。2000—2001 年，广西北流释放平腹小蜂防治荔枝蝽，寄生率达到 94.3%（何金祥，2001）。在荔枝的绿色生产中，以生物防治为核心技术，利用平腹小蜂防治荔枝蝽起着重要作用（李敦松，2002）。

第二节 形态学与生物学特征

一、荔枝蝽平腹小蜂的生物学特性

荔枝蝽平腹小蜂属膜翅目旋小蜂科平腹小蜂属。为完全变态昆虫，一生经历卵、幼虫、蛹和成虫。卵、幼虫和蛹在寄主卵内发育，成虫羽化后从寄主卵中飞出。通常情况下，一个寄主卵内只有一粒寄生蜂的卵，少数情况下，一粒寄主卵中有 2 ~ 3 个蜂的蛹，但几乎无法正常羽化（黄明度，1974；李敦松，2009）。

在 26 ~ 28℃时，荔枝蝽平腹小蜂一年 8 代，世代历期 18 ~ 21 天。卵期 1 ~ 2 天，幼虫期 5 ~ 6 天，蛹期 6 ~ 7 天，成虫期 42 天（黄明度，1974；卢爱平，1983；佘春仁，1995）。荔枝蝽平腹小蜂对光有一定的趋性，在光照充足的情况下活动能力强。成虫具有较强的向上趋性（蒲蛰龙，1992；李敦松，2009）。成虫的扩散主要依靠爬行，偶尔也可以跳跃和飞行。在自然界中，成虫依靠风力时传播距离可达 100m。成虫主要取食花粉、腐烂果实的汁液和刺破寄主卵后的溢出物。

在实验室条件下，荔枝蝽平腹小蜂在没有食料的情况下可以生存 3 ~ 7 天，在饲喂蜜糖水的情况下，雌成虫可以生存 30 ~ 40 天，雄虫可以生存 5 ~ 10 天。黄明度等（1974）研究了温度与荔枝蝽平腹小蜂的发育速率之间的关系。在 24 ~ 30℃范围内，随着温度的升高，平腹小蜂发育速率加快，但是，当温度超过 33℃时，变化趋势相反。低温对平腹小蜂的卵、幼虫和蛹的发育造成破坏。在 5℃时，卵储存 32 天后还能有超过 80% 的孵化，幼虫和蛹期储存 90 天后，超过 80% 的幼虫和蛹可以继续发育正常羽化。

荔枝蝽平腹小蜂的性别决定机制是单倍 – 二倍体型，受精卵发育为雌蜂，非受精卵发育为雄蜂。雌蜂只交配一次。在 25 ~ 32℃，RH 为 54% ~ 95% 时，平均每个雌蜂可以生存 1 个月，产卵 228 粒（蒲蛰龙，1992）。荔枝蝽平腹小蜂在前 20 天平均每天产 6 ~ 11 粒卵，25 天后逐渐下降，高产卵率是成功应用生物防治的关键特点。田间的荔枝蝽平腹小蜂雌雄性比为 10∶1，但在室内条件下，性比随着环境条件的改变而改变。交配和产卵时充足的光照、合适的温度是提高性比的关键因素。低照度条件下，平腹小蜂的雌雄性比会随之下降（黄明度，1974；蒲蛰龙，1992）。但最关键的影响性比的因素是寄主卵的大小和新鲜程度（黄明度，1974；Grozier，1977；卢爱平，1981；卢爱平，1995）。

当平均温度降低到 17℃以下时，处于 1 ~ 2 龄的荔枝蝽平腹小蜂幼虫，有 80% 能发育成预蛹，并且以预蛹滞育越冬。但是，如果平腹小蜂的幼虫在温度降低之前已经为 3 龄以上幼虫时，平腹小蜂的滞育率只有 8%。尽管平腹小蜂极少以成虫越冬，但是，冬天在田间观察到有被平腹小蜂寄生过的荔枝蝽的卵，说明，冬天平腹小蜂同样具有寄生能力（黄明度，1974；蒲蛰龙，1992）。

二、荔枝蝽平腹小蜂的学习行为和寄主选择性

跟大多数膜翅目昆虫一样，荔枝蝽平腹小蜂同样具有很强的学习能力（汤玉清等，1993，王建武等，2003，迟国梁，2006，2007a，b）。王建武等（2003）研究表明，学习

行为在平腹小蜂寄主选择行为中有重要作用，无学习经历的平腹小蜂对荔枝叶片挥发物无明显趋性，但经过学习后，选择荔枝叶片挥发物的平腹小蜂数量明显多于空白对照。迟国梁等（2007a，b）经过研究表明，平腹小蜂在搜索和定位荔枝蝽卵的过程中，是由荔枝和荔枝蝽及卵上的多种利它素进行作用的。

第三节　饲养技术

人工繁殖条件

1. 繁蜂室

大量繁殖平腹小蜂的繁蜂室墙壁和地面应该容易清洗、消毒并保持清洁卫生，具备控温、控湿、通风、防鼠条件，避免粉尘、有害气体和其他刺激性气味的污染源（李敦松，2009）。在繁蜂之前，繁蜂室应利用高锰酸钾福尔马林溶液进行消毒，然后开窗通风（韩诗畴，2004）。

2. 繁蜂箱和繁蜂柜

繁蜂箱是选用对平腹小蜂无不良影响的长方形木框，尺寸为 30cm × 22cm × 7cm。木框其中一长边有两个直径为 0.8cm 的圆孔，两孔相距 12cm，圆孔上装脱脂棉花，供繁蜂时补充营养（韩诗畴，2004）。这种方法效率较低，常用于蜂种的扩繁和保种，不适于大规模繁殖（李敦松，2009）。

繁蜂柜是用铝合金等金属材料制成，尺寸为 100cm × 44cm × 130cm，其柜脚高约 30cm，柜顶部及两个长的侧面用 120 目不锈钢网封盖，底部密封，另外两侧装活动推门，供换蜂卡和加蜜糖水用。柜内分 3 层，在每层的上部两边有 1～2cm 的小槽，供挂有接蜂卡或种蜂的支架移动（李敦松，2009）。用这种方法，每个繁蜂柜一天可以繁殖 5kg 的柞蚕卵。

利用繁蜂柜比繁蜂箱的效率更高。刘建峰等（1995）的数据表明，在大规模繁殖平腹小蜂过程中利用繁蜂柜比繁蜂箱节省 130% 的劳动力，原因是由于在繁蜂柜中更换蜜糖水和卵的效率要比在繁蜂箱中更高。由于繁蜂柜的空间大的特点，繁蜂时柞蚕卵与雌蜂的比可以提高 20%～30%，而且后代的雌蜂比增加到 1∶10。

3. 人工替代寄主卵

利用人工寄主卵大规模繁殖卵寄生蜂是生物防治工程中的重要组成部分。选择人工寄主卵不仅要从经济上合理，也要考虑利用人工寄主卵得到的寄生蜂后代的总体质量。在 20 世纪 60～80 年代，蓖麻蚕卵作为人工替代寄主卵被用来大量繁殖荔枝蝽平腹小蜂，因为蓖麻蚕可以在华南地区进行大量人工繁殖。蓖麻蚕卵作为人工寄主卵还首次被应用来繁殖赤眼蜂（黄明度，1974；蒲蛰龙，1992）。但是，由于蓖麻蚕卵要比柞蚕卵要小，所以对于平腹小蜂来说，蓖麻蚕卵的营养不是很适合。有研究表明，平腹小蜂成虫的大小和性比与其寄生卵的大小有关，雌成虫的产卵能力与其个体大小成正比（卢爱平，1981）。所以，替代寄主卵的大小就成为选择人工卵的关键点。从 20 世纪 80 年代开始，柞蚕卵逐渐的引入荔枝蝽平腹小蜂和赤眼蜂的大规模繁殖过程中，并且成为了理想的人工寄主卵

（陈巧贤，1992；黄居昌，1995）。

柞蚕是中国东北地区人工大规模饲养的一种昆虫，饲养柞蚕已经成为当地居民的一种职业。柞蚕茧由于可以生产高品质柞蚕丝而具有一定的经济价值。近年来，柞蚕蛹又开始作为高蛋白营养品被人们摆上餐桌（杨春敏，2011）。快速增长的市场需求推高了柞蚕茧的价格，从2000年的18元/kg增加到2011年的60元/kg。

新鲜、无菌和个体大的柞蚕卵是最适合进行平腹小蜂的繁殖的，而且重要的是要在繁殖平腹小蜂的过程中控制好柞蚕蛹的发育阶段。优质柞蚕茧可以在1~5℃的环境下保存约5个月。在温度为20~25℃，相对湿度为70%~80%的条件下，柞蚕经过20~28天后就可以羽化。收集柞蚕卵的最佳时间是柞蚕蛾羽化24h以内。未成熟的柞蚕卵将会在提取卵过程中就被挤压破碎（刘志诚，1991；韩诗畴，2004；李敦松，2009）。如果卵收集过早，青卵比例会增大，平腹小蜂无法正常寄生。另外，受精过的柞蚕卵对平腹小蜂的吸引作用不是很强，因为受精卵的卵壳较厚（黄居昌，1995；李敦松，2009）。

4. 收集蜂种

收集足够的荔枝蝽平腹小蜂蜂种是大规模繁殖平腹小蜂的关键一步。采集自然蜂种的有效方法有两种，分别是采集被寄生的荔枝蝽卵和利用柞蚕卵田间诱集（蒲蛰龙，1992；吴珍泉，2000；李敦松，2009）。采集蜂种的最佳时间是每年的四月和五月，因为这个时候是荔枝蝽的产卵高峰期。采集到的卵放置在25~26℃和相对湿度为70%~80%的条件下等待其发育，每2~3天检查寄生情况。被平腹小蜂寄生的卵卵壳较软，并且颜色会由绿变灰，最后变成深灰。未被寄生的卵颜色由绿变黄，在若虫羽化之前变红。

寄生的荔枝蝽卵收集起来放置在发育室等待寄生蜂发育至预蛹期。在这个期间，发育室的相对湿度最为重要，不能超过70%，因为高湿度的条件会降低平腹小蜂的发育能力（李敦松，2009）。如果没有足够的母本蜂来大量繁殖，平腹小蜂预蛹可以放置在10~15℃，相对湿度为65%~70%的冷库，来延缓平腹小蜂的发育。平腹小蜂预蛹在此条件下可以保存多至一年，但是冷库的相对湿度必须保持在70%左右，而且要保持冷库空气流通（李敦松，2009）。

为了保持平腹小蜂的活力，蜂种应该保持扩繁五代以内，此后，应该再补充新的蜂种。在繁殖过程中，应当详细记录蜂种的来源、繁殖代数、卵的寄生时间和性比（蒲蛰龙，1992）。

5. 寄主卵的寄生

平腹小蜂雄虫羽化通常比雌虫要快一些。寄生时的环境温度为26~28℃，相对湿度保持在60%~70%，接蜂时保持持续光照。添加30%的蜜糖水，提高平腹小蜂的活力。雌蜂交配后1~2天开始产卵寄生。

在接蜂之前，将柞蚕卵利用白乳胶粘在制作好的卵卡上，晾干后放置在接蜂柜中。蜂种雌蜂与寄生卵的量比为1∶12，接蜂时间为48h。在提供蜜糖水的情况下，每批平腹小蜂母本蜂可以产卵20天。

第四节　发育调控

利用平腹小蜂的越冬特性可以将平腹小蜂预蛹保存在低温环境下超过 6 个月，在大规模繁殖过程中可以加快繁蜂速率（Li，1986）。当平腹小蜂在 25～26℃，相对湿度为 60%～70%的条件下发育到预蛹阶段以后，将其转移放置在 10～12℃，相对湿度为 70%的冷库，使平腹小蜂进入滞育状态。在大规模释放之前 15 天，将其从冷库转移在发育室进行发育，12～14 天后，成蜂开始羽化，在羽化前拿到果园进行释放。经过发育控制的平腹小蜂，羽化时间相对集中，80%蜂量在放蜂后一周内羽化（李敦松，2009）。

第五节　产品的储藏、包装和运输技术

在存储卵时，寄生的卵卡悬挂在木架上保持空隙，保证空气流通。蜂种名字、批次。储藏时间以及负责人要进行详细记录（韩诗畴，2004）。

在准备运输的时候，将蜂卡竖直放到有孔的纸箱中，箱中放有支撑纸板，以防蜂卡平铺层叠。纸箱应该四面打孔，保持通风透气（李敦松，2009）。

第六节　释放与保护利用

室内人工大量繁殖平腹小蜂，是为了大田释放防治荔枝蝽。要做好这项工作，达到预期的效果，除了培养强壮的蜂体外，还必须周密的调查研究，了解气候变化的特点，掌握荔枝蝽的发生规律，采取灵活机动的方法，确定大田放蜂时间及数量，做到有的放矢，才能收到良好的防治效果。

一、平腹小蜂的释放适期和释放量

平腹小蜂是卵寄生蜂，放蜂时间的准确是成功的关键。为了正确决定平腹小蜂的释放适期，需控制蜂的发育，侦察好虫情，并要密切关注当地气象台（站）的天气预报。为了准确掌握荔枝蝽的发生期，在广州地区，2 月下旬起定期解剖越冬荔枝蝽成虫，观察雌虫体内卵发育进度，每隔 5 天在田间捉 10 头雌成虫，剖开腹部看有无卵粒，如卵粒象正常产出一样大时，田间便会有产出的卵，便可放出第一批蜂了。要做好控制平腹小蜂的发育，以便在需要放蜂时能迅速放出。根据实践经验，广东中部地区，荔枝蝽一般在 3 月上、中旬开始产卵，3 月上旬为释放适期。但是，由于小环境气候不同，荔枝蝽虫口密度有差异，放蜂时间要根据当地具体情况而定。放蜂量根据荔枝园有无杂树间种，荔枝树冠大小及荔枝蝽数量而定。根据历年经验，荔枝树中等大小，无杂树间种，平均每棵树的荔枝蝽成虫 200 头以下，每棵树放蜂量为 600～800 头雌蜂，分二至三批放出。分三批放蜂的，蜂量比例为 2：2：1；分二批放蜂的，蜂量比例为 1：1，每批放出的间隔时间为 8～

10 天。

如果荔枝蝽数量大，平均每棵荔枝树在 200 头以上，可先用敌百虫喷杀一次，减少虫口密度，喷药后 7～10 天再放蜂。

二、平腹小蜂的释放方法

释放平腹小蜂，将 1～2 天后羽化的蜂卡挂在荔枝树上，平腹小蜂羽化后会自动分散寻找荔枝蝽卵寄生。蜂卡不要挂在 2cm 以上的粗枝条上，最好挂树冠下层离地面 1m 左右、1cm 粗以下的枝条，枝茎太粗，老鼠易爬上去吃掉卵卡。

三、放蜂试验区的选择和效果调查

人工释放平腹小蜂后，要想知道它对荔枝蝽卵的防治效果，可设放蜂区和对照区加以比较。放蜂区要选择无杂树间种并且较为独立连片的荔枝园，面积在 0.7hm² （150 棵）以上。对照区可以是任何防治方法都不采用的荔枝园，也可以是药剂防治区。对照区的条件，如荔枝蝽成虫的密度、荔枝品种、树冠大小、栽培技术和开花植株多少等，应与放蜂区大致相同。此外，放蜂区和对照区相隔要在 200m 以上，以避免平腹小蜂扩散迁移，造成人为的误差，影响对比的准确性。

放蜂效果的好坏，可用荔枝蝽卵寄生率和若虫残存数来判断。其调查可采用对角线五点取样法，在对角线的各点中取植株 3～5 株，采摘一定数量的卵块，每区每次调查荔枝蝽卵 50 块以上。寄生率调查，可在第一次放蜂后一个月左右进行，以后每隔 10 天调查一次，共 3 次。方法是在样本植株上细心检查叶片上的卵块，将下列 4 种卵块摘下：已寄生变成灰褐色的；将孵出若虫，卵壳变红色的；被寄生后已羽化出蜂的卵壳；未被寄生而荔枝蝽若虫已孵化的卵壳。除上述四种卵块以外，其余卵块还有被寄生的可能，均不能采摘。放蜂区与对照区的卵块分别装袋和注明，待若虫孵化和寄生蜂羽化后，分别计算百分率，见表 8－1。

表 8－1　荔枝蝽卵寄生率调查表调查

地点：＿＿＿＿＿＿＿＿

调查日期	放蜂区						对照区					
	平腹小蜂		跳小蜂		总寄生率（%）	卵粒总数	平腹小蜂		跳小蜂		总寄生率（%）	卵粒总数
	寄生卵粒数	寄生率（%）	寄生卵粒数	寄生率（%）			寄生卵粒数	寄生率（%）	寄生卵粒数	寄生率（%）		

若虫残存数调查，可在 5 月中旬进行（药剂防治区已施过 2～3 次药）。方法是在放蜂区和对照区按照取样方法选择有代表性的植株，用 400～500 倍敌百虫液喷杀，使若虫中毒掉地，然后检查若虫数量，并按各龄若虫数，分别记载于表 8－2。

表 8 - 2　放蜂区、不放蜂区或喷药区荔枝蝽若虫调查表

地点：＿＿＿＿＿＿＿　　　　　　日期：＿＿＿＿＿＿＿

调查样本	放蜂区（头/株）			不放蜂或喷药区（头/株）		
	总若虫数	四龄以上	三龄以下	总若虫数	四龄以上	三龄以下

（李敦松、张宝鑫、宋子伟、冯新霞编写）

参考文献

陈炳旭，董易之，陆恒 . 2009. 荔枝蝽防治技术研究进展［J］. 广东农业科学，（6）：106 - 109.

Chen, H. B. , Huang, H. B. 2004. China litchi industry：development，achievements and problems ［J］. Acta Hort. （ISHS）558，31 - 39.

陈巧贤，刘文惠 . 1992. 柞蚕卵不同洗涤方法对其存放和繁蜂效果的影响［J］. 昆虫天敌，14（3）：108 - 111.

迟国梁，徐涛，王建武 . 2006. 荔枝受荔枝蝽危害后对平腹小蜂趋性的影响［J］. 昆虫学报，49（6）：976 - 981.

迟国梁，徐涛，王建武 . 2007a. 信息化合物在平腹小蜂寄主选择过程中的作用［J］. 应用生态学报，18（4）：865 - 870.

迟国梁，徐涛，王建武 . 2007b. 学习经历在平腹小蜂寄主选择过程中的作用［J］. 生态学报，27（4）：1524 - 1529.

Grozier, R. H. . 1977. Evolutionary genetics of the Hymenoptera ［J］. Annual Review of Entomology. 22：263 - 288.

古德祥，张古忍，张润杰，等 . 2000. 中国南方害虫生物防治 50 周年回顾［J］. 昆虫学报，43（3）：327 - 335.

韩诗畴，李丽英，刘文惠，等 . 2004. 生物防治用平腹小蜂 . 广东省地方标准 DB44/T 176—2003 ［Z］. 广东省质量技术监督局 . 1 - 9.

韩诗畴，刘文惠，陈巧贤，等 . 1999. 香港地区释放荔蝽卵平腹小蜂防治荔蝽［J］. 中国生物防治，15（2）：54 - 56.

何金祥，张帆，张君明，等 . 2001. 平腹小蜂田间应用效果［J］. 北京农业科学，19（4）：21 - 23.

黄居昌，1995. 平腹小蜂大量繁殖中的一些技术问题［J］. 福建农业科技，（5）：44.

黄明度，麦秀慧，吴伟南，等 . 1974. 荔枝蝽象卵寄生蜂——平腹小蜂 Anastatus sp. 的生物学及其应用的研究［J］. 昆虫学报，17（4）：362 - 375.

Li, L. Y. 1986. Mass production of natural enemies （parasites and predators）of insect pests ［J］. Natural Enemies of Insects，8，52 - 62.

李敦松 . 2009. 平腹小蜂的扩繁与应用［A］. 曾凡荣，陈红印主编 . 天敌昆虫饲养系统工程［M］. 北京：中国农业科学技术出版社 . 253 - 263.

李敦松，余胜权，刘建峰，等 . 2002. 荔枝绿色食品生产中的植保技术［J］. 广东农业科学，（2）：41 - 42.

刘建峰，刘志诚，王春夏，等 . 1995. 大量繁殖平腹小蜂防治荔枝蝽蟓的研究［J］. 昆虫天敌，17（4）：177 - 179.

刘志诚，杨五烘，王春夏，等 . 1991. 大量繁殖赤眼蜂用的柞蚕蛾破腹卵清洗机［J］. 生物防治通报，7

（1）：38－40.

卢爱平.1995.营养和寄生性膜翅目的性分化.移植平腹小蜂卵后的性比变化 [J].中山大学学报论丛，
（3）：80－83.

卢爱平，崔炳玉，杨丽梅.1981.营养和寄生性膜翅目的性分化 I.寄主卵和平腹小蜂 Anastatus sp.性比
关系 [J].昆虫天敌，3（3）：1－5.

卢爱平，杨球英.1983.平腹小蜂个体发育研究 [J].昆虫天敌，5（4）：215－221.

蒲蛰龙.1992.利用平腹小蜂防治荔枝蝽象 [A].见：中山大学与广东省科学技术协会组编.蒲蛰龙选
集 [C].广州：中山大学出版社.135－169.

佘春仁，潘蓉英，古德祥，等.1997.利用平腹小蜂防治荔枝蝽若干技术问题探讨 [J].福建农业大学学
报，26（4）：441－445.

佘春仁，潘蓉英，徐金汉.1995.荔蝽卵平腹小蜂对荔蝽卵的寄生特性 [J].福建农业大学学报，24
（2）：187－189.

汤玉清，林琦媛，陈珠梅.1993.荔蝽卵平腹小蜂辨别寄主能力的研究 [J].福建农学院学报（自然科学
版），22（2）：173－178.

王建武，周强，徐涛，等.2003.挥发性信息化合物与学习行为在平腹小蜂寄主选择过程中的作用 [J].
生态学报，23（9）：1 791－1 797.

吴珍泉，刘学东，林伯钦.2000.用柞蚕卵自然诱集平腹小蜂的初步研究 [J].福建农业大学学报，29
（1）：50－53.

杨春敏.2011.浅谈柞蚕生产优势与发展策略 [J].农村实用科技信息，（1）：5.

余胜权，方立新，唐文清，等.1995.荔枝主要病虫害无公害防治技术研究 [J].广东农业科学，（3）：
38－40.

张宝鑫、刘建峰、李敦松等.2002.荔枝、龙眼园常用杀虫剂对平腹小蜂的影响 [J].中国生物防治，18
（增刊）：70－71.

张宝鑫，黄萍，李敦松.2007.利用平腹小蜂防治荔枝蝽技术 [J].中国热带农业，1：50.

赵善欢，陈文奎.1987.关于荔枝及龙眼害虫防治的建议 [J].广东农业科学，（6）：45－46.

Mitra, S. K. 2002. Overview of lychee production in the Asia－Pacific Region. In：Papademetriou M. K., Dent,
F. J.（Eds.），Lychee production in the Asia－Pacific Region, Food and Agricul [R]. Organiz. of UN, Re-
gional Office for Asia and the Pacific, Bangkok, Thailand, pp. 5－13.

第九章 小菜蛾优势天敌半闭弯尾姬蜂扩繁及应用技术

第一节 小菜蛾概述

一、小菜蛾起源及其分布

小菜蛾 [*Plutella xylostella* (Linnaeus, 1758)] 起源于欧洲, 1746 年被首次记载 (Harcourt, 1962), 1758 年由林奈定名, 英文名为 Diamondback Moth, 隶属于鳞翅目 (Lepidoptera) 菜蛾科 (Plutellidae) 昆虫 (Sigeru Moriuti, 1986), 异名为 *Plutella maculipennis* (Curtis, 1831)。1910 年小菜蛾在我国中国台湾首次被记录。

小菜蛾是世界性分布的一种迁飞性昆虫, 也是分布最为广泛的鳞翅目害虫 (Shelton, 2004; Sarfraz, 2005; Talekar, 1993)。Waterhouse (1992) 将其定义为太平洋地区十字花科蔬菜中为害等级最高的害虫。据报道, 在 20 世纪 30 年代, 小菜蛾的分布大约为 84 个国家和地区 (Hardy, 1938; 柯礼道等, 1979); 至 70 年代初, 发展到 120 个国家和地区 (Lim, 1986); 80 年代后, 发展到几乎所有栽培十字花科蔬菜的国家和地区 (Sarfraz, 2005; Talekar and Shelton, 1993)。目前, 小菜蛾在中国全国各地均有分布。

二、小菜蛾的形态特征

小菜蛾为鳞翅目全变态昆虫, 世代周期包括卵、幼虫、蛹、成虫 4 个虫态。卵, 长约 0.5mm, 宽约 0.3mm, 椭圆形, 色泽由乳白、淡黄绿至黑色随卵的老熟程度渐变; 幼虫, 高龄时长达 10~12mm, 纺锤形, 色泽由初孵幼虫的乳白色变至老熟的淡绿色; 蛹, 由化蛹时的深绿色渐变为绿色或淡黄色, 茧呈灰白色稀疏网状; 成虫, 体长约 6mm, 翅展 12~16mm, 前翅狭长呈刀形, 两翅合拢呈屋脊状, 雌虫体色淡, 呈灰褐色, 个体小, 雄虫体色较雌虫深, 灰黑色或赭褐色, 个体较雌虫大 (尤民生, 2007)。

三、小菜蛾的发生与为害

小菜蛾主要为害甘蓝、青花菜、薹菜、芥蓝、花椰菜、白菜、油菜、西洋菜、萝卜等十字花科蔬菜。小菜蛾一直被记录为相对寡食性害虫, 能取食 40 多种栽培和野生的十字花科植物, 也偶尔有记录取食一些非十字花科植物 (Subramanian, 2006)。据资料, 除十字花科蔬菜外, 小菜蛾还对观赏植物中的紫罗兰和桂竹香等, 药用植物中的欧洲菘蓝和曹大青等, 十字花科杂草中的荠草和播娘蒿等, 其他科农作物如马铃薯、番茄、玉米、姜、洋葱等产生一定程度的危害。目前，小菜蛾的寄主植物已报道多达 60 余种（吴伟坚，1993；Talekar，1993）。

20 世纪 40 年代前，小菜蛾一直被视为次要害虫（Lim，1986），50 年代，随着化学合成农药被广泛使用，小菜蛾逐步成为十字花科蔬菜重要害虫（Talekar，1993），随着小菜蛾为害日益严重，在不少国家和地区上升为主要害虫，并发展成为世界上最难控制的害虫之一。1953 年，小菜蛾作为对 DDT 农药产生抗性的农业害虫被首次报道，也是迄今为止被研究发现几乎对所有农药包括生物农药苏云金杆菌（*Bacillus thuringiensis*，简称 *Bt*）都产生了抗性的害虫，同时也被认为是化学农药防治失败的事例。据报道，全世界十字花科蔬菜种植达 3 300 万 hm^2（1990 年 FAO 资料），每年用于防治小菜蛾的费用达 10 亿美元，仅就美国每年耗资 1 亿美元（Talekar，1992）。

在全球范围内，小菜蛾在热带和亚热带地区的发生为害程度较重，温带次之，寒带最轻。小菜蛾在一年中以秋季发生危害最重；在亚洲，以中国、马来西亚、菲律宾、日本等国发生最重。在中国，发生为害最重的是长江流域和东南沿海地区，20 世纪 70 年代，小菜蛾成为中国十字花科蔬菜的主要害虫后，一直在广东、海南、福建、云南、湖北等南方省份严重发生（沈福英，2010）。近十几年来，随着北方种植业结构调整和蔬菜种植面积不断扩大，小菜蛾的发生为害也呈明显上升趋势。小菜蛾也是云南省蔬菜生产上主要的害虫之一。

四、小菜蛾生活习性和为害症状

小菜蛾成虫具有较强的趋光性，有扑灯现象，昼伏夜出，常在黄昏和夜间进行交配和产卵活动。每个雌蛾可产卵 100～300 粒，最多达 500 粒以上，在化学农药施用导致抗药性强的地方，小菜蛾产卵量也随之增强（李向永，2011）。小菜蛾幼虫则有避光习性。小菜蛾抗逆性强，适温范围较宽，通常一年发生两个高峰期，秋增春减（司升云，2011）。秋季的羽化率及性比均高于春季，更有利于小菜蛾增加越冬种群数量（李向永，2011）。随着气温的下降，大多数小菜蛾幼虫会逐渐转至菜心为害，只有少部分幼虫在基部叶片处为害。在缺乏适宜的十字花科作物取食时，十字花科杂草将会成为小菜蛾的替代寄主植物，小菜蛾将会在十字花科杂草上生存和繁殖，保留和延续种群，等待下一个危害高峰的到来。小菜蛾也可以通过蔬菜调运等人为助迁和远距离迁飞寻找有利的生存环境进行繁殖和危害（Talekar，1993；Shirai，1993a，1993b）。

小菜蛾初龄幼虫最先钻入叶肉组织取食叶肉形成潜叶痕，形成细小隧道；2 龄开始取食植物下表皮叶肉，残留上表皮，在菜叶上形成透明为害斑块，俗称"开天窗"；3～4 龄幼虫取食菜叶后形成孔洞和缺刻，严重为害时全叶片叶肉取食殆尽，仅剩下呈网状叶脉。小菜蛾在植物苗期常集中为害心叶，影响蔬菜包心、结球或植物后期生长，在留种植株上，通常为害嫩茎、幼荚和幼嫩籽粒，影响种子产量和品质。

五、小菜蛾防治研究现状

迄今为止，以小菜蛾为专题的国际学术研讨会召开了五届，第一届：1986 年 3 月在中国台湾，小菜蛾治理国际学术研讨会 ［Talekar（ed），1986］；第二届：1990 年 12 月在中国台湾，小菜蛾及其十字花科蔬菜害虫综合治理 ［Talekar（ed），1990］；第三届：1996 年 11 月在马来西亚，小菜蛾及其他十字花科蔬菜害虫治理［Sivapragasam（ed），1996］；第四届：2002 年 11 月在澳大利亚墨尔本，小菜蛾国际学术研讨会；第五届：2006 年 5 月在北京，小菜蛾国际学术研讨会［Anthony M. Shelton（ed），2006］。2002 年 10 月，在法国南部城镇 Montpellier 还召开了小菜蛾生物防治国际学术研讨会［Kirk（ed），2002］。目前，由于小菜蛾的严重抗药性，防治问题仍是一个棘手的问题，这就成为一大类重要蔬菜——十字花科蔬菜生产过程中的严重问题，也是历届学术研讨会上的热点问题。

长期以来，化学防治一直是小菜蛾防治的主要手段和措施，但由于环境污染、小菜蛾抗药性增加、农药残留等问题，国内外越来越多的专家学者开始探寻持续、有效、经济和安全控制小菜蛾的途径。随着研究的逐渐深入，生物防治和物理防治等手段逐渐被人们所认知和接受，以减少化学防治即农药田间施用。

20 世纪 90 年代中期，许多发达国家政府纷纷提出政令，其目标是到 21 世纪初"减少化学农药 50% 行动计划"，以保证环境保护、生物多样性和食品安全等国际性问题得以改善，保障人类自身健康和生存空间。

联合国 FAO 专家提出，每减少一千克农药在田间的施用，就是对人类生存环境的直接贡献。联合国环境问题专家曾告诫，我们每投入 1 美元化学农药，将不得不花费 5～10 美元来改善由此导致的对环境的影响。

如何经济、安全、持续和有效地控制小菜蛾的为害？自然界的动植物与生存环境构成的生态系统中，任何生物都是以一定的种群数量，并与其他生物种群保持着直接和间接的营养关系，种群之间"相生相克"，在相互依存和相互制约之间保持一定的动态平衡。有害生物是农田生态系统中的一个组成部分，"有害"和"有益"是相对于人们现实的经济利益而言的。如何控"害"而无害？在农田生态系统中作物系统水平上，需要充分发挥自然生物控害因子的作用。研究和建立这一控害技术体系，充分发挥和利用自然界中害虫天敌资源的自然控害作用，有利于减少对化学合成农药的依赖，缓解农田环境污染和环境恶化问题。

生物防治在害虫防治中是一个传统而又有待于深入研究的课题，它以对环境无污染而又充分发挥和利用天敌等自然因素的控制作用而著称，最符合现代社会可持续发展的需要。1990 年 12 月，国际生物防治组织小菜蛾生物防治全球协作组（以下简称协作组）在第二届国际小菜蛾及其他十字花科蔬菜害虫治理研讨会上成立，其英文名称为 IOBC Global Working Group on Biological Control of *Plutella*。小菜蛾生物防治早在 20 世纪 40 年代就有报道，截至 20 世纪末的 50 余年来，有关小菜蛾生物防治的文献报道达 500 余篇。研究结果表明，自然生物因子在控制小菜蛾种群数量方面起着十分重要的作用。目前，应用于小菜蛾生物防治的主要有病原微生物（细菌、真菌、病毒和线虫）、性诱剂、植物源农药制剂、寄生蜂和捕食性天敌等。其中，病原微生物包括苏云金杆菌（*Bacillus thuringiensis*，简称 *Bt*）、白僵菌（*Beauveria bassiana*）、核型多角体病毒（NPV）、小卷蛾线虫（*Steinernema carpocapsae*）、微孢子虫（*Vairimouoha* sp.）等。植物源农药制剂有印楝素乳油等。但据报道，小菜蛾对苏云金杆菌（Miyasono，2003）和植物源农药制剂（Abdullah，2000）也产生了一定的抗性。

六、小菜蛾的天敌资源

小菜蛾的各个虫态，受到多种天敌的攻击，田间自然种群消长受到多种寄生性和捕食性天敌的有效制约，捕食性天敌有：蜘蛛、蜥蜴、蛙类和鸟类等，田间一般以蜘蛛为主；寄生性病原微生物包括病毒和真菌等。在小菜蛾天敌昆虫资源方面，经吴钜文等人（2013）初步整理，小菜蛾的天敌昆虫有 306 种，其中初寄生天敌昆虫有 151 种，幼虫期的寄生性天敌占绝大多数，而最为有效的寄生蜂种类大部分属于弯尾姬蜂属 *Diadegma* 和盘绒茧蜂属 *Cotesia*（Talekar，1993）。经长期调查及试验研究证明，在控制小菜蛾种群方面，半闭弯尾姬蜂 [*Diadegma semiclausum*（Hellén）]、菜蛾盘绒茧蜂 [*Cotesia vestalis*（Haliday）]、颈双缘姬蜂（*Diadromus collaris*）、窗弯尾姬蜂（*Diadegma fenestrale*）等具有十分重要的地位（黄芳，2009）。

寄生性天敌昆虫种类最为丰盛，对小菜蛾的种群发展起到有效的抑制作用，在受化学农药干扰较少的大多数地区，小菜蛾不至于发生严重为害。最早记录小菜蛾寄生蜂的是 *Diadegma gracilis*，即窗弯尾姬蜂（*Diadegma fenestrale*）。（Grovenhorst，1829；Sigeru Moriuti，1986），说明伴随着小菜蛾的发生，同时自然抑制其种群消长的天敌也应运而生。据 G. Mustata 等收集资料整理，仅欧洲地区寄生性天敌有 100 余种（亦有报道 200 多种），其中卵期寄生蜂：5 种；幼虫期寄生蜂：81 种；幼虫～蛹期寄生蜂：23 种。主要包括有：

卵寄生性天敌昆虫（5 种）Eggs parasitoids：

Trichogramma brasiliensis（Ashm），*T. minutum* Riley，*T. pretiosum* Riley，*Trichogramma* sp.，*Trichogrammatiodea armigera* Nagaraja

幼虫寄生性天敌昆虫（81 种）Larvals parasitoids：

Anastatus sp.，*Angitia* sp.，*Antrocephalus* sp.，*Aphanogmus fijiensis ferriere*（Ceraphronidae），*Apanteles acicul*，*A. glomeratus atus*（Ashm），*A. albipensis* Nees，*A. ater*，*A. fuliginosus* Wetm，*A. gloneratus*，*A. halfordi* Ullyett，*A. ippeus* Nixon，*A. laevigatus* group，*A. limbutus* Marsh，*A. plutellae* Kurdj，*A. rubecula*，*A. ruficrus*，*A. siczarius* March，*A. taragamae*，*A. verstallis* Hal，*Aphanogmus fijiensis*（Ceraphron），*Brachymeria phyea*（Walk），*B. sidnica* Hlgr，*B. apantelesi* Ribsec，*B. excarinata* Gahan，*B. secundaria*（Ruschka），*Campoletis* sp.，*Chelonus blackburni* Cameron，*C. ritchiei* Slksn，*C. tabanus* Sonan，*Coccygomimus punicipes*（Cresson），*Coccygomimus* sp.，*Diadegma armillata* Grav，*D. chrysosticta* Gmel，*D. fabricianae*，*D. fenestralis*（Holmgren，1860）[= *D. gracilis*（Gravenhorst，1829）]，*D. gibbula*，*D. hibialis*，*D. holopyga*，*D. insulare*（Cresson，1865）[= *D. polynesialis*（Cameron，1883）= *D. hellulae*（Viereck，1912）= *D. plutellae*（Viereck，1912）= *D. pygmaeus*（Viereck，1925）= *D. congregator*（Walley，1926）]，*D. interrupta*，*D. leontiniae*（Brethes，1923），*D. mollipulum*，*D. monospila* Thoms，*D. neocerophaga* Horstm，*D. parvulus*，*D. rapi*（Cameron，1912），*D. semiclausum*（Hellen，1949）（= *D. eucerophaga*，= *D. cerophaga* Horstm，= *D. tibialis*），*D. subtilicornis*，*D. trochanterata*，*D. varuna* Gupta 1974，*D. vestigialis* Rtzbg.，*D. xylostellae* Kusigemati，1988，*Dibrachy cavus* Walker，*Dicaelotus parvulus*，*Diplazon* sp.，*Eupteromalus* sp.，*Geniocerus* sp.，*Hemiteles* sp.，*Hocheria tetraceitaarisis* Gram，*Hyposoter* sp.，*Hypostoer ebeninus*，*Macrocentrus linearis*（Nees），*Macrogaster* sp.，*Microplitis* manilae，*M. plutellae* Muesback，*Nepiera moldavica* Cjonst. and Must，*Nythobia insularis*，*N. plutelae*，*Opius* sp.，*Pediobius imbrens*（Walkar），*Phobocampe* sp.，*Pristomerus hawauensis* Axshemead，*Pteromalus* sp.，*Thyraeella collais* Grav，*Trcchopilus diatraeae*，*Voria ruralis*（Fall），*Xanthopimpla flaveliveata*

蛹寄生性天敌昆虫寄生蜂（23 种）Pupal parasitoids：

Diadrumus collaris（Gravenhorst），*D. erythrostomus*，*D. plutellae*，*D. subtilicornis* Grav，*D. ustulatus* Holmgr.，*Euptromalus viridescens*（Walsh），*Gelis tenllus*（Say），*Itoplectis alternans* Grav.，*I. maculator* Fab.，*I. melanospilla* Cameron，*I. naranyea*（Ashmead），*I. tunetanus* Schmn，*I. viduata* Grav，*Oomyzus*（*Tetrastichus*）*ayyari* Rohw，*O. coeruleus*，*O. howardi*，*O. inraeli*，*Oomyzus* sp.（Kurdjumov），*Phaeogenes inchioelinus*，*Phaeogenes* sp.，*Spilochalcis albifrons*（Walsh），*Stomatoceras* sp.，*Thyraeella collaris* Grav（Goodwin S. 1979，T. H. Chua and P. A. C. Ooi，1986；S. Sastrosiswojo and S. Sastrodihardjo，1986；G. Mustata，1990）

在这些寄生性天敌昆虫中，有近 60 种天敌昆虫被研究认为有人工利用价值和潜能。

七、小菜蛾天敌资源的研究与利用

在对小菜蛾天敌资源的研究中，弯尾姬蜂属 *Diadegma*、盘绒茧蜂属 *Cotesia* 和双缘姬蜂属 *Diadromus* 几个属被普遍认为是对小菜蛾种群有优势控制作用的寄生蜂，如：颈双缘姬蜂、菜蛾盘绒茧蜂、菜蛾啮小蜂等。在主要生物学、生态学乃至引进利用，以及人工繁殖技术等基础和应用技术研究方面，都有不少前期研究基础工作。颈双缘姬蜂（*Diadromus collaris*）为小菜蛾幼虫—蛹跨期寄生蜂，中国亦有分布，斐济 1943 年从新西兰引入颈双缘姬蜂开展小菜蛾生物防治；1970 年，马来西亚从新西兰引进该寄生蜂，之后成为该地区控制小菜蛾为害的优势天敌，菜农因此不必再为小菜蛾施用农药；菜蛾啮小蜂（*Oomyzus sokolowskii*）是广泛分布的小菜蛾幼虫—蛹跨期寄生蜂，起源于加勒比海群岛，1984 年斐济引进并释放了该寄生蜂，成功定殖，在释放区自然寄生率达到60%～70%（D. F. Waterhouse，1990），有效地控制了小菜蛾的为害并逐步扩大其分布区域，现中国亦有此种寄生蜂的分布；菜蛾盘绒茧蜂（*Cotesia pultellae*）也是小菜蛾幼虫的优势寄生蜂，主要寄生 2～3 龄的小菜蛾幼虫；1943 年及 1971 年，斐济、关岛等地分别引进并释放了菜蛾盘绒茧蜂，定殖后对小菜蛾的为害起到有效抑制作用。夏威夷 1972 年引进该寄生蜂，释放定殖后一直成为控制小菜蛾为害的优势天敌；在关岛，还引进释放了黑甲腹茧蜂（*Chelonus blackburni* Cameron）控制小菜蛾，在释放区域也因此不再需要使用农药；在对小菜蛾天敌昆虫资源的研究利用中，小菜蛾弯尾姬蜂，亦称为半闭弯尾姬蜂［*Diadegma semiclausum*（Hellén，1949）］被认为是最有利用前景的寄生蜂。

在小菜蛾起源地的欧洲，其天敌资源也极为丰富，仅罗马尼亚的 Moldavia 地区就记载有姬蜂类寄生蜂27 种，丰富的天敌资源对小菜蛾的自然种群发挥着有效的控制作用，自然寄生率可高达80%～90%，其中寄生性天敌昆虫以幼虫寄生蜂弯尾姬蜂属（*Diadegma* spp.）的种类和丰盛度占绝对优势，也是小菜蛾在欧洲未造成严重灾害的重要原因（Hardy，1938）。

第二节　小菜蛾优势寄生蜂的利用

一、小菜蛾幼虫优势天敌昆虫——半闭弯尾姬蜂

（一）半闭弯尾姬蜂

半闭弯尾姬蜂［*Diadegma semiclausum*（Hellén，1949）］隶属于昆虫纲（Insecta），膜翅目（Hymenoptera），姬蜂总科（Ichneumonoidea）的姬蜂科（Ichneumonidae）。文献记载异名有 *Angitia cerophaga*（Grav.）（Evaans，1939），*Horogenes cerophaga*（Grav.）（Venkatraman，1964），*Nythobia cerophaga*（Grav.）（Yarrow，1970），*Diadegma cerophaga*（Grav.）（Ooi，1980）及 *D. eucerophaga* Horstm.（Lim，1982；Mike Fitton，1990；Venkatraman，T. V. 1964）等。半闭弯尾姬蜂起源于欧洲（Waterhouse，1987），是一种专性体内寄生蜂，主要寄生小菜蛾 2 龄、3 龄幼虫（Talekar，1991；Rivera，1993；蔡霞，2005），是小菜蛾幼虫期的寄生性天敌昆虫，被认为是有效控制小菜蛾的优势天敌种类，对当地小菜蛾种群起到明显有效的自然控制作用（Sengonca，1991；WANG，2002）。半闭弯尾姬蜂幼虫在寄主体内发育，直至寄主做茧进入预蛹阶段才完成幼虫期发育，使寄主的所有内含物消耗殆尽，并在寄主的丝茧内结茧化蛹（施祖华，2003）。

（二）半闭弯尾姬蜂的主要形态学

成虫：雌蜂，体长 5 ~ 7.04mm，前翅长 2.42 ~ 4.06mm，产卵管伸出腹端部分长 0.43 ~ 0.87mm。触角鞭节 21 ~ 25 节；颚眼距为上颚基宽的 0.23 ~ 0.54 倍；后头脊完整。

并胸腹节中区两侧多少平行，其后扩大处在端区与中区之间几乎不明显；分脊和并胸腹节通常是不完整的，如完整，则形态有变，多少直，有明显角度或弧形；中区前方通常有角（尖）。

前翅存在第 3 径中横脉，前翅第 2 肘间横脉与第 2 回脉明显地交汇于中间小翅室之后。

腹部第 1 背板气门上方无基侧凹；第 7 背板端缘通常凹切，但有时仅稍凹切（凹切深度范围为后足胫节长的 0.03 ~ 0.14 倍）；第 6 背板端缘通常凹切，但有时无（凹切深度范围为后足胫节长的 0.00 ~ 0.06 倍）；

产卵鞘为后足胫节长的 0.42 ~ 0.60 倍。产卵器是后足胫节长度的 0.39 ~ 0.60 倍。

颜色：后足胫节淡黄色，基部和端部具深棕色带；后体背部通常完全黑色或在第 2 ~ 3 节背板、有时第 1 ~ 2 节背板、或仅第 2 节背板、或第 1 ~ 3 节背板或 2 ~ 4 节背板黑色带有暗褐色，有时第 2 ~ 3 节背板侧方带有黄褐色或橙褐色（Azidah，A. A，2000）。

卵：表面无附属物，蜂卵初产时，乳白色，呈肾形，随着时间的推移，逐渐发育为无色、透明状，透明的卵壳内可见胚胎。卵期 2 ~ 2.5 天（蔡霞，2005）。

幼虫：幼虫共 4 个龄期，幼虫期约为 7 天。1 龄幼虫和 2 龄幼虫为具尾型幼虫，体末具尾状物。初孵 1 龄幼虫乳白色，逐渐发育为无色透明，身体细长；2 龄幼虫体无色透明，分节明显，13 节（不包括头和尾状物）；3 龄幼虫和 4 龄幼虫的体末尾状物明显缩

短，体形近雪茄烟形状。老熟幼虫的体长可达 5.3mm（蔡霞，2005）。

蛹：半闭弯尾姬蜂蛹属膜翅目类型蛹，表面无附属物。蛹期分为两个阶段：第一阶段预蛹期体形似于 5 龄幼虫，但其体表会出现一些弱的突起；第二阶段体型呈裸蛹，其蛹体表各部位的着色顺序依次为：复眼—单眼—下额—胸—腹—触角。在 23℃下蛹发育历期为 2 天左右（黄芳，2009）。

（三）半闭弯尾姬蜂的引进和应用

半闭弯尾姬蜂最早是新西兰从英格兰引进（Hardy，1938），引入后其控害效果十分明显。因此，半闭弯尾姬蜂的引进成为了小菜蛾综合治理中的一个重要措施（Beck，1992）。1940 年，半闭弯尾姬蜂被引入澳大利亚，1943 年在引入地成功定殖，对小菜蛾的发生为害起到有效地控制作用，并且在澳洲迅速扩散，成为小菜蛾天敌昆虫资源引进利用即小菜蛾生物防治早期取得成功的事例（Yarrow W H T.，1970）；1945 年以来，斐济等岛国多次从新西兰引进半闭弯尾姬蜂（M. M. Alam，1990；Muggeridge J.，1993）；1985 年，中国台湾从印度尼西亚引进了半闭弯尾姬蜂，并开展了相应的生物学和生态学研究，以及田间释放应用示范。2 年后，田间释放的半闭弯尾姬蜂在中国台湾武陵地区高海拔温凉山区成功定殖，田间寄生率达到 46%；1989 年，菲律宾从中国台湾引进该寄生蜂，很快建立了定殖种群，田间寄生率达到 64%，试验区的寄生率可达 95%（Talekar N. S.，Yang J. C.，1990）。70 余年来，先后引进半闭弯尾姬蜂并在控害效果上取得明显成功的国家和地区有澳大利亚（Gooodwin，1979；Hamilton，1979；Wilson，1960；Watehtuoes，2001）、印度尼西亚（Sastrosiswojo，1986）、马来西亚（Ooi，1990）、中国台湾（Talekar，1992）、菲律宾（Amend，1997）、巴布亚新几内亚（Saucke，2000）、日本（Noda，2000）等。1997 年和 1998 年期间，云南省农业科学院植物保护研究所（现更名为农业环境资源研究所）陈宗麒从中国台湾和越南分别引入了半闭弯尾姬蜂（陈宗麒，2003），并开展了对该寄生蜂的生物学和生态学研究，以及室内繁殖技术和田间释放应用技术研究。田间释放该寄生蜂于 1998 年成功定殖自然种群，在释放区域内对小菜蛾发生为害起到了优势控制作用，显示优势的控害潜能，田间寄生率最高达 74.7%，对小菜蛾的寄生效能远超过土著寄生蜂（陈宗麒，2003）。

通过引进，半闭弯尾姬蜂已在起源地之外的欧洲、亚洲和非洲等许多国家和地区广泛分布，并成为东南亚许多地区小菜蛾综合治理的主要生物因子（Chua，1986；Verkerk，1997；Iga，1997）。

大量研究表明，半闭弯尾姬蜂对小菜蛾幼虫的搜索及寄生能力均强于菜蛾盘绒茧蜂（*Cotesia plutellae* Kurdjumov）和东方长颊姬蜂（*Macromalon orientale* Kerrich）（Chua and Ooi，1989；Wang and Keller，2002；陈宗麒，2003）。多案例研究和实践充分表明重视半闭弯尾姬蜂的引进、繁殖和释放是实施小菜蛾生物防治和防治成败的重要环节。陈宗麒等（2001）开展了半闭弯尾姬蜂室内标准化批量繁殖技术研发，并提出了室内繁蜂的工艺流程。

鉴于半闭弯尾姬蜂对小菜蛾的优势控害潜能，云南省农业科学院农业环境资源研究所（原云南省农业科学院植物保护研究所）生物防治课题组长期以来，一直对该种寄生蜂开展研究，包括研究其生物学、生态学和繁殖行为学，以及标准化和规模化的扩繁技术（陈宗麒，2003，2001，2000），其目的亦是进一步扩大该种寄生蜂的应用范围，力求以生物防治为主要策略和重要措施来解决小菜蛾化学防治带来的一系列问题。

半闭弯尾姬蜂被逐步引入世界其他十字花科种植区小菜蛾发生地而其分布日趋广泛，但目前尚未成功引入定殖新北区和新热带区（Azidah，2000），引入新加坡境内亦尚未成功定殖（Lim，1982）。Talekar 和 Yang（1993）研究发现半闭弯尾姬蜂适宜于高海拔高原冷凉气候区，在此类区域释放容易成功有效地定殖，对小菜蛾田间种群有良好的控制作用，具有较好的竞争潜能和应用前景。

二、半闭弯尾姬蜂的主要生物学

半闭弯尾姬蜂是小菜蛾幼虫体内的单寄生蜂，对小菜蛾 4 个龄期幼虫都具有寄生能力，对各龄期幼虫的寄生选择嗜好性为：第 2 龄 > 第 3 龄 > 第 1 龄 > 第 4 龄。

发育历期：在气温（22±2）℃时，发育一代的历期为 15～17 天，其中卵的发育历期为 38～48h，即 1.5～2 天；幼虫发育历期约为 5 天，预蛹期为 1 天；蛹发育历期为 6～9 天；半闭弯尾姬蜂卵至成虫的发育起点温度为 6.6℃，有效积温为 273.3℃（杨哲权，1992）。半闭弯尾姬蜂寄生小菜蛾期间，温度高于 25℃持续时间超过一周，其后代蜂成虫性比失调，雄蜂多雌蜂少，很容易导致实验室繁殖种群数量迅速下降。

成虫寿命：以 15% 的蜂蜜水作为弯尾姬蜂成虫的补充营养，成蜂的寿命显著延长，一般可达 10 天，有的可长达 20～35 天；无补充营养，成蜂的寿命 3～7 天，且产卵量降低；雌蜂寿命较雄蜂长，且寄生 3 龄幼虫羽化出来的成虫寿命比寄生 2 龄和 4 龄的显著要长；雌雄成蜂羽化后即可交配，交配时间一般为几秒乃至可持续 30min。

繁殖力：寄生小菜蛾 40～110 头，最高 400 余头。

同步性：小菜蛾幼虫被寄生后仍能正常取食，半闭弯尾姬蜂幼虫则在小菜蛾体内啮食寄主营养生长发育，直至小菜蛾幼虫完成结茧进入预蛹期，半闭弯尾姬蜂幼虫则将寄主预蛹取食完毕，逐渐表现为两端钝圆的圆柱形寄生蜂蛹，即小菜蛾与半闭弯尾姬蜂在整个生活周期生长发育具有同步性。

（一）半闭弯尾姬蜂对寄主小菜蛾幼虫龄期选择性和嗜好性

1. 不同龄期小菜蛾幼虫寄生率不同

蔡霞（2005）在室内对采自云南的半闭弯尾姬蜂生物学、生态学特性进行研究（见表 9-1），研究的主要结果如下：半闭弯尾姬蜂对寄主龄期的选择性有明显差异，寄生 2 龄幼虫寄生率最高，达 87.61%；其次是 3 龄，达 84.75%；4 龄最低，仅为 65.52%。寄生蜂羽化当天就可以寄生小菜蛾幼虫；从第 1 天至第 5 天，寄生蜂的寄生率随着成蜂日龄的增加而增加，但从第 7 天开始，寄生率随着蜂日龄的增加而下降。5 日龄的成蜂对小菜蛾幼虫寄生率和产卵量最高，分别为 79.88% 和 18.39 粒。半闭弯尾姬蜂能寄生小菜蛾各个龄期的幼虫，但当 2 龄、3 龄、4 龄幼虫同时存在时，偏爱寄生 2 龄、3 龄幼虫，对 2 龄、3 龄、4 龄幼虫的选择系数分别为 0.37，0.44，0.19。该蜂对 4 龄幼虫的寄生能力随寄主日龄增大而下降。

半闭弯尾姬蜂是小菜蛾幼虫体内的单寄生蜂，云南省农业科学院农业环境资源研究所陈福寿就半闭弯尾姬蜂对寄主选择性的研究表明，半闭弯尾姬蜂对小菜蛾各个龄期幼虫都具有寄生能力，并对小菜蛾幼虫的龄期有偏好性，其寄生选择性：第 2 龄 > 第 3 龄 > 第 4 龄，对 2 龄、3 龄小菜蛾幼虫的寄生率和寄生虫数显著高于 4 龄幼虫。

表 9 – 1 小菜蛾不同龄期下半闭弯尾姬蜂寄生数量

小菜蛾龄期	收蛹总数（头）	被寄生虫数（头）	寄生率（%）
2 龄	81.75	41.75 aA	51.14 ± 1.16 aA
3 龄	81.00	41.00 aA	50.59 ± 0.43aA
4 龄	80.50	34.00 bB	42.28 ± 1.76 bB

2. 不同龄期小菜蛾幼虫被寄生与未被寄生发育历期及取食量不同

蔡霞（2005）研究表明，在 24℃下半闭弯尾姬蜂寄生小菜蛾幼虫后发育历期和取食量不同，寄生与未被寄生的小菜蛾幼虫发育历期相比，除 2 龄初被寄生幼虫与未被寄生幼虫的发育历期差异不显著外，其他各龄幼虫的发育历期和预蛹历期都显著延长。小菜蛾在 4 龄初被寄生后，其预蛹历期是未被寄生小菜蛾的 6 倍多。小菜蛾在 2 龄初被寄生后，其幼虫的总取食量显著少于未被寄生幼虫的总取食量。然而，小菜蛾幼虫在 3 龄、4 龄初被寄生后，其幼虫的总取食量与未被寄生幼虫的总取食量差异都不显著。受寄生蜂攻击及寄生过的小菜蛾幼虫死亡率明显高于未受蜂寄生过小菜蛾幼虫的死亡率。

同样温度下，蔡霞（2005）研究了寄生不同龄期小菜蛾幼虫对半闭弯尾姬蜂的发育历期、结茧率及羽化出雌蜂的寄生能力的影响。寄生不同寄主龄期的半闭弯尾姬蜂从卵发育到结茧的历期存在差异，寄生于 4 龄幼虫体内的发育最快，比寄生 2 ~ 3 龄幼虫的个体发育显著要快。结茧至成蜂羽化的历期随被寄生时小菜蛾幼虫龄期的增加而增加，但无显著性差异。寄生 3 龄小菜蛾羽化出的蜂每雌蜂总产卵量显著高于寄生 2 龄和 4 龄幼虫羽化出的蜂，虽然寄生各个龄期的后代雌蜂在羽化当天的寄生能力没有差异。寄生不同龄期小菜蛾幼虫的后代成蜂的结茧率、羽化率也没有差异。该蜂成虫的个体大小与其寄主龄期大小有关，寄生于 4 龄幼虫羽化出的蜂个体最大，3 龄次之，2 龄最小。在不供食物的条件下，寄生 2 龄、3 龄幼虫羽化出的雄蜂寿命极显著长于寄生 4 龄幼虫羽化出的雄蜂寿命；然而在供水或供 20% 蜂蜜水条件下，寄生 3 龄幼虫羽化出的雄蜂寿命极显著长于寄生 2 龄、4 龄幼虫的。

（二）温度对半闭弯尾姬蜂发育和繁殖的影响

1. 不同温度条件下半闭弯尾姬蜂的发育历期

半闭弯尾姬蜂通常寄生 2 ~ 3 龄小菜蛾幼虫，亦可寄生 1 龄或 4 龄幼虫；被寄生的小菜蛾幼虫仍能正常取食为害菜叶，直至小菜蛾幼虫与半闭弯尾姬蜂几乎同步结茧化蛹，化蛹之初两者亦极为相似，都随着蛹的发育，小菜蛾蛹显得两端尖，而半闭弯尾姬蜂蛹两端钝圆。

半闭弯尾姬蜂在不同温度下的发育历期见表 9 – 2。

在 15 ~ 30℃的温度范围内，半闭弯尾姬蜂从卵至化蛹的发育历期随着温度的增加发育历期缩短，15℃发育历期为 18.32 天，温度增加到 30℃时其发育历期缩短到 7.08 天；在 15 ~ 25℃的温度范围内，半闭弯尾姬蜂从蛹至成虫羽化的发育历期随着温度的增加发育历期缩短，15℃发育历期为 17.73 天，温度增加到 25℃时其发育历期缩短到 7.01 天，温度为 27℃时其发育历期为 7.05 天，相比 25℃时的发育历期有所延长；在 15 ~ 27℃的温度范围内，半闭弯尾姬蜂从卵至成虫羽化的发育历期同样是随着温度的升高发育历期缩短，15℃发育历期为 35.97 天，温度增加到 27℃时其发育历期缩短到 14.29 天。温度为

30℃时，半闭弯尾姬蜂卵—蛹的发育历期比27℃的发育历期有所缩短但差异不显著，但化蛹后不能正常羽化。拟合温度与半闭弯尾姬蜂卵—化蛹、蛹期、卵—羽化发育历期的关系，得出温度与半闭弯尾姬蜂各个时期的发育历期回归方程（R：决定系数）：

$D(e-p) = 65.62 - 4.40 \times T + 0.08 \times T2$　　（$F=76.15$，$P<0.01$，$R=0.9807$）

$D(p) = 47.51 - 2.61 \times T + 0.04 \times T2$　　（$F=219.59$，$P<0.01$，$R=0.9955$）

$D(e-a) = 123.45 - 8.10 \times T + 0.15 \times T2$　　（$F=5555.96$，$P<0.01$，$R=0.9998$）

式中 D（e-p）、D（p）、D（e-a）分别代表半闭弯尾姬蜂卵—化蛹、蛹期、卵—羽化的发育历期，T 代表温度（℃）。

表9-2　半闭弯尾姬蜂在不同温度下发育历期

温度	发育历期（天）		
	卵—蛹	蛹—成虫	卵—成虫
15	18.32±0.09a	17.73±0.13a	35.97±0.20a
20	10.21±0.08b	11.54±0.07b	21.75±0.11b
22	8.35±0.09c	10.20±0.07c	18.57±0.11c
25	7.92±0.05d	7.01±0.07d	14.92±0.10d
27	7.13±0.06 e	7.05±0.06d	14.29±0.07e
30	7.08±0.15e	—	—

2. 不同温度条件下半闭弯尾姬蜂的发育速率

利用发育速率和发育历期的关系（发育速率＝1/发育历期），根据半闭弯尾姬蜂在不同温度下各个不同发育时期的发育历期，求出不同温度下半闭弯尾姬蜂卵—化蛹、蛹期、卵—羽化的发育速率。半闭弯尾姬蜂从卵发育至化蛹的发育速率在15～30℃的温度范围内，随着温度的增加发育速率加快；半闭弯尾姬蜂从蛹发育至羽化的发育速率在15～25℃的温度范围内，随着温度的增加发育速率加快；半闭弯尾姬蜂从卵发育至羽化的发育速率在15～27℃的温度范围内，随着温度的增加发育速率加快。拟合温度与半闭弯尾姬蜂卵—化蛹、蛹期、卵—羽化发育速率的关系，得出温度与半闭弯尾姬蜂各个时期的发育速率回归方程（R：决定系数）：

$V(e-p) = 0.14/(1+exp5.09-0.30T)$　　（$F=25.24$，$P<0.05$，$R=0.9439$）

$V(p) = 4.21/(1+exp5.42-0.08T)$　　（$F=134.08$，$P<0.01$，$R=0.9926$）

$V(e-a) = 0.08/(1+exp3.60-0.20T)$　　（$F=216.73$，$P<0.01$，$R=0.9954$）

式中 V（e-l）、V（p）、V（e-a）分别代表半闭弯尾姬蜂卵—化蛹、蛹期、卵—羽化的发育速率，T 代表温度。

3. 半闭弯尾姬蜂世代有效积温及发育起点温度

利用计算有效积温和发育起点温度的直接最优法，根据不同温度条件下半闭弯尾姬蜂的世代发育历期，分别计算出半闭弯尾姬蜂的世代有效积温为269.07℃，发育起点温度为7.53℃；由此可建立半闭弯尾姬蜂的世代发育回归方程式为：T = 7.53 + 269.07 × V（V = 发育速度）。

4. 不同温度条件下半闭弯尾姬蜂的羽化率

在15~22℃的温度范围内，半闭弯尾姬蜂蛹的羽化率随着温度的升高而增加，在15℃时，羽化率为70%，20℃时为83%，温度升高到22℃时羽化率达到92%，在22~27℃的范围内，半闭弯尾姬蜂蛹的羽化率随着温度的升高而降低，22℃羽化率为92%，25℃时为88%，当温度升高到27℃时羽化率降低到75%，温度为30℃时，蜂蛹没有羽化（表9-3）。

表9-3　半闭弯尾姬蜂在不同温度下的羽化率

温度（℃）	供试蛹数	羽化数量	羽化率（%）
15	25	17.50	70.00±0.05c
20	25	20.75	83.00±0.03b
22	25	23.00	92.00±0.02a
25	25	22.00	88.00±0.02a
27	25	18.75	75.00±0.02bc
30	25	—	—

5. 温度对半闭弯尾姬蜂后代性比的影响

不同温度条件下发育的半闭弯尾姬蜂成虫性比有明显差异。弯尾姬蜂为两性生殖，理论最佳性比♀:♂应为2:1或1:1，雄虫比例过高将会干扰交配，或子代性比失调，导致雄蜂过多。

在15~25℃的温度范围内，15℃时性比（♀/♂）为42.97%，20℃时性比为47.07%，22℃时性比为48.96%，25℃时性比为37.29%，22℃性比最高为48.96%。温度超过25℃，达到27℃时，性比明显降低，性比为18.95%（表9-4）。

表9-4　半闭弯尾姬蜂在不同温度下的性比

温度（℃）	供试蛹数	羽化成蜂数		性比♀/（♀+♂）
		♀	♂	
15	25	7.00	10.50	42.97±2.72a
20	25	9.75	11.00	47.07±2.35a
22	25	11.25	11.75	48.96±1.37a
25	25	8.25	13.75	37.29±5.31a
27	25	3.50	15.25	18.95±5.01b
30	25	—	—	—

蔡霞（2005）研究了在24℃条件下当半闭弯尾姬蜂的交尾、产卵及饲养过程完成时子代雌性比率为34.98%；而当上述过程在30℃条件下完成时，子代雌性比率会大幅度下降，仅为2.77%。受高温影响1代的半闭弯尾姬蜂，其后代即使在24℃条件下交尾、产

卵，子代雌性比率还是很低，并且需要在适温下连续饲养 5~6 代性比才能逐渐恢复正常。寄主龄期也影响半闭弯尾姬蜂的子代雌性比率，蜂后代的雌性比率随着寄主龄期的增加而升高。在刚羽化的 7 天内，蜂后代个体的雌性比率随着雌蜂羽化后日龄的增加而升高。但 7 天后，后代的雌性比率随着雌蜂羽化后日龄的增加而降低。

（三）半闭弯尾姬蜂室内繁殖影响因子

1. 小菜蛾幼虫数量对半闭弯尾姬蜂繁殖的影响

半闭弯尾姬蜂在不同小菜蛾幼虫数量密度下对小菜蛾幼虫的平均寄生数量不同，寄生数量随小菜蛾幼虫数量的增加而增加，但当小菜蛾幼虫数量增加到一定水平时，半闭弯尾姬蜂的寄生数量趋向稳定，其曲线符合 Holling 功能反应 Ⅱ 型（图 9-1），因此用 Holling Ⅱ 型圆盘方程模型拟合得出半闭弯尾姬蜂寄生小菜蛾幼虫功能反应的直线回归方程为：

$$1/\text{Na} = 1.6576 \times (1/\text{No}) + 0.0063$$

其数学模型为：

$$\text{Na} = 0.6033\text{No}/(1 + 0.6033 \times 0.0063\text{No})$$

式中，Na：半闭弯尾姬蜂的寄生数量，No：小菜蛾幼虫数量

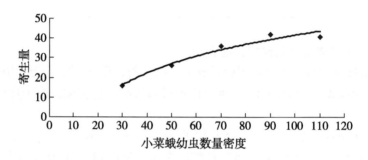

图 9-1 半闭弯尾姬蜂寄生数量在不同小菜蛾幼虫密度的功能反应曲线

在天敌和猎物这一系统中，天敌的食欲不可能是无限的，天敌大部分时间用于搜寻猎物，随着猎物密度的增加，天敌搜寻时间减少，在不同的猎物密度下天敌的搜寻时间是不同的。因此，在半闭弯尾姬蜂寄生小菜蛾过程中，小菜蛾幼虫数量不仅影响到半闭弯尾姬蜂的寄生数量，还影响到半闭弯尾姬蜂的寻找效应，从而影响到繁殖效果。根据功能反应中的参数，可以得出其数学模型为：

$$E = 0.6033/(1 + 0.6033 \times 0.0063\text{No})$$

E：寻找效应，No：猎物密度

根据得出的数学模型可以得出不同小菜蛾幼虫数量下，半闭弯尾姬蜂的寻找效应（表 9-5）。

表 9-5 小菜蛾密度与半闭弯尾姬蜂寻找效应的关系

	小菜蛾幼虫虫口密度				
小菜蛾幼虫数量	30	50	70	90	110
寻找效应	0.4160	0.5070	0.4765	0.4495	0.4254

2. 小菜蛾幼虫龄期对半闭弯尾姬蜂繁殖的影响

半闭弯尾姬蜂对小菜蛾 2 龄、3 龄、4 龄幼虫都能寄生，但对 2 龄、3 龄小菜蛾幼虫的寄生率和寄生数量显著高于 4 龄幼虫。

小菜蛾幼虫龄期不仅影响到寄生率，还影响到繁殖时的性比。半闭弯尾姬蜂寄生 2 龄、3 龄小菜蛾幼虫产生的后代中雄蜂多于雌蜂，寄生 4 龄小菜蛾幼虫产生的后代中雌蜂显著多于雄蜂。

3. 半闭弯尾姬蜂密度对半闭弯尾姬蜂繁殖的影响

天敌的寻找效应不仅与猎物的数量有关系，还与天敌本身密度密切相关，在一定空间内天敌数量增加，相互间干扰现象逐渐加强，从而使天敌的寻找效应降低。因此，在半闭弯尾姬蜂寄生小菜蛾幼虫过程中，半闭弯尾姬蜂的密度也影响到繁殖效果。根据 Hasse 提出的模型对其寻找效应与天敌自身密度进行拟合，得出半闭弯尾姬蜂的寻找效应的数学模型为：

$$E = 0.1274 \times P^{-0.3126}$$

E：寻找效应，P 猎物密度

根据得出的数学模型可以得出不同半闭弯尾姬蜂成虫数量下，半闭弯尾姬蜂的寻找效应（表 9 - 6）。

表 9 - 6　半闭弯尾姬蜂密度与其寻找效应的关系

半闭弯尾姬蜂数量	半闭弯尾姬蜂虫口密度				
	1	2	3	4	5
寻找效应（E）	0.1274	0.1026	0.0904	0.0826	0.0770

4. 温度对半闭弯尾姬蜂繁殖的影响

温度对半闭弯尾姬蜂繁殖的影响，主要是影响发育历期、羽化率、性比。发育历期：在 15 ~ 27℃ 的温度范围内，半闭弯尾姬蜂从卵至成虫羽化的发育历期随着温度的升高发育历期缩短，温度为 30℃ 时，化蛹后不能正常羽化；羽化率：在 15 ~ 22℃ 的温度范围内，半闭弯尾姬蜂蜂蛹的羽化率随着温度的升高而增加，在 22 ~ 27℃ 的范围内，半闭弯尾姬蜂蜂蛹的羽化率随着温度的升高而降低，温度为 30℃ 时，蜂蛹没有羽化，温度为 22℃ 时羽化率最高；性比：在 15 ~ 22℃ 的温度范围内，半闭弯尾姬蜂蜂蛹的性比随着温度的升高而增加，在 22 ~ 27℃ 的范围内，半闭弯尾姬蜂蜂蛹的羽化率随着温度的升高而降低，温度为 22℃ 时性比最大。半闭弯尾姬蜂为单寄生蜂，即每头小菜蛾幼虫只能被寄生和羽化出 1 头弯尾姬蜂。

5. 低温保存对半闭弯尾姬蜂繁殖的影响

4℃ 下保存半闭弯尾姬蜂蜂蛹，不同保存时间对半闭弯尾姬蜂蜂蛹羽化率有影响，蜂蛹的羽化率随着保存天数的增加逐渐降低，保存 5 天、10 天、15 天、20 天、30 天的羽化率分别为 80.00%、73.30%、63.33%、60.00%、48.89%，对照的羽化率为 88.90%。保存时间在 20 天以内时，蜂蛹羽化率还能保持在 60.00% 以上，保存时间达到 30 天羽化率就明显降低仅为 48.89%，表明蜂蛹在 4℃ 下的保存时间应该控制在 20 天以内，以保存 10 天为宜（表 9 - 7）。

表9-7　不同保存时间半闭弯尾姬蜂蜂蛹羽化率的影响

4℃下冷藏天数	处理蛹数量	羽化数量	羽化率（%）
5	15	12.00	80.00±2.72 a
10	15	11.00	73.33±2.72 ab
15	15	9.50	63.33±5.17 b
20	15	8.75	58.33±1.93 b
30	15	6.50	43.33±3.19 c
不冷藏	15	13.00	86.67±3.94 a

在温度22℃，湿度60%～70%的条件下，同批寄生的半闭弯尾姬蜂蜂蛹大约经过7～8天开始羽化（从化蛹到羽化），羽化大多在早上10:00～18:00，历经4～5天即可全部羽化完毕，羽化高峰出现在开始羽化后的第2～4天，一天中羽化高峰出现在10:00～15:00。

（四）半闭弯尾姬蜂的羽化习性

半闭弯尾姬蜂在温度为22℃，湿度为60%～70%的条件下，成蜂羽化从开始羽化到羽化结束，羽化历经4天，羽化高峰出现在羽化的第3天，占全部羽化数量的58.82%；羽化第3天的羽化高峰出现在8:00～13:00，占羽化数量的66.00%（表9-8）。

表9-8　半闭弯尾姬蜂羽化规律（22℃，RH 60%～70%）

	羽化时间			
	1天	2天	3天	4天
羽化数量（头）	1.5	8.5	25	7.5

（五）半闭弯尾姬蜂的交配行为

半闭弯尾姬蜂的交配过程大致分为3个阶段。

准备阶段：前10～60s，雄蜂寻找雌蜂，并跟随雌蜂行走，当雄蜂的触角不停的抖动，翅成45°角也在不停的抖动，此时已经表明雄蜂已经准备对雌蜂进行交配。当雄蜂触角抖动几秒以后，迅速伏在雌蜂的腹部上，利用前足和中足抱住雌蜂腹部进行生殖器的对接；

交配阶段：完成生殖器对接后，雄蜂翅停止煽动，但仍然成45°角，前中足都离开雌蜂腹部，后足落地，以支持自身，腹部和头胸部成直角，开始交配；

结束阶段：当在安静的环境中完成交配后，雌蜂立即飞走，而雄蜂稍微停留片刻，随即也飞走。

（六）半闭弯尾姬蜂的产卵行为

半闭弯尾姬蜂每次产卵时间相对较短。产卵过程大致分为：

寄主寻找和定位：当半闭弯尾姬蜂进入寄主所在的环境后，不停地在寄主植物叶片上爬行，同时不停的摆动触角搜寻寄主，当在寄主植物叶表面遇到小菜蛾幼虫的取食孔时，就会弯曲腹部用产卵管在取食孔处上下抽动，以探测是否有所要搜索的寄主；当探测到寄主后，用产卵管确定产卵位置，以便进行穿刺排卵。

穿刺和排卵：当成蜂确定好产卵位置后，用力把产卵器插入小菜蛾幼虫的腹部进行产卵，产卵大约10s就结束。

产卵结束和梳理：当半闭弯尾姬蜂排卵完成后，将产卵器抽出，腹部抬起，用后足梳理产卵器。梳理完毕后立即离去，以寻找下一个新的寄主进行寄生。

第三节 半闭弯尾姬蜂的室内群体扩繁

一、小菜蛾寄主作物甘蓝室内标准化栽培管理技术

（一）小菜蛾对寄主植物的选择性

不同种类十字花科蔬菜作物或同种十字花科蔬菜不同生长期的植株上，半闭弯尾姬蜂对小菜蛾幼虫的寄生率有所不同。田间试验观察表明，半闭弯尾姬蜂对甘蓝上小菜蛾幼虫的寄生率分别高于对花椰菜、青花菜和白菜；甘蓝移栽后，随植株生长其上的小菜蛾幼虫被半闭弯尾姬蜂寄生率亦逐步增高（Talekar，1991）。试验结果表明，半闭弯尾姬蜂对甘蓝植株上小菜蛾幼虫的寄生率高于对白菜上小菜蛾的寄生率（Verkerk，1997）。究其原因以及根据"寄主作物—小菜蛾—半闭弯尾姬蜂"三者营养关系研究结果认为，甘蓝受小菜蛾危害损伤散发的挥发性气味对寄生蜂的诱集作用更强，致使引诱更多的寄生蜂到甘蓝上寻找小菜蛾幼虫产卵寄生；或者可能是由于甘蓝作为小菜蛾的最原始寄主，并与半闭弯尾姬蜂的起源相同，寄生蜂对甘蓝上小菜蛾更具适应性的推论。而李欣等（2002）研究表明，当白菜和甘蓝上小菜蛾幼虫密度相等时，半闭弯尾姬蜂对白菜上小菜蛾幼虫的寄生数明显高于甘蓝。上述试验结果与Verkerk等田间调查结果不尽吻合，有可能与当地种植的白菜或甘蓝品种与上述实验供试品种不一样有关，或当时田间小菜蛾幼虫的寄生率除受蔬菜品种影响外，是否还受到其他因子的影响尚待进一步研究证实。

（二）甘蓝品种选择

根据田间试验观察小菜蛾幼虫的选择性和嗜好性，以及从寄主作物叶片形态便于收集小菜蛾蛹和寄生蜂蛹等方面的考虑，筛选用甘蓝作为室内扩繁半闭弯尾姬蜂寄主小菜蛾幼虫的寄主作物，品种为京丰1号。

（三）甘蓝育苗技术

甘蓝的标准化和规模化培育的过程是整个小菜蛾扩繁的基础，亦是半闭弯尾姬蜂扩繁的基础。甘蓝培育可分为甘蓝壮苗育苗、甘蓝植株移栽和栽培管理3个步骤。若选用另一种用甘蓝苗（或萝卜籽苗）直接繁殖小菜蛾幼虫的方法，小菜蛾幼虫在扩繁过程中需要多次换苗，其更换过程易导致小菜蛾幼虫感染病菌；另一方面，小菜蛾幼虫受干扰、惊吓会大量坠落幼苗基部，并在幼苗基部吐丝结茧化蛹，不利于小菜蛾蛹的收集。同样，也不利于繁殖半闭弯尾姬蜂过程中弯尾姬蜂寄生蛹的收集。所以，选用甘蓝育苗、移栽和甘蓝

盆栽管理，培育成健壮植株后再接上小菜蛾卵的方式来繁殖小菜蛾是现阶段采用寄主作物繁殖小菜蛾幼虫技术的一种较好的方法。

（1）育苗方式：采用育苗盘育苗，苗期注意防雨、防虫、遮阳。育苗盘规格长31.5cm、宽21.0cm、高7.5cm。苗盘育用0.5%～0.1%高锰酸钾溶液喷洒消毒，盖膜熏蒸1～2天，然后用水冲洗干净晾干备用。

（2）基质的配制：选用新鲜干净充分暴晒的红壤土，打碎用筛子过筛留细土备用，加入腐熟农家肥、珍珠岩、泥炭配制成基质，配制比例为：红壤土∶农家肥∶珍珠岩∶泥炭＝2∶1∶1∶1。

（3）基质消毒：将配制好的基质放在干净的水泥地板上，摊平，暴晒7～15天，以达到杀菌及杀死土壤中小型昆虫和其他有害生物的目的。基质厚度10～20cm，每次进行消毒的基质体积不可过多，否则可能造成部分基质在消毒过程中未能达到杀灭病虫害所要求的暴晒温度而降低消毒的效果。其次可以用2%甲醛溶液喷雾在土层里，每层厚度约10cm，再用塑料薄膜盖好封闭熏蒸2天后摊开，暴晒2天以上风干，直到基质没有气味才可使用，这个过程需要15天。

（4）基质装盘、播种：在地板上铺上一层干净塑料薄膜，将配好的基质倒在薄膜上，加水与基质拌匀，用手把基质捏成团，松手即散为宜，即可装盘，装盘深度为6cm，用竹片刮平土表。每苗盘纵横对齐打孔77孔，每孔播2粒种子。播完覆盖0.2～0.3cm基质，然后浇足定根水，把育苗盘摆放在支架上。

（5）苗期温度、湿度控制：甘蓝喜温暖湿润的环境，生长适温在15～25℃，湿度在60%～70%，光照强度要求中等。种子发芽，温度在20～25℃较好，苗期约40天。

（6）苗期水肥管理：苗期水肥管理很重要，根据土壤湿润程度适时补水，待苗长到4叶龄时根据苗势间去弱苗，保证每孔有1株壮苗，苗有5叶龄时可浇肥水，用1‰浓度复合肥对水浇施，肥水浇完后用清水清洗1次。

（7）甘蓝壮苗标准：甘蓝壮苗标准为株高12cm，茎粗0.5cm左右，5～6叶龄，叶片肥厚，根系发达，无病虫害。

（8）盆栽营养土配制：营养土以未栽过蔬菜的红壤土为好，红壤土和腐熟农家肥充分晾晒。移栽前5天将营养土配制好。选用口径为15.5cm，高14.0cm的塑料盆，每盆按1.3kg红壤土与0.05kg腐熟农家肥配制，充分拌匀，移栽前2天装盆，装盆后按盆间株行距26cm×32cm整齐排列于温室内。

（9）甘蓝苗移栽：甘蓝苗长至5～6叶龄（40天左右）可移栽，移栽前1天浇水一次，每盆浇水约0.5kg，让水充分渗透土壤，再用盆盖盖好（本课题组获得国家授权实用新型专利产品，栽培盆表面有多孔盆盖，起到渗水保水提高土壤利用率的作用），防止土壤水分蒸发。次日移栽时向盆盖中部深栽，边移栽边浇定根水。

（10）壮苗培育管理：壮苗培育管理主要包括查苗补缺、合理施肥、水分调控、通风透光调节和病虫害防治等。

查苗补缺：移栽后5天左右及时进行查苗补缺。在查苗时，发现缺苗、弱苗时应及时补栽，对成活的幼苗浇施偏心肥，确保植株生长整齐一致。

合理施肥：视苗情遵循少量多次的原则，追肥以复合肥、尿素为主，移栽20天后可施追肥，复合肥浓度为3‰，根据甘蓝的长势情况浇肥水，一般移栽后浇肥水2～3次。

水分调控：甘蓝移栽时浇足定根水，以后做到多次适量，确保盆土湿润，避免浇水过量造成盆土板结和烂根。

通风透光调节：调节塑料大棚通气窗、遮阴网、水帘和风扇体系是调控大棚内温湿度和光照的主要方法。遮阳网主要调控大棚的光照强度，晴天早上卷起大棚遮阴网，中午光照太强时展开遮阳网降低光照，傍晚时再卷起遮阳网，温度大于28℃时就打开风扇和水帘。进入冬季白天卷起遮阳网增加光照强度和温度，夜间展开遮阳网保持大棚温度。

病虫害防治：发现蚜虫和菜青虫等有害昆虫为害时要及时防治，采用人工清除或选择低毒高效农药喷施，但在接上小菜蛾产卵箔之前15天内不能使用任何农药。

（11）甘蓝接种时期：甘蓝长至10～12片有效叶时，是小菜蛾卵接种的最佳时期。

二、小菜蛾标准化繁殖技术

（一）小菜蛾繁殖主要环节和时间控制（图9-2）

1. 寄主作物甘蓝植株的消毒

在甘蓝叶片接小菜蛾产卵箔纸之前，应对甘蓝进行消毒处理。首先将盆盖上土清除干净，用清水冲洗盆盖及甘蓝叶片，然后把甘蓝植株放在距离紫外灯20cm处杀菌消毒5min备用。

2. 小菜蛾成虫产卵箔的制作

选家用保鲜锡箔纸制成2cm×10cm的卵箔条，将卵箔折叠后再展开，形成凹凸不平的折皱；选生长健壮的甘蓝叶60g，对水500ml用搅拌器制成甘蓝汁液匀浆，在高压灭菌锅内灭菌消毒，冷却后用此匀浆汁液浸泡卵箔，卵箔浸泡后晾干集中备用，用于诱集小菜蛾成虫产卵。

3. 小菜蛾成虫产卵箱

长、宽、高为25cm×30cm×25cm的木质框架，顶部用玻璃密封，以便于观察，背面和两个侧面用80目纱网密封，以便于通风透气，底部为木板，正面做一道拉门，通过开关门进行小菜蛾产卵过程的各项操作。

4. 小菜蛾成虫产卵

根据小菜蛾幼虫扩繁计划的需求，定时定量在小菜蛾产卵箱中放入小菜蛾蛹，当小菜蛾的蛹羽化为成虫后，提供15%的蜂蜜水作为成虫的营养补充，在产卵箱内悬挂4～5条制作好备用的产卵箔供诱集小菜蛾成虫产卵，小菜蛾产卵箱用黑布遮盖有利于成虫产卵，每天更换产卵箱里卵箔和蜂蜜水。

5. 小菜蛾卵的收集与保存

从产卵箱收集到的小菜蛾产卵箔，一部分冷藏保存在4℃冰箱内，另一部分根据需要直接续代繁殖。甘蓝接产卵箔纸之前，将福尔马林消毒液浸泡具有小菜蛾卵的产卵箔纸5min，然后用蒸馏水漂洗3次，清除卵箔上的消毒液，晾干备用。

6. 在甘蓝植株生长适期接入小菜蛾产卵箔

一般而言，在夏秋季大棚温室内温度较高，甘蓝移栽到用于繁育小菜蛾幼虫即接卵箔时间需要30～40天，而冬春季节温度较低时，移栽到接卵箔时间则需要40～60天比较合适。根据半闭弯尾姬蜂扩繁需要，将消毒过的小菜蛾卵箔纸放在有10～12叶龄时甘蓝植株长势较好的叶片上并固定好。若甘蓝叶片小植入产卵箔，会导致小菜蛾幼虫的取食影响甘蓝的正常生长，需多次更换甘蓝；若甘蓝植株过大或叶片偏老再植入小菜蛾卵箔纸，小菜蛾嗜食较幼嫩叶片，不利于小菜蛾幼虫及其半闭弯尾姬蜂的正常生长发育。

7. 甘蓝接小菜蛾卵的数量

每株甘蓝接小菜蛾卵的数量，一般每株 10 ~ 12 叶龄甘蓝小菜蛾的卵粒密度在 300 ~ 400 粒较适宜，密度大于 400 粒以上不能满足小菜蛾的正常取食，密度小于 300 粒，造成甘蓝浪费大。

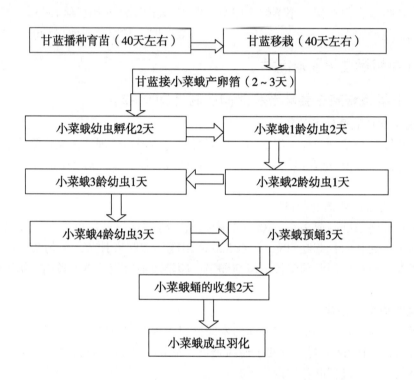

图 9 – 2 标准化扩繁小菜蛾主要时间环节的控制

（二）小菜蛾幼虫繁殖管理

1. 加强甘蓝植株水分管理

甘蓝叶片植入小菜蛾产卵箔后，应加强甘蓝水分管理，浇水原则应适量多次，以土壤保持湿润植株健壮生长为宜。若水分不足，甘蓝叶片出现萎焉，小菜蛾会逃离叶片，严重时导致小菜蛾幼虫死亡。水分过多，则导致土壤霉菌滋生，以及植株栽培钵的底盘积水，小菜蛾幼虫受寄生蜂寄生惊吓掉入水中致死。

2. 温度、湿度和光照调节

温度、湿度等环境因子不仅影响寄主作物甘蓝的正常生长还影响到小菜蛾的正常生长发育。小菜蛾生长发育养虫室的条件应控制在 T：（25 ± 2）℃，RH：65%，光照时间：L：D = 14：10。

3. 小菜蛾的卵孵化及幼虫饲养

每天观察小菜蛾卵孵化及幼虫发育状况，一般情况小菜蛾在养虫室内饲养历期 22 天，卵期约 2 天，幼虫期约 8 天，蛹期约 7 天，成虫约 5 天。甘蓝叶片接上小菜蛾卵箔 2 天就能见到少量的卵孵化，3 天时大部分小菜蛾卵孵化，8 天左右大量小菜蛾幼虫发育到 2~3 龄，这时可留一部分小菜蛾幼虫继续生长发育至化蛹；另一部分 2~3 龄小菜蛾将放入半闭弯尾姬蜂成虫繁蜂箱让半闭弯尾姬蜂寄生。

4. 替换寄主植物方法

将被小菜蛾取食殆尽的甘蓝植株及时替换，以保证小菜蛾幼虫的正常生长发育。在操作前要对工具（镊子、毛笔等）进行消毒，采用 75% 酒精浸泡工具 30min，再取出晾干备用。替换寄主时要轻拿轻放，尽量不要伤及小菜蛾幼虫，避免感染。替换小菜蛾幼虫植株主要方法是挑接法和叶片转移法。当 1 片叶上小菜蛾幼虫在 20 头以上时，把整片叶剪下放置在新的甘蓝植株叶片上；当 1 片叶上小菜蛾幼虫少于 20 头时，用毛笔尖轻轻将小菜蛾幼虫逐一挑接在新鲜甘蓝植株的叶片上，确保小菜蛾幼虫有足够甘蓝叶片取食。

5. 替换寄主

根据小菜蛾幼虫取食甘蓝叶片的程度。若 1 株甘蓝植株叶片能维持已接入小菜蛾数量在整个幼虫期生长发育的食量，就不必替换新鲜的甘蓝，若不能保证充足的小菜蛾食源，就需及时替换寄主。1 株 10~12 叶龄甘蓝叶片最适宜小菜蛾幼虫密度在 250~300 头，当 1 株 10~12 叶龄甘蓝小菜蛾幼虫在 300 头以下，就不需要替换甘蓝叶片，以尽量减少人为干扰影响小菜蛾生长发育；当 1 株 10~12 叶龄甘蓝叶片接入小菜蛾幼虫数量在 300 头以上，该株甘蓝叶片可能就不能满足小菜蛾幼虫的正常生长发育所需食料，这时就将小菜蛾幼虫转移在新的甘蓝叶片上取食。替换甘蓝时间在小菜蛾发育为 4 龄之前为宜，若在小菜蛾老熟幼虫期替换甘蓝，容易影响幼虫正常化蛹，或感染造成死亡。

6. 小菜蛾蛹的收集和保存

当小菜蛾幼虫生长发育 17 天左右，大部分 4 龄老熟幼虫已化蛹，应及时收集小菜蛾蛹，直到全部化蛹完毕。收集时用镊子轻轻拣起蛾蛹放入塑料小盒内，每个小盒放入 500 头小菜蛾蛹，保持小盒通气性，贴上标签，注明收集日期、名称、收集数量。收集到小菜蛾的蛹一部分放入小菜蛾产卵箱让其羽化，另一部分放在 4℃ 冰箱内保存，但保存时间不宜超过 20 天，保存时间过长羽化率将大大降低。

三、半闭弯尾姬蜂扩繁技术流程

（一）繁殖半闭弯尾姬蜂主要设施

1. 小菜蛾及半闭弯尾姬蜂繁殖实验室

半闭弯尾姬蜂的室内繁殖过程主要分为 3 个步骤：

第一，小菜蛾寄主植物甘蓝的标准化和规模化栽培；

第二，小菜蛾幼虫的标准化和规模化繁殖；

第三，半闭弯尾姬蜂繁殖。

半闭弯尾姬蜂繁殖的几个主要步骤：温室环境标准化寄主植物——甘蓝的栽培、实验室小菜蛾幼虫扩繁及半闭弯尾姬蜂扩繁 3 个部分，实验室分为两个独立的实验室，实验室必须严格控制温湿度。

2. 塑料大棚温室

主要用于甘蓝育苗和标准化栽培。水帘风扇降温系统：水帘风扇用于降低大棚温度，大棚内温度偏高，不利于甘蓝的正常生长发育，塑料大棚上安装风扇水帘，大棚温度升高时，风扇水帘能有效地控制大棚温度，促使甘蓝的正常生长。养虫室温度、湿度控制：养虫室中利用空调控制温度；湿度控制利用加湿器和除湿器进行；光照利用养虫台架上安置多管日光灯并利用微电脑时控开关控制光照时间。

3. 小菜蛾幼虫繁殖实验室

用于繁殖半闭弯尾姬蜂寄主——小菜蛾幼虫，根据小菜蛾的发育需求，适时调控温度、湿度。小菜蛾养虫室控制为 T：（25 ± 2）℃，RH：60% ~ 70%，光照时间：L：D = 14：10。

4. 半闭弯尾姬蜂繁蜂室

用于繁殖半闭弯尾姬蜂，根据半闭弯尾姬蜂发育控制温度、湿度、光照。半闭弯尾姬蜂养虫室控制为 T：20 ~ 22℃，RH：65% ~ 70%，光照时间：L：D = 14：10。

（二） 繁殖半闭弯尾姬蜂的主要工具

1. 繁蜂箱

用于半闭弯尾姬蜂成虫寄生小菜蛾幼虫的箱体。长宽高 120cm × 60cm × 180cm 的不锈钢框架，中间用木板作台板分隔为 3 台，每台增加光照系统，背面和侧面用玻璃密封，正面做两道拉门，正面安装纱网，通过门进行饲养过程中的操作。

2. 养虫架

用于饲养小菜蛾幼虫和半闭弯尾姬蜂幼虫。长宽高为 160cm × 125cm × 60cm 的角钢框架，中间用木板隔断分为 3 层，每层安装 40 瓦日光灯两盏。

3. 小菜蛾产卵箱

主要用于小菜蛾蛹羽化为成虫诱集产卵，内容详见小菜蛾标准化繁殖技术。

4. 吸水泵

吸取甘蓝汁液通过半闭弯尾姬蜂寄生箱内，增加寄生箱内甘蓝汁液气味，引诱半闭弯尾姬蜂寻找小菜蛾幼虫寄生。

5. 其他用具

镊子、毛笔、试管、吸虫器、育苗盘、塑料盆、甘蓝种子。

6. 繁殖半闭弯尾姬蜂的补充营养

配制 15% 的蜂蜜水作为补充小菜蛾成虫和半闭弯尾姬蜂成虫的营养。

（三） 半闭弯尾姬蜂室内扩繁技术

以小菜蛾天然寄主物繁育小菜蛾幼虫，在小菜蛾幼虫适合龄期用于半闭弯尾姬蜂寄生繁殖，是室内扩繁寄生蜂的常用方法。本项研究在继续研发和完善小菜蛾人工饲料的同时，主要采用标准化规模化栽培小菜蛾寄主作物甘蓝来饲育小菜蛾幼虫，以提供半闭弯尾姬蜂寄生，达到室内扩繁半闭弯尾姬蜂的目的。

1. 半闭弯尾姬蜂及其小菜蛾幼虫扩繁比例

繁蜂箱内半闭弯尾姬蜂接蜂量按雌蜂与 2 ~ 3 龄小菜蛾幼虫比为 1：40 为宜，雌蜂与雄蜂比例为 1：1 为宜。在实际操作中，一般情况繁蜂箱每层放置 6 盆甘蓝，每盆甘蓝上有 250 ~ 300 头生长良好整齐的 2 ~ 3 龄小菜蛾幼虫，就需放入 30 ~ 37 对半闭弯尾姬蜂成虫。

当盆栽甘蓝上的小菜蛾幼虫发育到 2～3 龄时，把其移到半闭弯尾姬蜂繁蜂箱内，并在箱内放入 15% 蜂蜜水，按小菜蛾幼虫的数量放入以上比例数量的半闭弯尾姬蜂成虫，让其自行交配、寻找小菜蛾幼虫产卵寄生。

2. 繁殖半闭弯尾姬蜂的温湿度和光照调节

温度对半闭弯尾姬蜂发育历期、羽化率和性比影响较大，繁殖半闭弯尾姬蜂温度应控制在 20～22℃，湿度为 65%～70%，光照时间：L∶D = 14∶10，充足光照较为适宜。在此条件下，半闭弯尾姬蜂发育历期为 21.06 天，羽化率在 90.0% 以上。温度超过 22℃，羽化率随温度的升高反而降低，温度超过 30℃ 就基本不羽化，温度超过 25℃ 性比失调明显；在高温环境条件下不利于半闭弯尾姬蜂的正常发育，这与半闭弯尾姬蜂适宜于高海拔高原冷凉气候区域相吻合（Talekar，1990）。

3. 补充营养

半闭弯尾姬蜂成虫饲喂蜂蜜水作为补充营养，对延长成虫寿命和提高产卵繁殖能力有明显改善。在不给任何饲料的情况下，半闭弯尾姬蜂成虫只能存活 3～4 天，而在供给 15% 蜂蜜水情况下，成蜂最长存活 28 天，且雌蜂的寿命较雄蜂长。在生殖能力方面，在没有供食或只供给水的情况下，平均每头雌蜂一生分别可寄生 65 头和 115 头小菜蛾 2 龄幼虫，而在供给 15% 蜜水情况下，平均每头雌蜂一生可寄生 638 头小菜蛾 2 龄幼虫（杨哲权，1992）。陈宗麒研究也表明：10% 蜂蜜水作为补充营养是延长寄生蜂成虫寿命和提高繁殖能力的技术要点。

在繁殖半闭弯尾姬蜂时，每天提供 15% 蜂蜜水补充成虫的营养，在培养皿里放上一层薄薄海绵，把蜂蜜水倒在海绵上充分吸透，成蜂就会在海绵上吸取蜜液，以补充体内的营养和延长寿命。

4. 增加繁蜂箱内甘蓝汁液气味浓度

增大繁蜂箱甘蓝汁液气味浓度，改善半闭弯尾姬蜂后代性比和提高繁殖效率。制备甘蓝汁液步骤是：选用长势好的甘蓝叶 60g，对自来水 1 000g 用搅拌器制成匀浆；将匀浆倒入抽气泵瓶中，通过泵的作用将气体通过汁液并定向喷向半闭弯尾姬蜂寻找小菜蛾幼虫寄生的甘蓝植株上，增大寄生箱内甘蓝汁液芥子苷气味，引诱和激发半闭弯尾姬蜂成虫寻找小菜蛾幼虫并完成寄生行为。

5. 半闭弯尾姬蜂对小菜蛾幼虫的寄生行为

当小菜蛾幼虫龄期发育至 2～3 龄时，就将整盆甘蓝移到繁蜂箱内，半闭弯尾姬蜂雌成虫就不断开始寻找并攻击小菜蛾幼虫以完成寄生过程。小菜蛾幼虫受寄生行为刺激和惊吓，大量幼虫悬丝下垂，不少幼虫会掉落在繁蜂箱的底板上，繁蜂箱底板铺垫一些新鲜的甘蓝叶，保证掉下来的小菜蛾幼虫（也有部分被寄生）有新鲜饲料可供取食，并及时将这部分其上有掉落的大量小菜蛾幼虫的菜叶放置在盆栽甘蓝上以保证幼虫能转移到新鲜菜叶上。

供寄生的小菜蛾幼虫在繁蜂箱内放置 2～3 天后取出，繁蜂箱三层提供寄生的小菜蛾幼虫每天更换其中一层，保证各层分 3 天逐步轮流更换。

6. 替换寄主植物甘蓝

每天从繁蜂箱中取出被寄生过的小菜蛾幼虫，这时根据甘蓝叶片被寄生和未被寄生的小菜蛾幼虫取食情况决定是否更换，取食殆尽甘蓝就应剪下有小菜蛾幼虫的叶片直接放在新鲜备用好的甘蓝上让其继续取食；悬挂在叶片上幼虫用毛笔挑放在新鲜的甘蓝上，目的是让被寄生小菜蛾幼虫有充足的叶片取食。

7. 寄主植物水分管理

小菜蛾寄主植物替换后，不但要保证被寄生小菜蛾正常生长，还要保证甘蓝植株正常生长，关键加强水分的管理，保持甘蓝植株叶片挺立，坚持勤浇、少浇，避免甘蓝叶片缺水萎蔫而影响已被半闭弯尾姬蜂寄生的小菜蛾幼虫的正常生长发育。

8. 观察寄生后小菜蛾的发育及半闭弯尾姬蜂蜂蛹的收集

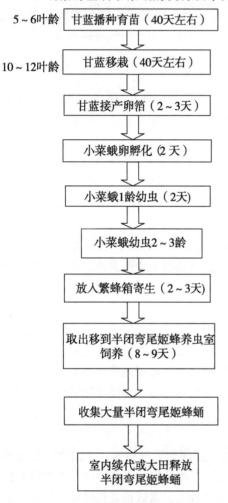

图9-3 标准化扩繁半闭弯尾姬蜂主要时间环节的控制

从繁蜂箱内取出被寄生的小菜蛾幼虫根据取食情况或替换寄主后，整株甘蓝整齐摆放在养虫架上，每天观察寄生的小菜蛾幼虫发育状况，一般幼虫发育约7天，小菜蛾幼虫开始吐丝结茧化蛹，随之半闭弯尾姬蜂蜂蛹亦与小菜蛾蛹逐步可明显区分。

当被寄生小菜蛾幼虫化蛹并明显与未被寄生的小菜蛾蛹区分后，就开始收集蛹，一般寄生率约90%。收集蛹的方法主要采用镊子拣蛹，小菜蛾蛹为灰色，两端尖；半闭弯尾姬蜂蜂蛹为灰白色，两端钝圆，呈圆柱型，这时可依据小菜蛾的蛹及半闭弯尾姬蜂的蛹不同形态进行分拣，并分别收集后根据两者的繁殖和利用计划保存使用，进入又一轮的繁殖。

9. 半闭弯尾姬蜂蜂蛹的保存

收集到半闭弯尾姬蜂蜂蛹，按批次保存，一般半闭弯尾姬蜂蜂蛹随保存时间的增加，羽化率逐渐降低，建议在4℃条件下20天以内保存，羽化率在60%以上，以保存10天为宜。

（四）标准化扩繁半闭弯尾姬蜂的主要流程

总结半闭弯尾姬蜂繁殖过程中各关键技术环节，提出半闭弯尾姬蜂扩繁的技术流程。半闭弯尾姬蜂的室内扩繁技术流程主要分为3个环节：第一，小菜蛾寄主植物甘蓝的标准化栽培；第二，小菜蛾幼虫的标准化繁殖；第三，半闭弯尾姬蜂扩繁（图9-3和图9-4）。

半闭弯尾姬蜂室内扩繁流程应包括温室甘蓝的标准化栽培、实验室小菜蛾幼虫标准化繁育以及半闭弯尾姬蜂的扩繁三个环节，其中，温室主要用于标准化培育寄主作物甘蓝的育苗和移栽及其栽培管理；而养虫室用于小菜蛾和半闭弯尾姬蜂的扩繁。

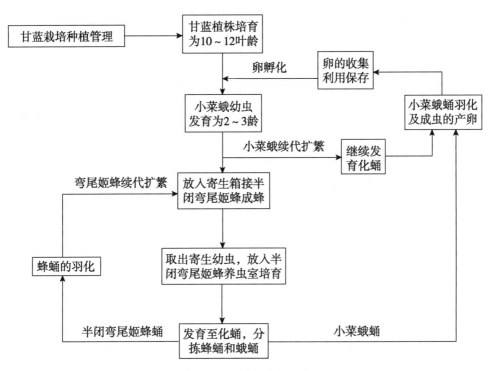

图9－4　半闭弯尾姬蜂标准化扩繁技术流程

（五）半闭弯尾姬蜂种蜂来源与复壮

在室内繁殖半闭弯尾姬蜂种蜂主要来源有两个途径，一是室内繁蜂室保育的种蜂，也是最初引进的半闭弯尾姬蜂蜂种在室内续代繁育至今。二是从田间采集已定殖的半闭弯尾姬蜂种蜂。三是建立准自然状态下的保种基地。即选择隔离条件比较好的准自然条件，建立保种基地，拟作为半闭弯尾姬蜂资源活体库，以达到自然复壮半闭弯尾姬蜂种性及野外保种的目的，通过野外保种提高半闭弯尾姬蜂蜂种的质量。

第四节　半闭弯尾姬蜂田间释放及应用技术

一、半闭弯尾姬蜂田间释放方法

（一）半闭弯尾姬蜂成虫释放方法

半闭弯尾姬蜂田间释放成虫一般选择刚羽化或羽化后1天之内的成虫，室内喂饲15%蜂蜜水，之后直接在田间任其自由放飞去寻找小菜蛾幼虫寄生。

（二）半闭弯尾姬蜂蛹的释放方法

1. 将半闭弯尾姬蜂蛹装入穿有铁丝挂钩的寄生蜂放蜂盒内

每盒蛹100枚左右，用铁丝直接将繁蜂盒挂在十字花科蔬菜的叶片上或主干上，用菜叶适当盖其上，避免日光直晒或雨水淹泡。

2. 制作放蜂箱

做成类似小房似的放蜂箱，放蜂箱一端开小门，作为放入装有寄生蜂蛹的培养皿，以及放入15%的蜂蜜水作为寄生蜂成虫羽化后的补充营养，侧边开4~5个小圆洞（口）供寄生蜂成虫羽化后飞出，到田间寻找小菜蛾幼虫寄生。放蜂箱的高度略高过于寄主作物。

（三）田间释放量

每亩一般田间释放量150~200个蛹或成虫，每亩释放点不少于2个点。

（四）田间放蜂适期和放蜂时间选择

选择田间小菜蛾成虫羽化高峰期后3~5天；产卵期或幼虫盛发初期，甘蓝或十字花科蔬菜单株平均小菜蛾幼虫1.5~2头。田间释放宜选择晴天或小雨前或傍晚，避免太阳曝晒或大雨冲刷及雨水淹泡。

二、寄生率调查

田间释放寄生蜂后，可设置放蜂区和对照区进行寄生率调查以比较寄生效能。分别采集放蜂区和对照区的3~4龄以及预蛹，尽可能不低于100头以上，将采集的幼虫带回室内分单管（1cm×12cm试管）保湿饲养，并根据小菜蛾继续幼虫取食情况给予补充甘蓝叶，直至化蛹并羽化成虫。待全部蛹（包括小菜蛾蛹、半闭弯尾姬蜂蛹或其他寄生蜂蛹）羽化后，收集羽化的弯尾姬蜂成虫数以及其他成虫数计算出弯尾姬蜂的寄生率。

三、半闭弯尾姬蜂的扩散性及其控害作用

半闭弯尾姬蜂一经田间释放定殖成功，随即在田间自然增殖和扩散，即可达到一劳永逸地对小菜蛾田间种群的自然控制作用和效果。云南各小菜蛾发生区，田间自然寄生率一般在40%~60%，最高的可达80%以上。据观察，每年以10~15km的速率向四处具有十字花科蔬菜和有小菜蛾发生的区域自然扩散，半闭弯尾姬蜂也可以通过蔬菜的运输扩散到各地。

四、与化学防治措施的协调注意事项

半闭弯尾姬蜂对杀虫剂的敏感。小菜蛾弯尾姬蜂成虫对杀虫剂特别敏感，只对微生物农药Bt或相应制剂有安全性，所以田间释放寄生蜂必须避开杀虫剂的使用，选择在小菜蛾盛发初期或下雨前及雨季不常使用杀虫剂期间释放寄生蜂，方能达到较好的效果。所以，在有害生物的治理措施中，生物防治技术措施与化学农药的使用有着很显然的冲突，特别是寄生蜂田间释放期间，必须避开与化学农药田间同期的应用。小菜蛾弯尾姬蜂对化学农药敏感性强，经室内研究测定，测定杀虫剂对弯尾姬蜂成虫的毒性如下：甲胺磷≌毒死蜱>杀螟丹>丁硫克百威>灭多威>多杀菌素>高效氯氰菊酯>阿维菌素>氟虫脲>Bt，实验测定结果见表9-9（缪森，2000）。

表 9 - 9　不同时间几种农药对弯尾姬蜂成虫作用死亡率

测试农药	稀释倍数	供试虫数	不同观察时间内蜂累计死亡率（％）					
			0.5h	2h	6h	12h	24h	48h
20% 丁硫克百威乳油	2000	48	0	0	0	81.2	93.7	100
50% 甲胺磷乳油	2000	30	0	30.7	100	100	100	100
1.8% 阿维菌素乳油	3000	48	0	0	0	6.2	37.5	68.8
5% 高效氯氰菊酯乳油	1500	32	0	0	18.8	67	75	78
98% 杀螟丹可溶性粉剂	2000	35	0	0	68.6	68.6	100	100
40.7% 毒死蜱乳油	1500	30	0	24.1	100	100	100	100
90% 灭多威可溶性粉剂	3500	24	0	0	0	58.8	76.5	100
25% 多杀菌素悬浮剂	1000	40	0	0	0	17.6	82.4	100
5% 氟虫脲溶液	2000	30	0	0	0	0	0	70.7
Bt 悬浮剂	300	30	0	0	0	0	0	0
清水（对照）		40	0	0	0	0	0	0

　　根据所选用供试所选用的 7 类 10 种杀虫剂中，有机磷类的甲胺磷和毒死蜱有剧毒，不仅作用时间快而且有高击倒致死力；沙蚕毒素类：杀螟丹毒性次之，但对寄生蜂也属高致死率的农药；氨基甲酸酯类也有较高毒性：丁硫克百威＞灭多威＞多杀菌素。

　　同样，Muhammad haseeb 等人（2005 年）比较了 6 种杀虫剂直接喷杀半闭弯尾姬蜂和菜蛾啮小蜂的对其蛹、成虫和被寄生的小菜蛾的影响。结果显示：虫螨腈（chlorfena-pyr）、甲氨基阿维菌素（emamectin benzoate）等对弯尾姬蜂均有较强的致死率；相反，3 种昆虫的生长调节剂（IGRs），氟啶脲（chlorfluazuron），氟虫脲（flufenoxuron）和氟苯脲（teflubenzuron）则对 2 种蜂影响相对较小，致死率为 0% ~ 16.7%。

五、蜜源植物

　　其他农艺措施对寄生蜂的田间应用影响不大，如果十字花科蔬菜种植田埂上适当种植一些伞形科胡萝卜属的植物种类，其花蜜对半闭弯尾姬蜂成虫补充营养和寄生蜂的栖息环境提供比较好的环境条件。

第五节　半闭弯尾姬蜂在国内外的定殖及分布

一、半闭弯尾姬蜂在国内外引进释放及定殖分布情况

　　半闭弯尾姬蜂最早是新西兰从英格兰引进（Hardy，1938），后定殖成为该地区小菜蛾综合治理中的一个重要措施（Beck，1992）。1940 年，半闭弯尾姬蜂被引入澳大利亚，1943 年在引入地成功定殖，并对小菜蛾的发生为害起到有效地控制作用，且在澳洲迅速

扩散（Yarrow W H T，1970）；1945 年以来，斐济等岛国 1945 年以来就多次从新西兰引进半闭弯尾姬蜂（M. M. Alam，1990；Muggeridge J. 1993）；1974—1975 年，库克群岛从新西兰引进半闭弯尾姬蜂；1985 年，中国台湾从印度尼西亚引进了半闭弯尾姬蜂并开展田间释放，2 年后在中国台湾武陵地区高海拔温凉山区成功定殖，田间寄生率达到 46%；1985 年，夏威夷从巴基斯坦也引入了弯尾姬蜂；1989 年，菲律宾从中国台湾引进该寄生蜂，很快建立了定殖种群，田间寄生率达到 64%，试验区的寄生率可达 95%（Talekar N. S.，Yang J. C. and Lee S. T. 1990）；1990 年，斐济从中国台湾引进弯尾姬蜂；90 年代中后期，东南亚多个国家越南、缅甸、柬埔寨、老挝、泰国等从中国台湾引入半闭弯尾姬蜂并进行田间释放应用，并在这些国家的高海拔温凉地区成功定殖；1997 年，中国云南省从中国台湾引入半闭弯尾姬蜂，释放后成功定殖。

70 余年来，先后引进半闭弯尾姬蜂并在控害效果上取得明显成功的国家和地区有新西兰、澳大利亚（Gooodwin，1979；Hamilton，1979；Wilson，1960；Watehtuoes，2001）、印度尼西亚（Sastrosiswojo，1986）、马来西亚（Ooi，1990）、中国台湾（Talekar，1992）、菲律宾（Amend，1997）、巴布亚新几内亚（Saucke，2000）、中国云南省（陈宗麒，2003）。

二、半闭弯尾姬蜂国内分布情况

刘树生等（2004）从北京昌平和怀柔、山东济南、河南新乡和许昌、山西临汾、宁夏银川、新疆博乐和博湖等 9 个地区采获半闭弯尾姬蜂（*Diadegma semiclausum* Hellen），并利用形态学和遗传学证据首次证明半闭弯尾姬蜂在我国北方部分地区有分布。

陈宗麒等（2011，尚未发表资料）在云南省小菜蛾重发生区释放半闭弯尾姬蜂多年之后，在田间定殖和扩散半闭弯尾姬蜂的区域进行多地多点成虫采集，并于 1997 年引进时保留的半闭弯尾姬蜂成虫标本进行了基因测序比对，经与国际基因库（Gene Bank）比对，首次证明了半闭弯尾姬蜂在云南各小菜蛾发生地良好定殖和自然扩散分布的情况。

三、半闭弯尾姬蜂的其他研究进展综述（2002—2012 年）

（一）半闭弯尾姬蜂的田间评价方法

Caleb Momanyi 等（2006 年）在肯尼亚的 Werugha 和 Tharuni 两个地区研究了半闭弯尾姬蜂对田间控制小菜蛾的评价方法。他们从台湾引进半闭弯尾姬蜂，2002 年 7 月释放，7~12 个月后，用笼子罩住划分小区实验中四个重复的结果表明，通过笼罩排出受其他捕食性天敌的干扰。在 Werugha 地区，笼罩内小菜蛾的寄生率由 15% 上升到 60%；而部分笼罩的 Tharuni 地区则由 8% 上升到 18%，且伴随有本地的寄生蜂数量的上升。试验结果表明，田间不施用农药的甘蓝上大多数小菜蛾幼虫都被寄生。以收集小菜蛾蛹为统计结果显示，由于寄生蜂的攻击行为，小菜蛾的死亡率是被寄生的 2 倍；笼罩之外对照区也采用了相同的方法释放寄生蜂，7 个月后，2 个地区该蜂成为小菜蛾的优势寄生蜂种群，一年后，该寄生蜂成功定殖，成为当地自然控制小菜蛾的优势寄生蜂。

（二）不同弯尾姬蜂属的寄生蜂对其寄主的趋性

A. Robbach 等（2005 年）研究了甘薯块茎蛾弯尾姬蜂与半闭弯尾姬蜂寄生豌豆上的

小菜蛾的行为差异。在肯尼亚小菜蛾取食甜豌豆类和雪花豆，并造成严重的危害。当地存在的优势寄生蜂是甘薯块茎蛾弯尾姬蜂，而半闭弯尾姬蜂是引进的专门防治小菜蛾的寄生蜂。利用 Y-tube 嗅觉仪对两种雌蜂的产卵选择性行为进行研究，发现小菜蛾对甘薯块茎蛾弯尾姬蜂雌蜂有很强的吸引力。甘蓝植株对半闭弯尾姬蜂雌蜂有很强的吸引力，但是被小菜蛾取食的豌豆植株则对半闭弯尾姬蜂没有吸引力。研究结果表明，只有十字花科蔬菜对半闭弯尾姬蜂有吸引力。尽管通常小菜蛾都取食十字花科的蔬菜，嗅觉仪测试结果表明，甘薯块茎蛾弯尾姬蜂的寄生行为不受甘蓝类这些植物的挥发物质的影响。

（三）"寄主作物—害虫—天敌"的营养关系

李欣（2002 年）以"十字花科蔬菜—小菜蛾—半闭弯尾姬蜂"三重营养关系为研究对象，主要就小菜蛾及半闭弯尾姬蜂对不同蔬菜种类产卵的选择性、蔬菜挥发物在小菜蛾及半闭弯尾姬蜂寄主选择中的作用，以及半闭弯尾姬蜂对寄主搜索行为和学习行为等方面进行了研究。利用"Y"型嗅觉仪测试了蔬菜挥发物在小菜蛾寄主选择中的作用。结果表明，无论是完整植株，还是机械损伤植株、虫损伤植株或虫—菜复合体植株，白菜挥发物对小菜蛾的引诱力都较甘蓝的大；而白菜或甘蓝各两个供试品种间的挥发物对小菜蛾的引诱力无显著差异。利用"Y"型嗅觉仪测试了蔬菜挥发物在半闭弯尾姬蜂寄主选择中的作用。结果表明，无论是白菜还是甘蓝，两种蔬菜的机械损伤植株、虫损伤植株、虫—菜复合体植株释放的挥发物对雌蜂的引诱力均显著强于完整植株；白菜的虫损伤植株、虫—菜复合体植株所释放的挥发物对雌蜂的引诱力大于白菜的机械损伤植株释放的挥发物；而虫损伤植株、虫—菜复合体植株释放的挥发物之间引诱力无显著差异；甘蓝的机械损伤植株与虫损伤植株之间、虫损伤植株与虫—菜复合体植株之间的挥发物对雌蜂的引诱力无显著差异；而虫—菜复合体植株的挥发物对雌蜂的引诱力比机械损伤植株的挥发物显著要强。当白菜和甘蓝植株是完整的，或仅遭机械损伤时，两种蔬菜的挥发物对雌蜂的引诱力相似，而当植株遭受小菜蛾取食，或正在被小菜蛾取食时，白菜挥发物对雌蜂的引诱力较甘蓝的显著要强。研究结果首次提出寄主植物的挥发物在小菜蛾和半闭弯尾姬蜂寄主选择中的作用，初步明确了小菜蛾及半闭弯尾姬蜂对不同寄主植物产卵选择行为差异的化学基础。

（陈宗麒、陈福寿、张红梅、杨艳鲜、王燕编写）

参考文献

蔡霞 .2005b. 小菜蛾、半闭弯尾姬蜂生长发育之相互调控 ［D］. 浙江大学 .

陈宗麒，谌爱东，缪森，等 .2001. 小菜蛾寄生性天敌研究及引进利用进展 ［J］. 云南农业大学学报，16（4）：308-311.

陈宗麒，缪森，罗开珺 .2001. 小菜蛾群体繁殖技术 ［J］. 昆虫知识，38（1）：68-70.

陈宗麒，缪森，谌爱东，等 .2001. 小菜蛾弯尾姬蜂室内批量繁殖技术 ［J］. 昆虫天敌，23（4）：145-148.

陈宗麒，缪森，杨翠仙，罗开珺，谌爱东，沐卫东 .2003. 小菜蛾弯尾姬蜂引进及其控害潜能评价 ［J］. 植物保护，29（1）：22-24.

黄芳 .2009. 半闭弯尾姬蜂调控寄主小菜蛾的生理机制研究 ［D］. 浙江大学博士论文 .

黄芳，时敏，陈学新，等．2011．半闭弯尾姬蜂寄生对寄主小菜蛾幼虫体液免疫的影响［J］．环境昆虫学报，33（2）：154－158．

黄芳，章金明，郦卫弟，等．2012．半闭弯尾姬蜂寄生对小菜蛾幼虫解毒酶系的影响［J］．浙江农业科学，（5）：700－703．

柯礼道，方菊莲．1979．小菜蛾生物学的研究：生活史、世代数及温度关系［J］．昆虫学报，22（3）：310－318．

刘树生，周华伟，刘银泉，等．2004．小菜蛾重要寄生蜂——半闭弯尾姬蜂在中国的地理分布［J］．植物保琼，赵雪晴，谌爱东．2011．通海菜区小菜蛾的主要生物学特征［J］．动物学研究，32（suppl）：48－51．

李向永，尹艳，柯礼道，等．1979．小菜蛾生物学的研究：生活史、世代数及温度关系［J］．昆虫学报，22（3）：310－318．

缪森，陈宗麒，罗开珺，等．2000．几种农药对小菜蛾弯尾姬蜂成虫毒性的测定［J］．植物保护，26（5）：27－28．

沈福英．2010．小菜蛾抗药性治理及研究进展［J］．河北农业科学，14（8）：58－60．

施祖华，郭玉玲，陈学新．2005．半闭弯尾姬蜂的寄主选择性及寄生对寄主发育和取食的影响［J］．中国生物防治，21（3）：146－150．

司升云，熊艺．2001．小菜蛾识别与防控技术口诀［J］．长江蔬菜，23，36－37．

吴伟坚．1993．关于小菜蛾的寄主范围［J］．昆虫知识，30（5）：274－275．

尤民生，魏辉，刘新，等．2007．小菜蛾的研究［J］．北京：中国农业出版社：1－19．

Anthony M. Shelton，Hilda L. Collins et al.，2006，The Management of Diamondback Moth and Other Crucifer Pests：Proceedings of The Fifth International Workshop［J］．Beijing，China，China Agricultural Science and Technology Press，p. 379.

Azidah A. A.，Titton M. G. et al. 2000. Identification of the Diadegma species（Hymenoptera：Ichneumonidae，Campopleginae）attacking the diamondback moth，Plutella xylostella（Lepidoptera：Plutellidae）［J］．Bulletin of Entomological Research，90，375－389.

Cai X，Shi ZH，Guo YL，Chen XX. 2005. Parasitism Preference of Diadegma semiclausum to Host Age and the Effect of Parasitism on the Development and Food Consumption of the Host Plutella xylostella［J］．Chinese Journal of Biological Control，21（3）：146－150.

Cai X. 2005b. Mutual manipulation in development by Plutella xylostella Linnaeus and diadegma semiclausum hellen［D］．Zhejiang University.

Chen ZQ，Chen AD，Liao S. 2011. Progress in the Research of Parasitoids Species of Plutella xylostella（L.）and Their Introduction and Utilization in China［J］．Journal of Yunnan Agricultural University，16（4）：308－311.

Chen ZQ，Miao S，Luo KJ. 2001. Mass rearing techniques of diamondback moth［J］．Entomological Knowledge，38（1）：68－70.

Chen ZQ，Miao S，Chen AD，Luo KJ. 2001. Research on technological process of mass－rearing dladegma semiclausum in laboratory［J］．Natural Enemies of Insect，23（4）：145－148.

Chen ZQ，Miao S，Yang CX，Luo KJ，Chen AD，Mu WD. 2003. Introduction of a larval parasitoid Diadegma semiclausum Hellen and evaluation of its potency of controlling Plutella xylostella L.［J］．Plant Protection，29（1）：22－24.

Goodwin S. 1979. Changes in the numbers in the parasitoid complex associated with the diamondback moth，Plutella xylostella（L.）（Lepidoptera）in Victoria［J］．Aust. J. Zool. 27：981－989.

Hardy J E. 1938. Plutella maculipennis Curt. Its natural and biological control in England ［J］. Bull Entomol. Res. , 29：343 – 372.

Kirk A. A. （ed）. 2002. Proceedings of the International Symposium, Improving Biocontrol of *Plutella xylostella*, Montpellier, France, CIRAD, p. 274.

Lim G S. 1982. The biology and effect of parasites on the diamondback moth, *Plutella xylostella* （L.） ［D］. Ph. D. Thesis, Univ. of London, p. 317.

Huang F. 2009. Physiological regulation of the diamondback moth, *Plutella xylostella* （L.） by *Diadegma semiclausum* （H.） ［D］.

Huang F, SAHI M, Chen XX, Zhang JM. 2011. Effect of parasitism by *Diadegma semiclausum* on the humoral immune system of the diamondback moth larvae, *Plutella xylostella* ［J］. Journal of Environmental Entomology, 33 （2）：154 – 158.

Huang F, Zhan JM, Li WD, Lv YB. 2012. Effect of parasitism by *Diadegma semiclausum* on the detoxifying enzymes system of the diamondback moth larvae, *Plutella xylostella* ［J］. Zhejiang Agricultural Science, （5）：700 – 703.

Ko LD. Fang JL. 1979. Studies on the biology of the dlamandback moth, *Plutella Xylostella* L. ：life history, annual generations and temperature relations ［J］. Acta Entomologica Sinica, 22 （3）：310 – 318.

Ll X Y, Ying YQ, Zhao XQ, Chen AD. 2011. The Biological Character of *Plutella xylostela* L. in tonghai County of yunnan Province ［J］. Zoological Research, 32 （suppl）：48 – 51.

Liao S, Chen ZQ, Luo KJ, Chen AD. 2000. ［J］. Plant Protection, 26 （5）：27 – 28.

Lim G. S. 1982. The biology and effects of Parasites on the diamondbaek moth, *Plutella xylostella* （L.） ［D］. PhD thesis, Univ. of London, 317.

Lim G. S. 1986. Biological control of diamondback moth. In：Talekar NS and Criggs TD （eds） . Diamondback moth management Proceeding of the First International Workshop ［C］. Taiwan China：Asia Vegetable Research and Development Center, 159 – 171.

Liu SS, Zhou HW, Liu YQ, He JH. 2004. An investigation of geographic distribution of *Diadegma semiclausum*, a major Parasitoid of the diamondback moth, *Plutella xylostella*, in China ［J］. Acta Phytophylacica Sinica, 31 （1）：13 – 20.

Miyasono M, 2003. Inagaki S, Tanaka R. Ueyama Y. Takeda R. Enhancement of Insecticidal Protein Activity by Spores of Bacillus thuringiensis against the Diamondback Moth, *Plutella xylostella*, Developing Resistance to Insecticidal Protein ［J］. Japanese Journal of Applied Entomology and Zoology, 47：61 – 66.

Muggeridge J. 1993. The diamondback moth, its occurrence and control in New Zealand ［J］, N. Z. J. Agric, 41：253 – 264.

Ooi, P. A. C. 1980. Laboratory studies of *Diadegma cerophaga* （Hymenoptera：Ichneumonidae）, a parasite introduce to control Plutella xylostella （Lepidoptera：Hyponmeutidae） in Malaysia Entomophaga, 25：249 – 259.

Ooi P A C, Lim G S. 1989. Introduction of exotic parasitoids to control diamondback moth in Malaysia ［J］. Journal of Plant Protection Tropics, 6：103 – 111.

Ooi P A C. 1990. Laboratory studies of *Diadegma cerophagus* （Hym. ：Icheumonidae）, a Parasite introduction to control *Plulella xylostella* （LeP. HyPonometidae） in Malaysia ［J］. Entomophaga, 25：249 – 259.

Sarfraz M. Keddie A E and Dosdall L M. 2005. Biological control of the diamondback moth, *Plutella xylostella*：A review ［J］. Biocontr. Sci. Tech, 15 （8）：763 – 789.

Shelton AM. 2004. Management of the diamondback moth：de ja vu all over again In：Endersby N M, Ridland P M （EDS.） The management of diamondback moth and other crucifer pests ［C］. Proceedings of the Fourth International Melbourne, Australia: Department of Natural Resources and Enviroment: 3 – 8.

Shen Fy. 2010. Research Progress on Insecticide Resistance Management in Diamondback Moth [J]. Journal of Hebei Agricultural Sciences, 14 (8): 58 – 60.

Si SY, Xiong Y. 2001. Formulas of distinguish and control Technology on *Plutella xylostella* [J]. Journal of Chang Jiang Vegetables, 23: 36 – 37.

Shirai Y. 1993a. Comparison of longevity and flight ability in wild and laboratory reared male adults of the diamond-back moth, *Plutella xylostella* (L) (Lepidoptera: Yponomcutidae) [J]. AppL. EntomoL. Sci. , 26 (1): 17 – 26.

Shirai Y. 1993b. Factors influencing flight ability of male adults of the diamondback moth, plutella xylostella with special reference to temperature conditions during the larval stage [J]. Appl. Entomol. Zool. , 28: 291 – 301.

Sivapragasam A. (ed) . 1996. Proceedings of the Third International Workshop, 1996, The Management of Diamondback Moth and Other Crucifer Pests, Kuala Lumpur, Malaysia, Malaysian Agricultural Research and Development Institute (MARDI), p. 356.

Sivapragasam A. (ed) . 2006. Is diamondback moth a polyphagous pest? Some thoughts about its host range expansion to pea// Subramanian, S. and Bernhard Lohr. , The Management of Diamondback Moth and Other Crucifer Pests: Proceedings of The Fifth International Workshop, Beijing, China, in Anthony M. Shelton (ed). pp. 63 – 71.

Talekar (ed) . 1986. Evaluation of three parasites on the Biological Control of Diamondback Moth in the Cameron Highlands Malaysia//T. H. Chua and Ooi, P. A. C. Diamondback Moth Management, Proceedings of the first International Workshop Asian Vegetable Research and Development Center, Shanhua, Taiwan, pp. 173 – 184.

Talekar (ed) . 1986. Status of Biological Control of Diamondback Moth by Introduction of Parastioid Diadegma eucerophaga in Indonesia//Sastrosiswojo S. andSastrodihardjo S. , Diamondback Moth Management, Proceedings of the first International Workshop Asian Vegetable Research and Development Center, Shanhua, Taiwan, p. 185 – 194.

Talekar (ed) . 1986. Taxonomic Notes on the Diamondback Moth//Sigeru Moriuti, Diamondback Moth Management, Proceedings of the first International Workshop Asian Vegetable Research and Development Center, Shanhua, Taiwan p. 83 – 88.

Talekar (ed) . 1986. Diamondback Moth Management: Proceedings of the First International Workshop, Tainan, Taiwan, Asian Vegetable Research and Development Center, p. 471.

Talekar (ed) . 1990. Biological Control of Diamondback Moth in the Pacific//D. F. Waterhouse, Diamondback Moth and Other Crucifer Pests, Proceedings of the Second International Workashop, Tainan, Taiwan, pp. 213 – 224.

Talekar (ed) . 1990. Diamondback Moth and its Natural Enemies in Jamaica and Some Other Caribbean Islands// M. M. Alam, Diamondback Moth and Other Crucifer Pests, Proceedings of the Second International Workashop, Tainan, Taiwan, pp. 233 – 243.

Talekar (ed) . 1990. Hymonopterous Parasitoids Associated with Diamondback Moth: the Taxonomic Dilemma// Mike Fitton and Annette Walker, Diamondback Moth and Other Crucifer Pests, Proceedings of the Second International Workashop, Tainan, Taiwan, pp. 225 – 232.

Talekar (ed) . 1990. Introduction of Diadegma semiclausum to control diamondback moth in Taiwan// N. S. Talekar, J. C. Yang and S. T. Lee, Diamondback Moth and Other Crucifer Pests, Proceedings of the Second International Workashop, Tainan, Taiwan, pp. 263 – 270.

Talekar (ed) . 1990. Role of parastiod complex in limiting the population of diamondback moth in Moldavia, Romania//G. Mustata, Diamondback Moth and Other Crucifer Pests, Proceedings of the Second International

Workshop, Tainan, Taiwan, pp. 203 – 211.

Talekar (ed) . 1990. Management of Diamondback Moth and other Crucifer Pests: Proceedings of the Second International Workshop. Shanhua, Taiwan: Asian Vegetable Research and Development Center. p. 603.

Talekar N S, Yang J C. 1991. Characteristic of parasitism of diamondback moth by two larval parasites [J]. Entomophaga, 36 (1): 95 – 104.

Talekar N S, Yang J C, Lee S T. 1992. Introduction of *Diadegma semiclausum* to control diamondback moth in Taiwan [A]. In: Diamondback Moth Management. Proceeding of the Second International Workshop [C]. Shanhua, Taiwan: Asian Vegetable Research and Development Center, 263 – 270.

Talekar N S, Shelton A M. 1993. Biology, ecology, and management of the diamondback moth [J]. Annu. Rev. Entomol, 38: 275 – 301.

Venkatraman, T. V. 1964. Experimental studies in Superparasitism and multiparasitism in *Horogenes cerophage* (Grav.) and *Hymenoboeaina rapi* (Can.), the larval parasites of *Plutella maculipennis* (Curt.) [J]. Indian J. Entomol, 26: 1 – 32.

Waterhouse D F, Norris K R. 1987. Biological Control Pacific Prospects [M]. Inkata: Melbourne Press.

Waterhouse D F. 1992. Biological control of diamondback moth in the Pacific [G] //Talekar N S ed. Proceedings Second International Workshop. Management of diamondback moth and other crucifer Pests. Taiwan: AVRDC, 213 – 222.

Wu WJ. 1993. Host range of *Plutella xylostella* [J]. Entomological Knowledge, 30 (5): 274 – 275.

Yarrow W H T. 1970. Parasites of *Plutella xylostella* (L.) in southeastern Queensland. Queens [J]. J. Agric. Anim. Sci, 27: 321 – 324.

You MS, Wei H, Liu X. 2007. Study on *Plutella xylostella* (L.) [M]. Bei Jing: China's agriculture, 1 – 19.

第十章　农作物粉虱害虫及
其寄生性天敌昆虫

　　粉虱隶属同翅目（Homoptera）粉虱科（Aleyrodidae），是农作物和植物上以刺吸为害的粉虱科昆虫的统称。粉虱种类甚多，1978 年 Mound 和 Halsey 统计，全世界已知粉虱种类有 1 150 种以上。而至 2007 年，全世界粉虱种类已达 161 属 1556 种，分属 3 个亚科 [三爪粉虱亚科（Aleurodicinae），粉虱亚科（Aleyrodinae）和原脉粉虱亚科（Udamosellinae）]，以及 1 个化石种类的亚科（Bernaeinae）。其中，粉虱亚科（Aleyrodinae）世界广泛发生分布，多达 148 属 1 424 种，占总数的 92%（Martin, 2007）。在 20 世纪 80 年代末，周尧和阎凤鸣（1988）报道我国粉虱科昆虫有 2 亚科，30 属，159 种。黄邦侃（1999）记录福建省粉虱科昆虫 19 属 48 种。

　　粉虱为害果树、蔬菜、花卉、粮食和经济作物，以及园林观赏植物等，寄主植物多达 176 科。粉虱的若虫和成虫均刺吸为害植物的叶和幼嫩组织，影响植物生长发育。为害严重时，引起落叶，妨碍果实成熟，影响农作物的产量和品质。除直接为害影响植物生长外，粉虱还分泌蜜露而诱发煤烟病，影响叶片正常的光合作用，并能传播植物病毒，对植物造成间接为害。由于粉虱个体微小，习性隐蔽，若虫固定于植株上，能随苗木远距离运输而生存下来，从而不断传到新区为害，扩大了分布范围。目前，粉虱已成为世界性的害虫类群，1991 年，美国仅仅棉花和蔬菜作物上的粉虱为害就造成 2.5 亿美元的经济损失（BCP, 1996），对农作物生产造成极大威胁。

　　在粉虱害虫中，温室白粉虱 [*Trialeurodes vaporariorum*（Westwood）] 和烟粉虱 [*Bemisia tabaci*（Gennadius）] 是 2 种重要的农作物害虫。尤其烟粉虱，目前，已成为世界农作物上最重要的害虫之一。20 世纪 80 年代以前，烟粉虱在苏丹、埃及、印度、伊朗、土耳其、美国等国家的棉花上造成危害；80 年代后，也在蔬菜和花卉上危害，如也门的西瓜、墨西哥的番茄、印度的豆类、日本的一品红等受害严重（Mound, 1978；罗晨，2000）。从 90 年代开始，烟粉虱不断扩散蔓延，在亚洲、欧洲、非洲、南美洲、中北美洲、大洋洲等大陆地区均有发生危害。B 隐种烟粉虱 20 世纪 90 年代入侵我国，目前已在新疆、北京、河北、天津、山东、山西、浙江、福建等 20 多个省市区相继发生，危害温室大棚蔬菜和露地农作物。烟粉虱危害的寄主植物达 70 多科 600 多种，并传播多种重要的植物病毒，引起寄主作物病毒病的流行（Oliveira, 2001）。

　　粉虱类害虫个体小，繁殖力强，年发生世代数多，具很强的抗药性，且体被蜡质和蜡粉，化学防治困难。从 20 世纪 90 年代后，粉虱害虫的生物防治和持续控制成为世界各国研究和关注的重点。1991—2001 年，美国农业部专门就烟粉虱害虫的防控问题实施了 2 个五年国家研究行动计划（5 – year National Research and Action Plan for the Development of Management Control Methodology for the Sweetpotato Whitefly, US Department of Agriculture），其中，生物防治被确定为重点研究领域（a high – priority research area）（Gould，2008）。国际农业研究顾问组织（Consultative Group on International Agricultural Research，简称 CGIAR，http：// www. cgiar. org/）1997 年也提出粉虱害虫综合治理计划（the CGIAR Whitefly IPM Project），主要包括烟粉虱和温室白粉虱的治理，进行粉虱种类（隐种、生物型）、病毒和天敌的收集和鉴定，开展天敌保护和应用的生物防治，以及实施物理防治、农业措施和科学用药等 IPM 计划；有关烟粉虱的研究与防控，也成为多年来国际植物保护大会的重要主题，至 2009 年，已经召开了 5 届国际烟粉虱大会（International *Bemisia* Workshop），重点研讨烟粉虱生物防治的研究与实践。

自然界中，粉虱害虫的天敌资源十分丰富，主要有捕食性天敌和寄生性天敌二大类群。捕食性天敌包含瓢虫、花蝽、捕食螨等类群；寄生性天敌包含小蜂、细蜂等类群。由于化学防治使粉虱的抗药性不断增强，防治效果降低，同时，化学防治给农作物带来残留，给环境造成污染，影响人类身体健康。因此，利用天敌开展生物防治开辟了粉虱害虫绿色防控的新途径，对发展绿色农业、保护生态环境具有重要意义。

第一节　主要农作物的粉虱害虫

一、主要农作物的粉虱害虫种类

许多农作物和园林植物都受到粉虱害虫的为害，严重影响了农作物的产量和质量。不少种类的粉虱能够为害多种农作物和植物，寄主植物广泛，如烟粉虱的寄主植物多达 600 多种。调查摸清主要果树、粮食和经济作物、花卉和园林植物上的粉虱种类及其发生分布，为粉虱害虫的防治提供科学依据。

（一）果树

1. 柑橘（*Citrus reticulata* Blanco）

蜡肠树粉虱（*Acaudaleyrodes rachipora* Singh）［分布：埃及（截获）］

橘非洲粉虱（*Africaleurodes citri*）［分布：中国（台湾）（截获）］

黑刺粉虱［*Aleurocanthus spiniferus*（Quaintance）］［分布：中国；夏威夷（截获）］

橘黑刺粉虱（*Aleurocanthus woglumi* Ashby）［分布：美国，墨西哥（截获）］

柑橘眼粉虱［*Aleurolobus citriperdus*（Quaintance and Baker）］（分布：中国）

马氏眼粉虱［*Aleurolobus marlatti*（Quaintance）］［分布：中国福建，中国台湾（截获）］

黄刺粉虱［*Aleurolobus spiniferus*（Kuwana）］（分布：中国）

黑圆眼粉虱（*Aleurolobus subrotundus* Silvestri）（分布：中国）

四川眼粉虱（*Aleurolobus szechwanensis* Young）（分布：中国）

椰树扁粉虱（*Aleuroplatus cococolus* Quaintance and Baker）［分布：墨西哥（截获）］

软毛粉虱［*Aleurothrixus floccosus*（Maskell）］［分布：美国，意大利（截获）］

珊瑚瘤粉虱［*Aleurotuberculatus aucubae*（Kuwana）］（分布：中国）

长粉虱（*Bemisia giffardi* Kotinsky）（分布：中国）

双刺长粉虱（*Bemisia giffardi* bispina Young）（分布：中国）

橘粉虱［*Dialeurodes citri*（Ashmead）］［分布：中国；希腊（截获），意大利（截获），南斯拉夫（截获），日本（截获）］

绿粉虱（*Dialeurodes citricola* Young）（分布：中国）

Orchamoplatus caledonicus［分布：新喀里多尼亚（岛）（南太平洋）］

巴豆粉虱［*Orchamoplatus mammaeferus*（Quaintance and Baker）］［分布：日本（截获）］

杨梅缘粉虱［*Parabemisia myricae*（Kuwana）］（分布：中国）

巢粉虱 *Paraleyrodes* sp.（分布：美国）

Singhiella citrifolii［分布：古巴，墨西哥（截获），巴拿马（截获）］

Tetraleurodes ursorum［分布：美国，墨西哥（截获）］

2. 荔枝（*Litchi chinensis* Sonn.）

黑刺粉虱［*Aleurolobus spiniferus*（Quaintance）］（分布：中国）

番石榴瘤粉虱［*Aleurotuberculatus psidii*（Singh）］（分布：中国）

Dialeurolonga elongate（分布：印度）

荔枝孔粉虱（*Dialeuropora litchi* Lin.）（分布：中国）

橄榄粉虱（*Pealius chinensis* Takahashi）（分布：中国）

3. 龙眼（*Dimocarpus longana* Lour.）

黑刺粉虱［*Aleurocanthus spiniferus*（Quaintance）］（分布：中国）

螺旋粉虱（*Aleurodicus dispersus* Russell）［分布：夏威夷（截获）］

霍式复孔粉虱（*Aleurodicus holmesii*）（分布：印度）

马氏眼粉虱［*Aleurolobus marlatti*（Quaintance）］（分布：中国）

四川眼粉虱（*Aleurolobus szechwanensis* Young）（分布：中国）

眼粉虱（*Aleurolobus* sp.）（分布：中国）

瑟格莱什布尔颈粉虱（*Aleurotrachelus saklespurensis*）（分布：印度）

番石榴瘤粉虱［*Aleurotuberculatus psidii*（Singh）］（分布：中国）

Asialeyrodes euphoriae（分布：泰国）

Dialeuronomada russellae（分布：印度）

Dialeuronomada saklespurensis（分布：印度）

橄榄粉虱（*Pealius chinensis* Takahashi）（分布：中国）

长毛皮氏粉虱（*Pealius longisponus* Takahashi）（分布：中国）

4. 枇杷［*Eriobotrya japonica*（Thunb.）］

Aleuroclava psidii（分布：中国）

四川眼粉虱（*Aleurolobus szechwanensis* Young）（分布：中国）

番石榴瘤粉虱［*Aleurotuberculatus psidii*（Singh）］（分布：中国）

5. 番石榴（*Psidium guajava* Linn.）

蜡肠树粉虱（*Acaudaleyrodes rachipora* Singh）（分布：埃及）

皱纹黑刺粉虱（*Aleurocanthus rugosa*）（分布：印度）

橘黑刺粉虱（*Aleurocanthus woglumi* Ashby）［分布：古巴，墨西哥（截获），菲律宾

（截获），中国台湾（截获）］

枣刺粉虱（*Aleurocanthus zizyphi*）（分布：埃及）

Aleuroclava canangae（分布：马来西亚）

Aleuroclava guyavae（分布：中国台湾）

Aleuroclava nigeriae（分布：尼日利亚）

Aleuroclava psidii（Singh）［分布：印度，巴基斯坦，中国台湾，中国香港（截获），马来西亚（截获），墨西哥（截获），菲律宾（截获），泰国（截获）］

安的列斯群岛复孔粉虱（*Aleurodicus antillensis*）（分布：波多黎各）

Aleurodicus capiangae nr.（分布：洪都拉斯）

Aleurodicus coccolobae Quaintance and Baker［分布：美国，洪都拉斯（截获）］

椰子复孔粉虱［*Aleurodicus cocois*（Curtis）］［分布：洪都拉斯，特立尼达岛，亚洲（截获）］

螺旋粉虱（*Aleurodicus dispersus* Russell）［分布：洪都拉斯，美国，委内瑞拉，古巴、爪哇、墨西哥、斯里兰卡、柬埔寨（截获），多米尼加（截获），斐济（截获），海地（截获），夏威夷（截获），中国（入侵），印度（截获），老挝（截获），菲律宾（截获），波多黎各（截获），泰国（截获），托托拉岛（拉丁美洲 英属维尔京群岛的主岛）（截获），越南（截获）］

霍氏复孔粉虱（*Aleurodicus holmesii*）（分布：斐济）

虹彩复孔粉虱（*Aleurodicus iridescens* Cockerell）［分布：洪都拉斯（截获）］

Aleurodicus linguosus Bondar［分布：墨西哥（截获）］

海滨复孔粉虱（*Aleurodicus maritimus*）（分布：洪都拉斯，特立尼达岛）

忽略复孔粉虱（*Aleurodicus neglectus*）（分布：巴西）

垫复孔粉虱（*Aleurodicus pulvinatus*）（分布：特立尼达岛，尼维斯岛，洪都拉斯）

Aleurodicus rugioperculatus Martin（分布：墨西哥）

Aleuroglandulus subtilis（分布：古巴）

马氏眼粉虱［*Aleurolobus marlatti*（Quaintance）］［分布：韩国（截获），菲律宾（截获），越南（截获）］

番石榴眼粉虱（*Aleurolobus psidii*）（分布：印度）

杜鹃花眼粉虱（*Aleurolobus rhododendri*）（分布：中国台湾）

四川眼粉虱（*Aleurolobus szechwanensis* Young）（分布：中国）

Aleuronudus manni（分布：墨西哥）

椰树扁粉虱（*Aleuroplatus cococolus* Quaintance and Baker）［分布：多米尼加（截获），墨西哥（截获）］

Aleuroplatus variegates（分布：哥斯达黎加）

Aleurothrixus aepim（分布：巴西）

番石叶绵粉虱（*Aleurothrixus myrtifolii*）（分布：巴西）

丝绒粉虱（*Aleurothrixus floccosus* Maskell）［分布：墨西哥（截获）］

卷毛绵粉蚧（*Aleurothrixus floccosus*）（分布：安哥拉，巴西，哥伦比亚，古巴，多米尼加，海地）

Aleurotrachelus rosaries（分布：巴西）

Aleurotrachelus trachoides（分布：古巴）

珊瑚瘤粉虱 *Aleurotuberculatus aucubae*（Kuwana）]（分布：中国）

番石榴瘤粉虱［*Aleurotuberculatus psidii*（Singh）]（分布：中国）

非洲小粉虱［*Bemisia afer*（Priesner and Hosny）]（分布：乍得）

中美洲小粉虱（*Bemisia centroamericana*）（分布：墨西哥）

烟粉虱［*Bemisia tabaci*（Gennadius）]［分布：乍得，埃及，印度（截获），墨西哥（截获）]

Ceraleurodicus spendidus（分布：巴西）

Cockerelliella psidii（分布：马来西亚）

橘粉虱［*Dialeurodes citri*（Ashmead）]（分布：巴基斯坦）

宽翅寡脉粉虱（*Dialeurodes platicus*）（分布：巴西）

乳突孔粉虱（*Dialeuropora papillata*）（分布：非洲，尼日利亚）

Disiphon dubienus（分布：巴西）

Lecanoideus floccissimus［分布：西班牙（加那利群岛）]

Metaleurodicus cardini（分布：百慕大群岛，古巴，美国）

Metaleurodicus griseus（Dozier）［分布：波多黎各（截获）]

Metaleurodicus minimus（分布：波多黎各）

Minutaleyrodes cherasensis（分布：马来西亚）

巴豆粉虱［*Orchamoplatus mammaeferus*（Quaintance and Baker）]［分布：夏威夷（截获）]

杨梅缘粉虱（*Parabemisia myricae* Kuwana）（分布：中国）

戈亚巴巢粉虱（*Paraleyrodes goyabae*）（分布：巴西）

迈尼巢粉虱（*Paraleyrodes minei*）（分布：美国）

鳄梨巢粉虱（*Paraleyrodes perseae*）（分布：古巴）

Paraleyrodes urichii［分布：海地（截获）]

Siphoninus phillyreae（分布：埃及）

桑四粉虱［*Tetraleurodes mori*（Quaint.）]［分布：古巴，美国，墨西哥（截获）]

番石榴四粉虱（*Tetraleurodes psidii*）（分布：斯里兰卡）

干茎四粉虱（*Tetraleurodes truncates*）（分布：墨西哥）

方形四粉虱（*Tetraleurodes quadratus* Sampson and Drews）［分布：洪都拉斯（截获）]

蒙氏四粉虱（*Tetraleurodes moundi*）（分布：刚果）

Tetraleurodes perileuca（Cockerell）［分布：墨西哥（截获）]

Trialeurodes dubienus（分布：巴西）

佛州四粉虱［*Trialeurodes floridensis*（Quaintance）]［分布：美国，墨西哥（截获）]

蓖麻四粉虱［*Trialeurodes ricini*（Misra）]［分布：巴基斯坦（截获）]

Trialeurodes vitrinellus Cockerell［分布：墨西哥（截获）]

苘麻四粉虱（*Trialeurodes abutiloneus*）（分布：古巴）

6. 柿（*Diospyros kaki* Linn. f.）

四川眼粉虱（*Aleurolobus szechwanensis* Young）（分布：中国）

珊瑚瘤粉虱 ［*Aleurotuberculatus aucubae*（Kuwana）］（分布：中国）

番石榴瘤粉虱 ［*Aleurotuberculatus psidii*（Singh）］（分布：中国）

Crenidorsum turpiniae（分布：台湾）

橘粉虱 ［*Dialeurodes citri*（Ashmead）］（分布：中国，美国）

中条裸粉虱 ［*Dialeurodes kirkaldyi*（Kotinsky）］（分布：美国）

杨梅缘粉虱 ［*Parabemisia myricae*（Kuwana）］（分布：日本）

7. 橄榄（*Canarium album* Raeusch）

番石榴瘤粉虱 ［*Aleurotuberculatus psidii*（Singh）］（分布：中国）

四须粉虱（*Aleurotuberculatus* sp.）（分布：中国）

杨梅缘粉虱 ［*Parabemisia myricae*（Kuwana）］（分布：中国）

橄榄粉虱（*Pealius chinensis* Takahashi）（分布：中国）

8. 葡萄（*Vitis vinifera* L.）

Acanthaleyrodes callicarpae（分布：日本）

黑刺粉虱（*Aleurocanthus spiniferus*（Quaintance）］（分布：中国）

中华眼粉虱（*Aleurolobus* chinensis Takahashi）（分布：中国）

马氏眼粉虱 ［*Aleurolobus marlatti*（Quaintance）］（分布：中国）

葡萄眼粉虱（*Aleurolobus vitis*）（分布：印度）

珊瑚瘤粉虱 ［*Aleurotuberculatus aucubae*（Kuwana）］（分布：中国）

白边珊瑚粉虱（*Aleurotuberculatus guyavae* Takahashi）（分布：中国）

小菱粉虱（*Aleurotuberculatus murrayae* Singhpt）（分布：中国）

番石榴瘤粉虱 ［*Aleurotuberculatus psidii*（Singh）］（分布：中国）

忍冬粉虱（*Aleyrodes lonicerae* Walker）［分布：英国（截获）］

烟粉虱 ［*Bemisia tabaci*（Gennadius）］（分布：中国）

广肩粉虱（*Dialeurodes bladhiae* Takahashi）（分布：中国）

杨梅缘粉虱 ［*Parabemisia myricae*（Kuwana）］（分布：中国）

葡萄白粉虱 ［*Singhius hibisci*（Kotinsky）］（分布：中国）

纵条蜡粉虱（*Trialeurodes vittata*）（分布：美国）

9. 杨梅（*Myrica rubra* Sieb. et Zucc.）

黑刺粉虱 ［*Aleurocanthus spiniferus*（Quaintance）］（分布：中国）

四川眼粉虱（*Aleurolobus szechwanensis* Young）（分布：中国）

Aleuroplatus plumosus（分布：美国）

浅蓝颈粉虱（*Aleurotrachelus caerulescens*）（分布：中国台湾）

库瓦氏瘤粉虱（*Aleurotuberculatus kuwani* Takahashi）（分布：中国）

黑胶粉虱（*Aleurotuberculatus pectiniferus* Quaintance and Baker）（分布：中国）

四须粉虱（*Aleurotuberculatus* sp.）（分布：中国）

一种粉虱（*Aleyrodes* sp.）（分布：中国）

杨梅缘粉虱 ［*Parabemisia myricae*（Kuwana）］（分布：中国，日本）

10. 桃 [*Prunus persica*（L.）Batsch]

樟黑粉虱（*Aleurolobus szechwanensis* Young）（分布：中国）

四须粉虱（*Aleurotuberculatus* sp.）（分布：中国）

种裸粉虱（*Dialdurodes* sp.）（分布：中国）

杨梅缘粉虱 [*Parabemisia myricae*（Kuwana）]（分布：中国）

Siphoninus phillyreae（分布：印度）

Trialeurodes pergandei（分布：美国）

11. 梨（*Pyrus* sp.）

黑刺粉虱 [*Aleurolobus spiniferus*（Quaintance）]（分布：中国）

樟黑粉虱（*Aleurolobus szechwanensis* Young）（分布：中国）

橘粉虱 [*Dialeurodes citri*（Ashmead）]（分布：美国）

Siphoninus phillyreae（分布：美国）

桑四粉虱 [*Tetraleurodes mori*（Quaintance）]（分布：墨西哥（截获））

12. 奈（*Prunus salicina* LindL. var. *cordata* Y. He *et* J. Y. Zhang）

珊瑚瘤粉虱 [*Aleurotuberculatus aucubae*（Kuwana）]（分布：中国）

樟黑粉虱（*Aleurolobus szechwanensis* Young）（分布：中国）

13. 杨桃（*Averrhoa carambola* L.）

四川眼粉虱（*Aleurolobus szechwanensis* Young）（分布：中国）

樟黑粉虱（*Aleurolobus szechwanensis* Young）（分布：中国）

高氏瘤粉虱（*Aleurotuberculatus takahashi* David *et* Subramaniam）（分布：中国）

14. 枣（*Ziziphus jujuba* Mill.）

马氏眼粉虱 [*Aleurolobus marlatti*（Quaintance）]（分布：中国）

黑胶粉虱（*Aleurotuberculatus pectiniferus* Quaintance *et* Baker）（分布：中国）

15. 李（*Prunus salicina* LindL.）

马氏眼粉虱 [*Aleurolobus marlatti*（Quaintance）]（分布：中国）

（二）粮食与经济作物

1. 水稻（*Oryza sativa* Linn.）

稻粉虱（*Aleurocybotus indicus* David and Subramaniam）（分布：中国，印度，非洲，东亚）

Aleurocybotus occiduus（分布：秘鲁）

Bemisia formosana（分布：印度）

Vasdavidius indicus（分布：中国，尼日尔）

2. 甘薯（*Ipomoea batatas* Lam.）

螺旋粉虱（*Aleurodicus dispersus* Russell）（分布：美国）

Aleurotrachelus trachoides（分布：古巴）

非洲小粉虱 [*Bemisia afer*（Priesner and Hosny）]（分布：中国）

烟粉虱 [*Bemisia tabaci*（Gennadius）]（分布：中国（大陆，台湾），古巴，美国）

蓖麻蜡粉虱（*Trialeurodes ricini*）（分布：尼日利亚）

3. 高粱（*Sorghum vulgare* Pers.）

稻粉虱（*Aleurocybotus indicus* David and Subramaniam）（分布：中国）

烟粉虱［*Bemisia tabaci*（Gennadius）］（分布：中国）

4. 玉米（*Zea mays* L.）

稻粉虱（*Aleurocybotus indicus* David and Subramaniam）（分布：中国）

Aleurocybotus occiduus（分布：美国）

Dialeurolonga elongata（Dozier）（分布：墨西哥（截获））

5. 甘蔗（*Sacoharum sinensis* Roxb.）

稻粉虱（*Aleurocybotus indicus* David *et* Subramaniam）（分布：中国）

6. 茶［*Camellia sinensis*（L.）Ktze.］

黑刺粉虱［*Aleurocanthus spiniferus*（Quaintance）］（分布：中国）

山茶颈粉虱（*Aleurotrachelus camelliae* Kuwana）（分布：中国香港）

珊瑚瘤粉虱［*Aleurotuberculatus aucubae*（Kuwana）］（分布：中国）

樟黑粉虱（*Aleurolobus szechwanensis* Young）（分布：中国）

番石榴瘤粉虱［*Aleurotuberculatus psidii*（Singh）］（分布：中国）

边毛粉虱（*Aleurotuberculatus thysanospermi* Takahashi）（分布：中国）

橘粉虱［*Dialeurodes citri*（Ashmead）］（分布：美国）

杨梅缘粉虱（*Parabemisia myricae* Kuwana）（分布：中国）

7. 棉花（*Gossypium hirsutum* Linn.）

螺旋粉虱（*Aleurodicus dispersus* Russell）［分布：夏威夷（截获）］

烟粉虱［*Bemisia tabaci*（Gennadius）］ （分布：中国；澳大利亚，巴西，哥伦比亚，埃及，萨尔瓦多，印度，伊朗，以色列，肯尼亚，马拉维，墨西哥，摩洛哥，巴基斯坦，苏丹，叙利亚，泰国，土耳其，美国，津巴布韦）

小瘤小粉虱（*Bemisia tuberculata*）（分布：尼加拉瓜）

Trialeurodes rara（分布：印度）

蓖麻蜡粉虱（*Trialeurodes ricini*）（分布：印度）

苘麻蜡粉虱（*Trialeurodes abutiloneus*）（分布：墨西哥，美国）

8. 烟草（*Nicotiana tabacum* Linn.）

烟粉虱［*Bemisia tabaci*（Gennadius）］（分布：中国；波多黎各，印度，印度尼西亚）

温室白粉虱［*Trialeurodes vaporariorum*（Westwood）］（分布：中国）

9. 油茶（*Camellia oleifera* AbeL.）

黑刺粉虱［*Aleurocanthus spiniferus*（Quaintance）］（分布：中国）

黑胶粉虱（*Aleurotuberculatus pectiniferus* Quaintance *et* Baker）（分布：中国）

10. 黄麻（*Corchorus capsularis* L.）

烟粉虱［*Bemisia tabaci*（Gennadius）］（分布：中国）

（三）蔬菜

1. 大豆（*Phaseolus vulgaris* L.）

螺旋粉虱（*Aleurodicus dispersus* Russell）（分布：美国）

马氏眼粉虱［*Aleurolobus marlatti*（Quaintance）］（分布：中国）

非洲小粉虱 [*Bemisia afer* （Priesner and Hosny）] （分布：中国）

烟粉虱 [*Bemisia tabaci* （Gennadius）] [分布：中国；古巴，洪都拉斯，巴基斯坦，墨西哥（截获）]

温室白粉虱 [*Trialeurodes vaporariorum* （Westwood）] [分布：中国；多米尼加，墨西哥（截获）]

2. 丝瓜 （*Luffa acutangula* Roxb.）

非洲小粉虱 [*Bemisia afer* （Priesner and Hosny）] （分布：中国）

烟粉虱 [*Bemisia tabaci* （Gennadius）] （分布：中国）

3. 长豇豆 [*Vigna unguiculata* Subsp. *sesquipedalis* （Linn.） Verdc.]

非洲小粉虱 [*emisia afer* （Priesner and Hosny）] （分布：中国）

烟粉虱 [*Bemisia tabaci* （Gennadius）] （分布：中国）

4. 花椰菜 （*Brassica oleracea* L. var. *botrytis* L.）

烟粉虱 [*Bemisia tabaci* （Gennadius）] （分布：中国；美国）

5. 结球甘蓝 （包菜） （*Brassica oleracea* L. var. *capitata* L.）

Aleyrodes amnicola （分布：美国）

欧洲甘蓝粉虱 （*Aleyrodes proletella*） （分布：英格兰，德国，意大利）

烟粉虱 [*Bemisia tabaci* （Gennadius）] （分布：中国，古巴，西班牙，美国）

6. 茄子 （*Solanum melongena* L.）

螺旋粉虱 （*Aleurodicus dispersus* Russell） （分布：菲律宾）

丝绒粉虱 （*Aleurothrixus floccosus*） （分布：古巴）

烟粉虱 [*Bemisia tabaci* （Gennadius）] [分布：中国，多米尼加，印度，马提尼克岛（拉丁美洲），波多黎各，泰国，土耳其，美国，厄瓜多尔（截获），洪都拉斯（截获）]

温室白粉虱 [*Trialeurodes vaporariorum* （Westwood）] （分布：中国，多米尼加）

7. 黄瓜 （*Cucumis sativus* Linn.）

烟粉虱 [*Bemisia tabaci* （Gennadius）] [分布：中国，马提尼克岛（拉丁美洲）]

温室白粉虱 [*Trialeurodes vaporariorum* （Westwood）] （分布：中国，太平洋岛屿）

8. 番茄 （*Lycopersicon esculentum* Mill.）

烟粉虱 [*Bemisia tabaci* （Gennadius）] （分布：中国）

温室白粉虱 [*Trialeurodes vaporariorum* （Westwood）] （分布：中国）

（四） 花卉

1. 玫瑰 （*Rosa rugosa* Thunb.）

黑刺粉虱 [*Aleurocanthus spiniferus* （Quaintance）] （分布：中国）

2. 蔷薇 （*Rosa multiflora* Thunb.）

黑刺粉虱 [*Aleurocanthus spiniferus* （Quaintance） （分布：中国）

温室白粉虱 [*Trialeurodes vaporariorum* （Westwood） （分布：中国）

3. 芙蓉 （*Hibiscus mutabilis* Linn.）

烟粉虱 [*Bemisia tabaci* （Gennadius）] （分布：中国）

苘麻蜡粉虱 （*Trialeurodes abutiloneus*） （分布：美国）

4. 桂花（*Osmanthus fragrans* Lour.）

螺旋粉虱（*Aleurodicus dispersus* Russell）（分布：美国）

木犀眼粉虱（*Aleurolobus osmanthi*）（分布：中国）

眼粉虱（*Aleurolobus* sp.）（分布：中国）

番石榴瘤粉虱〔*Aleurotuberculatus psidii*（Singh）〕（分布：中国）

Crenidorsum micheliae（分布：中国台湾）

橘粉虱〔*Dialeurodes citri*（Ashmead）〕（分布：美国）

5. 茉莉〔*Jasminum sambac*（Linn.）Aiton〕

Aleuroclava jasmine〔分布：美国，菲律宾（截获），泰国（截获）〕

茉莉粉虱（*Aleurotuberculatus jasmini* Takahashi）（分布：中国）

番石榴瘤粉虱〔*Aleurotuberculatus psidii*（Singh）〕（分布：中国）

高氏瘤粉虱（*Aleurotuberculatus takahashi* David and Subramaniam）（分布：中国）

橙黄粉虱〔*Bemisia giffardi*（Kotibsky）〕（分布：印度）

橘粉虱〔*Dialeurodes citri*（Ashmead）〕（分布：印度）

中条裸粉虱〔*Dialeurodes kirkaldyi*（Kotinsky）〕〔分布：中国（台湾），巴基斯坦，美国，萨尔瓦多（截获），夏威夷（截获），越南（截获）〕

普通裸粉虱（*Dialeurodes vulgaris*）（分布：印度）

温室白粉虱〔*Trialeurodes vaporariorum*（Westwood）〕（分布：中国）

6. 月季（*Rosa chinensis* Jacq.）

螺旋粉虱（*Aleurodicus dispersus* Russell）〔分布：夏威夷（截获）〕

番石榴瘤粉虱〔*Aleurotuberculatus psidii*（Singh）〕（分布：中国）

温室白粉虱〔*Trialeurodes vaporariorum*（Westwood）〕（分布：中国）

7. 栀子花（*Gardenia jasminoides* Ellis）

螺旋粉虱（*Aleurodicus dispersus* Russell）〔分布：夏威夷（截获）〕

Aleurothrixus antidesmae Takahashi〔分布：夏威夷（截获）〕

茉莉粉虱（*Aleaurotuberculatus jasmini* Takahashi）（分布：中国）

高氏瘤粉虱（*Aleurotuberculatus takahashi* David and Subramaniam）（分布：中国）

橙黄粉虱〔*Bemisia giffardi*（Kotinsky）〕〔分布：印度（截获）〕

橘粉虱〔*Dialeurodes citri*（Ashmead）〕〔分布：中国，洪都拉斯，朝鲜，美国，阿根廷（截获），墨西哥（截获）〕

中条裸粉虱〔*Dialeurodes kirkaldyi*（Kotinsky）〕〔分布：中国（截获），墨西哥（截获）〕

Parabemisia myricae（Kuwana）〔分布：夏威夷（截获）〕

Singhiella citrifolii（分布：美国）

8. 荷花玉兰（*Magnolia grandiflora* L.）

Aleuroplatus plumosus（分布：美国）

珊瑚瘤粉虱〔*Aleurotuberculatus aucubae*（Kuwana）〕（分布：中国）

番石榴瘤粉虱〔*Aleurotuberculatus psidii*（Singh）〕（分布：中国）

烟粉虱〔*Bemisia tabaci*（Gennadius）〕（分布：伊朗）

杨梅缘粉虱［*Parabemisia myricae*（Kuwana）］［分布：中国（截获）］

Tetraleurodes ursorum（分布：美国）

9. 羊蹄甲（*Bauhinia variegata* L.）

杜鹃棒粉虱（*Aleuroclava rhododendri*）（分布：中国台湾）

螺旋粉虱（*Aleurodicus dispersus* Russell）（分布：印度）

四川眼粉虱（*Aleurolobus szechwanensis* Young）（分布：中国）

番石榴瘤粉虱［*Aleurotuberxulatus psidii*（Singh）］（分布：中国）

多孔伯粉虱（*Bemisia porteri*）（分布：中国台湾）

Lecanoideus floccissimus［分布：西班牙（加那利群岛）］

金合欢四粉虱（*Tetraleurodes acaciae*）（分布：墨西哥）

10. 扶桑（*Hibiscus rosa – sinensis* L.）

木槿黑刺粉虱（*Aleurocanthus hibisci*）（分布：马来西亚）

Aleuroclava multituberculata（分布：印度）

螺旋粉虱（*Aleurodicus dispersus* Russell）［分布：夏威夷（截获），菲律宾（截获），波多黎各（截获）］

巨大粉虱（*Aleurodicus dugesii*）（分布：墨西哥，美国）

Aleurotrachelus trachoides（Back）［分布：夏威夷（截获）］

烟粉虱［*Bemisia tabaci*（Gennadius）］［分布：中国；印度尼西亚，伊朗，美国，日本（截获）］

Lecanoideus floccissimus［分布：西班牙（加那利群岛）］

庞达巢粉虱（*Paraleyrodes bondari* Peracchi）［分布：夏威夷（截获）］

Singhius hibisci（分布：美国）

苘麻蜡粉虱（*Trialeurodes abutiloneus*）（分布：美国）

温室白粉虱［*Trialeurodes vaporariorum*（Westwood）］［分布：中国，夏威夷（截获）］

11. 白玉兰（*Magnolia denudata* Desr.）

皱纹黑刺粉虱（*Aleurocanthus rugosa*）（分布：中国台湾）

四川眼粉虱（*Aleurolobus szechwanensis* Young）（分布：中国）

葡萄粉虱（*Aleurolobus* sp.）（分布：中国）

樟黑粉虱（*Aleurolobus szechwanensis* Young）（分布：中国）

番石榴瘤粉虱［*Aleurotuberculatus psidii*（Singh）］（分布：中国）

杨梅缘粉虱［*Parabemisia myricae*（Kuwana）］（分布：中国）

二、重要粉虱害虫及其作物寄主

在农作物生产中，重要粉虱害虫的危害给农作物生产造成了极大的经济损失。以下列出危害严重、具有重要经济意义的粉虱害虫种类，以及它们为害的主要农作物和寄主植物。

1. 烟粉虱［*Bemisia tabaci*（Gennadius）］

寄主植物：棉花、花菜、包菜、茄子、番茄、黄瓜、大豆、菜豆、香菇豆、甘薯、一品红、桑、葡萄、菊芋、芝麻、黄麻、木芙蓉、田菁、莴苣、羽叶茑萝、扶桑、绿篱等。

2. 温室白粉虱［*Trialeurodes vaporariorum*（Westwood）］

寄主植物：烟草、番茄、黄瓜、茄子、大豆、辣椒、西瓜、冬瓜、甘兰、白菜、豇豆、扁豆、莴苣、一品红、草莓、月季、蔷薇、茉莉、石榴、扶桑、杜鹃、万寿菊等。

3. 橘粉虱［*Dialeurodes citri*（Ashmead）］

寄主植物：柑橘类果树、玳玳、女贞、栀子、柿、山茶花、乌桕等。

4. 黑刺粉虱［*Aleurolobus spiniferus*（Quaintance）］

寄主植物：柑橘、柚、茶、葡萄、梨、蔷薇、玫瑰、油茶、樟、荔枝、龙眼等。

5. 稻粉虱（*Aleurotuberculatus indicaus* David *et* Subramaniam）

寄主植物：水稻、甘蔗、高粱、玉米等。

6. 高氏瘤粉虱（*Aleurotuberculatus takahashi* David *et* Subramaniam）

寄主植物：茉莉、绿篱等。

7. 番石榴瘤粉虱（*Aleurotuberculatus psidii* Takahashi）

寄主植物：番石榴、龙眼、荔枝、枇杷、蒲桃、桑、米兰等。

8. 螺旋粉虱（*Aleurodicus dispersus* Russell）

寄主植物：番石榴、大叶榄仁、印度紫檀、木薯、香蕉、藿香蓟、木瓜、土牛膝、番荔枝、野冬瓜等。

9. 菩提皮粉虱［*Pealius spina*（Singh）］

寄主植物：菩提。

10. 杨梅缘粉虱［*Parabemisia myricae*（Kuwana）］

寄主植物：桃、葡萄、杨梅、橄榄、柑橘类果树、含笑、茶、白玉兰、楠、桑、柳、无花果、番石榴、木荷、阿丁枫等。

11. 马氏眼粉虱［*Aleurolobus marlatti*（Quaintance）］

寄主植物：柑橘类果树、葡萄、樟、乌桕、枫、龙眼、李、枣、大豆等。

12. 四川眼粉虱（*Aleurolobus szechwanensis* Young）

寄主植物：柑橘、龙眼、番石榴、杨梅、乌桕等。

第二节　农作物粉虱害虫的寄生性天敌类群

粉虱害虫的寄生性天敌主要是膜翅目寄生蜂类群，是粉虱害虫生物防治中重要的天敌资源，对粉虱害虫具有很好的自然控制作用，20 世纪 90 年代以来，美国、英国、加拿大、澳大利亚等国家都曾利用丽蚜小蜂（*Encarsia formosa* Gahan）和桨角蚜小蜂（*Eretmocerus* spp.）防治温室白粉虱和烟粉虱，在温室大棚和露地作物上都取得较好成效。

粉虱害虫的寄生性天敌类群隶属膜翅目（Hymenoptera）的小蜂总科（Chalcidoidea）和细蜂总科［Proctotrupoidea（＝Serphoidea）］的寄生蜂。了解和认识粉虱的寄生蜂类群，将为粉虱寄生蜂的资源调查和分类鉴定，开展粉虱寄生蜂的生物学、生态学研究，以及为保护和利用寄生蜂进行粉虱害虫的生物防治，提供重要的基础知识和理论依据。

目前，根据已有调查和文献资料汇总，小蜂总科是粉虱害虫最主要的寄生蜂类群，其次是细蜂总科的寄生蜂。

一、小蜂总科（Chalcidoidea）

小蜂总科是一类体型较小的寄生蜂类群，目前包含 19 个科，约 22 000 多种。其大多数种类都是农作物害虫重要的寄生性天敌。

小蜂总科中寄生粉虱的寄生蜂有蚜小蜂科（Aphelinidae）、姬小蜂科（Eulophidae）、棒小蜂科（Signiphoridae）、金小蜂科（Pteromalidae）和跳小蜂科（Encyrtidae）等种类。但无论从寄生蜂数量，还是从生物防治应用成效上看，蚜小蜂科都是其中最重要的一个寄生蜂类群。

（一）蚜小蜂科（Aphelinidae）

蚜小蜂科是小蜂总科中的一个中等大小的科，约含 34 属 1300 多种，主要寄生同翅目的粉虱、介壳虫和蚜虫等农作物害虫。在世界害虫生物防治实践中，蚜小蜂是应用最多、也是最成功的寄生蜂类群之一。如：利用多种黄蚜小蜂（*Aphytis* spp.）防治柑橘介壳虫；利用苹果绵蚜蚜小蜂［*Aphelinus mali*（Haldeman）］防治苹果绵蚜；利用丽蚜小蜂（*Encarsia formosa* Gahan）防治粉虱；利用花角蚜小蜂（*Coccobius azumai* Tachikawa）防治松突圆蚧等，都获得显著成效，在农业生产上具有重要的经济意义。蚜小蜂大多数种类为害虫的体内寄生蜂和体外寄生蜂，少数种类为害虫（如叶蝉、蝗虫等）的卵寄生蜂，也有一些种类或雄性个体为重寄生蜂。

蚜小蜂是粉虱害虫最重要的寄生性天敌，也是粉虱寄生性天敌中最大的寄生蜂类群。据 Evans（2007）和 Heraty（2007）统计，全世界寄生粉虱的蚜小蜂科寄生蜂已知有 7 属 274 种。

（1）丽蚜小蜂属 *Encarsia*   175 种

（2）浆角蚜小蜂属 *Eretmocerus*   70 种

（3）*Encarsiella* 属   12 种

（4）裸带花角蚜小蜂属 *Ablerus*   8 种（多为重寄生蜂）

（5）*Dirphys* 属   6 种

（6）*Cales* 属   2 种

（7）迈蚜小蜂属 *Myiocnema*   1 种

在蚜小蜂科中，恩蚜小蜂属（*Encarsia*）和浆角蚜小蜂属（*Eretmocerus*）是粉虱害虫最重要的寄生蜂类群，不少种类已成功应用于粉虱害虫的生物防治。多年来，应用丽蚜小蜂（*Encarsia formosa*）防治温室白粉虱（*Trialeurodes vaporariorum*）是世界各国生物防治的成功事例之一，近年来，丽蚜小蜂又被用来防治烟粉虱（*Bemisia tabaci*），也取得较好成效。1978 年，我国从英国引进丽蚜小蜂，开展了防治温室白粉虱的研究和应用推广，目前，丽蚜小蜂已分布我国北方多个省区，也成为防治烟粉虱害虫的重要天敌。

（二）姬小蜂科（Eulophidae）

姬小蜂科是小蜂总科中的 1 个大科，目前分为 4 个亚科：Eulophinae，Euderinae，Tetrastichinae 和 Entedoninae。

寄生粉虱的姬小蜂科寄生蜂主要是 Entedoninae 亚科的种类。据 Evans（2007）统计，全世界寄生粉虱的姬小蜂科寄生蜂已知有 8 属 42 种：

（1）*Aleuroctonus* 属　　　　　3 种

（2）*Baeoentedron* 属　　　　　1 种

（3）*Dasyomphale* 属　　　　　1 种

（4）*Entedononecremnus* 属　　9 种

（5）*Euderomphale* 属　　　　20 种

（6）*Neochrysocharis* 属　　　1 种

（7）*Neopomphale* 属　　　　　5 种

（8）*Pomphale* 属　　　　　　2 种

寄生粉虱的姬小蜂科寄生蜂种类不是很多，其中，有关一些粉虱寄主的记录尚有存疑。但目前，姬小蜂作为粉虱害虫的寄生性天敌资源，其重要性正逐步为寄生蜂分类学者所关注，如寄生粉虱的姬小蜂 Entedoninae 亚科已被一些学者较系统地进行了研究（La-Salle，1994）。因此，在分类研究和保护利用方面，姬小蜂有可能成为继蚜小蜂之后寄生粉虱的重要寄生蜂类群。

（三）棒小蜂科（Signiphoridae）

棒小蜂科是小蜂总科中的一个小科，含 4 属 100 多种。已知 *Signiphora* 属的 4 种棒小蜂寄生粉虱，并可能都是重寄生蜂（Evans，2007）。

Signiphora 属

（1）*Signiphora aleyrodis*（Ashmead，1900）

寄主：粉虱科 Aleyrodidae：*Bemisia tabaci*，*Crenidorsum* sp.，*Dialeurodicus* sp.，金合欢四粉虱（*Tetraleurodes acaciae*），苘麻蜡粉虱（*Trialeurodes abutiloneus*）。

分布：美国，巴西，哥斯达黎加，哥伦比亚，多米尼加，洪都拉斯，墨西哥，秘鲁，波多黎各，马德拉岛（非洲）。

（2）*Signiphora citrifolii*（Ashmead，1900）

寄主：粉虱科 Aleyrodidae：*Aleuroplatus coronatus*，*Aleuroplatus gelatinosus*。

分布：美国。

（3）*Signiphora coquilletti*（Ashmead，1900）

寄主：粉虱科 Aleyrodidae：*Aleyrodes* sp.（寄主植物 *Quercus agrifolia*）。

分布：美国，巴西，墨西哥。

（4）*Signiphora townsendi*（Ashmead，1900）

寄主：粉虱科 Aleyrodidae：*Aleurothrixus floccosus*。

分布：美国，阿根廷，巴西，哥伦比亚，多米尼加，波多黎各，墨西哥，乌拉圭，意大利。

（四）金小蜂科（Pteromalidae）

金小蜂科是小蜂总科中的 1 个大科，有 550 多属 3 000 多种，主要寄生鳞翅目、鞘翅目的幼虫、蛹、卵等，以及膜翅目、双翅目、同翅目等。寄生粉虱的种类甚少，据报道仅有 2 种金小蜂寄生粉虱，即 *Aphobetus* 属和 *Idioporus* 属各 1 种（Evans，2007）。

1. *Aphobetus* 属

Aphobetus moundi（Boucek，1988）

寄主：粉虱科 Aleyrodidae：*Synaleurodicus hakeae*，*Synaleurodicus* sp.。

分布：澳大利亚。

2. *Idioporus* 属

Idioporus affinis（LaSalle and Polaszek，1997）

寄主：粉虱科 Aleyrodidae：巨大粉虱（*Aleurodicus dugesii*），一种粉虱。

分布：哥斯达黎加，萨尔瓦多，危地马拉。

（五）跳小蜂科（Encyrtidae）

跳小蜂科是小蜂总科中的 1 个大科，有 450 多属 3 000 多种，主要寄生介壳虫，少数寄生鳞翅目、鞘翅目、双翅目、同翅目等其他昆虫。寄生粉虱的种类甚少，据报道 *Metaphycus* 属有 6 种和 *Zarhopaloides* 属的 1 种跳小蜂寄生粉虱（Evans，2007）。

1. *Metaphycus* 属

（1）*Metaphycus acapulcus*（Myartseva and Ruiz，2003）

寄主：粉虱科 Aleyrodidae：三爪粉虱亚科 Aleurodicinae：*Tetraleurodes* sp.。

分布：墨西哥。

（2）*Metaphycus aleyrodis*（Myartseva and Ruiz，2002）

寄主：粉虱科 Aleyrodidae：*Tetraleurodes* sp.（寄主植物 *Adelia barbinervis*）。

分布：墨西哥。

（3）*Metaphycus angustifrons* Compere，1957

寄主：粉虱科 Aleyrodidae：*Aleurothrixus floccosus*。

分布：美国。

（4）*Metaphycus omega* Noyes，2004

寄主：粉虱科 Aleyrodidae：*Aleurothrixus floccosus*，橘粉虱［*Dialeurodes citri*（Ashmead）］，*Paraleyrodes* sp，*Aleurodicus martimus*，*Aleurodicus pulvinatus*。

分布：巴西，哥斯达黎加，厄瓜多尔，圭亚拉，巴拉圭，特立尼达。

（5）*Metaphycus troas* Noyes，2004

寄主：粉虱科 Aleyrodidae：*Trialeurodes floridensis*。

分布：哥斯达黎加，墨西哥。

（6）*Metaphycus zdeneki* Noyes and Lozada，2005

寄主：粉虱科 Aleyrodidae：*Bakerius* sp.。

分布：秘鲁。

2. *Zarhopaloides* 属

Zarhopaloides anaxenor Noyes，2001

寄主：粉虱科 Aleyrodidae：*Zaphanera papyrocarpae*（寄主植物 *Acacia papyrocarpa*）。

分布：澳大利亚。

二、细蜂总科［Proctotrupoidea（＝Serphoidea）］

细蜂总科中寄生粉虱的寄生蜂不多，仅有广腹细蜂科（Platygasteridae）的一些种类。

广腹细蜂科（Platygasteridae）

广腹细蜂科大部分种类是双翅目（Diptera）瘿蚊科（Cecidomyiidae）的卵—幼虫寄生

蜂。仅有 2 个属，即 *Aleyroctonus* 属的 1 种和 *Amitus* 属的多数种类为粉虱科昆虫的体内寄生蜂（Evans，2007）。常见的有 *Amitus* 属的寄生蜂，其中，*Amitus hesperidum*、*Amitus bennetti* 和 *Amitus spiniferus* 在一些国家已用于粉虱害虫的生物防治。

　　根据粉虱寄生蜂类群的重要性，以下主要对寄生粉虱的蚜小蜂科、姬小蜂科和广腹细蜂科寄生蜂进行分别介绍。

第三节　寄生粉虱的蚜小蜂科寄生蜂

　　蚜小蜂是粉虱寄生性天敌中最重要的寄生蜂类群。在粉虱害虫生物防治中，是种类数量最多、也是普遍应用最广的一个类群，已经在多个国家进行商品化生产和释放应用，对农作物重要害虫烟粉虱和温室白粉虱的生物防治获得良好的成效。

　　寄生粉虱的蚜小蜂科寄生蜂约有 7 属 274 种，但主要是恩蚜小蜂属 *Encarsia*（约 175 种）和桨角蚜小蜂属 *Eretmocerus*（约 70 种）的种类。而 *Ablerus* 属多为重寄生蜂。

1. *Encarsia* 属、*Eretmocerus* 属和 *Encarsiella* 属

　　寄生粉虱的 *Encarsia* 属、*Eretmocerus* 属和 *Encarsiella* 属的蚜小蜂种类甚多，总计约有 257 种，其种类名录可以参考 Evans（2007）和 Heraty 等（2007）等。

2. *Ablerus* 属

（1）*Ablerus aleuroides*（Husain and Agarwal，1982）

寄主：粉虱科 Aleyrodidae：一种粉虱（寄主植物 *Citrus medica*）。

分布：印度。

（2）*Ablerus aligarhensis*（Khan and Shafee，1976）

寄主：粉虱科 Aleyrodidae：*Aleurolobus barodensis*（寄主植物 *Saccharum officinarum*）。

分布：印度。

（3）*Ablerus capensis*（Howard，1907）

寄主：粉虱科 Aleyrodidae：一种粉虱。

分布：南非。

（4）*Ablerus connectans*（Silvestri，1927）

寄主：粉虱科 Aleyrodidae：*Aleurocanthus spiniferus*，*Aleurocanthus woglumi*。

分布：中国（香港），斯里兰卡。

（5）*Ablerus delhiensis*（Lal，1938）

寄主：粉虱科 Aleyrodidae：*Aleurolobus barodensis*。

分布：印度，爪哇。

（6）*Ablerus inquirenda*（Silvestri，1928）

寄主：粉虱科 Aleyrodidae：*Aleurocanthus citriperdus*，*Aleurocanthus woglumi*，*Lipaleyrodes euphorbiae*。

分布：印度，新加坡，越南，爪哇，苏门答腊。

（7）*Ablerus macrochaeta*（Silvestri，1928）

寄主：粉虱科 Aleyrodidae：*Aleurocanthus inceratus*，*Aleurocanthus woglumi*。

分布：印度，越南。

（8） *Ablerus pumilus* （Annecke and Insley，1970）

寄主：粉虱科 Aleyrodidae：*Aleuroplatus cadabae*。

分布：埃塞俄比亚，南非。

3. *Cales* 属

（1） *Cales noacki* （Howard，1907）

寄主：粉虱科 Aleyrodidae：*Aleurocanthus woglumi*，*Aleurothrixus floccosus*，*Aleurothrixus porteri*，*Aleurotrachelus atratus*，*Aleurotuba jelinekii*，*Aleurotulus nephrolepidis*，忍冬粉虱（*Aleyrodes lonicerae* Walker），*Bemisia afer*，*Crenidorsum aroidephagus*，*Tetraleurodes* sp.。

分布：阿根廷，巴西，Galapagos 群岛，海地，意大利（引进），亚速尔群岛（大西洋东北部），加那利群岛（大西洋东北部），马德拉群岛（非洲）。

（2） *Cales orchamoplati* （Viggiani and Carver，1988）

寄主：粉虱科 Aleyrodidae：*Orchamoplatus citri* （柠檬 *Citrus limon*）。

分布：澳大利亚。

4. *Dirphys* 属

（1） *Dirphys aphania* （Polaszek，1999）

寄主：粉虱科 Aleyrodidae：*Azuraleurodicus pentarthus*。

分布：伯利兹（拉丁美洲）。

（2） *Dirphys diablejo* （Polaszek and Hayat，1992）

寄主：粉虱科 Aleyrodidae：一种粉虱。

分布：秘鲁。

（3） *Dirphys encantadora* （Polaszek and Hayat，1992）

寄主：粉虱科 Aleyrodidae：*Nealeurodicus altissimus*。

分布：厄瓜多尔，墨西哥。

（4） *Dirphys larensis* （Chavez，1996）

寄主：粉虱科 Aleyrodidae：*Aleurodicus pulvinatus*，*Aleurodicus* sp.，*Aleurothrixus floccosus*。

分布：委内瑞拉。

（5） *Dirphys mendesi* （Polaszek & Hayat，1992）

寄主：粉虱科 Aleyrodidae：*Aleurodicus maritimus*。

分布：巴西。

（6） *Dirphys mexicana* （Howard，1907）

寄主：粉虱科 Aleyrodidae：*Nealeurodicus altissimus*，一种粉虱。

分布：哥斯达黎加，墨西哥。

5. *Myiocnema* 属

Myiocnema comperei （Ashmead，1900）

寄主：粉虱科 Aleyrodidae：*Aleyrodes* sp.。

分布：美国，印度，澳大利亚，爪哇。

第四节 寄生粉虱的姬小蜂科寄生蜂

已有的研究表明，姬小蜂科是粉虱类害虫的第 2 大寄生蜂类群。但由于粉虱寄生蜂大部分是蚜小蜂科的种类，因此，对粉虱姬小蜂科寄生蜂的调查和研究往往为人们所忽略。

寄生粉虱的姬小蜂科寄生蜂主要隶属 Entedoninae 亚科，Euderomphalini 族。LaSalle 和 Schauff（1994）对该族进行了系统的分类研究，将 Euderomphalini 族分为 2 个属团（genus groups），包含 7 个属。*Euderomphale* 属团包含 4 个属：*Baeoentedon* 属、*Euderomphale* 属、*Neopomphale* 属、*Pomphale* 属。*Entedononecremnus* 属团包含 3 个属：*Aleuroctonus* 属、*Dasyomphale* 属、*Entedononecremnus* 属。

1. *Aleuroctonus* 属

（1）*Aleuroctonus latiscapus*（Hansson and LaSalle，2003）

寄主：粉虱科 Aleyrodidae。

分布：巴西。

（2）*Aleuroctonus vittatus*（Dozier，1993）

寄主：粉虱科 Aleyrodidae：三爪粉虱亚科 Aleurodicinae：*Aleurodicus antillensis* Dozier，螺旋粉虱（*Aleurodicus dispersus* Russell）。

分布：美国（佛罗里达）、波多黎各、开曼群岛（拉丁美洲）。

2. *Baeoentedon* 属

Baeoentedon 属由 Girault 1915 年建立属的模式种 *Baeoentedon peculicornis* Girault，1915 采自灌木，其寄主未知。Boucek（1988）推测本属可能是木虱总科 Psylloidea 的寄生蜂；但是 LaSalle 和 Schauff（1994）根据其显著的形态特征，将该属置于姬小蜂科的 Euderomphalini 族，由于该族已知寄主的各属均寄生粉虱科昆虫，因此，LaSalle 和 Schauff（1994）推测 *Baeoentedon* 属也是寄生粉虱的姬小蜂。

最近，我们研究了采自福建厦门寄生菩提皮粉虱［*Pealius spina*（Singh）］（菩提树）的一种姬小蜂，已确定为 *Baeoentedon* 属的种类，由此首次证实了姬小蜂科的 *Baeoentedon* 属是寄生粉虱的寄生蜂。

（1）*Baeoentedon peculicornis*（Girault，1915）

寄主：未知。但是，LaSalle and Schauff（1994）根据其显著的形态特征，将该属置于姬小蜂科的 Euderomphalini 族（该族已知寄主的各属均寄生粉虱科昆虫），并推测 *B. peculicornis* 也是寄生粉虱科昆虫。

分布：澳大利亚（昆士兰）。

（2）*Baeoentedon* sp.

寄主：粉虱科 Aleyrodidae：菩提皮粉虱［*Pealius spina*（Singh）］菩提树（*Ficus religiosa* Linn.）荨麻目 Urticales：桑科 Moraceae。

分布：中国（福建，厦门）。

3. *Dasyomphale* 属

Dasyomphale chilensis（LaSalle and Schauff，1994）

寄主：粉虱科 Aleyrodidae 寄主植物［*Quillaja saponaria*（Rosaceae）］。

分布：智利。

4. *Entedononecremnus* 属

（1）*Entedononecremnus annellus* Myartseva，2004

寄主：粉虱科 Aleyrodidae：*Nealeurodicus altissimus*（寄主植物 *Sapium subiferum*）。

分布：墨西哥。

（2）*Entedononecremnus convexus*（Hansson and LaSalle，2003）

寄主：粉虱科 Aleyrodidae（寄主植物 sugar apple）。

分布：哥伦比亚，Costa Rica，Trinidad.

（3）*Entedononecremnus funiculatus*（Myartseva，2004）

寄主：粉虱科 Aleyrodidae：*Aleurodicus* sp.（寄主植物 *Psidium guajava*）。

分布：墨西哥。

（4）*Entedononecremnus guamuchil*（Myartseva，2004）

寄主：粉虱科 Aleyrodidae：Aleurodicinae（寄主植物 *Pithecellobium* sp.）。

分布：墨西哥。

（5）*Entedononecremnus hansoni*（Hansson and LaSalle，2003）

寄主：粉虱科 Aleyrodidae：*Nealeurodicus altissimus*（寄主植物 *Cassia*）。

分布：2：Costa Rica，洪都拉斯，墨西哥。

（6）*Entedononecremnus krautneri*（Zolnerowich and Rose，1996）

寄主：粉虱科 Aleyrodidae：巨大粉虱（*Aleurodicus dugesii*）（寄主植物 *Hibiscus syriacus*）。

分布：美国，Costa Rica，El Salvador，墨西哥。

（7）*Entedononecremnus unicus*（Girault，1915）

寄主：粉虱科 Aleyrodidae：三爪粉虱亚科 Aleurodicinae：*Eudialeurodicus bodkini* Quaintance and Baker。

分布：圭亚那（拉丁美洲）。

5. *Euderomphale* 属

（1）*Euderomphale bemisiae*（Viggiani，1977）

寄主：粉虱科 Aleyrodidae：*Bemisia afer*。

分布：意大利。

（2）*Euderomphale cerris*（Erdos，1961）

寄主：粉虱科 Aleyrodidae：欧洲甘蓝粉虱（*Aleyrodes proletella*），*Asterobemisia carpini*。

分布：欧洲，芬兰。

（3）*Euderomphale chapultepec*（Myartseva，2003）

寄主：粉虱科 Aleyrodidae：*Aleyrodes* sp.。

分布：墨西哥。

（4）*Euderomphale chelidonii*（Erdos，1966）

寄主：粉虱科 Aleyrodidae：忍冬粉虱（*Aleyrodes lonicerae* Walker），欧洲甘蓝粉虱（*Aleyrodes proletella*）。

分布：欧洲，英国（英格兰）芬兰，匈牙利，波兰。

（5）*Euderomphale cortinae*（Graham，1986）

寄主：粉虱科 Aleyrodidae：*Bemisia afer*。

分布：马德拉群岛（非洲）。

（6）*Euderomphale ezzati*（Abd – Rabou，1998）

寄主：粉虱科 Aleyrodidae：蓖麻蜡粉虱（*Trialeurodes ricini*）（寄主植物 *Ricinus com-munis*）。

分布：埃及。

（7）*Euderomphale flavimedia*（Howard，1881）

寄主：粉虱科 Aleyrodidae：*Aleyrodes aureocincta*，*Aleyrodes pruinosus*，*Aleyrodes* sp.（寄主植物 *Iris*），*Aleyrodes spiraeoides*。

分布：美国，哥斯达黎加，古巴，牙买加。

（8）*Euderomphale gomer*（LaSalle and Hernandez，2003）

寄主：粉虱科 Aleyrodidae：欧洲甘蓝粉虱（*Aleyrodes proletella*），*Aleyrodes singularis*，*Bemisia afer*（寄主植物 *Gesnouinia arborea*），*Bemisia medinae*。

分布：加那利群岛（大西洋东北部）。

（9）*Euderomphale hyalina*（Compere and Annecke，1961）

寄主：粉虱科 Aleyrodidae：*Aleurocybotus occiduus*，*Aleurocybotus* sp. 。

分布：美国。

（10）*Euderomphale insularis*（LaSalle and Hernandez，2003）

寄主：粉虱科 Aleyrodidae：欧洲甘蓝粉虱（*Aleyrodes proletella*）（寄主植物 *Lactuca serriola*）。

分布：加那利群岛（大西洋东北部）。

（11）*Euderomphale longipedicela*（Shafee，Rizvi and Khan，1988）

寄主：粉虱科 Aleyrodidae。

分布：印度。

（12）*Euderomphale mexicana*（Myartseva，2003）

寄主：粉虱科 Aleyrodidae：*Aleurothrixus floccosus*。

分布：墨西哥。

（13）*Euderomphale postmarginalis*（Shafee，Rizvi and Khan，1988）

寄主：粉虱科 Aleyrodidae（柑橘）。

分布：印度。

（14）*Euderomphale secreta*（Hulden，1986）

寄主：粉虱科 Aleyrodidae：*Aleurochiton aceris*（寄主植物 *Acer platanoides*）。

分布：芬兰。

（15）*Euderomphale secunda*（Mani，1939）

寄主：粉虱科 Aleyrodidae：*Aleurolobus barodensis*。

分布：印度。

6. *Neochrysocharis* 属

Neochrysocharis formosa（Westwood）1833

寄主：粉虱科 Aleyrodidae：欧洲甘蓝粉虱（*Aleyrodes proletella*），*Bemisia tabaci*，*Tetralicia erianthi*。

分布：中亚，俄罗斯，土库曼。

7. *Neopomphale* 属

（1）*Neopomphale aleurothrixi*（Dozier，1932）

寄主：粉虱科 Aleyrodidae：*Aleurothrixus floccosus*（寄主植物 *Guajacum officinale*）。

分布：美国，阿根廷，海地，波多黎各。

（2）*Neopomphale australis*（Brethes，1916）

寄主：粉虱科 Aleyrodidae：*Aleyrodes* sp.

分布：智利。

（3）*Neopomphale quercicola*（Dozier，1933）

寄主：粉虱科 Aleyrodidae：*Tetraleurodes* sp.（寄主植物 *Quercus virginiana*）。

分布：美国。

8. *Pomphale* 属

（1）*Pomphale setosipennis*（Hayat and Zeya，1992）

寄主：粉虱科 Aleyrodidae：an aleyrodid.。

分布：印度。

（2）*Pomphale striptipennis*（Husain，Rauf and Kudeshia，1983）

寄主：粉虱科 Aleyrodidae：*Aleurolobus* sp.。

分布：印度。

第五节　寄生粉虱的广腹细蜂科寄生蜂

寄生粉虱的广腹细蜂科寄生蜂种类虽然不是很多，但仍然较为常见。目前已发现，广腹细蜂科的 *Aleyroctonus* 属（1 种）和 *Amitus* 属（多数种类）的细蜂寄生粉虱科昆虫。其中，常见的有 *Amitus* 属的 *Amitus hesperidum*、*Amitus bennetti* 和 *Amitus spiniferus*。

1. *Aleyroctonus* 属

（1）*Aleyroctonus pilosus*（Masner and Huggert，1989）

寄主：粉虱科 Aleyrodidae：三爪粉虱亚科 Aleurodicinae：*Aleurodicus destructor*。

分布：澳大利亚，印度尼西亚。

2. *Amitus* 属

（1）*Amitus aleurodinis*（Haldeman，1850）

寄主：粉虱科 Aleyrodidae：*Aleurochiton aceris*，*Aleurochiton forbesii*，*Aleuroplatus plumosus*，*Aleyrodes* sp.，*Tetraleurodes corni*，苘麻蜡粉虱（*Trialeurodes abutiloneus*），*Trialeurodes fernaldi*。

分布：加拿大，美国。

（2）*Amitus aleuroglanduli*（Viggiani and Evans，1992）

寄主：粉虱科 Aleyrodidae：*Aleuroglandulus subtilis*（寄主植物 *Xanthosoma* sp.）。

分布：波多黎各。

（3）*Amitus aleurolobi*（Mani，1939）

寄主：粉虱科 Aleyrodidae：*Aleurolobus barodensis*。

分布：印度。

（4）*Amitus aleurotubae*（Viggiani and Mazzone，1982）

寄主：粉虱科 Aleyrodidae：*Aleurotuba jelineki*（寄主植物 *Viburnum tinus* L.）。

分布：意大利。

（5）*Amitus arcturus*（Whittaker，1930）

寄主：粉虱科 Aleyrodidae：*Aleyrodes spiraeoides*，*Trialeurodes vaporariorum*，一种粉虱（寄主植物 *Prunus* sp.）。

分布：加拿大。

（6）*Amitus bennetti*（Viggiani and Evans，1992）

寄主：粉虱科 Aleyrodidae：*Bemisia argentifolii*，*Bemisia tabaci*（寄主植物 *Euphorbia heterophylla*），苘麻蜡粉虱（*Trialeurodes abutiloneus*）。

分布：美国，波多黎各，墨西哥，马提尼克岛（拉丁美洲）。

（7）*Amitus croesus*（Hulden，1986）

寄主：粉虱科 Aleyrodidae：*Aleuroclava similes*（寄主植物 *Vaccinium vitisidaea*）。

分布：芬兰。

（8）*Amitus fuscipennis*（MacGown and Nebeker，1978）

寄主：粉虱科 Aleyrodidae：苘麻蜡粉虱（*Trialeurodes abutiloneus*），*Trialeurodes vaporariorum*。

分布：美国，哥伦比亚，哥斯达黎加，多米尼加，墨西哥，加那利群岛（大西洋东北部），意大利（引进）。

（9）*Amitus granulosus*（MacGown and Nebeker，1978）

寄主：粉虱科 Aleyrodidae：*Tetraleurodes perileuca*（寄主植物 *Quercus*）。

分布：美国。

（10）*Amitus hesperidum*（Silvestri，1927）

寄主：粉虱科 Aleyrodidae：*Aleurocanthus woglumi*。

分布：中国，亚洲，美国，古巴，墨西哥。

（11）*Amitus longicornis*（Foerster，1878）

寄主：粉虱科 Aleyrodidae：*Aleurolobus wunni*；*Asterobemisia carpini*；*Bemisia silvatica*；*Pealius quercus*。

分布：芬兰，德国，匈牙利，前苏联。

（12）*Amitus macgowni*（Evans and Castillo，1998）

寄主：粉虱科 Aleyrodidae：*Aleurotrachelus socialis*（寄主植物 *Manihot esculenta*），*Trialeurodes variabilis*。

分布：哥伦比亚。

（13）*Amitus minervae*（Silvestri，1911）

寄主：粉虱科 Aleyrodidae：*Aleurochiton aceris*，*Aleurolobus olivinus*，*Aleurolobus wunni*。

分布：奥地利，捷克斯洛伐克，英国（英格兰），芬兰，意大利，前苏联。

（14）*Amitus pigeanus*（MacGown and Nebeker，1978）

寄主：粉虱科 Aleyrodidae：*Australeurodicus*〔=*Aleurodicus*〕*pigeanus*。

分布：智利。

（15）*Amitus rugosus*（Viggiani and Mazzone，1982）

寄主：粉虱科 Aleyrodidae：*Simplaleurodes hemisphaerica*（寄主植物 *Phyllyrea latifolia* L.）。

分布：意大利。

（16）*Amitus sculpturatus*（Viggiani and Evans，1992）

寄主：粉虱科 Aleyrodidae：*Tetraleurodes mori*（寄主植物 *Ilex* sp.）。

分布：美国。

（17）*Amitus spiniferus*（Brethes，1914）

寄主：粉虱科 Aleyrodidae：*Aleurothrixus floccosus*（柑橘）。

分布：阿根廷，秘鲁，意大利（引进）。

（18）*Amitus vesuvianus*（Viggiani and Mazzone，1982）

寄主：粉虱科 Aleyrodidae：*Aleuroviggianus adrianae*。

分布：意大利。

第六节　寄生烟粉虱的寄生蜂

烟粉虱〔*Bemisia tabaci*（Gennadius）〕是农作物粉虱害虫中危害最大的世界性害虫。目前，烟粉虱在世界各国普遍发生，其植物寄主已知多达74科600多种（Secker 等 1998；Oliveira 等，2001），烟粉虱是包含30个以上隐种的物种复合体，在不同的国家和地区形成复杂多样的复合群体。广泛的地域分布、多样性的植物寄主和自身的复合群体，也使烟粉虱具有丰富的天敌资源。寄生蜂是烟粉虱重要的天敌类群，据报道，世界上烟粉虱的寄生蜂种类已知有50多种，其中蚜小蜂科 Aphelinidae 恩蚜小蜂属 *Encarsia* 约有35种、桨角蚜小蜂属 *Eretmocerus* 约有15种（孟祥锋等，2006），其中，丽蚜小蜂（*Encarsia formosa* Gahan）和桨角蚜小蜂（*Eretmocerus* spp.）等在世界各国已被广泛应用于烟粉虱的生物防治。

一、中国烟粉虱寄生蜂种类

根据调查和文献资料汇总，我国烟粉虱寄生蜂种类约有27种。其中，恩蚜小蜂约21种，桨角蚜小蜂6种，主要分布在我国长江流域以南的福建、广东、广西、台湾和香港等地，以及我国北方地区（王竹红等，2010）。

（一）蚜小蜂科 Aphelinidae

1. 恩蚜小蜂属 *Encarsia*

（1）*Encarsia aleurochitonis*（Mercet，1931）

寄主：烟粉虱（*Bemisia tabaci*），*Aleurochiton aceris*，*Aleurochiton orientalis*。

分布：上海。

（2）*Encarsia aseta*（Hayat and Polaszek，1992）

寄主：烟粉虱（*Bemisia tabaci*）（寄主植物 *Ardisia crenata*，*Ficus erecta*，*Dolichos lablab*），*Bemisia giffardi*。

分布：台湾，福建，上海。

（3）*Encarsia azimi*（Hayat，1986）

寄主：烟粉虱（*Bemisia tabaci*）（寄主植物 *Blumea laciniata*），*Lipaleyrodes atriplex*（Froggatt），温室白粉虱（*Trialeurodes vaporariorum*），灰粉虱（*Siphoninus phillyreae*），杜鹃穴粉虱（*Aleurolobus rhododendri* Takahashi），*Dialeurodes fici*，*Dialeurodes piperis*，杜鹃齿粉虱［*Odontaleyrodes rhododendri*（Takahashi）］，*Parabemisia myricae*，*Aleurodicus machili* Takahashi。

分布：福建，台湾。

（4）*Encarsia bimaculata*（Heraty and Polaszek，2000）

寄主：烟粉虱（*Bemisia tabaci*），温室白粉虱（*Trialeurodes vaporariorum*），银叶粉虱（*Bemisia argentifolii*）。

分布：福建，香港，广东。

（5）*Encarsia cibcensis*（Lopez－Avila，1987）

寄主：烟粉虱（*Bemisia tabaci*）寄主植物 *Emilia sonchifolia*，*Salvia plebeian*（寄主植物 *Ipomaea batatas*），杜鹃穴粉虱（*Aleurolobus rhododendri*），*Pealius mori*（寄主植物 *Morus alba*），*Taiwanaleyrodes meliosmae*（寄主植物 *Polygonum chinense*），*Aleurotuberculatus ficicola*（寄主植物 *Morus alba*），*Dialeurodes agalmae*（寄主植物 *Schefflera octophylla*），*Singhius hibisci*（寄主植物 *Glochidion phillppicum*），浅蓝颈粉虱（*Aleurotrachelus caerulescens*）（寄主植物 *Smilax china*）。

分布：台湾。

（6）*Encarsia duorunga*（Hayat，1989）

寄主：烟粉虱（*Bemisia tabaci*）（寄主植物 *Emilia sonchifolia*，*Bridelia insulana*，*Gerbera jamesonii*，*Rhinacanthus nasutus*，*Salvia plebeian*，*Dumasia bicolor*，*Brassica oleracea*（寄主植物 *Ipomoea batatas*，*Rhinacanthus nasutus*），*Aleurotuberculatus melastomae* Takahashi，欧洲甘蓝粉虱（*Aleyrodes proletella*）（Linnaeus），*Dialeurodes fici*（Takahashi），*Trialeurodes vaporariorum*（Westwood）。

分布：台湾。

（7）*Encarsia elegans*（Masi，1911）

寄主：烟粉虱（*Bemisia tabaci*）（寄主植物 *Altheae rosae*），*Ramsesseus follioti* Zahradnik（寄主植物 *Acacia nilotica*），油榄粉虱 *Aleurolobus olivinus*（Silvestri）（寄主植物 *Olea* sp.），*Aleurolobus niloticus*，橘黑粉虱［*Aleurolobus marlatti*（Quaintance）］，*Aleurolobus rhododen-*

dri。

分布：福建，台湾。

（8）*Encarsia formosa*（Gahan，1924）

寄主：烟粉虱（*Bemisia tabaci*），*Aleuroglandulus malangae* Russell，颈粉虱属［*Aleurotrachelus trachoides*（Back）］，忍冬粉虱（*Aleyrodes lonicerae* Walker），欧洲甘蓝粉虱（*Aleyrodes proletella*）（L.），鸢尾粉虱（*A. spiraeoides* Quaintance），橘粉虱［*Dialeurodes citri*（Ashmead）］，杜鹃粉虱（*D. chittendeni* Laing），温室白粉虱［*Trialeurodes vaporariorum*（Westwood）］，银叶粉虱（*Bemisia argentifolii*），*Trialeurodes abutilonea*，蓖麻蜡粉虱（*Trialeurodes ricini*）。

分布：北京，天津，河北，新疆。

（9）*Encarsia fuzhouensis*（Huang and Polaszek，1998）

寄主：烟粉虱（*Bemisia tabaci*）（寄主植物 *Emilia sonchifolia*）。

分布：福建，台湾。

（10）*Encarsia inaron*（Walker，1839）

寄主：烟粉虱（*Bemisia tabaci*）（寄主植物 *Boehmeria nivea*），*Aleyrodes singularis* Danzig，*Asterobemisia carpini*（Koch），*Acaudaleyrodes citri*（Priesner and Hosny），忍冬粉虱（*Aleyrodes lonicerae* Walker），*A. proletella*（寄主植物 *Laetuca indica*），*A. singularis* Danzig，*Asterobemisia carpini*（Koch），*A. paveli*（Zahradnik），*Bulgarialeurodes cotesii*（Maskell），*Pealius quercus*，*Siphoninus immaculatus*（Heeger），*S. phillyreae*，温室白粉虱（*Trialeurodes vaporariorum*），榛球蚧（*Eulecanium coryli*），榆牡蛎盾蚧（*Lepidosaphes ulmi*），*Aleyrodes elevatus*，*Tetraleurodes hederae*。

分布：台湾。

（11）*Encarsia japonica*（Viggiani，1981）

寄主：烟粉虱（*Bemisia tabaci*）（花椰菜，番茄）（寄主植物 *Bridelia insulana*，*Uraria crinita*，*Euphorbia hirta*），稻粉虱（*Aleurocybotus indicus*）（水稻），温室白粉虱（*Trialeurodes vaporariorum*）。

分布：福建，台湾，广东。

（12）*Encarsia longifasciata*（Subba Rao，1984）

寄主：烟粉虱（*Bemisia tabaci*），*Aleurolobus rhododendri*，*Bemisia porteri*（寄主植物 *Brenia officinalis*），橘黑刺粉虱（*Aleurocanthus woglumi* Ashby），*Aleurolobus niloticus* Priesner and Hosny，橘粉虱［*Dialeurodes citri*（Ashmead）］，橘黑粉虱（*Aleurolobus marlatti*），*Aleurocanthus spiniferus*（Quaintance），*Aleurolobus setigerus* Quaintance and Backer（寄主植物 *Macaranga tanarius*）。

分布：广西，福建，台湾。

（13）*Encarsia longivalvula*（Viggiani，1985）

寄主：烟粉虱（*Bemisia tabasi*，橘粉虱［*Dialeurodes citri*（Ashmead）］）（柑橘寄主植物 *Glochidion hongkongense*），*D. tetrastigmae*（寄主植物 *Erycibe henryi*），*Dialeuropora decempunctata*。

分布：台湾。

（14）*Encarsia lutea*（Masi，1909）

寄主：烟粉虱（*Bemisia tabaci*），银叶粉虱（*Bemisia argentifolii*），*Aleurocanthus cinnamomi*，珊瑚瘤粉虱［*Aleurotuberculatus aucubae*（Kuwana）］，番石榴瘤粉虱［*Aleurotuberculatus psidii*（Singh）］，温室白粉虱（*Trialeurodes vaporariorum*），*Aleurotrachelus rubi* Takahashi；*Aleurolobus marlatti*（Quaintance） （寄主植物 *Glochidion hongkongense*），*Bemisia giffardi*（寄主植物 *Citrus grandis*），*Pealius mori*（寄主植物 *Morus alba*），*Aleurocanthus cinnamomi*（寄主植物 *Rhinacanthus nasutus* 和 *Cinnamomum camphora*），*Aleurolobus rhododendri*（寄主植物 *Bauhinia variegate*），*Aleurolobus marlatti*（寄主植物 *Citrus ponki*），*Aleuroclava melastomae*（寄主植物 *Melastoma candi* 和 *Melastoma candidum*），*A. gordoniae*（寄主植物 *Cinnamomum camphora*）；*Aleurolobu setigerus*，*Aleuroplatus pectiniferus*，*Aleurotuberculatus ficicola*，*A. gordoniae* Takahashi，*A. jasmini* Takahashi，*A. malloti* Takahashi，*A. melastomae* Takahashi，*A. rhododendri*，*Bemisia porteri* Corbett，*Dialeurodes fici*，*D. formosanensis* Takahashi，*D. kirkaldyi*，*Singhius hibisci*，*Taiwanaleyrodes meliosmae*。

分布：广东，广西，福建。

（15）*Encarsia mohyuddini*（Shafee and Rizvi，1982）

寄主：烟粉虱（*Bemisia tabaci*）。

分布：台湾。

（16）*Encarsia obtusiclava*（Hayat，1989）

寄主：烟粉虱（*Bemisia tabaci*） （寄主植物 *Lycopersicon esculeutum*），柑橘刺粉虱（*Aleurocanthus spiniferus*） （寄主植物 *Citrus grandis* 和 *Citrus ponki*），橘黑刺粉虱（*Aleurocanthus woglumi*），*Aulacaspis tubercularis*。

分布：福建，台湾。

（17）*Encarsia protransvena*（Viggiani，1985）

寄主：烟粉虱（*Bemisia tabaci*） （寄主植物 *Acalypha hispida*，*Brassica oleracea*，*Fragaria chiloensia*，*Ipomoea batatas*，*Oxalis corniculata*，*Pongamia pinnata*，*Rhinacanthus nasutus*，*Salvia plebeia*，*Dolichos lablab*），多孔伯粉虱（*Bemisia porteri*）（寄主植物 *Breynia officinalis*），*Rhachisphora machili*（寄主植物 *Persea japonica*），*Tuberaleyrodes machili*（寄主植物 *Cryptocarya chinensis*），银叶粉虱（*Bemisia argentifolii*），柑橘粉虱［*Dialeurodes citri*（Ashmead）］，*Parabemisia myricae*，*Trialeurodes abutilonea*，*Trialeurodes variabilis*，橘云翅粉虱（*Dialeurodes citrifolii*），*Trialeurodes packardi*，中条裸粉虱［*Dialeurodes kirkaldyi*（Kotinsky）］，悬钩子摺粉虱（*Aleurotrachelus rubi* ）（寄主植物 *Rubus* sp.）。

分布：广东，台湾。

（18）*Encarsia smithi*（ Silvestri，1926）

寄主：烟粉虱（*Bemisia tabaci*），*Aleurocanthus spiniferus*，*A. woglumi*（柑橘），*Aonidiella*

分布：广东，福建，湖南，香港，四川，台湾，浙江，广西。

（19）*Encarsia sophia*（Girault and Dodd，1915） ［ = Encarsia transvena（Timberlake，1926）］

寄主：烟粉虱（*Bemisia tabaci*）（寄主植物 *Emilia sonchifolia*，*Lycopersicon esculeutum*），*Bemisia giffardi*（寄主植物 *Citrus grandis*），*Bemisia porteri*（寄主植物 *Breynia officinalis*），稻

粉虱（*Aleurocybotus indicus*）（水稻），螺旋粉虱（*Aleurodicus dispersus* Russell），*Parabemisia myricae*，温室白粉虱（*Trialeurodes vaporariorum*），橘木虱（*Diaphorina citri*），*Tamarixia radiate*，蜡肠树粉虱（*Acaudaleyrodes rachipora*），*Aleurolobus* sp.，*Aleyrodes singularis*；*Asterobemisia carpini*，*Encarsia sophia*，*Eretmocerus eremicus*，蓖麻蜡粉虱（*Trialeurodes ricini*）（Misra），*Pealius hibisci*（Kotinsky）。

分布：台湾，福建，广东，香港，四川。

(20) *Encarsia strenua*（Silvestri，1927）

寄主：烟粉虱（*Bemisia tabaci*）（寄主植物 *Bischofia javanica*），*Dialeurodes fici*（寄主植物 *Ficus virgata* 和 *Pouzolzia elegans*），*Pealius rubi*（寄主植物 *Prunus serrulata*），*Pealius liquidambari*（寄主植物 *Liquidambari formosana*），*Pealius azaleae*（寄主植物 *Rhododendron formosanum*），银叶粉虱（*Bemisia argentifolii*），*Bemisia giffardi*，*Trialeurodes packardi*，橘云翅粉虱（*Dialeurodes citrifolii*），橘粉虱［*Dialeurodes citri*（Ashmead）］寄主植物（*Diospyros kaki*，柑橘），中条裸粉虱［*Dialeurodes kirkaldyi*（Kotinsky）］（寄主植物 *Jasminum* sp.），*Parabemisia myricae*，*Siphoninus phillyreae*，*Aleurolobus subrotundus*，*Dialeurodes eugeniae* Maskell。

分布：福建，广东，台湾，香港。

(21) *Encarsia synaptocera*（Huang and Polaszek，1998）

寄主：烟粉虱（*Bemisia tabaci*）（寄主植物 *Ardisia crenata*，*Emilia sonchifolia*，*Prunus* sp.），浅蓝颈粉虱（*Aleurotrachelus caerulescens*），*A. elatostemae*（寄主植物 *Elatostema edule*，*Elatostema lineolatum*），*A. micheliae*，*A. rubi*，*Aleurotuberculatus malloti*，*A. multipori*，*Parabemisia* sp.，*Pealius polygoni*，*P. rubi*，温室白粉虱（*Trialeurodes vaporariorum*）。

分布：台湾。

2. 桨角蚜小蜂属 *Eretmocerus*

(1) *Eretmocerus corni*（Haldeman，1850）

寄主：烟粉虱（*Bemisia tabaci*），*Siphoninus phillyreae*，温室白粉虱（*Trialeurodes vaporariorum*），*Aleyrodidae*（aleyrodid），*Lepidosaphes beckii*，*Singhius hibisci*，*Trialeurodes packardi*，*Pealius quercus*，*Aleyrodes* sp.，*Amitus aleurodinis*，*Aleyrodes hibisci* Kotinsky，高氏瘤粉虱（*Aleurotuberculatus takahashi*），*Aleyrodes corni* Haldeman，*Trialeurodes morrilli*。

分布：福建。

(2) *Eretmocerus debachi*（Rose and Rosen，1992）

寄主：烟粉虱（*Bemisia tabaci*），*Parabemisia myricae*。

分布：广东。

(3) *Eretmocerus furuhashii*（Rose and Zolnerowich，1994）

寄主：烟粉虱（*Bemisia tabaci*），*Parabemisia myricae*。

分布：台湾。

(4) *Eretmocerus melanoscutus*（Zolnerowich and Rose，1998）

寄主：烟粉虱（*Bemisia tabaci*）。

分布：台湾。

(5) *Eretmocerus mundus*（Mercet，1931）

寄主：烟粉虱（*Bemisia tabaci*）（一品红）；*Acaudaleyrodes citri*，扁粉虱（*Aleuroplatus cadabae*），甘蓝粉虱（*Aleyrodes proletellus*），中条裸粉虱［*Dialeurodes kirkaldyi*（Kotinsky）］，蔗斑翅粉虱（*Neomaskellia bergii*），温室白粉虱（*Trialeurodes vaporariorum*）。

分布：福建，广东，台湾。

（6）*Eretmocerus rajasthanicus*（Hayat，1976）

寄主：烟粉虱（*Bemisia tabaci*）（甘薯），*Acaudaleyrodes rhachipora*（寄主植物 *Prosopis juliflora*）。

分布：福建。

（二）广腹细蜂科（**Platygasteridae**）

Amitus 属

Amitus sp.

寄主：烟粉虱（*Bemisia tabaci*）。

分布：福建。

二、中国烟粉虱寄生蜂区系分布

我国烟粉虱寄生蜂在世界上的区系分布见表10-1。我国烟粉虱寄生蜂在世界动物地理区划中分布的区系类型、种数和比重见表10-2。由表10-2可知，我国烟粉虱寄生蜂的区系分布可分为10种类型，其中，仅在1个区（东洋区）分布的有11种，占40.7%，为主要的区系分布类型；其次，在5个区均有分布的有2种类型，共5种，占18.5%；在4个区均有分布的有2种类型，共4种，占14.8%；在3个区均有分布的有2种类型，共3种，占11.1%；在2个区均有分布的有2种类型，共2种，占7.4%；而在6个区均有分布的即世界广布种有2种，占7.4%。

表10-1　中国烟粉虱寄生蜂在世界的区系分布（王竹红等，2010）

属	种　　类	古北区	东洋区	新北区	大洋洲区	非洲区	新热带区
Encarsia	*Encarsia aleurochitonis*（Mercet，1931）	+	+	+			
	Encarsia aseta Hayat and Polaszek，1992		+	+	+		
	Encarsia azimi Hayat，1986		+		+		
	Encarsia bimaculata Heraty and Polaszek，2000	+	+	+	+	+	+
	Encarsia cibcensis Lopez - Avila，1987		+				
	Encarsia duorunga Hayat，1989		+				
	Encarsia elegans Masi，1911	+	+	+		+	
	Encarsia formosa Gahan，1924	+	+	+	+	+	+
	Encarsia fuzhouensis Huang and Polaszek，1998		+				
	Encarsia inaron（Walker，1839）	+	+	+		+	

（续表）

属	种　　类	古北区	东洋区	新北区	大洋洲区	非洲区	新热带区
Encarsia	*Encarsia japonica* Viggiani, 1981		+				
	Encarsia longifasciata Subba Rao, 1984		+				
	Encarsia longivalvula Viggiani, 1985		+				
	Encarsia lutea（Masi, 1909）	+	+	+		+	+
	Encarsia mohyuddini Shafee and Rizvi, 1982		+				
	Encarsia obtusiclava Hayat, 1989		+				
	Encarsia protransvena Viggiani, 1985	+	+	+		+	+
	Encarsia smithi（Silvestri, 1926）	+	+	+			+
	Encarsia sophia（Girault and Dodd, 1915）						
	Encarsia transvena（Timberlake, 1926）	+	+	+		+	+
	Encarsia strenua（Silvestri, 1927）	+	+	+			+
	Encarsia synaptocera Huang and Polaszek, 1998		+				
Eretmocerus	*Eretmocerus corni* Haldeman, 1850	+	+	+		+	+
	Eretmocerus debachi Rose and Rosen, 1992	+	+	+			
	Eretmocerus furuhashii Rose and Zolnerowich, 1994		+				
	Eretmocerus melanoscutus Zolnerowich and Rose, 1998		+	+			
	Eretmocerus mundus Mercet, 1931	+	+	+	+	+	
	Eretmocerus rajasthanicus Hayat, 1976		+				

表 10－2　中国烟粉虱寄生蜂在世界的区系分布类型、种数和比重（王竹红等，2010）

序号	区系分布类型	种数	比重（%）
1	东洋区	1	40.7
2	东洋区—大洋洲区	1	3.7
3	东洋区—新北区	1	3.7
4	古北区—东洋区—新北区	2	7.4
5	东洋区—新北区—大洋洲区	1	3.7
6	古北区—东洋区—新北区—非洲区	2	7.4
7	古北区—东洋区—新北区—新热带区	2	7.4
8	古北区—东洋区—新北区—大洋洲区—非洲区	1	3.7
9	古北区—东洋区—新北区—非洲区—新热带区	4	14.8
10	古北区—东洋区—新北区—大洋洲区—非洲区—新热带区	2	7.4
总计		27	100

三、烟粉虱寄生蜂辅助鉴定系统

从 20 世纪 90 年代以来，随着烟粉虱生物防治实践的开展，世界各国学者就重视对烟粉虱寄生蜂的资源调查和种类鉴定研究，为烟粉虱的生物防治提供基础知识和科学依据。但是，烟粉虱寄生蜂主要隶属蚜小蜂科，其个体微小（通常在 1mm 以下），某些种类形态特征相似，鉴别难度高，给烟粉虱寄生蜂的种类鉴定和研究利用造成了一定的困难。目前，除了形态特征的分类鉴定外，国内外一些学者也应用分子生物学的技术和方法，进行烟粉虱寄生蜂种内的地理种群和近缘种种间差异的分析和鉴别。

林静等（2007）利用计算机与网络技术，报道了对烟粉虱寄生蜂辅助鉴定系统的研究。依据形态分类，在提取寄生蜂主要形态鉴别特征的基础上，建立多路径的识别与诊断检索系统。以期提供一种较简易、方便的鉴别烟粉虱寄生蜂的方法，为烟粉虱寄生蜂的种类鉴别起到一定的帮助作用。

本系统属于多路径存取检索（multi-access keys），它基于数据矩阵（物种×特征），其中矩阵的行代表不同的物种，列代表一系列特征，每个元素（由行 i 和列 j 限定）就是一个取值，代表矩阵中物种 i 的特征 j 的性状值。与传统的二叉式分类检索表不同，多路径存取检索允许使用者控制特征在鉴定过程中的顺序，随着各个特征的性状值选择，那些不具这些性状值的物种，就从下一步的鉴定中排除出去。但是，这种方式的缺点在于：使用者所选择的特征可能在辨别剩余的物种时，无太大的作用。因此，系统中还引入了一个指令（以 JavaScript 函数实现），用以区分特征在分辨物种时的有效程度，给出剩余的各特征的"鉴别力"排名，帮助使用者在剩余的特征中，选择鉴别效力较好的特征（林静等，2007）。

本系统使用方便，可以应用于烟粉虱寄生蜂等生物类的分类检索，为利用计算机和网络技术进行害虫寄生蜂的种类鉴定做了初步尝试。

（王竹红、黄建编写）

参考文献

黄邦侃. 1999. 福建昆虫志（第二卷）［M］. 福州：福建科学技术出版社，806.

黄建. 1994. 中国蚜小蜂科分类［M］. 重庆：重庆出版社.

黄建，黄邦侃，傅建炜. 1996. 稻粉虱学名订正［J］. 华东昆虫学报，5（1）：97－98.

黄建，傅建炜，叶连斌. 1996. 稻粉虱生物学及其寄生性天敌［J］. 华东昆虫学报，5（2）：33－39.

黄建，罗肖南，黄邦侃，等. 1999. 黑刺粉虱及其天敌的研究［J］. 华东昆虫学报，8（1）：35－40.

黄建，郑琼华，等. 2000. 粉虱寄生蜂种类的调查与鉴定［J］. 华东昆虫学报，9（2）：29－33.

黄建，王竹红，Polaszek A. 2005. 寄生农作物粉虱害虫的主要寄生蜂类群［A］. 迈入 21 世纪的中国生物防治，北京：中国农业科学技术出版社，103－106.

黄建，王竹红. 2009. 粉虱害虫的天敌资源及其利用研究［A］. 生物防治创新与实践，北京：中国农业科学技术出版社. 167－168

黄建，王竹红，李焱，等. 2009. 重要天敌资源—蚜小蜂的研究与利用［J］. 粮食安全与植保科技创新，北京：中国农业科学技术出版社. 558－561.

黄建，王竹红，潘东明，等. 2010. 福建省烟粉虱寄生蜂的调查与常见种类鉴别［J］. 热带作物学报，31（8）：1377－1384.

黄建、王竹红、王联德，等. 2012. 烟粉虱生物学生物防治［M］. 福州：福建科学技术出版社. 210.

黄蓬英，黄建. 2004. 中国浆角蚜小蜂属及其新记录种的记述［J］. 昆虫分类学报. 26（2）：146－150.

林光国. 1982. 甘蔗新害虫—草履粉虱［J］. 甘蔗糖业，3：37.

林静，王竹红，黄建. 2007. 烟粉虱寄生蜂辅助鉴定系统的研究［J］. 华东昆虫学报，16（1）：48－53.

罗晨，张芝利. 2000. 烟粉虱［*Bemisia tabaci*（Gennadius）］研究概述［J］. 北京农业科学（增刊）：4－13.

孟祥锋，何俊华，刘树生，等. 2006. 烟粉虱的寄生蜂及其应用［J］. 中国生物防治，22（3）：174－179.

邱宝利，任顺祥，林莉，等.2004.广东省烟粉虱蚜小蜂种类及种群动态调查初报［J］.昆虫知识，41（4）：333－335.

王继红，张帆，李元喜.2011.烟粉虱寄生蜂种类及繁殖方式多样性［J］.中国生物防治学报，27（1）：115－123.

王竹红，潘东明，黄建.2010.中国烟粉虱寄生蜂资源及其区系分布［J］.热带作物学报，31（9）：1571－1579.

郑琼华，阎凤鸣，黄建，等.1999.福州地区粉虱种类初步调查［J］.华东昆虫学报，8（2）：12－17.

郑琼华，黄建，尤民生，等.2001.高氏瘤粉虱重要天敌——桨角蚜小蜂的发育速率模型［J］.福建农业大学学报，30（1）：72－74.

周尧，阎凤鸣.1988.中国粉虱科新种和新纪录［J］.昆虫分类学报，2（4）：43－246.

BCP Ltd. 1996. New *Bemisia* control ［J］. Technical Review，4.

Ghahari H，Huang J，Abd－Rabou S，*et al*. 2006. A contribution to the Iranian Platygastridae，Eulophidae and Aphelinidae（Hymenoptera）as the parasitoids of whiteflies（Homoptera：Aleyrodidae）［J］.华东昆虫学报，15（1）：166－170.

Girault AA. 1915. Australian Hymenoptera Chalcidoidea IV ［J］. Memoirs of the Queensland Museum，3：190.

Gould J，Hoelmer K，Goolsby J. 2008. Classical biological control of *Bemisia tabaci* in the United States － A review of interagency research and implementation ［J］. Springer，343.

Hansson C，LaSalle J. 2003. Revision of the Neotropical species of the tribe Euderomphalini（Hymenoptera：Eulophidae）［J］. Journal of Natural History，37（6）：697－788.

Huang J，1996. Parasitoids（Hymenoptera：Chalcidoidea）as biological control agents for the whitefly *Aleurocybotus indicus* David & Subramaniam（Homoptera：Aleyrodidae）on rice in China ［J］. Proceedings of XX International Congress of Entomology，Firenze，653.

Huang J，Polaszek A. 1998. A revision of the Chinese species of *Encarsia Forster*（Hymenoptera：Aphelinidae）：parasitoids of whiteflies，scale insects and aphids（Hemiptera：Aleyrodidae，Diaspididae，Aphidoidea）［J］. Journal of Natural History，32：1 825－1 966.

LaSalle J，Schauff ME. 1994. Systematics of the tribe Euderomphalini（Hymenoptera：Eulophidae）parasitoids of whiteflies（Hom，Aleyrodidae）［J］. Systematic Entomology，19：235－258.

Li SJ，Xue X，Ahmed MZ，*et al*. 2011. Host plants and natural enemies of *Bemisia tabaci*（Hemiptera，Aleyrodidae）in China ［J］. Insect Science，18：101－120.

Martin JH，Mound LA. 2007. An annotated check list of the world's whiteflies（Insecta：Hemiptera：Aleyrodidae）［J］. Zootaxa，1492：1－84.

Mound LA，Halsey SH. 1978. Whitefly of the world. A systematic catalogue of the Aleyrodidae（Homoptera）with host plant and natural enrmy data. British Museum（Natural History）［J］. Chichester，340.

Oliveira MRV，Henneberry TJ，Anderson PK. 2001. History，current status，and collaborative research projects for *Bemisia tabaci* ［J］. Crop Protection，20：709－723.

Secker AE，Bedford IA，Markham PG，*et al*. 1998. Squash，a reliable field indicator for the presence of B biotype of tobacco whitefly，*Bemisia tabaci* ［J］. Briton Crop Protection Conference － Pests and Diseases，British Crop Protection Council，837－842.

第十一章　农业虫害生态防控技术

依据昆虫生态理论和方法治理虫害谓之生态防控，既可防治害虫和保护天敌，又能增效和避免污染环境，是农业持续发展的行之有效的方法。如通过作物合理密植控制田间小气候减轻病虫害的为害、调整田间作物布局增加生态多样性加强农田生态风险分担水平提高作物的整体抗性、温室温—湿—光调控抑制病虫等都是农业生产上行之有效的植保措施。本章介绍作者近几年在虫害生态防控方面做的一些工作，包括品种混播、伴生植物、化感等对虫害的防控研究。

第一节　品种混播对虫害的防控作用

在传统的农业生产中，人们早就注意到，不同作物间作套种或同一作物不同品种混种可以提高作物产量。对此，许多科研工作者通过各种试验研究了多作物农业体系的增产效果和相关机理。Siri – Udompas 和 Morris 通过对旱稻与豇豆按不同的间作比例、不同豇豆品种、不同水分和氮肥供应情况进行组配，研究了不同组配对作物产量或组配作物对氮素积累的影响（Siri – Udompas，1990）。Torres 等（1995）研究比较了在稻田间作绿肥对水稻的影响。对同一种作物不同品种混播的研究也很多，安林利和徐兆飞根据小麦品种生物学特性的不同，把不同的品种进行等比例混播发现，小麦植株高低合理搭配可以增产30%左右（安林利和徐兆飞，1989）。沈丽等（2007）的研究表明，小麦4个或6个品种混播能推迟条锈病发病期、延缓发病速度、降低发病程度。郭世保等（2010）也报道了小麦品种混播对条锈病有较好的控制效果。Х. Е. ЧЕМБОР 和 Э. ГАЦЕК（1990）报道，不同的大麦品种混播可以增强大麦对病害的免疫程度，使白粉病感染率降低 10% ~ 70%，大麦产量平均提高 0.3 ~ 0.5t/hm²。

一、水稻

国外主要以不同作物品种或农作物与绿肥或其他经济作物进行间作套种的研究比较多。国内在这方面的研究报道也很多，其中，有一些是关于同一种作物不同品种混播方面的（陈桂发，1991；程乐根，2008）。研究内容涉及面较广，除了包括上述的病害、草害外，还有虫害、天敌、寄生性种子植物、植物生理学指标、植物营养分配、土壤微生物、土壤营养等各个方面（甘代耀，1994；潘鹏亮，2010）。但综合性强的研究不多，特别是对主要的大田作物病虫害、天敌和产量因子之间关系的研究更少。为此，有必要对同一个混播体系进行综合性研究。本试验以研究较多的禾本科作物水稻为研究对象，通过大田试验研究不同遗传性状的水稻品种混播对主要病虫害及天敌发生的影响，初步探讨了水稻品种混播体系下病虫害、天敌和产量因子之间的相关性。

实验在天津宝坻进行。选取了 4 个水稻品种，津原 45、津原 11、津原 17 和花育 409，各品种的特性如表 11-1 所示。此外，津原 45 和花育 409 抗二化螟能力弱，津原 11 中后期易感飞虱，津原 17 早期易感干尖线虫。因此，试验选取这 4 个品种进行混播，研究其对病虫害、天敌和产量因子的影响。试验处理设置为各品种单播和 4 品种按等比例混播。每个处理设置 3 个重复，小区按随机区组排列，每个小区的面积为 $666.7m^2$。试验地周围常年种植水稻，采用稻—蟹—鸭立体种养和无公害管理模式，不施用化学农药防治病虫害。

表 11-1　不同品种生物学特性

品种	亲本来源	生育期（天）	株高（cm）	千粒重（g）	整精米率（%）
津原 45	月之光系选品种	178.8	115.4	24.8	71.6
津原 11	月之光/中作 321/辽盐 4 号	176.9	105.0	26.8	69.3
津原 17	月之光变异 95-337/中作 93	176.9	111.5	23.0	68.7
花育 409	Hwasung byeo/C602	172.5	114.0	27.0	77.2

在本田生长季节，每小区 5 点取样，每点随机取 10 丛，先目测稻丛天敌，如捕食性蜘蛛、瓢虫等的数量，再拍打稻丛，目测落入水中的害虫种类和数量。同样的取样方法调查稻田病害发生的种类和每种病害的发生率和发病等级。调查从 2010 年 7 月 23 日开始，每 10 天进行一次。整个生长季节共调查 6 次，在抽穗扬花期，对分蘖进行调查，统计每丛水稻有效分蘖的数量。测产时，主要对每丛穗数、每穗实际结实粒数及千粒重进行调查，计算出理论产量。

（一）害虫与天敌发生情况

从整个试验调查情况来看，发生量较大的害虫主要有飞虱、稻水象甲和二化螟；主要的天敌是瓢虫和捕食性蜘蛛。此外，还有少量其他象甲、叶甲、稻蝗、蓟马、叶蝉等。整个生长季节，飞虱的发生总量在不同处理中差异显著。其中发生数量最多的处理是津原 45 和津原 17，混播处理发生数量显著低于这两个处理，但与津原 11 和花育 409 差异不显著。混播处理中飞虱的发生量显著低于 4 个品种单播处理的平均值（图 11-1）。从飞虱发生的时间动态来看，津原 45 初始发生量少，但种群上升较快，其他处理发生趋势较一致。从图中可以明显看出，混播处理的发生量始终低于各品种单播的平均值（图 11-2）。

从整个试验区二化螟的发生情况来看，该虫在各处理中的发生总数量都不大，属于零星发生。从调查的数据来看，发生量最多的是花育 409，显著高于混播处理，而其他处理间差异不显著。混播处理与其他各单播处理平均值相比，差异未达到显著水平。稻水象甲在津原 17 处理中发生的数量稍多，在混播处理中发生量较少，但从统计学上来讲，稻水象甲在各个处理中的发生量差异均未达到显著水平（图 11-3）。

从天敌的发生情况来看，稻田中捕食性蜘蛛的数量占很大优势，其次为瓢虫，而且在各处理中的差异较大。在 4 个单播处理中，津原 45 中捕食性蜘蛛的数量最少，其他 3 个单播处理间发生数量差异不显著。混播处理中捕食性蜘蛛的数量最多，与各品种单播处理和单播平均值间差异均达到显著水平（图 11 –4）。从发生的时间动态来看，稻田中捕食性蜘蛛的数量随着时间的推移而上升。混播处理中，除第二次调查（7 月 30 日）的数据低于其他单播处理和单播平均值外，其余数据均高于其他单播处理和单播平均值。在最后一次调查中，各处理捕食性蜘蛛的数量与前一次调查的数量相比，有上升和也有下降（图 11 –5）。

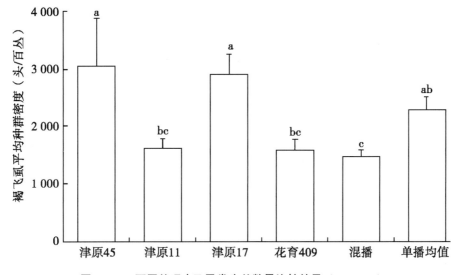

图 11 –1 不同处理中飞虱发生总数量比较结果 （α = 0.05）

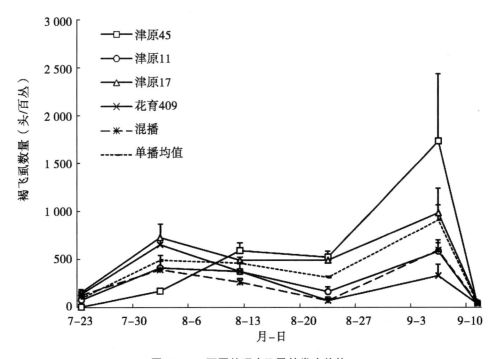

图 11 –2 不同处理中飞虱的发生趋势

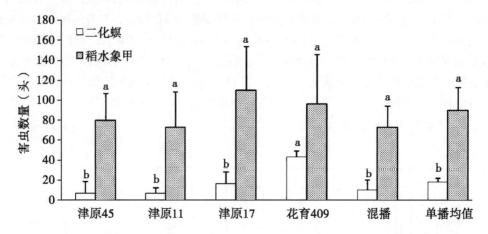

图 11-3　不同处理田二化螟幼虫和稻水象甲成虫种群密度（α=0.05，误差线为标准差）

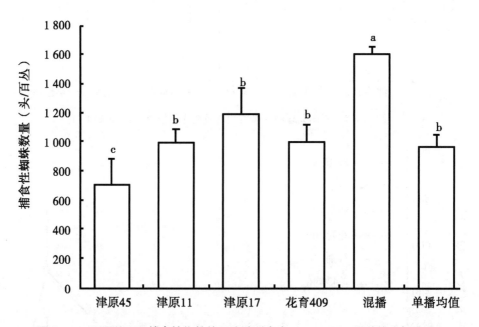

图 11-4　不同处理田捕食性蜘蛛的平均种群密度（α=0.05，误差线为标准差）

　　稻田瓢虫在各处理中的发生量显著不同。从具体数据看，发生量最多的是花育409，其次是津原11和混播处理，发生量最少的是津原45和津原17。从统计分析来看，花育409处理中瓢虫的发生量显著大于津原45、津原17和单播平均值，但与津原11和混播处理相比，差异并不显著。混播处理与各单播平均值相比，差异亦不显著（图11-6）。

（二）病害发生情况

　　在整个生长季节，病害发生较轻，发现的病害有胡麻叶斑病和纹枯病。第一次调查（7月23日）津原45有胡麻叶斑病零星发生；第二次（8月2日）和第三次（8月12日）调查津原45、津原17和混播处理有零星纹枯病发生。由于调查采用定点随机取样，在其余多次取样中均未查到发病稻丛和发病株。所以，对试验区病害发生程度无法进行统计分析。

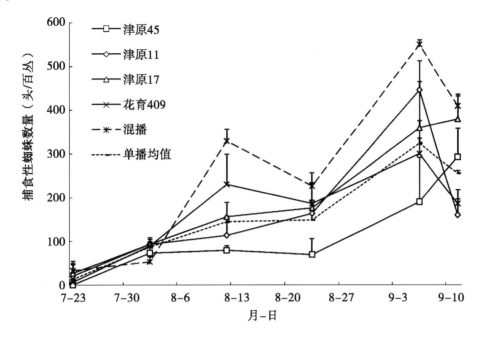

图 11-5　不同处理中捕食性蜘蛛的发生趋势

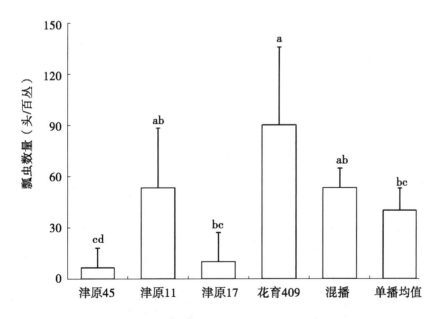

图 11-6　不同处理田瓢虫的平均种群密度（α=0.05，误差线为标准差）

（三）产量表现

在水稻生长末期，通过对每亩穗数、穴穗数（有效分蘖数）、每穗实粒数和千粒重等指标进行测定发现，在各个处理中，亩产最低的是津原45，最高的是津原11。单因素方差分析结果表明，混播处理显著高于津原45，但与其他处理和单播平均值相比，差异均不显著（图11-7）。在构成水稻产量的因子中，有效分蘖数和千粒重在各处理间差异不显著。而穗实粒数在不同处理中差异达到显著水平，其中津原11和混播处理的穗实粒数最多，津原45穗实粒数最少，混播处理穗实粒数显著高于单播平均值（图11-8）。

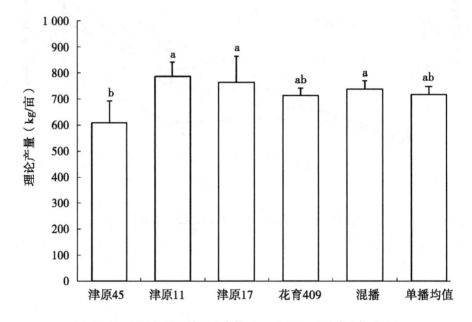

图11-7　不同处理田的理论产量（α=0.05，误差线为标准差）

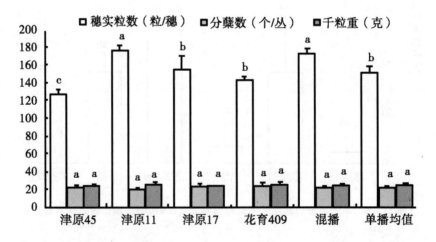

图11-8　不同处理田的穗实粒数、分蘖数和千粒重（α=0.05，误差线为标准差）

（四）水稻产量、害虫和天敌参数间的相关性分析

考虑到每个处理的遗传性状不同，可能对害虫和天敌优势种的分布有影响，形成产量的各因子之间的关系也可能与水稻本身遗传性状、害虫发生情况和天敌控制作用有关。因此，分别对不同处理中形成水稻产量的各因子、不同害虫和天敌种类进行了相关性分析。结果表明，各个处理亩穗数与穴穗数表现出极显著的正相关性，相关系数为1.000。在津原45处理中，水稻分蘖数与捕食性蜘蛛的数量（相关系数为0.998），亩穗数与飞虱数量（相关系数为0.997），瓢虫与二化螟的数量（相关系数为1.000）都表现出显著的正相关性。在津原11处理中，瓢虫数量与水稻亩产，稻水象甲与飞虱表现出显著的正相关性（相关系数均为0.999）；水稻穗实粒数与二化螟数量（相关系数为－0.998），瓢虫与捕食性蜘蛛数量（相关系数为－0.999）呈现出显著的负相关性。津原17、花育409和混播处理的其他参数间有一定的相关性，但均未达到显著水平。假定在不同处理中，特定参数间的影响关系是一定的。把各个单播处理、混播处理和单播平均值综合起来研究各个参数的相关性发现：在组成水稻产量的各个因子中，水稻亩产与穗实粒数、亩穗数与水稻分蘖数表现极显著的正相关性，而穗实粒数与水稻亩穗数呈现出显著的负相关性。水稻产量因子与害虫的关系中，水稻亩穗数与飞虱、水稻分蘖数与稻水象甲呈现极显著的正相关性，而水稻穗实粒数和千粒重与飞虱的发生呈现显著的负相关性。水稻产量因子与天敌的关系中，穗实粒数与捕食性蜘蛛表现出显著的正相关性，千粒重与瓢虫表现出极显著的正相关性。在天敌与害虫的关系中，瓢虫与水稻二化螟存在显著的正相关性，而瓢虫与飞虱之间存在极显著的负相关性（表11 –2）。

表11 – 2　具有显著相关性的参数及其相关系数[a]

参数		相关系数	参数		相关系数
亩产	穗实粒数	0.705[**]	穗实粒数	捕食性蜘蛛	0.553[*]
亩穗数	分蘖数	0.712[**]	穗实粒数	亩穗数	－ 0.501[*]
亩穗数	飞虱	0.771[**]	穗实粒数	飞虱	－ 0.591[*]
分蘖数	稻水象甲	0.619[**]	千粒重	飞虱	－ 0.772[*]
千粒重	瓢虫	0.733[**]	瓢虫	飞虱	－ 0.673[**]
瓢虫	二化螟	0.476[*]			

a：数据来源于所有处理及单播平均值，相关显著性检测自由度为16（[*]：$\alpha = 0.05$，[**]：$\alpha = 0.01$）

二、大豆

大豆是世界上最有价值的油料作物之一，人们对大豆的需求不断增加，但每年因害虫造成的经济损失巨大（Wrather，2001；Zhang，2012）。有研究表明，不同的大豆品种对蚜虫（Diaz – Montano，2006；Ragsdale，2011；Suzuki，2012；Wiarda，2012）、烟粉虱（Gulluoglu，2010；Vieira，2011）、蓟马 [*Thrips tabaci*（Thysanoptera：Thripidae）]（Sedaratian，2010）、二斑叶螨（Sedaratian，2009）、鳞翅目害虫 [*Helicoverpa armigera*（Lepidoptera：Noctuidae）]（Soleimannejad，2010）等具有不同的抗性表现。利用现有品种的这些特性，通过品种混播是否可以有效降低主要害虫的数量，提高天敌昆虫的控制力，这需要通过模拟生产实际才能得出值得信赖的结论。本文选取当地现有主栽大豆品种，通过种子

等重量混播，来研究这项措施对大豆主要害虫和天敌发生程度的影响。

（一）试验地基本情况

试验在河北涿州市中国农业大学教学试验场进行。土质为沙质壤土。周围生态环境良好，冬春季作物为冬小麦，夏秋季节作物为杂粮和油料作物，其中，以玉米、花生、大豆为主。本试验历时两年，大豆播种日期分别为 2010 年 6 月 28 日和 2011 年 6 月 30 日。大豆生长期内，所有处理均不使用任何化学杀虫杀菌剂和除草剂，苗期人工除草。播种前，机械粉碎前茬冬小麦秸秆，耕作方式为旋耕。旋耕前使用缓释复合肥（N – P_2O_5 – K_2O：24 – 8 – 10）40kg/667m^2（河北亿丰施特利肥业有限公司）。

（二）试验材料与方法

1. 处理设置

试验共设 6 个处理：①中黄 13（Z13）；②中黄 41（Z41）；③中黄 43（Z43）；④中黄 55（Z55）；⑤鑫豆 1 号（X1）；⑥5 品种混播（MC）；各品种特性见表 11 – 3。2010 年每个处理 4 次重复，小区面积约为 80m^2。2011 年每个处理 3 次重复，小区面积为 111m^2。小区排列均按照随机区组设计。播种时采取人工开沟点播，行距 50cm，株距 5cm，播种深度为 2 ~ 3cm。

表 11 – 3　大豆各品种特性

品种	亲　本	夏播生育期（天）	分枝（个）	花色	结荚习性	百粒重（g）	抗　　性	亩产（kg）	叶型
中黄 13	豫豆 8 号×中作 9005276	100 ~ 105	3 ~ 5	紫花	有限	23 ~ 26	抗大豆花叶病毒病，中抗大豆胞囊线虫病	160.1	椭圆
中黄 41	科丰 14×科新 3 号	109	1.6	白花	有限	21.2	中感花叶病毒病 3 号株系和 7 号株系，高感大豆胞囊线虫病 1 号生理小种	148.4	卵圆叶
中黄 43	（PI486355×郑 8431）×郑 6062	102	0.9	白花	有限	17.0	中抗大豆花叶病毒病 SC3 和 SC7 株系	219.1	卵圆叶
中黄 55	T200/早熟 18	110	2.7	白花	亚有限	26.0	中抗花叶病毒病 3 号株系，抗花叶病毒病 7 号株系，高感胞囊线虫病 1 号生理小种	189.2	披针叶
鑫豆 1 号	巴西大豆×鲁豆一号	110	3 ~ 4	白花	有限	18.3	抗旱抗涝，抗倒伏，抗多种病虫等，耐肥水，耐重茬，无地黄病，无菟丝子	250 ~ 300	大圆叶

注：大豆各品种特性来源于产品简介，各品种发芽率≥85%，水分≤12%，纯度≥98%，净度≥98%。生产商：中黄 13、中黄 41、中黄 43 和中黄 55 来自北京中农作物科技发展有限公司；鑫豆 1 号来自华农华林（北京）国际农业发展研究中心

2. 调查方法

试验采取每小区 5 点取样，定点不定株的调查方式，以消除多次调查对植物本身生长及害虫和天敌种类和数量的影响。对蚜虫、小绿叶蝉和烟粉虱，每个调查点随机取 5 株，调查上、中、下各 3 片叶子上害虫和天敌的种类及数量。数据分析时，折合成每株即 9 片叶子上的虫量。对天敌昆虫瓢虫、食蚜蝇和草蛉，调查整株上成虫、幼虫、蛹和卵的种类和数量。从播种后 25 天开始，每 7 天调查一次。由于咀嚼式口器的害虫在当地常年危害水平低，为了能科学反映此类害虫的发生程度，在播种后第 83 天（2010 年 9 月 19 日和 2011 年 9 月 20 日）对各处理进行叶面积破损率和严重度进行调查。咀嚼式口器害虫为害叶片的严重度分级标准见附录 1。

3. 数据处理

调查得到的原始数据首先在 Microsoft Excel 中按试验小区进行汇总，小绿叶蝉成虫和若虫、有翅蚜虫、无翅蚜虫、烟粉虱成虫、草蛉成虫和若虫、食蚜蝇成虫和幼虫、瓢虫成虫、幼虫和蛹分别记为一个昆虫单位（头），5 个草蛉卵记为一个天敌昆虫单位（头）。统计分析在 SPSS16.0 中进行，通过方差齐性检验的数据，利用单因素方差分析和多重比较（LSD 方法），以确定各参数在不同处理中的差异显著性。利用相关性分析，研究害虫和天敌在发生趋势上的相关程度。最后，通过聚类分析，明确大豆品种混播和各单播处理中上述参数聚类变化情况。

（三）结果分析

1. 方差分析

对主要的害虫（蚜虫、小绿叶蝉和烟粉虱）、天敌昆虫（瓢虫、草蛉和食蚜蝇）、咀嚼式口器害虫、产量因素的数据进行了方差分析。目的是明确各品种单播在大田中各参数的表现，与混播处理相比，差异是否达到显著水平。

（1）害虫与天敌

为了简化不同调查阶段害虫和天敌变化情况，我们把整个调查过程分为 3 个不同时期。前期为播种后 40 天之前（DAS40），以幼苗生长为主，中期为播种后 40 ~ 70 天（DAS40 - 70），以营养生长为主，后期为播种后 70 天以后（DAS70），以干物质积累为主。从调查的各个时期来看，2010 年混播处理中蚜虫数量在前期显著高于 Z13、Z41、Z43，在中期显著高于 Z13、Z55，在后期显著低于 Z41、Z43；2011 年混播处理中蚜虫的数量与其他各处理差异不显著（图 11 - 9）。在两年的试验中，中期和后期小绿叶蝉在混播处理中的数量显著低于 Z13、Z55。2011 年前期混播处理中小绿叶蝉发生量显著高于 X1（图 11 - 10）。烟粉虱在 2011 年的调查中，混播处理在后期发生数量显著低于 Z41、X1，而其他阶段以及在 2010 年的调查中差异均不显著（图 11 - 11）。在天敌昆虫方面，瓢虫的发生量在 2011 年后期调查中 Z41 显著高于 Z13，其他阶段和 2010 年的调查中各处理间差异不显著（图 11 - 12）。草蛉在 2011 年的调查中，混播处理前期发生数量显著高于 Z13、Z41、Z43、Z55，中期发生数量显著高于 Z55，后期发生数量显著高于 Z13、Z55，在 2010 年的调查中差异不显著（图 11 - 13）。食蚜蝇的发生量，在两年的试验中混播处理中期发生量显著高于 Z43，在其他阶段各处理间差异不显著（图 11 - 14）。

从害虫和天敌的发展趋势来看，2010 年蚜虫、小绿叶蝉和食蚜蝇在作物生长前期均处于一个低水平发展阶段，各处理差异不大，在作物生长后期 3 种昆虫发生量增大，混播处理蚜虫发生量偏高，小绿叶蝉在后期发生量偏低，食蚜蝇在作物生长后期发生量偏高；草蛉在前期发生量大，烟粉虱中期发生量大，瓢虫后期发生量大。2011 年小绿叶蝉和食

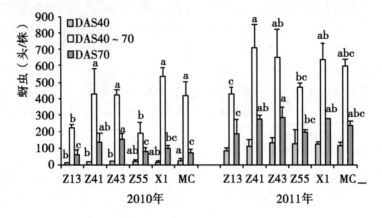

图 11 - 9　不同处理蚜虫发生情况（α = 0.05）

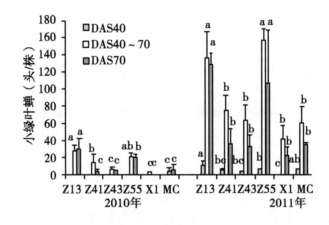

图 11 - 10　不同处理小绿叶蝉发生情况（α = 0.05）

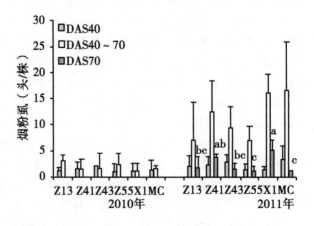

图 11 - 11　不同处理烟粉虱发生情况（α = 0.05）

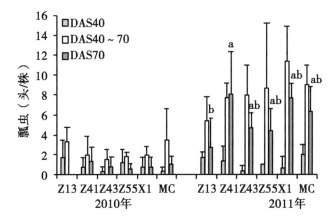

图 11 - 12　不同处理瓢虫发生情况（α = 0.05）

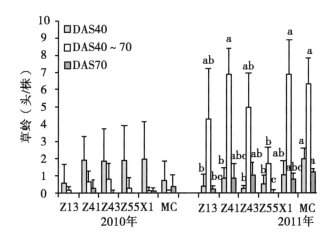

图 11 - 13　不同处理草蛉发生情况（α = 0.05）

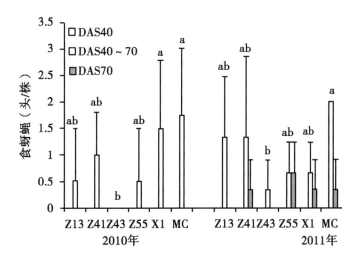

图 11 - 14　不同处理食蚜蝇发生情况（α = 0.05）

蚜蝇在作物生长前期发展缓慢，中后期发生数量大，混播处理中食蚜蝇中期数量大且发展稳定；蚜虫在前期发展较快，中期数量有所下降；烟粉虱和草蛉中期发生量大，在混播处理中烟粉虱在前期和中期发生量偏大，草蛉在前期和中期稳定上升；瓢虫在中期和后期各有一个发生高峰，混播处理前期和中期数量稳定上升。

从破损率和危害严重程度来看，两年的总体趋势基本一致。在两年的试验中，混播处理叶面破损率显著低于 Z13，但与其他处理差异未达到显著水平。从危害严重程度来看，第一年各处理差异均未达到显著水平。第二年所有处理危害严重程度明显降低，处理间差异达到显著水平，其中 Z13 危害严重程度显著高于 Z43、Z55 和 X1，但混播处理与各单播处理差异均未达到显著水平（图 11 – 15）。

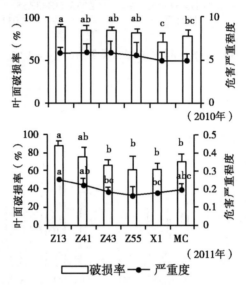

图 11 – 15　各处理叶面破损率和严重程度比较（α = 0.05）

两年试验结果表明，各处理在大豆虫蛀率方面差异显著，其中 Z55 显著高于 Z43 和 X1，混播处理与各单播处理间差异不显著（图 11 – 16）。

（2）产量因素

产量因素主要指标包括亩产、千粒重和株高。结果表明：2010 年各处理亩产差异均不显著，2011 年，处理 Z55 的亩产最高，显著高于 Z41、X1 和混播，并且与处理 Z13、Z43 之间差异不显著。在千粒重方面，Z13 和 Z55 显著高于其他处理，这与各品种特性相吻合（表 11 – 3），而混播处理千粒重居中。在株高方面，混播处理显著低于 X1，而高于 Z13、Z43 和 Z55，与 Z41 差异不显著（图 11 – 17）。

2. 相关性分析

三种害虫和三种天敌按调查日期求平均值，制作成害虫和天敌随着调查日期的变化而变化的矩阵。利用 SPSS 软件的 Bivariate correlations 求出各个处理害虫和天敌之间的 Pearson coefficients，通过 Test of significance（two – tailed），研究在作物整个生长期内害虫和天敌之间的相关性。从图 11 – 18 可以看出，在整个调查期内不同的大豆品种、害虫和天敌相关程度不同。两年数据显示，混播处理中蚜虫与食蚜蝇表现为极显著的正相关，2010 年蚜虫与瓢虫表现为极显著正相关，而其他害虫和天敌之间相关性未达到显著水平。混播

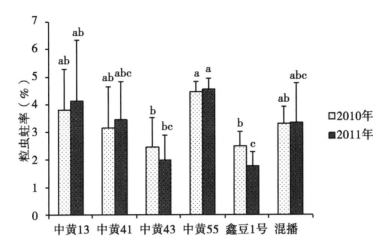

图 11 - 16　不同处理粒虫蛀率比较（α = 0.05）

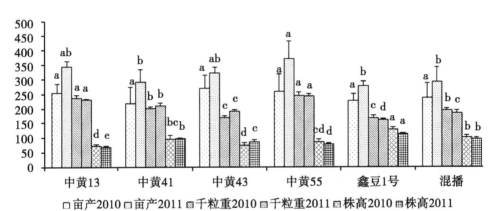

图 11 - 17　不同处理亩产、千粒重和株高比较（α = 0.05）

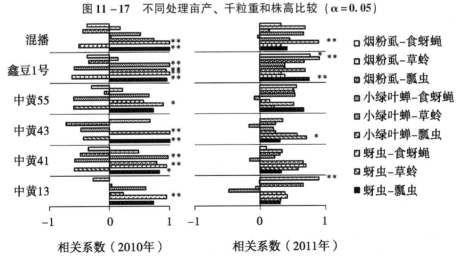

图 11 - 18　不同处理害虫 - 天敌相关性

＊　Correlation is significant at the 0.05 level（2 - tailed）.

＊＊　Correlation is significant at the 0.01 level（2 - tailed）.

处理与其他处理相比，2010 年正相关的害虫天敌组合数从多到少的处理分别是 MC > Z13、Z41、Z55、X1 > Z43。差异达到显著或极显著的害虫天敌组合数由多到少分别是 X1 > Z41 > MC，Z43 > Z55，Z13。2011 年小绿叶蝉 – 草蛉在处理 Z13、Z41、Z55、MC 中表现出一定程度的负相关，小绿叶蝉 – 食蚜蝇在处理 Z13 中表现出一定程度的负相关，烟粉虱—草蛉在处理 Z13 中表现出微弱的负相关，其余害虫和天敌组合都表现出正相关性。处理 Z41、Z55 各参数相关性均未达到显著水平。表现为正相关的害虫天敌组合数由多到少的处理顺序分别是 X1 > MC、Z55、Z43、Z41 > Z13，达到显著或极显著的害虫天敌组合数由多到少顺序分别是 X1 > MC、Z43、Z13 > Z55、Z41。考虑到害虫及天敌在田间的发生数量，其中蚜虫和小绿叶蝉为主要害虫，烟粉虱为次要害虫，瓢虫和草蛉是主要天敌，食蚜蝇是次要天敌。因此，2011 年达到显著或极显著的害虫—天敌组合数由多到少顺序应为 MC、X1、Z43 > Z55、Z41、Z13。从害虫与天敌相关性方面来看，大豆品种混播加强了害虫与天敌间的协同关系，在害虫与天敌种群关系的调节中具有一定意义。

3. 聚类分析

通过对害虫和天敌、叶面积破损率和严重度以及产量因素等指标分别进行聚类分析发现，害虫和天敌指标可以把 Z13 和 Z55 归为一类，其他处理为另一类，而混播处理与 Z41、Z43、X1 关系较近。产量因子聚类结果也表明，Z13 和 Z55 归为一类，其他处理为另一类，而混播处理与 Z41 关系较近。这两组指标也反映出不同品种之间在大田生产中的表现，混播处理在大田试验中的表现更加趋向于 Z41。而代表嚼咀式口器害虫的叶面积破损率和严重度指标对不同处理的聚类结果差异很大，两年的试验结果无明显的规律（表 11 – 4）。

表 11 – 4　各指标对不同处理聚类分析结果[a]

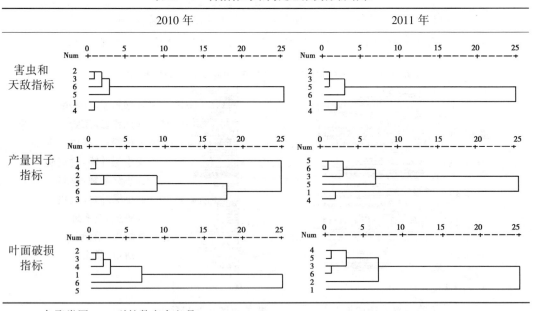

a：各聚类图 Num 列的数字含义是 1 = Z13，2 = Z41，3 = Z43，4 = Z55，5 = X1，6 = MC

三、玉米

(一) 材料与方法

试验于 2010 年在天津市宝坻区进行。选取 6 个北方常年种植的玉米品种，各品种的主要性状如下：①农大 364，生育期 130 天，株高 270cm，穗位高 110cm，抗大小斑及黑穗病；②农大 3138，生育期 128 天，株高 320cm，穗位高 140cm，抗大小斑、黑穗病和青枯病；③农大 1236，生育期 120 天，株高 265cm，穗位高 100cm，抗大小斑病及青枯病；④农大 84，生育期 92 天，株高 260cm，穗位高 105cm，高抗大斑病、弯孢叶斑病、丝黑穗病、茎腐病和玉米螟。⑤纪元 1 号，生育期 95 天，株高 230cm，穗位高 95cm，高抗大小斑病、花叶病毒病、黑粉病、粗缩病和青枯病。⑥中系 368，未查到相关信息。

试验共设 7 个处理，各品种单作和按等比例混播。即处理①农大 364；处理②农大 3138；处理③农大 1236；处理④农大 84；处理⑤纪元 1 号；⑥中系 368；⑦各品种按等比例混播。每个处理设 3 次重复。每个小区面积为 666.7m²。

每个小区进行 5 点取样，每点调查 2 株上害虫和天敌的种类和数量，每 10 天调查一次。对于病害的调查，同样采取 5 点取样，每点调查 2 株的方法，调查每个小区各种病害的发病率。当病害发生严重时，对病害进行分级调查。

在收获期，每小区选取 30 株，测量株高、统计亩株数，收获后进行测产并考种。玉米含水量通过电容式谷物水分测仪（PM - 888 型）测定。

(二) 结果与分析

1. 虫害及天敌调查结果

在玉米的整个生长季节中，瓢虫的数量在 7 月 23 日达到了显著水平。其中，纪元 1 号与农大 364 相比，差异性显著。混播处理与各单作处理及其均值之间差异性均未达到显著水平。整个生长季节中瓢虫在各处理中的均值也达到显著水平。其中，纪元 1 号与农大 3138 处理和混播处理差异性达到显著水平。从具体数据来看，纪元 1 号瓢虫的发生量显著小于其他处理，混播处理瓢虫的发生量在各处理的对比中偏高或差异性不显著。这说明，玉米品种混播对天敌昆虫瓢虫的发生有利（表 11 - 5）。在玉米生长前期的主要害虫中，叶甲的数量占一定优势，但在各处理中，差异性未达到显著水平（表 11 - 6）。在玉米生长后期，调查了玉米穗部害虫的种类和数量。在试验区，危害玉米穗的害虫主要是棉铃虫和玉米螟，通过对 30 个玉米穗部的调查发现，其数量比为 19：5（棉铃虫：玉米螟）。但在各处理的抽样调查中，棉铃虫、玉米螟及其总和在差异性上均未达到显著水平（表 11 - 6）。

表 11 - 5 瓢虫在玉米各处理中差异显著性比较（宝坻）

处理	瓢虫 0723	显著性		瓢虫均值	显著性	
		0.05	0.01		0.05	0.01
农大 364	3.666 7	a	A	2.555 6	ab	A
农大 3138	2	ab	A	3.444 4	a	A
农大 1236	2.666 7	ab	A	2.888 9	ab	A
农大 84	2.666 7	ab	A	2.555 6	ab	A

（续表）

处理	瓢虫 0723	显著性		瓢虫均值	显著性	
		0.05	0.01		0.05	0.01
纪元 1 号	0.666 7	b	A	1.888 9	b	A
中系 368	2.333 3	ab	A	3	ab	A
混播	2.666 7	ab	A	3.444 4	a	A
单作均值	2.333 3	ab	A	2.722 2	ab	A

表 11 – 6　主要害虫在玉米各处理中的发生量（宝坻）

处理	玉米螟 0911	棉蛉虫 0911	鳞翅 0911	叶甲 0723
农大 364	4	1.333 3	5.333 3	2.333 3
农大 3138	3.666 7	6	9.666 7	3.333 3
农大 1236	0.666 7	4	4.666 7	2.666 7
农大 84	1	2.333 3	3.333 3	1
纪元 1 号	2.333 3	3	6	3
中系 368	0.333 3	1.333 3	1.666 7	5
混播	0.333 3	4	4.333 3	4.666 7
单作均值	2	3	5.111 1	2.888 9

2. 病害的调查结果

在玉米病害的调查中，主要对玉米穗部叶位进行调查，通过对数据的整理发现，纪元 1 号处理与农大 364、农大 3138、农大 84 和中系 368 处理差异性达到显著水平，与农大 84 差异性达到极显著水平。混播处理与各处理及各处理均值差异性均未达到显著水平。从具体数据来看，纪元 1 号发病最重，农大 84 抗病性较好，混播处理与各品种单作均值达到同样的抗病效果（表 11 – 7）。

表 11 – 7　玉米小斑病在各处理中差异显著性比较（9 月 11 日数据，宝坻）

处理	严重度	显　著　性	
		0.05	0.01
农大 364	0.291 7	b	AB
农大 3138	0.283 3	b	AB
农大 1236	0.35	ab	AB
农大 84	0.25	b	B
纪元 1	0.45	a	A
中系 368	0.3	b	AB
混播	0.325	ab	AB
单作均值	0.320 8	ab	AB

除了上述害虫及天敌外，还有玉米叶夜蛾、蚜虫、蝗虫、食蚜蝇、黑卵蜂等。病害还有玉米弯孢霉叶斑病。但这些病虫害发生数量不多，在抽样调查中未查到足够的数据，无统计学意义。

3. 测产结果

通过对玉米品种混播的测产数据进行分析，在亩穗数方面，各品种单作处理间差异性达到显著水平。农大1236的亩穗数最多，与品种混播相比，差异性达到显著水平。品种混播除了与农大1236达到显著水平外，与其他处理及单作均值均未达到显著水平（表11-8）。

表11-8 玉米各处理亩穗数差异显著性比较（宝坻）

处理	亩穗数	显著性	
		0.05	0.01
农大364	3 413.30	AB	a
农大3138	3 115.20	B	a
农大1236	3 774.50	A	a
农大84	3 141.70	B	a
纪元1号	3 000.10	B	a
中系368	3 165.40	B	a
混播	3 069.90	B	a
单播均值	3 268.40	AB	a

通过单因素方差分析，玉米穗粒数在玉米各处理中差异达到显著或极显著水平。其中，农大3138处理的穗粒数最多，与各单作处理、混播和单播均值均达到显著水平，与农大1236、纪元1号、中系368和单播均值达到极显著水平；纪元1号穗粒数最少，与农大364、农大3138、农大84、混播和单播均值均达到显著水平，与农大364和农大3138达到极显著水平。混播处理与单播均值之间差异不显著，说明在穗粒数方面，所选取的6个玉米品种混播与各品种单播均值较一致（表11-9）。

表11-9 玉米各处理穗粒数差异显著性比较（宝坻）

处理	穗粒数	显著性	
		0.05	0.01
农大364	504.00	B	ab
农大3138	575.50	A	a
农大1236	417.37	CD	bc
农大84	496.57	B	abc
纪元1号	402.57	D	c
中系368	441.57	BCD	bc
混播	496.37	B	abc
单播均值	472.93	BC	bc

在含水量方面，玉米品种混播与单播均值之间差异性达到显著水平，说明玉米品种混播在一定程度上推迟了玉米的成熟度。玉米各品种单播处理间水分含量也存在显著差异，比如，农大 1236 和中系 368 的水分含量最低，说明它的成熟度较高；农大 364、农大 3138、农大 84 和纪元 1 号水分含量较高，这几个品种间含水量未达到显著水平（表 11 - 10）。

表 11 - 10   玉米各处理含水量差异显著性比较（宝坻）

处理	含水量（%）	显著性	
		0.05	0.01
农大 364	31.23	AB	ab
农大 3138	30.33	ABC	ab
农大 1236	28.70	C	b
农大 84	30.07	BC	ab
纪元 1 号	31.20	AB	ab
中系 368	28.60	C	b
混播	32.37	A	a
单播均值	30.02	BC	ab

在理论产量方面，混播处理与单播均值之间未达到显著水平。但玉米各品种单播处理间差异性达到显著或极显著水平。比如，在各处理中，纪元 1 号和农大 1236 产量偏低，而农大 3138、农大 364、农大 84 和中系 368 产量较高。从具体数据来看，混播处理的理论产量远不及单播均值，但在系统学上其差异性未达到显著水平；与其他品种单播处理相比，其数据也偏低（表 11 - 11）。对各参数进行相关性分析，结果表明，理论产量与穗粒数的相关系数是 0.45，P 值是 0.027，大于 0.05 的临界值，说明理论产量与穗粒数存在显著的正相关性。穗粒数与亩穗数的相关系数是 - 0.449，P 值是 0.028，说明穗粒数与亩穗数存在显著的负相关性；穗粒数与理论产量的相关系数是 0.45，P 值为 0.027，说明穗粒数与理论产量存在显著的正相关性。含水量与各个参数之间的相关性分析表明，玉米含水量与各个参数之间不存在必然的相关性。

表 11 - 11   玉米各处理理论产量差异显著性比较

处理	理论产量（kg）	显著性	
		0.05	0.01
农大 364	559.43	AB	ab
农大 3138	583.95	A	a
农大 1236	507.36	BCD	abc
农大 84	525.26	ABC	abc
纪元 1 号	442.02	D	c
中系 368	554.13	AB	ab
混播	466.89	CD	bc
单播均值	535.18	ABC	abc

四、花生

(一) 材料与方法

试验于 2010 年在河北涿州中国农业大学教学实验场进行。花生混播设两次试验,第一次试验包括 3 个品种,各品种的主要性状如下:①冀花 2 号,疏枝型,生育期 125 ~ 130 天,株高 40cm,抗逆抗病性强;②冀花 4 号,疏枝型,生育期 110 ~ 130 天,株高 35 ~ 40cm,果型中等,抗旱、抗倒、耐病性强;③天府 3 号,直立型品种,生育期 130 ~ 135 天,果型中等,抗旱性中等,耐涝性较强,中抗病毒病和叶斑病。第二次试验涉及 4 个品种,即除上述 3 个品种外,增加鑫花 2 号。

第一次试验共设 4 个处理,即处理①:冀花 2 号;处理②:冀花 4 号;处理③:天府 3 号;处理④:3 品种按等比例混播。每个处理 3 次重复。每个小区面积约为 42m²。播种时采取人工点播,行距 40cm,株距 25cm,播种深度为 3cm,每穴 2 粒。

第二次试验共设 2 个处理,即处理①:鑫花 2 号单播;处理②:4 品种按等比例混播,试验不设重复。每个小区面积约为 42m²。播种时采取人工点播,行距 40cm,株距 25cm,播种深度为 3cm,每穴 2 粒。

试验采取每小区 5 点取样,定点不定株的调查方式,以消除多次调查对植物本身生长及害虫和天敌种类和数量的影响。对偏 R 类害虫(蚜虫、叶螨、叶蝉、粉虱、三点盲蝽、赤须盲蝽等)及天敌(小花蝽和塔六点蓟马等),每个调查点随机取 1 株,随机调查 10 片叶上害虫和天敌的种类和数量。对偏 K 类害虫(棉铃虫、负蝗、象甲、蝗虫等)和天敌(蜘蛛、草蛉、龟纹瓢虫和异色瓢虫等),调查整株上害虫和天敌的种类和数量。从播种后 26 天开始,每 7 天调查一次。

此外,为了详细反映咀嚼式口器害虫对花生的危害,在 8 月 28 日和 9 月 19 日分别对各处理进行叶面积破损率和严重度进行调查。咀嚼式口器害虫危害叶片的严重度,通过制定相应的分级标准(附录 1)进行调查。

试验田花生主要病害为褐斑病和黑斑病,其中以褐斑为主,在发病初期进行病株率调查,发病严重时,参照花生叶斑病病害分级标准(附录 2),进行分级调查。每小区 5 点取样,每点随机选取 1 株,调查从心叶向下共 10 片叶,记录发病叶片数和发病等级。从发病初期开始,每天调查一次。

为了研究品种混播对花生最终产量的影响,在收获期,对每亩穴数、每穴平均株数、鲜果重、干果重、粒干重及被害果率进行一次性调查。通过这些生物学参数计算出每种处理的理论产量和实际产量,分析品种混播对这些参数的具体影响。

(二) 结果与分析

1. 虫害调查结果

在花生的整个生长季节,试验一中主要发生的害虫有叶螨、蚜虫和小绿叶蝉,其中叶螨主要发生在花生生长前期,叶蝉主要发生在花生生长中后期,蚜虫自始至终均有发生,但发生量很少。统计分析表明,各处理间差异未达到显著水平(表 11 - 12)。试验二中主要调查到的害虫为叶蝉和叶螨,鑫花 2 号与 3 品种混播和 4 品种混播进行独立样本 t 检验,结果证明,双尾 P 值均大于临界值 0.05,各处理间差异不显著(表 11 - 13)。试验二中的蚜虫为零星发生，数据不连续，无统计学意义。

表 11 - 12　试验一花生各处理主要害虫发生量比较（涿州）

处理	叶螨 0723	蚜虫 0723	蚜虫 0918	叶蝉 0807	叶蝉 0814	叶蝉 0918
冀花 2 号	7.25	1.25	4.75	1.25	1.5	3
冀花 4 号	31.25	3	5	0.75	1.5	3.25
天府 3 号	11.25	0.5	3.75	1	1.5	1.5
三品种混	11.75	0.75	4.5	0.75	2	1.75
三品种单	16.582 5	1.585	4.5	1	1.5	2.582 5

表 11 - 13　试验二花生各处理主要害虫发生量比较（涿州）

处理	叶螨 723	叶蝉 731	叶蝉 807	叶蝉 814	叶蝉 918
鑫花 2 号	4	1	4	0	8
4 品种混播	11	0	1	2	6
3 品种混播	11.75	0.5	0.75	2	1.75

2. 病害调查结果

在花生的整个生长季节中，发生的主要病害为褐斑病，偶尔见到根腐病和病毒病，但不在抽样调查的范围之内，试验也只对褐斑病进行数据整理和分析。在试验一中，褐斑病病叶率和严重度的调查在 7 月 31 日和 8 月 14 日的数据中有差异，其他调查数据差异不显著。统计分析证明，在各个处理中，与其他处理相比，天府 3 号在 7 月 31 日发病较轻，冀花 2 号在 8 月 14 日发生较轻。在 7 月 31 日，3 品种混播与各个处理间差异未达到显著水平。在 8 月 7 日，3 品种混播与冀花 2 号差异达到显著水平（表 11 - 14）。病害严重度调查与发病率结果基本一致（表 11 - 15）。对整生长季节中花生褐斑病的发病率和严重度进行相关分析，结果证明，两者的相关系数为 0.853，P 值为 0.000，小于临界值 0.001。因此，发病率和相对的严重度呈高度正相关关系。

表 11 - 14　花生褐斑病病叶率在试验一各处理中的差异显著性（$\alpha = 0.05$）（涿州）

处理	病叶率 0723	病叶率 0731	显著性	病叶率 0807	病叶率 0814	显著性	病叶率 0904	病叶率 0918
冀花 2 号	0.04	0.035	a	0.025	0.005	b	0.34	1
冀花 4 号	0.015	0.025	ab	0	0.01	ab	0.405	1
天府 3 号	0.04	0	b	0	0.01	ab	0.41	0.965
三品种混播	0.03	0.025	ab	0.02	0.03	a	0.36	0.995
三品种单播	0.032 5	0.02	ab	0.007 5	0.007 5	b	0.387 5	0.99

表 11－15 花生褐斑病发生严重度在试验一各处理中的差异显著性（α＝0.05）（涿州）

处理	严重度0723	严重度0731	显著性	严重度0807	严重度0814	显著性	严重度0904	严重度0918
冀花 2 号	0.005 6	0.003 9	ab	0.002 8	0.000 6	b	0.037 8	0.147 8
冀花 4 号	0.001 7	0.005	a	0	0.001 1	ab	0.045	0.161 1
天府 3 号	0.006 7	0	b	0	0.001 1	ab	0.05	0.142 8
三品种混播	0.006 7	0.002 8	ab	0.002 2	0.003 3	a	0.04	0.174 4
三品种单播	0.004 6	0.003	ab	0.000 9	0.000 9	ab	0.042 5	0.150 6

3. 叶面破损率和严重度

结果表明，除了 9 月 19 日调查的严重度在各处理间存在差异外，其他各参数的差异显著性均未达到显著水平（差异不显著的均值略）。三品种混播处理与天府 3 号在差异性上达到显著水平，与其他处理未达到显著水平。天府 3 号与冀花 2 号处理间差异性达到显著和极显著水平（表 11－16）。从具体数据来看，三品种混播与各品种单播均值之间差异未达到显著水平。与其他处理相比，在 9 月 19 日的调查中，三品种混播被咀嚼式口器的害虫危害的严重度要偏重。从文中的严重度曲线中可以直观地看出，各个处理间叶片被危害的严重度趋势。

表 11－16 试验一花生各处理间叶面破损率差异显著性比较（9 月 19 日数据）（涿州）

处理	严重度	显著性 0.05	显著性 0.01
冀花 2 号	4.75	a	A
冀花 4 号	3.10	bc	AB
天府 3 号	2.75	c	B
三品种混	4.15	ab	AB
三品种单	3.53	abc	AB

在试验二各处理中，两次调查的叶片被咀嚼式口器害虫危害造成的破损率和严重度方面，也进行了独立样本 t 检验，结果证明，各参数所测得的 P 值均大于临界值 0.05，因此，各处理间在破损率和严重度方面差异不显著（表 11－17）。

表 11－17 试验二花生各处理叶片被害破损率和严重度比较（涿州）

处理	破损率 828	破损率 919	严重度 828	严重度 919
鑫花 2 号	14.935 065	58	0.867 086 04	6.5
四品种混播	11.619 718	32	1.079 373 4	2.7
三品种混播	12.912 696	47.5	0.696 709 33	4.15

除了上述害虫及天敌外，还有烟粉虱、象甲、棉铃虫等。天敌还有小花蝽、草蛉、龟纹瓢虫、异色瓢虫、蜘蛛等。但这些病虫害及天敌发生的数量少，在抽样中很难调查到，

得到的数据无法进行系统的统计分析。

4. 测产结果

花生荚果含水量是通过测定鲜荚果与干荚果重量之差得到的，花生荚果含水量的多少可以间接反映该品种成熟度的高低。通过对花生荚果含水量的分析，结果表明，三品种单播处理之间、三品种单播、单播均值与品种混播处理之间差异性均未达到显著水平。试验表明，试验选取的 3 个品种在收获时成熟度基本一致。品种混播没能影响到不同花生品种间的成熟度。

在收获时，结合对地下害虫的调查发现，三品种混播处理中未发现蛴螬，而在其他单播处理中均发现蛴螬。其中，冀花 4 号处理中的蛴螬数量最多，达到 7 头，天府 3 号次之，为 2.25 头，冀花 2 号为 2 头（表 11 - 18）。但对小区内被害荚数进行调查发现，三品种混播也有被害荚，而且与其他品种单播和单播均值差异性未达到显著水平。从具体数据来看，三品种混播被害荚数最少（表 11 - 19）。这可能是因为三品种混播处理中，蛴螬数量低或者这些被害荚是由其他害虫危害所致。

表 11 - 18 花生各处理中蛴螬数量差异性比较（2m²）

处理	蛴螬（头）	显著性	
		0.05	0.01
冀花 2 号	2.00	AB	a
冀花 4 号	7.00	A	a
天府 3 号	2.25	AB	a
三品种混播	0.00	B	a
单播均值	3.75	AB	a

表 11 - 19 花生各处理中被害荚数量差异显著性比较（2m²）

处理	被害荚数	显著性	
		0.05	0.01
冀花 2 号	17.75	A	a
冀花 4 号	21.25	A	a
天府 3 号	12.50	A	a
三品种混播	9.50	A	a
单播均值	17.17	A	a

在产量方面，总粒重、含秕粒百粒重、不含秕粒百粒重、荚理论产量和粒理论产量在各处理间以及与单播均值相比，差异性均未达到显著水平。这说明，在统一的收获时期，所选品种及其混播处理间产量差异不显著。

相关性分析表明，每小区株数与收获期调查的蛴螬数、被害荚数、总粒重、荚理论产量和粒理论产量无必然的相关性。收获期调查的荚果含水量与被害荚数相关系数是 0.647，P 值是 0.002，说明收获期荚果含水量与被害荚数呈现极显著的正相关性；收获时调查的蛴螬数据与被害荚数的相关系数是0.749，P值是0.000，说明蛴螬数与被害荚数呈现极显著的正相关性。也就是说，在收获期调查的被害荚数与地下蛴螬数和荚果含水量都呈现出极显著的正相关性，即荚果含水量越高（成熟度越差），蛴螬数越多，花生荚果受害越严重。

在产量方面，总粒重、含秕粒百粒重、不含秕粒百粒重、荚理论产量和粒理论产量之间存在显著或极显著的正相关性，即百粒重越高，总粒重越高，花生荚理论产量或粒理论产量也越高，这与实际生产中得到的关系一致。

咀嚼式口器害虫危害叶片严重度分级标准：

0级：无破损；

1级：破损叶面占总叶面积的1%～10%；

2级：破损叶面占总叶面积的11%～25%；

3级：破损叶面占总叶面积的26%～50%；

4级：破损叶面占总叶面积的51%～75%；

5级：破损叶面占总叶面积的76%～100%。

附录2：花生叶斑病分级标准

0级：无病；

1级：病斑面积占整片叶面积的5%以下；

3级：病斑面积占整片叶面积的6%～25%；

5级：病斑面积占整片叶面积的26%～50%；

7级：病斑面积占整片叶面积的51%～75%；

9级：病斑面积占整片叶面积的76%以上。

第二节　伴生植物对花生金龟子的防控作用

金龟子属于鞘翅目金龟总科（Scarabaeoidea），是花生田的重要害虫。其中，暗黑鳃金龟（*Holotrichia parallela* Motschulsky）分布较广泛，危害性居三大金龟子（暗黑鳃金龟子、大黑鳃金龟子（*Holotrichia diomphalia* Bates）和铜绿异丽金龟子（*Anomala corpulenta* Motschulsky）之首，成虫取食农作物和林木的叶片，具有暴食的特点（徐秀娟，2009）。近年来该害虫发生面积迅速增加，危害程度逐年加重，特别是在花生田，每公顷虫量高达几十万甚至上百万头，常常造成花生大面积绝收（程松莲等，2008）。目前，该金龟子仍以化学防治为主，不少地方甚至长期大量使用高毒农药，所造成的农药残留、环境污染等使花生产品品质大打折扣，同时也严重阻碍了当地无公害、绿色和有机食品的发展。因此，探讨主要金龟子绿色防控新途径成为近几年的研究热点。如，陆信仁等（2009）研究表明，使用频振式杀虫灯能有效降低蔬菜田蛴螬的发生与危害。利用诱集植物作为害虫综合治理的重要措施也引起关注（Hokkanen，1991）。王卫国等（2002）研究表明，插种红麻等蜜源植物能为土蜂提供蜜源，可有效控制蛴螬的危害。张艳玲和李为争等研究发现蓖麻对金龟子有明显的诱杀作用（张艳玲，2006；李为争，2010）。但将上述几种非化学绿色防控措施综合运用于田间蛴螬防控的研究很少，作者围绕花生田金龟子的非化学绿色防控进行了探索。旨在降低化学防治强度，改善生态环境，实现花生稳产优质的目的。

另外，昆虫信息素和引诱剂的研究与应用成为当前害虫防治关注的焦点之一。糖醋酒液，其主要成分有糖、乙醇、乙酸，作为一种传统的广谱性引诱剂，在害虫防治上越来越受到重视，例如，诱杀果树上的苹果小卷叶蛾、梨小食心虫、金龟子等效果明显（陈光华，2007；李波，2008；何亮，2009）。尽管如此，尚未见到糖醋酒液应用于花生田暗黑鳃金龟的诱杀研究。作者根据孙凡等（2006）对东北大黑鳃金龟对绿叶气味物质的研究，将绿叶气味物质反 - 2 - 己烯醛与不同比例的糖醋酒液混配，以期改良、提高糖醋酒液对金龟子诱杀效果，并将该技术措施综合到花生金龟子的绿色防控体系中去。

一、材料与方法

（一）材料

佳多牌杀虫灯。红麻 *Hibiscus cannabinus* Linn.（锦葵科木槿属）和蓖麻 *Ricinus communis* Linn.（大戟科蓖麻属）种子。无水乙醇、乙酸、绵白糖、90% 敌百虫原药晶体（山东大成农药股份有限公司）和反 - 2 - 己烯醛（东京化成公司）。

试验地为山东省日照市三庄镇花生田，常年发生的金龟子有暗黑金龟子、大黑金龟子以及铜绿金龟子。土质为沙壤土，地力中等，花生品种为'日花1号'。

（二）试验方法

1. 杀虫灯与诱集植物

于 2009 年 4 月开始在试验田地边、田埂每隔 20 ~ 30m 种一行红麻和蓖麻（间隔种植），诱集植物与花生种植密度约 1 : 100，花生播种前采用 48% 毒死蜱乳油（山东省淄博丰登农药化工有限公司）拌种，其他时期不施用化学农药。

试验设 3 个处理：①平作花生 + 诱虫灯；②平作花生 + 诱虫灯 + 红麻 + 蓖麻；③平作花生对照。杀虫灯为佳多公司的频振式杀虫灯，红麻品种：中红麻 10 号，蓖麻品种：淄麻 3 号。每个处理区面积 6667m²，距离相隔 500m 以上。其他农业管理措施保持一致。注：蓖麻对金龟子有诱杀作用，而红麻对金龟子的天敌土蜂有引诱和提供补充营养的作用，对金龟子没有诱杀作用。

调查方法：分别在 2009 年和 2010 年 6 月到 9 月在金龟子发生高峰期，每隔 10 天进行 1 次调查统计。每次每个处理区随机取花生 100 株，扒土记录蛴螬幼虫和卵的数量。

测产：在收获期每个处理区内随机取花生 30 株，重复 3 次，晾干后测算花生产量。

2. 嗅味剂诱杀

选用直径 20cm，深 10cm 的红色塑料盆制作诱捕器（郭效全，2000），针对花生田金龟子（主要为暗黑鳃金龟子）设计了 5 个嗅味剂的配方，分两个阶段进行试验，第一阶段每天调查 1 次，每天更换嗅味剂，进行维持原配方浓度实验，连续调查 5 天；第二阶段为 5 天调查 1 次不更换嗅味剂的实验（即浓度逐步下降条件下溴味剂的诱集实验）。每个配方重复 3 次，诱盆高度设置在距离花生冠层 10cm 左右，每隔 10m 放置一个，配方见表11 - 20。

表 11 – 20　嗅味剂实验配方

配方	绵白糖 （g）	乙酸 （ml）	乙醇 （ml）	水 （ml）	反 – 2 – 己烯醛 （g）	敌百虫 （g）
1	0	0	0	0	1	0.1
2	15	15	15	1 200	1	0.1
3	15	15	15	1 200	0	0.1
4	45	15	15	1 200	1	0.1
5	45	15	15	1 200	0	0.1

3. 数据分析

利用 SPSS11.5 统计分析软件进行统计分析，使用方法为 Independent – Samples T Test 和 One – Way ANOVA（单因素方差分析）。

二、结果与分析

（一）杀虫灯与诱集植物

1. 杀虫灯与诱集植物对蛴螬虫口密度的影响

方差分析表明：2009 年各处理区与对照区之间蛴螬总体数量差异不显著。2010 年处理区与对照区相比差异显著，处理区蛴螬总体的数量明显少于对照区（$P < 0.05$）。防控措施从初期（第一年）对蛴螬的防治效果不明显到两年后效果显著，表明采取的非化学绿色防控措施起到了积极作用，与对照区相比显著降低了虫口密度。同时统计表明诱杀的益虫与害虫的比为 1∶127，天敌仅占 0.78%。

处理区 A 与 B 相比差异不显著，表明种植伴生植被这一措施在诱虫灯的基础上并未明显的表现出对金龟子的控制作用。但是，在红麻处理区的调查过程中发现了不少蛴螬被土蜂寄生的情况，这与非红麻处理区不同。

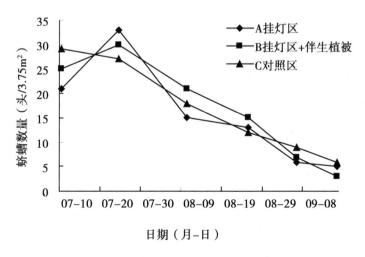

图 11 – 19　2009 年各处理区虫口基数

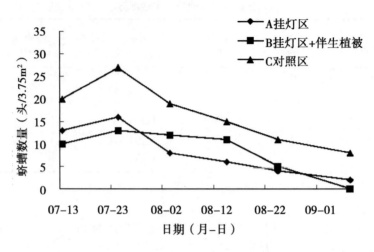

图 11 - 20 2010 年各处理区虫口基数

2. 杀虫灯与诱集植物对花生产量的影响

表 11 - 21 显示，2009 年处理区 A、B 的产量（干重）分别为 351.67kg/667m²、363.72 kg/667m²，与对照区 C 相比差异不显著，但是部分增产说明采取的措施在第一年取得了一定的效果；2010 年处理区 A、B 的产量分别为 370.92 kg/667m²、381.84 kg/667m²，增产率为 7.35% 和 10.52%，与对照相比差异显著，说明采取的防控措施取得了成效。

表 11 - 21 不同处理对花生产量干重及增产率的影响（2009—2010 年，山东日照）

处理	2009 年		2010 年	
	荚果产量 （kg/667m²）	增产率 （%）	荚果产量 （kg/667m²）	增产率 （%）
A	351.67 aA	1.31	370.92 aA	7.35
B	363.72 aA	4.78	381.84 aA	10.52
C ck	347.12 aA	—	345.52 bB	—

注：同列数据后小写字母和大写字母不同者，分别表示在 5% 和 1% 水平差异显著

（二）嗅味剂诱杀试验结果

1. 嗅味剂浓度不变条件下每天诱杀的暗黑金龟子数量

图 11 - 21 方差分析表明：嗅味剂各个配方的诱杀效果差异显著，配方 2 和 3 之间差异不显著；添加了绿叶气味物质反 - 2 - 己烯醛的配方 4 的诱杀效果显著好于没有添加的配方 3 和 5，但是单独反 - 2 - 己烯醛的配方 1 的效果明显差于与糖醋液混合的配方（$P < 0.05$）。混配后的嗅味剂诱杀暗黑鳃金龟效果明显，配方 4 诱杀效果最好，达到 2.87 头/天。

2. 嗅味剂浓度逐步下降条件下 5 天诱杀的暗黑金龟子数量

图 11 - 22 结果表明：嗅味剂浓度逐步下降条件下 5 天诱杀的暗黑鳃金龟，效果最好的为混配后的配方 4，达到了 10 头/5 天，这与嗅味剂浓度不变条件下（实际是变化相对较小）1 天诱杀的效果基本一致。第一阶段每天调查 1 次更换嗅味剂维持原配方浓度的实

验，其中嗅味剂配方 4 的诱杀结果为 2.87 头/天；第二阶段 5 天调查一次嗅味剂浓度逐渐下降条件下诱杀结果为 10 头/5 天，综合对比这两个阶段的实验表明，嗅味剂配方 4 相对最好，其持效期为 3 天左右。

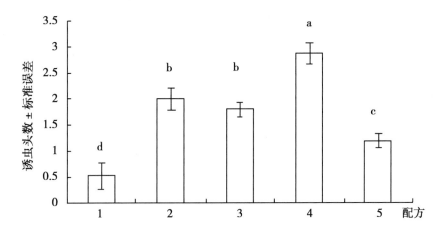

图 11 - 21　不同配方嗅味剂 1 天诱杀金龟子数量比较

注：试验结果为 3 次重复的平均值，采用 Duncan's 多重比较分析，不同字母表示平均值间达到显著性差异 （$P < 0.05$）

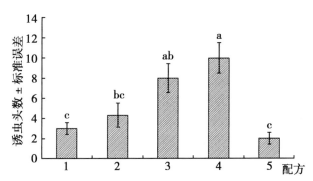

图 11 - 22　不同配方嗅味剂 5 天诱杀金龟子数量比较

注：试验结果为 3 次重复的平均值，采用 Duncan's 多重比较分析，不同字母表示平均值间达到显著性差异 （$p < 0.05$）

在美国一些地区，当地农民用新鲜蓖麻叶来防治鞘翅目的一些害虫，取得了较好的效果（Evans，1989）。陈红印等（2003）在山东省莱阳市、海阳市和日照市建立土蜂保护区，通过种植红麻、菜豆等蜜源植物显著提高了土蜂对蛴螬的寄生率。利用诱集植物成为害虫综合防治的重要内容。本试验自 2009 年开始在花生田中设置蓖麻诱集、红麻培殖土蜂防治金龟子，当年土蜂数量很低，几乎调查不到，而第 2 年（2010）的土蜂数量有所增加。杀虫灯 + 伴生植物与对照相比对金龟子的防治作用在两年间差异明显，说明随着时间的推移，综合生物防治作用会逐渐表现出来，而采用伴生植被这一措施在杀虫灯的基础上并未表现出对蛴螬明显的防治效果，这并不能说明种植的伴生植被没有防治效果。生态条件改善可能需要相对较长的时间，难以在短短 2 年间取得明显效果。进一步的研究需要单独设置伴生植被处理区进行持续性的调查。设置频振式杀虫灯和种植诱集植物都表现出了对花生的增产作用，从另一个方面肯定了这些防控措施对金龟子的综合控制作用。其中种植诱集植物红麻和蓖麻表现出了增产作用，原因可能是改善了农田生态条件，增加植物诱杀和天敌控害作用所致。这方面也有报道，如 Mensah 和 Sequeira（2004）研究利用非作物生境有利于自然天敌的栖息和繁育这一害虫生态调控技术，在国外棉花害虫的综合治理中起到了一定的应用，能大量地减少化学农药的使用量和农业生产成本。利用主栽作物加伴生植被的种植来改善田间生态环境、诱杀害虫和培殖天敌，可拓宽害虫自然生态调控作用，对害虫的综合防治具有重要意义，是未来害虫防治发展的趋势。

不同配方的嗅味剂对暗黑金龟子表现出了不同的诱杀效果。添加了绿叶气味物质反 - 2 - 己烯醛的配方 4（绵白糖、乙酸、无水乙醇和水的比例为 3：1：1：80），引诱效果最好，同时调查发现该配方对田间的蝇类和一些鳞翅目的夜蛾也具有较好的诱集效果。马惠芬等（2010）研究也表明，糖醋酒液可大量诱杀陈齿爪鳃金龟的雌、雄成虫，可在一定程度上降低果园的虫口密度。本试验证实了嗅味剂对暗黑鳃金龟具有诱集作用，但是，诱集的数量偏少，其原因可能是配方中各物质的比例不是最佳比例，该嗅味剂配方挥发较快，持效期仅 3 天左右，这都需要进一步研究和改进。

第三节　韭菜迟眼蕈蚊（韭蛆）的生态防控

一、嗅味剂

韭菜迟眼蕈蚊（*Bradysia odoriphaga* Yang et Zhang），俗称韭蛆，是我国特有的害虫种类（杨集昆，1985），其主要寄主是百合科的韭菜、大蒜、大葱和洋葱，其次还有菊科的莴苣、藜科、十字花科、葫芦科的西瓜和伞形科及食用真菌金针菇等 6 科 30 多种蔬菜（薛明，2002）。其中韭菜为最嗜寄主，幼虫主要取食韭菜的根茎和鳞茎。一般情况下，韭菜迟眼蕈蚊在天津 1 年发生 4～6 代（卢巧英，2006），严重时每墩韭菜虫量可达上千头。在田间种群分布为聚集型负二项分布（薛明，2005）。幼虫为害程度随土壤温度的季节性变化而改变，3 月份随着气温的上升幼虫开始活动，集中在地表 1～2 cm 处取食，主要为害韭菜的嫩茎；4～5 月达到为害盛期，慢慢下移到韭菜的鳞茎和根茎处蛀食；9 月下旬至 10 月中旬为第 2 次为害盛期，导致韭菜大面积减产（卢巧英，2006）。通常采用高毒化学农药或加大农药施用量来控制韭菜迟眼蕈蚊，而长期大量使用化学农药，不仅导致该虫的抗药性大幅度提高，还严重影响韭菜食用安全。薛明等（2005）曾利用大蒜素对韭菜迟眼蕈蚊进行了室内杀虫活性的测定，10% 大蒜素处理后的校正死亡率达到了 100% 和 80%，但未涉及田间防治效果。1985 年大连市植保站就糖醋酒液防治韭菜迟眼蕈蚊进行了简单报道。目前，糖醋酒液诱杀技术已在害虫防治上得到广泛应用，糖醋酒液具有配制简单、应用范围广等优点。传统糖醋酒液是由红糖、陈醋和白酒简单配制成的。陈彩贤等（2009）研究表明，三者质量分数分别为 2.5%、12.5%、25.0% 的糖醋酒液对番石榴实蝇的引诱效果比质量分数为 10.0%、30.0%、10.0% 糖醋酒液的引诱效果好。陈光华等（2007）按糖：醋：水：酒 =3：4：2：1 配制的糖醋酒液，引诱果树害虫白星花金龟的诱虫量最高达 682 头/天。陈彩贤等（2009）研究 3 种浓度的糖醋酒液对食用菌害虫菇蝇和粪蚊等的诱杀效果，糖：醋：酒：水的比例为

4 : 4 : 2 : 10 时诱虫量最大。何亮等（2009）研究表明，绵白糖∶乙酸∶乙醇∶水为 3∶1∶6∶80 是引诱苹果小卷叶蛾较理想的配方；李波等（2008）研究发现，当绵白糖∶乙酸∶乙醇∶水 = 3∶1∶3∶80 时，诱捕到的梨小食心虫数量最多。但尚无有关糖醋酒液对韭菜迟眼蕈蚊诱杀效果及科学配比的报道。

本试验通过田间试验，研究了不同配比的糖醋酒液对韭菜迟眼蕈蚊的诱集效果，并测定了该虫对糖醋酒液挥发性成分的电生理反应。

（一）材料与方法

1. 材料

供试虫源：韭菜迟眼蕈蚊幼虫采集于天津市蓟县韭菜大棚。将幼虫置于温度（25 ± 1）℃、相对湿度（70 ± 10）% 的光照培养箱内，保持黑暗使与韭蛆的大田生长环境相一致，及时更换新鲜韭菜饲料，补充水分保持湿度，成虫饲以 10% 葡萄糖水补充营养。羽化后的成虫用于触角电位测定。因交配状况和羽化日龄等均会影响韭菜迟眼蕈蚊的触角电位反应，选用羽化后 2 ~ 3 天的未交尾的雌、雄成虫作为试验材料。

嗅味剂（标准糖醋酒液）的配制：采用绵白糖（g）、乙酸（ml）、无水乙醇（ml）、及自来水（ml）配制而成。设计 4 种处理液分别为 A（3∶3∶1∶80）、B（1∶3∶1∶80）、C（1∶1∶3∶80）和 D（3∶1∶3∶160）。

供试试剂：PoraparkQ 吸附剂，美国 Waters 公司；二氯甲烷（色谱纯，99.8%），北京宏达新宇科技有限公司；95% 乙醇、冰乙酸，北京化学试剂有限公司；绵白糖，北京市糖业烟酒公司。

供试仪器：真空抽气泵 SHB – Ⅲ，郑州长城科工贸有限公司；氮吹浓缩仪 TTL – DC，北京同泰联科技发展有限公司；气相色谱仪与质谱 HP6890，美国 Agilent 公司；触角电位仪与气相色谱联用，荷兰 Syntech 公司的触角电位仪以及配套的 HP5890 气相色谱仪。

2. 方法

（1）田间设置

选用直径 20cm、深 8cm 的圆形黄色搪瓷盆作诱捕器。试验田每个韭菜畦宽 2.5m、长 60m，在试验田中心位置设 4 种处理的糖醋酒液诱捕器，每盆东西相距 10m，南北相距 6m，共设 4 次重复。每诱捕器中加入 600ml 糖醋酒液，同时加入 0.2% 的洗衣粉以增加对韭菜迟眼蕈蚊的粘着力。每天调查各诱捕器内淹死的虫数，同时捞出，每 2 天更换 1 次糖醋酒液，连续调查 5 次；同时另设 4 种相同处理的糖醋酒液，重复 3 次，连续调查 4 天，捞出全部淹死虫，不更换溶液，2 周后再调查诱捕虫数，连续调查 4 天，记录诱捕器内虫量（陈彩贤，2009）。

试验数据用 SPSS 统计软件进行单因素方差分析，并采用 Duncan 氏新复极差法对诱捕数量进行差异显著性分析。

（2）糖醋酒液挥发物的收集和分析

糖醋酒液挥发物的制备：收集装置参考 Turling 等的制作方法（王香萍，2005）。基本流程为：空气过滤（60 ~ 80 目活性炭）装置—加湿装置—流量计—PoraparkQ 吸附剂—味源瓶—PoraparkQ 吸附剂—真空抽气泵。吸附管为直径 0.5cm、长 8cm 的玻璃管，内装 200mg PoraparkQ 80 ~ 100 目吸附剂，两端用玻璃棉塞住。4 种配比的糖醋酒液挥发物的收集：试验前用二氯甲烷（色谱纯，99.8%）淋洗吸附管内的吸附剂至洗脱液在色谱上无溶质峰，然后将吸附管置于125℃干燥箱内烘干备用。每处理取糖醋酒液25ml置于味源瓶中，连续抽提10h，每处理重复4次，每次处理后的味源瓶和接管用色谱纯二氯甲烷清洗干净。将吸附管内样品用色谱纯二氯甲烷洗脱于kd瓶内，至1ml刻度，低温保存。在使用气相色谱与质谱联用技术（Gaschromatography – mass spectrometry 即 GC – MS）分析挥发物之前，使用氮吹仪将1ml样品浓缩至500 µl，然后将样品转移到自动进样小瓶中进样。上述洗脱浓缩过程均在冰浴中进行。

GC – MS条件：毛细管柱：HP – 5MS，膜厚0.25 µm，长30m，内径0.25mm。程序升温，50℃，保持2min，升温8~270℃/min，保留3min，每次进样2 µl，不分流进样。进样口温度260℃，检测器温度为280℃。

（3）糖醋酒液A挥发物的生物活性成分测定

利用触角电位与气相色谱联用技术（Gas chromatography – electroantennagram detection 即 GC – EAD）测试糖醋酒液A挥发物对韭菜迟眼蕈蚊的电生理反应。选取羽化2天的雄蛾及未交配雌蛾为试虫，用 CO_2 将其窒息后，用刀片将其整个头部取下，将触角的一端和头部的另一端分别用导电胶粘在"U"形的导电板上，然后将导电板与放大器和示波器相连。手动进样1µl样品于气谱内（GC的条件同GC – MS，），各种成分经毛细管柱分离，柱后流出物经过四通阀按1:2的比例分流，一部分分流的样品经空的毛细管柱到FID检测器，另一部分分流的样品以40ml/min匀速的湿润空气流流到电极之间的触角上进行EAG反应，使用GC – EAD软件进行信号的采集和分析。

（二）结果与分析

1. 嗅味剂对韭菜迟眼蕈蚊的防治效果

诱虫数最高的是标准糖醋酒液（以下称糖醋酒液）A，达到86头/天，糖醋酒液D的诱虫数最低，仅17头/天。方差分析表明，糖醋酒液A与其他各处理差异达到显著水平（α=0.05）。糖醋酒液C与糖醋酒液D诱虫效果差异性亦达到显著水平，而糖醋酒液B与糖醋酒液C和糖醋酒液D相比，差异均不显著。

糖醋酒液使用2周后，糖醋酒液A、糖醋酒液B、糖醋酒液C和糖醋酒液D在2周前连续4天的平均诱虫量较2周后连续4天的平均诱虫量均无显著性差异（α=0.05）。根据设计糖醋酒液D（3:1:3:160）较糖醋酒液A（3:3:1:80）乙酸含量减少，乙醇含量增加，并稀释1倍（3个因素变化），诱虫效果较差；而糖醋酒液B（1:3:1:80）糖含量减少，诱虫效果也不明显；糖醋酒液C（1:1:3:80）同时减少糖与乙酸的含量，仅增加乙醇含量，诱虫效果仍较A差（图11–23）。

因此，糖醋酒液中糖、醋、酒、水的比例与诱捕效果相关性密切，其中，乙醇含量的变化影响最为明显，糖与乙酸两种因素保持均衡也是糖醋酒液应用的必要条件。

2. 标准糖醋酒液挥发物的化学成分

（1）GC – MS分析

糖醋酒液A挥发物中约含有33种成分（表11–22），其中，7种酮总相对含量约为29.38%；8种醛总相对含量约为23.43%；2种醇总相对含量约为6.72%；12种烷烃总相对含量约为1.45%。其次含有1种酚相对含量约为0.09%；3种酯总相对含量约为0.10%。样品分析的保留时间总共为31.5min，其中，20min时出现很多杂质（含N和Br等）。

糖醋酒液A中主要化合物及相对含量分别是16.119%的对乙基苯乙酮、10.310%的

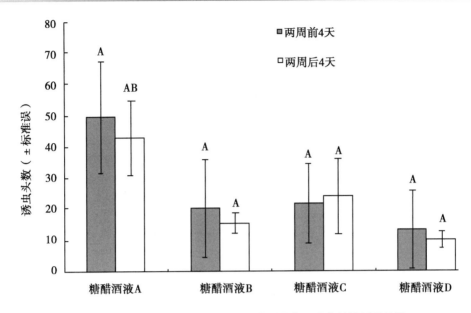

图 11 - 23　两周前后 4 种配比糖醋酒液对韭菜迟眼蕈蚊的诱杀效果

4 - 乙基苯丙酮、6.752% 的 3 - 乙基苯甲醛、6.713% 的对异丙基苯乙醇、4.996% 的 1，4 - 二乙酰苯、3.691% 的对乙基苯乙烯和 3.215% 的对苯二甲醛。

表 11 - 22　糖醋酒液 A 的挥发物的化学成分

编号	化合物名称	分子式	相对分子质量	符合度	保留时间	峰面积比重（%）
1	1,4 - 二乙基苯	$C_{10}H_{14}$	134	96	4.635	0.22
2	1,2 - 二乙基苯	$C_{10}H_{14}$	134	97	4.858	0.12
3	1,3 - 二乙基苯	$C_{10}H_{14}$	134	97	4.925	0.12
4	对乙基苯乙烯	$C_{10}H_{12}$	132	94	5.482	3.69
5	1 - 苯丁烯	C_9H_{10}	118	95	5.373	0.09
6	1,2,4,5 - 四甲基苯	$C_{10}H_{14}$	134	70	5.811	0.03
7	1,2,3 - 三甲基环戊烷	C_8H_{16}	112	68	6.101	0.04
8	3 - 乙基苯甲醛	$C_9H_{10}O$	134	87	6.387	6.75
9	4 - 乙基苯甲醛	$C_9H_{10}O$	134	93	6.544	4.70
10	间苯二甲醛	$C_8H_6O_2$	134	93	6.649	2.25
11	肉桂醛	C9H8O	132	62	6.791	1.35
12	3 - 苯基 - 2 - 丙烯醛	C_9H_8O	132	60	6.892	0.06
13	对苯二甲醛	$C_8H_6O_2$	134	93	7.277	3.09
14	1,3,5 - 十一烷三烯	$C_{11}H_{18}$	150	49	7.439	0.01
15	对异丙基苯乙醇	$C_{10}H_{14}O$	150	65	7.511	6.71
16	对乙基苯乙酮	$C_{10}H_{12}O$	148	97	7.792	16.12
17	4 - 乙基苯丙酮	$C_{11}H_{14}O$	162	86	8.158	10.31
18	苯并环庚三烯	$C_{11}H_{10}$	142	44	8.268	0.02
19	3,4 - 二甲基苯乙酮	$C_{10}H_{12}O$	148	87	8.611	0.81
20	1 - (3,4 - 二甲基苯基) 乙酮	$C_{10}H_{12}O$	148	95	8.739	0.05
21	2 - 乙基苯丙酮	$C_{11}H_{14}O$	162	97	9.049	1.98
22	4 - 羟甲苯乙酮	$C_9H_{10}O_2$	150	83	9.144	0.09
23	3 - 苯基环氧乙烷甲酸乙酯	$C_{11}H_{12}O_3$	192	35	9.258	0.03

编号	化合物名称	分子式	相对分子质量	符合度	保留时间	峰面积比重（%）
24	扁桃酸甲酯	$C_9H_{10}O_3$	166	64	9.425	0.01
25	正十四烷	$C_{14}H_3O$	198	96	9.477	0.10
26	2,7 - 二甲基萘	$C_{12}H_{12}$	156	96	9.720	0.02
27	1,6 - 二甲基萘	$C_{12}H_{12}$	156	96	9.882	0.01
28	对苯二甲醛	$C_8H_6O_2$	134	93	9.997	2.07
29	对苯二甲醛	$C_8H_6O_2$	134	93	10.201	3.215
30	α,α' - 二甲基 1,4 - 苯二甲醇	$C_{10}H_{14}O_2$	166	53	10.335	0.01
31	2,6 - 二叔丁基对甲基苯酚	$C_{15}H_{24}O$	220	94	10.987	0.09
32	对乙基苯甲酸乙酯	$C_{11}H_{14}O_2$	178	63	11.763	0.03
33	1,4 - 二乙酰苯	$C_{10}H_{10}O_2$	162	94	15.386	5.00

（2）糖醋酒液挥发物成分比较

4 种配比糖醋酒液的挥发性化合物的种类基本相同，大致分为酮类、醛类、醇类、烷烃类、酯类化合物，其中，12 种化合物同时存在于糖醋酒液 A、糖醋酒液 B、糖醋酒液 C 和糖醋酒液 D 中，糖醋酒液 A 中总共约含有 33 种化合物，糖醋酒液 B 共约含有 33 种化合物，二者之间有 21 种不同的挥发性成分；糖醋酒液 C 约共含有 32 种化合物，与糖醋酒液 A 相比，20 种挥发性成分不同；糖醋酒液 D 约含有 27 种化合物，15 种挥发性成分与糖醋酒液 A 存在差异（表 11 - 23）。

表 11 - 23　4 种配比糖醋酒液的挥发性成分比较

糖醋酒液 A	糖醋酒液 B	糖醋酒液 C	糖醋酒液 D
对乙基苯乙酮	*	*	*
对乙基苯甲醛	*	*	*
3 - 乙基苯甲醛	*	*	*
间苯二甲醛	*	*	*
1,4 - 二乙酰苯	*	*	*
肉桂醛	*	*	*
2,6 - 二叔丁基对甲基苯酚	*	*	*
对乙基苯甲酸乙酯	*	*	*
对乙基苯乙烯	*	*	*
正十四烷	*	*	*
对二乙基苯	*	*	*
2 - 乙基苯丙酮	*	*	*
对苯二甲醛	对酞醛	*	*
对异丙苯乙醇	对异丙基苯甲醇	二苯并吡喃	—
1 - 苯丁烯	2 - 苯丁烯	苯异戊烯	—
4 - 乙基苯丙酮	*	*	—
—	9 - 甲基 - 9 - 芴	3,5 - 二叔丁基 - 4 - 羟基苯甲醛	3,5 - 二叔丁基 - 4 - 羟基苯甲醛
邻苯二甲酸二异丁酯	3,6 - 二甲基 - 2 - 乙酰基苯甲酸	*	*

（续表）

糖醋酒液 A	糖醋酒液 B	糖醋酒液 C	糖醋酒液 D
1 -（3,4 -二甲基苯基）乙酮	—	—	单烃基酚
对乙基苯甲酸乙酯 r	*	己二酸异丁酯	酞酸二丁酯
1,2,3 -三甲基环戊烷	*	—	—
4 -羟甲基苯乙酮	香叶基丙酮	2 -甲基 -4 -羟基苯乙酮	2 -甲基 -4 -羟基苯乙酮
1,6 -二甲基萘	*	*	*
2,7 -二甲基萘	—	*	
扁桃酸甲酯	天然壬醛	棕榈酸甲酯	正癸醛
枯茗醇	5 -茚满醇	1 -金刚烷甲醇	2 -己基 -1 -癸醇
2,3 -环氧 -3 -苯基丙酸乙酯	2 -乙基己醇乙酸酯	对乙基苯甲酸乙酯	2 -甲基丙酸丁酯
苯并环庚三烯	己烷雌酚	1 -乙基 -4 -异丙基苯	5 -异丙基 -1,3 -二甲苯
3,4 -二甲基苯乙酮	4 -异丙基苄	2,4 -二甲基苯丙酸	3,4 -二甲基苯乙酮
—	3,4 -二甲基 -6 -乙基苯酚	异辛醇	
1,3,5 -十一烷三烯	2 -庚烯醛	环氧苯乙烷	
2 -甲基 -3 -苯基 -1 -丙烯	苯丙烯醛		a -新丁香三环烯
α,α' -二甲基 1,4 -苯二甲醇	苯甲酸正丁酯	正十五烷	正十五烷
	3 -苯基环氧乙烷甲酸乙酯	2 -苄基乙酰乙酸乙酯	
3 -苯基 -2 -丙烯醛	香茅醛	—	—

注：*代表与配方 A 挥发性物质相同；—代表无此类化合物

3. 糖醋酒液 A 的挥发物对韭菜迟眼蕈蚊的 GC - EAD 反应

通过 16 根触角的电生理试验，得到 3 次重复的触角电位反应图。对乙基苯乙酮和 1,4 -二乙酰苯能引起韭菜迟眼蕈蚊的电生理反应，二者的反应强度相差不大。大部分化合物不能引起韭菜迟眼蕈蚊的电生理反应（图 11 -24）。

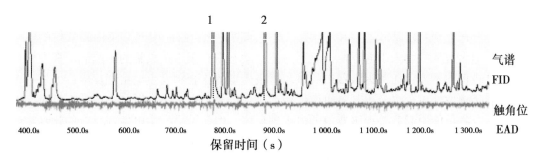

图 11 -24 韭菜迟眼蕈蚊的触角对配比液 A 的 GC - EAD 反应
注：1：对乙基苯乙酮；2：1,4 -二乙酰苯

植物及昆虫的各类挥发性物质是复杂的混合物，不同种属和基因型以及环境因子，都会影响挥发性物质的组成和含量。目前，植物引诱剂及昆虫的各种信息素已广泛应用于害虫的防治，如绿叶气味物质乙酸顺 -3 -己烯酯、异硫氰酸丙烯酯和顺 -3 -己烯醇对小菜

蛾的吸引诱杀作用（孙凡，2003）；斜纹夜蛾性信息素的 4 种成分具有明显的田间诱捕效果等（杜家纬，2001）。本试验表明，糖醋酒液对韭菜迟眼蕈蚊具有诱杀效果，但不同配方糖醋酒液的诱杀效果不同，说明有效物质的组成及比例是决定引诱效果的关键因素。糖醋酒液中的乙醇比传统糖醋液中的白酒杂质少，性质相对稳定；同样乙酸较陈醋纯度高，两者浓度准确，易掌握配制比例。本试验在前人的基础上设计 4 种配方，并使用糖醋酒液诱杀韭菜迟眼蕈蚊，但由于配方较少，还不能从中找到最佳配方。

植物挥发物可分为特异性气味（如韭菜中含硫化合物）和一般性气味（醇、醛、酯、不饱和脂肪酸、萜类化合物）两类（迟德富，2003）。本试验采用动态顶空吸附法收集糖醋酒液挥发性化合物，主要是酮类、醛类、醇类、烷烃类化合物，其次含有少量酚类、酸类和酯类，其挥发性化合物种类基本与植物挥发物类似，这可能是昆虫对糖醋酒液有趋性的原因之一。4 种配比糖醋酒液虽然组成相同，糖类、醇类和有机酸都是植物糖酵解和三羧酸循环等生理过程的产物，但是糖、乙醇和乙酸三者之间混合的比例不同，会出现不同的生化反应，产生不同的化合物。在糖醋酒液的挥发物中发现的部分化合物，也存在于对昆虫有引诱作用的其他挥发物中。迟德富等（2003）研究发现，对乙基苯乙酮、对乙基苯甲醛存在于杨圆蚧 1 龄若虫虫体和介壳中；Burman 等（2010）研究发现，1,2 - 二乙基苯存在于不同品系的夹竹桃蚜的挥发物中；张晴晴等（2011）研究表明，2,6 - 二叔丁基对甲基苯酚同时存在于健康的甘蓝和被烟粉虱危害甘蓝的挥发物中。另外，苯甲醛、苯乙醛和正葵醛对梅球颈象的引诱效果明显（Leskey，2001；Prokopy，2001；孔祥波，2001），壬醛和香叶基丙酮能引诱仓储害虫幕谷蛾，香茅醛能引诱西花蓟马等（樊慧，2004），这些化合物的类别均属于挥发性化合物的范畴。本试验表明，4 种糖醋酒液的挥发物中虽然部分化合物相同，但它们的含量不同，含量高不一定对韭菜迟眼蕈蚊有引诱作用，微量的化合物也可能是关键活性物质；此外，4 种糖醋酒液的挥发物中，每一种配比都含有与其他配比不同的挥发性成分，并且含量也不相同。这两种因素可能是引起韭菜迟眼蕈蚊对 4 种配比的糖醋酒液趋性不同的主要原因。

目前，GC - EAD 联用技术广泛地应用于昆虫性信息素的结构鉴定，也可用于植物次生物质检测。本试验利用该技术检测韭菜迟眼蕈蚊的触角对糖醋酒液挥发物的电生理反应，初步分析得到对乙基苯乙酮和 1,4 - 二乙酰苯两种化合物能引起韭菜迟眼蕈蚊的电生理反应，但多数挥发物未引起反应，原因可能是动态顶空吸附法收集的糖醋酒液挥发性化合物含量较低，不能使韭菜迟眼蕈蚊的触角对极微量的化合物发生电生理反应；另外一个原因可能是挥发性成分本身不具备引诱作用，昆虫的触角根本不会对这种成分有反应。上述两种化合物虽能引起韭菜迟眼蕈蚊的电生理反应，但使昆虫发生电生理反应的化合物可能是活性成分，也可能是抑制成分，还需要使用标样验证昆虫的具体行为。此外，这两种成分是单一物质起作用还是混合物质起作用，仍需进行大量的行为试验及田间试验验证。

二、生物农药

韭蛆虫体小，繁殖迅速，寄居于土壤中，呈聚集分布（卢巧英，2006），防治困难。多年来主要采用化学农药进行防治，包括拌土撒施、灌根等施药方法（陈栋，2005），由于韭蛆抗药性强，有的农民使用高毒农药如 1605，3911 等，造成食用韭菜中毒。针对这些问题，作者测定了一些生物农药对韭蛆的毒性，并进行了初步的田间药效试验。为该虫的进一步绿色防控提供方法和思路。

（一）材料与方法

1. 供试虫源

试验于2010年3月在天津市蓟县韭菜大棚内进行，韭菜迟眼蕈蚊幼虫采集于试验大棚。将采集幼虫挑于直径9cm培养皿内，铺3层滤纸并湿润，后置于温度为（25±1）℃，湿度为70%±10%的光照培养箱内，保持黑暗，使与韭蛆的大田生长环境保持相似，待羽化后将成虫置于温湿度与上面相同，L：D=14：10的光照培养箱内，补充水分保持湿度，让其在放有韭菜鳞茎的养虫笼内产卵，使该种群保持在室内条件下连续饲养繁殖。

2. 供试药剂

供试药剂：1.5%天然除虫菊素水乳剂（内蒙古清源宝科技有限公司），0.6%氧苦内酯水剂（同上），1.8%阿维菌素乳油（北京中农大生物技术有限公司），竹醋液（遂昌县神龙谷炭有限公司），48%毒死蜱乳油（美国陶氏益农公司）。

3. 试验方法

（1）药剂对韭蛆的室内毒杀作用测定

选取4龄幼虫（大小一致）作为试虫，每20头放入直径9cm培养皿内，内铺有湿润的滤纸，均用相同水量湿润，用微量移液器吸取500μl药液，从虫体上方（幼虫聚在一起）滴加到虫体上，使所有试虫虫体都能均匀着药。然后取约3cm长的韭菜鳞茎，在与处理幼虫相同浓度的药液中浸渍2s，用吸水纸吸干表层水分后放入皿内作为食料。每一药剂浓度重复4次，以清水处理为对照。药剂处理后定时在各培养皿内周缘滤纸上补充加水300μl保持湿度，然后置于25℃±1℃恒温培养箱中。此后，每天沿滤纸边缘加水保持适宜湿度，及时补充未用药剂处理的新鲜食料。药剂处理后分别于24h和48h检查结果，计算死亡率和校正死亡率。

幼虫死亡率计算公式：$X = (n/A) \times 100$

式中：X：幼虫死亡率（%）；n：死虫数（头）；A：接虫数（头）。

校正死亡率计算公式：$X_t = (X_1 - X_0)/(1 - X_0) \times 100$

式中：X_t：幼虫校正死亡率（%）；X_1：处理死亡率（%）；X_0：对照死亡率（%）。

（2）药剂灌根处理韭蛆的防治效果

试验在天津市蓟县韭菜大棚内进行。在韭菜收割后，将喷雾器喷片取下顺行向根部浇注药液，使其渗达韭菜根部（薛明，2002），每667m²用药液689kg。试验共设6个处理，处理Ⅰ：1.5%天然除虫菊素水乳剂1 200倍；处理Ⅱ：0.6%氧苦内酯水剂1 000倍；处理Ⅲ：1.8%阿维菌素乳油1 000倍；处理Ⅳ：竹醋液500倍；处理Ⅴ：48%毒死蜱乳油800倍；处理Ⅵ：清水对照。每个处理小区面积2.5m²，设3个重复，共18个小区，随机区组排列。于2010年4月21日上午施药。药前调查虫口密度，药后14天和24天分别进行防治效果调查，每个小区取5个点，每点取样0.25m²（约一穴），计算各处理的虫口退减率和校正防治效果（慕卫等，2002），使用SPSS软件进行统计分析。

虫口退减率(%) = (防治前虫口数 - 防治后虫口数)/防治前虫口数 × 100

校正防效(%) = (处理区虫口退减率 - 对照区虫口退减率)/(1 - 对照区虫口减退率)

（二）结果与分析

1. 四种生物农药对韭菜迟眼蕈蚊幼虫的毒力

试验结果见表 11-24。处理 24h，1.5% 天然除虫菊素对韭蛆的毒力显著高于常用化学农药毒死蜱，48h 后两者的毒力无显著差异。1.8% 阿维菌素乳油与 48% 毒死蜱乳油差异也不显著，杀虫效果较好。相比之下，0.6% 氧苦内酯水剂毒力较差，竹醋液毒力最差。

表 11-24　5 种药剂对韭菜迟眼蕈蚊幼虫的毒力

药　剂	虫数（皿/头）	剂量（ml/L）	24h 平均死亡率（%）	24h 校正死亡率（%）	48h 平均死亡率（%）	48h 校正死亡率（%）
1.5% 天然除虫菊素水乳剂	20	1.5	86	85a	91	93a
1.8% 阿维菌素乳油	20	1.8	77	78ab	90	81ab
48% 毒死蜱乳油	20	20	76	74b	97	100a
0.6% 氧苦内酯水剂	20	0.6	27	34c	63	65bc
竹醋液	20	10	28	34c	49	52c
清水对照	20	—	8	—	17	—

注：数字后不同字母表示差异显著（$P < 5\%$）

2. 药剂灌根处理韭菜对韭菜迟眼蕈蚊幼虫的防治效果

表 11-25 表明，与清水对照相比 4 种生物农药对韭蛆均具有防治作用。在 14 天时生物农药 1.5% 天然除虫菊素与化学农药 48% 毒死蜱的防治效果差异不显著，在 24 天时 1.5% 天然除虫菊素、1.8% 阿维菌素和 0.6% 氧苦内酯水剂的防治效果与化学农药 48% 毒死蜱差异不显著。相比之下竹醋液的防治效果较差。综合表 11-25 结果，初步表明，1.5% 除虫菊、0.6% 氧苦内酯和 1.8% 阿维菌素可以用于韭蛆防治。

表 11-25　5 种药剂灌根处理韭菜对韭菜迟眼蕈蚊幼虫的防治效果

药　剂	稀释倍数	药前虫口基数（穴/头）	14 天 减退率（%）	14 天 校正防效（%）	24 天 减退率（%）	24 天 校正防效（%）
48% 毒死蜱乳油	800	141.7	89	57a	97	77a
1.5% 天然除虫菊素水乳剂	1 200	203.0	87	59a	97	75a
1.8% 阿维菌素乳油	1 000	116.7	87	18b	97	75a
0.6% 氧苦内酯水剂	1 000	190.4	73	36a	98	66ab
竹醋液	500	150.9	85	34b	96	47b
清水对照		151.3	53		77	

注：数字后不同字母表示差异显著（$P < 5\%$）

几种生物农药对韭蛆均有毒杀作用，24h 内 1.5% 天然除虫菊素对韭蛆的毒杀作用显著高于常用化学农药毒死蜱，48h后两者无显著差异。田间药效试验表明1.5%天然除虫菊素水乳剂，0.6%氧苦内酯水剂和1.8%阿维菌素乳油与农户常用罐根农药48%毒死蜱乳油差异不显著。总体而言，1.5%天然除虫菊素水乳剂、0.6%氧苦内酯水剂、1.8%阿维菌素乳油的田间药效与毒死蜱防治效果无显著差异，但室内毒杀作用与田间防治效果存在差异。原因之一是田间试验中存在不同龄期的韭蛆，药剂对不同龄期韭蛆的毒杀作可能存在差异；其二田间温湿度随环境的改变而变化，而且药剂在田间环境中会发生土壤吸附和降解。因此，要想获得生物农药对韭蛆控制作用的准确安全性评价，必须进行多次多点田间试验（慕卫等，2002）。初步试验结果表明三者可以用于韭蛆防治。生物农药对蔬菜食品安全生产意义重大，低毒、低残留生物农药的广泛使用，不仅可以控制韭蛆的危害，更为重要的是提高了韭田的经济、生态和社会效益。

（秦玉川编写）

参考文献

安林利，徐兆飞.1989.小麦品种混播试验[J].山西农业科学，（3）：11.

陈光华，文家富，王刚云.2007.糖醋液诱杀果树害虫白星花金龟试验效果[J].陕西农业科学，（6）：91-92.

陈彩贤，黄艳花，覃连红，等.2009.不同配比的糖醋液对食用菌害虫菇蝇及粪蚊的诱杀效果[J].食用菌，（4）：64-66.

陈栋.2005.韭菜迟眼覃蚊（*Bradysia odoriphaga*）的可持续治理技术初步研究[D].中国农业大学硕士学位论文：1-4.

陈红印，陈长风，王树英，等.2003.建立土蜂资源保护区控制蛴螬为害[J].植保技术与推广，（7）：3-5.

迟德富，严善春，赵晓红，等.2003.小蜂对杨圆蚧的趋性及杨圆蚧挥发物分析[J].东北林业大学学报[J].31（2）：20-22.

陈桂发，蔡意中.1991.水稻高产优质组合混播试验[J].上海农业科技，（2）：22-23.

程乐根，李安德，胡峰云，等.2008.水稻异品种混播栽培技术初探[J].湖南农业科学，（3）：29-30，33.

程松莲，丁永青，周群，等.2008.花生蛴螬发生原因及防治方法[J].花生学报，37（2）：38-40.

大连市植保站.1985.糖醋液诱杀防治地蛆[J].中国农学通报，（1）：19.

杜家纬.2001.植物—昆虫间的化学通讯及其行为控制[J].植物生理学报，27（3）：193-200.

樊慧，金幼菊，李继泉，等.2004.引诱植食性昆虫的植物挥发性信息化合物的研究进展[J].北京林业大学学报，26（3）：76-81.

甘代耀，罗榕城.1994.水稻抗感杂优组合混播栽培控瘟研究Ⅰ[J].福建省农业科学院学报，9（1）：28-30.

郭世保，黄丽丽，康振生，等.2010.小麦品种混播条件下条锈病发生、扩展研究[J].中国生态农业学报，（1）：106-110.

何亮，秦玉川，朱培祥.2009.糖醋酒液对梨小食心虫和苹果小卷叶蛾的诱杀作用[J].昆虫知识，46（5）：736-739.

李波，秦玉川，何亮，等.2008.不同性诱芯与糖醋酒液防治梨小食心虫[J].植物保护学报，35（3）：285-286.

李为争，袁莹华，原国辉，等.2010. 暗黑鳃金龟成虫对非寄主蓖麻和几种寄主叶片的选择和取食反应 [J]. 河南农业大学学报，44 (4)：438 – 442.

卢巧英，张文学，郭卫龙，等.2006. 韭菜迟眼蕈蚊幼虫田间分布型及抽样技术研究初报 [J]. 西北农业学报，15 (2)：75 – 77.

陆信仁，邱源，马荣飞，等.2009. 崇明地区金龟子发生规律与防治技术 [J]. 植物保护，35 (6)：176 – 178.

孔祥波，王睿，高伟，等.2001. 气相色谱与触角电位检测器联用技术及其应用 [J]. 昆虫知识，38 (4)：304 – 309.

马惠芬，李勇杰，闫争亮，等.2010. 用糖醋酒液引诱陈齿爪鳃金龟试验初报 [J]. 西部林业科学，39 (7)：92 – 94.

慕卫，丁中，何茂华，等.2002. 韭菜迟眼蕈蚊的生测方法及防治药剂研究 [J]. 华北农学报，17 (增刊)：12 – 16.

潘鹏亮，秦玉川.2010. 立体种养模式下水稻不同品种混播对病虫害发生的影响 [J]. 公共植保与绿色防控，中国植物保护学会2010年学术年会论文集，北京：中国农业科学技术出版社，913.

沈丽，叶香萍，廖华明，等.2007. 小麦多品种混播对条锈病的控制及稳产作用研究 [J]. 西南农业学报，20 (4)：615 – 619.

孙凡，何万存，王广利，等.2006. 东北大黑鳃金龟对绿叶气味的触角电位及行为反应 [J]. 东北林业大学学报，34 (5)：7 – 9.

孙凡，杜家纬，陈庭华.2003. 斜纹夜蛾在风洞中对性信息素的行为反应及田间诱捕试验 [J]. 昆虫学报，46 (1)：126 – 130.

王卫国，刘喻敏，于国鹏，等.2002. 弧丽钩土蜂的生物学及防治花生蛴螬的保护利用研究 [J]. 莱阳农学院学报，19 (3)：224 – 226.

王香萍，方宇凌，张钟宁.2005. 小菜蛾对合成植物挥发物的活性反应 [J]. 昆虫学报，48 (4)：503 – 508.

徐秀娟.2009. 中国花生病虫草鼠害 [M]. 北京：中国农业出版社.

薛明，王永显.2002. 韭菜迟眼蕈蚊无公害治理药剂的研究 [J]. 农药，41 (5)：29 – 31.

薛明，袁林，徐曼琳.2002. 韭菜迟眼蕈蚊成虫对挥发性物质的嗅觉反应及不同杀虫剂的毒力比较 [J]. 农药学报，4 (2)：50 – 56.

薛明，庞云红，王承香，等.2005. 百合科寄主植物对韭菜迟眼蕈蚊的生物效应 [J]. 昆虫学报，48 (6)：914 – 921.

杨集昆，张学敏.1985. 韭菜蛆的鉴定迟眼蕈蚊属二新种 (双翅目：眼蕈蚊科) [J]. 北京农业大学学报，11 (2)：153 – 156.

张艳玲，袁萤华，原国辉，等.2006. 蓖麻叶对华北大黑鳃金龟引诱作用的研究 [J]. 河南农业大学学报，40 (1)：53 – 57.

张晴晴，陈红印，秦玉川.2011. 烟粉虱为害对丽蚜小蜂寄生及寄主植物挥发物的影响 [J]. 中国生物防治学报，27 (1)：22 – 26.

ч. х e，王福绥.1990. 品种混播能增强作物免疫程度提高产量 [J]. 国外农学：麦类作物，(6)：24 – 25.

Burman J, Bertolo E, Capelo J L, *et al.* 2010. Preliminary results on the analysis of volatile and non – volatile pheromones in chilocorus nigritus by GC/MS [J]. Electronic Journal of Environmental, Agricultural and Food Chemistry, 9 (7)：1 274 – 1 282.

Diaz – Montano, J., Reese, J. C., Schapaugh, W. T., Campbell, L. R. 2006. Characterization of antibiosis and antixenosis to the soybean aphid (Hemiptera：Aphididae) in several soybean genotypes [J]. Journal of

Economic Entomology, 99: 1 884 – 1 889.

Evans D C. 1989. Traditional pest control in Ecuador: effect of castor leaves on Coleoptera pests in corn [J]. Tropic Pest Management, 35 (2): 146 – 149.

Hokkanen H M T. 1991. Trap cropping in pest management [J]. Annual Review of Entomology, 36: 119 – 138.

Leskey T C, Prokopy R J, Wright S E, et al. 2001. Evaluation of individual components of plum odor as potential attractants for adult plum curculios [J]. Journal of Chemical Ecology, 27 (1): 1 – 17.

Morris R A, Siri – Udompas C, Centeno H S. 1990. Effects of crop proportion on intercropped upland rice and cowpea 1. Grain yields [J]. Field Crops Research, 25 (3): 233 – 246.

Prokopy R J, Phelan P L, Wright S E, et al. 2001. Compounds from host fruit odor attractive to adult plum curculios (Coleoptera: Curculionidae) [J]. Journal of Entomological Science, 36 (2): 122 – 134.

Ragsdale, D. W., Landis, D. A., Brodeur, J., Heimpel, G. E., Desneux, N. 2011. Ecology and management of the soybean aphid in north America [J]. Annual Review of Entomology, 56: 375 – 399.

Sedaratian, A., Fathipour, Y., Moharramipour, S. 2009. Evaluation of resistance in 14 soybean genotypes to Tetranychus urticae (Acari: Tetranychidae) [J]. Journal of Pest Science, 82: 163 – 170.

Sedaratian, A., Fathipour, Y., Talebi, A. A., Farahani, S. 2010. Population density and spatial distribution pattern of Thrips tabaci (Thysanoptera: Thripidae) on different soybean varieties [J]. Journal of Agricultural Science and Technology, 12: 275 – 288.

Siri – Udompas C, Morris R A. 1990. Effects of crop proportion on intercropped upland rice and cowpea 2. Nitrogen yields [J]. Field Crops Research, 24 (1): 33 – 49.

Soleimannejad, S., Fathipour, Y., Moharramipour, S., Zalucki, M. P. 2010. Evaluation of potential resistance in seeds of different soybean cultivars to Helicoverpa armigera (Lepidoptera: Noctuidae) using demographic parameters and nutritional indices [J]. Journal of Economic Entomology, 103: 1 420 – 1 430.

Suzuki, C., Tanaka, Y., Takeuchi, T., Yumoto, S., Shirai, S. 2012. Genetic relationships of soybean cyst nematode resistance originated in Gedenshirazu and PI84751 on Rhg1 and Rhg4 loci [J]. Breeding Science, 61: 602 – 607.

Torres R O, Pareek R P, Ladha J K, et al. 1995. Stem – nodulating legumes as relay – cropped or intercropped green manures for lowland rice [J]. Field Crops Research, 28 (3): 263 – 264.

Wiarda, S. L., Fehr, W. R., O'Neal, M. E. 2012. Soybean aphid (Hemiptera: Aphididae) development on soybean with Rag1 alone, Rag2 alone, and both genes combined [J]. Journal of Economic Entomology, 105: 252 – 258.

Wrather, J. A., Anderson, T. R., Arsyad, D. M., Tan, Y., Ploper, L. D., Porta Puglia, A., Ram, H. H., Yorinori, J. T. 2001. Soybean disease loss estimates for the top ten soybean – producing countries in 1998 [J]. Canadian Journal of Plant Pthology, 23, 115 – 121.

Zhang, W., Swinton, S. M. 2012. Optimal control of soybean aphid in the presence of natural enemies and the implied value of their ecosystem services [J]. Journal of Environmental Management, 96: 7 – 16.

第十二章　保护地黄瓜害虫绿色防控技术

保护地设施栽培是蔬菜栽培技术上的一大发展，保护地能增温防寒、避雨、防高温、防强光照射，采用保护地栽培，改善了蔬菜生长的环境条件，大大提高了抗御自然灾害的能力，使蔬菜上市期提早或延后，延长了供应期。如日光温室采用较简易的设施，充分利用太阳能，在寒冷地区一般不加温进行蔬菜越冬栽培，可周年生产新鲜蔬菜，具有鲜明的中国特色，是我国独有的设施。它具有保温好、投资低、节约能源，可在我们北方大范围地区使用。目前我国设施园艺面积已达 $3 \times 10^6 \mathrm{hm}^2$，总面积占世界首位。其中，日光温室面积约 $6 \times 10^5 \mathrm{hm}^2$，占温室和大棚等大型设施总面积的 50% 以上，北方地区约占整个温室大棚面积的 80% 以上（李天来，2005）。

黄瓜在我国栽培范围广，保护地黄瓜是我国主要反季节蔬菜之一（吴国兴，1993；张和义，2009）。本章针对设施农业投入高、技术高、产出高、风险大的特点和设施黄瓜植保的系列问题，如病虫害发生多、化学防治强度大、农药残留多、环境污染重、生物多样性低、生态系统简单、生态稳定性差、植保难度大等，按照绿色植保的理念和方法：即把植保工作作为人与自然和谐系统的重要组成部分，采用"预防为主，综合防治"的植保方针，减轻农药残留、污染，避免人畜中毒和作物药害，确保环境和生态安全，为"绿色产品"生产提供保障。结合"十一五"和"十二五"期间的两个国家农业公益性行业科研专项经费项目的生物防治辅助技术研究与应用专题：物理诱杀与农业防治技术集成与示范和新种植模式下生物防治配套技术，对日光温室黄瓜主要虫害的的绿色防控开展了系列研究，旨在实现保护地黄瓜的绿色生产和保护地虫害绿色防控技术示范和推广。

第一节　保护地黄瓜的主要虫害及其为害特点

一、粉虱

（一）温室白粉虱 [*Trialeurodes vaporariorum*（Westwood）]

属于同翅目，粉虱科。

1. 形态特征

成虫体长 $1 \sim 1.5 \mathrm{mm}$，淡黄色。翅面覆盖白蜡粉，停息时双翅相合遮住腹部，翅脉简单，翅外缘小颗粒。卵长约 $0.2 \mathrm{mm}$，长椭圆形，有卵柄。覆有蜡粉。4 龄若虫又称伪蛹，体长 $0.7 \sim 0.8 \mathrm{mm}$，椭圆形，初期体扁平，逐渐加厚呈蛋糕状（侧面观），体背有长短不齐的蜡丝，体侧有刺。

2. 发生与为害特点

寄主：黄瓜、菜豆、茄子、番茄、青椒、甘蓝、花椰菜、白菜、油菜、萝卜、莴苣、魔芋、芹菜等各种蔬菜及花卉、农作物等200余种。为害：成虫和若虫吸食植物汁液，被害叶片褪绿、变黄、萎蔫，甚至全株枯死。由于其繁殖力强而快，种群数量大，群聚为害，并分泌大量蜜液，严重污染叶片和果实，往往引起煤污病的大发生，使蔬菜失去商品价值。繁殖与习性：成虫羽化后1～3天可交配产卵，平均每雌产142.5粒。也可进行孤雌生殖，其后代为雄性。成虫有趋嫩性，总是随着植株的生长不断追逐顶部嫩叶产卵。以卵柄从气孔插入叶片组织中，与寄主植物保持水分平衡，极不易脱落。若虫孵化后3天内在叶背可做短距离游走，当口器插入叶组织后就失去了爬行的机能，开始营固着生活。粉虱繁殖的适温是18～21℃，在生产温室条件下，约1个月完成一代。在北方，温室一年可发生10余代。越冬：冬季在北方室外不能存活，因此是以各虫态在温室越冬并继续为害。传播：成虫飞翔产卵传播。冬季温室作物上的白粉虱，是露地春季蔬菜上的虫源，通过温室开窗通风或菜苗向露地移植而使粉虱迁入露地。因此，白粉虱的传播蔓延，人为因素起着重要作用。天敌：丽蚜小蜂、粉虱榛黄蚜小蜂、石蟹蚜小蜂、粉虱蚜小蜂、橘扑虱蚜小蜂等。

（二）烟粉虱 ［*Bemisia tabaci*（Gennadius）］

属于同翅目，粉虱科。

1. 形态特征

成虫体长1mm，白色，翅透明具白色细小粉状物。伪蛹长0.55～0.77mm。背刚毛4对，背蜡孔少。头部边缘圆形，且较深弯。胸部气门褶不明显，背中央具疣突2～5个。侧背腹部具乳头状突起8个。尾脊变化明显。尾沟0.03～0.06mm。温室白粉虱和烟粉虱的区别：烟粉虱个体较小，停息时双翅呈屋脊状，前翅翅脉不分叉（图12-1）；温室白粉虱个体较大，停息时双翅较平展，前翅翅脉分叉。

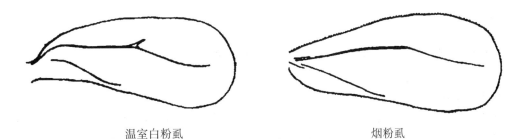

温室白粉虱　　　　　　　　烟粉虱
图12-1　温室白粉虱与烟粉虱成虫前翅区别

2. 发生与为害特点

寄主：棉花、烟草、黄瓜、番茄、番薯、木薯、十字花科、葫芦科、豆科、茄科、锦葵科等74科420多种植物。为害：成、若虫刺吸植物汁液，受害叶褪绿萎蔫或枯死。烟粉虱能够传播70多种病毒，病毒病造成植株矮化、黄化、褪绿斑驳及卷叶。并且分泌大量蜜露，污染叶片，诱发煤污病。西葫芦、南瓜等蔬菜银叶病是烟粉虱为害所致，所以，又称它为银叶粉虱。相比之下温室白粉虱则只能传播几种病毒，分泌蜜露相对较少。繁殖与习性：成虫产卵期2～18天。每雌产卵120粒左右。卵多产在植株中部嫩叶上。成虫喜欢无风温暖天气，有趋黄性，气温低于12℃停止发育，14.5℃开始产卵，21~33℃，随气温升高，产卵量增加，高于40℃成虫死亡。相对湿度低于60%成虫停止产卵或死去。在北方温室每年发生10余代。越冬：冬季在北方室外不能存活，以各虫态在温室越冬。传播：同温室白粉虱。天敌：同温室白粉虱。

二、瓜蚜

瓜蚜（*Aphis gossypii* Glover），属于同翅目，蚜科。

1. 形态特征

干母体长1.7mm，无翅，暗绿色，复眼红褐色。无翅胎生雌蚜体长1.5~1.9mm，夏季黄绿色，春秋季深绿色，腹管具瓦纹。尾片黑色，具刚毛4~7根。有翅胎生雌蚜体长1.2~1.9mm，黄色或浅绿色。前胸背板黑色，背面两侧有3~4对黑斑。腹管、尾片同无翅胎生雌蚜。无翅若蚜，体长1.63mm，夏季体黄色或黄绿色，春、秋季蓝灰色，复眼红色。有翅若蚜，秋季为灰黄色，后半部为黑色，其他同无翅蚜。

2. 发生与为害特点

寄主：第一寄（冬）主为花椒、鼠李、石榴、木槿等；第二寄主为锦葵科、葫芦科、豆科、马鞭草科、菊科等。为害：成虫和若虫在叶背和嫩梢嫩茎上吸食汁液。瓜苗嫩叶及生长点被害后，叶片卷缩，瓜苗生长缓慢萎蔫，甚至使植株提前枯死，老叶受害，提前枯落，缩短结瓜期，降低产量。此外，还能传播病毒病。繁殖与习性：3月中旬，当5日平均气温稳定在6℃以上，越冬卵开始孵化，4月底产生有翅蚜迁飞到露地为害。秋末冬初产生有翅蚜性蚜交配产卵越冬。繁殖最佳温度16~22℃，干旱气候适于瓜蚜发生，一般追化肥多、氮素含量高、疯长过嫩的植株蚜虫多。每年发生20~30代。越冬：以卵在木槿、石榴、鼠李等枝条和夏枯草的茎部越冬，也能以成蚜和若蚜在温室、大棚中繁殖为害越冬，无滞育现象。传播：有翅蚜迁飞传播为主。天敌：蜘蛛、瓢虫、草蛉、食蚜蝇、蚜茧蜂等。

三、潜叶蝇

（一）美洲斑潜蝇（*Liriomyza sativae* Blanchard）

属于双翅目，潜蝇科。

1. 形态特征

成虫体长1.3~2.3mm，浅灰黑色，胸背板亮黑色，体腹面黄色，雌虫体比雄虫大。卵米色，半透明，长0.2~0.3mm。幼虫蛆状，初无色，后变为浅橙黄色至橙黄色，长3mm，后气门突呈圆锥状突起，顶端三分叉，各具1开口。蛹椭圆形，橙黄色，腹面稍扁平，长1.7~2.3mm。

2. 发生与为害特点

寄主：黄瓜、番茄、茄子、辣椒、豇豆、蚕豆、大豆、菜豆、芹菜、甜瓜、西瓜、冬瓜、丝瓜、西葫芦、蓖麻、大白菜、棉花、油菜、烟草等22科110多种植物。为害：雌成虫刺伤植物叶片，进行取食和产卵，幼虫潜入叶片和叶柄为害，产生不规则蛇形白色虫道，叶绿素被破坏，影响光合作用，受害重的叶片脱落，严重的造成毁苗。繁殖与习性：雌成虫把卵产在表皮下，卵经2~5天孵化，幼虫期4~7天，末龄幼虫咬破叶表皮在叶外或土表下化蛹，蛹经 7 ~ 14 天羽化为成虫，每世代夏季 15 ~ 30 天，冬季 40 ~ 60 天。每年可发生十几个世代。越冬：以蛹越冬。越冬部位一部分在黄瓜、豇豆、豆角等作物的残枝落叶和残株架上，其他大部分蛹在地面和土表上或缝隙内越冬。在保护地内可周年繁殖。传播：成虫飞翔产卵传播，随带虫叶片传播。天敌：姬小蜂、反颚茧蜂、潜蝇茧蜂等。

（二）南美斑潜蝇 [*Liriomyza huidobrenisis*（Blanchard）]

属于双翅目，潜蝇科。

1. 形态特征

成虫翅长 1.7 ~ 2.25mm。中室较大。额明显突出于眼，橙黄色。中胸背板黑色稍亮，后角具黄斑，足基节黄色具黑纹，腿节基本黄色但具黑色条纹直到几乎全黑色，胫节、跗节棕黑色。雄性外生殖器：端阳体与骨化强的中阳体前部体之间以膜相连，呈空隙状，中间后段几乎透明。幼虫体白色后气门突具 6 ~ 9 个气孔开口。蛹初期呈黄色，逐渐加深直至呈深褐色，比美洲斑潜蝇颜色深且体形大。

2. 发生与为害特点

寄主：蚕豆、马铃薯、小麦、大麦、豌豆、油菜、芹菜、菠菜、生菜、黄瓜、菊花、鸡冠花、香石竹等花卉和药用植物及烟草等 19 科 84 种植物。为害：成虫用产卵器将卵产在叶中，孵化后的幼虫在叶片上、下表皮之间潜食叶肉，嗜食中肋，叶脉，食叶成透明空斑，严重时造成幼苗枯死。该虫幼虫常沿叶脉形成潜道，幼虫还取食叶片下层的海绵组织，从叶面看潜道常不完整，区别于美洲斑潜蝇。繁殖与习性：南美斑潜蝇最适温度22℃。成虫羽化 24h 开始交配、产卵。温度在 20 ~ 30℃时，完成一代 17 ~ 30 天。当气温上升至 35℃以上时，虫量迅速下降。南美斑潜蝇在北京 3 月中旬开始发生，6 月中旬以前数量不多，以后虫口逐渐上升，7 月上旬达高峰，后又下降。越冬：同美洲斑潜蝇。传播：同美洲斑潜蝇。天敌：豌豆潜蝇姬小蜂 [*Diglyphus isaea*（Walker）]、柄腹姬小蜂 [*Pediobius mitsukurii*（Ashmead）]、潜蝇茧蜂（*Opius* sp.）等。

第二节　保护地黄瓜虫害防治的现有技术及存在问题

保护地黄瓜害虫防治常用技术有：化学防治、物理防治、农业防治、生态防治和生物防治。

一、化学防治

当前保护地黄瓜虫害防治仍以化学防治为主。化学农药施用量大，滥用，甚至使用国家明令禁止的高毒农药，造成农药残留超标，环境污染加大。常有今天打药明天上市的现象，消费者食用中毒现象屡有发生，直接危害了人身健康。

按照化学农药施用量的高低，我国现在的食品可分为如下几类：一般食品，病虫害的防治主要依靠化学农药；无公害食品，禁用高毒农药，可使用高效、低毒、低残留化学农药（马爱国，2004）；绿色食品，禁用高毒农药，可使用高效、低毒、低残留化学农药，但严格控制农药品种和用量，加大了非化学防治方法的强度；有机食品，不允许使用任何化学农药（秦玉川，2002）。

存在问题：从整体上看，我国生产的黄瓜绝大部分为一般食品和无公害食品，化学农药用量较大。因此，如何科学用药，减少化学农药用量，提高非化学防治强度，对于保障人身健康显得十分迫切。

二、物理防治

一些物理防治措施得到了普及，如黄色粘板、防虫网和银色反光膜。

黄色粘板：蚜虫、白粉虱、斑潜蝇等多种害虫成虫对黄色敏感，具有强烈的趋黄性，利用黄色粘板诱杀效果显著。可有效降低虫口密度，减少用药，增收节支明显。绿色环保无公害，无污染，操作方便。一般每亩悬挂 25cm×40cm，20～25 块，悬挂高度：一般要求诱虫板下端高于作物顶部 10～15cm。具体使用可根据实际情况，可单独定做，如 25cm×10cm、25cm×20cm、25cm×30cm、25cm×40cm 等。

现存在的问题是：对一些天敌有一定杀伤作用，挂板时间、数量、高度、田间布局等有待科学规范。

防虫网：具有阻隔害虫进入棚室和防病作用。病毒病是多种蔬菜的灾难性病害，主要由昆虫特别是蚜虫传毒。由于防虫网切断了害虫传毒途径，大大减轻了病毒病的发病率，防效可达到 80% 左右。调节气温、土温和湿度。试验表明：炎热的夏季，用白色防虫网覆盖在大棚拱架上，大棚内早晨和傍晚的气温与露地持平，而晴天中午比露地低 1℃ 左右；早春 3～4 月，防虫网覆盖后大棚内比露地气温高 1～2℃，5cm 地温比露地高 0.5～1℃，能有效减轻霜冻；防虫网可阻挡部分雨水落入棚内，降低田间湿度，减少发病，晴天能降低大棚内的水分蒸发量。夏季光照强度大，强光会抑制蔬菜营养生长，特别是叶菜类蔬菜，而防虫网可起到一定的遮光和防强光直射作用。防虫网网目的选用应根据当地害虫发生的种类和气候因素来确定。防虫网网眼过大起不到防虫的作用，防虫网网眼过小，通透性能差，棚室湿度高，易引起病害流行，造成烂菜。因此应在确保防止害虫侵入的前提下，选用网眼大的防虫网，以提高网室的通透性能。一般宜选用银灰色的防虫网，既防止了害虫进入棚室，银灰色对蚜虫又有较好的驱避作用。

存在的问题：一是如何科学使用防虫网，如覆盖面积大小、网目大小、颜色、时间等，达到既阻虫又控病的目的；二是如何与天敌利用相协调，因用网后害虫进不了棚室，天敌也同样被拒之门外了。

银（灰）色反光膜：银（灰）色反光膜有明显驱蚜效果，还会减少蚜传病毒的危害。有报道表明，应用银灰反光膜后，蚜量可降低 40% 以上。一般应用法是将宽 4～5cm 的膜带纵横挂于架杆上部（高出植株生长点 20cm 以上），使蚜虫不降落至植株上。还有的是将银色反光膜作为地膜覆盖具有驱虫和其他作用。如银黑双色地膜、防草除虫地膜、银黑地膜、反光地膜、双色地膜等。夏秋季节高温时，既可驱蚜防毒，又可降温除草。其一面为银灰色，另一面为黑色。覆盖时，银灰面朝上，黑面贴地。银黑两面膜反射作用更好，土壤降温作用更为明显。银灰面有驱蚜防毒作用，黑面可阻止阳光透射，降温除草。由于能反射更多的紫外线，因而银黑两面膜具有抑制杂草生长的作用。

存在的问题：一是使用规范，如用量和布局；二是与其他方法的配合，如与黄色粘板的配合，黄板是诱杀，银膜是驱避；还有天敌的反应等问题。

三、农业防治

农业防治是指利用农业管理手段和栽培技术，创造适宜蔬菜生长发育和有益生物生存繁殖而不利于病虫发生的环境条件，避免病虫的发生或减轻病虫的危害。保护地黄瓜农业防治措施有：培肥土壤和水肥管理、使用抗病虫良种、轮作倒茬、培育壮苗壮秧、清洁棚室等。农业防治是黄瓜植保的基础。其核心的问题是培育壮苗壮秧，达到高产优质、植株健康和抗病抗虫的目的。

存在的问题：一是农业栽培措施与植保脱节，即种管种，病虫防治管防治，两者未有机结合，造成浪费；二是农业防治未达到系统整体设计和实施，各环节之间不能环环相扣，造成农业防治效果低下，相互抵消或根本看不出来。

四、生态防治

和露地相比保护地的可控性要相对好的多，依据生态学理论和方法进行棚室生态调控既可保证作物正常生长，又使病虫害得以控制。通过改进栽培方式（改良土壤、深耕细作、合理密植、地面覆盖、深沟高畦），加强管理（微灌或暗灌），控制温、湿、光（通风降湿、高温闷棚等）和其他生态条件，可减轻或控制病虫害发生。如通过温湿度管理，采用放风排湿、控制灌水等措施降低棚内湿度，减少叶面结露，保持设施内的干燥。据研究，除了极个别的病害外，植物地上部分的病害均因高温高湿或低温高湿的条件而发生，因此，在满足作物生长所需温湿度的前提下，尽可能保持设施内的干燥，是防止各种病害发生，保证作物正常生长、发育，取得高产、保证质量的重要条件。

现在的问题：很多菜农对生态调控方法没有掌握，不会用或不敢用；生态调控方法与其他农事措施和防治方法不配套，如作物布局不合理、天敌释放的生态位不合理、药剂使用的环境条件不配合等，导致其防治总体效果低下。

五、生物防治

黄瓜虫害生物防治主要表现在如下 3 个方面：天敌昆虫的释放、病原微生物和生物源农药的施用。天敌昆虫的释放：如利用丽蚜小蜂防治粉虱、利用食蚜瘿蚊防治蚜虫、利用草蛉和瓢虫防治蚜虫、粉虱、叶螨等害虫。微生物防治：利用苏云金杆菌（B. T.）、白僵菌、绿僵菌等防治鳞翅目害虫、粉虱和蚜虫等。生物源农药：如印楝素、苦参碱、苦楝素对多种虫害都有很好的防治效果。

现在的问题是：从总体上看生物防治成本相对较高、作用效果较慢、效果相对较差（与化学农药相比）。温室作物周期较短，换茬频繁，不容易建立起稳定的昆虫天敌或病原微生物天敌群落。天敌昆虫和病原微生物等生物物资生产量少，不易买到。

第三节　保护地黄瓜虫害绿色防控新技术研究

针对保护地黄瓜植保存在的系列问题，作者在国家农业公益性行业科研专项经费项目的支持下开展了如下系列研究和示范：主栽黄瓜伴生芹菜等驱避粉虱技术、芹菜等驱避粉虱机理研究、虫害防控的物理及生态调控技术，及黄瓜虫害绿色防控技术集成与示范。其主旨是为主打型生物防治作用物发挥效能搭建基础平台，针对系列非化学防治技术特性找出与生物防治主打技术协调的切入点进行科学技术组装，实现黄瓜主要虫害绿色防控的目的。

一、主栽黄瓜伴生芹菜等驱避粉虱技术

温室粉虱属同翅目（Homoptera），粉虱科（Aleyrodidae），常见的有温室白粉虱 [*Trialeurodes vaporariorum*（Westwood）] 和烟粉虱 [*Bemisia tabaci*（Gennadius）]。它们寄主广泛，主要寄生为害保护地及露地瓜类、茄果类、豆类等蔬菜，也危害多种花卉。成虫和若虫主要群集在蔬菜叶片背面，以刺吸式口器吸吮植物汁液，被害叶片褪绿、变黄．植株长势衰弱、萎蔫，甚至全株枯死；同时它们还可以传播植物病毒病。此外，它们还能分泌大量蜜露．堆积于叶片和果实上，引起煤污病发生。近年来，温室蔬菜栽培面积逐步增加，由于温室生态环境稳定，有利于温室粉虱的增殖，许多地区温室粉虱发生日趋严重，已成为温室蔬菜和花卉生产的重要害虫。在温室粉虱的防治过程中，菜农通常采用化学防治方法甚至使用剧毒农药来提高其防治效果，这样不仅使害虫的抗药性急剧上升，降低防治效果，同时也造成了农药残留超标，环境污染，对人们的身体健康造成威胁。因此，寻找探索非化学防治方法是当务之急。

近年来，国内外对温室粉虱的寄主选择做了大量研究，证明其嗅觉在粉虱的寄主定位过程中起到了明显作用。如马瑞燕等（2005）研究了温室白粉虱对 20 种常见蔬菜和花卉取食的偏好性，发现其对不同植物的偏好具有显著性差异。吕芳等（2006）研究了 4 种植物的汁液对温室粉虱的影响，表明非嗜食植物的汁液对温室粉虱具有很好的驱避作用。作者实验室近几年来研究了黄瓜、番茄、烟草、芹菜、辣椒、香菜（芫荽）、木耳菜（白落葵）等多种植物对温室白粉虱和烟粉虱的引诱或者驱避作用。如钟苏婷等（2009）在室内环境下研究了黄瓜间作芹菜对烟粉虱有驱避作用，在黄瓜上喷施芹菜汁液对烟粉虱有显著的驱避作用，而且黄瓜与芹菜相邻栽培可以大幅降低烟粉虱的成虫虫口密度。李耀发等（2010）应用"Y"型嗅觉仪测定烟粉虱对番茄、黄瓜、棉花、烟草、甘蓝和芹菜精油的行为反应，结果表明，除芹菜之外的其他各种植物油对烟粉虱均有较强的引诱作用，其中，引诱作用最高的为甘蓝精油，烟粉虱的反应率为96.49%，其引诱率也达到了80%。其他几种植物精油（包括番茄、黄瓜、棉花和烟草）对烟粉虱均有较强的引诱作用；而烟粉虱对芹菜精油反应率仅为29.17%，其引诱率仅为42.86%，可以看出其对烟粉虱成虫有较强的驱避作用（表12-1）。

表 12-1 烟粉虱对番茄、黄瓜、棉花、烟草、甘蓝和芹菜精油的行为反应

植物精油种类	引诱率（%）	反应率（%）
番茄嫩叶	74.00	87.72
黄瓜嫩叶	56.00	89.29
棉花嫩叶	80.00	94.34
烟草嫩叶	76.00	90.91

（续表）

植物精油种类	引诱率（%）	反应率（%）
甘蓝嫩叶	80.00	96.49
芹菜嫩叶	42.86	29.17

注：反应率（%）＝反应虫数（头）/试验虫数（头）×100%

引诱率（%）＝引诱虫数（头）/反应虫数（头）×100%

赵晴等（2012）研究了烟粉虱对5种非适宜寄主蔬菜及黄瓜的相对选择率，差异明显，对其适宜寄主黄瓜的相对选择性最高，为57.85%，而对其他5种蔬菜的相对选择率除了空心菜（蕹菜）0.22%为接近于零，其余都小于0，相对选择率最低的是莴笋 −75.14%，其次是苋菜 −35.79%、芹菜 −34.13%、木耳菜 −16.42%（图12−2）。

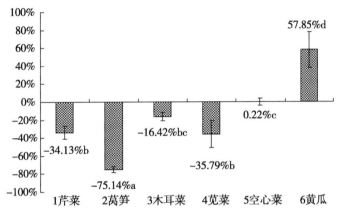

图12−2　烟粉虱在Y型嗅觉仪中对不同蔬菜汁液的相对选择率

在室内实验的基础上，作者分别在菜农的温室和露地生产条件下设计了黄瓜间作芹菜、木耳菜等防治温室粉虱的对比试验，设常规平作黄瓜及化学防治作为对照。结果表明：随着时间推移，间作区黄瓜上的烟粉虱由与对照差异不明显到显著地低于对照区（$P < 0.01$），黄瓜间作芹菜对烟粉虱成虫增长具有明显的控制作用（图12−3）。

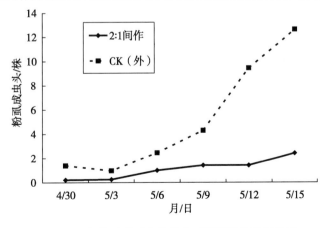

图12−3　保护地黄瓜间作芹菜对烟粉虱的控制作用

天敌昆虫扩繁与应用

5 种非适宜伴生蔬菜与温室黄瓜间作后，仅有芹菜和木耳菜间作处理的单株黄瓜上烟粉虱虫口数量均显著低于对照黄瓜单作（$P<0.05$），木耳菜间作的黄瓜上烟粉虱数量仅为 4.71 头，芹菜间作处理为 5.87 头；单作的黄瓜单株平均虫口数量为 19.17 头；其他 3 种间作处理的黄瓜上烟粉虱虫数虽小于单作对照，但它们之间差异并不显著（$P>0.05$）（图 12-4）。

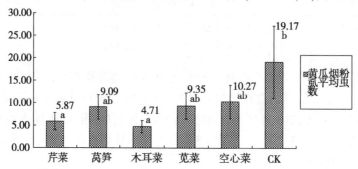

图 12-4　温室黄瓜间作非适宜伴生蔬菜后整个生长季单板上烟粉虱平均虫口数量

温室黄瓜种植伴生蔬菜后室内整体化感作用：统计学结果表明，芹菜和木耳菜在棚室内种植一段时间后，产生的化感（驱避作用）影响粉虱的空间分布——由中间聚集型转到两头聚集型（图 12-5，图 12-6）。

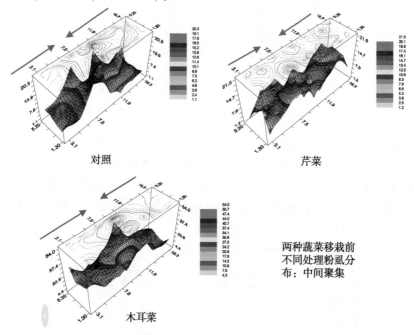

图 12-5　两种蔬菜移栽前不同处理粉虱在温室内的中间聚集分布

5 种非适宜伴生蔬菜与露地黄瓜间作后，在整个生长季节内的单株黄瓜上烟粉虱虫口数量均显著低于对照黄瓜单作（$P<0.05$），单作的黄瓜单株平均虫口数量为 19.44 头；以木耳菜间作的黄瓜上烟粉虱数量为最少，仅为 7.17 头，其次是芹菜间作处理为 10.03 头，空心菜间作处理为 10.77 头，莴笋间作处理为 12.96 头，苋菜间作处理为 13.00 头，5 种伴生蔬菜间作处理之间差异不显著（$P>0.05$）（图 12-7）。

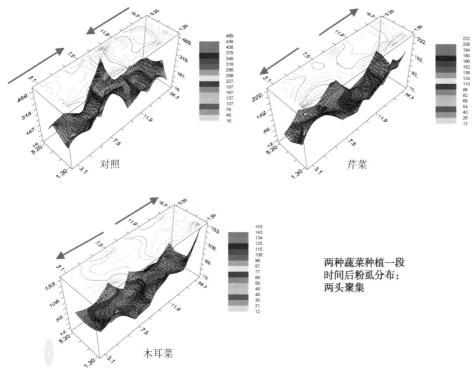

图 12 - 6　两种蔬菜种植一段时间后粉虱在温室内的两头聚集分布

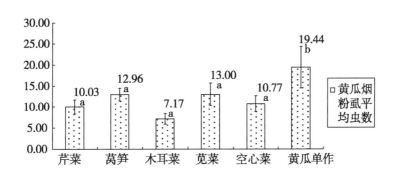

图 12 - 7　露地黄瓜间作非适宜伴生蔬菜后整个生长季单株上烟粉虱平均虫口数量

这些结果证明了不同类型寄主植物的对烟粉虱的寄主选择性存在很大的影响，烟粉虱成虫对非适宜伴生蔬菜存在着不同的逃避行为，对适宜寄主黄瓜则具有明显的趋性。本室另外的试验同时表明，芹菜对番茄上的粉虱也有明显的驱避效果。

二、芹菜等驱避粉虱机理研究

上述试验表明在日光温室内间作少量芹菜或木耳菜（伴生蔬菜）具有明显驱避主栽作物（如黄瓜、番茄等）上粉虱的作用。但这些伴生蔬菜对粉虱驱避机理尚不清楚，为揭示其机理和找到关键驱避挥发物，作者进一步开展了理化和分子生物学系列研究。

通过对芹菜和木耳菜两种植物的挥发物组分的提取和分析，分别找到了 D - Limonene（D - 柠檬烯）和 Geranyl nitrile（辛二烯腈）两种化学物质。实验室前期分离鉴定的 Limonene 与此次分离鉴定的两种物质 D – Limonene 和 Geranyl nitrile 均对烟粉虱具有明显的驱避作用（图 12 – 8），为进一步开发烟粉虱的驱避性药剂提供了物质基础。

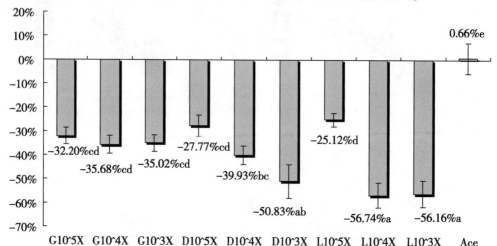

图 12 – 8　烟粉虱在 Y 型嗅觉仪中对不同浓度化学品的相对选择率

注：Ace 示丙酮；L 示 Limonene；D 示 D – Limonene；G 示 Geranyl nitrile。柱形图上数字为平均相对选择率，小写字母表示在 0.05 水平上差异显著性，误差线示 SE。10^数字，表示稀释倍数

利用 PCR 结合 RACE 技术克隆得到了 1 个烟粉虱（Q 隐种）科基因（BtabCSP）（Li，2012），已在 GenBank 中登记（序列号为 GU250808）。序列测定和结构分析结果表明，BtabCSP 全长 381bp，编码 126 个氨基酸，和一个 22 个氨基酸的信号肽，其分子量约为 14.17kDa。对其进行了原核表达和 Western blot 验证。其后又克隆了 B 隐种烟粉虱的 CSP 基因，结果表明，其与 Q 隐种的基因相同。时空表达分析结果表明该蛋白基因在卵期和 1 龄若虫表达量相对很低，在烟粉虱成虫头、胸、腹各部位均有表达，证明其广泛分布于烟粉虱不同部位的化学感器内。

采用 RT – PCR 和 RACE – PCR 技术成功克隆得到烟粉虱 G 蛋白 α 亚基的全长，成功登录 Genbank，登录号为 JQ922538，成功构建了表达载体，正在进行原核表达；采用 RT – PCR 和 RACE – PCR 技术成功克隆得到烟粉虱 G 蛋白 β 亚基的全长，已申请登录 Genbank，正在构建原核表达载体；完成了烟粉虱 OBP3 基因的片段克隆，目前正在测序。

这些化感机理性研究能够为烟粉虱种群治理提供思路。

三、物理虫害防控技术

1. 色板技术

不同蔬菜害虫对色彩（光）的敏感性不同；同一害虫对不同色彩（光）的敏感性也不相同。黄曲条跳甲［Phyllotreta striolata（Fab.）］对黄色和白色的趋性强，桃蚜［Myzus persicae（Sulzer）］和美洲斑潜蝇［Liriomyza sativae（Blanchard）］对黄色最敏感，小菜蛾［Plutella xylostella（L.）］成虫对绿色的敏感性最强。多数蓟马对蓝色特别敏感。对色彩（光）的敏感性在一些害虫身上表现特别精细，刘培延等（2000）研究结果表明，即使在同一个黄色光区域内，在相同条件下浅黄色光和中黄色光对美洲斑潜蝇成虫的诱集能力分

别是桔黄色光的 1.5 倍和 1.3 倍。对蚜虫而言，深黄色光的诱集能力比淡黄色光大 1.71 倍（陈凤英，2003）。据报道，蓝色、黄色和白色对西花蓟马、棕榈蓟马有明显的诱集作用，而花蓟马则对红、黄、白 3 种光色的趋性较强（张茂团，2005；路虹，2006）。尽管"粘虫色板"的研制上取得了重大突破，并越来越为人们所青睐，但是，从总体上说，其研发和推广应用状况仍然不够理想，远跟不上形势发展和生产上的需求，其中盲目、片面依赖农药等传统思想束缚是主要原因。另一方面，一些应用技术尚存在不少需要进一步解决和明确的问题，例如粘虫色板在害虫测报上的适用对象、有效性及其具体方法；粘虫色板特异性光谱的筛选；灯光和粘虫色板诱集技术在病虫害综防体系中的作用评估及其规范化操作规程；新的更实用的应用技术研发、老技术的进一步优化改进等。

作者在 2009 年研究报道了不同光谱色板对粉虱、蚜虫、斑潜蝇、蓟马、叶蝉的诱杀效果（钟苏婷，2009），结果表明：黄色粘虫板对烟粉虱的诱集作用最强，这与前人研究相一致。黄绿色和金黄色的诱集作用次之。黄绿色、绿色、深绿色对烟粉虱的诱集作用在置信度 95% 水平下有显著差异。偏黄色系的粘虫板对烟粉虱的诱集作用明显大于绿色系。红色、橙色、青色、蓝色和紫色对烟粉虱的诱集无明显区别（图 12-9）。

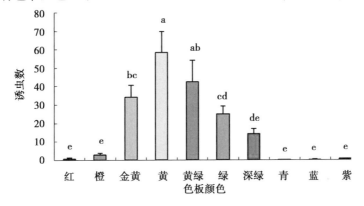

图 12-9　色板对烟粉虱诱集作用

注：图中相同字母表示在 0.05 水平上差异不显著，不同字母表示在 0.05 水平上差异显著（下同）

黄绿色的粘虫板对蚜虫的诱集作用最强。其次为黄色、金黄色、绿色和深绿色。红色、青色、蓝色和紫色对蚜虫没有明显的诱集作用（图 12-10）。

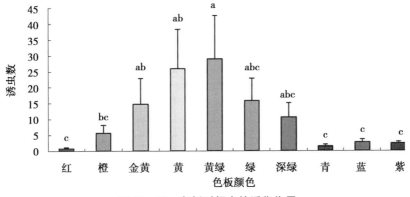

图 12-10　色板对蚜虫的诱集作用

黄绿色的粘虫板对斑潜蝇的效果最佳，金黄色次之。黄绿色、金黄色、黄色和绿色在置信度95%水平上无明显差异；红色诱虫效果最差。这与前人研究结果不同，斑潜蝇对深绿色的趋性不如金黄色和黄绿色且置信度95%水平上有明显差异（图12-11）。

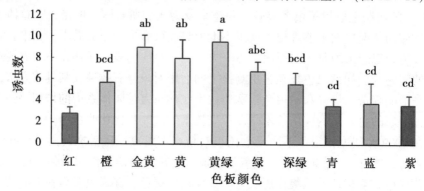

图 12-11 色板对斑潜蝇的诱集作用

紫色粘虫板对蓟马的诱集作用最强。其次是青色粘虫板，但它与其他颜色粘虫板在0.05%水平上没有显著差异（图12-12）。

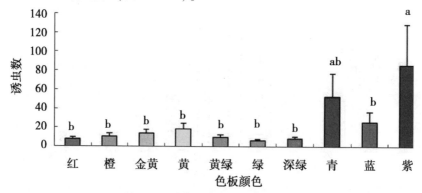

图 12-12 色板对蓟马的诱集作用

黄色粘虫板对叶蝉的诱集作用最强，其次是金黄色、黄绿色、绿色。橙色和深绿色的诱集作用与黄色粘虫板相比具有显著性差异。红色、青色、蓝色和紫色诱虫能力最差，但四者差异不显著（图12-13）。

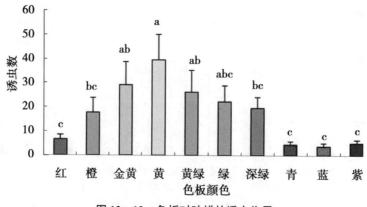

图 12-13 色板对叶蝉的诱虫作用

此外，作者还研究了同一颜色不同形状的色板对黄瓜害虫和天敌的诱杀作用。黄色粘虫板（40cm×25cm）分为三种形状：平面板、柱状板（平面板进行对角线方向对折弯曲成筒状，将对角线部位固定牢）和分离板（将平面板三等分剪开，成条状）。分别将3种形状的黄色粘虫板挂在露地和大棚里，高度（板上沿）分别为：1.4和1.2。平面板和分离板的方向取东西向与地面垂直悬挂，柱状板与地面垂直悬挂。各个处理在空间上均重复3次。各板均在每日早7：00～8：00间摘旧与换新，统计24h诱虫量。统计分析比较不同处理中的诱虫差异。结果表明：柱状粘虫板对烟粉虱的诱捕作用最好，分离板次之，二者在0.05%和0.01%水平上无显著差异，但柱形粘虫板的诱捕作用在0.05%水平上均显著强于平面板诱捕作用（图12-14）。

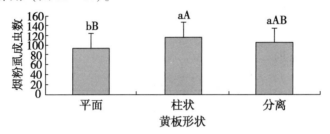

图12-14 不同形状黄板对烟粉虱诱捕作用

柱状粘虫板对蚜虫的诱捕作用最好，分离板次之，平面板最差，但是分离板和平面板在0.05%水平上无显著差异（图12-15）。

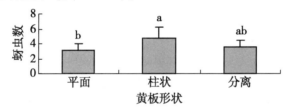

图12-15 不同形状黄板对蚜虫的诱捕作用

分离板对斑潜蝇的诱捕作用最强，平面板次之。柱状板对斑潜蝇的诱捕作用最小且与分离板的差异显著（图12-16）。

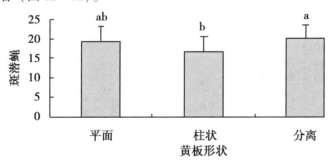

图12-16 不同形状黄板对斑潜蝇的诱捕作用

三种形状的黄板对瓢虫均有诱捕作用，其中，分离板最强，柱状板次之，平面板最次，但三者间无明显差异（图 12 – 17）。

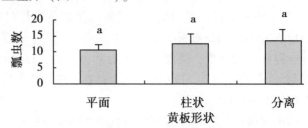

图 12 – 17　不同形状黄板对瓢虫的诱捕作用

平面板对草蛉的诱捕作用最强，分离板次之。柱状板对草蛉的诱捕作用最小与平面板相比差异显著（图 12 – 18）。

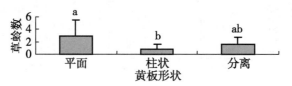

图 12 – 18　不同形状黄板对草蛉诱捕作用

2. 负趋性技术

害虫"负趋性"应用技术研究近年来也取得一定进展，据杨箐（2003）油菜苗期试验结果，银色带、银色棒、白色带、铝色带对迁飞有翅蚜虫的忌避率为30% ~70%，其中，以银色带最好，4 年内3 个生长季忌避率分别超过未处理区64.48% ~72.24%，对病毒病的终花期病情校正防治57.6%，病情指数较对照区减少68.04%。明确了以现蕾前避蚜效果较大，于有翅蚜虫迁飞期间驱避作用尤为突出。作者在 2009 年设计研究了"银色反光绳"，该绳较之普通绳多一个角色，普通拉绳的作用只是起到瓜蔓攀爬的支撑作用，而银绳具有双重作用，即它除了普通绳的功能之外，还具有驱避蚜虫和粉虱的作用。实验结果表明，在黄瓜生长期，银绳与普通的黄瓜挂绳相比对烟粉虱有一定的控制，特别是烟粉虱密度大的生长期。经双因素可重复性方差分析得出：北面的普通绳和北面的银绳对烟粉虱的趋避上有显著性差异（F =19.75；df = 1；$P < 0.05$）；而南面的普通绳和南面的银绳对烟粉虱趋避作用无显著差异（F =2.17；df = 1；$P > 0.05$）（图 12 – 19）。

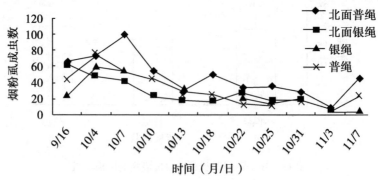

图 12 – 19　银色反光绳对烟粉虱趋避作用调查

四、生物农药防控技术

烟粉虱、蚜虫等个体微小，发生隐蔽，繁殖力高，易产生抗药性，在种群遭受破坏或人为干扰后有恢复力强、种群数量迅速上升的特点（马文斌，1999；聂爱湘，2000；朱宗源，2000）。长期依赖和大量使用有机合成化学农药，已经带来了众所周知的环境污染、生态平衡破坏和食品安全等一系列问题。因此，生物农药在病虫害综合防治中的地位和作用显得愈来愈重要（陈红军，2000）。研究开发利用生物农药防治农作物病虫害已成为植物保护科学工作者的重要研究课题之一。作者以目前生产上防治烟粉虱和瓜蚜常用的化学药剂吡虫啉作为对照药剂，研究了4种常用生物杀虫剂鱼藤酮、天然除虫菊、烟碱和苦参素对黄瓜上两种害虫的防效及其对天敌异色瓢虫的安全性，以期为黄瓜虫害绿色防控提供一定的科学依据。4种生物农药对黄瓜烟粉虱的防治效果详见表12-2。其中，药后1天，1.5%除虫菊水剂400倍液、10%烟碱水剂400倍液对烟粉虱的防效均明显高于10%吡虫啉可湿性粉剂2 500倍液，防效分别达到87.54%和86.45%。药后3天，0.6%苦参素水剂400倍液防效达到其最大防效与其他各处理无明显差异。药后7天，1.5%除虫菊水剂、10%烟碱水剂对烟粉虱成虫的防治效果均在70%以上，明显高于对照药剂10%吡虫啉2 500倍液的防效，0.6%苦参素水剂的防效较差，只有40.24%。

表 12-2　7.5%鱼藤酮水剂等4种生物药剂对烟粉虱的防治效果

处　　理	防治效果（%）		
	施药后1天	施药后3天	施药后7天
7.5%鱼藤酮水剂400倍液	80.99ab	70.56ab	58.79ab
1.5%除虫菊水剂400倍液	87.54a	81.55a	72.59a
10%烟碱水剂400倍液	86.45a	59.84b	77.21a
0.6%苦参素水剂400倍液	65.84c	74.97ab	40.24bc
10%吡虫啉可湿性粉剂2 500倍液	70.96bc	58.63b	46.74b

注：试验结果为3次重复的平均值，采用邓肯氏新复极差（DMRT）检验，差异显著在 $P = 0.05$ 水平上

4种生物农药对黄瓜瓜蚜的防治效果详见表12-3。药后1天各供试药剂对瓜蚜的防效均在50%以上，其中，1.5%除虫菊水剂400倍液的防效最高，达到了82.51%，高于对照药剂10%吡虫啉可湿性粉剂2 500倍液。药后3天各药剂的防效均达到了75%以上，其中，1.5%除虫菊水剂的防效达到了90%以上，与10%吡虫啉可湿性粉剂2 500倍液的防效没有显著性差异。但与10%吡虫啉可湿性粉剂2 500倍液的防效相比，4种生物农药对瓜蚜防治的持效期均较短，药后7天只有1.5%除虫菊水剂达到了65%以上，7.5%鱼藤酮水剂和0.6%苦参素水剂防效均为50%以上，10%烟碱水剂7天后的防效只有27%。

表 12 –3　7.5% 鱼藤酮水剂等 4 种生物药剂对瓜蚜的防治效果

处　理	防治效果（%）		
	施药后 1 天	施药后 3 天	施药后 7 天
7.5% 鱼藤酮水剂 400 倍液	52.40c	87.67b	54.61b
1.5% 除虫菊水剂 400 倍液	82.51a	91.57ab	65.13b
10% 烟碱水剂 400 倍液	67.52abc	75.55c	27.88c
0.6% 苦参碱水剂 400 倍液	63.98ab	83.19bc	52.22bc
10% 吡虫啉可湿性粉剂 2 500 倍液	72.68ab	97.79a	97.91a

注：试验结果为 3 次重复的平均值，采用邓肯氏新复极差（DMRT）检验，差异显著在 $P = 0.05$ 水平上

各供试药剂对异色瓢虫成虫的毒力测定结果见表 12 – 4。在药剂处理的 24h 内，与对照药剂 10% 吡虫啉可湿性粉剂 2 500 倍液处理相比，4 种生物农药对异色瓢虫的毒杀作用较低，其中 7.5% 鱼藤酮水剂 400 倍液、1.5% 除虫菊水剂 400 倍液和 0.6% 苦参素水剂 400 倍液与清水处理一致，异色瓢虫的校正死亡率为 0，而 10% 吡虫啉可湿性粉剂 2 500 倍液处理异色瓢虫的校正死亡率高达 11.11%。48h 后 7.5% 鱼藤酮水剂 400 倍液、1.5% 除虫菊水剂 400 倍液处理的异色瓢虫的校正死亡率有所上升，而其他 3 种药剂校正死亡率保持不变。

表 12 – 4　7.5% 鱼藤酮水剂等 4 种生物药剂对异色瓢虫的安全性

制剂用量	校正死亡率（%）	
	24h	48h
7.5% 鱼藤酮水剂 400 倍液	0.00	12.50
1.5% 除虫菊水剂 400 倍液	0.00	5.00
10% 烟碱水剂 400 倍液	5.00	5.00
0.6% 苦参素水剂 400 倍液	0.00	0.00
10% 吡虫啉可湿性粉剂 2 500 倍	11.11	11.11
清水对照	0.00	0.00

可以看出，1.5% 除虫菊水剂 400 倍液和 10% 烟碱水剂 400 倍液是防治烟粉虱的较好药剂，且对异色瓢虫的毒杀作用较小。7.5% 鱼藤酮水剂 400 倍液虽对烟粉虱有较高的防治作用，但对异色瓢虫校正死亡率最高。10% 吡虫啉可湿性粉剂 2 500 倍液对蚜虫的防治效果最好，施药后 7 天防治效果仍达 97.91%，但是却对异色瓢虫毒杀作用较大，且对烟粉虱的防治效果较 1.5% 除虫菊水剂 400 倍液和 10% 烟碱水剂 400 倍液相对较差。有关资料统计，蚜虫、烟粉虱等对吡虫啉已产生抗性。1.5% 除虫菊水剂 400 倍液和 0.6% 苦参素水剂 400 倍液也是防治瓜蚜的较好药剂，施药后 7 天防治效果分别达 65.13%、52.22%，特别是 0.6% 苦参素水剂施药 48h 后，对异色瓢虫无任何不良作用。

五、生态防控技术

病虫害生态防控技术就是通过对温室的温度、湿度、光照、风、露等非生物条件和害虫、天敌、作物品种及布局等生物条件，以及栽培管理措施进行科学调控，减少化学农药用量，消除污染残留，使病虫得到控制，达到人们食用安全蔬菜的目的。对于虫害较为重要的生态防控技术有：

（1）培育无虫苗。可采用育苗温室与生产温室分开育苗。

（2）作物合理布局。温室大棚内和附近地块避免黄瓜、番茄、茄子、菜豆等混种。提倡种植粉虱不喜食的十字花科蔬菜，以减少虫源。秋冬温室第一茬种植芹菜、蒜黄等白粉虱不喜食、较耐低温的蔬菜，再种其他蔬菜，可大大降低粉虱虫口密度，明显减轻危害。

（3）实行植物保健栽培，采用配方施肥技术，均衡作物营养，尤其要控制偏施氮肥，达到植物自身的防病抗病作用。

（4）温室周边种植粉虱、蚜虫等不喜食的作物，如十字花科蔬菜等；及时铲除棚室周边杂草，减少虫源。

（5）利用极端温度杀虫杀菌。夏季在换茬之前进行高温闷棚，首先清除棚室内的作物残体，施足基肥（包括秸秆和生石灰，但不要施生物菌肥），起垄、盖膜，膜下大水浇透，封闭所有通风口，连续闷棚 15～20 天。带秧防治粉虱：一是高温闷棚。选择晴天中午（在闷棚前两天浇一次透水），将温室、大棚密闭，保持气温升至 42～45℃，连续保持2h，处理完毕后，通风口不可突然放大，要缓慢降温。每次处理相隔 7～10 天，要严格控制好温度，低于 42℃抑制病虫害的效果不是很理想，高于 45℃，植株容易受伤。低温冷冻粉虱成虫和幼虫。利用延秋、寒冬、早春倒茬的时机，清除棚室内的残枝落叶，揭开塑料薄膜，利用 0℃以下低温冷冻 5 天以上，冻死棚室内的白粉虱成虫和幼虫。

（6）及时摘除植株下部老叶。下部老叶已基本失去光合用用功能，其上的粉虱若虫和伪蛹密度相对较大，要及时摘除处理掉（烧毁或深埋），对控制粉虱为害效果明显。

（7）在一个地区范围内的生产单位应注意联防联治，以提高总体防治效果。

第四节　保护地黄瓜虫害绿色防控技术集成

如前所述，一般食品、无公害食品、绿色食品和有机食品对化学农药的使用有不同的要求和限制。新种植模式下生物防治主打技术要求进行绿色植保，大大减少化学农药的使用。为与国内外相关技术接轨和便于规范操作，黄瓜虫害绿色防控技术集成突出虫害防治，也包含病害的防治，其产品达到绿色食品 A 级。防治对象主要有：粉虱、蚜虫、斑潜蝇、霜霉病、灰霉病、细菌性角斑病、细菌性叶枯病、枯萎病、白粉病。

1. 播种前

（1）育苗室与生产室分开

选择非瓜类田块育苗，清除前茬作物的残烂叶及病虫残体。

（2）棚室防虫和消毒

棚室各孔口安装 40 目防虫网。

每亩用硫黄粉 2～3kg 加敌敌畏 0.25kg，拌锯末粉分堆点燃，闭棚熏蒸一昼夜后放风。操作用的农具也同时放入棚内消毒。

夏季在换茬之前进行高温闷棚，首先清除棚室内的作物残体，施足基肥（包括秸秆和生石灰，但不要施生物菌肥），起垄，盖膜，膜下大水浇透，封闭所有通风口，连续闷棚 15～20 天。冬季利用倒茬的时机，清除棚室内的残枝落叶，揭开塑料薄膜，利用 0℃以下低温冷冻 5 天以上。

（3）选用抗病虫品种

要根据当地病虫害发生情况、生态及农事操作特点选用相应抗病虫品种。

（4）种子消毒

温汤浸种：用 55℃ 温水浸种 15min 或 50℃ 温水浸种 20～30min，可杀灭多种病菌。

药剂拌种：用 50% 多菌灵可湿性粉剂或 50% 福美双可湿性粉剂按种子重量的 0.3%～0.4% 拌种可预防多种真菌性病害。预防细菌性病害，可用 72% 农用硫酸链霉素可溶性粉剂 5 000 倍液浸种 2h。

（5）清除棚室内和周围杂草

（6）在棚室周围种植粉虱等不嗜食的作物

2. 幼苗期

（1）农业与物理防治

控制苗床温湿度：白天温度 25～27℃，夜间不低于 12℃。苗床可撒少量干土或草木灰去湿，并适当通风，相对湿度不要超过 90%。

设防虫网阻虫：温室各孔口用 40 目尼龙纱网罩住，防止害虫进入。

挂银灰色膜避蚜：将银灰色膜制成 10～15cm 宽的膜条，吊于植株上方。

及时拔除病苗。

（2）可用 1.5% 天然除虫菊水剂 400 倍液防治虫害

0.5% 大黄素甲醚 400～500 倍液防治病害。

（3）化学防治

可用 1.5% 除虫菊水剂 400 倍液或 10% 吡虫啉可湿性粉剂 2 500 倍液防治虫害。用 5% 百菌清粉尘剂亩用 1 kg 或 45% 百菌清烟剂亩用 225g，可起到防治猝倒病、疫病和枯萎病的作用。

3. 定植至开花前期

（1）农业防治

彻底清理田园，去除残枝败叶，深翻土 30cm 以上，减少虫菌源。

采用消雾无滴膜覆棚。

高畦栽培，降低土壤湿度。铺地膜和草帘两者相间排列，采用膜下暗灌。既降低空气相对湿度又达到土壤透气效果。

按黄瓜∶芹菜 5∶1 种植或黄瓜∶木耳菜 8∶1 种植。

及时拔除病苗，摘除病叶。

（2）物理防治

温室各孔口用 40 目尼龙纱网罩住，防止害虫进入。

吊绳采用银灰色反光绳（若使用此绳可不装防虫网）。

挂黄色粘板，15 块/667m²。

（3）生物防治

释放丽蚜小蜂控制白粉虱。定植后当发现粉虱成虫时，即可开始放蜂卡。一般每亩每次放蜂量不少于 10 000 头，每隔 10 天左右放一次，共释放 3~4 次。或当温室内白粉虱成虫平均每株有 0.5~1 头时，释放丽蚜小蜂，每株释放丽蚜小蜂成虫或黑蛹 3~5 头，每隔 10 天左右放一次，共释放 3~4 次。单株成虫超过 5 头时，可先用农药防治一次，压低基数后再放蜂。

喷施特制白僵菌、1.5% 除虫菊水剂 400 倍液。防治粉虱和蚜虫。

喷施 1% 武夷菌素 150~200 倍液防治灰霉病、白粉病和黑星病。

防治霜霉病可选用竹醋液 400~500 倍液，防治细菌性病害喷施 72% 农用链霉素 4 000~5 000 倍液或新植霉素可湿性粉剂 4 000 倍液。

（4）化学防治

喷施 10% 吡虫啉可湿性粉剂 2 500 倍液防治虫害。或 5% 霜克粉尘剂或 5% 霜霉威粉尘剂，亩用 1 kg，还可兼治疫病和炭疽病。

4. 开花结瓜期

（1）农业防治

高温闷棚：在霜霉病发生初期，选择晴天上午，摘掉离地面 20cm 的重病叶，关闭大棚，把温度计挂在黄瓜生长点同样高的位置，棚温保持在 44~45℃ 2h，然后适当通风，使温度降到正常温度。闷棚前必须先浇水，且棚内的植株必须是经高温锻炼的壮苗。

一般在 25 叶后及时打顶，及时摘掉失去功能的老叶，及时摘除病叶、病瓜等。

（2）生物防治

设置黄板诱杀白粉虱、蚜虫、斑潜蝇等。方法是在田间挂黄色硬板条，上涂一层机油，挂在高于植株顶部的地方。每亩放 30~40 块，当黄板粘满虫子时，再涂一次机油。一般 7~10 天重涂一次。

喷施特制白僵菌、1.5% 除虫菊水剂 400 倍液防治粉虱和蚜虫。

喷施 1% 农抗武夷菌素 150~200 倍液或 0.6% 苦参素水剂 600 倍液防治白粉病、灰霉病、黑星病等。

喷施竹醋液 400~500 倍或 0.5% 大黄素甲醚 500 倍防治霜霉病。

（3）生态控制

控制保护地栽培温湿度，上午温度控制在 28~32℃，最高不超过 33℃，湿度 60%~70%，下午 20~25℃，湿度 60% 左右；上半夜湿度低于 85%，温度 15~20℃；下半夜湿度超过 85% 时，温度降到 13℃ 以下。采取这种生态控制措施，可有效抑制霜霉病、灰霉病、细菌性角斑发生。

（4）化学防治

可选用 50% 甲基托布津要湿性粉剂 800 倍液灌根防治枯萎病；选用 72.2% 霜霉威盐酸盐水剂 800 倍液或 64% 噁霜锰锌可湿性粉剂 500 倍液喷雾防治疫病。喷施 50% 琥胶肥酸铜（DT）可湿性粉剂500倍液防治细菌性叶枯病。喷施10%吡虫啉可湿性粉剂3 000倍液防治蚜虫、斑潜蝇等。

5. 收获至拉秧期

黄瓜拉秧后要彻底清洁棚室，进行高温闷棚（夏季在换茬之前进行高温闷棚，首先清除棚室内的作物残体，施足基肥（包括秸秆和生石灰，但不要施生物菌肥），起垄，盖膜，膜下大水浇透，封闭所有通风口，连续闷棚15～20天）。在冬季进行低温冻棚（清除棚室内的残枝落叶，揭开塑料薄膜，利用0℃以下低温冷冻5天以上）。

为防治粉虱，温室内和附近地块避免黄瓜、番茄、茄子、菜豆等混种。应种植粉虱不喜食的芹菜、木耳菜等蔬菜，以减少虫源。秋冬温室第一茬种植芹菜、木耳菜、蒜黄等粉虱不喜食、较耐低温的蔬菜，再种其他蔬菜。

注意：以上每种化学合成农药在整个生长期只能使用一次。采果前不能施用化学农药。不能使用化学除草剂除草。

（秦玉川编写）

参考文献

陈风英，施伟韬，杨群林，等 . 2003. 黄板诱杀蔬菜蚜虫初报 ［J］. 江西植保，26（4）：189－191.

陈红军，郭明，冯建菊 . 2000. 我国生物农药的研究应用近况 ［J］. 新疆农业科技，（3）：21－22.

韩召军，杜相革，徐志宏 . 2008. 园艺昆虫学 ［M］. 北京：中国农业大学出版社 .

李天来 . 2005. 我国设施园艺发展的方向 ［J］. 新农业，5：4－5.

李耀发 . 2010. 烟粉虱化学感受蛋白及其寄主植物挥发物的研究与利用 ［D］. 中国农业大学博士论文 .

刘培延，赵刚，沈素云，等 . 2000. 美洲斑潜蝇成虫对不同色板的趋性 ［J］. 植物检疫，（4）：203－204.

凌云昕，韩建明，钱忠贵，等 . 2004. 黄瓜栽培与病虫害防治技术手册 ［M］. 北京：中国农业出版社 .

吕芳，王小奇，王菊平，等 . 2006. 喷施非嗜食植物汁液对温室白粉虱的影响 ［J］. 中国农学通报，22（2）：340－342.

路虹，石宝才，宫亚军，等 . 2006. 蔬菜常见蓟马的识别与防治 ［J］. 中国蔬菜，（11）：53－55.

马文斌，王道勇，赵丽君 . 1999. 乌海市温室白粉虱发生规律及其防治试验 ［J］. 内蒙古农业科技，（1）：34－35.

马爱国 . 2004. 无公害农产品认证指南 ［M］. 北京：中国农业出版社 .

马瑞燕，孔维娜，郝利军 . 2005. 温室白粉虱对几种园艺植物的偏好性 ［J］. 昆虫知识，42（3）：301－304.

聂爱湘，李红 . 2000. 温室黄瓜病虫害综合防治技术 ［J］. 植物保护，3（1）：86.

秦玉川，丁自勉，赵纪文 . 2002. 绿色食品——21世纪的食品 ［J］. 江苏：江苏人民出版社 .

田毓起 . 2000. 蔬菜害虫生物防治 ［M］. 北京：金盾出版社 .

吴国兴，魏克武，胡素菊 . 1993. 保护地黄瓜、番茄和辣椒栽培技术 ［M］. 北京：农业出版社 .

王同伟 . 2005. 瓜菜类蔬菜病虫害防治技术 ［M］. 北京：中国农业出版社 .

杨箐 . 2003. 旱地油菜蚜虫负趋性特性利用研究 ［J］. 干旱地区农业研究，21（2）：30－32.

赵晴 . 2012. 伴生蔬菜对黄瓜烟粉虱的驱避作用及烟粉虱 BtabCSP 基因的时空表达 ［D］. 中国农业大学博士学位论文 .

张和义 . 2009. 蔬菜生产实用新技术 ［M］. 北京：金盾出版社 .

张茂团，朱琳华，龚其明 等 . 2005. 蓟马严重危害温室杜鹃花及其防治技术 ［J］. 植物保护，31（4）：

92 - 93.

朱宗源，吴世昌，匡开源 . 2000. 现代温室黄瓜病虫害发生与防治 [J]. 上海农业学报，16〔增刊〕：
  1 - 5.

钟苏婷，李耀发，秦玉川，等 . 2009. B 型烟粉虱对辣椒、芹菜、黄瓜寄主选择作用的研究 [J]. 中国生
  物防治，25（1）：18 - 23.

钟苏婷 . 2009. 保护地黄瓜主要病虫害以生防为主的综合治理 [D]. 中国农业大学硕士论文 .

Yao - Fa Li，Yu - Chuan Qin，Zhan-Lin Gao，*et al.* 2012. Cloning, expression and characterization of a novel
  gene encoding a chemosensory protein from *Bemisia tabaci* Gennadius (Hemiptera：Aleyrodidae) [J]. Afri-
  can Journal of Biotechnology，11（4）：758 - 770.

第十三章　稻田害虫综合控制模式的探索

第一节　斑痣悬茧蜂生物学特性及其生物防治潜力

斑痣悬茧蜂〔*Meteorus pulchricornis*（Wesmael）〕隶属膜翅目（Hymenoptera）茧蜂科（Braconidae），是近几年在国内大豆、蔬菜、棉田上重要害虫甜菜夜蛾（*Spodoptera exigua*）和斜纹夜蛾（*S. litura*）幼虫的主要寄生性天敌之一。斑痣悬茧蜂广泛分布于古北区和北非，在我国河北、河南、陕西、江苏、浙江、湖北、安徽、江西、四川、贵州等省均有分布（何俊华，2002）。该蜂为单寄生、容性寄生蜂。

斑痣悬茧蜂寄主范围较广泛，包括甜菜夜蛾、斜纹夜蛾、棉铃虫（*Helicoverpa armigera*）、烟夜蛾（*H. assulta*）、黏虫（*Mythimna separate*）、棉小造桥虫（*Anomis flava*）、棉大卷叶螟（*Sylepta derogate*）、红腹白灯蛾（*Spilarctia subcarnea*）、四星尺蛾（*Ophthalmodes irrorataria*）、桑绢野螟（*Diaphania pyloalis*）、瓜绢野螟（*D. indica*）、桑剑纹夜蛾（*Acronycta major*）、银纹弧翅夜蛾（*Plusia agnate*）、稻苞虫（*Prnara guttata*）、梨小食心虫（*Grapholitha molesta*）、舞毒蛾（*Lymantria dispar*）、油杉毒蛾（*L. servala*）、栗黄枯叶蛾（*Trabala vishnou*）（何俊华，2004）、蜡螟（*Galleria mellonella*）（Askarii，1977）、草螟（*Uresiphita gilvata*）（Boddi，2002）、小菜蛾（*Plutella xylostella*）（Harvey，2010）等许多鳞翅目幼虫的内寄生蜂。

美国曾从日本、韩国和法国引进斑痣悬茧蜂，用于防治重要林业害虫舞毒蛾（Askari，1977）。李琼芳（1984）最早观察了该寄生蜂寄生棉铃虫的生物学特性；后来 Fuester 等（1993）在美国对从欧洲引进的两性生殖品系的寄生蜂生物学特性进行了研究。该蜂还偶然被引入新西兰，在当地寄生 8 科 21 种鳞翅目害虫（Berry，1997；Berry，2004）；在意大利用于防治单精染料木（*Genista monosperma*）上的草螟（*Uresiphita gilvata*）（Boddi，2002）；Suzuki 和 Tanaka（2007）报道了斑痣悬茧蜂能够调控寄主黏虫（*Pseudaletia separate*）的发育，Harvey 等（2010）也报道了该蜂能调控小菜蛾的发育进度。

近年来，国内先后对孤雌生殖品系斑痣悬茧蜂的生物学和生态学特性进行了诸多研究，包括寄主历期选择和发育（刘亚慧，2006；Liu，2006；Liu，2008；陈雯，2011）、寄主种类选择（刘正，2010）、搜寻行为（杨德松，2009；2011；陶敏，2010；尚禹，2011）、营养生态学特性（伍和平，2007；Wu，2008）、对寄主取食和营养利用的影响（郭林芳，2008）以及过寄生生态学特性（张博，2011；2012）；并开展了初步的田间释放试验（黄露，2011）。这些研究为利用斑痣悬茧蜂开展生物防治夜蛾类害虫提供了丰富的参考依据。

一、斑痣悬茧蜂的生物学特性

1. 形态特征（图13-1）

成虫：雌蜂体长3.5～5.0mm，体黄色或黄褐色，头胸及后足基节具皱纹；触角29～31节，柄节显著膨大，头顶具细刻点；中胸盾片具网状刻点，盾纵沟浅宽，有刻纹，小盾片前凹宽大而深，且明显隆起有刻点，并胸腹节密布网状皱纹，无明显的中脊和横脊，背板在腹面的基部1/3愈合，基部和端部明显分离，柄后腹光滑，产卵管粗短而平直；足黄色或褐黄色，跗爪粗短而弯曲，有1粗壮的近中突；翅透明，翅痣褐色或暗褐色，r脉出自翅痣中部之后，SR1脉平直伸达翅尖之前。

卵：细长且尾部有一个明显的曲柄，卵膜是光滑的，薄且透明。

幼虫：生长和发育阶段共蜕皮3次，前2次发生在寄主体内，第3次发生在寄主外部化蛹时。

蛹：由乳白色逐渐变成微黄色，然后到微褐色。

茧：纺锤状，多为黄褐色，羽化孔顶部稍白，上端具长丝，系于植株上。

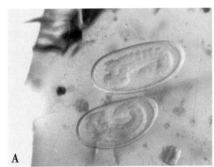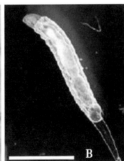

图13-1　斑痣悬茧蜂各虫态形态

A. 卵；B. 幼虫；C. 成虫

2. 生殖方式

斑痣悬茧蜂以大型暴露取食的蛾类低龄幼虫为寄主。不同地理种群存在不同的生殖方式：分布于欧洲的种群营两性生殖；亚洲的种群主要营产雌孤雌生殖，偶见雄性，李琼芳（1984）曾在1979年发现，从棉田采集的棉铃虫和棉小造桥虫中饲养出总共102头斑痣悬茧蜂，其中雌蜂100头，雄蜂仅2头。随后在1980年第2次饲育中获得的104头斑痣悬茧蜂完全是雌蜂，以单头雌蜂接种繁殖饲育4个世代后发现各世代子蜂都是雌蜂，孤雌生殖力正常，可传代保持；在南京农业大学生物防治研究室已连续繁殖10年。将欧洲与亚洲种群进行杂交不成功，表明两个品系之间已经存在生殖隔离（Fuester，1993）。

3. 寄主龄期选择及发育表现

从已有的研究报道可知，斑痣悬茧蜂偏好选择在较低龄的寄主幼虫内寄生产卵，偏好的具体龄期因不同种类而略有差异，但通常不喜欢寄生1龄和最高龄寄主幼虫。Fuester等（1993）对引自韩国的斑痣悬茧蜂进行的室内观察，发现它寄生舞毒蛾（*Lymantria dis-*

par) 1~3 龄幼虫，对 2 龄的寄生率最高，而 3 龄以上幼虫体毛较长使寄生蜂很难接近。然而，Fusco（1981）对欧洲的两性生殖种群观察发现，该寄生蜂更偏好寄生舞毒蛾的 3 龄幼虫。刘亚慧和李保平（2006）研究发现，斑痣悬茧蜂对甜菜夜蛾 2~4 龄幼虫的寄生率显著高于 1 龄和 5 龄幼虫，特别是喜好体型偏大的 4 龄期幼虫；Liu 和 Li（2008）以棉铃虫幼虫为寄主的寄生试验观察发现，3 龄幼虫最适合寄生蜂存活、生长和发育，2 龄和 4 龄紧随其后，1 龄、5 龄和 6 龄寄生幼虫较差；陈雯等（2011）以斜纹夜蛾幼虫为寄主观察到与棉铃虫同样的结果，斑痣悬茧蜂最偏好 3 龄幼虫。然而，野外罩笼观察发现其对甜菜夜蛾 5 龄幼虫的寄生率也较高（陶敏，2010），这究竟是试验中的人为原因还是野外实际情况下的表现，尚需进一步研究阐明。对近缘的不同寄主的寄生选择研究推测，在可选龄期内寄主体型大小可能是斑痣悬茧蜂选择寄生的主要依据（刘正，2010）。

子代蜂在舞毒蛾幼虫体内从卵发育到成虫羽化需要 20.3 天（16~32 天，24℃）（Fusco，1981），略长于在蜡螟幼虫体内的发育时间（15.9 天，25℃）（Askari，1977）和在棉铃虫幼虫体内的发育时间（17~21 天）（李琼芳，1984）。

4. 斑痣悬茧蜂的生殖力和寿命

斑痣悬茧蜂生殖力随寄主不同而略有差异。Fuester 等（1993）以舞毒蛾幼虫为寄主进行的观察表明，产卵量平均为 268 粒。刘亚慧（2007）以甜菜夜蛾幼虫为寄主进行的观察发现，每雌平均产卵 179（111~219 粒）±22 粒。绝大部分的斑痣悬茧蜂在其羽化的第 2 天就开始产卵，产卵量随着雌蜂日龄的增加逐渐增多，到第 8 天产卵量达到高峰（17 粒），然后开始下降，在羽化后 12~15 天逐日产卵数量下降缓慢，到 15 天时完成 90% 的产卵量（Wu，2008）。

雌成虫寿命平均为 30 天（12~41 天），约 60% 的寄生蜂能至少存活 30 天，30 天后存活数明显下降，最长存活 41 天（伍和平，2007）（图 13-2）。

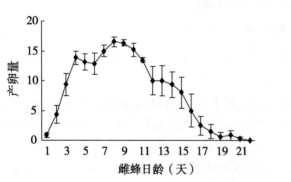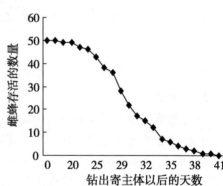

图 13-2　斑痣悬茧蜂成虫逐日产卵量和成虫寿命

5. 过寄生

虽然有报道斑痣悬茧蜂可根据寄主行为鉴别被寄生寄主的能力（Chau N，2008），但室内和野外试验均发现过寄生现象。Fuester 等（1993）的室内试验观察报道，过寄生率高达 31%。对此，张博等（2012）通过野外放蜂试验观察了过寄生情况，斑痣悬茧蜂在单头寄主内的产卵数范围为 0~12 粒，产 1~4 粒卵的频率较高；将采回的寄主斜纹夜蛾幼虫解剖后发现，过寄生率为 23.9%（样本数 = 310）。过寄生对存活的子代蜂生长发育具有不良影响，可导致发育历期延长（0.52 天）、体型变小（后足胫节长 0.03mm）、寿命变短（5 天）、存活率降低（约 30%）。

影响斑痣悬茧蜂发生过寄生现象的因素较多，包括寄生经历、寄主龄期、适宜寄主多寡等。过寄生的风险随首次寄生后间隔时间的延长而降低（25%）；随寄主龄期增大而升高，随适宜寄主减少而提高。斑痣悬茧蜂不仅能够辨别被寄生寄主，而且能够辨别含有被寄生寄主的寄主斑块（张博，2011）。

二、斑痣悬茧蜂的生态学特性

1. 温度对斑痣悬茧蜂寄生率和生长发育的影响

温度对斑痣悬茧蜂的生活史发育和寿命有很大影响。在 20℃、25℃和 30℃等 3 个不同温度条件下，斑痣悬茧蜂在甜菜夜蛾所有龄期的幼虫上均可产卵，且后代均能成功发育；寄生率随着温度的升高而增加，在 20℃时，寄生蜂对甜菜夜蛾各个龄期幼虫的寄生率最高为 67.5%，最低为 1.3%；在 25℃时，寄生蜂对各个龄期幼虫的寄生率最高为 76.9%，最低为 22%；在 30℃时，寄生率最高为 77.7%，最低为 50.8%。然而，子代蜂从寄主幼虫中钻出到成蜂羽化过程中的死亡率，在 25℃下最低，在 30℃下最高；在 30℃条件下寄生蜂蛹和幼虫出现较高的死亡率（＞50%），说明该寄生蜂很难适应较高的温度。成蜂的寿命在 25℃下最短（25.52 天），20℃下最长（47.42 天）。寄生蜂幼虫发育速率随环境温度提高而加快，在 20℃下幼虫发育历期约为 15 天，蛹发育历期为 9~10 天；而在 30℃下幼虫发育历期为 8 天，蛹发育历期为 6 天（刘亚慧，2007）。

斑痣悬茧蜂在 20℃、24℃、28℃、31℃条件下从卵到成虫羽化的发育历期分别为 22.8 天、15.1 天、14.0 天和 13.6 天，其中，31℃条件下死亡率较高，达 70% 以上。利用培养箱初步测定结果表明，该蜂的发育起点温度为 7.2℃，有效积温为 282.5℃。

2. 糖液浓度和取食频率对生殖力和寿命的影响

室内试验用葡萄糖：果糖：蔗糖 = 1：1：1 混合后，用蒸馏水稀释成 0%（对照）、10%、30%、50% 和 70% 等 5 个浓度梯度分别饲喂成蜂，结果表明，取食 30% 浓度糖液的蜂的产卵天数（25 天）和最大日产卵量（15 粒）均最多；产卵量随吸食频率增大而增加，每天随时可吸食糖液的蜂其总产卵量比只取食清水的高 2 倍多，比未取食的蜂高 7 倍多（Wu，2008）；在无寄主存在情况下，与仅取食清水相比，取食各种浓度糖液的斑痣悬茧蜂成虫的寿命均大幅度延长（＞3 倍），其中吸食 30% 浓度糖液的寿命最长（伍和平，2007）。

补充营养影响斑痣悬茧蜂的功能反应。无论是取食糖液还是清水的斑痣悬茧蜂，每天的寄生数均随着寄主密度增加而增加，寄主密度每增加 5 头/株，寄生数量增加 2.2 头；随着寄生天数的增加，斑痣悬茧蜂每天的总寄生数逐渐减少，例如，第 2 天被寄生的寄主数量比第 1 天减少 0.63 头；与补充清水的寄生蜂相比，补充糖液的寄生蜂寄生天数每增加 1 天，被寄生的寄主数量增加 5%，而补充营养的寄生蜂更能表现出持久的生殖能力；寄主密度和寄生天数的互作、补充营养和寄主密度的互作均对斑痣悬茧蜂的寄生数量产生消极影响，而寄生天数和补充营养的互作对斑痣悬茧蜂的寄生数量则可产生积极影响（尚禹，2011）（图 13-3 至图 13-5）。

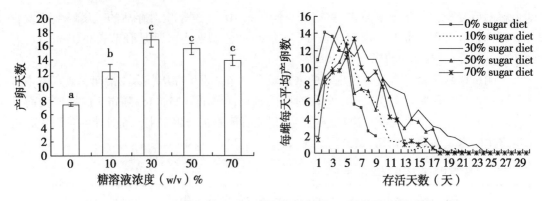

图 13 – 3　取食不同浓度糖液的斑痣悬茧蜂产卵期和日产卵量

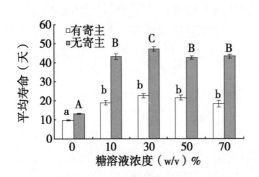

图 13 – 4　不同浓度糖液对斑痣悬茧蜂
成虫寿命的影响

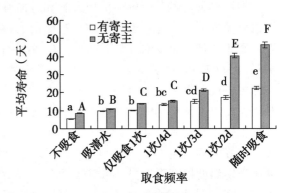

图 13 – 5　不同取食频率对斑痣悬茧蜂
成虫寿命的影响

3. 寄主幼虫取食的植物种类对寄生蜂子代发育适合度的影响

斑痣悬茧蜂对取食不同植物的甜菜夜蛾幼虫表现出不同的寄生选择，在 3 种植物中最喜好取食大豆的寄主幼虫（寄生率为 45.5%），对取食棉花的寄主幼虫次之（28.5%），最不喜好取食小青菜的寄主幼虫（11.5%）。在寄生取食不同植物的寄主幼虫后，寄生蜂子代生长发育表现也存在差异，寄生取食大豆的寄主幼虫获得的适合度最高，发育时间较短，死亡率较低。说明取食大豆的寄主幼虫质量最高，由此可看出植物通过影响寄主幼虫而影响斑痣悬茧蜂的寄生子代蜂发育（刘亚慧，2007）。斑痣悬茧蜂幼期发育和成虫早期羽化的经历以及成虫产卵经历对后续搜索行为具有显著影响，而且这种影响与寄主幼虫的食料有关（杨德松，2009）。

4. 寄主密度对斑痣悬茧蜂寄生率的影响

斑痣悬茧蜂对高密度寄主斑块的初次选择次数、访问次数均高于低密度寄主斑块，导致寄生蜂在高密度寄主斑块上具有更高的寄生率（杨德松，2011）；斑痣悬茧蜂在各斑块的驻留时间随寄主密度的增加而增加；斑块内寄主密度和产卵数均对其离开斑块起消极作用，即随寄主密度和产卵数的增加而倾向于留在斑块上继续搜寻；而寄主密度与产卵数的互作反而对寄生蜂离开斑块具有促进作用（尚禹，2011）。

5. 杀虫剂与斑痣悬茧蜂的互作

（1）斑痣悬茧蜂传播害虫病原菌的能力

为检验寄生蜂产卵是否能够传播昆虫病原菌（"生物导弹"假说），闫正跃（2010）首先用细菌性杀虫剂—短稳杆菌制剂侵染甜菜夜蛾 3 龄幼虫，然后供斑痣悬茧蜂产卵寄生，随后为产过卵的寄生蜂提供健康寄主，观察该寄主是否发病。结果发现感病率很低（<13%），说明斑痣悬茧蜂寄生传播短稳杆菌的能力很小。但该研究未测定寄生蜂寄生感病后期的寄主是否能传播病原菌。王节平等（2009）对斜纹夜蛾核多角体病毒的测定也未发现斑痣悬茧蜂对斜纹夜蛾核多角体病毒的侵染力和侵染速度有显著影响。根据以上研究结果推测，斑痣悬茧蜂通过寄生传播害虫病原菌的能力很小。

（2）昆虫生长调节剂对斑痣悬茧蜂的影响

灭幼脲类杀虫剂具有选择性强、对环境低毒的优点。王节平等（2009）在田间使用推荐剂量的氟啶脲处理寄生蜂成虫后，未发现对子代蜂结茧和发育历期有显著影响。说明斑痣悬茧蜂可较安全地与一定浓度范围内的氟啶脲联合用于夜蛾类害虫的防治。

（3）化学杀虫剂对斑痣悬茧蜂的影响

如何协调广谱性化学杀虫剂与天敌的控害作用，是害虫综合防治实践中面临的主要挑战之一。一般认为，亚致死浓度化学杀虫剂与寄生蜂存在协调控制害虫的可能性。师振华等（2009）为探究受到杀虫剂亚致死影响的寄主幼虫对寄生蜂的寄主选择及其子代蜂的影响，用氯氰菊酯亚致死浓度处理 4 龄甜菜夜蛾幼虫，开展非选择性试验表明，斑痣悬茧蜂成功寄生（完成化蛹）的概率随受药寄主的体重增大而提高，而且受药寄主有效存活的概率亦随其体重增大而提高；与对照寄主相比，寄生蜂对受药寄主的寄生率降低 2.5 倍、子代蜂发育历期显著延长、子代蜂体型显著增大。与来自对照寄主的子代蜂相比，来自受药寄主的子代蜂的寄生能力（用寄生率表示）未受影响，但其后代的结茧率降低 10%、发育历期显著缩短、体型显著增大，说明羽化蜂的发育适合度得到了提高；但选择性试验得出了不同的结果，根据对寄生蜂攻击次数的分析，未发现其在对照与受药寄主之间存在显著偏好；但根据第 2 次攻击的寄主识别期变量进行的风险分析，受药寄主被寄生风险显著低于对照寄主（低 59.7%），说明寄生蜂偏好攻击对照寄主幼虫。研究结果说明，斑痣悬茧蜂通过偏好体型较大的寄主幼虫，而减轻了受到杀虫剂亚致死效应的间接不良影响，而且该寄生蜂可能鉴别出接受亚致死杀虫剂不久的寄主幼虫。

6. 斑痣悬茧蜂寄生对寄主幼虫取食的影响

（1）斑痣悬茧蜂寄生对寄主幼虫食物利用效率的影响

郭林芳和李保平（2008）观察到被斑痣悬茧蜂寄生的甜菜夜蛾幼虫的取食量、生长率和食物利用效率等受到显著抑制，甜菜夜蛾幼虫被寄生后第 3~6 天取食量显著小于未被寄生幼虫，例如，寄生后第 4 天的幼虫取食量只有正常幼虫的 29.9%，第 5 天只有48.7%。甜菜夜蛾幼虫在寄生后的第 3~5 天体重增加量显著小于未被寄生幼虫（分别为21.5%、38.9%、14.4%），相对生长率则显著低于后者。被寄生甜菜夜蛾幼虫对于营养利用的表现也明显不同于未被寄生幼虫，反映生长和代谢效率的食物利用率（ECI）和食物转化率（ECD）均显著降低。

（2）斑痣悬茧蜂寄生对甜菜夜蛾幼虫取食行为和活动的影响

斑痣悬茧蜂寄生会影响甜菜夜蛾幼虫的活动、取食和对栖境的选择，在寄主幼虫生长后期，被寄生幼虫的取食行为比例（3.7%）极显著低于未被寄生幼虫（15.7%），空间位移比例（8.2%）极显著低于未被寄生幼虫（32.0%），在植物叶正面的比例（47.0%）极显著高于未被寄生幼虫（24.3%）。在植株的上部、中部和外部，两类寄主幼虫出现的比例在幼虫生长后期表现出显著差异，被寄生幼虫在植株上部和下部的分布比例（上部：30.3%；下部：57.5%）明显高于未被寄生的幼虫（上部：6.2%；下部：12.9%），而在植株中部和植株外的分布比例则恰恰相反，未被寄生的幼虫（中部：38.6%；植株外：41.6%）高于被寄生幼虫（中部：7.4%；植株外：4.4%，$P < 0.01$）。说明被斑痣悬茧蜂寄生的甜菜夜蛾大龄幼虫在后期表现出明显不同于未被寄生幼虫的行为变化，例如，活动性减弱、取食活动受到抑制等（郭林芳，2010）（图13-6 至图13-9）。

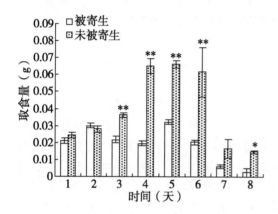

图13-6　被寄生幼虫和未被寄生幼虫取食量变化

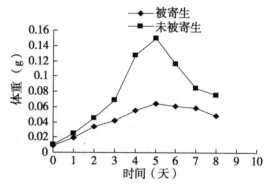

图13-7　被寄生幼虫和未被寄生幼虫体重变化

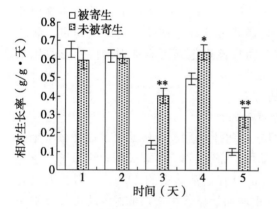

图13-8　被寄生幼虫和未被寄生幼虫的相对生长率

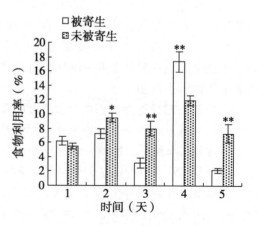

图13-9　被寄生幼虫和未被寄生幼虫的食物利用率

338

三、斑痣悬茧蜂的饲养繁殖与放蜂试验

1. 斑痣悬茧蜂寄生寄主的选择与饲养

斑痣悬茧蜂为鳞翅目多种寄主的寄生蜂，为选择繁殖寄主提供了条件。繁殖寄主的选择要考虑应具备寄生效率高、繁殖系数大、方法简易、饲养成本低、能常年大量饲养等性能。通过多年的田间调查和室内多种寄主的接蜂寄生试验及适合度比较，斜纹夜蛾、甜菜夜蛾、棉铃虫、黏虫等均为斑痣悬茧蜂较好的繁殖寄主。但考虑到棉铃虫幼虫具有自相残杀的特性，需单头饲养；黏虫需采用半人工饲料获得种植小麦或玉米的叶粉；甜菜夜蛾的饲养条件比斜纹夜蛾更为苛刻，更难饲养，故确定采用斜纹夜蛾作为繁殖寄主更佳。

斜纹夜蛾的优点：首先，斜纹夜蛾是斑痣悬茧蜂的自然寄主之一，在大豆田、棉田和蔬菜田自然寄生的比例较高，2~5龄的幼虫都可被寄生，以3龄最适宜，繁育出的子代蜂具有较强适应能力及繁殖力。其二，斜纹夜蛾繁殖力强，每雌蛾一生可产1 000~2 000粒卵，用少量的成虫就可获得大量的适宜繁蜂寄主。第三，斜纹夜蛾在室内可完全采用人工饲料繁殖，其繁殖技术早已成熟，这是大量繁育的必备条件之一。另外，斜纹夜蛾的自相残杀率很低、可在室内常年繁殖、饲养方法及管理易于掌控等。

人工饲料繁殖斜纹夜蛾的饲养方法及人工饲料的配方可参照成熟的棉铃虫饲养技术（沈晋良，1995）。

2. 斑痣悬茧蜂的繁殖生产

（1）斑痣悬茧蜂蜂种的采集与室内种群的建立

在8~10月大量采集未喷药大豆田、棉田和蔬菜田中的斜纹夜蛾、甜菜夜蛾、棉铃虫等2~4龄幼虫，以确保蜂源的数量。将所采集的幼虫分单管饲养在24~28℃条件下，饲喂大豆叶片以获得自然蜂种，出蜂后以10%蜂蜜水给成虫补充营养，再以斜纹夜蛾3龄幼虫为寄主扩繁。斜纹夜蛾幼虫在室内用大豆叶片饲喂至3龄，饲养条件为26±1℃，RH为65%~70%，光照为14：10（L：D）h。将羽化后的斑痣悬茧蜂和3龄斜纹夜蛾幼虫按1：20比例移至繁蜂箱内，箱底放上接入足够3龄幼虫取食的大豆叶片，并将蘸有10%蜂蜜水的棉球放入箱内，寄生24h后移走成蜂，并将被寄生的斜纹夜蛾幼虫放入养虫箱内饲养，7~9天后寄生蜂开始钻出寄主体外结茧，作为繁蜂的蜂种。然后以人工饲料饲喂的斜纹夜蛾幼虫作为寄主，对该蜂进行扩繁，建立斑痣悬茧蜂的健康种群。每两年在田间采集野生蜂种进行复壮，以增强斑痣悬茧蜂对外界环境的适应能力。

（2）斑痣悬茧蜂群体繁育

将羽化后并用10%蜂蜜水饲喂过的斑痣悬茧蜂接入底部平铺有人工饲料并且其上又接入斜纹夜蛾3龄幼虫的箱内，蜂虫比为1：20。寄生24h后，将蜂用吸虫管吸走，寄生过的幼虫移入饲养箱继续以人工饲料饲喂，直到蜂的老熟幼虫钻出寄主体外化蛹，然后收集寄生蜂蛹。吸出的蜂还可继续做接蜂寄生，可连续接蜂4~5批，每次接蜂后可根据情况适当补充蜂种数量。

3. 斑痣悬茧蜂种群的品质

天敌品质退化是利用天敌进行生物防治过程中常见的问题。斑痣悬茧蜂虽然是孤雌生殖，种群遗传特性稳定，但其在室内长期繁育后对环境的适应能力有退化表现。对斑痣悬茧蜂野外种群（从野外采集蜂茧羽化出的蜂）、室内饲养种群（实验室长期饲养繁殖14

代以上的蜂）和复壮种群（室内饲养种群释放后寄生野外寄主后回收的蜂）的寄生及其子代蜂发育特性的比较观察表明，复壮蜂的生殖力和后代发育表现高于野外蜂和繁殖蜂，复壮蜂产幼数量最多（32.9 头/雌），比野外蜂和繁殖蜂分别高出 23.6% 和 19.3%；复壮蜂的产幼持续时间最长（9 天）；复壮蜂的子代结茧率（79.2%）比繁殖蜂高 19.3%；野外蜂和复壮蜂的羽化率（86.1% 和 77.2%）分别比繁殖蜂高出 36.9% 和 22.7%；野外蜂后代个体较大，后足胫节比复壮蜂和繁殖蜂分别高 10.9% 和 11.4%。这三类寄生蜂后代成蜂寿命没有显著差异。说明室内多代（>14 代）饲养寄生蜂明显退化，通过复壮可以显著恢复其寄生发育的性状（刘正，2010）。

4. 斑痣悬茧蜂的飞行能力

斑痣悬茧蜂的日飞行活动具有一定规律性，飞行活动主要发生在 08:00 ~ 11:00，其次在 14:00 ~ 17:00，在另外两个时段（11:00 ~ 14:00，17:00 ~ 20:00）寄生蜂飞行活动的频次相对较低（黄露，2011）。利用飞行磨测定了最大理论飞行能力，5 日龄斑痣悬茧蜂成虫的飞行表现都显著大于其余日龄，其个体起飞次数为 14.5（±0.8）次，总飞行距离 1 283.0（±45.6）m，总飞行时间 2 374.8（±89.9）s，平均飞行速度 0.54（±0.004）m/s，最长的单次飞行时间 475.2（±77.0）s。解剖发现，处于中等寿命的寄生蜂抱卵量高于早期和晚期的寄生蜂，但其飞行能力却很弱，说明寄生蜂抱卵量影响其飞行能力（表 13 – 1）。

表 13 – 1　不同日龄斑痣悬茧蜂的飞行参数测试*

日龄	飞行参数				
	起飞次数	总飞行距离（m）	总飞行时间（s）	平均飞行速度（m/s）	最长的单次飞行
1	8.42 ± 0.50d	744.30 ± 53.22c	1 608.09 ± 107.5c	0.461 ± 0.006c	316.09 ± 13.21b
5	14.48 ± 0.82a	1 283.00 ± 45.61a	2 374.79 ± 89.91a	0.542 ± 0.004a	475.21 ± 76.97a
10	11.47 ± 0.57b	948.49 ± 150.93b	1 942.13 ± 48.78b	0.488 ± 0.001c	294.05 ± 12.67b
20	10.84 ± 0.54cb	1 046.27 ± 55.59b	2 091.01 ± 21.92b	0.501 ± 0.002b	335.06 ± 10.54b
30	8.80 ± 0.54c	788.17 ± 109.05c	1 693.69 ± 47.13c	0.467 ± 0.003c	271.67 ± 11.07b

注：不同小写字母表示同一列平均值间差异显著

5. 斑痣悬茧蜂的放蜂试验

在野外大豆田进行的 2 次放蜂试验表明：在风速 ≤ 4.2 m/s 的大豆田中，方位对寄生率没有显著影响；但寄生率随放蜂时间延长和离放蜂点的距离增加而显著降低，随离放蜂点距离的增加，寄生率可下降 50%；随时间延长寄生率可下降 30% 以上；放蜂的次日寄生蜂可到达 36 m 处寄生（黄露，2011）。

寄主密度对斑痣悬茧蜂寄生率有显著影响。张博等（2012）发现斑痣悬茧蜂寄生率与寄主密度的依赖关系不是固定不变的，寄生蜂与寄主的密度依赖关系并非简单的"有"或"无"，而是决定于寄主密度的大小，即存在一个密度阈值（约 8 头/株），在低于此阈值的密度范围内，寄生率随寄生密度增大而明显降低；高于此密度阈值时，寄生率保持约 50% 的水平。由此推测，斑痣悬茧蜂在植株上采取随机方式搜寻寄主幼虫，当寄主幼虫密度很低时（远低于密度阈值），遭遇寄主的概率也很低，意味着游历时间相对较长，寄生蜂几乎寄生所有遇到的寄主幼虫；当寄主幼虫密度较高时（接近或超过密度阈值），被寄生的寄主比例在到达50%左右时离开寄主斑块（植株）是最优策略，因为若继续搜寻寄主，按照随机搜寻方式，遭遇被寄生寄主（即低质量寄主）的概率将大于遭遇健康寄主（即高质量寄主）的概率。上述推测在其他寄生蜂中得到部分佐证。例如，对细缨小蜂（*Anagrus delicates*）的寄主卵斑块搜寻行为观察发现，当在寄主斑块间的游历时间长时，会提高在寄主斑块上的寄生率；否则在不同密度寄主斑块上均寄生相同数量的寄主（Bakker，1990）。

第二节　稻鸭共作稻田的蜘蛛物种多样性及其与稻飞虱多度的关系

一、概述

有机农业近年来在世界各地快速发展，据统计，全世界约120个国家有 $3.1 \times 10^7 hm^2$ 有机种植田，其中，我国有 $2.2 \times 10^6 hm^2$（Willer，2006）。但关于如何适应有机农业条件下有害节肢动物防治的研究却相对滞后（Zehnder，2007）。病、虫、草为害是水稻种植生产的主要威胁，长期以来依赖化学农药进行防治，给有机稻米生产带来了严峻的挑战，迫切需要探索基于生态学原理的有害生物治理途径和方法（甘晓伟，2008）。

稻鸭共作技术是中国传统稻田养鸭技术的继承和发展，鸭子全程露宿放养赋予稻田养鸭新的稻鸭共生机制（图13-10），形成了以水田为基础、种稻为中心、家鸭野养为特点的自然生态和人为干预相结合的复合生态系统（甘晓伟，2008）。近年来，有机稻种植中采用稻鸭共作技术在全国许多地方应用，不仅对稻田病、虫、草害具有一定的控制作用（杨志平，2004；禹盛苗，2004；魏守辉，2005，2006；甄若宏，2007），而且取得了较好的经济效益和生态效益（席运官，2004；邓强辉，2007）。

蜘蛛是稻田主要天敌类群，多样性丰富，在控制稻田害虫方面起着重要的作用（王洪全，2006），其主要捕食对象是飞虱等同翅目害虫（罗跃进，1998；王智，2005）。目前对有机稻田蜘蛛多样性的研究很少，已有的研究通常基于一个生长季节的调查（钟平生，2005），而且缺乏连续1年以上的系统调查和研究。本研究对稻鸭共作有机稻田和常规稻田（对照）中蜘蛛多样性以及飞虱个体数量进行了连续2年的调查，为评价有机稻田蜘蛛控害作用提供依据。

二、材料与方法

（一）调查环境

调查地点选在江苏省丹阳市延陵镇西洲村丹阳市嘉贤稻鸭共作农民合作社中晚粳稻田。延陵镇地处亚热带季风气候区，年均温15~16℃，降水量1 000~1 100mm，6~9月雨量占全年的40%~55%，≥3℃和≥10℃积温分别5 300~5 640℃和4 740~4 950℃，

图 13 – 10　稻田养鸭

（江苏省镇江市丹阳县延陵镇，李保平摄于 2009）

无霜期 220 ~ 240 天，全年日照 2 000 ~ 2 200h，本区农业生产历来以稻麦一年两熟为主。试验田为典型的稻麦轮作田，种植年限在 10 年以上。土壤类型为黄泥土（属潴育型水稻土亚类，黄泥土土属），pH 值 6.6，耕层有机质含量 26.0g/kg，全氮 1.56g/kg，全磷 0.52g/kg，全钾 12.88g/kg（魏守辉，2006）。

（二）调查时间、稻田类型与管理方式

调查时间：2009 年 7 ~ 10 月和 2010 年 7 ~ 10 月。

稻田类型：包括稻鸭共作有机稻田、绿色有鸭稻田、绿色无鸭稻田和常规稻田。有机稻田的 3 块样田面积均为 2 350m²（47m × 50m），绿色有鸭稻田的 3 块样田分别为 2 380（35m × 68m）、2 448（36m × 68m）、2 584m²（38m × 68m），绿色无鸭稻田的 3 块样田分别为 972（18m × 54m）、1 188（22m × 54m）和 1 242m²（23m × 54m），常规稻田的样田分别为：3 168（48m × 66m）、3 366（51m × 66m）和 2 112m²（32m × 66m）。

耕作管理方式：有机稻田是指水稻整个生育期都不使用化肥农药，并已获得中绿华夏有机论证，利用鸭子来防治水稻病虫草害；绿色有鸭稻田的管理方式同有机稻田；绿色无鸭稻田是指水稻整个生育期施药次数≤4 次；常规稻田指水稻整个生育期施药次数≥5 次。2009 年有 2 种插秧方式：在有机稻田中用手插秧，5 月 14 号播种（品种 "W3668"），6 月 17 号插秧；在绿色有鸭稻田、绿色无鸭稻田和常规稻田用机插秧，5 月 21 号播种（品种 "2724"），6 月 17 号插秧。2010 年全部为机插秧，5 月 25 号播种（"W3668"），6 月 24 号插秧。有机稻田和绿色有鸭稻田采用稻鸭共作，每 667m² 放鸭（"镇江役鸭"）15 ~ 18 只（戴志明，2004），零日龄释放（沈晓昆，2007），2009 年 6 月 29 号放鸭，2010 年 7 月 4 日放鸭，稻鸭共作期 60 ~ 70 天，稻鸭共作期间每天早晚各饲喂鸭子 1 次；其他栽培管理均按照有机行业标准进行。

绿色无鸭稻田用 2% 阿维菌素、噻嗪酮（扑虱灵 25% 可湿性粉剂）和苯甲·丙环唑（嘉润 30% 乳油）等防治飞虱等害虫，2009 年喷施 3 次（7 月 29 日、8 月 11 日和 8 月 19 日），2010 年喷施 4 次（7 月 25 日、8 月 6 日、8 月 19 日和 8 月 29 日）。常规稻田用 2% 阿维菌素、噻嗪酮（扑虱灵 25% 可湿性粉剂）、苯甲·丙环唑（嘉润 30% 乳油）和甲维

毒死蜱乳油等防治飞虱等害虫，2009 年喷施 5 次（7 月 17 日、7 月 29 日、8 月 19 日和 8 月 31 日），2010 年喷施 5 次（7 月 6 日、7 月 25 日、8 月 6 日、8 月 19 日、8 月 27 日和 9 月 11 日）。有机稻田和绿色有鸭稻田采用人工除草（田中及田埂上）；绿色无鸭稻田和常规稻田采用除草剂防除田中及田埂杂草。

抽样调查方法：每类田随机选 3 畦，2009 年调查采取 5 点取样，中央 1 个点，两侧各 2 个样点；2010 年采取 3 点取样，中央 1 个样点和两侧各 1 个样点。用 VORTIS 吸虫器（'VORTIS'，英国），该采样器适合采集草本植物上的昆虫（Arnold，1994；Stewart，1995）。水稻生长前期（株高 <40cm），用采样器在水稻上部吸取一圈，约占 1.2m²；水稻生长后期（株高 >40cm），从下到上逐株采样，每点采 4 行，每行为 5～6 丛，面积约 1.2m²；每 10 天调查 1 次。每样点标本单独保存，带回室内分类鉴定。对采集的标本尽量鉴定到属或种（胡金林，1983；尹长民，1990），暂时无法鉴定的标本则鉴定到科或亚科，再按形态区分到种。

（三）数据分析

1. 生物多样性

由于群落的物种丰富度随抽样强度增大而提高，如果以每个样方为基本单位统计物种丰富度（均值），将会低估群落的物种丰富度，而只能获得所谓的"物种密度"（Gotelli，2001）。对此，在分析物种多样性时，将每处理抽查的样方合并后，计算物种多样性指数把所有采样点物种数和个体数归并后，计算 Shannon 多样性指数（H'）、Pielou 均匀度指数（E）以及 Simpson 优势集中性指数（C）（张孝曦，2001）。

$$H' = -\sum_{i=1}^{s}(pi)(\ln pi), Pi = \frac{ni}{N};$$

$$E = \frac{H'}{H\max} = \frac{H'}{\ln S}$$

$$C = \sum_{i=1}^{S}(Pi)^2 = \sum_{i=1}^{S}\left(\frac{ni}{N}\right)^2$$

式中，H' 为 Shannon – Wiener 指数；E 为群落的均匀度指数；C 为群落的优势集中性指数；P_i 为第 i 个物种个体总数的概率；S 为群落的丰富度，即群落中的物种总数；$H_{\max}$ 为最大多样性指数；n_i 为群落中第 i 个物种的个体总数；N 为群落中所有物种的个体总数。

2. 群落间的相似性分析

用 Jaccard 相似性系数（q），对各群落进行分类。

$$q = \frac{c}{a+b-c}$$

其中：a 为 A 群落物种数，b 为 B 群落物种数，c 为两群落共有物种数

三、结果与分析

（一）不同类型稻田中蜘蛛种类及群落特征指数比较

经过 2 年的调查表明，蜘蛛在科、种水平上不存在差异性，2009 年采到标本 10 科，包括园蛛科（Araneidae）、肖蛸科（Tetragnathidae）、球蛛科（Theridiidae）、皿蛛科（Linyphiidae)、狼蛛科（Lycosidae）、狡蛛科（Dolomedidae）、栉足蛛科（Ctenidae）、蟹蛛科（Thomisidae）、跳蛛科（Salticidae）和猫蛛科（Oxyopidae），共36种；2010年为9科25种，其中栉足蛛科（Ctenidae）未采到。稻田中蜘蛛的优势种为：鳞纹肖蛸［*Tetragnatha squamata*（Karsch）］、锥腹肖蛸［*Tetragnatha maxillosa*（Thorell）］、华丽肖蛸［*Tetragnatha nitens*（Audouin）］、前齿肖蛸［*Tetragnatha praedonia*（L. Koch）］、卵腹肖蛸［（*Tetragnatha shikokiana*（Yaginuma）］、条纹隆背蛸［*Tylorida striata*（Thorell）］、八斑鞘腹蛛［*Coleosoma octomaculatum*（Boes. et Str.）］、隆背微蛛［*Erigone prominens*（Boes. et Str.）］、星豹蛛［*Pardosa astrigera*（L. Koch）］、雾豹蛛［*Pardosa nebulosa*（Thorell）］、微菱头蛛［*Bianor aenescens*（L. Koch）］、白斑猎蛛［*Evarcha aurocinctus*（Ohlert）］、纵条蝇狮蛛［*Marpissa magister*（Karsch）］等。

2009年蜘蛛群落的多样性指数（H′）为常规田＞绿色无鸭田＞绿色有鸭田＞有机田；均匀度指数（E）为常规田＞绿色无鸭田＞绿色有鸭田＞有机田；优势集中性指数（C）为有机田＞绿色有鸭田＞绿色无鸭田＞常规田；2010年多样性指数（H′）为绿色有鸭田＞常规田＞绿色无鸭田＞有机田；均匀度指数（E）为绿色无鸭田＞绿色有鸭田＞常规田＞有机田；优势集中性指数（C）为有机田＞常规田＞绿色无鸭田＞绿色有鸭田（表13-2）。

表13-2　连续两年不同类型稻田内蜘蛛多样性指数

年份	稻田类型	科	丰富度	个体总数	多样性指数	均匀度指数
2009	稻鸭共作有机田	8	34	869	2.12	0.60
	绿色有鸭田	9	37	1111	2.35	0.65
	绿色无鸭田	9	34	370	2.36	0.67
	常规稻田	8	36	297	2.49	0.70
2010	稻鸭共作有机田	9	25	589	2.10	0.65
	绿色有鸭田	8	26	1143	2.30	0.71
	绿色无鸭田	7	19	265	2.14	0.73
	常规稻田	9	24	364	2.21	0.69

（二）不同类型田蜘蛛数量的季节变化

有机稻田、绿色有鸭稻田、绿色无鸭稻田和常规稻田的蜘蛛数量变化趋势相近，在水稻生长早期，有机稻田和绿色有鸭稻田中的蜘蛛数量低于绿色无鸭稻田和常规管理稻田，但到了水稻生长的中后期，有机稻田和绿色有鸭稻田中的蜘蛛数量则高于绿色无鸭稻田和常规稻田。例如，2009年9月19日的调查中，有机稻田蜘蛛数量是绿色无鸭的4倍，是常规稻田的9倍；2009年10月5日的调查中，绿色有鸭稻田蜘蛛数量是绿色无鸭稻田的8.3倍，是常规稻田的8.9倍。2010年8月29日的调查中，有机稻田是绿色无鸭稻田的2倍，是常规稻田的4倍（图13-11，图13-12）。

（三）不同类型田飞虱数量的季节变化

有机稻田和绿色有鸭稻田中飞虱数量的波动比较大，而绿色无鸭稻田和常规稻田中飞

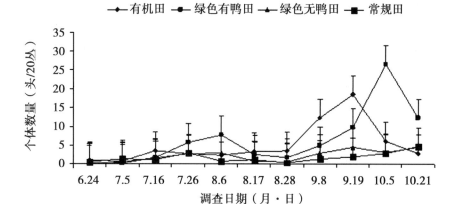

图 13 – 11　不同类型田蜘蛛发生的时序动态（2009）

（短柄代表标准误）

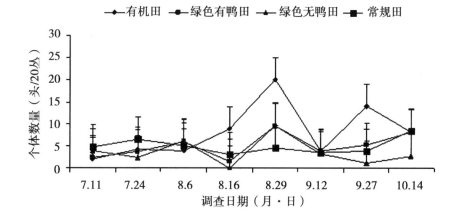

图 13 – 12　不同类型田蜘蛛发生的时序动态（2010）

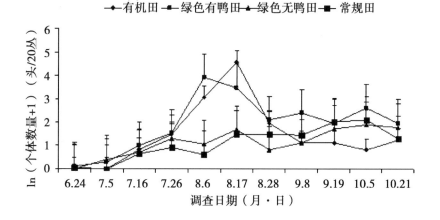

图 13 – 13　不同类型田飞虱发生的时序动态（2009）

虱数量的变化则不明显（图 13 - 13，图 13 - 14）。2009 年，绿色有鸭稻田于 8 月 6 日、有机稻田于 8 月 17 日达到高峰，而绿色无鸭稻田和常规田则没有达到高峰，原因在于绿色无鸭稻田和常规稻田于 7 月 29 日和 8 月 19 日施用了扑虱灵等农药防治飞虱，从而使飞虱数量没有大的变化。2010 年的时候飞虱数量变化与 2009 年时候相似，在 7 月 25 日的时候，绿色无鸭田和常规田都进行了化学防治，在 8 月 6 日飞虱数量达均到高峰的时候，有机稻田飞虱个体数量是绿色无鸭田的 2.2 倍，是常规稻的 3.6 倍。绿色无鸭田和常规田又再次进行了化学防治。

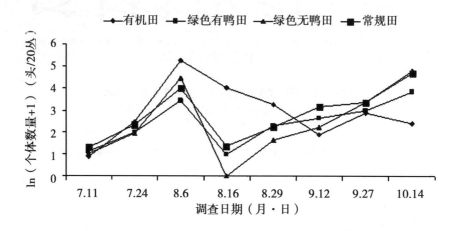

图 13 - 14　不同类型田飞虱发生的时序动态（2010）

（四）不同类型田中蛛虱比关系

2009 年时有机稻田蛛虱比最高值为 8 月 17 日的 1：27.95，最低值为 9 月 19 日的 1：0.11；绿色有鸭稻田蛛虱比最高值为 8 月 17 日的 1：12.33，最低值为 6 月 24 日的 1：0.39；绿色无鸭稻田最高值为 8 月 17 日的 1：6.12，最低值为 8 月 6 日的 1：0.66；常规稻田蛛虱比最高值为 8 月 28 日的 1：10.52，最低值为 6 月 24 日的 1：0.13。

2010 年时有机稻田蛛虱比最高值为 8 月 6 日的 1：48.56，最低值为 7 月 11 日的 1：0.68；绿色有鸭稻田蛛虱比最高值为 10 月 14 日的 1：5.62，最低值为 7 月 11 日的 1：0.91；绿色无鸭稻田最高值为 10 月 14 日的 1：42.69，最低值为 8 月 29 日的 1：0.43；常规稻田蛛虱比最高值为 10 月 14 日的 1：12.63，最低值为 7 月 11 日的 1：0.56。

总体而言，蛛虱比的最高值两年均出现在有机稻田中，而且有机稻田和绿色有鸭稻田的蛛虱比要高于绿色无鸭稻田和常规稻田（表 13 - 3）。

表 13 - 3　不同类型田中蛛虱比关系

日期		稻鸭共作有机稻田	绿色有鸭稻田	绿色无鸭稻田	常规稻田
2009	6 - 24	—	1：0.40	—	1：0.13
	7 - 5	—	1：1.65	1：0.79	—
	7 - 16	1：0.38	1：0.96	1：0.70	1：0.73
	7 - 26	1：1.24	1：0.65	1：0.98	1：0.52
	8 - 6	1：8.42	1：6.30	1：0.66	1：1.00
	8 - 17	1：27.96	1：12.33	1：6.12	1：2.68

（续表）

日期		稻鸭共作有机稻田	绿色有鸭稻田	绿色无鸭稻田	常规稻田
2009	8 – 28	1：1.69	1：3.96	1：2.40	1：10.52
	9 – 8	1：0.17	1：2.01	1：0.71	1：2.34
	9 – 19	1：0.11	1：0.63	1：1.00	1：3.30
	10 – 5	1：0.21	1：0.48	1：1.75	1：2.40
	10 – 21	1：0.81	1：0.49	1：1.07	1：0.55
2010	7 – 11	1：0.68	1：0.91	1：0.46	1：0.56
	7 – 24	1：2.47	1：1.65	1：2.46	1：1.42
	8 – 6	1：48.56	1：4.96	1：13.93	1：9.98
	8 – 16	1：6.18	1：1.07	—	1：0.97
	8 – 29	1：1.24	1：0.95	1：0.43	1：1.85
	9 – 12	1：1.43	1：3.34	1：2.62	1：6.18
	9 – 27	1：1.22	1：3.55	1：22.49	1：7.03
	10 – 14	1：1.22	1：5.62	1：42.69	1：12.63

注："－"表示未采到蜘蛛或飞虱

四、讨论

通过连续两年的调查发现，有机稻田、绿色有鸭稻田、绿色无鸭稻田及常规稻田中，蜘蛛在科和物种数量上不存在差异，说明稻田使用农药，对蜘蛛种类影响较小。对蜘蛛和飞虱个体数量关系比较表明，有机稻田、绿色有鸭稻田、绿色无鸭稻田、常规稻田的蜘蛛个体数量季节变化趋势是一致的，有机稻田和绿色有鸭稻田中飞虱个体数量的季节波动比较大，绿色无鸭稻田和常规稻田中飞虱个体数量的季节变化则不明显。在水稻生长的早期，有机稻田和绿色有鸭稻田中的蜘蛛个体数量低于绿色无鸭稻田和常规稻田，但到了水稻生长的中后期，有机稻田和绿色有鸭稻田中的蜘蛛个体数量则高于绿色无鸭稻田和常规稻田。有机稻田和绿色有鸭稻田中蜘蛛与飞虱之间有显著的跟随关系，这与晋焯忠（1998）的观察结果一致，而绿色无鸭稻田和常规稻田，由于使用农药破坏了蜘蛛和飞虱之间的跟随关系，两者同时达到最高或最低，说明农药在杀灭飞虱的同时对蜘蛛也产生了影响，破坏了天敌与害虫之间的跟随现象。多样性指数分析表明，虽然常规稻田和绿色无鸭稻田都进行化学防治，但常规稻田的多样性指数高于有机稻田，优势集中性指数则低于有机稻田，说明常规稻田蜘蛛多样性更高。常规田各物种间个体数量相差最小，均匀度更大，物种丰富度更大，蜘蛛群落稳定性较好，无公害田次之，有机田最低。

本文的研究表明，有机稻田和绿色有鸭稻田中飞虱个体数量显著高于绿色无鸭稻田和常规稻田，但蜘蛛个体数量差异不显著，两年的数据表明蛛虱比的最大值都出现在有机稻田，而整个生育季节的蛛虱比为有机稻田和绿色有鸭稻田低于绿色无鸭稻田和常规稻田，因为有机稻田和绿色有鸭稻田蜘蛛个体数量多于另两类稻田，而飞虱个体数量少于另两类稻田。这个格局同预料的一致，因为有机稻田和绿色无鸭稻田不施用化学杀虫剂，虽然蜘蛛数量较高于其他两类施用化学杀虫剂的稻田，但飞虱个体数量更多。本研究结果与前人的报道不完全一致，例如，周华光等（2009）研究表明，稻鸭共作20天和50天时，稻飞虱数量分别减少45.9%和66.8%，而蜘蛛数量为非稻鸭田的1.6倍，故蛛虱比大幅提高；甄若宏等（2007）也发现稻鸭田蛛虱比值较高，并认为是稻飞虱数量明显减少的原因。虽然不一致的原因与客观实际的差异（如抽样调查方法、农田环境、飞虱发生程度等等）有关，但不容忽视的问题是，有机作物田停止使用人工合成的化学杀虫剂后如何将害虫控制在经济为害水平之下，因为完全依靠天敌数量恢复通常难以有效控制害虫为害，这是有机农业生产面临的重要挑战之一（Zehnder，2007；Letourneau，2006）。对此，Zehnder等（2007）提出了一个四阶段生态控制模式，包括农业措施、改善植被环境促进控害、释放天敌以及施用许可的生物杀虫剂等。目前，迫切需要在有机农业生产实践中因地制宜，探索可行的害虫控制方法措施。

（李保平、孟玲、黄先才编写）

参考文献

戴志明，杨华松，张曦，等.2004.云南稻一鸭共生模式效益的研究与综合评价（三）[J].中国农学通报，20（4）：265 – 273.

邓强辉，潘晓华，吴建富，等.2007.稻鸭共育生态效应及经济效益[J].生态学杂志，26（4）：582 – 586.

甘晓伟，骆世民.2008.中国利用生物多样性控制水稻病虫草害技术[J].生态学杂志，27（5）：853 – 857.

胡金林.1983.中国农林蜘蛛[M].天津：天津科学技术出版社.

晋焯忠.1998.闽北稻田蜘蛛种类、田间消长及与飞虱、叶蝉相关性初步研究[J].福建农业科技，4：3 – 5.

罗跃进，田学志，汪丽，等.1998.双季早稻田主要捕食性天敌及稻飞虱的生态位的研究[J].安徽农业科学，26（3）：244 – 246.

沈晓昆，岸田芳朗，戴网成，等.2007.不育雏不驯水的零日龄放鸭[J].农业装备技术，33（2）：40 – 41.

魏守辉，强胜，马波，等.2005.稻鸭共作及其他控草措施对稻田杂草群落的影响[J].应用生态学报，16（6）：1 067 – 1 071.

魏守辉，强胜，马波，等.2006.长期稻鸭共作对稻田杂草群落组成及物种多样性的影响[J].植物生态学报，30（1）：9 – 16.

王洪全.2006.中国稻区蜘蛛群落结构和功能的研究[M].长沙：湖南科学技术出版社.

王智，宋大祥，朱明生.2005.稻田蜘蛛和害虫的生态位研究[J].华南农业大学学报，46（2）：47 – 51.

席运官，钦佩，宗良纲.2004.有机水稻病虫草防治技术与经济效益分析[J].南京农业大学学报，27（3）：46 – 49.

杨志平，刘小燕，黄璜，等.2004.稻鸭共作对稻鸭复合系统中病、虫、草害及蜘蛛的影响[J].生态学报，24（12）：2 756 – 2 760.

尹长民，朱传典，王家福，等.1990.中国蜘蛛原色图鉴[M].湖南：湖南科学技术出版社.

禹盛苗，金千瑜，欧阳由男，等.2004.稻鸭共育对稻田杂草和病虫害的生物防治效应[J].中国生物防治，20（2）：99 – 102.

张孝曦.2001.昆虫生态及预测预报［M］.北京：中国农业出版社.

甄若宏，王强盛，张卫建，等.2007.稻鸭共作对稻田主要病、虫、草的生态控制效应［J］.南京农业大学学报，30（2）：60－64.

钟平生，梁广文，曾玲.2005.有机稻田主要天敌类群及其群落多样性演替［J］.中国生物防治，21（3）：155－158.

周华光，梁文勇，刘桂良，等.2009.稻鸭共育对超级稻田稻飞虱控制和蜘蛛种群数量的影响［J］.中国稻米，4：24－25.

Alan J，Stewart A，Wright AF. 1995. A new inexpensive suction apparatus for sampling arthropods in grassland［J］. Ecological Entomology，20：98－102.

Arnold AJ. 1994. Insect suction sampling without net，bags or filters［J］. Crop Protection，13：73－75.

Letourneau DK，Goldstein B. 2001. Pest damage and arthropod community structure in organic vs. conventional tomato production in California［J］. Journal of Applied Ecology，38：557－570.

Gotelli NJ，Colwell RK. 2001. Quantifying biodiversity：procedures and pitfalls in the measurement and comparison of species richness［J］. Ecology Letters，4：379－391.

Willer，H，Yussefi M. 2006. The Word of Organic Agriculture：Statistics and Emerging Trends 2006［R］. Bonn Germany：IFOAM & Frick Switzerland：FiBL.

Zehnder G，Gurr OM，Kiehn S，*et al.* 2007. Arthropod pest management in organic crops［J］. Annul Review of Entomology，52：57－80.

第十四章　草原蝗虫生物防治技术

第一节　草原蝗虫种类和为害

一、草原主要蝗种

据统计，全世界已报道的蝗虫有 9 科，2 261 属，10 136 种。我国有 252 属，800 多种。根据目前掌握的资料，内蒙古草原上有 168 种（陈永林，2000），比较常见的主要成灾种类有 10 余种。一般在春季地表解冻一个月之后，草原越冬蝗开始孵化出土，变为蝗蝻，并开始危害牧草。依蝗蝻出土时间的早晚，可将其分为早期种、中期种和晚期种等三类。早期种一般在 5 月上半月出土，中期种要到 6 月上旬才出土，而晚期种则在 6 月下旬至 7 月上旬出土。每类蝗虫由卵孵化出土后，一般要经过 4~6 个龄期才羽化为成虫。再经过 15~20 天开始交尾，然后产卵、死亡，其存活时间约为 90 天。事实表明，不论早期种还是晚期种，一般一年只能发生一代，以卵在土壤中越冬。优势种蝗虫主要有：早期种是毛足棒角蝗（*Dasyhippus barbipes*）占绝对优势，其数量占全生长季蝗虫总数量的50.2%，生物量占 32.7%，其次是早期种宽须蚁蝗（*Myrmeleotettix palpalis*）；中期种是亚洲小车蝗（*Oedaleus asiaticus*），一般占整个蝗虫个体数量的 50%~60%，严重发生时能达到 90% 以上，连续 7 年在我国北方草原大规模成灾；晚期种为狭翅雏蝗（*Chorthippus dubius*），其数量分别占蝗虫总数量的 20.3%，生物量分别占总生物量的 13.6%。尚有笨蝗［（*Haplotropis brunneriana*）］、鼓翅皱膝蝗（*Angaracris barabensis*）、异距蝗（*Aeropedellus variegatus minutus*）、轮纹异痂蝗（*Bryodemella tuberculatum dilutum*）和白边痂蝗（*Bryodema luctuosum luctuosum*）等时有发生。

二、草原蝗虫发生情况

20 世纪 80~90 年代，内蒙古地区的草地蝗虫只是局部地区发生，危害程度也不大（大面积发生年为 1983 年、1986 年、1994 年、1997 年和 1999 年）。随着草原的退化、沙化，气候的变迁，适合蝗虫大规模生长繁殖的条件越来越有利，2000 年开始内蒙古草原蝗虫灾害频繁发生，且危害程度历史罕见。从呼伦贝尔东部到巴彦淖尔西部形成了一条草原蝗虫暴发带，其中，发生和危害最为严重的是锡林郭勒盟。从 2001 至今，内蒙古草原已连续八年发生大面积蝗虫灾害，年均危害面积为 804.23 万 hm²，年均严重危害面积为 414.90 万 hm²。2001 年，草原蝗虫危害最为严重，危害面积为 1 231.50 万 hm²，严重危害面积 712.20 万hm²。2001—2005 年，草原蝗虫危害面积和严重危害面积（除 2003 年稍高外）呈逐年减少的趋势，危害面积范围为 600.55 万 ~ 1 231.50 万 hm²，严重危害面积范围为 319.36 万 ~ 712.20 万 hm²。2006 年，草原蝗虫危害面积和严重危害面积达到近年来最低点，分别为 407.82 万 hm² 和 197.08 万 hm²。2006—2009 年，草原蝗虫危害面积和严重危害面积又出现逐年小幅增大的趋势，但较 2001—2004 年仍保持在较低水平。2001—2010 年，内蒙古草原蝗虫总危害面积 7 015.91 万 hm²，严重危害面积 3 532.53 万 hm²，按危害地区每亩损失干草 30kg，每千克 0.2 元计算，造成的直接经济损失近 631 431.90 万元。2012 年由于草原雨水充足，蝗虫发生较轻。

草原蝗虫的发生不但造成严重的经济损失，而且时常侵入城市干扰市民生活。近几年草原土蝗连续暴发，常年发生面积近 700 万 hm²，由于对草原蝗虫暴发成灾规律研究不够、对其种群动态的预测预报不准、防治工作相对滞后，常常是牧草被蝗虫啃食一空，给我国的草地畜牧业造成严重损失，每年的经济损失巨大。近几年，亚洲小车蝗时常大量侵入内蒙古的呼和浩特市、赤峰市、河北省的张家口市和承德市，特别是 2002 年，亚洲小车蝗大量侵入北京市，严重干扰了市民的正常生活。

三、草原蝗灾暴发的主要原因

蝗虫灾害是一种国际性的自然生物灾害，在世界许多国家和地区蝗灾依然是制约国民经济建设和国民生活水平的重要因素。近年来蝗灾猖獗发生，分析其主要原因大致可归纳为以下几点。

1. 适合的气候条件

草原蝗虫大暴发的主要气象原因是冬春高温和夏初的干旱少雨。一般来说早春蝗卵孵化温度条件容易满足，但湿度条件相对欠缺。近几年，夏秋气候干燥，降水量偏少，气温变化大，气温比往年均有所上升，干旱加剧。现冬春季偏暖、夏秋季炎热的天气，使蝗虫的发育加快，繁殖力增强，蝗卵越冬成活率提高。连年气候干旱常常是导致蝗虫大发生的一个重要原因。

2. 草场植被破坏及草原退化

草场植被的盖度及高度等直接影响蝗虫的繁衍生存。研究表明，蝗虫喜欢产卵于植被盖度小于 50% 的草场中的裸地上。由于草场的不合理利用、过度放牧及气候等因素导致草场退化、沙化、植被稀疏，这为蝗虫产卵提供了适宜的场所。据资料统计，内蒙古天然草场退化面积达 2 800 万 hm²，占草场可利用面积的 43.8%。生态破坏，过度放牧，草原严重退化、沙化，导致生物多样性减低，蝗虫天敌种类数量剧减。

3. 防治手段和方法的局限

现阶段化学防治仍为蝗虫应急防治、防灾减灾的重要手段。据统计，内蒙地区化学防治比例约占 85%，生态控制约占 11%，生物防治约占 4%。同时由于化学农药使用的不当，大量杀伤了蝗虫天敌，这也是造成蝗虫暴发成灾的重要原因之一。

4. 很大的生物潜能

草原蝗虫作为草原生态系统最活跃的组成之一，具有适应性强，食性广而杂，抗逆性强、繁殖能力极强等特点。尤其是繁殖能力，以锡林郭勒草原成灾主要蝗种——亚洲小车蝗为例，每年 7 月中旬以后，成虫开始进入产卵期。每头雌虫可产卵 2 ~ 3 块卵，每块有卵 20 ~ 80 粒，入土越冬。可见，草原蝗虫大发生的潜在可能性年年都有。而且蝗虫具有聚集、扩散、迁飞等习性，可从异地、异国迁入。这都增加了防治的难度。

第二节　蝗虫生物防治技术

进入20世纪90年代，随着科学技术的不断发展，人们对生态环境的保护日益重视，减少化学农药的使用，保护生态环境的意识日益提高，研究开发利用生物农药防治农牧业病虫草害，成为国内外植物保护科学工作者的重要研究课题之一。生物防治措施具有安全、有效、无污染等特点，这与保护生态环境和社会协调发展的要求相吻合。同化学防治相比，生物防治具有选择性强、对人畜安全，对生态环境影响小等优点。生物防治可长期控制病虫草害种群在经济受害水平以下，是一项可持续的灾害治理措施。20世纪80年代初，美国最早研制出了生物治蝗制剂—蝗虫微孢子虫（Henry and Oma，1981）。到20世纪80年代后期，我国在蝗虫微孢子虫的生产和应用方面处于世界领先水平（Johnson，1997）。20世纪90年代中期，英国、澳大利亚开发了绿僵菌治蝗制剂。主要生物防治技术包括利用杀虫真菌（绿僵菌、白僵菌等）、植物源农药（印楝素、苦参碱等）、天敌昆虫（寄生性天敌和捕食性天敌）、性诱剂及生态调控等防治措施。应用生物制剂后可以使得天敌微生物或昆虫能够在生态系统中建立种群，成为昆虫种群密度的长期控制因素，如捕食性天敌昆虫、蝗虫微孢子虫（张龙，2000）。生物防治技术不光是我国农业部重点推广的项目，也是世界上有害生物可持续治理发展的方向。

一、杀虫真菌的研究与应用

在昆虫病原微生物中，真菌种类最多，约占昆虫病原微生物中的60%以上。据报道，世界上已记载的虫生真菌有100多个属、800个种。我国已报道约405种。其中，寄生昆虫的真菌215种，近年来报道的新种24种。但可能作为杀虫剂的种类主要有白僵菌（*Beauveris* sp.）、绿僵菌（*Metarhizium* sp.）、玫色拟青霉（*Paecilomyces fumosoroseus*）、蜡蚧轮枝菌（*Verticillium lecanii*）、虫霉目（Entomophthorales）等。

绿僵菌是最早用于防治农业害虫的真菌，是一种广谱的昆虫病原菌，属于半知菌类，能寄生昆虫8个目，30个科共200余种，也能寄生螨类。它可诱发昆虫产生绿僵病。绿僵菌也能产生外毒素，目前，已知的毒素有腐败菌素A、B、C、D和脱甲基腐败菌素B。绿僵菌治蝗是近几年国际上研究与开发的热点之一（Goettel，1992；Lomer，2001）。1890年，美国第一次使用白僵菌防治麦长蝽，此后许多国家如日本、前苏联、巴西、英国等也开始应用白僵菌、绿僵菌、黄僵菌、蚜霉菌等防治农林害虫，并且逐渐把虫生真菌发展为一类微生物杀虫剂。已有一些产品相继问世，如英国研制的产品（Green Muscle）和澳大利亚研制的产品（Green Guard）等。澳大利亚筛选出了产孢量高、对蝗虫致病性强的新品系（绿僵菌蝗虫变种 *Metarhizium anisopliae* var. *acridum*），现已商品化大量生产。自2000年以来，每年在澳大利亚防治蝗虫近250hm²。主要用于近水源的地区和有机农产品生产的农场、牧场地区，从而保证了水源和从事有机农产品生产的地区不受化学农药的污染（Lomer，1997，2001；Hunter，1999；Milner，2003）。

我国是应用虫生真菌资源最早的国家之一。公元1149年，《农书》卷中就在世界上首先描述过家蚕僵病，并探讨了发病条件与环境的关系；古代史书中也多次记载蝗虫感染蝗噬虫霉后"抱草而死"的现象。20 世纪 50 年代，利用白僵菌防治农林害虫试验是我国应用真菌防治害虫的开端。在我国也有很多单位在开发绿僵菌，部分产品已经在国内进行了登记，并且开展了大规模的应用。绿僵菌杀虫特点与白僵菌相比，其杀虫种类更广泛，感染虫体的温度即孢子萌发的适宜温度比白僵菌低，更适合春季和秋季，白僵菌主要适合夏季高温杀虫，这与白僵菌在季节上形成互补利用。因此，绿僵菌的研究及其制剂开发，对于控制春秋危害的许多害虫是十分必要的。

绿僵菌像大多数植物和动物的真菌病原体一样，其分生孢子首先附着于表皮，条件适宜的时候分生孢子萌发形成芽管，芽管分化形成附着胞，附着胞侵染钉在机械压力和附着胞分泌的酶作用下，穿过表皮，或借助于表皮的自然孔口和体节、附肢间的缝隙侵入体内，芽管继续生长穿过寄主体壁，完成侵染过程；当芽管穿透寄主表皮进入血腔后，以菌丝的形式生长，同时通过分泌某些代谢产物（毒素）作为免疫抑制因子限制寄主的正常防御反应，寄主体内环境一旦抵御失败，绿僵菌即可迅速生长，完成定殖过程；当绿僵菌在寄主体内定殖后，便在寄主血腔内大量增殖，引发寄主体内各组织、器官的病理变化，使之发生解离或者破坏。在虫体感染死亡 36h 后，大量的分生孢子梗突破虫体表皮，在分生孢子梗上长出分生孢子，可以通过虫体的接触进行再次侵染（王海川，1996）。

外界理化因素及环境生物因子会影响绿僵菌的生物活性和毒力，理化因素主要是温度、湿度、酸碱度、紫外线、杀虫剂、土壤中的杀菌剂，生物因子主要是土壤中的微生物，Zimmermann（1984）研究称土壤的根际分泌物会大大降低绿僵菌的活性。宋漳等研究了 6 种化学杀虫剂对金龟子绿僵菌分生孢子萌发的影响和 2 种杀菌剂对金龟子绿僵菌产孢的影响，研究表明 6 种化学杀虫剂皆对绿僵菌分生孢子有不同程度的抑制作用，浓度愈高，抑制作用愈强，但氧化乐果对绿僵菌孢子萌发抑制作用最小。2 种杀菌剂（30% 氧氯化铜和耐可铜）在 0.05%～0.15% 浓度范围内，对金龟子绿僵菌的菌落形成没有明显影响，而耐可铜在 0.05%～0.15% 浓度时能显著增加金龟子绿僵菌的产孢量，并有缩短产孢时间的作用；并且 2 种杀菌剂对杂菌如根霉、曲霉和青霉有较强的抑制作用，并随着浓度的增大，抑制作用迅速增强。

真菌杀虫效果受很多方面的影响，要想提高它的防效，需要从以下几方面入手：一是选育高毒力的菌株，可从大自然中随机筛选，反复复壮获得；二是利用基因工程创建工程菌；三是研究保护剂和增效剂，确保其应有的杀虫效果，有关这方面研究报道的较少；四是研究适合使用的土壤等环境条件，加强绿僵菌生态学的研究等；五是研究绿僵菌使用的最佳剂型，目前应用的剂型，主要有粉剂，油剂，颗粒剂。绿僵菌的活性成分是分生孢子、芽孢子、菌丝和其分泌的毒素如绿僵菌素 A、绿僵菌素 B、僵菌素 E 等，至于何剂型有利于这些活性成分效果的发挥，还需值得深入研究。

对病源微生物的开发研究已成为热点学科，开展的工作主要有：大范围的菌株分离、鉴定和筛选（目前，分离出的绿僵菌有效株系达 300 多份）；流行学评价和生物测定（分析其最佳施用剂量以及在自然中的流行条件和规律）；菌株培养、工厂化生产和储藏技术；新剂型和释放技术的开发，以增强其可操作性；田间试验、环境影响评估、防治效果评价等。与化学杀虫剂对比，在环境安全的基础上才允许登记注册商品化；技术推广与政府补偿，通过技术推广使研究成果被公众接受，实行政府补贴措施增加生产商的利润，以降低售价（Lomer，2001）。这些措施都积极地推动了微生物杀虫剂的开发应用。

二、植物源农药防虫技术

植物源农药，就是直接利用或提取植物的根、茎、叶、花、果、种子等或利用其次生代谢物质制成具有杀虫或杀菌作用的活性物质。据统计世界上至少有 50 万种不同植物，其中，药用植物有 11 020 种（含种下等级 1 208 个），隶属 2 313 属，383 种，目前，已报道过具有控制有害生物活性的高等植物达 2 400 余种，其中，具有杀虫活性的 1 000 多种，杀螨活性的 39 种，杀线虫活性的 108 种，杀鼠活性的 109 种，杀软体动物的 8 种；对昆虫具有拒食活性的 384 种，忌避活性的 279 种，引诱活性的 28 种，引起昆虫不育的 4 种，调节昆虫生长发育的 31 种；抗真菌的 94 种，抗细菌的 11 种，抗病毒的 17 种。这些植物主要集中于楝科、菊科、豆科、卫矛科、大戟科等 30 多科，目前，鱼藤、雷公藤、除虫菊、印楝、苦参、乌桕、龙葵、闹羊花、马桑、大蒜等的杀虫、杀菌特性相继被发现和利用，其中，鱼藤酮、除虫菊酯、印楝素等已研究的较为成功。

植物源农药作为生物农药最大的一类，与化学合成农药相比具有很多优点：植物性农药的活性成分是自然存在的物质，自然界有其自然的降解途径，不污染环境，因而被称为绿色农药；植物性杀虫剂对害虫的作用机理与常规化学农药差别很大，常规化学农药仅作用于害虫某一生理系统的一个或少数几个靶标，而多数植物性杀虫剂由于活性成分复杂，能够作用于昆虫的多个器官系统，有利于克服害虫抗药性；有些植物性农药还可刺激作物生长；有的植物性农药可以因地制宜就地取材加工生产，提高农牧业产业效益。

三、天敌昆虫保护利用技术

不同地区的生态地理条件不同，引发蝗灾的蝗虫优势种类及在不同自然条件下分布的蝗虫种类不同，因此，以各类蝗虫为食的天敌类群也不同。蝗虫在各个时期都有天敌对其进行控制作用，而且蝗虫各发育期的天敌发生情况不同。国外研究表明，以各类蝗虫为食的昆虫纲天敌主要分属于 7 目 10 科以上的类群，被记载的种类名称超过 70 种；除昆虫纲外，蛛形纲、两栖纲、爬行纲、真菌纲等也有许多蝗虫的天敌，Greathead 于 1963 年总结了世界范围内蝗虫天敌 534 种，陈贻云（1993）对广西地区的调查表明，蝗虫天敌共计有 5 纲 18 目 45 科 139 种，其中，蛛形纲 1 目 3 科 5 种，昆虫纲 3 目 5 科 29 种，两栖纲 1 目 2 科 3 种，爬行纲 1 目 3 科 3 种，鸟纲 12 目 32 科 99 种。郝伟，江新林等 2000—2005 年对黄河滩区东亚飞蝗天敌种类普查，调查结果显示，东亚飞蝗天敌 104 种，隶属 6 纲 23 目 43 科，优势种 9 种。蔡建义、田方文对山东滨州市沿海蝗区调查表明，蝗虫天敌有 81 种，隶属于 5 个纲、14 个目、34 个科。其中，昆虫纲 31 种、蛛形纲 15 种、鸟纲 26 种、两栖纲 8 种、真菌 1 种，其优势类群为蜘蛛、蚂蚁、蛙类。

蝗虫的寄生性天敌多属于昆虫纲，国内已报道的寄生性天敌昆虫主要是寄生蝗卵的黑卵蜂、寄生在蝗虫体上的折麻蝇、麻蝇、污蝇和盗蝇。国外报道的天敌昆虫与国内的种类不同但属于同属。缘腹细蜂属（Scelio）种类，目前，国内该属有 3 种类被列入东亚飞蝗天敌昆虫名录，优势种是飞蝗黑卵蜂（Scelio uvarovi Ogloblin），国外报道从蝗卵中发现的缘腹细蜂属种类主要有 8 种，其中，稻蝗黑卵蜂（S. pembertoni）是在夏威夷成功引入用于生物防治的一种蝗卵寄生蜂；折麻蝇属（Blaesoxipha）种类，中国最早记载的线纹折麻蝇［(*Blaesoxipha lapidosa*) Fallén］是东亚飞蝗天敌，目前，国内主要记载了 7 种，国外提及的种类主要有 3 种，对其中 2 种（*B. japonensis*）和（*B. atlanis*）研究较多。麻蝇属（*Sarcophaga*）和污蝇（*Wohlfahrtia* spp.）也是国外研究中较重视的类群。寄蝇科（Tachinidae）的 2 属，即角刺寄蝇属（*Acemyia*）和腊寄蝇属（*Ceracia*）是蝗总科（Acridoidea）种类的寄生物。国内也有寄蝇寄生直翅目昆虫的记载。

国内、外报道的捕食性天敌昆虫主要包括芫菁、步甲、虎甲、皮金龟、虻类、马蜂、泥蜂等类别。具体包括以下几类：①芫菁类，我国记载的捕食蝗卵的芫菁至少有 8 种，均与国外报道的种类不同。国内报道了 2 个属豆芫菁属（*Epicauta*）、斑芫菁属（*Mylabris*）的种类。国外除此 2 属外，还报道了另一个属（*Psalydolytta*）的种类。国内对中华豆芫菁［(*Epicauta chinensis*) Lap.］、大斑芫菁［(*Mylabris phalerate*) Palla］等都有详细研究。②捕食性甲虫类，步甲与虎甲类是国内报道的种类数目较多的蝗虫天敌。国外也以捕食性昆虫著称的种类较多。但有关对蝗虫的捕食情况尚未见详细报道。皮金龟科（Trogidae）种类国外报道有 2 种类（*Trox procerus* Harold 和 *T. suberosus* Fabricius），有捕食蝗虫卵及取食虫尸的记录。我国尚无捕食蝗卵的记载。③虻类，国内、国外报道的捕食性虻类主要是网翅虻科（Nemestrinidae）和蜂虻科（Bombiilidea）种类。国内的 5 种蜂虻中，目前，仅中华雏蜂虻［(*Anastoechus chinensis*) Paramoliov］研究较多，它对卵块寄食率为 27% ~ 75%，一般年份达 50%。④马蜂、泥蜂类，泥蜂科（Sphecidae）的种类以蝗总科的昆虫为食。国外报道了 1 个在非洲以捕食蝗虫而著名的种类埃及泥蜂［(*Sphex aegyptiacus*) Lepeletier］。国内仅记载泥蜂科的泥蜂亚科、小唇沙蜂亚科的 2 个类群有捕食直翅目昆虫的种类。其他，中华大刀螳［(*Tenodera sinensis*) (Saussure)］，山东红蚂蚁（*Formica* sp.）对蝗虫捕食量也不小。

蝗虫天敌资源极为丰富，其种类和数量都比较多，它们对抑制蝗虫种群数量，维护草原生态平衡具有不可低估的作用。所以一定要严格禁止滥捕乱猎蝗虫的天敌，做好化学防治与自然控制的协调，实现天敌资源的可持续利用。在宏观上强调自然调控，利用自然生态，将蝗虫种群数量控制在经济阈值以下。根据其天敌生物学及发生消长规律，创造适宜于其生存繁衍的环境条件，在加强蝗区改造、稳定蝗情的基础上，以保护利用蜘蛛类、蚂蚁类、蛙类、鸟类及昆虫类天敌为重点，重视发挥天敌对蝗虫的综合控制作用。我们认为：蝗虫天敌是自然界宝贵的生物资源。当前蝗虫暴发与自然生态的破坏密切相关。天敌的保护利用工作不应仅着眼于天敌本身，必须加强对整个生态系统的保护。因为生态系统是由植物、动物、微生物和它们的环境所通过交互作用形成的动态复合体，而害虫综合治理正是凭借生态系统功能的一种整合作用。所以，必须加强对各种自然景观、森林植被、水域等环境的自然保护，维护自然界的生物多样性，这样才能更切实有效地保护蝗虫的天敌，降低蝗虫的危害。

四、牧禽治蝗技术

牧鸡（鸭）治蝗是一项生物防虫技术，与传统的化学治蝗措施相比，具有"防效高、见效快、成本低、无公害"等优点，对有效保护草地资源、控制草原退化、发展草地畜牧业和维护生态平衡的具有重要意义。通过在草地上有规划地放牧鸡（鸭）群，既防治以草地蝗虫为主的害虫，又节省饲料、降低饲养成本，兼收灭虫、育禽双重效果。中国农业科学院草原研究所利用人工饲养家禽控制蝗虫技术已取得成功经验。自 2008 年开始，在国家公益性行业项目"以生物防治为主的草地虫害防控技术体系建立与示范"中积极推广牧鸡（鸭）治蝗技术，收到了良好效果，成为草地植保的一项有效途径。该技术可操控性强，防效明显，其方法是调教驯养家鸡、家鸭，在蝗虫发生的草场放牧鸡（鸭），采食草地上的蝗虫，不但达到灭蝗的目的，而且鸡、鸭肉品质鲜美细嫩，风味独特，具有"三高两低"的特点，属于天然绿色富含营养的美食，市场前景良好。

牧鸡鸭灭蝗实验研究表明：一头鸭最大日食蝗虫量为 30 ~ 50 头；一只鸡最大日食蝗虫量为 10 ~ 30 头。李占武等对新疆地区调查表明，粉红椋鸟以蝗虫为主食，每天捕食蝗虫 120 ~ 180 头，堪称为生物灭蝗的主力军。牧鸡鸭灭蝗是目前比较实用的灭蝗技术。蝗虫作为一种重要的动物性营养源，富含优质高蛋白，此外还含有多种微量元素及丰富维生素。蝗虫体壁主要由鞣化蛋白质组成，容易消化吸收，是鸡、鸭等家禽及其他一些动物的优质饲料。近年来，一些地方采用牧鸡、牧鸭灭蝗，在控制草地蝗虫的同时取得不错的经济效益、社会效益和生态效益。草地牧鸡、鸭灭蝗是一项环境友好型生物灭蝗新技术，它利用鸡、鸭与蝗虫之间具有食物链关系的原理，把鸡、鸭群投放到发生虫害的草地上放牧，通过鸡鸭取食蝗虫来有效控制蝗虫种群数量，使之保持在一定的种群密度之下，从而达到保护草地资源的目的。我国科研人员在内蒙古、青海、新疆等地先后成功开展了利用牧鸡防治草原蝗虫试验，并取得显著经济和生态效益。牧鸡的饲养管理、防疫灭病、鸡舍建设、雏鸡训练、放牧管理等是该项技术的关键。①灭蝗区域的划分及规模做好防前调查，当蝗虫进入 2 龄，虫口密度不少于 30 头/m²，以 1 000 亩放养牧鸡 400 ~ 500 只为宜，过大不易管理和放牧，过小成本高，收益低。②鸡舍搭建与育雏搞好雏鸡牧前饲养管理是放牧成败的关键，因为雏鸡抗性差，抵抗力弱，在管理上必须严格要求；注意做好牧鸡的日常管理及防疫措施。鸡种应选择适应性强、易于调教、个体较小、捕食量较大的为宜。育雏在搭建的鸡舍进行，放牧过程则采用流动鸡舍。③放牧管理牧鸡时间选择在蝗虫发生较为严重的 6 月到 8 月。牧鸡过程分两个阶段进行：第一阶段为训练阶段，即在牧鸡初期使鸡逐渐适应野外环境条件，进行调教；第二阶段为放牧阶段，即鸡群经适当训练后进入正式放牧期。放牧转场时间应根据灭蝗效果而定，当虫口密度下降到 1 ~ 3 头/m² 时即可转场。进入 8 月下旬，蝗虫进入产卵死亡期，鸡群完成了治蝗使命进入育成产蛋期，应及时回收。④牧鸡灭蝗效果评价依据测定的日食蝗虫量、日增重、放牧半径、防后调查、产草量对比等进行测算。根据牧鸡灭蝗资金投入、产出，计算产出比及经济效益等。牧禽治蝗技术适宜区域：主要在我国北方蝗虫发生较为严重或发生集中的天然草原及农牧交错区应用。

五、生态治理技术

1950 年以后，我国通过采取"改治并举"的措施（马世骏，1956；邱式邦，1956；陈永林，1991），使东亚飞蝗的孳生区，由建国初的 520 万 hm² 压缩到 20 世纪末的 166.7 万 hm² 左右，353.3 万 hm² 蝗区得到了有效改造。通过改土整地，模式化种植苜蓿、冬枣、中草药等特种植物，上枣下草、上粮下鱼，种植替代性特种植物等，提高植被覆盖度，切断蝗虫食物链，创造不利于蝗虫栖息、繁殖，而有利于蝗虫天敌繁殖的良性生态环境，达到控害目标。在美国也提倡种植一些蝗虫不喜食的植物，或者可以吸引天敌的植物来控制蝗虫。

　　蝗虫是维持草原生态系统平衡的重要因素之一，其存在的合理性与草场植被状况是密切相连的，只有虫口密度达到草场难以承受的水平时才能对草场形成危害。受气候干旱、超载过牧、生态环境恶化等诸多因素的影响，蝗虫在内蒙古草原上危害严重。近些年草原蝗虫发生和危害情况表明，由于水分及温度的限制，蝗虫在荒漠草原或草甸草原一般不会形成大的灾害，而多在干旱和植被稀疏的草场发生。草原蝗虫综合防治技术应用表明，单纯依靠化学药剂或单纯依靠某一种措施从根本上解决蝗虫灾害的可能性很小。要控制草原蝗虫的危害，对其进行综合防治是一种较为科学有效的途径和措施。根据草原蝗虫自身的特点，因时、因地制宜地采取多种措施保护和恢复草场植被，破坏其孳生的生态环境，以降低草原蝗虫的危害。对于低密度（10 头/m²）蝗区，一般使用生态治理的方法。经过八年的生态治理，除局部地区外，草原蝗虫的发生面积、虫口密度等指标均发生了不同程度的下降，综合治理工作取得了较好的生态、经济和社会效益。近年来在我国治蝗主要的生态改造技术如下：①防沙固田，广泛植树造林和人工筑巢，保护益鸟；②调整植物布局，种植蝗虫厌食植物；③兴修水利，改善蝗区生态环境；④对草地实行科学管理、合理利用、严格保护；⑤增加植被覆盖度，营造不利于蝗虫发生的生境；⑥使用生防制剂调控蝗虫种群，保护多种自然天敌；⑦适时耕作秋冬耕地，杀死越冬蝗卵。总之，生态治理是治理蝗灾的根本性措施，需要提倡、也需要开展更为深入的研究，以解决目前实施该措施的成本过高、难度过大等问题。

　　技术要点：选择蝗虫易发区种植柠条、簸箕柳、白腊条等蝗虫不喜食的作物，恶化蝗虫的食物结构。同时保护和利用天敌，种植一些开花植物吸引天敌，充分利用自然天敌的控制作用。时间从夏蝗孵化开始至成虫羽化产卵结束。试验效果理想，可以把蝗虫控制在 2~5 头/m²。适宜区域：主要在我国北方蝗虫发生较为严重的农牧交错区应用。虽然生态治理技术一般难度大，因为蝗虫发生区目前大多是草原或者湿地生态系统，不适宜进行改造。但是生态治理可以保护环境，保护天敌，可以充分发挥自然界的控制因素，因此，在适宜改造的地区成为防治蝗灾的根本性技术。可持续治理策略由于其符合环境保护、可持续农业发展、低耗能等要求是当前和今后的必然趋势。

第三节　主要生物防治技术的的控害效果

一、绿僵菌防治技术

　　目前，国内外常用的生产方法是液固两相法培养绿僵菌，大规模生产绿僵菌分生孢子的培养基常用的是碎麦粒；还有采用聚丙烯高压灭菌袋用大米培养分生孢子，每 30g 大米可生产 1~2g 纯孢子。LUBILOSA 项目以水稻或谷子为基质用双相系统生产黄绿绿僵菌，可得到 100g/kg 的产量。这种方法首先是在蔗糖/啤酒酵母介质中接种孢子并于摇瓶中生长，3 天后将液体培养基转入高压灭菌的大米或小麦培养物中，通过开袋通风，10~14 天后用过筛法将孢子分离出来，干燥后的孢子湿度可达 25%，然后在低温保存（Lomer，1997）。此外，还有一些生产绿僵菌的方法，大量的研究表明大规模生产绿僵菌在技术上已不再是个难题，这就为绿僵菌的商品化提供了前提条件。

目前，绿僵菌可防治常见飞蝗及各种草地蝗虫，如东亚飞蝗、亚洲飞蝗、西藏飞蝗、小车蝗、黄脊竹蝗、棉蝗、稻蝗等，适用于中、低密度（20～30 头/m²）的蝗虫防控。

杀蝗绿僵菌是从蝗虫体内分离菌株进行筛选，选育出高效菌株，或将其制成灭蝗菌剂。它能通过体表接触，侵入蝗虫的几丁质层，进入虫体内大量繁殖并引起其体内各组织、器官发生病变，5～12 天后虫子死亡。当气候湿润时，虫体表面会长出绿色菌丝，产生绿色孢子，这些新产生的孢子又会传染其他蝗虫。一旦侵染，蝗虫逃脱不了死亡的命运。

在国内，中国农业科学院生物防治研究所在国内率先开展了这方面的研究。陆庆光等测定了绿僵菌菌株对东亚飞蝗的毒力。其室内毒力测定的试验结果已作出了报道。同样地，该院植保所的问锦曾、雷仲仁等人在室内研究了 5 个绿僵菌株系对东亚飞蝗的毒力测定。陆庆光等人由英联邦国际生物防治研究所引进绿僵菌（1609），用精炼植物油将孢子粉稀释成所需浓度喷施。田间小区防治试验结果是：处理后的第 6 天，蝗虫累积死亡率接近 50%；第 10 天时达到 82.9%。中国农业科学院植保所的雷仲仁、问锦曾等人在天津大港以绿僵菌油剂进行了田间试验，结果表明，按每公顷 48g/1.5L 剂量超低量喷雾，在第 6～10 天种群急剧减少，第 18 天虫口减退率达 81.1%。杨保东（2000）研究了黄绿绿僵菌油剂对草原蝗虫的控制作用、绿僵菌油剂配方的筛选、绿僵菌对不同蝗虫毒力作用、感染绿僵菌的蝗虫组织细胞病理变化。张泽华等（2000）研究结果表明，绿僵菌对 5 种蝗虫（亚洲小车蝗、红翅皱膝蝗、毛足棒角蝗、白边痂蝗、轮纹异痂蝗）的防效显著。喷药后 8 天，对主要蝗虫亚洲小车蝗（占混合虫口的 92.2%）的防效达 48.0%，12 天后增至 89.1%，蝗虫死亡后 2～3 天，失水形成僵虫：7～11 天虫尸上出现绿色粉状的绿僵菌孢子。孢子的扩散有可能继续起着控制蝗虫虫口的作用。李保平等（2000）用绿僵菌油剂在新疆山地草原对蝗虫进行了防治试验。喷药后采样，罩笼饲养从第 3 天开始感病死亡，第 5 天死亡明显增多，第 6 天绝大部分蝗虫死亡。目前，中国农业科学院生防所在内蒙古草原根据绿僵菌剂型单一的缺陷正在摸索利用麦麸为载体的饵剂和绿僵菌与低毒农药混配进行防治草原蝗虫的大面积试验（张泽华，2001，2002）。这表明应用绿僵菌防治东亚飞蝗在一定条件下可取得良好的效果，显示了利用绿僵菌防治东亚飞蝗有较好的前景。

采用不同的绿僵菌乳油超低量喷雾，蝗虫接触了该真菌后，真菌就可穿透蝗虫的体壁，进入蝗虫的体内繁殖，或是产生毒素，或是菌丝长满蝗虫体内使蝗虫死亡。施药绿僵菌 11 天后，对草原蝗虫的防治效果在 65%～76%；而且其对草原蝗虫有较好的持续控制效果，在施药后第 2 年也可达到 60%，可持续有效地把草地蝗虫种群控制在经济受害水平以下，使持续、低耗、安全的蝗灾治理成为可能。推广应用结果表明，对于密度相对较高（10～50 头/m²）的蝗虫危害区，使用绿僵菌防治比较适宜。

应用 4 种绿僵菌、白僵菌、0.3% 印楝素、1% 苦参碱和森得保 8 种生物农药对草原蝗虫进行田间药效对比试验，森得保可湿性粉剂由 0.18% 阿维菌素和 100 亿活孢子/g 苏云金杆菌组成，由浙江省乐清市绿得保生物有限公司生产提供。研究表明，0.3% 印楝素、1% 苦参碱和森得保防治效果显著好于其他 5 种生物杀虫剂，药后 11 天都达到 90% 以上。几种杀蝗绿僵菌油悬浮剂 11 天防效达到 65% 以上，白僵菌油悬浮剂防效较差。杀蝗绿僵菌、印楝素、苦参碱和森得保几种药剂均为低毒的生物农药和植物源农药，作为替代有机磷和菊酯类等化学农药用于草原蝗虫的防治（表 14-1 至表 14-4）。

表 14-1 4 种绿僵菌对草原蝗虫的防治效果

处理小区	虫口基数	药后 3 天			药后 7 天			药后 11 天		
		虫口数	减退率（%）	防效（%）	虫口数	减退率（%）	防效（%）	虫口数	减退率（%）	防效（%）
绿僵菌 I	32	25.5	20.31	18.69	14	57.81	55.12	6.5	79.69	76.91
绿僵菌 II	31	26	16.13	14.42	18	43.55	39.95	8.0	74.19	70.67
绿僵菌 III	36	29	19.44	14.30	29	36.11	32.03	11.0	69.44	65.28
绿僵菌 IV	31	26.5	14.52	12.77	20	40.32	36.51	8.5	72.58	68.84

注：（绿僵菌 I - IV 分别为：CQMa102、CQMa117、CQMa120 和 CQMa1284；有效浓度：100 亿孢子/ml；重庆大学生产）

表 14-2 田间小区试验实验制剂用量

药剂处理	用量/亩	小区用量（100 亩）	施药方法
0.3% 印棟素乳油	10ml	1L	常量喷雾
1% 苦参碱水剂	20~30ml	3L	常量喷雾
森得保可湿性粉剂	2g	200g	常量喷雾
绿僵菌油悬浮剂 I	50ml	5L	超低量喷雾
绿僵菌油悬浮剂 II	50ml	5L	超低量喷雾
绿僵菌油悬浮剂 III	50ml	5L	超低量喷雾
绿僵菌油悬浮剂 IV	50ml	5L	超低量喷雾
白僵菌油悬浮剂	50ml	5L	超低量喷雾
4.5% 高效氯氰菊酯乳油	10~50ml	5L	常量喷雾

表 14-3 小区笼罩防效试验结果

处理小区	虫口基数	药后 3 天			药后 7 天			药后 11 天		
		虫口数	减退率（%）	防效（%）	虫口数	减退率（%）	防效（%）	虫口数	减退率（%）	防效（%）
绿僵菌 I	50	36	28.00	26.53cC	19	62.00	52.17cC	8	84.00	81.39bB
绿僵菌 II	50	39	22.00	20.41cC	23	54.00	52.08cdCD	10	80.00	76.74bcBC
绿僵菌 III	50	41	18.00	16.33dD	27	46.00	43.75eD	13	74.00	69.77dC
绿僵菌 IV	50	38	24.00	22.45cC	26	48.00	45.83deD	11	78.00	74.42cdBC
白僵菌	50	43	16.00	15.12dD	38	24.00	20.83 fE	26	42.00	36.58eD
0.3% 印棟素	50	6	88.00	87.75aA	0	100.00	100aA	0	100.00	100.00aA
1% 苦参碱	50	8	84.00	83.67aA	2	96.00	95.65abAB	0	100.00	100.00aA
森得保粉剂	50	15	70.00	69.39bB	5	90.00	89.13bB	2	96.00	95.35aA

表 14 - 4　小区试验防效结果

处理小区	虫口基数	药后 3 天			药后 7 天			药后 11 天		
		虫口数	减退率(%)	防效(%)	虫口数	减退率(%)	防效(%)	虫口数	减退率(%)	防效(%)
绿僵菌 I	32	25.5	20.31	18.69cC	14	57.81	55.12cC	6.5	79.69	76.91bB
绿僵菌 II	31	26.0	16.13	14.42dCD	18	43.55	39.95dD	8.0	74.19	70.67bcBC
绿僵菌 III	36	29.0	19.44	14.30cdCD	29	36.11	32.03eD	11.0	69.44	65.28cC
绿僵菌 IV	31	26.5	14.52	12.77dD	20	40.32	36.51deD	8.5	72.58	68.84cBC
白僵菌	35	29.0	17.14	15.45cdCD	33	18.57	13.37fE	23.5	32.86	23.70dD
0.3%印楝素	33	8.5	74.24	73.72aA	4	87.88	87.11aA	1.0	96.97	96.56aA
1%苦参碱	37	12.0	67.57	66.91aA	9	75.67	74.12bB	2.5	93.24	92.32aA
森得保粉剂	37	14.0	62.16	61.39bB	12	67.57	65.49bB	3.5	91.54	90.25aA

二、白僵菌防治技术

不同浓度白僵菌吐温溶液对亚洲小车蝗蝗蝻、成虫的致病力测定结果表明，处理浓度越高，白僵菌对亚洲小车蝗的致死中时 LT_{50} 值越小；不同浓度白僵菌油悬浮剂对亚洲小车蝗蝗蝻、成虫的致病力测定结果表明，菌液处理的蝗虫校正死亡率均超过 80%，蝗虫浸泡油剂后，身体表面布满油，且不易挥发，导致蝗虫呼吸困难，5 天后全部死亡。

白僵菌与阿维菌素、联苯菊酯、印楝素和苦参碱混合施用防治亚洲小车蝗 3 ~ 4 龄蝗蝻的增效作用为生产实践及应用提供科学依据。研究表明，利用低剂量的生物制剂与病原真菌混用比单独使用病原真菌的杀虫效果要好，具有协同防治作用，其机理是农药通过影响昆虫外骨骼的发育，使真菌杀虫剂更易侵入虫体。

在室内用药液浸虫法测定了 2 株球孢白僵菌与印楝素复配对亚洲小车蝗的致病力，结果表明，稀释 10^7 倍的印楝素与 1.56×10^6 孢/ml 吉林白僵菌复配对亚洲小车蝗的致病力效果最好，致死中时 LT_{50} 为 4.8569 天。

由表 14 - 5 可知：印楝素对亚洲小车蝗的毒力效果明显，随浓度的增加，试虫的死亡率也随之增加，稀释 10^5 倍、稀释 10^6 倍、稀释 10^7 倍的印楝素分别在 7 天、9 天、11 天校正死亡率达到 80% 以上。不同浓度吉林白僵菌与内植白僵菌菌液对对亚洲小车蝗致病力较强，实验进行到第 5 天，内植白僵菌各个浓度的校正死亡率已经达到 60% 以上。虽然试验进行到第 11 天，两种白僵菌的校正死亡率都到达 90% 以上，但是吉林白僵菌到第 7 天时校正死亡率才超过 50%，说明吉林白僵菌发挥药效作用的开始时间较晚。根据实验观察，蝗虫感染白僵菌后，食量下降，反应迟钝，活动明显减弱，并伴随有抽搐现象，死亡虫体僵化，显示出一般真菌病的典型特征，多数产生菌丝和大量白色分生孢子。

表 14 - 5　2 种白僵菌及印楝素对亚洲小车蝗的校正死亡率

菌株	药物浓度	处理组内不同天数的校正死亡率			
		5 天	7 天	9 天	11 天
印楝素	稀释 10^4 倍	1.00	1.00	1.00	1.00
	稀释 10^5 倍	0.67	0.80	0.92	1.00
	稀释 10^6 倍	0.56	0.69	0.80	0.91
	稀释 10^7 倍	0.33	0.61	0.67	0.82
吉林白僵菌	1.65×10^9	0.41	0.84	1.00	1.00
	3.35×10^8	0.37	0.53	0.72	0.81
	2.65×10^7	0.26	0.53	0.64	0.68
	1.56×10^6	0.19	0.29	0.45	0.51
内植白僵菌	1.90×10^9	0.98	0.98	1.00	1.00
	2.32×10^8	0.83	0.92	1.00	1.00
	1.23×10^7	0.77	0.80	0.97	1.00
	1.16×10^6	0.67	0.78	0.80	0.85

由表 14 - 6 可以看出，不同浓度白僵菌孢子对亚洲小车蝗的致死时间同样表现出接种白僵菌孢子剂量越高，LT_{50} 值越低的规律，最高剂量处理与最低剂量处理之间的 LT_{50} 值相差近 3 天。对试验数据进行回归分析，相关系数均在 0.80 以上。

表 14 - 6　2 种白僵菌及印楝素对亚洲小车蝗的致死时间

菌株	孢子浓度（孢子/ml）	直线回归方程	相关系数（r）	LT_{50}（天）
印楝素	稀释 10^4 倍	$Y = 4.7982 + 1.1442x$	0.8615	1.7212
	稀释 10^5 倍	$Y = 4.1233 + 2.3468x$	0.8077	3.5382
	稀释 10^6 倍	$Y = 4.0468 + 2.2852x$	0.8379	4.0299
	稀释 10^7 倍	$Y = 3.7411 + 2.3479x$	0.9662	4.9196
吉林白僵菌	1.65×10^9	$Y = 5.0999 + 1.9960x$	0.8329	1.2978
	3.35×10^8	$Y = 4.0434 + 2.6849x$	0.9510	3.2991
	2.65×10^7	$Y = 3.8958 + 2.4140x$	0.9830	3.4319
	1.56×10^6	$Y = 3.5598 + 2.4411x$	0.9825	4.9884
内植白僵菌	1.90×10^9	$Y = 7.2049 + 0.0304x$	0.0235	0.1258
	2.32×10^8	$Y = 4.8906 + 1.7907x$	0.9479	1.2374
	1.23×10^7	$Y = 4.1159 + 2.1603x$	0.9750	2.2040
	1.16×10^6	$Y = 3.9670 + 3.4563x$	0.9650	2.9643

三、植物源农药防治技术

印楝素是从印楝植物中提取的对昆虫纲8目200种农牧业害虫有杀虫活性的高效、广谱、低毒植物源杀虫剂，它具有拒食、内吸和抑制生长发育等作用，对害虫防治效果好，而且不污染环境，有很好的应用前景。森得保，又名绿得保，是苏云金杆菌与阿维菌素复合而成的粉剂，开始被用于防治森林害虫，现已得到广泛应用。

通过试验研究了生物农药印楝素和森得保对草原蝗虫的控制作用及有效施用浓度和施用方法（表14-7）。印楝素乳油含量0.3%，是由四川省成都绿金生物科技有限责任公司生产。供试蝗虫为内蒙古乌兰察布市四子王旗天然草原的优势种蝗虫，主要种类为亚洲小车蝗占到80%，其他蝗虫有宽须蚁蝗、痂蝗和毛足棒角蝗等，它们对草原的危害均很大。室内实验所用蝗蝻为亚洲小车蝗3龄蝗蝻，是于2009年7月到8月间采自四子王旗草原并温室饲养的无病种群。为有效控制蝗虫危害，保护天敌、发展无公害生产提供科学依据，对大面积推广"绿色植保"具有典型的指导意义（图14-1至图14-4）。

表14-7　0.3%印楝素和1%苦参碱对草原蝗虫的防治结果

处理小区	虫口基数	药后3天			药后7天			药后11天		
		虫口数	减退率（%）	防效（%）	虫口数	减退率（%）	防效（%）	虫口数	减退率（%）	防效（%）
0.3%印楝素	33	8.5	74.24	73.72	4	87.88	87.11	1	96.97	96.56
1%苦参碱	37	12	67.57	66.91	9	75.67	74.12	2.5	93.24	92.32
4.5%氯氰菊酯	41	3	92.68	92.53	2	95.89	94.82	0	100.00	100.00

四、牧禽治蝗技术实施效果

中国农业科学院草原研究所利用人工饲养家禽控制蝗虫技术已取得成功经验。自2008年开始，在国家公益性行业项目"以生物防治为主的草地虫害防控技术体系建立与示范"中积极推广牧鸡（鸭）治蝗技术，取到了良好效果，成为草地植保的一项有效途径。该技术可操控性强，防效明显，其方法是调教驯养家鸡、家鸭，在蝗虫发生的草场放牧鸡（鸭），采食草地上的蝗虫，不但达到灭蝗的目的，而且鸡、鸭肉品质鲜美细嫩，风味独特，具有"三高两低"的特点，属于天然绿色富含营养的美食，市场前景良好。

在内蒙古乌兰察布市四子王旗采用牧鸡治蝗，于2008年和2009年防治草原蝗虫防治面积大约1 500亩。对下列指标进行测定：①日食蝗虫量测定；②日增重测定；③放牧半径测定；④防虫效果；⑤产草量对比测定。计算挽回牧草损失量。

获得的经济效益和生态效益如下：计算牧鸡治蝗共投入资金、产出、投入产出比等。通过牧鸡防治草原蝗虫后，经产草量调查测定。防治1亩草原蝗虫1年可减少牧草损失

图 14 - 1   绿僵菌、白僵菌及植物源
　　　　　　农药防治蝗虫示范区

图 14 - 2   防治前准备

图 14 - 3   喷洒生物防治药剂

图 14 - 4   室内培养后虫体生长绿僵菌情况

45~50kg，防治面积达1 000亩，可减少牧草损失大于4.0×10⁴kg，年可挽回经济损失20万元以上。项目结束后，加鸡销售收入，投入产出比约为1:3.2，经济效益显著（表14-8和表14-9）。

表14-8　牧鸡治蝗效果

年度	牧鸡数量 （只）	防治面积 （hm²）	防前虫口密度 （头/m²）	防后虫口密度 （头/m²）	灭效 （%）
2008	500	16.7	21	4.5	78.6
2009	1 000	33.3	24.5	5.6	77.1
平均	750	25	22.75	5.05	77.85

表14-9　牧鸡挽回牧草损失统计

年度	平均鲜草产量（m²）		单位面积挽回牧草损失		挽回牧草损失总量 （kg）
	牧鸡区	对照区	（g/m²）	（kg/667m²）	
2008	150.4	81.5	68.9	45.9	22 950
2009	168.6	92.8	75.8	50.6	50 600
平均	159.5	87.15	72.35	48.25	36 775

应用牧鸡生物治蝗技术，不仅能有效控制虫害，减少牧草损失，而且不污染草地生态环境和畜产品，同时鸡粪散播在草地上还能增加草地土壤肥力，促进牧草良好生长。牧鸡生物治蝗试验示范，增强了牧民群众的生物防治观念，为社会提供了绿色环保食品，对活跃市场经济，满足人民生活需要起着积极作用。牧鸡（鸭）治蝗是一种有效的生物灭治蝗虫方法，在灭治蝗虫并减少草地牧草损失的同时，通过牧鸡的饲养还能取得可观的经济收入，在广大草原区和农区草地均值得推广（图14-5至图14-7）。

图14-5　牧鸡饲养

图 14 - 6　牧鸡倒场

图 14 - 7　牧鸡防治草原蝗虫

五、天敌的保护利用

　　蝗虫的治理中保护天敌资源是不可缺少的一部分。蝗虫的天敌在减少静态蝗虫群集和群集种群的增长速度方面具有不可忽视的作用。蝗虫在自然界中的天敌种类很多，除去病原微生物外还包括天敌昆虫、蜘蛛、鸟类、爬行动物、两栖动物等大约 8 大类 500 多种生物，而且，在蝗虫的各个生育时期都存在蝗虫的天敌。研究表明，卵寄生蜂对蝗卵的寄生率达 10% ~ 25%；在鸟类中一只燕鸻（雏鸟）每天能吃 90 头蝗虫，每窝燕鸻一天能吃 270 ~ 360 头蝗虫；蜘蛛一天内能咬死 1 ~ 2 龄蝗蝻 7 ~ 8 头；平均每只鸡每天可捕食 50 头蝗虫。这些天敌对蝗虫能起到很好的控制作用。不同地区的生态地理条件不同，引发蝗灾的蝗虫优势种类及在不同自然条件下分布的蝗虫种类不同，因此，以各类蝗虫为食的天敌类群也不同。蝗虫在各个时期都有天敌对其进行控制作用，而且蝗虫各发育期的天敌发生情况不同。国外研究表明，以各类蝗虫为食的昆虫纲天敌主要分属于 7 目 10 科以上的类群，被记载的种类名称超过 70 种；除昆虫纲外，蛛形纲、两栖纲、爬行纲、真菌纲等也有许多蝗虫的天敌，Greathead 于 1963 年总结了世界范围内蝗虫天敌 534 种，对这些天敌进行了评估并编汇成名录，这是迄今为止唯一的一部权威性论著；刘小华，陈贻云

（1993）对广西地区的调查表明，蝗虫天敌共计有139种。郝伟，江新林等2000—2005年对黄河滩区东亚飞蝗天敌种类普查，调查结果显示，东亚飞蝗天敌104种。蔡建义，田方文对山东滨州市沿海蝗区调查表明，蝗虫天敌有81种，其优势类群为蜘蛛、蚂蚁、蛙。丰富天敌资源，对于抑制蝗虫高密度发生，维护草地生态平衡具有不可低估的作用。保护利用天敌的措施如下：严禁滥捕滥杀、避免大量使用化学农药而误杀天敌、种植开花植物招引天敌、创造天敌适宜的生存环境。总之，通过各种措施保护蝗虫的天敌，实现天敌资源的持续利用。

六、多项技术集成后的综合防治效果

1. 绿僵菌与化学农药的协调防治技术

在室内测定了低浓度的联苯菊酯（bifenthrin）与金龟子绿僵菌（*Metarhizium anisopliae*）对亚洲小车蝗（*Oedaleus asiaticus*）协同致死作用。结果表明，低浓度联苯菊酯与金龟子绿僵菌混合施用时对亚洲小车蝗表现明显的协同作用。混合施用与单独施用联苯菊酯相比对亚洲小车蝗的 LT_{50} 分别缩短了约70.62天、24.88天、10.85天；混合施用与单独施用金龟子绿僵菌相比对亚洲小车蝗的 LT_{50} 分别缩短了3.44天、3.10天、1.83天。研究表明混合施用浓度为联苯菊酯 5mg/L + 金龟子绿僵菌 10^7 孢子/ml 用于防治比较理想（表 14 - 10）。

表 14 - 10　单独施用联苯菊酯或金龟子绿僵菌及混合施用对亚洲小车蝗成虫的毒力测定

处理		供试虫数	截距	斜率	相关系数	LT_{50}（天）	95% 置信限
联苯菊酯	1mg/L	30	3.39 ± 0.13	0.51 ± 0.26	0.99	74.71	40.27 ~ 85.42
	5 mg/L	30	3.87 ± 0.11	0.48 ± 0.21	0.92	28.51	18.63 ~ 66.12
	10mg/L	30	4.19 ± 0.03	0.47 ± 0.19	0.92	12.87	9.63 ~ 29.32
绿僵菌	10^6 孢子/mL	30	1.80 ± 0.16	3.64 ± 0.34	0.89	7.53	6.90 ~ 8.31
	10^7 孢子/mL	30	1.74 ± 0.26	4.30 ± 0.36	0.63	5.73	5.24 ~ 6.20
	10^8 孢子/mL	30	2.81 ± 0.05	3.72 ± 0.32	0.71	3.87	3.34 ~ 4.36
联苯菊酯 +	1mg/L + 10^6	30	3.64 ± 0.32	2.23 ± 0.23	0.97	4.09	3.40 ~ 4.74
绿僵菌	5mg/L + 10^7	30	4.04 ± 0.02	2.29 ± 0.23	0.12	2.63	2.00 ~ 3.20
	10mg/L + 10^8	30	4.23 ± 0.11	2.47 ± 0.25	0.24	2.04	1.47 ~ 2.59

联苯菊酯大田施用的常用浓度为 200 ~ 250μg/ml，我们选择的3个浓度处理对亚洲小车蝗的毒杀作用都较低。金龟子绿僵菌不同浓度对小车蝗的致病力不同，随着浓度的增加，菌剂的致病力增加 LT_{50} 也缩短。从防效上看，施用金龟子绿僵菌达到90%的死亡率需要12天以上，效果比化学农药慢很多。与单独施用金龟子绿僵菌相比，低浓度的联苯菊酯与金龟子绿僵菌混合施用的效果明显，混合施用后 LT_{50} 不同浓度分别缩短了3.44天、3.10天、1.83天，而且在10天就可以达到90%的死亡率。从经济和防效上考虑浓度为

联苯菊酯 5μg/ml + 金龟子绿僵菌 10^7 孢子/ml 用于防治比较理想（表 14 – 11）。

表 14 – 11　单独施用联苯菊酯或金龟子绿僵菌及混合施用对亚洲小车蝗成虫的毒力测定

处理	供试虫数	截距	斜率	相关系数	LT_{50}（天）	95% 置信限
苦参碱	30	1.92 ± 0.02	0.34 ± 0.02	0.9774	< 15.00	10.17 ~ 25.42
印楝素 1mg/L	30	1.99 ± 0.03	0.30 ± 0.02	0.9649	< 15.00	8.63 ~ 21.36
绿僵菌	30	1.76 ± 0.05	0.80 ± 0.06	0.9687	5.08	4.52 ~ 8.24
苦参碱 + 绿僵菌	30	2.22 ± 0.03	0.43 ± 0.03	0.9699	3.27	5.74 ~ 7.31
印楝素 + 绿僵菌	30	2.30 ± 0.02	0.36 ± 0.03	0.9698	1.91	0.96 ~ 3.25

绿僵菌与农药混合施用可以结合双方的优点，一方面可以解决真菌杀虫剂致死缓慢问题，另一方面还可以很大程度上减少污染，缓解害虫对化学农药产生抗药性问题。试验所使用的化学杀虫剂的剂量只是正常用量的 1/20，绿僵菌与之混合施用后的效果却很明显，在速效性和杀虫率方面都有了较大的提高。虽然化学农药在一定程度上降低了绿僵菌的孢子萌发率，但也大大降低了害虫的免疫力，使之更容易被绿僵菌寄生。另外，为了减少化学农药对病原真菌孢子萌发的影响，是否可以在施用化学农药一段时间后再施用真菌杀虫剂，以及采用何种混合比例才能达到更好的增效作用，这些都是需要今后进一步研究。外界环境对绿僵菌的防效影响很大。对于地下害虫，土壤中的微生物和土壤理化性质也影响孢子的存活和萌发。今后应该着重加强绿僵菌生态学方面的研究，这是应用绿僵菌防治草原蝗虫的基础。

2. 杀虫真菌与植物源农药组合应用技术

绿僵菌作为一种新型生物农药，在防治病虫害上与化学农药相比，具有寄主范围广，致病力强，对人、畜、农作物无毒，无残毒、菌剂易生产，持效期长等优点，具有广阔的应用前景，但是由于真菌制剂是活孢子，对昆虫的侵染致死存在潜伏期，杀虫作用较慢，为了解决这个问题，许多学者都尝试了昆虫病原真菌与其他杀虫剂混用的试验研究。研究表明，利用低剂量的杀虫剂与病原真菌混用比单独施用病原真菌的杀虫效果要好，具有协同防治作用，其机理是农药通过影响昆虫外骨骼的发育，使真菌杀虫剂更易侵入虫体。作者研究了绿僵菌与低浓度的植物源农药（印楝素和苦参碱）混合施用防治亚洲小车蝗的增效作用为生产实践及应用提供科学依据。

在实验室中测定了植物源农药印楝素和苦参碱与绿僵菌（*Metarhizium anisopliae*）混用对亚洲小车蝗（*Oedaleus asiaticus*）致死作用。试验结果表明，印楝素和苦参碱与绿僵菌混合施用时对亚洲小车蝗有很好毒力作用。混和施用与单独施用绿僵菌相比对亚洲小车蝗的 LT_{50} 分别缩短了约 1.81 天和 3.17 天；田间小区试验表明植物源农药与绿僵菌混合施用可用于田间防治亚洲小车蝗（表 14 – 12）。

表 14 – 12　田间试验结果

处理小区	虫口基数	药后 3 天			药后 7 天			药后 11 天		
		虫口数	减退率(%)	防效(%)	虫口数	减退率(%)	防效(%)	虫口数	减退率(%)	防效(%)
绿僵菌	38	29.5	22.37	19.97bB	22.5	40.79	37.01bB	6.5	82.89	80.56bB
苦参碱 + 绿僵菌	36	25	30.56	28.41aA	13.5	62.50	59.24aA	3	91.67	90.53aA
印棟素 + 绿僵菌	41	26.5	35.37	31.24aA	13	68.29	65.54aA	2.5	93.90	93.07aA

3. 展望

我们所用的是低浓度印棟素和苦参碱，此浓度下对亚洲小车蝗的杀虫作用很低，高浓度的印棟素和苦参碱会降低了绿僵菌的孢子萌发率，即降低了绿僵菌的杀虫活性。低浓度的印棟素和苦参碱与绿僵菌混用的 2 个处理，菌剂的致病力增加，LT_{50} 也缩短。苦参碱和绿僵菌混合施用比单独施用绿僵菌 LT_{50} 缩短了 1.81 天，印棟素和绿僵菌混合施用比单独施用绿僵菌 LT_{50} 缩短了 3.17 天。研究表明植物源农药与绿僵菌混合施用可用于田间防治亚洲小车蝗。

植物源农药印棟素和苦参碱是高效、广谱、低毒杀虫剂，本身对蝗虫也有很好的防治作用。植物源农药与绿僵菌混合施用有以下优点：第一，可以解决真菌杀虫剂致死缓慢问题，提高杀虫时间和杀虫效率，第二，植物源农药和绿僵菌都是低毒的生物农药可以很大程度上减少化学污染，缓解害虫对化学农药产生抗药性问题。虽然植物源农药和化学农药一样也会在一定程度上降低了绿僵菌的孢子萌发率，但是同时也大大降低了害虫的免疫力，使之更容易被绿僵菌寄生。试验结果表明，绿僵菌和植物源农药混合施用时对亚洲小车蝗毒杀效果很好，这在蝗虫的生物防治中有重要意义。

从近年来内蒙古地区虫病草等有害生物发生情况分析，今后相当长一段时间内生物成灾仍不可避免，必须树立打持久战的思想，坚持综合治理的原则，不断改造生态环境，集成各项生物防治措施逐步实现草原有害生物的可持续控制。

草地有害生物综合防治是根据草地生态自然环境和有害生物发生动态，运用成熟的技术和方法，因地制宜地组织配套加以应用，把有害生物种群维持在经济损害水平之下。草地有害生物综合防治是一项系统性工程，涉及专业知识多，社会影响大，且防治工作本身具有较强的科学性、复杂性和时效性。它除了运用生物、物理、生态、化学等方法来防治草地有害生物外，还必须有一个严密的组织领导、充足的物资储备、成熟的防治技术、到位的技术服务以及农牧民群众的积极参与做有力的保障。在"预防为主、综合防治"植保方针的指引下，按照"治标与治本并举，防治效果与环境保护并重"的原则，根据多年来草地有害生物综合防治的经验，制定了切实可行的草地有害生物综合防治措施。

目前，国内外大多数学者均主张采用综合防治措施来控制草地有害生物，即以生态学为基础，强调害虫与环境、环境与防治措施的统一性和协调性，在策略上强调从实际出发，采取几种主要的并可以相互配合、补充的针对性措施，做到安全、经济、有效地控制草地有害生物在不足危害的水平之下。在加强有害生物灾害的规律性研究、健全的监测预测机制等工作的同时完善有害生物害的综合治理技术，确定主要防治措施，辅助多种防治方法实现草地有害生物的可持续治理（主打调控式）。目前，主要通过施用生物农药、结合生态治理、保护天敌昆虫，配合施用少量化学农药等措施实现草地有害生物的可持续治理。

　　综上所述，现阶段蝗虫仍然是全球范围内严重威胁农牧业生产的重大害虫，在我国存在的问题也不尽相同。尽管对蝗虫的发生规律研究多年，但是对影响蝗虫发生的关键因素仍不十分清楚，而只有深入研究蝗虫的暴发规律，才能提出更为合理的防治对策与技术。目前，蝗虫防治技术的主要进展集中在生物防治技术和信息支持技术方面。大力发展生物治蝗、生态治理技术和信息化管理蝗灾技术，必将促进我国蝗灾的可持续治理。实际上，蝗虫防治不仅仅是自然科学和技术问题，而是一个社会性的系统工程，建设良好的基础设施、资金来源渠道和人才队伍，对于保障蝗虫防治工作的顺利进行也同样重要。基于已有的工作基础，建设以有效、低耗、环境友好（绿色防控）为目标的蝗害可持续治理系统工程是其发展的历史趋势。

（刘爱萍编写）

参考文献

陈永林 . 1991. 蝗虫和蝗灾 ［J］. 生物学通报，11：9－12.

陈永林 . 2000. 蝗虫再猖撅的控制和生态学治理 ［J］. 中国科学院院刊，15（5）：341.

冯立涛，张卫东，崔国盈，等 . 2003. 养鸭灭蝗试验效果和经验教训 ［J］. 新疆畜牧业，（4）：22－23.

李保平，Roy Bateman，李国有 . 2000. 绿僵菌油剂防治新疆山地草原蝗虫的田间试验 ［J］. 中国生物防治，16（4）：145－147.

李保平，孙国庆，李国有 . 1999. 绿僵菌油剂防治荒漠草原蝗虫的田间试验 ［J］. 中国草地，（5）：53－56.

刘宗祥 . 2003. 绿僵菌防治草原蝗虫技术推广中存在的问题及对策 ［J］. 草业科学，20（5）：27－29.

陆庆光，邓春生，陈长风 . 1996. 应用绿僵菌防治东亚飞蝗田间试验 ［J］. 昆虫天敌，18（4）：147－150.

陆庆光，邓春生 . 1993. 四种不同绿僵菌菌株对东亚飞蝗毒力的初步观察 ［J］. 生物防治通报，9（4）：187.

马世骏，1956. 根除飞蝗灾害 ［J］. 科学通报，2：52－56.

邱式邦，1956. 飞蝗 ［J］. 农业科学通讯，3：143－150.

邱式邦 . 1994. 1993 年非洲利用绿僵菌油剂防治蝗虫和蚱蜢的试验结果 ［J］. 生物防治通报，10（4）：186.

王振平，严毓骅 . 1999. 蝗虫天敌可利用性分析及研究进展 ［J］. 中国草地，（6）：54－59.

熊正英，席碧侠，张昆茹，等 . 1999. 四种蝗虫营养成分的分析与评价 ［J］. 营养学报，21（4）：474－477.

于海清，于向东，王雪姿，等 . 2006. 草地牧鸡灭蝗技术研究与应用情况的报告 ［J］. 现代畜牧兽医，（8）：20－21.

张龙，严毓骅，2000. 持续治理飞蝗灾害的新对策 ［J］. 昆虫学报，43（增刊）：180－185.

张泽华，高松，张刚应，等 . 2000. 应用绿僵菜油剂防治内蒙草原蝗虫的效果 ［J］. 中国生物防治，16（2）：49－52.

David H，Branson，Anthony Joern，*et al.* 2006. Sword · Sustainable management of insect herbivores in grassland ecosystems: New perspectives in grasshopper control [J]. Bioscience, 56 (9): 743 – 757.

Goettel MS, 1992. Fungal agents for biocontrol // Lomer CJ, Prior C (eds.). Biological Control of Locusts and Grasshoppers. CAB International in association with International Institute of Tropical Agriculture [M]. Redwood Press. 122 – 132.

Henry JE, Oma K, 1981. Pest control by Nosema locustae, apathogen of grasshoppers and crickets // Burges HD (ed.). Microbial Control of Pests and Plant Diseases [M], 1970 – 1980. Academic Press, New York. 573 – 586.

Hunter DM, Milner RJ, Scanlan JC, et al. 1999. Aerial treatment of the migratory locust, Locusta migratoria (L.) (Orthoptera: Acrididae) with Metarhizium anisopliae.

(Deuteromycotina: Hyphomycetes) in Australia [J]. Crop Protection, 18 (10): 699 – 704.

Jeffrey A L, Charles R B, Ewen A B, 1999. The history of biological control with Nosema locustaelessons for locust management [J]. Insect Science. Application, 19 (4): 333 – 350.

Johnson DJ, 1997. Nosematidae and other protozoa as agents for control of grasshoppers and locusts: Current status and prospects [J]. Memoirs of the Entomological Society of Canada, 171: 375 – 389.

Lomer CJ, Bateman RP, Johnson DL, et al. 2001. Biological control of locusts and grasshoppers [J]. Annual Review of Entomology, 46: 667 – 702.

Lomer CJ, Prior C, Kooyman C, 1997. Development of Metarhizium spp. for the control of grasshoppers and locusts [J]. Memoirs of the Entomological Society of Canada, 171: 265 – 286.

Milner RJ, Lozano LB, Driver F, et al. 2003. A comparative study of two Mexican isolates with an Australian isolate of Metarhizium anisopliae var. acridum strain characterization, temperature profile and virulence for wingless grasshopper, Phaulacridium vittatum [J]. Bio Control, 48 (3): 335 – 348.

第十五章　草地螟生物防治技术

第一节　草地螟研究进展

一、草地螟发生及危害情况

草地螟［*Loxostege sticticalis*（L.）］属鳞翅目（Lepidoptera），草螟科（Crambidae），又称"黄绿条螟"、"甜菜网螟"，俗称"罗网虫"、"吊吊虫"等，是一种世界性农牧业害虫，主要分布在欧、亚大陆和北美洲，发生范围包括北纬37°以北，由东经108°至118°斜向东北至北纬50°的广阔地带（孙雅杰，1995）。在我国主要分布在华北和东北地区，可取食危害30多科200余种植物，喜食藜科、菊科、蓼科和豆科等双子叶作物和杂草，是我国三北地区农作物和牧草的重要害虫，对农牧业生产造成了很大的威胁（张李香，2010）。草地螟具有间歇暴发、集中迁移危害的特点，它的发生来得凶猛、密度大、危害非常严重，如不及时防治，即可造成毁灭性的灾害（屈西峰，2005）。我国近年来实施的"退耕还林，退耕还草"生态策略，不仅增加草地螟杂草寄主的丰盛度，在为幼虫提供了丰富食物的同时，也为幼虫从杂草转移到作物上危害提供了有利的条件。

草地螟发生及危害表现为具有较长周期的间歇性，远距离迁移性和毁灭性等特点。我国自建国以来有四次大暴发，每次暴发都给我国经济造成了严重损失。第一次是在20世纪50年代中期曾连续几年猖獗，经过20余年发生轻微间歇期后，在1978—1984年又连续数年猖獗，特别是在1982年危害面积达707万 hm²，之后又进入间歇期。至1996年开始进入第三个猖獗危害周期，猖獗年间种群数量巨大，年均超过400万 hm²，累计发生危害面积2 125万 hm²，在2002年发生面积高达853万 hm²（屈西峰，2005；陈晓，2004），仅在宁夏，就造成苜蓿干草产量损失3.6亿 kg，直接经济损失2亿元（张蓉，2005），2003年2代幼虫在山西、内蒙、陕西、河北和黑龙江部分地区危害面积达130万 hm²以上，是建国以来末代幼虫成灾最严重的一次（罗礼智，2009），为农牧业生产带来了严重损失，对畜牧业可持续发展也造成严重威胁。2008—2009年又是我国草地螟严重发生的年份，为第四个暴发周期。全国越冬成虫发生面积1 630.2万 hm²，其中一代幼虫发生面积418.5万 hm²，主要发生范围包括华北、东北和西北11个省（自治区、直辖市）48个市（盟、地）261个县（市、区）（罗礼智，2009；姜玉英，2009；曾娟，2010）。2008年2代草地螟幼虫发生面积是我国在新中国成立以来最大，危害程度最重的一个世代，不仅给农牧业生产造成了严重的经济损失，而且对北京奥运会的举办产生了一定影响（罗礼智，2009）。在第4个暴发周期内，2010年全国草地螟成虫共发生118.5万 hm²，幼虫发生面积为 31.0 万 hm^2，是发生程度最轻，发生面积及发生范围都最小的年份，仅在山西和新疆局部地区造成严重危害，在山西 2 代幼虫危害农田 8.7 万 hm^2，其中，严重的田块面积为 1.8 万 hm^2（曾娟，2011），新疆阿勒泰和和田地区，在 6 月中下旬首蓿田间一代幼虫平均密度 23 头/m^2，严重田块高达 485 头/m^2（李广华，2011）。

二、草地螟的生物学特性

草地螟主要发生在我国北方农牧交错区，以幼虫为害多种作物，1 年发生 2~3 代。各地区的发生世代数受当地气温及海拔影响而不同（孙雅杰，1995），但对农牧区的危害主要是由第一代造成的。幼虫具有栖息性、迁移性、多食性、间歇暴发性和滞育性。草地螟是以老熟幼虫在地表下大约 2~5cm 处结茧越冬，其越冬地区主要在山西雁北、内蒙古乌盟及河北张家口的坝上地区（韩学俭，2003；屈西峰，1999）。越冬代草地螟始见于翌年 5 月中旬，越冬代成虫发生盛期为 6 月上旬，6 月中旬为其成虫产卵高峰期；卵经 4~5 天孵化为第 1 代幼虫，于 6 月中旬初始见幼虫，6 月下旬至 7 月上旬为幼虫高峰期，这一时期危害也最严重。

草地螟寄主范围广，幼虫较嗜好在灰菜、苋菜等藜科、苋科植物上取食和产卵，其高龄幼虫有转主危害的习性，可从嗜好寄主转到牧草及其他农作物上为害，从而提高了对不同寄主植物和不利环境的适应，使其危害性加重，潮湿的气候条件有利于该虫的发生。成虫昼伏夜出，有远距离迁飞习性，喜在潮湿低凹地活动。成虫产卵有很强选择性，喜在藜科、蓼科、十字花科等花蜜较多的植物叶片产卵，有时也可将卵产在叶柄、茎秆、枯枝落叶上。幼虫一般分 5 龄，2 龄前幼虫食量很小，仅在叶背取食叶肉，残留表皮；3 龄以后幼虫食量逐渐增大，可将叶肉全部食光，仅留叶脉和表皮，且具有吐丝结苞为害的习性。4~5 龄为暴食期，也是田间危害盛期，其取食量占总量的 60%~90%，因此，防治应在 2~3 龄的低龄幼虫期为宜。

三、防治措施

国外在草地螟防治方面采用物理、化学和生物等方法对草地螟进行综合防治。我国目前对草地螟的防治，倡导以"预防为主，综合防治"的植保方针为指导，采用农业措施（中耕除草、早秋深耕灭虫灭蛹）和杀虫灯诱杀（周艳丽，2000）、生物防治技术与其他措施相结合的综合防治方针。诸多措施中主要采取的是化学防治（尹姣，2005；王文艺，2006；张希林，1999），大量有机杀虫剂的使用，起到了及时消灭害虫的作用，但大多数杀虫剂同时会伤害天敌昆虫，影响自然控制和生态控制的作用，特别是广谱性杀虫剂对天敌种群的影响尤为显著。此时，害虫天敌的优势就显而易见了。因此，我们要充分利用天敌，以虫治虫来改变当前以化学防治为主带来的负面作用，进而改善环境条件，提高农畜产品质量，增加生态环境稳定性。

第二节　草地螟寄生性天敌的研究与应用

目前，我国在草地螟大发生时，化学防治仍是快速、低成本灭虫的最主要措施。虽然化学防治能对草地螟危害起到及时控制作用，但是化学药剂的不合理施用引起环境污染、杀伤天敌和农药残留降低农畜产品品质等诸多问题，给生态环境，农业产品质量安全带来很大负面影响，同时对其天敌种群数量和种类也造成严重威胁，破坏了天敌自然控制和生态控制的能力。如何减少使用化学防治带来的负面作用，更好地开展草地螟的生物防治工作，是亟待深入研究的重要课题。

草地螟在适应我国北方地区的生态环境特征并经常猖獗成灾的同时，孕育了大量的天敌种类（罗礼智，2004）。草地螟天敌资源丰富，包括寄蝇、寄生蜂、病原微生物等，其中，天敌昆虫对寄主种群起到重要调控作用（徐林波，2007；康爱国，2006）。在草地螟发生为害盛期，天敌在调节害虫的种群数量中发挥着很大的作用，第三个暴发周期一代幼虫天敌寄生率最高达 38.90%（康爱国，2006）。特别是在地广、人稀，耕种粗放，缺药、少械的北方农牧区，当草地螟进入暴发周期后，尤其是在大面积猖獗发生期，寄生天敌种群数量迅速上升，可使草地螟种群迅速下降，在较短时期内抑制草地螟的严重为害（刘银忠，1986）。目前，国内外对草地螟寄生蝇的研究只停留在种类的描述、寄生率调查及简单的生物学特性与饲养繁殖技术等方面，对寄生蝇的寄主选择行为和机制尚不清楚，这在一定程度上限制了寄生蝇在草地螟生物防治中的应用（康爱国，2006；刘银忠，李林福，1986；Lacatusu M，1984；陈海霞，罗礼智，2007；李红，2008）。

一、草地螟寄生性天敌的研究进展

（一）草地螟寄蝇的研究概况

寄生蝇是草地螟幼虫危害期中重要的寄生性天敌昆虫之一，寄生蝇对草地螟幼虫的寄生率要高于寄生蜂，对寄主种群起到主要控制作用。在草地螟暴发周期内，草地螟寄生蝇的种群数量及其寄生率随着草地螟种群数量的增加而迅速上升，进而将其危害控制在经济阈值以下，特别是在我国北方地广人稀、发展缓慢落后、耕种相对粗放的农牧区。草地螟寄生蝇种类丰富，在草地螟的主要发生为害区都有分布，其寄生方式多样，寄主范围广，很多种类为多主寄生。根据文献记载，目前已报道的有 22 个种（张树坤，1987；Lacatusu，1984；Mamonov，1930；Dobrovolskii，1935；Mikhal'tsov，1985；Mikhal'tsov，1980；刘银忠，1986；李良成，1986；崔万里，1992；刘银忠，1998），加上课题组自 2006 年以来采集到的种类，经沈阳师范大学张春田教授鉴定，增加了 5 种草地螟寄蝇种类：黑条帕寄蝇［（*Palesisa nudioculata*）Villeneuve］、芒声寄蝇［（*Phonomyia aristata*）Rondani］、短芒扁寄蝇［*Platymyia antennata*（Brauer et Bergenstamm）］、林荫扁寄蝇［（*Platymyia fimbriata*）Meigen］、扁寄蝇属（*Platymya* sp.）。

在已知的这 27 种草地螟寄蝇种类大部分都分布在我国的东北、华北地区，这与草地螟大发生的区域相吻合，但各个地方的优势种群都大不相同。在上述众多草地螟寄生蝇中，对草地螟种群起主要调控作用的寄蝇种类主要包括伞裙追寄蝇（*Exorista civilis* Rondani）、双斑截尾寄蝇（*Nemorilla maculosa* Meigen）、黑袍卷须寄蝇（*Clemelis pullata* Meigen）和草地追寄蝇［*E. pratensis*（Robineau-Desvoidy）］等（李红，2008；张树坤，1987）。其中以伞裙追寄蝇为优势种，占寄蝇的 62.46%，其群居、外寄生，广泛寄生鳞翅目害虫，包括草螟科的草地螟、玉米螟以及夜蛾科中的黏虫、地老虎，灯蛾科中的美国白蛾，毒蛾科中的舞毒蛾等（Shima，2006）。雌蝇将大型卵产在寄主体表，幼虫孵化后即进入寄主体腔内发育，最终杀死寄主（Nakamura，1994）。

（二）草地螟寄生蜂的研究概况

寄生蜂是除寄生蝇外草地螟另一大寄生性天敌昆虫类群，其种类繁多。据报道，草地螟寄生蜂共包括有3科67种，其中，小蜂总科（Chalcidoidea）9种、茧蜂科（Braconidae）24种、姬蜂科（Ichneumonidae）34种，包括卵寄生蜂、幼虫寄生蜂、蛹寄生蜂、重寄生蜂（张跃进，2008）。在我国已有报道的草地螟寄生蜂有20种，主要分布在东北的黑龙江、辽宁，华北的山西、内蒙古、河北。其中，鲜红白星姬蜂（*Melanichneumon rubicundus* Cress.）（Anisimova，1931）和无饰原隐姬蜂（*Cryptus inornatus*）（Belov，1979）为草地螟蛹寄生蜂，小蜂总科粗脉柔孔金小蜂（*Habrocytus crassinervis* Thorns），草地螟巨胸小蜂（*Perilampus nola*）和姬蜂科斑点菱室姬蜂（*Mesochorus pallidus* Brischke），瘤菱室姬蜂（*Mesochorus tuberculiger* Thorns），菱室姬蜂 *Mesochorus* sp. 为重寄生蜂（Bychkov，1978；Chau，2000）；草地螟卵寄生蜂1种为赤眼蜂 *Trichogramma* sp.（张跃进，2008）；其余均为草地螟幼虫寄生蜂。在2011年4月在河北康保地区采集的草地螟虫茧中羽化的寄生蜂，经过浙江大学农业与生物技术学院昆虫科学研究所的何俊华教授鉴定，在前人已报道的寄生蜂种类的基础上，增加了草地螟阿格姬蜂（*Agrypon flexorium* Thunberg），姬蜂科勇姬蜂属（*Itomoplex* sp.），确定一种茧蜂大眼小模茧蜂（*Microtypus algiricus* Szepligeti）。其中，草地螟阿格姬蜂在内蒙古、河北等地采集的寄生蜂中为优势种，占总寄生蜂种类的的70%。

二、草地螟优势寄生性天敌——伞裙追寄蝇的研究

（一）形态特征

成虫　体长6~12mm。额相当于复眼宽度的5/6，复眼裸，头部覆浓厚的灰白色粉被，有时在侧额部分的粉被黄灰色；颊及额前方被白毛，有时被黄褐或黄褐与黑色杂毛（♂）；触角黑色；第3节内侧基部橙黄，第3节较第2节长1~1.5倍；下颚须黄色，末端略加粗；单眼鬃固着的位置与前单眼大致处于同一水平。胸部黑色，覆黄灰色粉被，背面具4条黑色纵条，毛的颜色雌雄个体之间变化很大；一般♂整个胸部被黑毛，而♀胸部侧板被黄白色毛；足黑色，中足胫节上半部具2根前背鬃。腹部黑色，第3背板两侧具不明显的黄褐色斑，第3~5背板基部1/2~3/5覆黄灰色粉被，后缘黑色光亮，第3、4两背板的粉被沿背中线向后突出，各形成一三角形尖齿；♂肛尾叶三角形，尖端略向腹面弯曲，阳茎特长，呈带状（图15-1A、15-1B）。

卵　乳白色。椭圆形，长0.4~0.5mm，宽约0.2mm。前端稍尖，卵面隆起，贴于虫体的一面扁平（图15-1C）。

幼虫　老熟幼虫黄白色。蛆形，长10~13mm，宽斗4~5mm。头部有1对尖锐的黑色口钩。第2体节的后缘有黄褐色的前气门，由4个小气门组成。第12体节向内凹，有1对黑褐色的后气门，气门钮为棕揭色，气门裂3条淡棕色，呈弯曲状（图15-1D、15-1E）。

蛹　赤黑色。长椭圆形，前端稍细，背面稍隆起，长5~7mm，宽2~3mm（图15-1F）。

（二）伞裙追寄蝇年生活史

伞裙追寄蝇在内蒙古地区1年一般发生2代，其年生活史见表15-1。寄蝇幼虫随草

地螟幼虫在土茧内越冬，但在有些环境条件不适宜的年份，其成虫因草地螟迁飞仅发生1代。越冬成虫翌年6月上旬气温适宜时开始羽化，一直持续到6月下旬，羽化高峰一般出现在6月10日前后，持续3~5天。在6月下旬时出现第1代幼虫，7月中旬开始出现蝇蛹，直至8月上旬开始羽化，羽化可一直持续到8月下旬。2代幼虫在8月下旬开始出现，9月中旬幼虫开始化蛹，之后便不再发育开始越冬，越冬蛹期长达7~8个月。在试验室条件下完成1代需20~25天。

| A. 雄蝇 | B. 雌蝇 | C. 卵（虫体上的白色卵粒） |
| D. 低龄幼虫 | E. 末龄幼虫 | F. 羽化中的蛹 |

图15-1　伞裙追寄蝇各虫态形态特征

表15-1　伞裙追寄蝇年生活史

时间/月	1~5			6			7			8			9			10~12		
	上	中	下	上	中	下	上	中	下	上	中	下	上	中	下	上	中	下
越冬代	(⊕)	(⊕)	(⊕)	+	+	+												
1代						•	•											
							-	-										
								⊕	⊕	+	+	+						
2代											•	•						
												-	-	(⊕)	(⊕)	(⊕)	(⊕)	(⊕)

注：成虫+，卵•，幼虫-，一代蛹⊕，二代（越冬）蛹（⊕）

天敌昆虫扩繁与应用

（三）生物学特性

1. 羽化节律及性比

伞裙追寄蝇羽化时间通常滞后于草地螟成虫 4~5 天，初羽化的成虫体色较浅，随后体色加深，大约半个小时后翅完全展开，并开始活动。在 1 天中，伞裙追寄蝇雌雄虫羽化均出现两个高峰，分别为 8:00~10:00，14:00~16:00；羽化的雌雄虫性比平均为 1.26:1，而性比的高峰出现在一天中的 6:00~8:00，高达 1.45:1。寄蝇种群数量一般在第 5 天达到高峰，其羽化量占总羽化量的 26.76%。通常雄蝇先羽化，前 5 天的雌雄性比均小于 1，之后雌蝇羽化的数量增加，出现明显偏雌性。

2. 交尾和产卵寄生行为

伞裙追寄蝇雄蝇一般羽化后就能交尾，而雌蝇要在羽化后第 2 天才交尾，但雌雄个体均要先补充营养，之后才会有交尾。雌蝇一生只交尾一次，而雄蝇一生可多次交尾，但一般交尾两次后就死亡。

伞裙追寄蝇是一种大卵生型寄生蝇，卵主要产于寄主幼虫头部侧面。在实验室内观察到伞裙追寄蝇雌性个体间的产卵量从 97~212 粒不等，平均产卵量为 159.8 粒，每天平均产卵 9.4 粒，产卵平均历期为 16.7 天。

3. 补充营养对伞裙追寄蝇成虫寿命的影响

补充 20% 蜂蜜水，10% 葡萄糖，10% 蔗糖，补充 5% 奶粉 + 5% 蔗糖 + 100ml 水混合液的存活曲线均接近 Deevey 提出的凸型，大多数的寄蝇都是在老年时生存率才急剧下降，在幼期及中期时死亡率较低；而 5% 酵母粉 + 5% 的蔗糖 + 100ml 水溶液，清水的存活率曲线接近 Deevey 提出的直线型，每单位时间内死亡的虫体数大致相等，死亡率随时间的增加急剧增加。补充含糖物质有利于其存活。但相对而言，补充 20% 蜂蜜水的寄蝇存活时间最长，各个时间段的存活率都最高（图 15 - 2）。

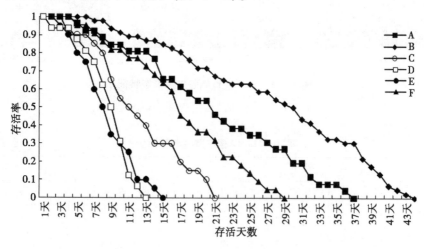

图 15 - 2　(23±1)℃下补充不同营养伞裙追寄蝇成虫的存活曲线

注：A. 10% 葡萄糖，B. 20% 蜂蜜水，C. 5% 奶粉 + 5% 蔗糖 + 100ml 水混合液，D. 5% 酵母粉 + 5% 的蔗糖 + 100ml 水溶液，E. 清水，F. 10% 蔗糖

376

4. 温度条件对伞裙追寄蝇成虫寿命的影响

在（23±1）℃时，伞裙追寄蝇成虫存活时间最长，可达44天，平均寿命为20.5天，但与（18±1）℃的17.5天和（28±1）℃的16.0天寿命间无显著差异；（23±1）℃，（18±1）℃，（28±1）℃与（33±1）℃的7.4天寿命间存在极显著差异（$P<0.01$）。因此，伞裙追寄蝇适宜生存的温度条件为（18±1）～（28±1）℃，但最适宜的温度条件为（23±1）℃（表15-2）。

表15-2 温度对伞裙追寄蝇成虫寿命的影响

温度/℃	成虫寿命/天	变幅	温度/℃	成虫寿命/天	变幅
23±1	(20.534±1.903)Aa	3~44	28±1	(16.023±2.009)Aa	1~27
18±1	(17.469±1.597)Aa	2~27	33±1	(7.405±1.191)Bb	1~13

温度条件为（23±1）℃，（18±1）℃，（28±1）℃时，伞裙追寄蝇的存活曲线均接近Deevey提出的凸型，成虫前期存活率高，个体死亡大都集中在老年个体，大多数寄蝇能完成平均寿命；温度条件为（33±1）℃时的存活曲线接近Deevey提出的凹型，在成虫前期死亡率高，存活率随时间的推移呈急剧下降趋势。因此，伞裙追寄蝇的最适生存温度条件为（23±1）℃（图15-3）。

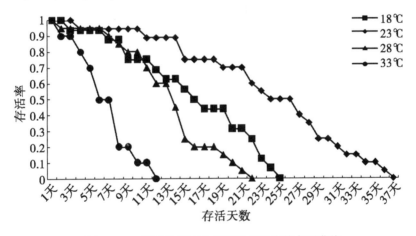

图15-3 不同温度下伞裙追寄蝇成虫的存活曲线

（四）伞裙追寄蝇的低温储藏技术

将田间采集到的草地螟越冬虫茧移入在盒装灭菌土中，储存在4℃保鲜冷藏箱内，定期喷水，防止因水分过低造成草地螟及寄蝇的死亡。研究发现，储存时间越长可显著降低伞裙追寄蝇的羽化率（表15-3）。伞裙追寄蝇2010年越冬羽化率为9.30%，占寄蝇总羽化率的32.17%。随着储存时间的推移，伞裙追寄蝇的羽化率明显降低。伞裙追寄蝇的相对羽化率由最初未经储存的100%，降低到储存至20天的92.5%，35天的77.8%，48天的57.8%，58天的43.5%，70天的25.9%，80天的15.3%，100天的12.1%，110天的8.2%，150天的7.8%，相对羽化率随储存时间的延长而降低。因此，储存时间对伞裙追寄蝇蝇种的保存有一定的影响，长时间储存，其羽化率显著降低。

表 15 – 3　4℃储存时间对伞裙追寄蝇羽化的影响

存储时间 （天）	调查虫茧数 （头）	伞裙追寄蝇出蝇数 （头）	羽化率 （%）	相对羽化率 （%）
未低温储存	12 456	1 094	9. 300 ± 0. 069Aa	100%
20	2 660	223	8. 605 ± 0. 067Bb	92. 5%
35	1 989	135	7. 233 ± 0. 056Cc	77. 8%
48	2 105	106	5. 379 ± 0. 056Dd	57. 8%
58	4 781	184	4. 044 ± 0. 031Ee	43. 5%
70	4 532	109	2. 408 ± 0. 016Ff	25. 9%
80	6 199	82	1. 427 ± 0. 017Gg	15. 3%
100	5 717	59	1. 121 ± 0. 012Hh	12. 1%
110	5 718	43	0. 763 ± 0. 017Ii	8. 2%
150	5 957	40	0. 725 ± 0. 011Ii	7. 8%

（五）伞裙追寄蝇的寄生行为能力

草地螟在 2 龄幼虫期即可被寄生蝇寄生，但在田间寄生蝇主要选择 5 龄幼虫寄生，且寄生率随着寄主幼虫龄期的增加而增加，对 5 龄寄主幼虫的寄生率最高，特别是像伞裙追寄蝇这类大卵生型寄生蝇大都选择末龄幼虫进行寄生。在草地螟幼虫 5 龄时被寄生，由于严重危害已经产生，在这种情况下，寄生蝇较高的寄生率对当代草地螟危害的调控作用非常有限，主要是对下代草地螟种群数量及发生危害起着重要的调控作用。

1. 草地螟幼虫密度对伞裙追寄蝇寄生的影响

寄主幼虫的密度是影响寄蝇寄生的一个重要因素，寄主幼虫的被寄生率随其密度的增加而降低（表 15 – 4）。综合寄生率和羽化率两个方面衡量，经 48h 的处理草地螟幼虫被寄生率随寄主幼虫密度的增加而降低，羽化率随寄主密度的增加而增大，但增加到 1∶15 比例时羽化率达到最大值，随后开始降低。当益害比为 1∶15 时，伞裙追寄蝇在该时对草地螟有良好的控制作用。

表 15 – 4　草地螟不同密度对寄蝇寄生的影响

处理	供试寄主数	寄生率	处理	供试寄主数	羽化率
1∶5	5 × 10	0. 819 ± 0. 090Aa	1∶15	15 × 10	0. 619 ± 0. 093Aa
1∶10	10 × 10	0. 588 ± 0. 046ABb	1∶10	10 × 10	0. 459 ± 0. 029AaB
1∶15	15 × 10	0. 519 ± 0. 051Bbc	1∶25	25 × 10	0. 384 ± 0. 047ABb
1∶20	20 × 10	0. 484 ± 0. 117Bbc	1∶20	20 × 10	0. 329 ± 0. 065ABb
1∶25	25 × 10	0. 330 ± 0. 011Bc	1∶5	5 × 10	0. 284 ± 0. 047Bb

2. 不同益害比处理对伞裙追寄蝇寄生的影响

不同数量的伞裙追寄蝇对寄主的寄生率间没有显著差异，羽化率间存在一定的差异性（表 15 – 5）。从寄生率方面来看，寄生密度为 2∶20，1∶10，3∶30，4∶40 的寄生率间无显著差异，但在寄生密度为 2∶20 时的寄生率最高，为 55. 8%，4∶40 的寄生率最低为 31. 3%。从羽化率方面来看，寄生密度为 2∶20 时的羽化率最高，为 51. 6%，与寄生密度为 3：30，1：10 的羽化率 37.1%，36.1% 间无显著差异，但与 4：40 的羽化率 20.1% 间存在极显著差异。

表 15 – 5　寄生比例相同而密度不同的寄生情况

处理	供试寄主数	寄生率	处理	供试寄主数	羽化率
2：20	20×10	(0.558 ± 0.148) Aa	2：20	20×10	(0.516 ± 0.081) Aa
1：10	10×10	(0.463 ± 0.024) Aa	3：30	30×10	(0.371 ± 0.028) AaBb
3：30	30×10	(0.333 ± 0.020) Aa	1：10	10×10	(0.361 ± 0.066) AaBb
4：40	40×10	(0.313 ± 0.058) Aa	4：40	40×10	(0.201 ± 0.084) Bb

（六）伞裙追寄蝇的寄主选择性和行为反应

1. 寄蝇对不同寄主的寄生选择

以寄生率为来衡量伞裙追寄蝇对不同寄主的选择性效果，以黏虫的寄生率最高，为 55.2%；其次为草地螟的为 51.1%（表 15 – 6）。如果以羽化率来衡量伞裙追寄蝇对不同寄主的选择性效果，以黏虫的羽化率最高，为 70.2%，其次为甜菜夜蛾的为 51.7%、草地螟的为 43.7%。因此，综合这两种因素来看，伞裙追寄蝇对黏虫、草地螟的选择性较强，且二者间差异不显著。

表 15 – 6　伞裙追寄蝇在供试寄主上的寄生情况

供试寄主	供试寄主数	寄生率 ± 标准误	供试寄主	羽化率
黏虫	30×3	(0.552 ± 0.163) Aa	黏虫	(0.702 ± 0.116) Aa
草地螟	30×3	(0.511 ± 0.036) Aa	甜菜夜蛾	(0.517 ± 0.133) AaBb
甜菜夜蛾	30×3	(0.354 ± 0.059) AaBb	草地螟	(0.437 ± 0.108) AaBbc
斜纹夜蛾	30×3	(0.242 ± 0.146) AaBbc	玉米螟	(0.173 ± 0.168) ABbcd
玉米螟	30×3	(0.168 ± 0.037) aBbc	斜纹夜蛾	(0.139 ± 0.1142) Bcd
苜蓿夜蛾	30×3	0	苜蓿夜蛾	0

2. 伞裙追寄蝇对不同寄主的行为反应

（1）寄蝇对不同寄主幼虫的行为反应测试。

在草地螟、玉米螟、甜菜夜蛾、斜纹夜蛾、黏虫、苜蓿夜蛾分别与空白的组合中，伞裙追寄蝇对这几种幼虫的选择率分别为 84.0%、69.2%、77.3%、87.5%、80.0%、40.91%，明显对苜蓿夜蛾趋性低，除苜蓿夜蛾与空白组合的选择率无显著差异外，其他幼虫与空白组合的选择率均有极显著差异（$P < 0.01$）；在草地螟与玉米螟、甜菜夜蛾、斜纹夜蛾、黏虫、苜蓿夜蛾的组合中，明显趋向于草地螟，选择率均在 60.0% 以上，除草地螟与黏虫组合的选择率无显著差异外，草地螟与其他幼虫组合的选择率均有极显著差异（$P < 0.01$）；在黏虫与玉米螟、甜菜夜蛾、斜纹夜蛾、苜蓿夜蛾的组合中，明显趋向于黏虫，选择率均在 56.5% 以上，黏虫与苜蓿夜蛾幼虫组合的选择率有极显著差异（$P < 0.01$），与甜菜夜蛾组合的选择率有显著差异（$P < 0.05$），与其他两种幼虫组合的选择率

无差异；在玉米螟与甜菜夜蛾、苜蓿夜蛾的组合中，选择率均在 62.1% 以上，明显趋向于甜菜夜蛾，与苜蓿夜蛾组合的选择率存在极显著差异（$P<0.01$），与甜菜夜蛾组合的选择率无显著差异，而在与斜纹夜蛾的组合中，选择率低于 50%，趋向于斜纹夜蛾，但不存在显著差异；在甜菜夜蛾与斜纹夜蛾、苜蓿夜蛾的组合中，选择率均在 55.2% 以上，明显趋向于甜菜夜蛾，但与斜纹夜蛾组合的选择率无差异性，与苜蓿夜蛾组合的选择率存在极显著差异（$P<0.01$）。在斜纹夜蛾与苜蓿夜蛾的组合中，选择率为 77.8%，明显趋向于斜纹夜蛾，且该组合的选择率存在极显著差异（$P<0.01$）。

因此，伞裙追寄蝇对不同供试幼虫的趋性顺序依次为草地螟 > 黏虫 > 斜纹夜蛾 > 甜菜夜蛾 > 玉米螟 > 苜蓿夜蛾（图 15 – 4）。

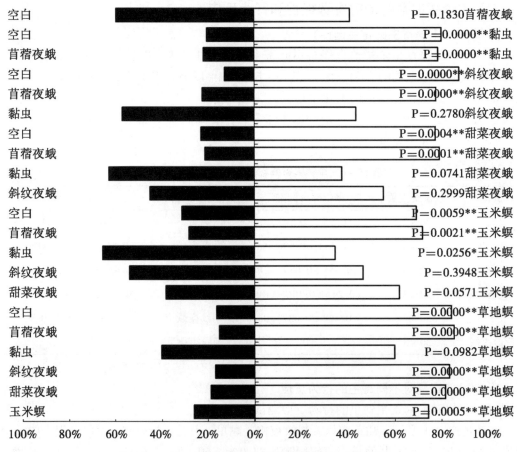

图 15 – 4　伞裙追寄蝇对不同供试寄主幼虫的趋性

（2）成蝇对不同寄主幼虫粪便的行为反应测试。

在草地螟、玉米螟、甜菜夜蛾、斜纹夜蛾、黏虫、苜蓿夜蛾幼虫粪便分别与空白的组合中，伞裙追寄蝇的选择率分别为 86.7%、73.9%、73.9%、73.3%、83.3%、30.0%，明显对苜蓿夜蛾粪便选择率最低为 30%，除苜蓿夜蛾粪便与空白组合的选择率存在显著差异外（$P<0.05$），其他幼虫粪便与空白组合的选择率差异极显著（$P<0.01$）；在草地螟粪便与玉米螟、甜菜夜蛾、斜纹夜蛾、黏虫、苜蓿夜蛾粪便的组合中，明显趋向于草地

螟粪便，选择率均在53.6%以上，除草地螟粪便与斜纹夜蛾、黏虫粪便组合的选择率无显著差异外，草地螟粪便与玉米螟、甜菜夜蛾粪便组合的选择率均有显著差异（$P <$ 0.05），草地螟粪便与苜蓿夜蛾粪便组合的选择率均有极显著差异（$P < 0.01$）；在黏虫粪便与玉米螟、甜菜夜蛾、斜纹夜蛾、苜蓿夜蛾粪便的组合中，明显趋向于黏虫粪便，选择率均在70.4%以上，且黏虫粪便与各个幼虫粪便的选择率间均存在极显著差异（$P <$ 0.01）；在斜纹夜蛾粪便与玉米螟、甜菜夜蛾、苜蓿夜蛾粪便的组合中，选择率均在65.5%以上，明显趋向于斜纹夜蛾粪便，斜纹夜蛾粪便与玉米螟、甜菜夜蛾粪便组合的选择率存在极显著差异（$P < 0.01$），但与苜蓿夜蛾粪便组合的选择率仅存在显著差异（$P <$ 0.05）；在甜菜夜蛾粪便与玉米螟、苜蓿夜蛾粪便的组合中，明显趋向于甜菜夜蛾粪便，选择率均在60.0%以上，与苜蓿夜蛾粪便组合的选择率存在极显著差异（$P < 0.01$），但与玉米螟粪便组合的选择率无显著差异；在玉米螟粪便与苜蓿夜蛾粪便的组合中，明显趋向于玉米螟粪便，选择率为84.0%，且该组合的选择率存在极显著差异（$P < 0.01$）。

因此，伞裙追寄蝇对不同供试幼虫粪便的趋性顺序依次为草地螟 > 黏虫 > 斜纹夜蛾 > 甜菜夜蛾 > 玉米螟 > 苜蓿夜蛾（图15 - 5）。

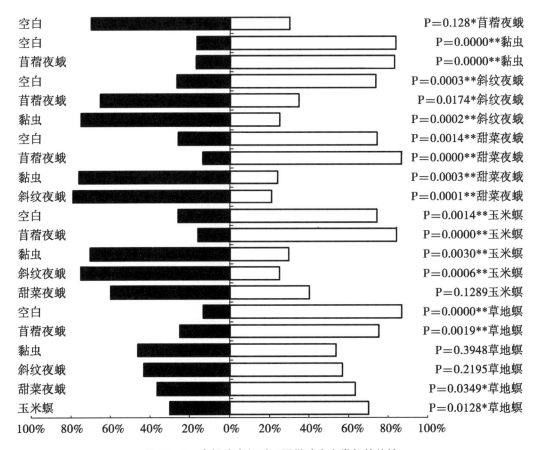

图15 - 5　伞裙追寄蝇对不同供试寄主粪便的趋性

三、草地螟阿格姬蜂

（一）形态特征

成虫 雌蜂体长 10.80 ~ 14.20mm（表 15 – 7），触角褐色、线形，几与身体等长；脸、唇基、上颚均为黄色；胸部黑色；三对足除后足转节有深褐色斑块外，其余均为浅褐色，腹部除第 6 节背板带有黑褐色外均为黄色或黄褐色；翅透明，翅痣、翅脉褐色。并胸腹节末端延长，未抵达后足基节的端部，脸、胸部具粗糙的刻点，被白色细密的软毛，或仅在并胸腹节末端带有黄褐色；腹部第 1、2 节明显长于第 3 ~ 6 节，产卵管鞘长约为腹部第 2 节长的 0.5 倍（图15 – 6A）。雄蜂：形态与雌蜂相似，但体长略小于雌蜂，10.60 ~ 11.10mm（图 15 – 6B）。

表 15 – 7 草地螟阿格姬蜂各发育阶段形态测量结果

发育阶段	体长（mm）		体宽（mm）		样本数 n
	均值	变幅	均值	变幅	
1 龄幼虫	0.98 ± 0.54	0.85 ~ 1.07	0.35 ± 0.22	0.30 ~ 0.54	20
2 龄幼虫	1.31 ± 0.66	1.13 ~ 1.54	0.38 ± 0.38	0.34 ~ 0.40	22
3 龄幼虫	3.65 ± 0.19	3.02 ~ 4.31	1.82 ± 0.17	1.64 ~ 1.96	23
4 龄幼虫	7.41 ± 0.27	5.68 ~ 7.99	2.91 ± 0.25	2.33 ~ 3.20	24
蛹	5.84 ± 0.21	5.22 ~ 6.02	1.42 ± 0.24	1.12 ~ 1.66	25
雄蜂	10.87 ± 0.29	10.67 ~ 11.01	—	—	26
雌蜂	12.57 ± 0.97	10.81 ~ 14.22	—	—	28

卵 圆形，表面略带丝纹，淡黄色，半透明，（图 15 – 6D）。

幼虫 1 龄幼虫体细长，头部圆钝，末端十分尖细，体节不明显，体表皮薄而透明，淡黄色（图 15 – 6E）；2 龄幼虫体蛴螬状，末端弯曲，体节凸显，体色渐深，身体明显变长，体内有类似乳白色的内含物，头部的褐色口器伸出（图 15 – 6F、15 – 6G）；3 龄幼虫：虫体长宽比逐渐变小，体内内含物颜色加深呈乳黄色或黄色（图 15 – 6H）；4 龄幼虫蛆状，体呈纺锤体、无足，体节上气门不明显，呈深黄色（图 15 –6I）。

蛹 在寄主体内化蛹，离蛹。触角芽、翅芽、足芽等翻出，初期体色为深黄色，后期蛹头、胸部及腹部末端变为深褐色（图 15 – 6J）。

（二）草地螟阿格姬蜂年生活史和发生规律

1. 草地螟阿格姬蜂生活史

草地螟阿格姬蜂经卵、幼虫、蛹发育到成虫。在 23℃ 平均温度，未滞育的情况下，一个世代历期为 30 ~ 37 天。根据田间调查和室内饲养观察，草地螟阿格姬蜂在呼和浩特地区 1 年发生 2 代，以蛹在草地螟越冬土茧内越冬，越冬蛹翌年 6 月上旬气温适宜时开始羽化，，羽化高峰出现在 6 月 18 日前后，直到 7 月上旬仍有少数羽化。成虫羽化后在草地螟寄主植物附近寻找蜜源补充营养，3 天后即可交尾、产卵，6 月中下旬到 7 月上旬为产卵期。解剖发现 1 代草地螟阿格姬蜂幼虫于 6 月 27 日出现，8 月初开始羽化，一直持续到 9 月上旬。8 月 14 日 2 代草地螟阿格姬蜂幼虫开始出现，9 月中旬幼虫开始化蛹，之后

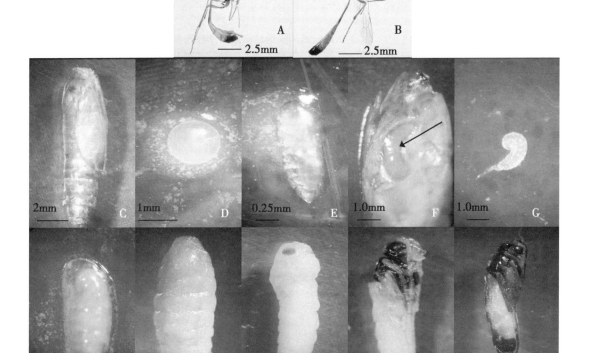

图 15 – 6　草地螟阿格姬蜂不同发育阶段的形态

A. 雌蜂；B. 雄蜂；C. 被寄生的草地螟蛹；D. 卵；E. 1 龄幼虫；F、G. 2 龄幼虫；

H. 3 龄幼虫；I. 4 龄幼虫；J. 蛹；K. 羽化中的蛹；L. 刚羽化出的成虫

不再发育，越冬蛹期为 7~8 个月。室内条件下（23 + 1）℃、L/D – 16h/8h、RH 60% ~ 70% 时，完成一代需 25~30 天（表 15 –8）。

表 15 – 8　草地螟阿格姬蜂年生活史

虫态	1~5 月			6 月			7 月			8 月			9 月			10		
	上	中	下	上	中	下	上	中	下	上	中	下	上	中	下	上	中	下
越冬代	(⊕)	(⊕)	(⊕)	+	+	+	+											
1 代				●	●	●	●											
						–	–	–										
					⊕	⊕	+	+	+	+								
2 代								●	●									
									–	–	–	(⊕)	(⊕)	(⊕)			

注：成虫 +；卵 ●　；幼虫 –；一代蛹 ⊕；二代（越冬）蛹（⊕）

天敌昆虫扩繁与应用

2. 草地螟阿格姬蜂自然性比

越冬代草地螟从 5 月下旬开始羽化，草地螟阿格姬蜂羽化略滞后于草地螟，有明显的跟随现象，此时的寄生率较低。到 8 月中旬，二代草地螟幼虫发生量较大时，阿格姬蜂的寄生率明显增大，在二代草地螟上的寄生率明显高于在一代草地螟上的寄生率。在呼和浩特市近郊采集到草地螟阿格姬蜂，自然平均性比为 9.48：1（表 15-9）。

表 15-9　2012 年草地螟阿格姬蜂田间自然性比调查

月份	6 月	7 月	8 月	9 月
羽化蜂数/头	90	30	114	45
♀：♂	1.5：1	5：1	1.36：1	8：1

3. 草地螟阿格姬蜂田间寄生率

越冬代草地螟从 5 月下旬开始羽化，草地螟阿格姬蜂羽化略滞后于草地螟，有明显的跟随现象，此时的寄生率较低。到 8 月中旬，二代草地螟幼虫发生量较大时，阿格姬蜂的寄生率明显增大，在二代草地螟上的寄生率明显高于在一代草地螟上的寄生率。

（三）草地螟阿格姬蜂的生物学特性

1. 交尾、产卵和羽化行为

室内虫茧草地螟阿格姬蜂雄蜂比雌蜂羽化早 3~4 天，雌雄蜂羽化后 24h 才开始交尾，室内观察发现雌雄蜂一生均可多次交尾。交尾后 1 天开始产卵，产卵时间较短，一般为 1~2min，卵多产在草地螟头、胸部两侧内部，实际解剖发现幼虫多在腹部摄取营养。

草地螟阿格姬蜂大多进行两性生殖，少数雌蜂也进行孤雌生殖，孤雌生殖子代蜂均为雄蜂。孤雌生殖的寄生成功率仅为 12.10%，出蜂数为 4.20 头，说明孤雌生殖可能是草地螟阿格姬蜂在没有雄峰条件下的一种被迫繁殖行为（表 15-10）。

表 15-10　交配过的雌蜂与未交配雌蜂生殖力比较

处理	接蜂数（头）	寄生数（头）	寄生成功率（%）	出蜂数（头/盒）	雌蜂比例（%）
未交配	10	1.21 ± 0.25Bb	12.11 ± 2.53Bb	4.204 ± 0.41Bb	0 Bb
交配	10	10.00 ± 0.0 0Aa	100.00 ± 0.00Aa	11.70 ± 0.26Aa	32.00 ± 4.43Aa

草地螟阿格姬蜂的羽化滞后于草地螟羽化一周左右，寄生蜂在开始羽化的羽化量不断增加，但第 3 天羽化量略有下降，之后随时间的延长羽化量呈直线上升，第 5 天达到高峰，占总羽化量的 16.05%，之后显著下降，持续时间 5 天左右。观察发现草地螟阿格姬蜂羽化前 3 天雄蜂居多，雌雄性比小于 1。随着羽化天数的增加，雌雄性比增大，第 3 天到第 8 天的羽化性比大于等于 1，呈现出明显的偏雌性。

2. 营养及环境条件对草地螟阿格姬蜂寿命的影响

（1）不同营养、温度条件对成虫寿命的影响。

温度和不同营养对草地螟阿格姬蜂成蜂寿命有显著影响。在 16~34℃，以 20% 蜂蜜水、10%蔗糖溶液、清水、不喂食作为营养源时，草地螟阿格姬蜂成蜂寿命随温度的升高，逐渐缩短，补充各种营养的成蜂寿命均在17℃时最长；在相同温度条件下补充蔗糖时阿格姬蜂的寿命最长，不补充营养寿命最短，22℃下，补充蔗糖，成蜂寿命平均为17.11天，不补充营养，成蜂寿命仅为4.21天。16℃下，饲喂10%蔗糖水时的平均寿命最长（表15-11）。

表15-11　补充营养及温度对草地螟阿格姬蜂寿命（未产卵）的影响

温度 （℃）	草地螟阿格姬蜂寿命（天）			
	不补充营养	清水	蔗糖	蜂蜜水（20%）
17±1	7.56±0.19Aa	21.00±0.76Aa	32.66±0.031Aa	29.68±0.89Aa
22±1	4.22±0.40Bb	12.78±1.59Bb	17.11±0.79Bb	15.00±0.94Bb
27±1	3.33±0.29Bbc	8.31±1.28BbC	14.44±0.93Bb	12.11±1.64BCc
32±1	1.90±0.26Bc	1.20±0.72Dd	1.56±0.24Dd	2.00±0.37Dd

（2）营养条件对阿格姬蜂繁殖力的影响。

营养条件对草地螟阿格姬蜂的繁殖有显著影响。喂食20%蜂蜜水时其繁殖力最高，各指标分别为：雌蜂寿命4.27天、雄蜂寿命2.67天，产卵期为4.42天，羽化子蜂总数为10.00头；其次为10%蔗糖溶液，补充清水时只可延长草地螟阿格姬蜂寿命而不能提高其繁殖力。在提供寄主条件下，20%蜂蜜水最适合繁殖，寿命长，羽化率高，羽化子蜂数为10头，与其他营养条件比差异显著；其次为蔗糖，羽化子蜂数为6.86头；最少的是清水和不喂食，且二者羽化子蜂数差异不显著（表15-12）。

表15-12　营养条件对阿格姬蜂寿命和羽化率（产卵后）的影响

营养	寿命（天）		产卵期（天）	羽化子蜂数（头）
	♀	♂		
蜂蜜（20%）	4.28±0.31Aa	2.67±0.34BbCc	4.42±0.72A	10.00±1.00Aa
蔗糖（10%）	2.74±0.49Bb	2.98±0.20BbCc	3.22±0.52AaB	6.86±0.85Bb
清水	2.17±0.15Bbc	1.81±0.20BCcde	1.96±0.21BbC	3.71±0.60Cc
不喂食	1.63±0.071BCde	1.23±0.061Ce	1.18±0.12bC	1.50±0.31Cc

（3）阿格姬蜂对不同龄期寄主的选择性。

草地螟阿格姬蜂在4龄草地螟幼虫的寄生率最高，平均40.23%，选择系数为0.47，其次为5龄和3龄，寄生率分别为23.71%和20.02%，选择系数分别为0.29和0.25（表15-13）。

表15-13　阿格姬蜂对不同龄期寄主的选择性

寄主龄期	寄生数（头）	平均寄生率（%）	选择系数
3	5.99±0.19Cc	20.02±0.003Cc	0.25±0.005Cc

（续表）

寄主龄期	寄生数（头）	平均寄生率（%）	选择系数
4	11.87±0.11Aa	40.23±0.005Bb	0.47±0.004Aa
5	7.20±0.13Bb	23.71±0.006Aa	0.29±0.28Bb

（4）趋性。

阿格姬蜂成虫具强趋光性。在指形管中培养出的成蜂放在室内时，只要把管的一端朝向窗口，则所有的个体很快向管内朝向窗口的一端集中，在室外强光下或热光源影响下，表现得非常活跃；阿格姬蜂成虫同时具较强的向上性，指形管中的成虫会沿管壁向上爬动，如果再将管倒置，成虫又会沿管壁向上爬动。

四、饲养条件及扩繁技术

（一）扩繁天敌所需寄主（草地螟）的饲养技术

1. 饲养条件

饲养温度控制在 23~25℃，相对湿度在 60%~70%，光照条件为 L16∶D8，并定期对养虫室或培养箱进行彻底的消毒。

2. 饲养器具

幼虫饲养容器为口径 7cm，高 10cm 的罐头瓶，罐头瓶以细纱布蒙上，并用橡皮筋扣紧。成虫饲养采用自制的产卵容器（以细铁丝网弯制成圆柱形，规格为 15cm×15cm×20cm，外套一次性塑料袋，袋用解剖针刺孔，保持通透性），收集草地螟卵。成虫羽化后补充 20%的蜂蜜水可维持较强的生命力和生殖力。卵收集在底部铺有湿润滤纸的培养皿中，用保鲜膜封口并在薄膜上扎小孔通气。

3. 饲养管理

草地螟卵的发育需要 3~4 天即可孵化为幼虫，因此，在成虫产卵的第 3 天，将新鲜灰菜叶放入培养皿中，卵孵化后幼虫直接爬到灰菜上取食。草地螟具有自残性，从 2 龄以后需分瓶饲养，一个瓶内以 10~20 头最佳。进入 3 龄以后草地螟食量开始增大，粪便也多，所以需要勤换饲料并及时清除粪便。5 龄末幼虫减少或停止取食，可将其放入加有 3~5cm 厚、含水量 10%左右的消毒土壤、蛭石混合土中供幼虫入土作茧化蛹。入土后隔日观察一次并用喷壶喷水，以保证其湿润度。

（二）饲养效果

1. 天然饲料饲养草地螟

天然饲料涉及藜科、豆科、十字花科等草地螟寄主植物，主要有灰菜、苜蓿、豌豆和大豆等，其中，以灰菜的饲养效果较好。用灰菜在室内连续饲养 3 代饲养效果较理想（表 15-14），平均蛹重 0.0385g，幼虫存活率在 82%以上，羽化率均在 94%以上，产卵量在 160 粒左右。各项指标的世代数之间差异性不显著，说明在室内用灰菜连续饲养草地螟 3 个世代，草地螟种群没有明显退化现象。

表 15 – 14 灰菜对草地螟连续 3 代饲养结果

世代数	幼虫历期 （天）	蛹期 （天）	蛹重 （mg）	产卵量 （粒）	幼虫存活率 （％）	羽化率 （％）
1	18.59 ± 0.29a	12.63 ± 0.26a	0.0385 ± 0.0006a	151.70 ± 36.81a	83.33	97.30
2	19.52 ± 0.23a	11.97 ± 0.35a	0.0418 ± 0.0011a	163.39 ± 60.53a	82.22	94.74
3	18.97 ± 0.35a	11.87 ± 0.56a	0.0387 ± 0.0009a	162.63 ± 20.74a	86.67	94.29

表中数据为平均值 ± SE，数据后有不同小写字母表示差异显著，以下同。

2. 人工饲料继代饲养草地螟

目前为止，草地螟人工饲料的研制还不是很成熟。课题组在前人研究基础上对饲料配方进行了改进。结果表明，饲料中添加灰菜苜蓿叶汁和不添加任何灰菜苜蓿叶粉或液汁均不能使草地螟幼虫完成生活史，而用添加灰菜苜蓿叶粉的人工饲料饲养草地螟幼虫，均有部分幼虫能够完成整个阶段的生活史，但不同饲料表现出不同的饲养效果。用人工饲料饲养的草地螟在幼虫历期、存活率、蛹期、成虫寿命、羽化率方面都明显弱于取食新鲜灰菜叶和苜蓿叶的，但在蛹重、产卵量方面人工饲料却优于取食新鲜灰菜叶和苜蓿叶（表15 – 15）。

表 15 – 15 人工饲料饲养试虫结果

配方	幼虫历期 （天）	存活率 （％）	蛹期 （天）	蛹重 （mg）	羽化率 （％）	成虫寿命 （天）	性比 （♀:♂）	产卵量 （粒）	孵化率 （％）
HS	—	—	—	—	—	—	—	—	—
HG	18.33 ± 0.24a	71.25	12.45 ± 0.35ab	47.54 ± 1.493a	97.30	23.60 ± 1.06a	11:10	167.11 ± 33.79a	97.31
MS	—	—	—	—	—	—	—	—	—
MG	19.53 ± 0.284a	52.50	12.66 ± 0.34a	47.39 ± 1.296a	85.12	22.07 ± 1.68a	19:14	194.9 ± 75.07a	96.64
KB	—	—	—	—	—	—	—	—	—
灰菜	16.73 ± 0.25b	86.67	10.64 ± 0.89c	39.31 ± 1.786b	94.12	24.32 ± 1.99a	5:4	162.51 ± 17.80a	97.44
苜蓿	18.73 ± 0.27a	80.25	10.81 ± 0.26bc	30.5 ± 1.665b	80.00	25.37 ± 1.70a	7:9	180.04 ± 10.05a	96.83

注：HS 添加灰菜叶汁，HG 添加灰菜干粉，MS 添加苜蓿叶汁，MGS 添加苜蓿干粉，KB 未添加植物。

在初筛饲养结果基础上，进一步通过正交试验设计优化筛选出了草地螟人工饲料的整体配方（表15 – 16）。利用人工饲料在室内连续饲养3代（表15 – 17），第二代蛹重为0.0365g，一代与三代都在0.04g以上，第二代的蛹重与第一代有较显著的差异。用人工饲料饲养的幼虫产卵量也比较多，均在160粒以上。除了蛹重以外其他生长指标的三代之间均无显著差异，说明用该饲料饲养草地螟幼虫三代没有退化。此饲料可考虑作为室内繁殖的人工饲料。

表 15 – 16 筛选出的草地螟饲养的半人工饲料配方

成分	用量	成分	用量
灰菜粉	10.0g	山梨酸	0.15g

（续表）

成分	用量	成分	用量
酪蛋白	6.0g	尼泊金	0.1g
酵母粉	4.0g	无机盐	3.75g
麦麸	9.0g	多种维生素	1.0g
蔗糖	12.0g	抗坏血酸	0.3g
胆固醇	0.3g	氯化胆碱	0.075g
琼脂	4.5g		

表 15 – 17　人工饲料对草地螟连续 3 代饲养结果

世代数	幼虫历期（天）	蛹期（天）	蛹重（g）	产卵量（粒）	幼虫存活率（%）	羽化率（%）
1	19.31 ± 0.27a	13.14 ± 0.30a	0.0441 ± 0.0011a	194.9 ± 75.07a	71.25	97.30
2	19.74 ± 0.64a	13.34 ± 0.45a	0.0365 ± 0.0022b	167.9 ± 6.33a	74.07	93.75
3	19.71 ± 0.26a	13.51 ± 0.62a	0.0413 ± 0.0011ab	170.97 ± 10.64a	68.97	94.11

五、草地螟寄生性天敌的保护利用

在明确草地螟天敌种类、寄生方式和控制作用基础上，创造有利天敌种群增长的田间环境条件。如在草地螟幼虫低密度时不使用化学农药，以减少或避免杀伤天敌；在农田周边种植保护林、绿肥或牧草等，降温、提湿，提供寄生蝇等天敌所需的补充营养或庇护场所，提高其对草地螟的控制效果（张跃进，2008）。

（一）草地螟寄蝇的保护利用

草地螟寄蝇是调控草地螟的重要天敌之一，营造有利于寄蝇生存的环境可促进其种群繁衍，进而实现对草地螟等害虫种群的有效调控。Mikhal'tsov and Khitsov（Mikhal'tsov，1980）发现横带截尾寄蝇 Nemorilla floralis FalL. 在潮湿的环境条件下：例如树木密度高、植被旺盛和蜜源植物多的地方对草地螟的寄生率较高，将使用过杀虫剂和未经使用区域的草地螟寄蝇寄生率进行对比发现，使用过杀虫剂的地方寄生率明显低于未使用的地区。因此提高寄生蝇寄生率、周围生境和寄主幼虫的广泛适应性，对控制草地螟种群动态有重要的保护利用价值。

目前，国内外关于草地螟寄生蝇的保护利用方面研究成果较少，但可以根据寄生蝇对草地螟的寄生规律、及影响寄生率的相关因素，提出一些具有针对性的保护利用措施。如化学杀虫剂和广谱性生物杀虫剂比较容易对寄生性天敌昆虫种群数量造成威胁，郭金莲等（郭金莲，1993）建议，当草地螟 3 龄幼虫的密度低于 10 ~ 15 头/m² 时，不需要使用杀虫剂。在草地螟农业防治方法中，春耕或秋翻被广为推荐以消灭入土的草地螟幼虫（呼伦贝尔盟草地螟科研协作组，1987；吉林省草地螟科研协作组，1987；尹姣，张宝民，2000），虽然此方法对降低幼虫数量有一定的作用，但是对草地螟寄蝇的保护不利，Swailes（Swailes，1960）报道在某种程度上，草地螟寄生性天敌昆虫的存活率与其所在的土壤深度有一定关系。因此，为了能降低对草地螟寄生蝇的杀伤作用而又能抑制其幼虫数量，研究适宜的耕翻深度是必要的。此外，还可优化草地螟大发生区域的环境条件，在农田周围种植一些保护林、牧草或绿肥等，在降低环境温度、提高湿度的同时提供草地螟寄生蝇所需的补充营养及其栖息和庇护场所，这对提高寄生蝇的寄生率有重要的作用。因此，为提高草地螟寄生蝇的保护利用价值，应该对草地螟寄生蝇寄生规律及其如何调控寄主幼虫的种群进行深入的研究。目前，利用寄蝇来防治草地螟尚未见到报道，但是在其他寄主害虫的人工繁殖和应用上已见报道，如利用伞裙追寄蝇（*Exorista civilis*）（周庆南，1981；Pushkarev，1983）、双斑截尾寄生蝇（*Nemorilla maculosa*）（陈海霞，2007）、常怯寄蝇（*Phryxe vulgaris*）（翁仲彦，1996）、松毛虫狭颊寄蝇（*Carcelia rasella*）（赵洪有，1989）和玉米螟厉寄蝇（*Lydella grisecens*）（赵建铭，1985）。

（二）草地螟寄生蜂的保护利用

国外利用草地螟的卵期寄生蜂进行生物防治的时间较早，主要是赤眼蜂防治草地螟，应用最广的当属暗黑赤眼蜂（*Trichogramma euproctidis*）和广赤眼蜂（*Trichogramma evanescens*）。1936 年 Lebedyanskaya（1936）等报道了广赤眼蜂在草地螟卵期进行防治，寄生率高达 80%，这种防治效果使得赤眼蜂成为草地螟卵期防治的重要措施，Pushkarev 等1983 年在前苏联部分地区的甜菜田间也得到了相同的试验结果，赤眼蜂平均寄生率可达72%（Pushkarev，1983）。1975 年在乌克兰基辅地区不需要使用其他防治方法，仅释放了夜蛾型和螟蛾型两种暗黑赤眼蜂，对草地螟的寄生率就达 62% ～91%（Dyadechko，1976），将其危害控制在经济阈值以下，Mikhal'tsov 报道塞尔维亚贝尔格莱德地区单纯释放暗黑赤眼蜂防治草地螟取得了很好的效果，寄生率达到 45% ～72%，完全不需要使用杀虫剂（Mikhal'tsov，1985）。Rubets 等对 1988 年乌克兰大范围释放广赤眼蜂防治草地螟调查发现，该蜂对草地螟一代卵、二代卵的控制效果非常成功（Rubets，1989）。

我国直到 20 世纪 80 年代才开始对草地螟寄生蜂开展相关研究，到目前为止对草地螟寄生蜂的研究也仅限于其幼虫期寄生蜂的发育特征，及对寄主的寄生特征等方面的基本描述（李红，2008），深入研究寄生蜂对草地螟的控制作用显得十分必要。

第三节　草地螟性信息素的研究与应用

许多昆虫发育成熟以后能向体外释放具有特殊气味的微量化学物质，以引诱同种异性昆虫交配。这种在昆虫交配过程中起通讯联络作用的化学物质为昆虫性信息素，或性外激素。利用信息素防治害虫具有高效、无毒、不伤害益虫、不污染环境等优点，国内外对该技术的研究和应用都很重视。用人工合成的性信息素或类似物防治害虫时，通常叫昆虫性引诱剂，简称性诱剂。性诱剂在害虫防治上的主要用途是监测虫情，作虫情测报。由于它具有灵敏度高、准确性好、使用简便、不受时间和昆虫昼夜节律的限制、费用低廉等优点，正在获得越来越广泛的应用。

利用性信息素防治草地螟具有不污染环境、不杀伤天敌、对害虫不产生抗性的特点。利用昆虫性信息素诱杀成虫或设法使雌雄成虫无法聚集交配和繁殖后代是一种比较理想而有效的方法。因此，昆虫性信息素的应用能够减少大量使用化学农药所造成的环境污染、害虫产生抗性以及杀伤天敌、次要害虫暴发和害虫再增猖獗等问题，从而维护了草地生态系统的平衡，保持了草地可持续发展。

一、草地螟性信息素的化学成分分析

对草地螟雌蛾性信息素进行了提取，并通过 GC-MS 进行分析鉴定，发现草地螟雌蛾性信息素腺体中起主要作用的成分包括 E11-14：AC（反 11-十四碳烯醋酸酯），E11-14：AL（反 11-十四烯醛），E11-14：OH（反 11-十四烯醇），14：OH（正十四醇），14：AC（正十四醋酸酯），12：OH（正十二醇）（刘爱萍，2011）。

二、性信息素成分的风洞行为测试

制作不同性信息素组分的诱芯，先以重蒸正己烷配成 1mg/ml 的母液，然后以同一溶剂稀释成所需的浓度和比例。将相应计量及比例的溶液滴加到橡胶塞载体上，干燥后密封于塑料袋内，现用现配。诱芯载体为天然橡胶塞，经过脱硫清洗备用。采用自制的小型风洞（长×宽×高=45cm×15cm×15cm）进行测试，用鼓风机提供气流速度为 0.4m/s，室温为 22~24℃，相对湿度为 50%~60%。测定指标（刘爱萍，2011；杜家纬，1988；刘玉秀，2002；Sayed，1998）：①兴奋：雄蛾频繁摆动触角，振翅，用前足梳理触角。②起飞：雄蛾沿性信息素气迹做逆向飞行。③搜索或达到释放源：雄蛾在释放源附近降落或绕释放源飞行或爬行。④预交尾：雄蛾腹部翘起，甚至撒开味刷。

1. 雄蛾对性信息素单组分的行为反应

测试结果表明，单一组份中，E11-14：AC 能引起雄蛾产生兴奋、起飞等行为反应，只有个别搜索或达到释放源，但没有雄蛾产生预交尾行为。雄蛾对其他组分不呈现任何行为反应（表 15-18）。

表 15-18 雄蛾对合成性信息素单组分的行为反应（%）

组分	兴奋	起飞	搜索或达到释放源	预交尾
E11-14：AC（A）	80	50	20	0
E11-14：AL（B）	—	—	—	—
E11-14：OH（C）	—	—	—	—
14：OH（D）	—	—	—	—
14：AC（E）	—	—	—	—
12：OH（F）	—	—	—	—

注：各处理量均为 100μg，"—"表示无反应

2. 雄蛾对性信息素二元组分的不同比例组合物的行为反应

由表可以得出供测试的粗提物及人工合成二元组分的 5 种比例均有不同的行为反应，从反应率来看各比例百分率均有较高的行为反应，其中，A：C=1：9、A：B=1：1、A：E=1：1 时引起的雄蛾行为反应的百分率最高。分别和各自相同组分不同比例之间均存在显著差异（表 15-19）。

表 15 – 19　雄蛾对性信息素二元组分不同比例组合物的行为反应（%）

组分	兴奋	起飞	搜索或达到释放源	预交尾
A：C = 1：1	86.0ab	22.8a	0.4ab	52.1ab
A：C = 1：3	84.8ab	28.1a	0.9ab	54.8ab
A：C = 1：5	76.6ab	5.1b	0.4ab	38.0b
A：C = 1：7	71.8ab	18.4ab	0.0b	37.9b
A：C = 1：9	87.2a	36.6a	2.4a	63.5a
粗提物（20FE）	70.1b	5.7b	0.1ab	35.2b
A：B = 1：1	83.7a	30.4a	3.4a	60.0a
A：B = 1：3	72.5a	15.9a	0.0a	43.2ab
A：B = 1：5	60.4a	27.5a	0.8a	48.0ab
A：B = 1：7	72.5a	23.3a	0.0a	52.0ab
A：B = 1：9	80.3a	23.3a	5.2a	48.0ab
粗提物（20FE）	60.4a	5.2b	0.0a	30.7b
A：E = 1：1	60.0a	29.6a	19.2a	6.4a
A：E = 1：3	60.8a	17.6bc	9.6ab	0.8b
A：E = 1：5	56.8a	27.2ab	18.4a	0.8b
A：E = 1：7	45.6b	13.6c	5.6b	1.6b
A：E = 1：9	46.3b	14.2	6.1b	1.9b
粗提物（20FE）	45.8b	17.8bc	5.9b	0.5b

注：20FE 为 20 个雌蛾性信息素腺体提取物

3. 雄蛾对性信息素三元组分的不同比例组合物的行为反应

由表可以得出雄蛾对供测试的粗提物及人工合成三元组分的 12 种比例均有不同的行为反应，从反应率来看各比例百分率不同，均有较高的行为反应，其中，A：B：D = 5：3：12，A：C：D = 5：1：10，A：B：F = 7：1：9，A：C：F = 3：5：15 时引起的雄蛾行为反应的百分率最高，效果最佳。分别和各自相同组分不同比例之间均存在显著差异（表 15 – 20）。

表 15 – 20　雄蛾对性信息素三组分不同比例组合物及性信息素粗提物的行为反应（%）

组分	兴奋	起飞	搜索或达到释放源	预交尾
A：B：D = 5：3：12	84.6a	39.9a	37.6a	48.3a
A：B：D = 7：5：15	75.4abcd	25.9ab	24.0a	43.5ab
A：B：D = 1：1：1	75.6abcd	17.9b	8.8b	19.4cd
A：B：D = 1：4：5	69.1bcd	20.8b	8.4b	30.3abc
A：B：D = 3：1：9	62.4cd	19.3b	9.0b	26.9bc
A：B：D = 5：1：10	69.8bcd	19.4b	9.0b	30.6abc
A：B：D = 3：5：15	62.5cd	14.6b	7.9b	34.0abc
A：B：D = 5：3：9	80.6ab	14.0b	6.5b	47.8a
A：B：D = 3：5：9	80.4ab	22.5b	6.0b	30.0abc
A：B：D = 7：1：9	78.4abc	17.5b	4.1b	7.4d

组分	兴奋	起飞	搜索或达到释放源	预交尾
A：B：D=7：3：9	60.4d	16.0b	2.4b	7.7d
A：B：D=5：3：15	76.0abcd	20.1b	3.6b	21.3c
粗提物（20FE）	65.4bcd	12.3b	1.67b	17.3cd
A：C：D=1：1：1	64.7d	12.8bc	3.9a	29.1b
A：C：D=1：4：5	72.0bcd	11.7bc	1.5ab	52.6a
A：C：D=3：1：9	90.9a	20.6abc	1.59ab	54.9a
A：C：D=3：5：9	90.82a	19.5abc	2.4ab	53.6a
A：C：D=7：5：15	85.9abc	25.5abc	3.3ab	38.0ab
A：C：D=7：3：9	90.1ab	20.5abc	0.3ab	54.9a
A：C：D=7：1：9	87.0abc	25.9ab	0.1ab	43.8ab
A：C：D=5：3：15	90.1ab	7.4c	0.0b	39.6ab
A：C：D=5：3：12	85.9abc	20.7abc	1.9ab	44.6ab
A：C：D=5：3：9	81.9abcd	13.9bc	2.8ab	50.7a
A：C：D=3：5：15	90.9a	30.8ab	2.4ab	52.51a
A：C：D=5：1：10	94.1a	38.9a	4.5a	56.3a
粗提物（20FE）	78.5abcd	20.5abc	0.7ab	44.3ab
A：B：F=1：1：1	80.4cd	16.0ab	9.0ab	49.6bcd
A：B：F=1：4：5	81.5bcd	26.9ab	6.7ab	49.1bcd
A：B：F=3：1：9	82.6bcd	9.9b	9.1ab	43.7cd
A：B：F=3：5：9	89.9abcd	26.0ab	6.7ab	49.5bcd
A：B：F=3：5：15	88.2abcd	24.4ab	4.6ab	54.9abc
A：B：F=5：1：10	92.5abc	16.2ab	4.6ab	67.3a
A：B：F=5：3：9	85.9bcd	14.7b	5.9ab	49.2bcd
A：B：F=5：3：12	85.0bcd	11.b	5.2ab	42.3cd
A：B：F=5：3：15	94.8ab	11.9b	7.46ab	66.1ab
A：B：F=7：1：9	97.2a	34.9a	13.1a	68.8a
A：B：F=7：5：15	74.3d	9.1b	1.5b	54.9abc
A：B：F=7：3：9	84.9bcd	12.8b	6.7ab	56.2abc
粗提物（20FE）	77.2d	13.7b	11.9a	36.7d
A：C：F=5：3：9	76.9bcd	8.1ab	0.1ab	35.2abc
A：C：F=5：1：10	87.2ab	1.5b	0.9ab	36.5ab
A：C：F=3：5：15	93.4a	18.2a	1.5a	47.9a
A：C：F=3：5：9	71.7bcd	12.9ab	0.4ab	14.1d
A：C：F=3：1：9	73.2bcd	7.4ab	0.0b	30.1bc
A：C：F=1：4：5	70.3bcd	9.9ab	0.9ab	28.5bc
A：C：F=1：1：1	79.1bcd	6.7ab	0.0b	27.5bc
A：C：F=7：1：9	67.5cd	2.3b	0.0b	22.3cd
A：C：F=7：5：15	76.8bcd	4.4ab	0.1ab	25.8bc
A：C：F=5：3：15	60.4d	3.4b	0.1ab	29.9bc
A：C：F=7：3：9	76.8bcd	4.5ab	0.0b	45.0a
A：C：F=5：3：12	81.5abc	3.9ab	0.8ab	47.9a
粗提物（20FE）	63.1cd	10.2ab	0.0b	27.1bc

对二元和三元组分的筛选出结果进行进一步分析，得出二元和三元组分中各自最佳的组分，A∶B=1∶1、A∶B∶D=5∶3∶12 这两个配比的 4 项指标都明显高于其他配比，它们之间存在显著性差异，因此，得出这两种合成的性信息素比例效果最佳。

三、田间诱蛾效果

利用筛选出的最佳二元和三元组分进行两次田间诱蛾试验，（E11 – 14∶AC）∶（14∶AC）=1∶1、（E11 – 14∶AC）∶（E11 – 14∶AL）∶（14∶OH）=5∶3∶12 分别按照 100μl/个橡胶塞制成诱芯。试验地点均选在农业部沙尔沁野外试验观察站苜蓿田进行。

由图 15 – 7 和图 15 – 8 可以看出 6 月和 8～9 月各出现一次诱蛾高峰期，6 月出现在 6

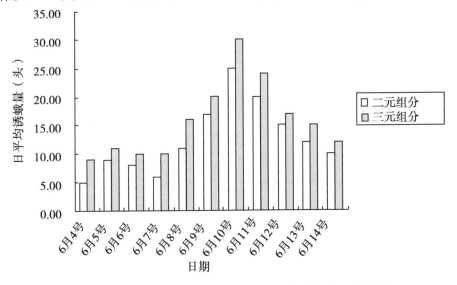

图 15 – 7　6 月性信息素二元及三元组分组合物的田间诱蛾活性

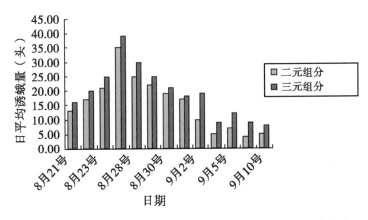

图 15 – 8　8～9 月性信息素二元及三元组分组合物的田间诱蛾活性

月 10 日；8 月出现在 8 月 26 日，而这两次高峰的出现均处在草地螟越冬代和第二代成虫盛发期，并与之吻合。无论二元和三元组分诱蛾效果均很明显，其中，三元组分 6 月和 8～9 月日均最高诱蛾量分别达到 30 头和 39 头，从数据分析来看最高诱蛾量三元组分总体高于二元组分，具有大面积推广应用的前景。

第四节　草地螟病原微生物—白僵菌的研究与应用

一、白僵菌的研究概况

白僵菌隶属半知菌亚门（Deuteromycotina）丝孢纲（Hyphomycetes）丛梗孢目（Maniliales）丛梗孢科（Moniliaceae）白僵菌属（*Beauveria*），可以寄生 15 目、149 科、700 多种昆虫和蜱螨类（付志坚，2000）。常见的白僵菌有两种，分别为球孢白僵菌 ［*Beauveria bassiana*（Bals.）Vuill］和卵孢白僵菌 ［*Beauveria brongniartii*（Sacc.）Petch］（蒲蛰龙，1996）。球孢白僵菌的寄主范围广，有鳞翅目、鞘翅目、同翅目、膜翅目、直翅目及螨目等，而卵孢白僵菌则仅为地下害虫的病原菌，如金龟子的幼虫等（蒲蛰龙，1996）。早在 1835 年意大利人 Bassidelod 经过多次实验，发现家蚕的白僵病是由一种真菌在昆虫体内外增殖的结果；同年 Balsamo-Crivelli 研究出那些形成白僵病的病原体是一种真菌，命名为 *Botrytis bassiana*，并研究清楚了它的寄生性，找到了预防和控制家蚕白僵病流行的办法，为后人进一步研究奠定了基础（李宏科，1996；李运帏，1982）。1887—1898 年，Forbes 和 Snow 在美国较大规模地试用白僵菌防治麦长蝽（*Blilssus leucopterus*），但未能持续。1910 年，Vuillemin 建立 *Beauveria* 属，*Botrytis bassiana* 一名被订正为 *Beauveria bassiana*，沿用至今。20 世纪 50 年代初期 D. M. MacLeod，R. W. Benham 和 J. L. Miranda 发表了有关白僵菌属分类的著作（MacLeod，1954；Benham，1953）。D. M. MacLeod 还制定出了白僵菌属的种的重要标准，并对白僵菌属和假白僵菌属的分类进行了研究（Macleod，1954）。

白僵菌在我国被发现有很悠久的历史，要早于西方国家。早在公元 2 世纪“白僵菌”的记载就出现在《神农本草》一书中，同时“白僵菌”这个名称也在《淮南万草术》中被提到。20 世纪 50 年代我国用白僵菌防治大豆食心虫（*Grapholitha glycinivorella*）和甘薯象鼻虫（*Cyla formicarius*）取得了良好效果（徐庆丰，1959；林柏欣，1956）。在近几十年来，人们用白僵菌防治杨干象虫 ［（*Cryptorrhynchus lapathiv*）Linnaeus］、蝙蝠蛾（*Wiseana cervinata*），球果花蝇（*Strobilomyia laricicola*）、松毛虫类及天牛类等森林主要害虫方面取得显著成就（李亚杰，1978；黄贵平，1992；蒲蛰龙，1994）。

二、白僵菌的生物学特性

（一）形态特征

从野外采集到的草地螟幼虫虫尸，体表白色，尸体僵硬。接种致死的草地螟幼虫，初期虫体变软变黑，从气孔长出白色菌丝，逐渐遍及全身，使尸体表面出现一层白色菌丝和分生孢子，体表由乳白色变为淡黄色，最终尸体僵硬。根据实验观察，草地螟幼虫感染白僵菌后，均出现食量下降，反应迟钝，活动明显减弱，并伴随有抽搐现象，死亡虫体僵化，显示出一般真菌病的典型特征，多数产生菌丝和大量白色分生孢子。从接种致死的虫尸内分离得到的菌株与初次分离得到的菌株进行菌落特征、菌丝形态、产孢形状、孢子大小和形态等镜检对比观察，结果一致（图 15-9）。

图 15 -9A　田间感染白僵菌的草地螟僵死幼虫

图 15 -9B　感染白僵菌草地螟僵死幼虫

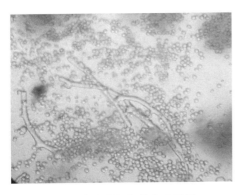

图 15 -9C　分生孢子和分生孢子梗 600 ×

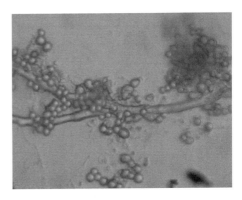

图 15 -9D　分生孢子梗和分生孢子 800 ×

在 PDA 平板培养基上呈棉絮茸毛或匍匐状，或形成束梗状菌丝体结构，或菌丝塌陷形成粉层状，产生大量的分生孢子后，出现大量粉末。菌落初期为白色，后期慢慢变为淡黄色。菌丝有隔、分枝、透明，宽 1.6 ~ 2.43μm，隔膜长 7.62 ~ 16.70μm，分生孢子梗多不分枝，呈筒形或瓶形，着生于营养菌丝上。产孢细胞浓密簇生于菌丝、分生孢子梗或泡囊上，呈球形或瓶形，颈部延长形成产孢轴，轴上具有小齿突，呈膝状弯曲（"之"字形弯曲）。分生孢子球形或近球形，单胞、无色、透明、光滑，（1.31 ~ 2.2）μm × （1.4 ~ 2.5）μm。经镜检和检索表鉴定为半知菌亚门（Deuteromycotina），丝孢纲（Hyphomycetes），丝孢目（Hyphomycetales），丝孢科（Hyphomycetaceae），白僵菌属（*Beauveria*），球孢白僵菌（*Beauveria bassiana*）（Domsch, 1980；邵力平，1984）。

（二）病原菌的活性检测

选取 1×10^8 个孢子/ml 的浓度作为标准，以 17 株菌株对草地螟幼虫的生物活性检测，其结果见下图：图 15 -10A 为兴安盟地区菌株编号为 Bb-D01-Bb-D04，4 株白僵菌菌株的活性曲线图，图 15 -10B 为乌兰察布市和呼和浩特市 7 株白僵菌菌株其编号为 Bb-Y01-Bb-Y07，图 15 -10C 为鄂尔多斯市 6 株白僵菌菌株其编号为 Bb-S01-Bb-S06。17 株白僵菌菌株均对草地螟幼虫的有较高的生物活性。

天敌昆虫扩繁与应用

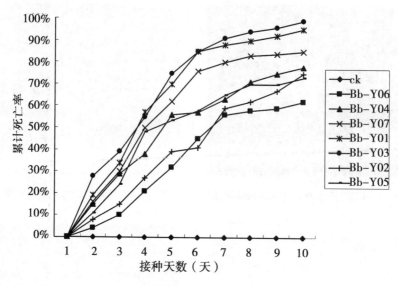

图 15－10A　兴安盟不同菌株对草地螟幼虫活性测定

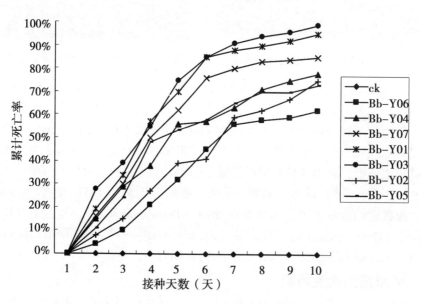

图 15－10B　乌兰察布市不同菌株对草地螟幼虫活性测定

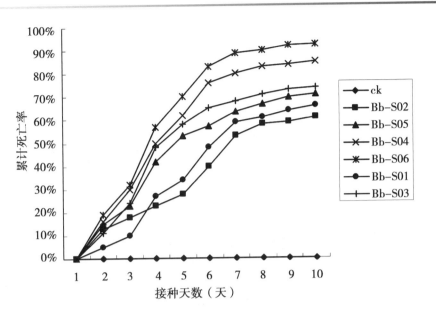

图15-10C　鄂尔多斯市不同菌株对草地螟幼虫活性测定

（三）营养条件对白僵菌生物学特性的影响

1. 不同碳源对各菌株生长指标的测定

实验所选的有机碳源比无机碳源更适合内蒙古自治区草地螟白僵菌的生长。从形态特征上分析接种在葡萄糖上的菌株，一般菌落颜色较深，且菌落厚于其他碳源。从生长指标上分析，有机碳源葡萄糖的萌发率高、菌丝生长快、产孢量高，生长指标明显高于其他碳源。综合分析17株菌株的形态特征和生长指标，有机碳源葡萄糖是该地区白僵菌生长的最佳碳源，蔗糖次之，相反，无机碳源碳酸钠则不适合（图15-11）。

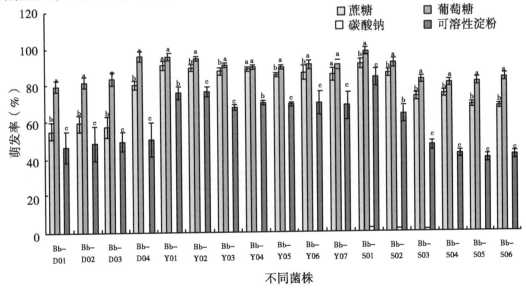

图15-11A　不同碳源对17株菌株的萌发率（%）的影响

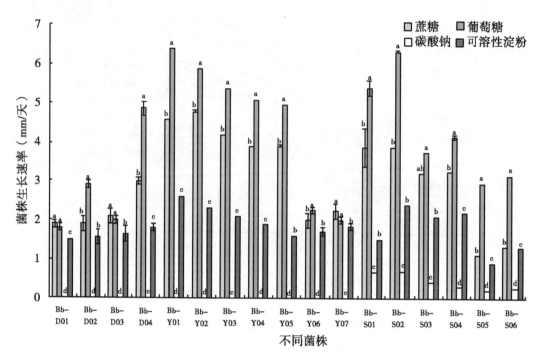

图 15 – 11B 不同碳源对 17 株菌株生长速率（mm/天）的影响

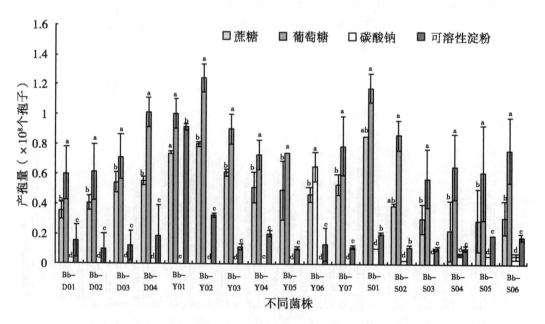

图 15 – 11C 不同碳源对 17 株菌株产孢量（$\times 10^8$个孢子）的影响

2. 不同氮源对各菌株生长指标的测定

所选的有机氮源和无机氮源不仅适合内蒙古地区草地螟白僵菌的生长，而且效果良好。从形态特征上分析接种有机氮源上的菌株，一般菌落颜色较深较厚，多呈现乳黄色。

无机氮源的菌落多呈现白色粉状或绒毛状，菌落厚度低于有机氮源。从生长指标上分析，由于菌株之间存在差异可能导致菌丝生长快但产孢量却不一定高的现象。总体来看有机氮源远比无机氮源的萌发率高、菌丝生长快、产孢量高，其中，以酵母浸粉的利用最为充分。综合分析各个菌株的形态特征和生长指标可以得出：有机氮源酵母浸粉是该地区白僵菌生长的最佳氮源，牛肉膏和蛋白胨次之。其形态特征具体表现为：有机氮源菌落呈现乳黄色、菌落较厚，有同心环、放射沟明显，皱褶强烈。无机氮源菌落呈现白色粉状或者白色绒毛状伞形、菌落较薄、有同心环和放射沟，无褶皱（图15－12）。

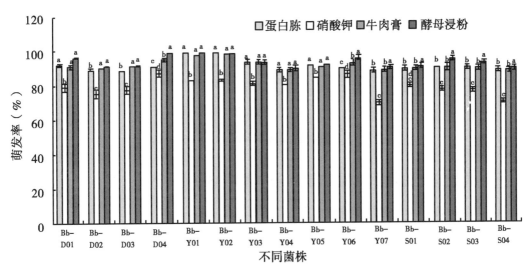

图 15－12A　不同氮源对 17 株菌株的萌发率（%）的影响

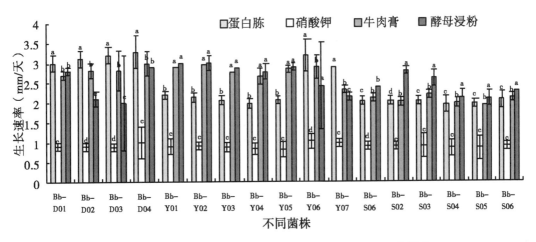

图 15－12B　不同氮源对 17 株菌株生长速率（mm/天）的影响

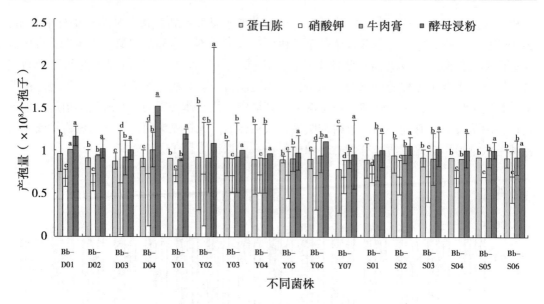

图 15 – 12C　不同氮源对 17 株菌株产孢量（×10⁸个孢子）的影响

三、草地螟白僵菌不同居群遗传多样性的 ISSR 分析

1. 群体遗传变异与遗传多样性

对采自内蒙古兴安盟、乌兰察布市、呼和浩特市、鄂尔多斯市等地区 16 个采集点的 17 株球孢白僵菌采用 ISSR（简单重复序列间隔区）技术进行了遗传多样性分析，探讨白僵菌不同地区和各地区内菌株的生态多样性。对内蒙古地区 17 株菌株的遗传多样性研究表明（表 15 – 21）。

表 15 – 21　白僵菌居群内的遗传多样性

居群 Population	等位基因数 Na	有效等位基因数 Ne	Nei's 基因 多样性指数 H	Shannon's 信息 多样性指数 I	多态位点百分 率 PPL（%）
兴安盟	1.851 2(0.366 3)	1.279 8(0.289 9)	0.185 6(0.157 8)	0.302 0(0.232 0)	85.12
乌兰察布 –呼和浩特	1.771 0(0.428 9)	1.250 1(0.280 6)	0.167 5(0.156 8)	0.270 0(0.226 5)	77.10
鄂尔多斯	1.837 3(0.378 6)	1.261 1(0.301 3)	0.169 9(0.159 6)	0.276 8(0.226 3)	83.73

注：括号中的数值为标准差

总体上，多态位点百分率（PPL）96.67%，Nei's 基因多样性指数（H）为 0.430 9，Shannon 信息指数（I）为 0.610 6。从各个居群来看，按照不同的地区，兴安盟地区的多态位点百分率最高（PPL = 85.12%），乌兰察布 – 呼和浩特市地区的多态位点百分率最低（PPL = 77.10%），即兴安盟地区居群遗传多样性较高。从各个居群的 Shannon 多样性指数中，兴安盟地区居群最大达到 0.302 0，乌兰察布 – 呼和浩特市地区居群最小为 0.270 0。根据 Shannon 多样性指数的大小将各种源排序为：兴安盟地区 > 鄂尔多斯地区 > 乌兰察布 – 呼和浩特地区。根据 Nei 遗传多样性指数排列的顺序与根据 Shannon 多样性指数排列的顺序基本一致，采用这两种指数估计遗传多样性都是可行的（表 15 - 21）。POPGEN 分析结果表明，居群内基因多样度（Hs）为 0.112 6，总基因多样度（Ht）为 0.432 0。各居群之间的基因分化系数（Gst）是 0.739 2。以上结果表明，遗传变异主要来源于居群间，各居群内的群体遗传变异较小。

2. 遗传一致度与遗传距离分析

17 株球孢白僵菌不同居群间的遗传距离和遗传一致度如表 15 - 22 所示。遗传一致度（I）的变化范围为 0.960 1 ~ 0.989 7。遗传距离（D）的变化范围为 0.007 6 ~ 0.039 8。表明 3 个地区的各白僵菌之间的亲缘关系很近，但并非完全一样，也存在一定的遗传变异。其中，以乌兰察布 - 呼和浩特地区和鄂尔多斯两个地区的遗传一致度最高为 0.989 7，其亲缘关系相对最近。而兴安盟地区的遗传一致度最低为 0.960 1，其亲缘关系相对较远。

表 15 - 22　三个居群的 ISSR 位点的 Nei's 遗传一致度（上三角）和遗传距离（下三角）

居群	鄂尔多斯	乌兰察布 - 呼和浩特	兴安盟
鄂尔多斯市	＊＊＊＊＊	0.989 7	0.960 1
乌兰察布 - 呼和浩特市	0.007 6	＊＊＊＊＊	0.962 1
兴安盟	0.039 8	0.016 2	＊＊＊＊＊

根据个体间的遗传距离进行 UPGMA 聚类分析，结果见图 15 - 13：17 株菌株并没有严格按照地理来源聚在一起，总体上同一地区菌株大部分都聚类在一起。呼和浩特采集的菌株 Bb - Y07 和鄂尔多斯地区聚为一类，并没有按照地理位置和乌兰察布 - 呼和浩特地区聚为一类，从地理环境因素分析其原因可能是 Bb - Y07 和乌兰察布 - 呼和浩特地区其他菌株被大青山阻隔，而这种阻隔导致了 Bb - Y07 和其他菌株之间的遗传差异性；第二个原因可能是 Bb - Y07 和鄂尔多斯地区均处在典型草原带的农垦区，因此聚为一类。聚类分析同时证明了内蒙古地区草地螟白僵菌菌株的遗传变异较多的集中在居群间，居群内部的变异较少。

四、白僵菌对草地螟的防治效果

（一）室内毒力测定

对草地螟高毒力白僵菌菌株的筛选。将采自内蒙古乌兰察布、鄂尔多斯、兴安盟 3 个地区 16 株白僵菌在室内对草地螟进行毒力测定，筛选出 3 个高毒力菌株：D6、S3、Y1（图 15 - 14）。

（二）田间防效

将筛选得到的高毒力白僵菌菌粉（与吉林省农业科学院植物保护研究所合作生产，含量 300 亿孢子/g）、白僵菌和印楝素复配对草地螟进行田间防治试验，菌剂亩用量 120g，地点设在内蒙古乌兰察布市四子王旗的和沙尔沁试验场苜蓿试验田示范区面积共 400 亩示范。白僵菌吉 Ⅱ 与印楝素复配对草地螟的防治效果较好，药后第 3 天的防效达到 86.8%，第 5 天的防效略有降低，但之后第 7 天的防效高达 90.8%，均高于白僵菌吉 Ⅰ、

白僵菌吉 Ⅱ 和 CK 对照组。白僵菌吉 Ⅰ 和吉 Ⅱ 对草地螟的防效在第 3 天时分别为 75.1% 和 75.2%，第 7 天时达到 81.0% 和 82.5%，基本达到防治效果，但不如白僵菌吉 Ⅱ 与印楝素复配对草地螟的的防效高（表 15 - 23）。

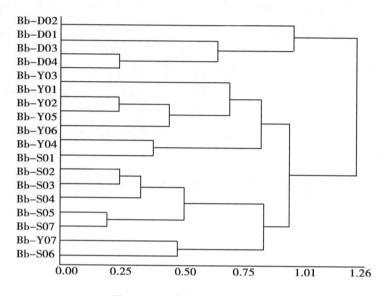

图 15 - 13　菌株间的聚类分析图

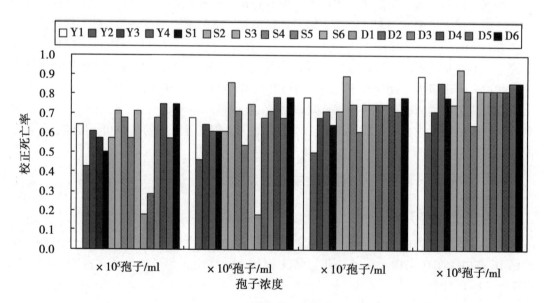

图 15 - 14　不同白僵菌菌株对草地螟幼虫的致病力

表15-23　白僵菌吉Ⅰ、吉Ⅱ、吉Ⅱ与印楝素复配对草地螟致病力的田间试验

处理小区	虫口基数	药后3天			药后5天			药后7天		
		虫口数	减退率%	防效%	虫口数	减退率%	防效%	虫口数	减退率%	防效%
白僵菌吉Ⅰ	43.7	15.3	65	75.1	12.7	70.9	76.1	11	74.8	81.0
白僵菌吉Ⅱ	51.7	18	65.18	75.2	16	69.1	74.7	12	76.8	82.5
印楝素+吉Ⅱ	36	6.7	81.39	86.8	6	83.3	86.3	4.7	87.8	90.8
CK	55.3	77.7	-40.5	—	67.4	-21.9	—	73.3	-32.5	—

第五节　天敌与其他防治措施的协调应用

在草地螟的防治中应坚持综防统治防控策略，坚持"灭效与环保并重，治标与治本并举和持续控制"原则，树立和加强"绿色植保"、"生态植保"、"公共植保"、"和谐植保"的新理念。以生物防治为主，结合生态建设治理进行综合防治，实现对草地螟的可持续控制。充分发挥天敌的自然控制作用，集成已有防治技术和产品，以生物、物理和生态调控等为主，化学防治为辅；以药剂防治幼虫为重点，推广使用高效、低毒、低残留农药，设灯诱杀成虫为补充；狠治一代，抑制二代，通过示范、推广综合防治技术，以点带面推动草地螟控害减灾工作，从而为持续控制草地螟猖獗危害提供了技术支撑和保障。

一、自然天敌保护利用技术

中国农业科学院草原研究所草地害虫研究课题组通过多年调查研究，初步明确草地螟天敌主要有寄生性天敌昆虫、病原微生物和捕食性天敌三大类。寄生天敌有寄生蝇27种，优势种为寄蝇科种类；寄生蜂10余种，优势种为茧蜂和姬蜂；其中，以寄生蝇的寄生率最高，对寄主种群的控制作用大（徐林波，2007；相红燕，2012；刘爱萍，2011）。病原微生物主要有球孢白僵菌、绿僵菌和细菌等（刘爱萍，2011；吴晋华，2011）。捕食性天敌有步甲、蚂蚁等。研究明确了上述天敌的分布区和寄主范围、寄生方式和控害效能。摸索出了基于替代寄主—黏虫的伞裙追寄蝇人工饲养扩繁技术（已申报国家发明专利），为今后规模化生产和利用打下了良好基础。

在明确草地螟天敌种类、寄生方式和控制作用基础上，充分发挥和合理利用天敌控制作用，尽力创造有利天敌种群增长的田间环境条件。如在草地螟幼虫低密度时不使用化学农药，以减少或避免杀伤天敌；在农田周边种植保护林、绿肥或牧草等，降温、提湿，提供寄生蝇等天敌所需的补充营养或庇护场所，提高其对草地螟的控制效果（张跃进，2008）。李红等提出了一些措施。如创造利于天敌种群增长的环境条件，在草地螟幼虫低密度时不使用化学农药，不推荐春耕或秋耕，以减少或避免杀伤天敌（李红，2007）。另外，在农田边种植一些保护林、绿肥或牧草，创造降低温度、提高湿度的小生态环境，提供寄生蝇所需的补充营养或庇护场所，有助于提高寄生蝇对草地螟的寄生率。人工制作竹

筒鸟巢，悬挂在田间周围的树上林间，以招引草地螟的鸟类天敌，充分发挥自然控制作用（温素英，2011）。

二、农业措施

秋耕春耙压低越冬虫口基数。通过田间试验和大量调查表明，在华北干旱区域实施秋耕春耙、蓄水保墒的农业措施，草地螟越冬场所受到严重破坏，越冬虫茧存活率降低70%以上，对有效压低当地草地螟虫源基数，减轻来年发生程度的效果显著（张跃进，2009）。如河北省康保县调查，秋耕后暴露于地表的虫茧，大多被鸟类、鼠类等取食，剩余的也干瘪而死，15天死亡率达86%，40天达100%。进一步试验，秋（春）耕砂壤或栗钙土的农田，能正常羽化出土的草地螟成虫仅为14%，深耕灭虫、灭茧（蛹）防效为86%左右，降雨偏多、土壤湿度高的年份和黏土耕地，死亡率更高。山西省阳高县实施秋耕春耙，越冬虫茧平均死亡率70%以上。在农田周边种植保护林、绿肥或牧草等，降温、提湿，提供寄生蝇等天敌所需的补充营养或庇护场所，提高其对草地螟的控制效果（张跃进，2008）。

三、生态调控技术

1. 掌握适当中耕除草时期可有效降低田间草地螟落卵量

康爱国等在亚麻、豌豆、大豆、胡萝卜田中试验，产卵前和产卵高峰（末）期中耕除草结果表明，同一种作物、同一块地，产卵前及早中耕除草，单位样点内落卵量明显减少；产卵高峰（末）期迟中耕除草，单位样点着卵量明显偏高，即早中耕除草比迟中耕除草单位样点内着卵量减少83.9%～89.8%，及早中耕除草有明显的避卵作用（康爱国，2007）。张跃进等对东北、华北各示范区38科126种植物受害情况进行比较结果表明，在农作物中，明确了水稻、荞麦是草地螟不取食作物，裸燕麦、燕麦、玉米是草地螟的非喜食作物，向日葵、豆类、甜菜、胡萝卜、油菜和胡麻等是草地螟喜食作物，苹果、杏树和葡萄（果实）也是草地螟喜食寄主。草地螟还取食为害榆树、柳树、杨树和沙棘等林木。因此，在发生区可结合种植业结构调整，有针对性地推广种植小杂粮和荞麦等非喜食作物，或种植（预留）草地螟喜食寄主作为诱集带，诱集草地螟产卵和取食，集中统一处理，可有效保护作物，起到事半功倍的作用，生态控制效果明显。同时，根据草地螟成虫产卵对寄主种类、产卵部位有较强的选择性，明确了不同气候（主要是湿度）下的除草灭卵效果，完善了草地螟适期除草灭卵技术（张跃进，2008；张跃进，2009；康爱国，2007；屈西锋，2004；王睿文，1998）。

2. 种（留）植诱集带诱控草地螟产卵

山西省植保站根据草地螟成虫有采集苜蓿花蜜补充营养，并在其上产卵的习性，在寄主作物田边种植苜蓿，在草地螟产卵后立即收割苜蓿，并集中处理，可减轻其周围作物上草地螟的发生和为害（张跃进，2008；张跃进，2009）。黑龙江省植保站试验，在已除草的玉米田中种植其喜食作物如大豆或向日葵，或在作物田四周留出不除草区域，引诱草地螟在其上产卵，并在卵孵化期或低龄幼虫期集中处理虫卵，也收到较好的防除效果（康爱国，2007）。

四、灯光诱控技术

利用草地螟成虫的趋光性，采用黑光灯诱杀成虫，以压低草地螟的种群数量。通过比较频振式杀虫灯、太阳能杀虫灯和高压汞灯诱杀草地螟效果，从防效、经济效益和生态安全等因素综合评价，确定频振式杀虫灯是诱杀草地螟成虫的首推产品，每盏灯控制面积为 $3.0hm^2$（高秆作物）至 $4.0hm^2$（矮秆作物）；设置高度，一般低矮植物 80cm 左右为宜，高秆植物以齐或超出作物顶端为宜。山西省植保站于 2006 年试验了普通频振式杀虫灯（220V、15W）的防治效果和效益，灯控区基本不需要进行防治，而化学防治区需用药 2~3 次，灯控区比化学防治区降低 30% 的费用（2006）。黑龙江植保站 2006 年和 2007 年在富裕县试验了普通频振式杀虫灯（220V、15W）和高压汞灯（220V、400W）诱杀效果，防效分别为 74.1% 和 65.6%（张跃进，2009）。

五、环境兼容型农药防治技术

筛选应用环保型农药。李克斌、尹姣筛选了包括生物类、菊酯类、酰基脲类、苯基甲酰基脲和苯基吡唑类、有机磷农药及其复配剂等共 25 种农药。发现以高效氯氰菊酯和氯氟氰菊酯等菊酯类农药防效好，成本低，可在生产上重点推荐，但应与生物农药等其他类型药剂配合使用；生物农药中，苦内酯和阿维菌素在低龄幼虫期防效达 80% 以上，除虫菊素、苏云金杆菌、苦参碱、印楝素的防效在 70% 以上，可在害虫低密度且湿度条件较好敏感环境下使用。阿维菌素和苦内酯药效快、持效期长，可在卵盛期至 3 龄前幼虫高峰期使用；1.5% 除虫菊素药效快，7 天后防效降低，应在 3 龄前幼虫高峰期使用；苏云金杆菌药效慢，但残效长，印楝素和苦参碱药效慢，但 7 天后防效一般，应在卵盛期使用。有机磷类农药，以三唑磷效果最好，其次是高效氯氰菊酯·毒死蜱、毒死蜱、氯氟氰菊酯·二嗪磷、阿维菌素·毒死蜱、阿维菌素·三唑磷、阿维菌素·杀螟硫磷，最后是高效氯氰菊酯·马拉硫磷、增效马拉硫磷·氰戊菊酯和氰戊菊酯·辛硫磷等，但生产上应与其他农药交替使用，以延缓抗药性产生；氟铃脲、氟啶脲、氟虫脲和灭幼脲可作为防治草地螟的第 2 代农药或备选农药品种（李克斌，2006；尹姣，2005）。

六、构建草地螟综合控制技术体系

在草地螟幼虫低密度时不使用化学农药，以减少或避免杀伤天敌。根据不同生态特点草地螟发生为害规律，组建了草地螟虫源区和重灾区综合控制技术体系。虫源区，采取秋耕、春耙压低越冬基数；调整种植业结构，合理种植草地螟非喜食植物，早期收割蜜源植物，保护自然天敌，减轻受害程度；实施大面积灯光诱杀，减少成虫落卵量；结合农事活动，及时中耕除草灭卵，清除田间杂草，并集中销毁，在幼虫孵化后先打药后除草，控制幼虫转移为害；在幼虫 3 龄前选用高效、低毒、低残留、低成本、击倒力强的化学农药进行防治。在虫龄较大且发生集中的严重田块，及时在农田四周挖沟或打药带封锁，防止其向农田迁移扩散形成灾害。重灾区，在加强异地监测预报的同时，采取大面积灯光诱杀，减少成虫落卵量；产卵期及时中耕除草灭卵，带出田外集中销毁；在幼虫孵后及时选择生物农药进行防治，或选用高效、低毒、低残留、低成本、击倒力强的化学农药进行防治。对农牧交错区或集中发生田块，及时在农田四周挖沟或打药带封锁，防止其向农田迁移扩散形成灾害，在此基础上，河北张家口市形成了地方标准《草地螟防控技术规范》，使草地螟控制技术走向规范化（张家口市质量技术监督局．DB1307/T105－2008 中国标准书号［S］．张家口：2008）。此外，草地螟作为一种多食性害虫，在自然界中的寄主种类繁多，因此，可从化学生态学和营养生态学角度入手，运用生理生化与分子生物学技术和手段，明确草地螟信息化合物的结构与组成，揭示其与寄主协同进化的规律是今后的一个重要研究方向。

（刘爱萍编写）

参考文献

陈海霞，罗礼智，李桂亭．2007．双斑截尾寄蝇对草地螟寄生的主要生物学特征及饲养技术［J］．植物保护，33（3）：122－124．

陈海霞，罗礼智．2007．双斑截尾寄蝇对寄主种类及草地螟幼虫龄期和寄生部位的选择［J］．昆虫学报，50（11）：1 129－1 134．

陈晓，陈继光，薛玉，等．2004．东北地区草地螟1999年大发生的虫源分析［J］．昆虫学报，47（5）：599－606．

崔万里．1992．草地螟生物学特性的观察［J］．昆虫知识，5：289－292．

杜家纬．1988．昆虫信息素及其应用［M］．北京：中国林业出版社，182－197．

付志坚，陈建新，付丽君．2000．白僵菌对昆虫的致病机理研究综述［J］．武夷科学，16：105－109．

郭金莲，李良成，王维彪．1993．松毛虫小盾寄蝇发生初步观察［J］．昆虫天敌，15（2）：95．

韩学俭．2003．草地螟的危害及其防治［J］．中国农村科技，6：23－24．

呼伦贝尔盟草地螟科研协作组．1987．草地螟发生规律及预测预报和防治研究［J］．病虫测报，增刊第1号：34－52．

黄贵平．1992．几种主要虫生真菌的研究与利用［J］．贵州农业科学．（5）：61－64，47．

吉林省草地螟科研协作组．1987．草地螟发生规律及预测预报和防治研究［J］．病虫测报，增刊第1号：70－78．

姜玉英，张跃进，杨宝胜，等．2009．草地螟2008年越冬虫源分布特点和2009年发生趋势分析［J］．中国植保导刊，29（1）：39－41．

康爱国，张莉萍，沈成，等．2006．草地螟寄生蝇与寄主间的关系及控害作用［J］．昆虫知识，43（5）：709－712．

康爱国，张跃进，姜玉英，等．2007．草地螟成虫产卵行为及中耕除草灭卵控害作用研究［J］．中国植保导刊，27（11）：5－7．

李广华，阿尔孜古丽·艾塞，张莉，等．2011．新疆草地螟暴发成因及防治对策［J］．新疆农业科技，3：26．

李红．2008．草地螟幼虫寄生天敌种类、寄生率及其影响因子的研究［D］．北京：中国农业科学院植物保护研究所，硕士学位论文．

李红，罗礼智．2007．草地螟的寄生蝇种类、寄生方式及其对寄主种群的调控作用［J］．昆虫学报，50（8）：840－849．

李红，罗礼智，胡毅，等．2008．双斑截尾寄蝇和双斑截尾寄蝇对草地螟的寄生特性［J］．昆虫学报，51（10）：1 089－1 093．

李宏科．1996．虫生真菌的研究与利用［J］．世界农业，12：29－30．

李克斌，尹姣，滑海涛，等．2006．5种生物农药对草地螟幼虫的防效试验［C］∥成卓敏．科技创新与绿色植保，北京：中国农业科学技术出版社，474 - 477.

李良成.1986.雁北地区农作物主要害虫天敌调查 [J].山西农业科学，5：3 - 6.

李亚杰.1978.白僵菌防治杨干象虫和蝙蝠蛾试验 [J].林业科技通讯，11：20.

李运帷，吕昌仁，陶恒才.1983.白僵菌的生产和应用 [M].北京：中国林业出版社，1 - 2，5 - 6，30 - 31.

李运帷，吕昌仁，陶恒才.1982.白僵菌的生产与应用 [M].北京：中国林业出版社，11 - 23.

林柏欣.1956.应用白僵菌防除甘薯象鼻虫初报 [J].昆虫学报，6（4）：539 - 540.

刘爱萍，曹艺潇，徐林波，等.2011.人工合成草地螟雌蛾性信息素的初步筛选 [J].应用昆虫学报，48（3）：790 - 795.

刘爱萍，曹艺潇，徐林波，等.2011.内蒙古地区草地螟白僵菌不同地区遗传多样性分析 [J].草地学报，19（2）：340 - 345.

刘银忠，李林福.1986.草地螟寄蝇的研究及记述 [J].昆虫天敌，8（2）：90 - 97.

刘银忠，赵建铭，李林福，等.1998.山西省寄蝇志 [M].北京：科学出版社，378.

刘银忠，李林福.1986.草地螟寄蝇的研究及记述 [J].昆虫天敌，8（2）：90 - 97.

刘玉秀，孟宪佐，2002.黄斑卷蛾雄蛾对性信息素的行为反应 [J].昆虫学报，45（4）：436 - 440.

卢川川.伞裙追寄蝇的初步研究 [J].昆虫知识，1976，13（1）：19 - 20.

罗礼智.我国 2004 年一代草地螟将暴发成灾 [J].植物保护，2004，3（30）：86 - 88.

罗礼智，黄绍哲，江幸福，等.2009.我国 2008 年草地螟大发生特征及成因分析 [J].植物保护，1，27 - 33.

蒲蛰龙.1994.昆虫病理学 [M].广州：广东科技出版社，346 - 350.

蒲蛰龙，李增智.1996.昆虫真菌学 [M].合肥：安徽科学技术出版社.71 - 76.

屈西峰.2005.草地螟发生程度的划分 [J].中国植保导刊，8（25）：8 - 11.

屈西锋，邵振润，王建强.1999.我国北方农牧区草地螟暴发周期特点及原因分析 [J].昆虫知识，36（1）：11 - 14.

屈西锋，夏冰.2004.2003 年中国草地螟的发生特点和成功治理经验 [J].中国植保导刊，24（1）：22 - 24.

邵力平，沈瑞祥.1984.真菌分类学 [M].北京：中国林业出版社.

孙晓英，韩仁波，都乃仁.2005.豆田草地螟发生预报及防治措施 [J].大豆通报，3：16.

孙雅杰，陈瑞鹿.1995.草地螟迁飞、发生区与生活史的研究 [J].华北农学报，10（4）：86 - 91.

王睿文，唐铁朝，康爱国，等.1998.1997 年草地螟暴发原因分析及其防治对策 [J].植保技术与推广，18（2）：16 - 19.

王文艺.2006.长沙地区草坪草地螟种群消长动态及防治对策 [D].长沙：湖南农业大学.

温素英，王永良，青格乐，等.2011.草地螟综合防治关键技术研究 [J].畜牧与饲料科学，32（1）：7 - 9.

翁仲彦，周昌清，陈海东.1996.松毛虫寄蝇研究Ⅱ：寄生蝇替代寄主筛选和人工繁殖初探 [J].昆虫天敌，18（1）：1 - 6.

吴晋华，刘爱萍，徐林波，等.2011.不同的球孢白僵菌对草地螟的毒力测定 [J].中国植保导刊 31（10）：10 - 13.

相红燕，刘爱萍，高书晶，等.2012.黑条帕寄蝇成虫生物学特性初步研究 [J].植物保护，38（4）：57 - 62.

相红燕，刘爱萍，高书晶，等.2012.伞裙追寄蝇对不同寄主的选择性 [J].环境昆虫学报，34（3）：333 - 338.

徐林波，刘爱萍，王慧.2007.草地螟的生物学特性及室内毒力测定研究 [J].草业科学，24（9）：83 -

85.

徐庆丰 . 1959. 应用白僵菌防治大豆食心虫的初步研究 [J]. 昆虫学报, 9 (3): 203 – 215.

尹姣, 张宝民 . 2000. 草地螟的预测预报及防治 [J]. 农资科技, (3): 27 – 28.

尹姣, 曹煜, 李克斌, 等 . 2005. 不同药剂对草地螟控制效果的研究 [J]. 中国植保导刊, 25 (9): 39 – 41.

曾娟, 姜玉英 . 2011. 2010 年中国草地螟轻发生年份的新特点与成因探讨 [J], 中国农学通报, 27 (18): 273 – 281.

曾娟, 姜玉英, 张野 . 2010. 2009 年我国草地螟发生特点及原因分析 [J]. 中国植保导刊, 5 (30): 33 – 36.

张家口市质量技术监督局 . DB1307/T105 – 2008 中国标准书号 [S]. 张家口: 2008.

张李香, 范锦胜, 王贵强 . 2010. 中国国内草地螟研究进展 [J]. 中国农学通报, 26 (1): 215 – 218.

张蓉, 先晨钟, 杨芳, 等 . 2005. 草地螟和黄草地螟危害苜蓿产量损失及防治指标的研究 [J]. 草业学报, 14 (2): 121 – 123.

张树坤, 刘梅凤, 李齐仁, 等 . 1987. 山西省草地螟发生规律、预测预报及其综合治理的研究 [J]. 病虫测报, 增刊第 1 号: 82 – 89.

张希林 . 1999. 草地螟的生物学特性及防治研究 [J]. 甘肃农业科技, 1: 33 – 35.

张跃进, 姜玉英, 江幸福 . 2008. 我国草地螟关键控制技术研究进展 [J]. 中国植保导刊, 28 (5): 15 – 19.

张跃进, 姜玉英, 杨宝胜, 等 . 2009. 草地螟监控技术研究与示范推广 [J]. 中国植保导刊, 29 (1): 36 – 38.

赵洪有, 黄魁玉 . 1989. 常怯寄蝇的发生与人工饲养繁殖 [J]. 生物防治通报, 5 (3): 138.

赵建铭, 汪兴鉴 . 1985. 利用自然寄主玉米螟人工大量繁殖玉米螟厉寄蝇的研究 [J]. 生态学报, 5 (4): 357 – 363.

赵建铭, 汪兴鉴, 刘银忠, 等 . 1985. 玉米螟厉寄蝇的人工饲养和繁殖 [J]. 昆虫知识, 22 (1): 42 – 44.

周庆南 . 1981. 大袋蛾寄生天敌—伞裙追寄蝇人工饲养初探 [J]. 昆虫天敌, 3 (1 – 2): 32 – 33.

周艳丽, 杨骥, 范有君, 等 . 2000. 草地螟越冬代成虫生物学特性及控制技术研究 [J]. 中国糖料, 2: 22 – 24.

Anisimova M. 1931. The Biology of a Parasite of the Meadow Moth, *Phytodietus segmentator* Grav. The Meadow Moth in 1929 – 1930 [J]. Kiev, Izd. Ukr. nauchno – issled. Inst. sakharn. Promuishl, 1: 161 – 170.

Belov VK, Shurovenkov YuB, Taran NA. 1979. Details of the development of the meadow moth in the RSFSR [J]. Zashchita Rastenii, 5: 44 – 46.

Benham R W, Miranda J . L . 1953. The genus Beauveria. Morphologcal and taxonomical studies of several species and of two strains isolated from wharf – piling borer [J]. Mycologia, 45 (5): 727 – 746.

Bychkov AE. 1978. The protection of sugar – beet sowings on a collective farm [J]. Zashchita Rastenii, 6: 16.

Chau A, Mackauer M. 2000. Host instar selection in the aphid parasitiod *Monoctonus paulensis* (Hymenoptera: Braconidae, Aphidiidae): a preference for small pea aphids [J]. European Journal of Entomology, 97: 347 – 353.

Dobrovolskii B V. 1935. On the regularities of propagation and dying out of Loxostege sticticalis L [J]. Plant Protection, 5: 67 – 74.

Domsch K H, Gams W. 1980. Compendium of soil fungi, Academic press.

Dyadechko NP, Tsybul'skaya GN, Chizhik RI, *et al.* 1976. Biological agents reducing the numbers of the meadow moth [J]. Zashchita Rastenii, 7: 43 – 44.

Lacatusu M，Voicu M. 1984. Braeonid parasites of Margaritia sticticalis L. Travaux du Museum d'Histoire Naturelle'Crigore Antipa'. 25：187 – 190.（Database CAB Abstracts，Accession Number：19850527307）

Lacatusu M，Voicu M. 1984. Braconid parasites of Margaritia sticticalis L［J］. Travaux du Museumd' Histoire Naturelle' Grigore Antipa，25：187 – 190.

Lebedyanskaya MG，Medvedeva VI，Chernopanevkina SM. 1936. Trichogramma evanescens and its possible use in the control of insect pests［J］. Plant Protection，Leningrad，111 – 123.

MacLeod D M . 1954. Natural and cultural variation entomogenous Fungt imperfecti［N］. Annals of the New York Academy of Sciences，60. 58 – 70.

Macleod D M . 1954. Investigations on the genera Beauveria WuilL. and Tritirachium Limber［J］. Canadian. Bot，32，818 – 890.

Mamonov B A. 1930. Observations on Loxostege sticticalis and the results of tests of the action of insecticides on cultivated oil plants［J］. ByuL. Sev. Kavkaz. Kraev. S. – Kh. Opuit. Sta.［BulL. N. Caucas. Agric. Expt. Sta］. Rostov – on – Don，66：314.

Mikhal' tsov V P，Khitsova L N. 1985. Extent of infestation of beet webworm by some species of tachinids（Diptera，Tachinidae）as an index of their range［J］. In：Skarlato OA ed. Systematics of Diptera（Insecta）：Ecological and Morphological Principles. New Delhi：Oxonian Press. 95 – 96.

Mikhal'tsov V P，Khitsova L N. 1980. Tachinids and the beet webworm（*Loxostege sticticalis*）［J］. Zashchita Rastenii，4：38.

NAKAMURA，S. 1994. Parasitization and life history parameters of *Exorista japonica*（Diptera：Tachinidae）using the common armyworm，*Pseudaletia separate*（Lepidoptera：Noctuidae）as a host［J］. Appl. Entomol. Zool. 29：133 – 140.

Pushkarev B. V .，Mikhal'tsov V. P. 1983. Increasing the effectiveness of *Trichogramma*［J］. Zashchita Rasteni，7：33 – 34.

RubetsNM，Voitsekhovskii AT. 1989. Trichogramma versus beet webworm［J］. Zashchita Rastenii（Moskva），6：23.

Sayed A，Unelius R C，Liblikas I，*et al*. 1998. Effect of codlemone isomers on codling moth（Lepidoptera：Tortricidae）male attraction［J］. Environmental Emomol. 27（5）：1 250 – 1 254.

SHIMA，H. 2006. A host-parasite catalog of Tachinidae（Diptera）of Japan. Makunagi，Acta Dipt. 31：1 – 171.

Swailes G E. 1960. Influence of soil and moisture on the beet webworm，Loxostege sticticalis，and its parasites［J］. Economic Entomology，3（4）：585 – 586.

第十六章　天敌昆虫控害效应评价方法

第一节　基于寄生和捕食程度的控害效应评价途径

在害虫综合防治实践中，首先需要评价天敌的控害作用，从而为协调多种防治技术（主要是与化学防治技术进行协调），制定最优综合防治方案提供依据。此外，生物防治项目实施的成功与否亦需要评价天敌的控害效果。

评价天敌昆虫（捕食性和寄生性昆虫）对害虫种群的控制效应，通常采用三大途径：直接说明天敌的控害效应；通过害虫种群数量的变化间接说明天敌的控害效应；综合运用直接和间接方式说明天敌的控害效应。以下分别概述这三条途径。

该评价途径旨在通过估计天敌捕食或寄生程度，进而推测对害虫种群数量的控制效应，从方法论视角看隶属于间接估计（Mills，1997）。该途径在评价害虫天敌控害效应中应用最广泛，但存在的问题也最多，如果运用得不恰当，往往难以正确估计出天敌的实际控害作用。

一、寄生率调查法

寄生率调查方法虽然广泛运用于评价寄生性昆虫和病原菌的控害作用，但常用的方法往往高估或低估天敌的实际控害作用。主要存在的问题如下。

（一）抽样调查缺乏代表性

与健康害虫相比，被天敌寄生或病菌感染的害虫常发生不同程度的行为变化，从而改变其空间分布，所以，通常用来调查健康害虫的抽样方法就会低估寄生率；有时采用的调查方法可能会高估寄生率。例如，蝗虫在受到虫霉菌感染的后期，常喜好爬上植株顶端，然后死亡，故得名"抱草瘟"，如果使用扫网不当，就会过多采到感染的蝗虫，从而高估寄生率。所以，在制定抽样调查方案时，除了考虑一般的抽样要求外，还须摸清健康和被寄生或感病的害虫的空间分布特点，从而制定出合理的抽样调查方案。

（二）未考虑非寄生致死

寄生性昆虫在产卵寄生过程中，可能为试探寄主而只将产卵器刺入寄主但未产卵，有的寄生蜂具有用产卵器刺吸寄主取食习性，这些行为造成的伤口可能影响寄主的存活，但寄生率调查通常不考虑这些致死效应。

（三）定期调查的寄生率不能准确代表害虫数量实际减少量

通常定期抽样调查某虫态或时期（称"敏感期"，如：卵、低龄幼虫、高龄幼虫或蛹），获得一个或一系列寄生率数据，以此估计对害虫种群数量的控制作用。但该方法忽略了两类重要因素，一类是由于害虫种群个体发育进度不整齐而出现的遗漏问题，即发育快的健康个体已进入下一时期，而发育晚的个体尚未进入敏感期。所以，由某次抽样得到的寄生率仅代表了某天敌与其寄主相互作用的时空"长河"中的一个瞬间的寄生情况，因此，在不同时间抽样得到的寄生率存在着不同程度的差异。另一因素是被寄生个体由于发育速率放缓，而更多地被抽查到。由于这些因素的影响，获得的寄生率不同程度地高估或低估（取决于抽样的时机）天敌对害虫的实际控制效应。对此 Van Driesche（1983）提出用世代死亡率评价天敌对害虫的控制效应：

$$\frac{H_p}{H_t}$$

H_p 代表在害虫一个世代内进入敏感期的所有被寄生害虫数量；H_t 为进入敏感期的所有害虫总数。所以，当分母包含了非敏感期的个体，或当分子中天敌种群尚未完成攻击前抽样，都会低估世代死亡率。而当寄生延缓了寄主的发育，那么在健康个体离开敏感期后抽样就会高估世代寄生率；当在上一时期个体尚未全部进入敏感期时抽样，也会高估寄生率。对此，Driesche（1983）指出，用一系列定期抽样获得的最高或平均寄生率来代表世代死亡率都不准确，只有在以下情况才可以代表世代死亡率。

（1）天敌的所有攻击已经完成。

（2）受到攻击的寄主无一死亡或消失。

（3）再没有寄主从前一时期进入敏感期。

（4）健康寄主无一从敏感期进入下一时期。

这种"巧合"是难以预先得知的。除非出现以下情况。

（1）潜叶类、造瘿类和介壳虫等营固定生活的寄主，由于寄主和寄生蜂在离开目标阶段和羽化后留有痕迹，因此，容易获得确切的'分子'和'分母'，正确地估计出世代死亡率。

（2）当被抽样的寄主处于"稳定态"时，如越冬滞育、越夏滞育，此时所有寄主都处于敏感期，而且所有寄生都已完成，所以，一次抽样就能代表世代寄生率。

如果上述特殊情况不存在，Van Driesche（1991）建议用"增员分析"（recruitment analysis）方法估计世代死亡率，即通过连续密集抽样获得一个世代内某敏感期的所有昆虫及其被寄生的寄主数量。Gould（1989）提出用"致死率分析"（death rate analysis）方法估计世代死亡率。通过短时间间隔定期采集寄主样本，记录 2 次相邻抽样之间样本的致死率（样本中由于寄生而出现的死亡），获得所谓"时间特征"寄生率。这个方法假设，所有寄主增员发生在抽样前的短暂时间间隔内。这个方法比增员分析法简便。具体计算公式如下：

$$P_i = \frac{N_i}{N_{i-1}}$$

P_i 为第 i 时间段的存活率；N_i 为第 i 时间段结束时的寄主数量；N_{i-1} 为第 i 时间段开始时的寄主数量。世代死亡率为：

$$M_{generation} = \left[1 - \left(P_i \times P_{i+1} \times P_{i+2} \times P_{i+n} \right) \right] \times 100$$

二、捕食天敌取食物证法

该方法通过观察、解剖或生化（或分子）标记方法获得捕食性天敌昆虫的捕食猎物

天敌昆虫扩繁与应用

种类及其数量，从而评价捕食性天敌的控制作用。

1. 猎物残体直接鉴别

该方法通过鉴别某些捕食性昆虫捕食猎物后遗留的部分猎物残体，来分辨捕食者。某些具有刺吸功能的捕食性天敌吸食猎物后，猎物残体上留有特有的伤口。例如，猎物残体上若有一对小洞，表明是脉翅目昆虫所为；若只有 1 个小洞，表明是半翅目昆虫所为；若布满小洞，则可能是蚂蚁捕食。

2. 猎物残体解剖鉴别（肠道解剖法）

通过采集咀嚼口器捕食者解剖其消化道（前肠），鉴别内含物中的猎物残片并估计其存在时间，根据残片推测个体数量，从而估计捕食者的捕食量；再结合各种捕食者相对数量（密度），就可评估其捕食效应。

3. 猎物标记

用染料、放射性同位素或稀有元素标记猎物后，释放到野外供捕食性天敌捕食，一段时间后采集捕食者，鉴别标记物质类别及其含量，据此估算出每头捕食者单位时间的捕食量（捕食率），如果调查了捕食者的密度，就可估算出单位种群的捕食量。然而，该方法具有以下缺点。

（1）化学标记物可能危害人体健康。

（2）猎物个体时间携带的标记物存在不同程度的差异。

（3）捕食者体内的标记物含量相同未必表明取食的猎物数量相同。

（4）捕食者排泄掉的标记物量可能取决于取食猎物的量。

（5）标记可能影响猎物被捕食的风险。

（6）标记物易于在昆虫群落中通过各种方式快速传播，如排泄、产生蜜露、交互哺幼（如蚂蚁）、脱蜕皮、取食死亡的猎物以及集团内捕食等。

（7）该方法实施起来费力费时，尤其当标记物含量低时。

（8）田间猎物种群受到干扰。

4. 血清学检验

该技术首先用少量猎物接种鼠或兔诱导产生抗血清，然后用抗血清与采集到的捕食者肠道内容物中的猎物抗体发生反应，从而鉴别捕食者的食谱。该方法主要用于评价野外捕食作用。先后提出多种模型量化评价捕食作用（表 16-1）。这些模型的建立包含了一些假定，如若这些假定不能满足，就会产生一些错误的评估结果。这些假定有：

（1）室内测定获得的猎物在捕食者体内的探查时限（可探测到的时间范围）与其在野外环境中一样。

（2）ft_{DP} 与整个种群中摄取猎物后的平均时间有关。

（3）捕食者取食猎物是一块一块进行的，如果一块食物中包含几头猎物，或几头猎物相继快速被摄取且探查时限较长（被当做一块食物），则可能低估捕食率。

（4）摄取部分猎物不存在程度上的不同。

（5）大田捕食者的密度准确无误（难以达到）。

（6）猎物样本及其肠道中猎物的量代表了捕食者的总体种群，这与抽样方案和样本大小有关。

（7）目标猎物与非靶标猎物没有交互反应（如若存在交互反应，可以采用单克隆抗体加以克服）。

（8）猎物残留物的存在只是捕食的结果，而非腐食、捕食者之间相互残杀或取食其他非靶标猎物的结果。

Naranjo 等（2001）根据捕食螨的特点认为，在这些模型中（表 16－1），模型 2 和模型 3 会极大地高估捕食率，模型 5 由于 Q_0 而限制其应用范围，模型 1 和模型 4 既可能低估也可能高估捕食率，对此，他们将功能反应纳入模型（模型 6），从而获得更正确的评价。

表 16－1　用血清学方法评价捕食作用的捕食率模型

公式	参考文献	定义
1. pd / t_{DP}	Dempster（1960，1967）	d = 捕食者密度；
		f = 捕食者肠道中残留食物的比例；
2. $pr_i d$	Rothschild（1966）	h = 温度；
		N = 猎物密度；
3. $pr_i d/t_{DP}$	Kuperstein（1974，1979）	P = 采集的捕食者中含有猎物残留物的比例；
		Q_o：捕食者肠道中猎物的量（不能使用免疫斑点测定技术）；
4. $[\log_e(1-p)]d/t_{DP}$	Nakamura and Nakamura（1977）	r_i = 实验室或室外养虫罩中获得的摄食率或捕食率；
5. $Q_o d / ft_{DP}$	Sopp *et al.*（1992）	t_{DP} = 猎物在捕食者体内可探查的时限（是温度的函数）。
6. $pdr_i(N)/t_{DP}(h)$	Naranjo and Hagler（2001）	

在运用这些模型时，准确估计探查时限 t_{DP} 如何随食物大小、温度和肠道中有非靶标猎物而变化至关重要。Soup 等（1989）对捕食性步甲、隐翅甲和蜘蛛的研究发现：（a）通常在捕食者体内，探查时限随温度升高而缩短，但随捕食者体型增大而延长（可能是由于猎物体型也比较大的缘故），而食物大小不影响探查时限；蜘蛛体内的探查时限较长，即使在高温下也是如此，其原因可能是在肠道支囊内存储部分消化的食物的能力有限。（b）在大多数捕食者中，抗原衰减速率符合负指数函数曲线，大部分抗原在探查时限的前 1/3 就消失了（探查不到了）。Agustí 等（1999）发现，当塔马尼猎盲蝽（*Dicyphus tamaninii*）取食 1 粒棉铃虫（*Helicoverpa armigera*）卵时，抗原衰减符合负指数函数曲线，但当取食 10 粒卵时，则拟合线性模型更好。

Sunderland 等（1987a）在比较禾谷类蚜虫的广谱捕食性天敌中提出捕食指数：

$$P_g d/D_{max}$$

其中，P_g 为 ELISA（酶联免疫分析）检测为阳性的捕食者比例，d 为捕食者平均密度，D_{max} 为从物种内任一个体检测出猎物抗原的最长时间。该指数在蜘蛛中通常最高。

第二节　基于害虫种群数量变化的控害效应评价途径

一、引进天敌

天敌对害虫的控制作用在百余年的传统生物防治实践中得到了充分的展现。在传统生物防治实践中，从外来入侵害虫的原产地引进其专一性天敌，释放到野外建立种群、增殖扩散，最终将害虫种群数量控制在低水平（经济为害水平），从而控制其为害。为定量评估引进天敌的防治效果，Bedddington 等（1978）提出了一个简单的测量值：$q = N^*/K$，其中 N^* 代表引进天敌后的害虫的平均数量（密度），K 代表天敌引进前的害虫的平均数量（密度）。通常连续多个季节调查比较害虫的数量变化来评价天敌的防治效果，但需要较长的时间。如果时间有限，也可以在天敌释放后详细调查一个季节内的害虫密度和年龄（虫态）结构，从而预测天敌的防治效果。

对引进天敌控制效果评价的试验设计常采用"前后对比"和"空间对比"的方法。

（一）前后对比试验设计

在天敌尚未释放前，抽样调查试验地害虫连续多代（甚至多个季节）的密度作为基准数据（对照），与释放后的害虫密度进行比较。由于评估需要持续一定时间，途中可能由于各种不可测因素放弃试验样地，故需要尽可能选择多块试验样地继续连续调查。这种试验设计更适于评估不善活动的一年多代的害虫，因为这类害虫的密度变化排除了扩散（如成虫飞行）的因素，仅受局部因素的影响，从而易于评估天敌的作用。

（二）空间对比试验设计

选择空间上独立的试验样地，随机选择一半样地释放天敌（处理），另一半样地不释放天敌（对照），抽样调查各样地内的害虫密度，比较处理与对照的差异。为确保处理样地的天敌不会扩散到对照样地，样地之间需要足够的隔离距离，具体距离取决于所释放天敌的扩散能力。常常估计的天敌扩散距离小于实际扩散距离，例如，在释放蚤蝇（*Pseudacteon tricuspis*）防治火蚁（*Solenopsis invicta*）中，最初估计蚤蝇的扩散能力是 3～4km/年，故设定的处理与对照样区的隔离距离为 20km，实施中发现其实际扩散能力达到 15～30km/年；因此，又在距离释放天敌样区 70km 的地方重新选择对照样区（Morrison，2005）。

二、罩笼和屏障法

罩笼和屏障法常用于大田评价天敌的控害效果。其所依据的原理是：如果将某小生境（叶片、枝条、植株或小区）内的天敌排除，则其中的害虫因天敌捕食或寄生造成的死亡率将显著小于对照（未排除天敌）。如果该测定持续时间较长，该害虫密度将迅速增大达到很高水平。

多种排除天敌的物理屏障方法有：①用不同网目的纱网罩笼，罩住一片植株、1 株植物、1 根枝条、1 片叶或果实；②用薄膜遮挡样区部分方向以阻止天敌进入；③完全罩住测试生境，也可以部分罩住测试环境（有选择地允许某些天敌进入）；④有选择地允许某些天敌进入，可用不同网目大小的多层纱网罩住植株，以达到评价某些天敌的目的。例如，为评价麦二叉蚜（*Schizaphis graminum*）的捕食性和寄生性天敌的控制作用，Rice 等（1988）用 2 种不同网目大小的纱网罩笼，小网目罩笼可以阻挡寄生蜂和小型捕食者，大网目罩笼可阻挡大型捕食者，从而分别评价这两类天敌的控制作用；Claridge 等（2000）为评价稻田褐飞虱（*Nilaparvata lugens*）卵寄生蜂（稻虱缨小蜂 *Anagrus nilaparvatae* 和赤眼蜂 *Trichogramma*）的控制作用，首先在室内筛选该寄生蜂可通过但其他天敌不能通过的网目，以此制作纱网罩笼放置在稻田中，通过阻挡其他天敌进入罩笼而只允许稻虱缨小蜂和赤眼蜂进入，从而评价该寄生蜂的控制作用。

在运用罩笼和保障法比较罩笼内、外害虫数量（密度）时，须警惕由于罩笼本身产生的处理与对照的差异，否则可能导致错误的结论：

（1）罩笼内的害虫可能在某种程度上免受或少受某些胁迫因子（如：降雨、风）的影响。

（2）罩笼内植物周围的小气候（温度、湿度、光照、风等）发生改变，从而通过以下变化而直接或间接影响天敌昆虫的控制作用：①可能影响天敌昆虫的生理、行为或搜寻效率；②可能直接或间接（通过影响植物生理）改变害虫的行为（如空间分布）、生理（如发育速率）、寿命、生殖力等。所以，在比较处理与对照的结果时须将罩笼的上述影响与天敌的作用分开，可采取以下方法：（a）采用制作完全一样的罩笼或屏障，通过人工接种天敌的方法设置处理—接入法，对照罩笼不接天敌，从而排除罩笼的影响；（b）采用制作不同但小气候相似的罩笼或屏障来排除罩笼的影响，例如，在评价卵寄生蜂对稻飞虱的控制作用的田间试验中，增设 1 个评估罩笼影响的对照—用网目更大的罩笼（允许大型捕食者进出）。DeBach 等（1971）在评价柑橘枝条上介壳虫的天敌作用时，设置 1 个完全封闭（处理）的枝条罩笼、1 个一端开放的枝条罩笼（评估罩笼的影响）和 1 个完全暴露的枝条（对照）。排除或接入天敌的试验存在一个主要缺点是，罩笼内的天敌扩散活动受到很大的限制。

（3）如果害虫活动性较强，在罩笼内的迁入、迁出会受到限制，而在罩笼外可自由迁出。对此，Chamber 等（1983）及时移走落在罩笼内壁上的有翅蚜，以避免其对罩笼内的蚜虫再次侵染。

（4）除以上重大问题外，尚有其他小的问题需注意。罩笼内外除了小气候不同外，在其他方面也存在差异，这些差异可能影响对结果的解释；在选择罩笼处理时，如果罩笼内害虫数量增大后，就可能对允许进入罩笼的天敌有更大的吸引力，而没有罩笼的对照区内的害虫就没有此吸引力；罩笼试验对于揭示种群动态的帮助很小，如果关注害虫种群动态，可用生命表法；罩笼不能百分之百排除天敌，因此，需要抽查罩笼内是否有天敌（非允许的）爬入。此外，罩笼内的植物生长亦可能受到影响（如罩笼遮阴）。

三、去除法

（一）化学去除法

通过某种化学或物理方法进行去除天敌的处理，与对照进行害虫的密度比较，从而评价天敌的控制效果。运用该方法对选用的杀虫剂有 3 个要求：

（1）杀虫剂必须对天敌有足够的毒性。

（2）杀虫剂必须对害虫的毒性很低。

（3）杀虫剂不会直接或间接（通过影响植物生理）改变害虫生殖。杀虫剂去除法的优点是可以进行大面积田间试验。不足之处是难以找到合适的杀虫剂品种。杀虫剂去除法曾被用于评价蚜虫、介壳虫、叶蝉、飞虱、蝇、蛾、蓟马和叶螨等害虫天敌的控制效果。

（二）物理去除法

通过人工徒手或用某种工具不断从处理区移走捕食性昆虫，与未进行人为干预的对照进行害虫的密度比较，来评价天敌的控制效果。通常徒手可以收集和移走大型、不善活动的捕食性昆虫，而用吸虫管采集小型不活动的天敌昆虫。该方法具有不改变处理区小气候的优点，但具有以下缺点。

（1）费时费工，常需要多人全天采集方可去除处理区的天敌。

（2）去除天敌可能干扰猎物的活动，引起猎物外迁。

（3）捕食性和寄生性天敌在清理干净前（实际上难以彻底）已经捕食或寄生了。

（4）该方法即使获得天敌的密度，也难以为揭示害虫与天敌数量动态提供足够的信息。

四、添加法

（一）天敌添加法

通过人工方法添加天敌来设立处理样区，与未干预的对照样区进行害虫密度比较，评价天敌的控制作用。添加天敌方法常用于评价地面行走的捕食性昆虫，通过在处理样区边界设置一个只能进入不能出去的"关卡"来达到添加天敌的目的。该方法曾被用于评价甘蓝根蛆的捕食性甲虫（Coaker，1965）和蚕豆蚜（*Aphis fabae* Scopoli）的捕食性天敌昆虫（Wratten，1982）。

（二）害虫添加法

常通过增添害虫的不活动虫态（如卵或蛹）设置处理样区，观察天敌的捕食或寄生程度。通过抽样调查捕食者与害虫的数量，结合捕食者的取食率，从而估计捕食程度。运用该方法时需注意在野外放置害虫时，应尽可能符合其自然分布特点（密度、位置、分布等）。该方法的主要优点是可精确评估捕食或寄生程度。

五、直接观察法

直接观察捕食通常是确定捕食率、辨别捕食者及其猎物的最有用的方法，具有无需改变环境因素、可随时添加猎物或捕食者、简单易操作等优点。所需要是时间和毅力，但运用录像设备可极大地提高效率。Edgar（1970）曾采用直接观察法评估狼蛛的捕食作用，在野外肉眼或录像观察记录以下行为：蜘蛛每日捕食活动时间（t_s），单位时间内积极捕食活动的蜘蛛比例（p），取食 1 头猎物所需要的时间（t_f），用以下公式计算得出蜘蛛的捕食率（r）（每日每头蜘蛛取食的猎物数量）：

$$r = pt_s/t_f$$

第三节　综合评价方法

一、相关性分析法

在大田中调查害虫及其天敌种群数量随时间的变化，运用统计学的相关性分析推断害虫与天敌数量动态变化的因果关系。高度正相关可能暗示捕食者对猎物在某种程度上的专一性，也可能被较低的捕食率或猎物数量慢速增长所加强（图 16–1）。另外，负相关可能表明捕食者对猎物的数量变化存在缓慢或延迟的数量反应（图 16–2），从而抑制猎物种群数量增长。但须警惕的是，仅根据具有相关性的个案推断因果关系存在很大的不确定性，常需要持续足够长时间的多点重复的数据支持。

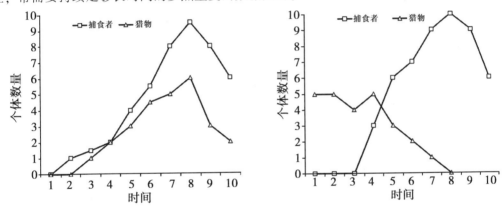

图 16–1　捕食者与猎物种群数量是正相关　图 16–2　捕食者与猎物种群数量是负相关

注：图 16–1 中捕食者与猎物数量呈正相关，猎物数量慢速增长伴随相对较低的捕食率；图 16–2 中捕食者与猎物数量呈负相关，捕食者抑制猎物数量。

二、生命表法

当天敌的作用难以直接估计或不同来源的死亡因素均很重要时，采用生命表法可以将不同致死因素综合起来，分析其对害虫种群数量变化的影响。

（一）生命表类型

由于野外难以确定昆虫种群的日龄，故通常根据昆虫的生活史阶段构建生命表。根据昆虫世代间重叠与否构建不同类型的生命表，第一种类型是"特定年龄生命表"（stage-specific life table），跟踪一群昆虫或同龄组个体，观察记录各生活史阶段的存活情况及其死亡原因，故又名"水平生命表"（horizontal life table），常用于世代分离的昆虫；另一类型是"特定时间生命表"（time-specific life table），在预定的时间间隔内检查种群的年龄结构，据此推测各个阶段的死亡率，故又名"垂直生命表"（vertical life table），常用于世代重叠的连续发育昆虫（也可用于世代分离的昆虫）。

（二）生命表参数

构建生命表需要 3 个基本参数：

（1）进入各生活史阶段的个体数量（l_x）。

（2）在各阶段内由于不同致死因子造成的死亡数量（d_x）。

（3）潜在或实际生殖力；根据基本参数可计算获得其他衍生参数。

1. 进入某一生活史阶段的数量

要构建一个虫龄特征生命表，必须确定进入各个阶段的总个体数量，该数量通常并非某一时刻调查某一阶段获得的密度，因为进入与离开某一特定阶段的事件在不停地发生，需采用有效的方法（如增员分析）获得该数量。

2. 某一阶段内的死亡情况

有 4 种方式表示某一阶段的个体死亡情况：表现死亡率、实际死亡率、边际攻击率和 k–值。生命表中常用的死亡率通过 l_x/d_x 计算获得，即"表现死亡率"（apparent mortality）。为计算方便可将表现死亡率换算出 k–值：$k = -\log$（1—表现死亡率），k–值是可加的，可将各致死因子造成的 k–值加起来得到总的 K–值。实际死亡率（real mortality）是某一阶段内的死亡数量占最初进入第一阶段的起始个体数量的比值（$= d_x/l_0$）。当某一阶段只有 1 个致死因子时，表现死亡率可做出正确无误的估计；但若有 2 个以上致死因子，则表现死亡率由于致死因子间相互干扰而难以准确反映各致死因子的作用。当出现某些害虫个体受到 2 个致死因子的共同胁迫而死、但其中任何一个因子也可单独致死该个体的情况时，需用边际攻击（marginal attack rate）来代表各致死因子的作用：

$$m_i = 1 - (1-d)^{\frac{d_i}{d}}$$

m_i 为致死因子 i 的边际攻击率，d_i 代表观察得到的由致死因子 i 引起的死亡率，d 代表所有致死因子引起的死亡率。

3. 种群增长率

种群增长可用世代之间净增长率 R_0 或瞬间的内禀增长率 r_m 表示。R_0 是当前世代到下一世代的种群数量增加或减少的倍数，该值大于 1 说明种群增长，小于 1 说明种群降低。内禀增长率 r_m 是单位时间（而非一个世代）的增长率，任何大于 0 的值说明种群增长，小于 0 说明种群降低。如果比较有和无天敌情况下的生命表（成对生命表），则种群增长率的差值就直接代表了天敌的控制效应。

4. 基于生命表的推断

根据单个或系列生命表可作出以下若干推断，从而有助于评价某种天敌的重要性：

（1）相对于其他致死因素，估计出天敌对害虫致死的相对作用。

（2）一种新致死因素导致的死亡率是否被另一因素所抵消。

（3）一种新的因素是否可把害虫种群增长率压低至负增长。

5. 成对生命表

即分别构建有某种天敌与无该天敌情况下的生命表，从而评价该天敌的控害作用。该方法常用于传统生物防治中评价引进天敌的控害作用。

6. 注意事项

在运用生命表评价天敌控害效应中，需注意以下问题，否则难以估计出天敌的实际控害效应：

（1）由于量化估计不同种的捕食性天敌的捕食作用比较麻烦，许多生命表常忽略这一重要天敌的作用，从而使构建出的生命表价值大为降低。

（2）构建连续多世代（或多年）生命表（综合生命表）的意义远大于仅构建单一世代的生命表，因为只有通过分析综合生命表才可以获得不同致死因素的相对重要性，才能获得有意义的种群增长率。

（3）当采用减去某致死因子回推该因素对种群的控制作用时，须非常谨慎地做出推断，因为致死因子之间的作用绝非简单的加和关系（该方法的假设），而往往存在着复杂的互作关系。

（4）k 因子分析是为了找出对害虫种群数量消长作用最大的致死因素，而成功的生防天敌未必是致死因素，因为致死因素未必能把害虫种群密度压制在平衡密度以下。

（李保平、孟玲编写）

参考文献

Agustí N, Aramburu J, Gabarra R. 1999. Immunological detection of *Helicoverpa armigera*（Lepidoptera：Noctuidae）ingested by heteropteran predators：time – related decay and effect of meal size on detection period［J］. Annals of the Entomological Society of America, 92：56 – 62.

Beddington J R, Free C A, Lawton J H. 1978. Modelling biological control：on the characteristics of successful natural enemies［J］. Nature, 273：513 – 19.

Claridge M F, Morgan J C, Steenkiste A E, *et al*. 2000. Experimental field studies on predation and egg parasitism of rice brown planthopper in Indonesia［J］. Agricultural and Forest Entomology, 4：203 – 10.

Chambers R J, Sunderland K D, Wyatt I J, *et al*. 1983. The effects of predator exclusion and caging on cereal aphids in winter wheat［J］. Journal of Applied Ecology, 20：209 – 24.

Coaker T H. 1965. Further experiments on the effect of beetle predators on the numbers of the cabbage root fly, *Erioischia brassicae*（Bouche）attacking crops［J］. Annals of Applied Biology, 56：7 – 20.

DeBach P, Huffaker C B. 1971. Experimental techniques for evaluation of the effectiveness of natural enemies ［J］. Biological Control Plenum, 113 – 140.

Dempster J P. 1960. A quantitative study of the predators on the eggs and larvae of the broom beetle, *Phytodecta olivacea* Forster, using the precipitin test［J］. Journal of Animal Ecology, 29：149 – 67.

Dempster J P. 1967. The control of *Pieris rapae* with DDT. 1. The natural mortality of the young stages of Pieris ［J］. Journal of Applied Ecology, 4：485 – 500.

Edgar W D. 1970. Prey and feeding behaviour of adult females of the wolf spider *Pardosa amentata*（Clerk.） ［J］. Netherlands Journal of Zoology, 20：487 – 91.

Gould J R, Van Driesche R G, Eikinton J S, *et al*. 1989. A review of techniques for measuring the impact of parasitoids of *lymantriids*［J］. General Techical Report NE – 123, 517 – 531.

Kuperstein M L. 1979. Estimating carabid effectiveness in reducing the sunn pest, *Eurygaster integriceps* Puton （Heteroptera：Scutelleridae）in the USSR［J］. Serology in insect predator – prey studies. Entomological Society of America, 11：80 – 4.

Mills N. 1997. Techniques to evaluate the efficacy of natural enemies［J］. Dent D R, and Walton M P.（eds）Methods in Ecological and Agricultural Entomology, 271 – 291.

Morrison L W, Porter S D. 2005. Testing for population-level impacts of introduced *Pseudacteon tricuspis* flies, phorid parasitoids of *Solenopsis invicta* fire ants [J]. Biological Control, 33: 9 – 19.

Nakamura M, Nakamura K. 1977. Population dynamics of the chestnut gall wasp. *Dryocosmus kuriphilus* Yasumatsu (Hymenoptera: Cynipidae) [J]. Oecologia, 27: 97 – 116.

Naranjo S E, Hagler J R. 2001. Toward the quantification of predation with predator gut immunoassays: a new approach integrating functional response behavior [J]. Biological Control, 20: 175 – 89.

Rice M E, Wilde G E. 1988. Experimental evaluation of predators and parasitoids in suppressing greenbugs (Homoptera: Aphidide) in sorghum and wheat [J]. Environmental Entomology, 17: 836 – 841.

Rothschild G H L. 1966. A study of a natural population of *Conomelus anceps* (Germar) (Homoptera: Delphacidae) including observations on predation using the precipitin test [J]. Journal of Animal Ecology, 35: 413 – 34.

Sopp P I, Sunderland K D. 1989. Some factors affecting the detection period of aphid remains inpredators using ELISA [J]. Entomologia Experimentalis *et* Applicata, 51: 11 – 20.

Sopp P I, Sunderland K D, Fenlon J S, *et al.* 1992. An improved quantitative method for estimating invertebrate predation in the field using an enzyme – linked immunosorbent assay (ELISA) [J]. Journal of Applied Ecology, 29: 295 – 302.

Sunderland K D, Crook N E, Stacey D L, *et al.* 1987. A study of feeding by polyphagous predators on cereal aphids using ELISA and gut dissection [J]. Journal of Applied Ecology, 24: 907 – 33.

Van Driesche R C, Taub G. 1983. Impact of parasitoids on *Phyllonorycter* leafminers infesting apple in Massachusetts [J]. Protection Ecology, 51: 303 – 17.

Van Driesche R G. 1983. Meaning of Oper cent parasitism in studies of insect parasitoids [J]. Environmental Entomology, 12: 1 611 – 1 622.

Van Driesche R G, Bellows Jr T S, Elkinton J S, *et al.* 1991. The meaning of percentage parasitism revisited: solutions to the problem of accurately estimating total losses from parasitism in a host generation [J]. Environmental Entomology, 20: 1 – 7.

Wratten S D, Pearson J. 1982. Predation of sugar beet aphids in New Zealand [J]. Annals of Applied Biology, 101: 178 – 81.